W0403056

INNOVATIONSKRAFT PARTNERSCHAFT VERTRAUEN

VORREITER IN SACHEN FLUIDINJEKTION.

Seit unserer Gründung sind wir vorwiegend spezialisiert auf Wasserinjektionstechnik (WIT). Bis heute konnten wir weit über **100 WIT-Applikationen** erfolgreich auf dem Markt platzieren. Seit 5 Jahren ergänzt die Gasinjektionsreihe N_2 unser umfassendes Angebot. Ob Audi, BMW oder Bosch, ob Sulo, OBI oder Vorwerk Semco: Namhafte Unternehmen setzen auf unser Know-how.

ERFASSEN. DOKUMENTIEREN. PROZESSE OPTIMIEREN.

Seit 2010 kombinieren wir unsere WIT- und GIT-Anlagen mit der Betriebsdatenerfassung (BDE). **Die Vorteile:** eine komplette Prozessüberwachung sowie die Dokumentation aller relevanten prozessspezifischen Parameter. Einfach zukunftsweisend – auf Jahre hinweg!

THE MOST POWERFUL ENERGY ON EARTH IS USED IN A FUTURE TECHNOLOGY

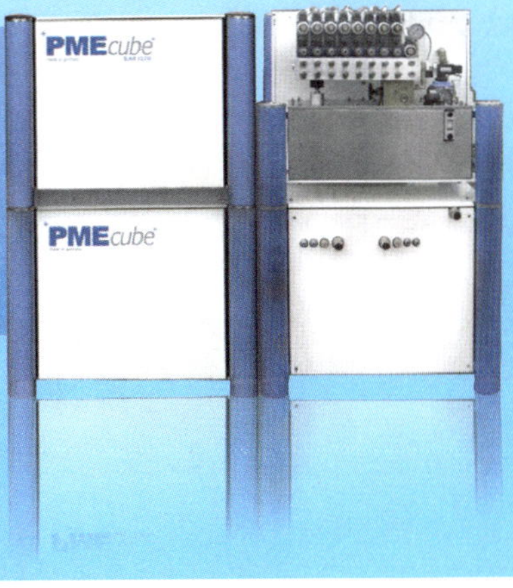

Ein Jahrzehnt. Immer einen Schritt voraus.
10 Jahre PME fluidtec.

PMEfluidtec
FLUIDINJECTION IN PERFECTION

PME fluidtec GmbH
D-77966 Kappel-Grafenhausen
Gewerbestraße 3
fon +49 7822 3006-0
fax +49 7822 3006-28
whywaterworks@pme-fluidtec.de
www.pme-fluidtec.de

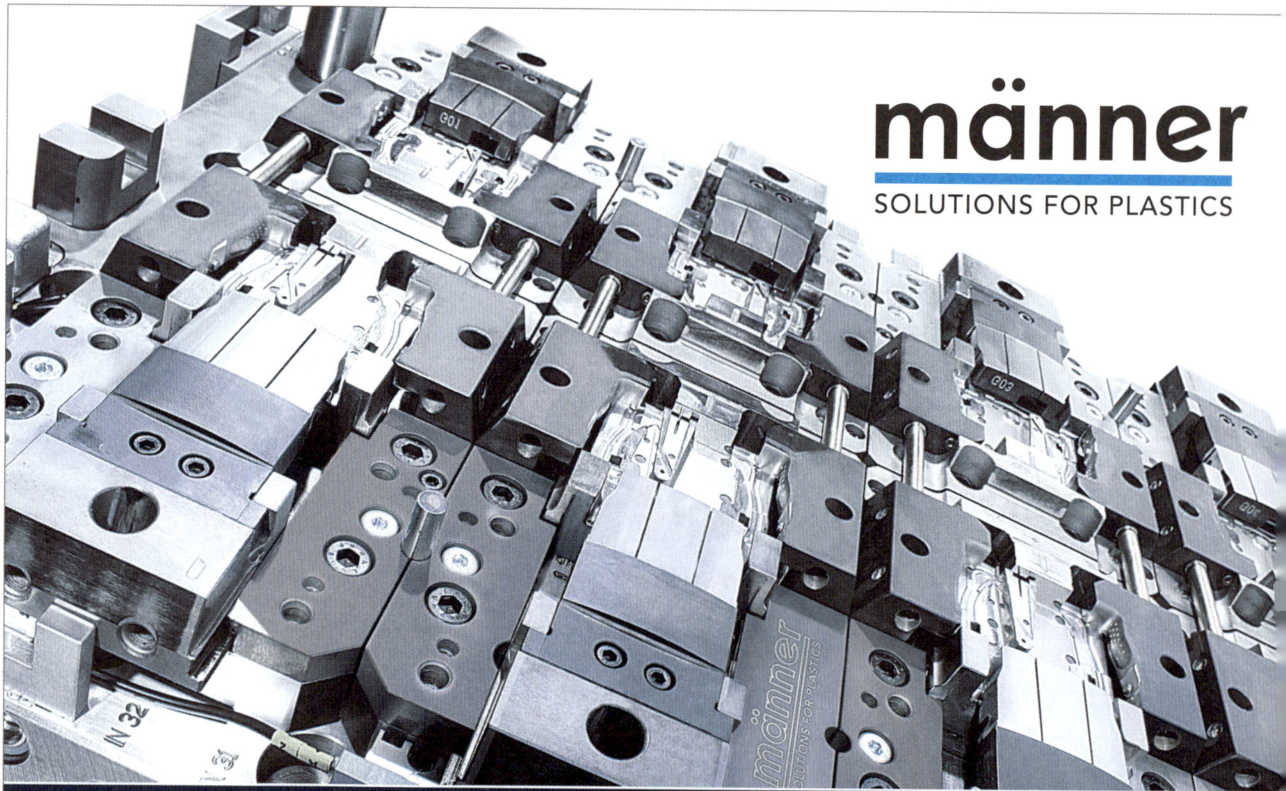

männer

SOLUTIONS FOR PLASTICS

Hightech Lösungen für die Kunststoffindustrie.

PRÄZISIONSFORMEN

NADELVERSCHLUSS-SYSTEME

MICRO MOLDING SYSTEMS

ENGINEERING & CONSULTING

Mit Produktionslösungen von männer fertigen Spitzenunternehmen aus den Bereichen Pharma, Medizin, Verpackung und Mikroproduktion innovative Kunststoffartikel für den Weltmarkt.

männer SOLUTIONS FOR PLASTICS beschäftigt rund 380 Mitarbeiter und zählt mit seinen Standorten in Europa, USA und Asien zu den führenden Anbietern der Branche.

www.maenner-group.com

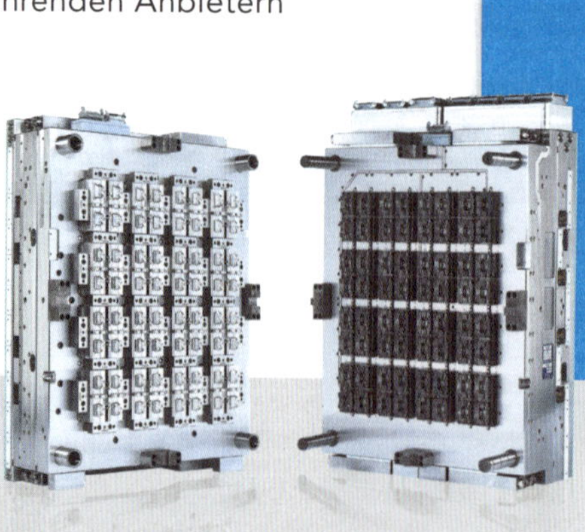

männer SOLUTIONS FOR PLASTICS Unter Gereuth 9–11 79353 Bahlingen Tel. +49 (0) 7663 609-0 info@maenner-group.com

TRUMPF

Markierlaser, Vollausst. (inkl. Navi)

TruMark mit Navigator.
Für jede Aufgabe schneller konfiguriert.

Mit dem Navigator finden selbst Bediener ohne spezielle Vorkenntnisse schnell und einfach die passende Lasereinstellung für unterschiedliche Materialien. Dafür haben wir die Erfahrung unserer Applikationslabore zu einem integralen Bestandteil unserer Markiersoftware gemacht. So können Sie sich voll und ganz auf das Werkstück konzentrieren.

www.trumpf-laser.com

Wendebalkenstrahlanlage WS 1200

Duroplaste entgraten?

Unser Fabrikationsprogramm

- Handstrahlkabinen
- Bandanlagen
- Tunnelanlagen
- Schlaufenbandanlagen
- Drehtischanlagen
- Wendebalkenanlagen
- Entgratungsroboter

Beratung, Versuche, Problemlösungen?
Rufen Sie uns an.

RÖSLER Schweiz AG
CH – 5054 Kirchleerau
Tel.: +41 / 62 / 7385500
Fax: +41 / 62 / 7385580
info@rosler.ch
www.rosler.ch

RÖSLER®
finding a better way ...

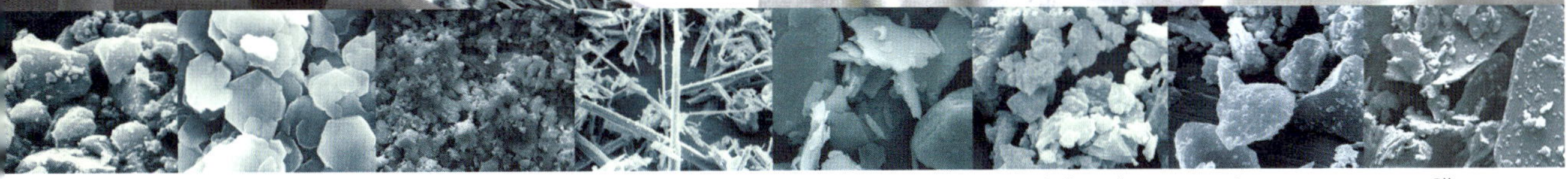

HOCHLEISTUNGS-FÜLLSTOFFE FÜR IHRE KUNSTSTOFF-ENTWICKLUNG

Schulter an Schulter mit Ihnen arbeiten wir an innovativen und maßgeschneiderten Zukunftsentwicklungen mit synthetischen oder natürlichen Mineralen für Polymer-gebundene Systeme. Von unserer Seite werfen wir in die Waagschale:

- Mehr als 125 Erfahrung in der Entwicklung von Industriemineralien
- Einzigartige Systemlösungen
- Breites Produktportfolio auf unterschiedlicher Mineralbasis und verschiedenen Kornformen, u.a. Quarz, Kaolin, Cristobalit, Wollastonit, Quarzgut, Glimmer, Talkum, Feldspat, Nephelinsyenit sowie viele andere.

Wir sind für Sie da!

„Probleme kann man niemals mit derselben Denkweise lösen, durch die sie entstanden sind" (Albert Einstein)

HPF The Mineral Engineers
A DIVISION OF QUARZWERKE GROUP

Quarzwerke GmbH
Kaskadenweg 40
D-50226 Frechen

fon +49 (0) 22 34 101 -411
fax +49 (0) 22 34 101 -400
sales@hpfminerals.com

Wir reden nicht nur darüber, wir überzeugen mit umweltschonendem und energiesparendem Materialhandling für frei fließende Kunststoffe!

Ob Einzelkomponente oder vollständiges Handlingsystem - bei uns bekommen Sie alles aus einer Hand:

- **Trocknen**
- **Kristallisieren**
- **Fördern**
- **Dosieren und Mischen**
- **Einfärben**

MANN+HUMMEL SOMOS®

MANN+HUMMEL ProTec GmbH
Stubenwald-Allee 9, 64625 Bensheim/Germany, Tel. +49 6251 77061-0
E-Mail: info@mh-protec.com, www.mh-protec.com

FORTSCHRITT ENERGIZED BY
LANXESS
Energizing Chemistry
Als führendem Spezialchemie-Konzern liegt uns die Erforschung innovativer Werkstoffe in den Genen. Mit unseren Hightech-Kunststoffen entwickeln wir Lösungen, die Fahrzeuge immer leichter und sicherer machen. Unsere Hybridtechnologie verbindet Kunststoff mit Metall – und das bereits in über 100 Fahrzeuganwendungen. Intelligenter Leichtbau mit überlegenen Materialeigenschaften für weniger Verbrauch und geringere CO_2-Emissionen. Innovation made in Germany. Für die Mobilität von morgen. www.lanxess.com

Ideen werden Form.
Kunststofftechnologie in Bestform – BRAUNFORM bietet integrierte, innovative Lösungskompetenz:
• Produkt-Design und -Entwicklung
• Prozessorientierte Werkzeug-Entwicklung und -Fertigung
• Multikomponenten-Technik
• Multikavitätenformen
• Hochpräzisionsformen
• Etagenformen
• MED molds®
Wir freuen uns schon jetzt auf IHRE Herausforderung!
BRAUN®
Molding your visions
braunform.com

INNOVATIVE TECHNOLOGIEN
für die Kunststoffextrusion

Gneuß Kunststofftechnik mit Sitz in Bad Oeynhausen gehört zu den Technologie- und Marktführern im Extrusionsmaschinenbau.

Hauptaugenmerk der Firmenphilosophie liegt in der Entwicklung, Konstruktion und dem Vertrieb hochtechnologischer Produkte mit einzigartigen Eigenschaften. Weltweit setzen Gneuß Produkte Maßstäbe in der Kunststoffextrusion. Eine Vielzahl internationaler Patente sichert dabei den technischen Vorsprung.

Mit Gneuß sind Sie den entscheidenden Dreh voraus!

www.gneuss.com

gneuß
a turn ahead

aktifit
FÜR HUNDERTE VON ZIELEN REICHT EINE EINZIGE VERBINDUNG.
FUNKTIONELLE FÜLLSTOFFE FÜR THERMOPLASTISCHE ANWENDUNGEN
Neuburger Kieselerde ist ein in der Natur entstandenes Gemisch aus amorpher und kryptokristalliner Kieselsäure und lamellarem Kaolinit. Durch eine spezielle thermische Behandlung mit anschließender Oberflächenmodifikation entsteht das hochwertige Aktifit AM. Es ist für eine große Zahl von Anwendungsbereichen optimiert. So ist es hervorragend geeignet für thermoplastische Produkte mit hoher Oberflächengüte sowie hoher Bruchdehnung und Schlagzähigkeit – von Sichtteilen im Motorraum bis hin zu Zugverkleidungen. Eine weitere Besonderheit: Die weiße Farbe des Aktifit AM ermöglicht auch den Einsatz in hellen und weißen Mischungen. Nutzen Sie unser Know-how!
HOFFMANN MINERAL GmbH • Tel. +49 (0) 84 31-53-0
www.hoffmann-mineral.com oder info@hoffmann-mineral.com
HOFFMANN MINERAL
Wir geben Stoff für gute Ideen

Hitzewelle? Wir sorgen für temperaturstabile Kunststoffe.

Bauteile aus Polyimid P84® NT zeichnen sich durch exzellente mechanische Stabilität und hervorragende tribologische Eigenschaften auch bei hohen Temperaturen bis über 300°C aus.
www.p84nt.com

Evonik. Kraft für Neues.

EVONIK
INDUSTRIES

DESMA® TEC

» DESMA TEC – Polyurethan-Mischtechnik auf höchstem Niveau

- Niederdruckmischtechnik mit höchster Präzision
- Selbstreinigung der Mischkammer
- Spül-/Lösungsmittelfreier Betrieb
- Präzise Farb- und Additivzudosierung
- Präzise Feststoffzudosierung

» Konfigurationen

Schnecken Ø	[mm]	25	25	25	30
Komponenten		2	3	4	4
Additive		6	4	4	4
Feststoff		ja	ja	ja	ja
Durchsatz	[gr/sec]	100	100	100	250

» Mischkopf

- 2, 3 oder 4 Grundkomponenten
- bis 6 Additive
- 25 und 30 mm Schneckendurchmesser
- Mischungsverhältnis 1:1 bis 1:4

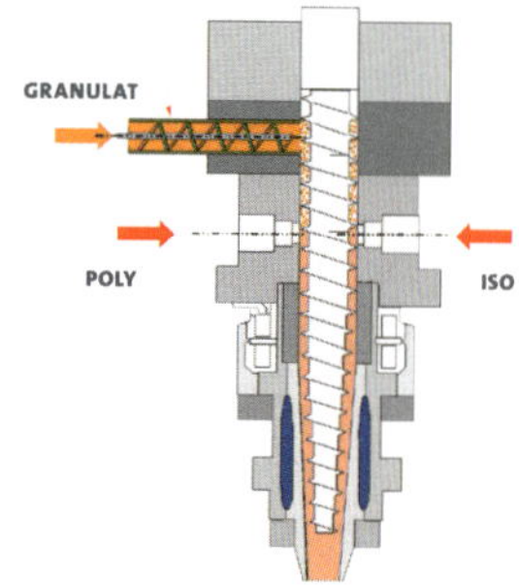

Feststoffzudosierung

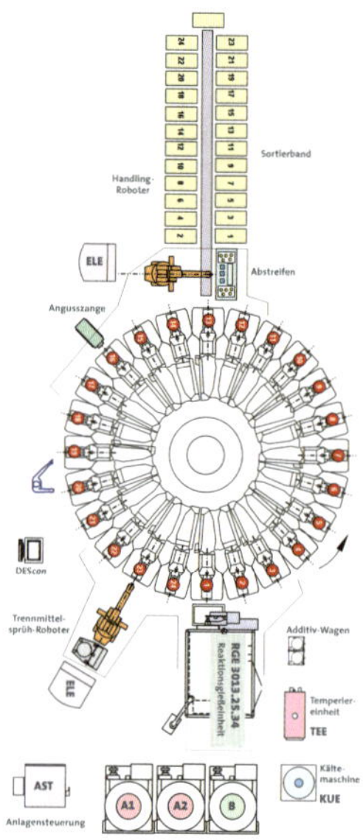

» BumperSpeed®

- zur vollautomatischen, industriellen Serienfertigung
- Dämpfungselemente aus Mikro Zellularen Elastomeren (MCE)

» Funktionsablauf gegen den Uhrzeigersinn

POSITION	AGGREGAT	OPERATION
1	Reaktionsgießeinheit	Einspritzen des Polyurethan, Anguss verschließen.
16	Angusszange	Der Anguss wird bei geschlossener Form gezogen. Nach Erreichen der Endlage öffnen die Formen und die Bumper werden herausgehoben.
18–21	Bedienposition	Anguss trennen, Form reinigen und kontrollieren.
22	Schutzgitterbereich	Kernplatte um 180° nach oben schwenken.
23	Trennmittelsprüh-Roboter	Formentrennmittel sprühen.
24	Schutzgitterbereich	Kernbalken senken, Rahmen schließen.
1	Reaktionsgießeinheit	Einspritzen des Polyurethans, Anguss verschließen.
14	Handling-Roboter	Kernplatte greifen und der Abstreifvorrichtung zuführen.
13	Transportband	Bedruckung, automatisches Abstreifen der Bumper, Gewichtskontrolle, sortenreine Trennung in separate Behälter.

» FormicaPlast® – Mikrospritzgießen mit 1 und 2 Komponenten (10 - 400 mg)

» Schließeinheit

Schließkraft	10 kN
Max. Werkzeugeinbauhöhe	135 mm
Öffnungsweg	40 mm
Auswerferkraft	300 N
Auswerferhub	10 mm

» Einspritzeinheit

Vorplastifizierkolben	Ø 6 mm
Einspritzkolben	Ø 3 mm
Max. Spritzdruck	3000 bar
Max. Spritzvolumen	150 mm3
Max. Einspritzgeschwindigkeit	1000 mm/s

DESMA TEC | Desmastraße 3/5 • 28832 Achim • Germany | Tel. +49 4202 990 0 • Fax +49 4202 990 210 | www.desma-tec.de • info@desma-tec.de

INSTRON®

Der Unterschied ist messbar™

Instron Deutschland GmbH
Werner-von-Siemens-Straße 2
D-64319 Pfungstadt
www.instron.com
Tel.: +49 6157-4029-600
go.instron.com/kunststoffe

Kompetenz für die Kunststoffprüfung

- Thermische Prüfsysteme
- Rheologische Prüfsysteme
- Statische und dynamische Systeme
- Schlagprüfsysteme
- Modernisierungen
- Materialprüfsoftware

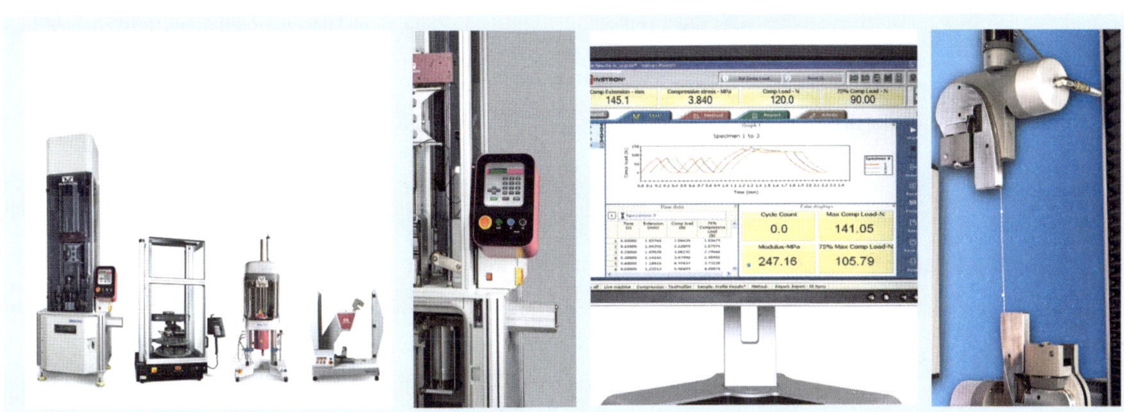

Rolf Schlicht GmbH

50 Jahre Innovation

MASCHINEN FÜR KUNSTSTOFF-, GUMMI- UND KABELINDUSTRIE

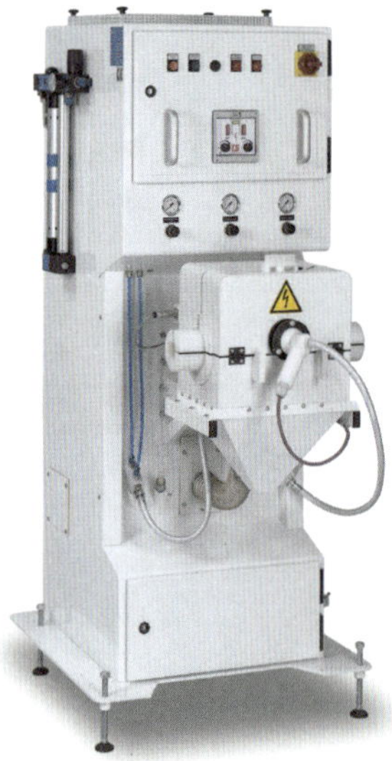

RSC Bepuderungsanlagen
für Schläuche, Profile,
Bänder, Kabel, Drähte

RS Multicut
Raupenabzüge

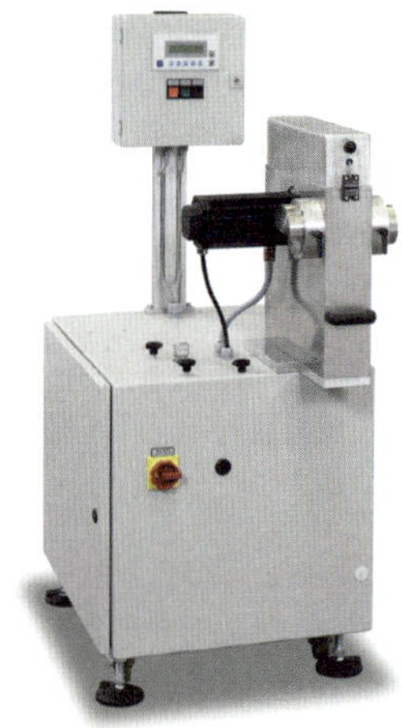

RS Multicut
Ablängmaschinen
für halbharte und
harte Kunststoffe

RS Multicut Kombischneidanlagen
mit Kommissionierung

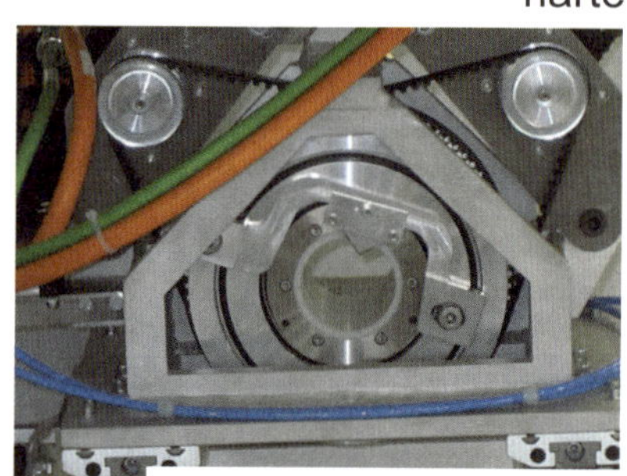

NEUENTWICKLUNG

RS Multicut Orbitalschneider OC
zum Schneiden von halbharten und
harten Rohren

Rolf Schlicht GmbH

Technologie für Kunststoff-, Gummi-
und Kabelindustrie
Bei der Neuen Münze 25, 22145 Hamburg
Phone: +49 (0) 40/67 99 42-0 · Fax: +49 (0) 40/67 99 42-11
Internet: http://www.schlicht-gmbh.de · e-mail: info@schlicht-gmbh.de

Freudenberg

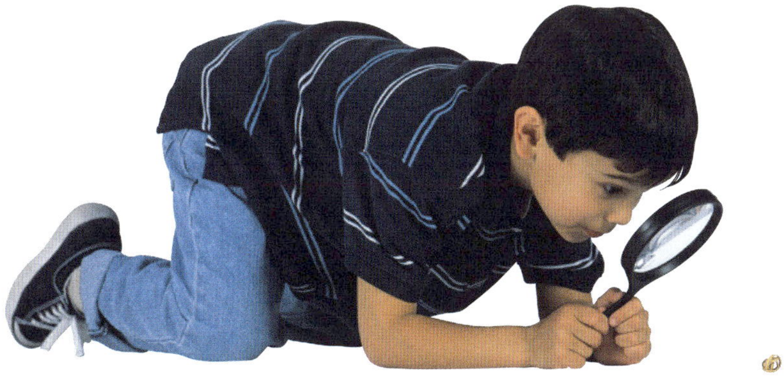

Wenn der Blick durch die Lupe nicht reicht…

…kommen Sie zu uns.*

Freudenberg
Forschungsdienste KG
69465 Weinheim an der Bergstraße

Ihr akkreditierter Partner für Entwicklungs- und Untersuchungsaufgaben zu polymeren Werkstoffen.

*…aber auch, wenn Sie in der Forschung und Entwicklung eines der größten deutschen Familienunternehmen arbeiten wollen.

mehr: **www.forschungsdienste.de** oder **www.freudenberg.de**

FFD Freudenberg Forschungsdienste KG

domo®
CHEMICALS
Visionen gemeinsam verwirklichen.
Gemeinsam mit unseren Partnern realisieren wir die Vision eines nachhaltigen Wirtschaftens. DOMO Chemicals integriert die gesamte Produktion vom Rohstoff bis zum Endprodukt. Die Vorteile: Reduzierter CO2-Ausstoß, gesicherte Qualität und innovative Produktentwicklungen.
DOMO Caproleuna GmbH, Am Haupttor, Bau 3101, D-06234 Leuna, www.domochemicals.com
INTEGRATION | STÄRKE | ERFOLG

Menges, Haberstroh, Michaeli, Schmachtenberg

Menges Werkstoffkunde Kunststoffe

Die Internet-Plattform für Entscheider!

- **Exklusiv:** Das Online-Archiv der Zeitschrift Kunststoffe!
- **Richtungweisend:** Fach- und Brancheninformationen stets top-aktuell!
- **Informativ:** News, wichtige Termine, Bookshop, neue Produkte und der Stellenmarkt der Kunststoffindustrie

Kunststoffe.DE

Immer einen Click voraus!

Georg Menges
Edmund Haberstroh
Walter Michaeli
Ernst Schmachtenberg

Menges Werkstoffkunde Kunststoffe

6. Auflage

HANSER

Die Autoren:

Prof. Dr.-Ing. Georg Menges,
Institut für Kunststoffverarbeitung in Industrie und Handwerk an der RWTH-Aachen

Prof. Dr.-Ing. Edmund Haberstroh,
Lehr- und Forschungsgebiet Kautschuktechnologie, RWTH-Aachen

Prof. Dr.-Ing. Dr.-Ing. E.h. Walter Michaeli,
Institut für Kunststoffverarbeitung in Industrie und Handwerk an der RWTH-Aachen

Prof. Dr.-Ing. Ernst Schmachtenberg,
Rektor, RWTH-Aachen

Bibliografische Information Der Deutschen Bibliothek:
Die Deutsche Bibliothek verzeichnet diese Publikation in der Deutschen Nationalbibliografie; detaillierte bibliografische Daten sind im Internet über <http://dnb.d-nb.de> abrufbar.

ISBN: 978-3-446-42762-4

Die Wiedergabe von Gebrauchsnamen, Handelsnamen, Warenbezeichnungen usw. in diesem Werk berechtigt auch ohne besondere Kennzeichnung nicht zu der Annahme, dass solche Namen im Sinne der Warenzeichen- und Markenschutzgesetzgebung als frei zu betrachten wären und daher von jedermann benutzt werden dürften.

Alle in diesem Buch enthaltenen Verfahren bzw. Daten wurden nach bestem Wissen erstellt und mit Sorgfalt getestet. Dennoch sind Fehler nicht ganz auszuschließen. Aus diesem Grund sind die in diesem Buch enthaltenen Verfahren und Daten mit keiner Verpflichtung oder Garantie irgendeiner Art verbunden. Autoren und Verlag übernehmen infolgedessen keine Verantwortung und werden keine daraus folgende oder sonstige Haftung übernehmen, die auf irgendeine Art aus der Benutzung dieser Verfahren oder Daten oder Teilen davon entsteht.

Dieses Werk ist urheberrechtlich geschützt. Alle Rechte, auch die der Übersetzung, des Nachdruckes und der Vervielfältigung des Buches oder Teilen daraus, vorbehalten. Kein Teil des Werkes darf ohne schriftliche Einwilligung des Verlages in irgendeiner Form (Fotokopie, Mikrofilm oder einem anderen Verfahren), auch nicht für Zwecke der Unterrichtsgestaltung – mit Ausnahme der in den §§ 53, 54 URG genannten Sonderfälle – reproduziert oder unter Verwendung elektronischer Systeme verarbeitet, vervielfältigt oder verbreitet werden.

© Carl Hanser Verlag, München 2011
Herstellung: Steffen Jörg
Satz: Beltz Bad Langensalza GmbH, Bad Langensalza
Coverconcept: Marc Müller-Bremer, www.rebranding.de, München
Coverrealisierung: Stephan Rönigk
Druck und Bindung: Kösel, Krugzell
Printed in Germany

Inhalt

Vorwort zur 6. Auflage

Dieses Buch entstand Anfang der 70er Jahre als Niederschrift einer Vorlesung zur Werkstoffkunde der Kunststoffe. Obwohl es damals bereits eine Reihe sehr guter Fachbücher zu diesem Thema gab, waren sie für den Unterricht von Ingenieurstudenten weniger geeignet, weil sie in einer Fachsprache geschrieben waren, die derjenigen der Ingenieurstudenten in mancher Hinsicht fremd war. Die Zustimmung zahlreicher Kollegen von anderen Hochschulen zu diesen Vorlesungsmanuskripten ließ einen so breiten Zuspruch für ein Lehrbuch dieses Inhalts erwarten, dass sich der Carl Hanser Verlag 1979 zur Veröffentlichung der ersten Auflage entschloss. Kontinuierlicher Zuspruch und Nachfrage der Leser haben dazu geführt, dass nun die sechste Auflage vor Ihnen liegt. Nach dem Ausscheiden des Verfassers der ersten Auflagen aus dem aktiven Dienst wurden die Aufgaben auf seine Nachfolger aufgeteilt und damit auch die fünfte Auflage 2002 mit diesen Kollegen zusammen herausgegeben. Damit war bereits eine vollständige Überarbeitung verbunden, welche in der vorliegenden sechsten Auflage noch vertieft wurde. Neben der fachlichen Aktualisierung und Erweiterung lag das Schwergewicht auf sprachlicher Anpassung im Hinblick auf die Vorkenntnisse der jungen Ingenieure und didaktischen Verbesserungen. Daraus ergab sich auch die Notwendigkeit, viele Bilder neu zu zeichnen, wobei wir dankenswerterweise auf die ausgezeichneten Darstellungen von Prof. Dr. Tim Osswald, University of Wisconsin, Madison zurückgreifen konnten, der mit dem Erstverfasser zusammen eine an amerikanische Verhältnisse angepasste, in vielen Teilen übersetzte Werkstoffkunde (*Materials Science of Polymers for Engineers*; Hanser 2003) verfasst hat. Zahlreiche andere Bilder konnten mit freundlicher Erlaubnis der Herausgeber dem *SAECHTLING Kunststoff Taschenbuch*, 30. Auflage entnommen werden.

Die Herausgeber sind den Mitarbeitern des Carl Hanser Verlages sehr zu Dank verpflichtet für die entgegenkommende und großzügige Unterstützung. Ganz besonderer Dank gebührt dabei Frau Dr. Strohm, die sich in das ihrer beruflichen Ausbildung ursprünglich fremde Fach so hervorragend eingearbeitet hat, dass vor allem ihr Beitrag wesentlich zur Verbesserung der Darstellung in textlicher Hinsicht und grafischer Gestaltung führte. Herrn Steffen Jörg sind wir auch zu großem Dank verpflichtet, denn er hat nicht nur in beispiellos kurzer Zeit die Arbeiten im Verlag koordiniert, sondern auch für die Verbesserung der Bilder viel Zeit aufgewendet.

Schließlich bedanken sich die Herausgeber bei ihren wissenschaftlichen Mitarbeitern für die sorgfältig durchgeführte Durchsicht und sachkundigen Korrekturen der ihnen anvertrauten Kapitel, darunter insbesondere Herrn Dr.-Ing. Tim Arping, der die Arbeiten der wissenschaftlichen Mitarbeiter koordinierte.

Schließlich bedanken wir uns bei vielen Kollegen für Hinweise auf sachliche und didaktische Verbesserungsmöglichkeiten, die uns sehr geholfen haben, den Inhalt des Buches noch verständlicher und besser darzustellen.

Wir wünschen allen Lesern unseres Buches, dass uns die Darstellung des nicht leicht verständlichen Stoffes so gelungen ist, dass sie mit Freude daraus lernen können und sich damit der gewünschte Nutzen einstellt. Sie als unsere Leser können nämlich als wichtige Interpreten zum Verständnis dieser noch immer neuen und vielfach in breiten Kreisen der Bevölkerung als fremd und unnatürlich empfundenen, immer wichtiger werdenden Werkstoffe beitragen.

Die Autoren

E. Haberstroh, G. Menges, W. Michaeli, E. Schmachtenberg

Dieses Buch entstand unter Mitarbeit der folgenden wissenschaftlichen Mitarbeiter des *Institut für Kunststoffverarbeitung in Industrie und Handwerk an der RWTH-Aachen und des Lehr- und Forschungsgebiet Kautschuktechnologie der RWTH-Aachen*:

Dr.-Ing. Tim Arping	Koordination der Revision des gesamten Buches
Dipl.-Ing. Karim Bahroun,	Kapitel 14
Dipl.-Ing. Sebastian Becker,	Kapitel 6.1
Dipl.-Ing. Henrik Behm,	Kapitel 14
Dipl.-Ing. Nikolai Borchmann,	Kapitel 13
Dipl.-Wirt.-Ing. Arne Böttcher,	Kapitel 8
Dipl.-Ing. Stephan Eilbracht,	Kapitel 5
Dipl.-Ing. Jan Fragner,	Kapitel 9
Dipl.-Wirt.-Ing. Hasan Kahraman	Kapitel 5
Dipl.-Ing. Eike Klünker,	Kapitel 15
Dipl.-Ing. Hendrik Kremer,	Kapitel 11
Dipl.-Ing. Klaus Küsters,	Kapitel 6.2, 6.3
Dipl.-Ing. Dipl.-Kfm. Lars Lambrecht,	Kapitel 7.6, 7.7
Dipl.-Ing. Tobias Preuss,	Kapitel 3
Dipl.-Ing. Florian Puch,	Kapitel 4.4–4.6
Dipl.-Ing. Martin Pütz,	Kapitel 4.1–4.3
Dipl.-Ing. Andreas Schobel,	Kapitel 7.1–7.5
Dipl.-Chem. Felixine Siegmund	Kapitel 3.4
Dipl.-Ing. Anika van Aaken,	Kapitel 1, 2
Dipl.-Ing. Jens van Haag,	Kapitel 6.2, 6.3
Dipl.-Ing. Mathias Weber,	Kapitel 10
M.Sc. Friederike von Fragstein,	Kapitel 12
Dipl.-Ing. Christian Windeck	Kapitel 5

1 Entwicklung und historische Bedeutung der Kunststoffe

1.1 Die Entwicklung der Kunststoffe

Hochmolekulare, organisch aufgebaute Werkstoffe werden von den Menschen seit ältester Zeit in Form von Textilien aus Naturfasern, Holz und Leder benutzt. Die gezielte Umwandlung von Naturstoffen in das, was man unter Kunststoffen – Polymerwerkstoffen – versteht, begann in der ersten Hälfte des 19. Jahrhunderts mit der Cellulose. Eine wirtschaftliche Bedeutung gewinnen, wie man Bild 1.1 entnimmt, die Kunststoffe jedoch erst in den dreißiger Jahren des vergangenen Jahrhunderts. Der deutsche Nobelpreisträger Hermann Staudinger hat mit seiner Schöpfung des Modellbilds vom Aufbau der Kunststoffe aus Molekülketten den Forschern in den damaligen Industrieländern gleichzeitig Anreiz und Schlüssel zu neuen Synthesen geboten. Es hatte zwar bereits zuvor, basierend auf Naturstoffen, Polymere wie Caseinharze auf Basis von Milch oder, bekannter als dieses, das „Celluloid" auf Basis von Holz gegeben. Auch synthetische Werkstoffe gab es schon seit der Jahrhundertwende in Form von Harzen auf Basis von Phenol und

Die ersten Kunststoffe stammten von Naturstoffen

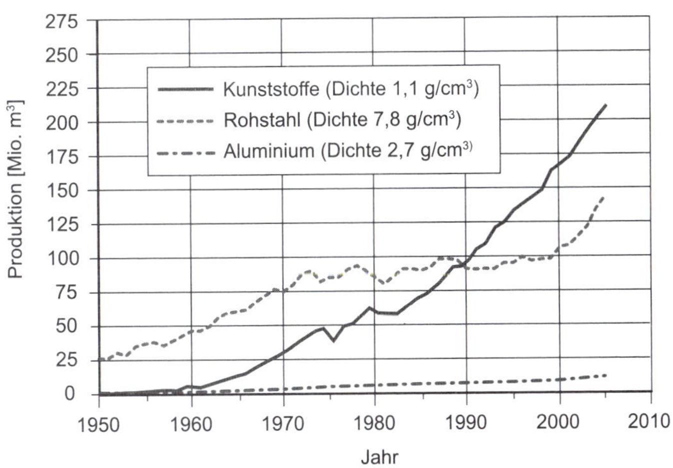

BILD 1.1 Produktionsvolumen verschiedener Werkstoffe in der Welt, ab 1950 (volumenbezogen)
Quelle: Saechtling: Kunststofftaschenbuch, 30.A. (2007)

Aminoplasten, z. B. Melaminharze. Die industrielle Verarbeitung von polymeren Werkstoffen setzte jedoch erst Mitte des 19. Jahrhunderts mit der Verarbeitung des Latex von Gummibäumen und dessen Umwandlung zu Kautschuk (Gummi, Elastomere) ein. Erstes und wichtigstes Anwendungsgebiet dafür fand sich sofort in der Elektroindustrie mit ihrem Bedarf an Isolationswerkstoffen. In den ersten Jahrzehnten des 20. Jahrhunderts war die rasch wachsende Autoindustrie der Antrieb für ein schnelles Wachstum der Kautschukindustrie. Die Kunststoffindustrie blieb zunächst relativ klein, bis die synthetischen Thermoplaste Mitte der dreißiger Jahre auf den Markt kamen und ihre Verarbeitung und Anwendung, vor allem auch durch die Autarkiebestrebungen in Deutschland vor und im zweiten Weltkrieg, einen erheblichen Schub bekamen.

Kautschuk war der erste bedeutende Polymerwerkstoff

Damals wurden so wichtige Werkstoffe wie der Kautschuk BUNA entwickelt. Zur gleichen Zeit wurde auch das Polyamid 6 (Polycaprolactam, das als Spinnfaser Perlon bekannt ist) bei LEUNA in Deutschland entdeckt. Dieser Werkstoff eignet sich hervorragend als Ersatz für Fallschirmseide. 1933 wurde in England von der ICI das Polyethylen niedriger Dichte (auch als Hochdruckpolyethylen, PE-LD bekannt) erfunden. In den USA entdeckte man das Polyamid 66 (als Spinnfaser mit dem Handelsnamen Nylon berühmt geworden). Wegen der großen strategischen Bedeutung wurden für diese Werkstoffe schnell Erzeugungsanlagen aufgebaut. Damit begann die chemische Industrie Werkstoffproduzent zu werden.

Mit dem steigenden Verbrauch von Erdöl nach dem zweiten Weltkrieg, bedingt vor allem durch die schnell zunehmende Nutzung von Autos und dem Wechsel von Kohle zu Öl für den Heizbedarf, entstand das dringende Bedürfnis bei den Herstellern der Brennstoffe, den Raffinerien, auch die beim Cracken entstehenden Abfälle (vor allem die Gase Ethylen und Propylen) einer Nutzung zuzuführen. Damals war auch gerade von Ziegler und Natta die katalytisch bewirkte Polymerisation der Polyolefine – Polyethylen und Polypropylen – erfunden worden. Die Großchemiekonzerne BASF, ICI in England und Montecatini in Italien erkannten die Möglichkeiten und wurden so auch zu Herstellern dieser Rohstoffe. Das war der Auslöser, große Teile der Chemieerzeugung auf diese Basis umzustellen. Sie bekam damit den Namen Petrochemie. Die Produktion von Polymerwerkstoffen in den Industrieländern wuchs zunächst boomartig mit weit über 10 % pro Jahr. Die Gase, die zunächst noch Abfälle waren, reichten bald nicht mehr und man war gezwungen, in den Crackern, in denen das Rohöl gespalten wurde, eine besondere Qualität, das „Naphtha“, als Rohstoff für die Polymerisation zu erzeugen.

Ethen (Ethylen) wird Basisrohstoff für die Petrochemie

Mit der Erdölkrise 1973 trat eine gewisse Dämpfung ein, die sich nach der zweiten Erdölkrise 1982 zu einer breiten Bewegung für Ressourcenschonung und der Forderung, Kunststoffe genau wie Metalle zu recyceln, ausweitete. Die Aversion gegen die Kunststoffe war auch dadurch angeheizt worden, dass die Verpackung – vor allem von Lebensmitteln – mittlerweile zu einem bedeutenden Anwendungsgebiet der Kunststoffe geworden war. Die verschmutzten Kunststoffe aus Verpackungen landeten dann leider nicht nur auf den ordentlichen, sondern oft auch auf wilden Müllkippen und verschandelten damit die Umwelt. Durch die sich daraus entwickelten Kampagnen gegen Kunststoffe hat sich die Wachstumsrate für den Verbrauch von Kunststoffen zusammen mit der gesamten Wirtschaftsentwicklung in den vergangenen 30 Jahren auf im Durchschnitt ca. 4 % pro Jahr verlangsamt. Jedoch ist die Entwicklung, insbesondere bei Thermoplasten, wie beispiels-

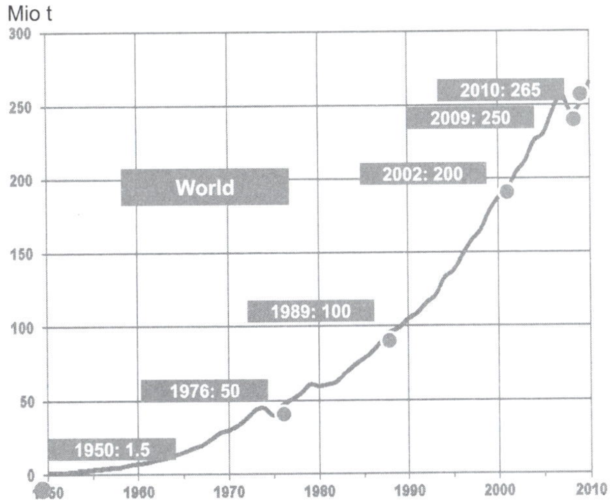

- Erfolgsstory Kunststoff
- Wachstum seit mehr als 50 Jahren
- Produktionsentwicklung von 1,5 Mio. t 1950 zu 265 Mio. t 2010
- Die Krise 2008/2009 hinterlässt deutliche Delle
- Durchschnittliches Wachstum 1950 bis 2010 von 9,0% jährlich

BILD 1.2 Kunststoffproduktion 1950–2009
(Quelle: Plastics Europe; www.plasticseurope.org/PEMRG)

weise Polypropylen (PP), mit mehr als 5 % pro Jahr weltweit immer noch beachtlich. In Bild 1.2 ist die Entwicklung der Kunststoffproduktion dargestellt.

Man zählt (aus statistischen Gründen) weder Kautschuk noch die synthetischen Fasern zu den Kunststoffen, obwohl es sich ebenfalls um organische Polymerwerkstoffe handelt, die einen ähnlichen chemischen Aufbau besitzen. Während der Verbrauch im Jahr 2000 noch bei 180 Mio. t lag, wurden im Jahr 2010 bereits 240 Mio. t verbraucht.

Zunächst war die Ausgangsbasis für die synthetischen Kunststoffe noch die Kohle (Tabelle 1.1). Mitte der fünfziger Jahre wurde jedoch die Rohstoffbasis auf Erdöl umgestellt (vgl. Bild 1.3), denn der steigende Benzin-, Diesel- und Heizölverbrauch ließ erhebliche Mengen praktisch wertloser Raffinationsanteile anfallen. So fällt Ethylen zu ca. 10 % beim Cracken von Rohöl an. Es ist bis heute die wichtigste Rohstoffbasis geblieben und dies nicht mehr nur für Polyethylen (Tabelle 1.2), sondern generell für sehr viele Kunststoffe und andere chemische Produkte.

Viele Thermoplaste zeichnen sich dadurch aus, dass sie sich besonders leicht zu Formteilen und Profilen ausformen (urformen) lassen. Die kostengünstige Produktion von Massengütern aus den dazu bestgeeigneten und kostengünstigsten Polymeren ließ damit einige dieser Werkstoffe zu Massenkunststoffen werden, deren stetiges Wachstum zunächst auf der Substitution konventioneller Werkstoffe wie Papier, Holz, Metallblech u. a. beruhte. Das stärkste Wachstum besitzen die Polyolefine, die heute einen Anteil von 45 %an der gesamten Kunststoffpalette besitzen. Dabei ist das Polypropylen seit Jahren das am schnellsten wachsende Polymer geworden. Das anhaltende starke Wachstum von Polypropylen beruht darauf, dass es gleichzeitig auch zu einem wichtigen Werkstoff für technische Anwendungen geworden ist, wo es immer noch neue Anwendungen erobert und zum Teil auch schon andere Kunststoffe substituiert.

Thermoplaste lassen sich besonders leicht verarbeiten

TABELLE 1.1 Polymerwerkstoffe auf Kohlebasis
(Quelle: Der Lichtbogen. 4/XXV, Dez. 1976, Nr. 183)

Steinkohle			Produktfluß →	
Ammoniak				
Stadtgas				
Koks	Wassergas	Methanol	Formaldehyd	Formaldehydharze UF, MF, PF
	Karbid	Ca-cynamid	Melamin	Melamin-Formaldehyd
	Acetylen		Ethylen	Polyethylen
			Ethylenglykol	Polyester
			Acrylsäure(ester)	Polyacrylate
			Acrylnitril	Polyacrylnitril, Nitrilkautschuk, ABS
		1,3-Butandiol	Butadien	Polybutadien, SBR
		Vinylacetylen	Chloropren	Polychloropren
			Vinylchlorid	Polyvinylchlorid
			Vinylidenchlorid	Polyvinylidenchlorid
			Vinylacetat	Polyvinylacetat, -alkohol, -butyral
			Vinylether	Polyvinylether
Steinkohlenteer	Leichtöl	Benzol	Styrol	Polystyrol, Styrol-Copolymere
		Xylole	Terephthalsäure	Polyester
			Isophthalsäure	Polyester
	Phenolöl	Phenol		Phenol-Formaldehyd
			Bisphenol A	Epoxidharze, Polycarbonate
		Cyclohexanon	Caprolactam	Polyamid 6
			Adipinsäure, Hexamethylendiamin	Polyamid 66
	Naphthalinöl		Phthalinsäureanhydrid	Polyester, Alkydharze

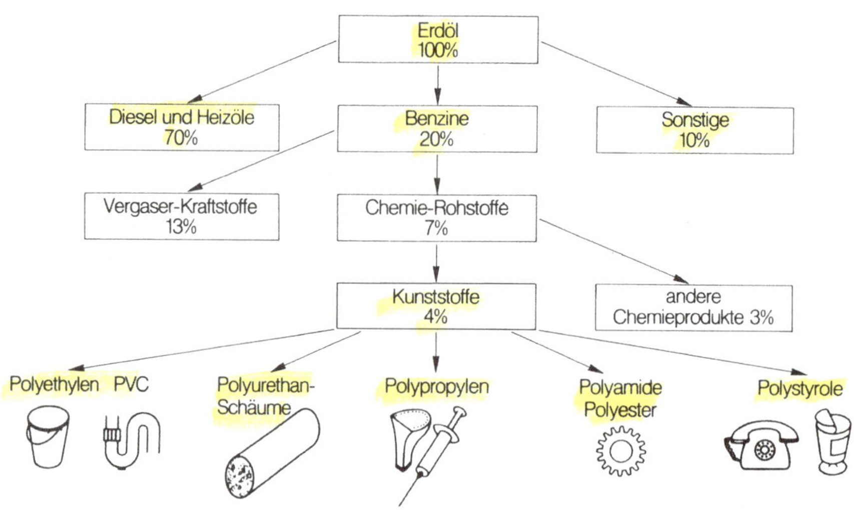

BILD 1.3 Vom Erdöl zum Kunststoff

TABELLE 1.2 Polymerwerkstoffe auf Naphthabasis
(Quelle: Der Lichtbogen. 4/XXV, Dez. 1976, Nr. 183)

Naphtha			Produktfluß →	
Restgas	Synthesegas	diverse Synthesen	u. a. Formaldehyd	Polyformaldehyd, Formaldehydharze
	Acetylen	(siehe Acetylenzweig in Tabelle 1.2)		
Ethylen				Polyethylen, EP[D]M-Kautschuk
			Vinylchlorid	PVC und Copolymere
			Vinylacetat	PVAC, PVA, Polyacetale
		Ethylenoxid	Ethylenglykol	Polyester
				Polyether, Polyurethane
Propylen				Polypropylen, EP[D]M
		Acrylnitril		Polyacrylnitril, ABS, NBR
		Adipindinitril	Hexamethylendiamin	Polyamid 66 u. a. Polyamide
			Acrylsäure(ester)	Polyacrylate und Copolymere
		Propylenoxid	Propylenglykol	Polyester, Polyurethane
	Cumol	Aceton	Methylmethacrylat	Polymethylmethacrylat
			Bisphenol A	Epoxidharze, Polycarbonate, Polysulfone
C_4-Fraktion	1-Buten			Polybuten-1
	n-Butan		Maleinsäureanhydrid	ungesättigte Polyester
	Isobuten			Butylkautschuk
			Isopren	Polyisopren
	Butadien			Polybutadien, SBR, NBR
		Cyclododecatrien	Laurinlactam	Polyamid 12
			1,12-Dodecandisäure	Polyamid 612 u. a.
		Adipindinitril	Hexamethylendiamin	Polyamid 66 u. 612
			Chloropren	Polychloropren
C_5-Fraktion	Isopren			Polyisopren
Crackbenzin	Benzol	Ethylbenzol	Styrol	Polystyrol und Copolymere z. B. SBR, ABS, SAN; UP
		Cumol	Phenol	Phenole, Epoxide
		Cyclohexan	Caprolactam	Polyamid 6
			Adipinsäure	Polyamid 66 und andere
	Toluol	Toluylendiisocyanat		Polyurethane
	o-Xylol		Phthalsäureanhydrid	Polyester, Alkydharze
	p-Xylol		Terephthalsäure	Polyester
	m-Xylol		Isophthalsäure	Polyester
	höhere Homologe		Trimellitsäureanhydrid Pyromellitsäureanhydrid	Polymide
	Naphthalin		Phthalsäureanhydrid	Polyester

Heute ist in den Industrieländern eine gewisse Sättigung zu beobachten. Trotz technologischer Verbesserungen, wie neuen Technologien zur Herstellung von Polymeren, z. B. die Verwendung neuer Katalysatoren (z. B. Metallocene) bei der Polymerisation oder auch der Automatisierung der Fertigungsprozesse bei der Um- und Urformung, gibt es noch immer keine nennenswerten Verbilligungen der Kunststoffrohstoffe. Jedoch vergrößern sich die Anwendungsmöglichkeiten und die Kunststoffe wachsen durch weitere Substitution der klassischen Werkstoffe auch in den Industrieländern noch langsam weiter. Die Vergrößerung der Erzeugungseinheiten war eine lange verfolgte Strategie der Rohstoffhersteller. Diese Möglichkeiten sind jedoch erschöpft. Heute haben die Anlagen zur Polymerisation von Standardkunststoffen, wie PVC, PE, PP und PS, bereits solche Dimensionen erreicht (z. B. 600.000 t pro Jahr bei PE), dass eine weitere Vergrößerung kaum noch Kostenersparnisse bringen kann. Stattdessen verlangt der Markt eine Spezialisierung, die sogar kleinere Anlagen erfordert.

In den Schwellenländern wächst mit der Steigerung des Lebensstandards die Kunststoffverwendung boomartig

In den Schwellenländern wachsen die Verbrauchsvolumina an Kunststoffen mit den steigenden Lebensstandards sehr schnell. Hier besteht ein großer Bedarf an Konsumgütern, denen die billigen Massengüter aus den preiswerten Kunststoffen sehr entgegenkommen. Während in den entwickelten Industrieländern die Spezialisierung fortschreitet, sind es in den sich entwickelnden Ländern die Massenkunststoffe, die besonders schnell wachsen.

Es sind vor allem die in großen Mengen erzeugten thermoplastischen Kunststoffe, die so genannten Standard- oder Massen-Kunststoffe, wie Polyolefine (PE und PP), Polyvinylchlorid (PVC) und Polystyrole (PS), die über 2/3 der gesamten Kunststoffproduktion ausmachen. Die übrigen Thermoplaste machen nur noch ca. 10 % aus. Auf die härtbaren

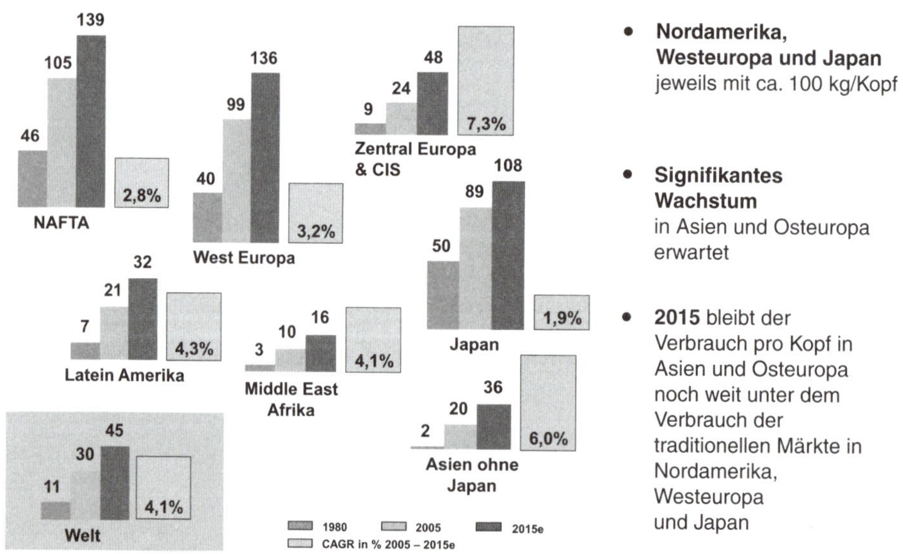

BILD 1.4 Pro-Kopf-Verbrauch von Kunststoffen in der Welt nach Ländern und Gebieten (Quelle: Plastics Europe www.plasticseurope.org/PEMRG)

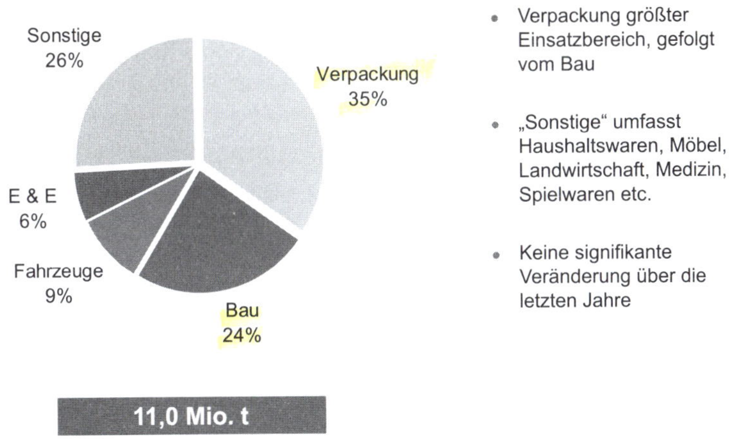

BILD 1.5 Der europäische Verbrauch von Kunststoffen nach den wesentlichen Verwendungsgebieten. (Quelle: Plastics Europe; www.plasticseurope.org/PEMRG)

Harze, die als Duromere oder Duroplaste bezeichnet werden und wozu ein Großteil der Faserverbund-Werkstoffe gehört, entfallen schließlich etwa 22 %.

Technische (Engineering) Kunststoffe

Die gesamte Gruppe der so genannten technischen, thermoplastischen Kunststoffe, wozu auch die Polyamide und die thermoplastischen Polyester zählen, wachsen mit ca. 5 % pro Jahr. (Diese Zahlen beinhalten nicht die Verwendung als Faserstoffe, welche in den offiziellen Statistiken separat gezählt werden. Der Anteil dieser Werkstoffe für Fasern beträgt allerdings weniger als 10 % der Gesamtproduktion.)

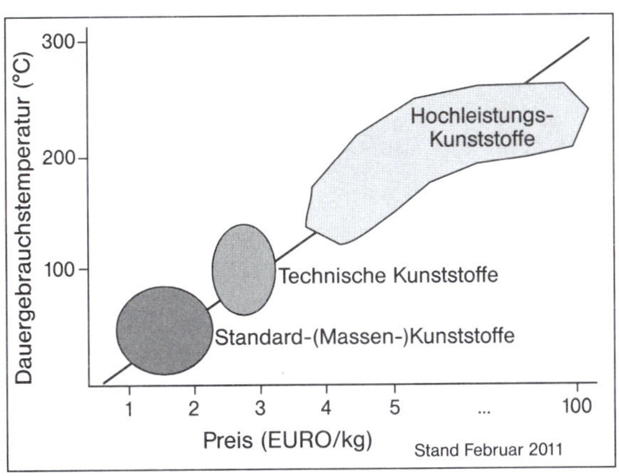

BILD 1.6 Preise von Kunststoffen als Funktion der Gebrauchstemperaturen

HINWEIS: Zusammenfassend kann man feststellen: Kunststoffe haben noch eine große Zukunft vor sich; gerade erst beginnt eine neue Wachstumsphase.

Auch die mit langen Fasern (Glasfasern, Kohlenstofffasern u. a.) verstärkten Kunststoffe, die so genannten Faserverbund-Werkstoffe, wachsen in Anbetracht des Bedarfes an Leichtbau-Werkstoffen trotz höherer Kosten für die Verarbeitung stetig. Ihr Anteil beträgt derzeit noch etwas mehr als 2 % an der Gesamtproduktion von Kunststoffen.

Kunststoffe sind, wenn man nur die Preise (siehe Bild 1.6) vergleicht, keineswegs billig. Sie sind aber nicht deswegen so konkurrenzfähig, weil das Volumen von 1 kg Kunststoff gegenüber demjenigen von 1 kg Stahl ca. sieben Mal größer ist, sondern weil sie sich leicht und kostengünstig bei größeren Stückzahlen der gleichen Gestalt verarbeiten lassen (siehe Bild 2.3 und Tab. 1.3) und damit im Bereich von Umgebungstemperaturen große Anwendungen erobert haben und noch erobern.

TABELLE 1.3 Energieaufwand zur Herstellung bestimmter Erzeugnisse aus unterschiedlichen Werkstoffen (Angaben in t Erdöläquivalent für Rohstoff und Herstellung der Erzeugnisse) (Quelle: BASF)

Erzeugnis – Menge und Art		Erdölbedarf (t)
1 Mio. m² Verpackungsfolie aus	Polypropylen	110
	Cellulose	150
1 Mio. m² Düngemittelsäcke aus	Polyethylen	470
	Papier	700
100 km Rohrleitung, 1 Zoll Durchmesser, aus		
	Polyethylen	57
	Kupfer	66
	galvanisiertem Stahl	232
1 Mio. 1 l-Behälter aus	PVC	97
	Glas	230
100 km Dränagerohr, 4 Zoll Durchmesser, mit Fittings, aus		
	PVC	360
	Asbestzement	400
	Ton	500
	Gussstahl	1.970

1.2 Definition und Namen

In der Aufbereitung werden die Polymere zu Kunststoffen mit gleichem Namen

Kunststoffe werden aus den Polymeren, wie sie bei der Polymerisation oder aus der Natur gewonnen werden, und Zusätzen hergestellt. Letztere machen den Kunststoff zu dem für die gedachten Anwendungen und Verarbeitungsgängen geeigneten Werkstoff. Dieser Arbeitsvorgang, in der Regel mit Aufbereitung bezeichnet, besteht aus Misch-, Schmelz- und Granuliervorgängen und wird meist bei den Rohstoffherstellern oder bei so genannten Compoundeuren durchgeführt. Nur selten findet die Aufbereitung bei den Verarbeitern (Urformern: Spritzgießern, Extrudeuren usw.) statt. Die normierten Bezeichnungen der

Kunststoffe folgen jedoch den chemischen Namen der Polymere. In der Tabelle 1.4 sind die zurzeit gültigen Namen aufgelistet.

TABELLE 1.4 Polymerwerkstoffe: Namen nach alphabetischer Reihenfolge, die Namen sind die Familiennamen der betreffenden Kunststoffklasse (nach Saechtling)

Name basiert auf dem Namen des Monomers

Kurzzeichen	Chemische Bezeichnung
ABS	Acrylnitril-Butadien-Styrol
ASA	Acrylnitril-Styrol-Acrylester Copolymer
BR	Butadien-Kautschuk
CA	Celluloseacetat
CN	Cellulosenitrat, Celluloid
COC	Cyclopolyolefin-Copolymere
CR	Chloropren-Kautschuk
CSM	chlorsulfonierter Polyethylen Kautschuk
ECB	Ethylencopolymer-Bitumen-Blend
EP	Epoxid Harz
EPDM	Ethylen-Propylen-Dien-Kautschuk
EPM	Ethylen-Propylen Kautschuk
ETFE	Ethylen-Tetrafluorethylen Copolymer
EVAC	Ethylen Vinylacetat Copolymer
FEP	Polyfluorethylenpropylen
FKM	Fluor-Kautschuk
FPM	Propylen-Tetrafluorethylen Kautschuk
FFKM	Perfluor Kautschuk
IIR	Butyl Kautschuk (CIIR, BIIR)
IR	Isopren-Kautschuk
LCP	Liquid Crystal Polymer
MF	Melamin-Formaldehyd Harz
MPF	Melamin-Phenol-Formaldehyd Harz
NBR	Acrylnitril-Butadien Kautschuk
NR	Natur Kautschuk
PA	Polyamid
PAEK	Polyaryletherketon
PAI	Polyamidimid
PAN	Polyacrylnitril
PBT	Polybutylenterephthalat
PC	Polycarbonat
PCTFE	Polychlortrifluorethylen
PE	Polyethylen
PE-C	chloriertes Polyethylen
PE-HD	Polyethylen, high density
PE-HMW	Polyethylen, high molecular weight
PE-LD	Polyethylen, low density
PE-LLD	Polyethylen, linear low density

TABELLE 1.4 Polymerwerkstoffe: Namen nach alphabetischer Reihenfolge, die Namen sind die Familiennamen der betreffenden Kunststoffklasse (nach Saechtling) (Fortsetzung)

Kurzzeichen	Chemische Bezeichnung
PE-MD	Polyethylen, medium density
PE-UHMW	Polyethylen, ultra high molecular density
PEEK	Polyetheretherketon
PEI	Polyetherimid
PEK	Polyetherketon
PEN	Polyethylennaphthalat
PES	Polyethersulfon
PET	Polyethylenterephthalat
PF	Phenol-Formaldehyd Harz
PFPE	Perfluorpolyether
PI	Polyimid
PIB	Polyisobuten
PMI	Polymethacrylimid
PMMA	Polymethylmethacrylat
PMP	Poly-4-Methylpenten-1
POM	Polyoxymethylen (Polyformaldehyd, Polyacetal Harz)
PP	Polypropylen
PP-C	Polypropylen-Copolymer
PP-H	Polypropylen-Homopolymer
PPA	Polyphthalamid
PPE	Polyphenylenether (früher auch PPO)
PPS	Polyphenylensulfid
PPY	Polypyrrol
PS	Polystyrol
PS-E	Polystyrol, expandierbar
PSU	Polysulfon
PTFE	Polytetrafluorethylen
PUR	Polyurethan
PVAC	Polyvinylacetat
PVAL	Polyvinylalkohol
PVC	Polyvinylchlorid
PVDC	Polyvinylidenchlorid
PVDF	Polyvinylidenfluorid
PVF	Polyvinylfluorid
SAN	Styrol-Acrylnitril-Copolymer
SBR	Styrol-Butadien Kautschuk
SI	Silikon, Silikonharz
TPE	Thermoplastische Elastomere
UF	Harnstoff-Formaldehyd Harz
UP	Ungesättigte Polyesterharze
VMQ	Polymethylsiloxan-Vinyl Kautschuk

DIN EN ISO 1043-1 beinhaltet die Regeln zur Bildung von international üblichen Kurzzeichen für Polymere, wie sie in Tabelle 1.4 alphabetisch geordnet zusammengestellt sind. Das Polymerkennzeichen kann ergänzt sein durch eine (mit einem Mittelstrich nach diesem einzustellende) Kombination von Kennbuchstaben, die auf die besonderen Eigenschaften dieses speziellen Werkstoffs verweisen:

B: Block, bromiert

C: Chloriert

D: Dichte

E: verschäumt; verschäumbar

F: flexibel, flüssig

H: hoch

I: schlagzäh

L: linear, niedrig (low),

M: mittel; molekular

N: normal, Novolak

P: Weichmacher haltig

R: erhöht, Resol

S: gesättigt, sulfoniert

T: Temperatur (beständig), thermoplastisch, duroplastisch; zäh modifiziert

U: ultra, weichmacherfrei ungesättigt

V: sehr

W: Gewicht

X: vernetzt, vernetzbar

Beispiel: Lineares Polyethylen niedriger Dichte: PE-LLD.

Der Buchstabe P für „Poly" ist für Homopolymerisate zu verwenden. Copolymer- Kurzzeichen werden aus denen der verwendeten Monomere in der Reihenfolge abnehmender Anteile zusammengesetzt, z. B. E/P; EVAC, SB, VCEMMA. Polymergemische sind durch die Kurzzeichen der Grundpolymeren mit Pluszeichen zwischen ihnen in Klammern zu kennzeichnen, z. B.: (PMMA+ABS).

Die Doppelbelegung einiger Zeichen macht deutlich kenntlich, dass es sich hierbei leider um keine sichere, eindeutige Kennzeichnung handelt. Sie wird zudem im täglichen Gebrauch ständig durch weitere, nicht genormte, Abkürzungen erweitert.

DIN EN ISO 1043-2: 2008 „Kunststoffe – Kennbuchstaben und Kurzzeichen – Teil 2: Füllstoffe und Verstärkungsstoffe" gibt allgemeine Richtlinien zur Kennzeichenbildung für verstärkte Kunststoffgruppen wie z. B. GFK, CFK für Reaktionsharzformmassen, ergänzt durch DIN EN 14598-1:2005.

DIN EN ISO 1043-3: 2000 enthält die Kurzzeichen für Weichmacher.

DIN EN ISO 1043-4: 2000 gibt die Kurzzeichen und Kennbuchstaben für Flammschutzmittel an.

Genormte Kurzzeichen für Natur- und Synthesekautschuke (DIN ISO 1629: 2004) und für Textilien werden nach andersartigen Regeln gebildet; es existiert leider keine Übereinstimmung.

Am Beispiel von Polyamid 12 soll nun noch die Bezeichnung erläutert werden:

Thermoplast ISO 1874	PA 12	MHLR	16-060N	GF 30
Datenblock:	1	2	3	4

Erläuterung:
Norm für Polyamide
Polyamid 12
Spritzguß (M)
Hitzestabilisierung (H)
Licht- und witterungsstabilisiert (L)
Entformungsmittel enthaltend (R)
Code für Viskositätszahl
Code für Zug-E-Modul
N steht für schnelle Kristallisation
Glas (G) – Fasern (F)
30 Gewichtsprozent

Codierung von Verstärkungsmitteln und Füllstoffen in Datenblock 4 von Bild 1.8

1. Position	2. Position	3. Position
Code Art	Code Form	Code Gehalt Gew.-%
B Bor	B Kugeln	5 0-<7,5
C Kohlenstoff	D Pulver	10 7,5-<12,5
G Glas	F Fasern	15 12,5-<17,5
K Kreide	G Mahlgut	20 17,5-<22,5
M Mineralien	H Whisker	25 22,5-<27,5
S Organische Stoffe		30 27,5-<32,5
T Talkum		35 32,5-<37,5
X nicht spezifiziert		40 37,5-<42,5
		45 42,5-<47,5
		50 47,5-<55
		60 55-<65
		70 65-<75
		80 75-<85
		90 85 und mehr

BILD 1.7 Bezeichnung von Kunststoffen nach ISO 1874: 2011 am Beispiel eines glasfaserverstärkten Polyamid 12

Literatur zu Kapitel 1

Baur, E., Brinkmann, S., Osswald, T.A., Schmachtenberg, E.: Saechtling Kunststoff Taschenbuch, 30. A., München: Carl Hanser Verlag, 2007

2 Kunststoffe – Eigenschaften und Anwendungen kurz gefasst

2.1 Hervorstechende Eigenschaften der Kunststoffe im Vergleich mit anderen Werkstoffen

2.1.1 Kunststoffe sind leicht

spezifisches Gewicht

Die Dichten der Kunststoffe liegen zwischen 0,8 g/cm³ (Polymethylpenten) und 2,2 g/cm³ (Polytetrafluorethylen). Sie sind damit leichter als Metalle oder keramische Werkstoffe. Dieser Eigenschaft verdanken sie viele Anwendungen im Fahrzeug- und Flugzeugbau, bei Sportgeräten, Verpackung und anderen.

In Verbindung mit der relativ hohen mechanischen Tragfähigkeit, die durch die Einarbeitung von leichtgewichtigen Fasern erreicht wird, gehören sie daher in dieser Form auch zu den wichtigsten Leichtbauwerkstoffen (vgl. Bild 2.1).

2.1.2 Kunststoffe sind flexibel

mechanische Eigenschaften

Die Elastizitätsmoduln der Kunststoffe (Bild 2.2) sind – ebenso wie ihre Festigkeiten – weit gespreizt. Sie reichen von denjenigen eines weichen Kautschuks (Elastomer) bis zu denjenigen von Metallen (Aluminium). Diese große Spannweite des Elastizitätsmoduls ist einer der besonderen Vorteile gegenüber anderen Werkstoffen.

Besonders die Elastomere (Gummi) besitzen mit ihrer Flexibilität eine für uns unverzichtbare, von keiner anderen Werkstoffgruppe gebotene Eigenschaft.

Bei den für Kunststoffe typischen, kleinen bis mittelgroßen Formteilen kann man bereits durch werkstoffgerechtes Konstruieren der Formteile den niedrigen Modul überspielen und dank eines hohen Trägheitsmoments viele Anforderungen auch ohne Faserfüllung erfüllen. Bei großen Formteilen und höheren Ansprüchen an die Steifigkeit hilft die Einarbeitung von Füllstoffen, in erster Linie in Form von Fasern.

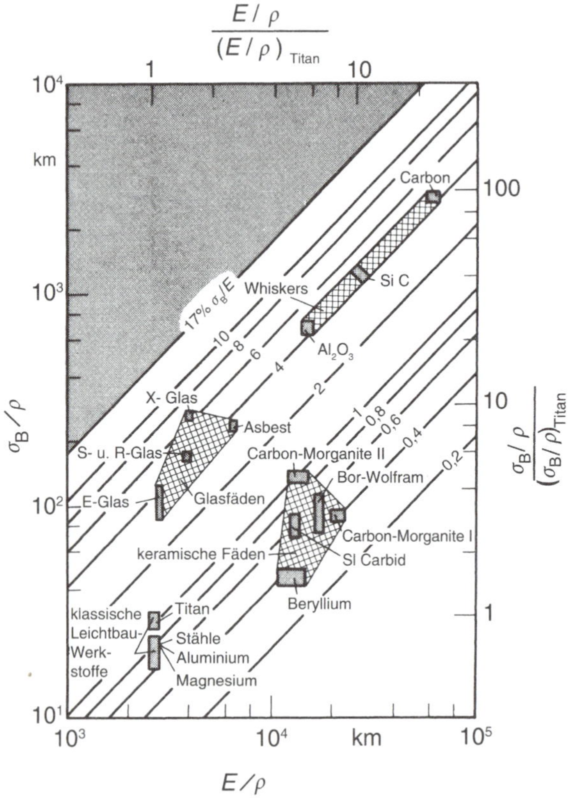

BILD 2.1 Festigkeit σ_B und Elastizitätsmodul E von faserverstärkten Kunststoffen und Leichtbauwerkstoffen bezogen auf die Dichte ρ (*Hütter*)

2.1.3 Kunststoffe haben eine niedrige Verarbeitungs-(Urform-) Temperatur und ihre Schmelzen sind oft zähflüssig

Verarbeitung

Der Temperaturbereich, in dem Kunststoffe geformt werden können, erstreckt sich von Raumtemperatur bis ca. 300 °C, in einigen Sonderfällen bis knapp 400 °C. Die gebräuchlichsten Kunststoffe (Thermoplaste) haben eine mit 200 bis 250 °C anzusetzende Verarbeitungstemperatur. Dies ist einer der Hauptgründe für die unkomplizierte Verarbeitung und die niedrigen Fertigungskosten bei großen Stückzahlen mit identischer Gestalt, auch wenn diese komplex ist. Gleichzeitig können dank dieser Eigenschaft sehr viele Füllstoffe in die Kunststoffe eingearbeitet und diese damit an die jeweiligen Anwendungen angepasst werden. Das gilt vor allem auch für Farbpigmente, mit denen die Formteile durchgehend eingefärbt werden können, sodass eine nachträgliche Lackierung nicht erforderlich ist. Neuerdings machen auch die Pharmaindustrie und medizinische Anwendungen hiervon vermehrt Gebrauch; beispielsweise bei Pflastern, die medizinische Wirkstoffe enthalten und die bei so niedrigen Temperaturen verarbeitet werden können, dass die enthaltenen Pharmaka nicht geschädigt werden.

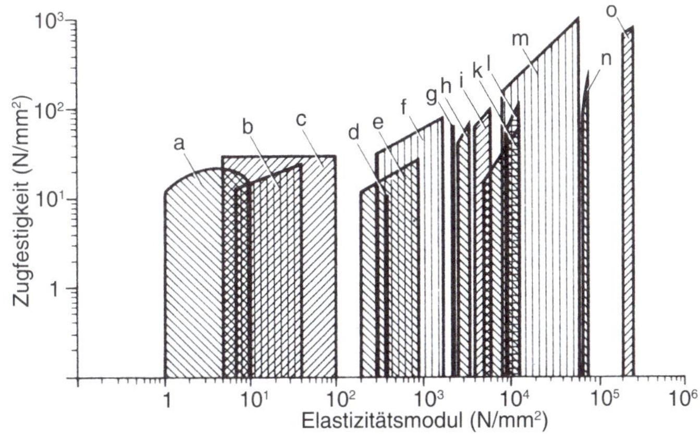

BILD 2.2 Zugfestigkeits- und Elastizitätsmodul-Bereiche gummielastischer bis stahlelastischer Werkstoffe (nach *Saechtling*)
gummielastische Stoffe: a Weichgummi, b Weich-PVC (PVC-P), c Polyurethan-Elastomere;
teilkristalline Thermoplaste: d Polytetrafluorethylen, e Polyethylene, f Polyamide;
amorphe Thermoplaste: g Polycarbonat, h Polystyrol, Hart-PVC (PVC-U), Polymethylmethacrylat;
Hydratcelluloseschichtstoff: i Vulkanfiber;
klassische Press- und Schichtpressstoffe: k Pressstoffe (DIN 7708), Hartpapier, Hartgewebe;
glasverstärkte Kunststoffe: m Glasfaser-Matten, -Gewebe oder -Rovings mit UP- oder EP-Harzmatrix;
Metalle: n Aluminium, o Stahl

Weiterhin erlaubt diese Eigenschaft das Einarbeiten von Treibmitteln und damit die Herstellung von synthetischen Schaumstoffen, deren Dichte – hier spricht man von Raumgewicht – sich bis auf ein Hundertstel des homogenen Werkstoffs, d. h. auf ca. 0,01 g/cm^3 (10 kg/m^3) erniedrigen lässt. Die Anwendungen nutzen die gute Isolation von Schall und Wärme, andere das sehr geringe Gewicht bei großer Zähigkeit. Letzteres ermöglicht das Herstellen leichter Bauteile, die dank der großen Dicke trotzdem oft ausreichende Tragfähigkeit besitzen. In anderen Fällen ist auch die Kombination mit Kautschukelastizität gefragt.

Dank der hohen Zähigkeit der Schmelzen von Kunststoffen und ihrer damit verbundenen Klebrigkeit lassen sich Füllstoffe bis zu Volumengehalten von 60 % einarbeiten. Pulver oder Sand steigern beispielsweise den Elastizitätsmodul, was man ausnutzt, um vor allem die Druckfestigkeit zu steigern. Ein gutes Beispiel sind Fußbodenbeläge aus gefülltem Weich-PVC.

Organische Füll- und Verstärkungsstoffe, wie Holzmehl, Fasern oder Zellulosebahnen, steigern die Schlagzähigkeit, den Modul und die Festigkeit beispielsweise bei duroplastischen Harzen (Phenolharze). Gleichzeitig steigert man damit die Festigkeit und die Schlagzähigkeit und vermindert dank der Saugfähigkeit der Füllstoffe Poren, die wegen der Wasserabspaltung bei der Härtung entstehen würden.

Kohlenstoff in Form von Graphit, Ruß oder als Faser wird ebenfalls in erheblichen Mengen eingearbeitet, z. B. Ruß in Elastomere bei der Produktion von Autoreifen. Hierdurch werden die mechanischen Eigenschaften und die Lichtbeständigkeit verbessert. In anderen Fällen dienen sie der Herstellung der Leitfähigkeit für elektrischen Strom und Wärme.

Durch Einarbeiten von Weichmachern (gewisse Ester) kann die Steifigkeit gewisser Kunststoffe von hart bis weich, d. h. hin zu Elastomeren, verändert werden (z. B. PVC).

Mit Hilfe von gezielt eingearbeiteten Fasern lassen sich Steifigkeit und Festigkeit um ein Vielfaches steigern. Dies zeigt sich besonders deutlich in den auf die Dichte bezogenen Eigenschaften (σ/ρ und E/ρ in Bild 2.1), die als Kennzahlen für den Leichtbau benutzt werden. Sie übertreffen diejenigen von Metallen weit (Bild 2.1). Bei diesen Anwendungen macht man noch von einer weiteren, besonderen Eigenschaft einiger Kunststoffe Gebrauch, die bei niedrigen Temperaturen (z. B. Raumtemperatur) als flüssige Vorprodukte vorliegen, wodurch das Tränken von solchen Fasern und Textilien sehr erleichtert wird. Bei der nachfolgenden Polymerisation (oft als Härten bezeichnet), entsteht eine vernetzte Molekülstruktur, wobei eine hohe Haftfestigkeit zu den Fasern aufgebaut wird, was zu einem erhöhten Elastizitätsmodul dieses Verbundwerkstoffes gegenüber dem ungefüllten Harz führt. Mit dieser Methode kann man mit relativ geringem Aufwand auch in geringen Stückzahlen wirtschaftlich Bauteile bis zur Größe von Schiffen, Raketen, Sendetürmen, Windrädern (>100 m Höhe) u. a. herstellen.

2.1.4 Kunststoffe haben niedrige Leitfähigkeiten

Wärme- und elektrische Leitfähigkeit

Die Wärmeleitfähigkeit ($1 \cdot 10^{-1}$ bis $8 \cdot 10^{-1}$ W/mK) liegt um etwa drei Größenordnungen unter derjenigen der Metalle. Dies erschwert zwar oft die Fertigung (Ursache für vergleichsweise lange Abkühlzeiten nach der Formgebung), macht jedoch viele Kunststoffe zu wichtigen Isolationswerkstoffen, was durch Schäumen noch weiter verbessert wird.

Der elektrische Durchgangswiderstand liegt bei homogenen Kunststoffen zwischen 10^{10} und 10^{18} Ω cm, also mehr als 15 Größenordnungen höher als bei Konstantan (das am schlechtesten leitende Metall mit $5 \cdot 10^{-5}$ Ω cm). Kunststoffe sind daher besonders wichtige elektrische Isolierwerkstoffe, die in Verbindung mit ihrer Flexibilität für die Isolierung von elektrischen Leitungen und Kabeln genutzt wird. Aber auch hier lässt sich durch Einmischen von z. B. Graphit, Ruß, oder Nano-Kohlenstoff-Röhrchen der spezifische Durchgangswiderstand bis hinunter zu demjenigen von Konstantan anpassen. Es ist auch möglich, durch speziellen Molekülaufbau hoch-leitfähige, so genannte intrinsisch leitfähige, Polymere herzustellen (z. B. Polyacetylen, Polypyrrol, Polyanilin). Da diese jedoch nicht mehr umgeformt werden können, werden sie bisher als Füllstoffe, z. B. in Lacken, eingearbeitet und eingesetzt (z. B. als RIFD).

2.1.5 Eine ganze Reihe von Kunststoffen ist transparent

Optische Eigenschaften

Einige amorph erstarrende Kunststoffe haben den mineralischen Gläsern vergleichbare optische Eigenschaften bei gleichzeitig weit verbesserter Zähigkeit. Daher werden sie schon lange im Bauwesen und auch im Automobilbau für Verglasungen eingesetzt (Acrylglas, Polycarbonat).

2.1.6 Kunststoffe haben eine hohe chemische Beständigkeit

Chemische Beständigkeit: Grund für sehr viele Anwendungen

Infolge des von Metallen sehr verschiedenen atomaren Bindungsmechanismus (Atombindung anstelle der metallischen Bindung) leiden Kunststoffe nicht unter der als Korrosion bekannten Zerstörungsform von Metallen, wenn sie mit entsprechenden Medien in Berührung kommen. Die meisten Kunststoffe sind beständig gegen Mineralsäuren, Laugen und wässrige Salzlösungen, welche die meisten Metalle angreifen. Dies ist auch die Ursache für die pflegeleichte Handhabung, was ihren Einsatz bei Haus- und Elektrogeräten, Spielzeugen, Fahrzeugausstattungen u. a. sehr unterstützt. Ebenso basiert hierauf die hohe Beständigkeit gegen Einflüsse durch Bewitterung (dank gleichzeitiger Unterstützung durch Stabilisatoren gegen UV-Strahlung).

Andererseits sind viele Kunststoffe durch organische Lösungsmittel lösbar. Da diese jedoch nur spezifisch wirken, kann man dies für jeden Einsatzfall berücksichtigen und jeweils beständige Werkstoffe aussuchen (Benzintank aus Polyethylen). Die Löslichkeit bietet andererseits oft eine Möglichkeit einfacher Verarbeitung, z. B. sind Lacke gelöste Polymere.

2.1.7 Kunststoffe sind durchlässig (Permeation, Diffusion)

Durchlässigkeit

Die infolge größerer Atomabstände, was gleichbedeutend ist mit niedriger Dichte, höhere Durchlässigkeit für Gase und manche Flüssigkeiten kann nachteilig sein. Jedoch gilt das nicht generell, denn auch die Durchlässigkeit wirkt sich spezifisch aus, d. h. gewisse Polymerwerkstoffe sind nur gegenüber chemisch ähnlich aufgebauten Gasen und Flüssigkeiten leicht durchlässig; man kann somit die für das jeweilige Anwendungsgebiet am besten geeigneten Kunststoffe aussuchen. Andererseits ist die Durchlässigkeit für manche Anwendungen erforderlich, z. B. für Membranen für Meerwasserentsalzungsanlagen oder bei Kunststoffen, die als Organersatz eingesetzt werden.

2.1.8 Kunststoffe lassen sich mit Hilfe unterschiedlicher und vielseitiger Methoden wieder verwenden bzw. verwerten (Recycling)

Wieder- und Weiterverwendung

Kunststoffe sind bereits von ihrer Erzeugung her umweltfreundliche Werkstoffe; sie benötigen nur wenig Energie zu ihrer Herstellung, wie die Energieäquivalente einiger Werkstoffe im Vergleich mit Kunststoffen zeigen (vgl. Bild 2.3). Auch für die Herstellung von Formteilen werden nur geringe Energiemengen benötigt, wie im Vergleich einiger Erzeugnisse (vgl. Tabelle 1.3), die üblicherweise sowohl aus Kunststoffen wie aus anderen Werkstoffen hergestellt werden, leicht erkennbar ist.

Einfügen in den biologischen Kreislauf

Falls ein wirtschaftliches Wiederverwerten nicht möglich sein sollte, können Kunststoffabfälle, die mit anderen Stoffen gemischt vorliegen, problemlos, z. B. durch Verbrennen (unter Energiegewinnung), beseitigt und somit nützlich verwertet werden. In Tabelle 2.2

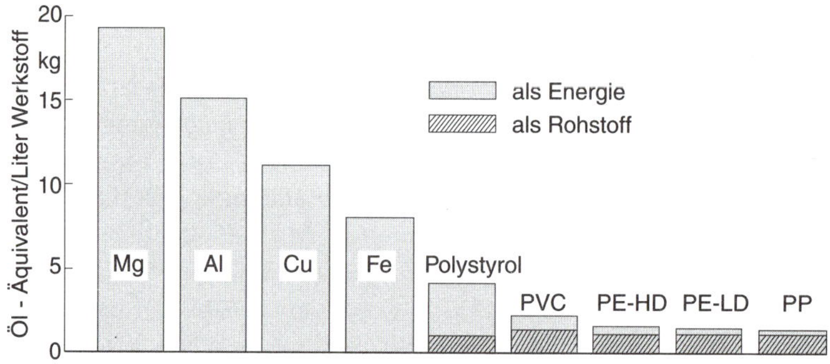

BILD 2.3 Wiederverwertung von Kunststoffen

sind die Heizwerte verschiedener Polymerwerkstoffe und anderer (Brenn-)Stoffe aufgelistet. Die Heizwerte kennzeichnen die Wärme, die man theoretisch beim Verbrennen gewinnen könnte. Dank ihres organischen Aufbaus sind Kunststoffe mit ganz wenigen Ausnahmen gut brennbar; dies kann man durch gewisse Füllstoffe beschränken und so eine schnelle Entzündung erschweren, aber nie völlig verhindern. Durch Verbrennen werden die Polymerwerkstoffe zunächst in Kohlenwasserstoffe depolymerisiert; diese verbrennen dann zu Kohlendioxid und Wasserdampf. Damit schließen sich die Kunststoffe in den biologischen Kreislauf des Kohlenstoffs zwanglos ein (vgl. Bild 2.6). In vielen Fällen können Kunststoffe auch zu Monomeren depolymerisiert werden. Daraus können dann wieder neue Polymere hergestellt werden.

HINWEIS: Kunststoffe haben ein ungewöhnlich breites und variables Eigenschaftsspektrum. ■

TABELLE 2.1 Heizwert (in MJ/kg) verschiedener Kunststoffe und fossiler Brennstoffe

Kunststoff/Brennstoff	Kurzbezeichnung	Heizwert (MJ/kg)	
Polypropylen	PP	44	
Erdöl, Heizöl		42,5	
Phenolharz-Formmasse	PF	32,1	mit 30 % Glasfaser: 25
ungesättigter Polyester	UP	34	
Epoxidharz	EP	33	
Steinkohle		29	
Polycarbonat	PC	29,4	mit 30 % Glasfaser: 20,6
Polyamid	PA6	28,7	mit 30 % Glasfaser: 20,1
Melamin-Formaldehydharz	MF	28	
Braunkohle		8 bis 22	
Harnstoffharz	UF	18	
Brennholz (1 m^3 = 0,7 t)		14,5	

Große Mengen gleicher Produkte, wie z. B. Flaschen aus PET, werden wieder zum Teil zum gleichen Verwendungszweck oder auch zu anderen hochwertigen Produkten (Garne für die verschiedensten Textilien oder Verpackungsbänder) aufgearbeitet. Beim rohstofflichen Recycling erfolgt die gezielte Rückführung der Polymermoleküle zu niedermolekularen Bausteinen. Diese werden nach einer Reinigung wieder in chemische Prozesse eingeleitet. Handelt es sich bei den Molekülen um das Monomer eines Kunststoffs, so können diese direkt für die erneute Polymerisation eingesetzt werden (Beispiel PMMA).

rohstoffliches Recycling

Das energetische Recycling hat die Gewinnung von Energie aus Kunststoffabfällen zum Ziel. Der Heizwert von Kunststoffabfällen liegt in der gleichen Größenordnung wie der von Steinkohle, so dass stark verschmutzte und vermischte Kunststoffabfälle häufig besser einer energetischen Verwertung zugeführt werden, anstatt sie einer aufwendigen Aufbereitung, die energie- und kostenintensiv sowie ökologisch nicht vertretbar ist, zu unterziehen. In allen Fällen dient die Wiederverwertung der Ressourcenschonung.

energetisches Recycling

Produktionsabfälle, wie z. B. die Angüsse von spritzgegossenen Formteilen oder Anfahrabfälle und der Verschnitt aus Extrusionsprozessen werden in den Fertigungsbetrieben schon immer aus wirtschaftlichen Gründen direkt wieder in den Produktionskreislauf zurückgeführt. Der wiedergewonnene Kunststoff dient oft als eine separate Mittelschicht in Folien u. a. Produkten.

HINWEIS: Sortenreine Abfälle von Kunststoffen wurden schon immer – aus Kostengründen – wiederverwendet.
Bei gemischten Abfällen, die auch Kunststoffe enthalten, ist der Aufwand oft so hoch, dass es ökologisch sinnvoller ist, diesen Abfall energetisch zu nutzen. ■

2.2 Anwendung der Kunststoffe

2.2.1 Strukturpolymere

Die heutige Anwendung der Kunststoffe erstreckt sich bei uns auf nahezu alle Lebensbereiche. Die Haupteinsatzgebiete sind: Verpackung, Bauwesen, Fahrzeuge, Elektro/Elektronik, Haushaltswaren, Möbel, Landwirtschaft, und Medizin (Bild 2.4). Einen beachtlichen Markt stellen auch Spielzeuge, Hobby-, Camping- und Haushaltsgeräte dar.

Kunststoffe finden sich in nahezu allen Lebensbereichen

Der Pro-Kopf-Verbrauch an Kunststoffen liegt in Westeuropa bei ca. 120 t pro Jahr. Es ist zu erwarten, dass er sich auch weltweit in den nächsten Jahrzehnten auf diese Zahl hin bewegen wird. Davon gehen auch vorliegende Prognosen aus (Bild 2.5). Es handelt sich bei diesen Kunststoffen fast ausschließlich um so genannte Struktur-Polymere. Das Wort Struktur meint hier, dass diese Kunststoffe die Werkstoffe für die daraus hergestellten Produkte bilden, sonst aber keine spezielle Funktion erfüllen müssen.

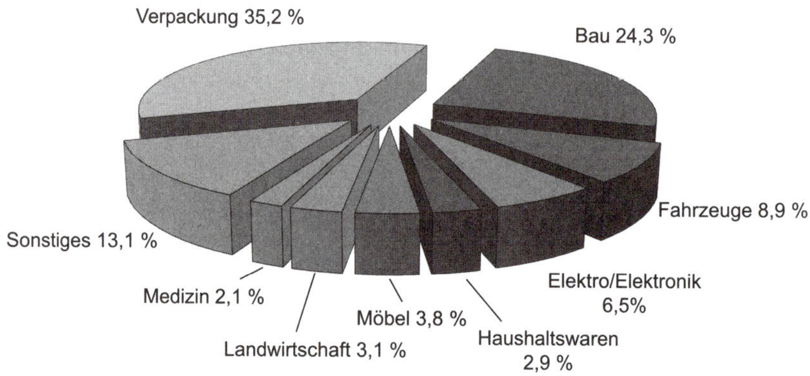

BILD 2.4 Haupteinsatzgebiete für Kunststoffe in Deutschland, Stand 2009 (Consultic)

Die hier gezeigte Prognose meint daher auch in erster Linie diese Strukturwerkstoffe. Sie erscheint glaubwürdig, weil sie mit dem vorhersehbaren Wachstum der Weltbevölkerung korreliert und man damit rechnen muss, dass unser heutiger Zivilisationsstandard sich weltweit verbreiten wird. Dieser Entwicklung werden auch die Kunststoffe folgen. Für diese Prognose spricht auch die Verlagerung vieler Erzeugungsstätten für Kunststoffe aus den westlichen Industrieländern in die Schwellenländer. Sie wird zudem mehr und mehr von den Erdölproduzenten oder deren Polymere erzeugenden Tochterunternehmen übernommen.

Für die obige Prognose spricht weiterhin, dass Polymerwerkstoffe letztlich die einzigen Werkstoffe sein werden, deren Rohstoffbasis nie versiegen wird, weil ihre Basis der Kohlenstoff ist. Werkstoffe, aus denen man Kohlenstoff für die Herstellung von Polymeren gewinnen könnte, sind nämlich außer Stein- und Braunkohle, Holz, Pflanzen und Kalkstein ($CaCO_3$) und vor allem das Kohlendioxid (CO_2), das es solange geben wird, wie es auf der Erde Leben gibt. Man kann es schon heute aus Rauchgasen von Kraftwerken oder auch aus der Luft in beliebigen Mengen gewinnen. Das wäre sogar erwünscht, da man infolge der üppigen Nutzung fossiler Brennstoffe die Atmosphäre damit belastet und in

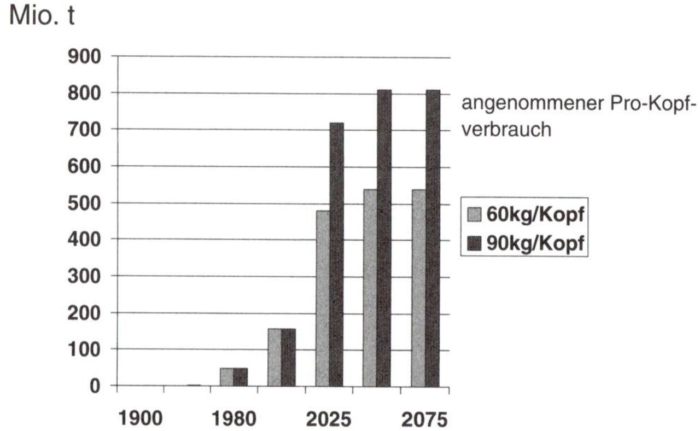

BILD 2.5 Prognose für den Weltkunststoffverbrauch

weiten Kreisen der Wissenschaft die derzeitige Klimaerwärmung damit in Zusammenhang gebracht wird. Die Technologien hierzu sind nicht nur bekannt, sondern wären auch, da man sie anderweitig nutzt, sofort verfügbar. Dass man jedoch diese Möglichkeit noch nicht nutzt, ist eine Frage der Kosten. Derzeit sind die wasserstoffreichen Kohlenwasserstoffe auf Erdölbasis, die fossilen Brennstoffe Erdöl und Erdgas, noch die kostengünstigere Rohstoffquelle für Polymere. Aber Forschungsvorhaben beschäftigen sich bereits mit der Frage, Kohlendioxid als Rohstoffquelle u. a. auch für Kunststoffe zu nutzen.

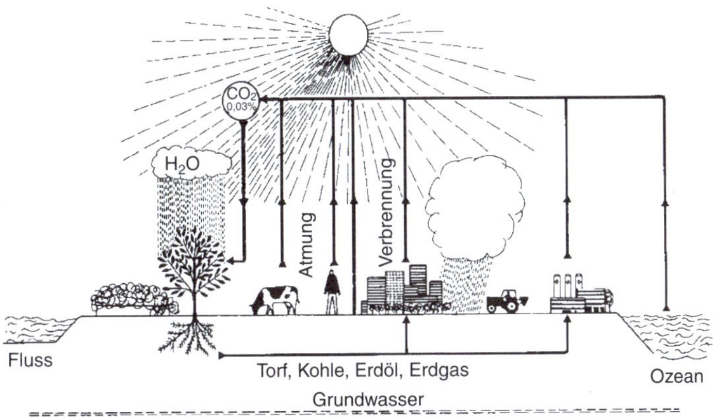

BILD 2.6 Der biologische Kohlenstoff-Kreislauf, in welchen sich Polymere zwanglos einreihen können

Für ein nachhaltiges Wirtschaften wird zwar schon in mäßigen Mengen auf biologische Rohstoffe, wie Mais und Weizen zurückgegriffen, obwohl diese Rohstoffquelle eigentlich den Nahrungsmitteln vorbehalten sein sollte. Es wird daher auch diskutiert, schnell wachsende Bäume, andere Pflanzen und Gewächse als Rohstoffquelle für Kunststoffe einzusetzen. Da sie Kohlendioxid (CO_2) aus der Luft in Biomasse umwandeln, belastet dies die Atmosphäre nicht, wenn die daraus hergestellten Polymere nach Gebrauch wieder verbrannt werden. Das gilt besonders für daraus hergestellte Kunststoffe, die vor allem zu Gebrauchsgütern wie Verpackungen verarbeitet werden. Diese sollen dann nach Gebrauch z. B. durch Kompostieren und biologischen Abbau oder durch Verbrennen wieder in den biologischen Kreislauf des Kohlenstoffs zurückgegeben werden. Dies ist in Bild 2.6 schematisch dargestellt.

nachhaltiger Einsatz beginnt mit der Verwendung biologischer Rohstoffe

HINWEIS: Die erwartete Prognose von noch einer dreifachen Zunahme der Verwendung von Kunststoffen erscheint zutreffend, weil sie mit dem wachsenden Lebensstandard der Weltbevölkerung korreliert. ■

Ein besonders wichtiger Grund für das weitere Wachstum alleine der Kunststoffe (ohne Fasern und Kautschuk) von heute ca. 240 Mio. t auf über 700 Mio. t im Jahr 2075 ist vor allem darin zu sehen, dass die Massenerzeugung von Gebrauchs-Gegenständen und

Gütern für den täglichen Bedarf, die nur bei Raumtemperatur beansprucht und gering belastet werden, aus keinem der konkurrierenden Werkstoffe sich so kostengünstig durchführen lässt. Das ist bedingt durch die kostengünstig arbeitenden, automatischen Produktionsverfahren, die oft nur einen Arbeitsgang erfordern und wenig Energie für die Urformungsarbeit benötigen. Die Umformtemperaturen liegen dabei bei nur knapp über 200 °C. Beispielsweise können durch Spritzgießen Gebrauchsgegenstände identischer Gestalt aus dem gleichen Werkstoff konkurrenzlos preisgünstig hergestellt werden, wenn die Stückzahlen eine gewisse Mindestanzahl von einigen tausend identischen Teilen überschreiten.

Indirekt jedoch bringen die stetigen Weiterentwicklungen in Technologien der Rohstofferzeugung, vor allem in den Polymerisationsverfahren mit neuen Katalysatoren, eine Verbilligung und Verbesserung bei der Herstellung von Kunststoffartikeln. Diese neuen Kunststoffe sind nämlich noch besser an die Verarbeitung und die vorgesehenen Verwendungen angepasst und sie verbessern die Qualität der Produkte. Dadurch werden weitere Anwendungen stimuliert, so dass dank der größeren Mengen die Teilekosten sinken.

2.2.2 Funktionspolymere

2.2.2.1 Allgemeines

Definition des Begriffs Funktionspolymer

Ein wesentliches Merkmal der Funktionspolymere liegt darin, dass sie in der Regel nicht direkt zu einem Produkt verarbeitet werden und so mit wenigen Ausnahmen keinen Beitrag zum strukturellen Aufbau des Produkts leisten. Sie übernehmen innerhalb eines Produkts eine spezielle Funktion, woher sich auch ihr Name ableitet. Dabei ist immer eine bestimmte technische Anwendung das Ziel. Dies bedeutet oft, dass zur Lösung eines technischen Problems ein spezielles Funktionspolymer entwickelt wird.

HINWEIS: Funktionspolymere leisten keinen Beitrag zum strukturellen Aufbau eines Produktes, sondern übernehmen innerhalb des Produktes eine spezielle technische Funktion. ■

Dendrimer

Weiterhin weisen Funktionspolymere im Allgemeinen eine sehr komplexe chemische Struktur auf. Als Beispiel für ein solches komplexes Funktionspolymer ist in Bild 2.7 ein so genanntes Dendrimer (Sternpolymer) dargestellt. Dreidimensional hat es die Gestalt einer polymeren Kugel und besitzt eine sehr geringe Schmelzeviskosität, da sich die einzelnen Moleküle untereinander nicht verschlaufen können. Dendrimere finden daher z. B. einen Einsatz als wichtiges Verarbeitungshilfsmittel, da sie die Viskosität einer Schmelze während des Verarbeitungsprozesses herabsetzen können, was für das Spritzgießen oft sehr erwünscht ist.

Im Folgenden werden beispielhaft aus einer Vielzahl weiterer Anwendungen einige besonders bemerkenswerte Funktionspolymere beschrieben. Es sei noch darauf hingewiesen, dass ständig neue Funktionspolymere entwickelt und eingesetzt werden.

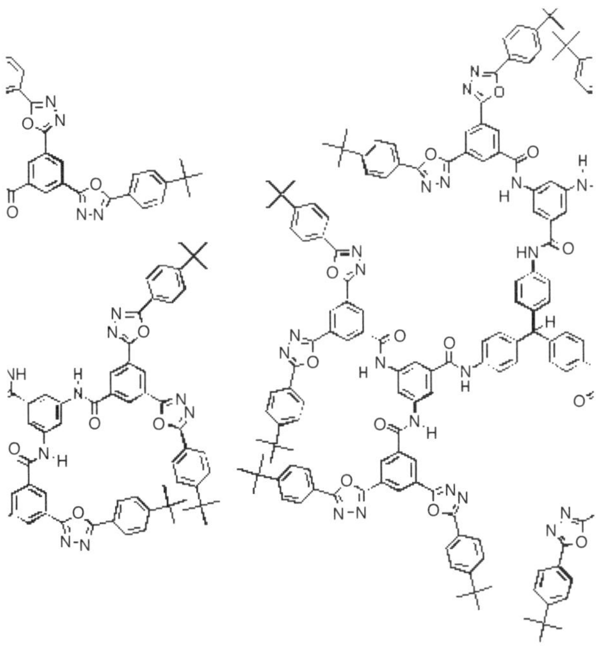

BILD 2.7 Struktur eines Dendrimeren

2.2.2.2 Schaltbare Polymere

Schaltbare Polymere lassen sich in reversibel und irreversibel schaltbare Polymere einteilen. Als „Schalter" kommen die Wirkmechanismen Wärme, Strahlung, pH-Wert und elektrisches Feld zum Einsatz.

strahlungshärtbare Klebstoffe

Als ein Beispiel für Polymere, die irreversibel ihre Eigenschaften ändern, können polymere Lacke und Klebstoffe genannt werden. Hier wird der Schalter „Strahlung" zum Vernetzen des Polymers verwendet. Die Anforderungen an polymere Klebstoffe sind dabei im Allgemeinen sehr unterschiedlich und gegenläufig. So benötigt man für eine hohe Adhäsion (Haftung) ein Polymer mit einer geringen Viskosität, das leicht auf das Substrat aufgetragen werden kann und gute Benetzungseigenschaften aufweist. Dazu muss eine hohe Beweglichkeit der Molekülketten gewährleistet sein. Um eine gute Kohäsion (Eigenfestigkeit des Klebstoffs) zu erreichen, benötigt man dagegen Polymere mit sehr starken intermolekularen Bindungen. Dies bedeutet, dass die Beweglichkeit der Polymerketten untereinander eingeschränkt sein muss, um eine hohe innere Festigkeit zu erreichen, welche eine Vernetzung des Polymers liefern kann. Die Realisierung dieser gegensätzlichen Anforderungen gelingt durch die Entwicklung eines speziellen Funktionspolymers (Polyacrylat, vgl. Bild 2.8), das alle diese Anforderungen erfüllt.

Dieses spezielle Funktionspolymer zeichnet sich durch eine sehr geringe Viskosität im Verarbeitungsbereich aus, wodurch ein Auftrag des Polymers auf das Substrat mit hohen Geschwindigkeiten ermöglicht wird. Als funktionelle Gruppe ist in das Polyacrylat ein sog. Photoinitiator einpolymerisiert. Durch den Einfluss von UV-Strahlung zerfällt dieser

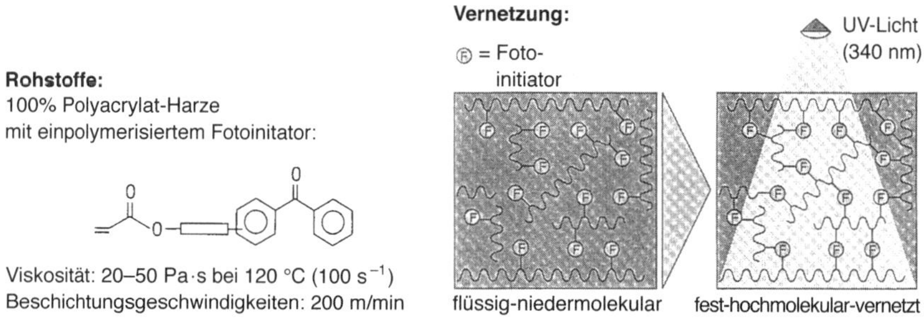

BILD 2.8 Polyacrylat als polymerer Klebstoff (nach *Urban*)

in Radikale und führt damit zu einer Vernetzung der Polyacrylate. Das so vernetzte Polyacrylat weist dabei eine sehr hohe innere Festigkeit auf und sichert damit eine hohe Kohäsion des Klebstoffs.

Als Beispiel für ein reversibel schaltbares Polymer wird ein in der Solarenergienutzung verwendetes Funktionspolymer gewählt. Das Funktionsprinzip der Solarenergienutzung ist dabei aus der Natur vom Funktionsprinzip des Eisbärfells (Bild 2.9 oben) entlehnt. Dieses besteht aus transparenten Haaren, in die das Sonnenlicht eindringen kann, gesammelt wird und an die dunkle Lederhaut des Eisbären weitergeleitet und dort absorbiert wird. Nach einem ähnlichen Prinzip sind nun auch Fassadenelemente für Häuser entwickelt worden (Bild 2.9 unten).

thermotrope Polymere

Diese bestehen ebenfalls aus transparenten Kapillaren (Polycarbonat), die die Wärmestrahlung sammeln und an das dunkle absorbierende Mauerwerk weiterleiten. Allerdings wäre damit insbesondere im Sommer das Fassadenelement einer hohen Sonneneinstrahlung ausgesetzt und das Haus würde sich stark erwärmen. Da dieses aber nur im Winter gewünscht wird, ist das Fassadenelement zusätzlich noch mit einem Überhitzungsschutz ausgerüstet. Hierbei kommt als Funktionspolymer ein so genanntes thermotropes Polymer zum Einsatz. Dabei handelt es sich um das in Bild 2.10 dargestellte Vinyl-Caprolactam-Copolymer, das bei tieferen Temperaturen zunächst in Wasser gelöst vorliegt. Die Hydratation ist temperaturabhängig, sodass oberhalb von 30 °C das Copolymer ausfällt und sich die im Bild 2.10 rechts dargestellten Streuzentren bilden. An diesen wird das einfallende Sonnenlicht gebrochen, so dass weniger Strahlung in das Fassadenelement eindringen kann. Die thermotrope Polymerschicht scheint trüb. Dieser Schaltvorgang ist dabei vollkommen reversibel.

2.2.2.3 Elektrorheologische Flüssigkeiten

Fließverhalten elektrorheologischer Flüssigkeiten

Unter dem Begriff „elektrorheologische Flüssigkeit" (ERF) werden Substanzen zusammengefasst, deren rheologisches Verhalten durch den Einfluss eines starken elektrischen Feldes in großen Bereichen geändert werden kann. Diese ERF bestehen aus einer Trägerflüssigkeit, in die Polymerpartikel mit elektrorheologischen Eigenschaften dispergiert sind. Die elektrorheologischen Polymerpartikel sind zunächst unpolar, d. h. die Ladungen liegen in ihnen ungeordnet vor. Legt man nun ein elektrisches Feld an, so bilden sich Dipole aus und die Teilchen richten sich durch die gegenseitige Anziehung aus. Dadurch

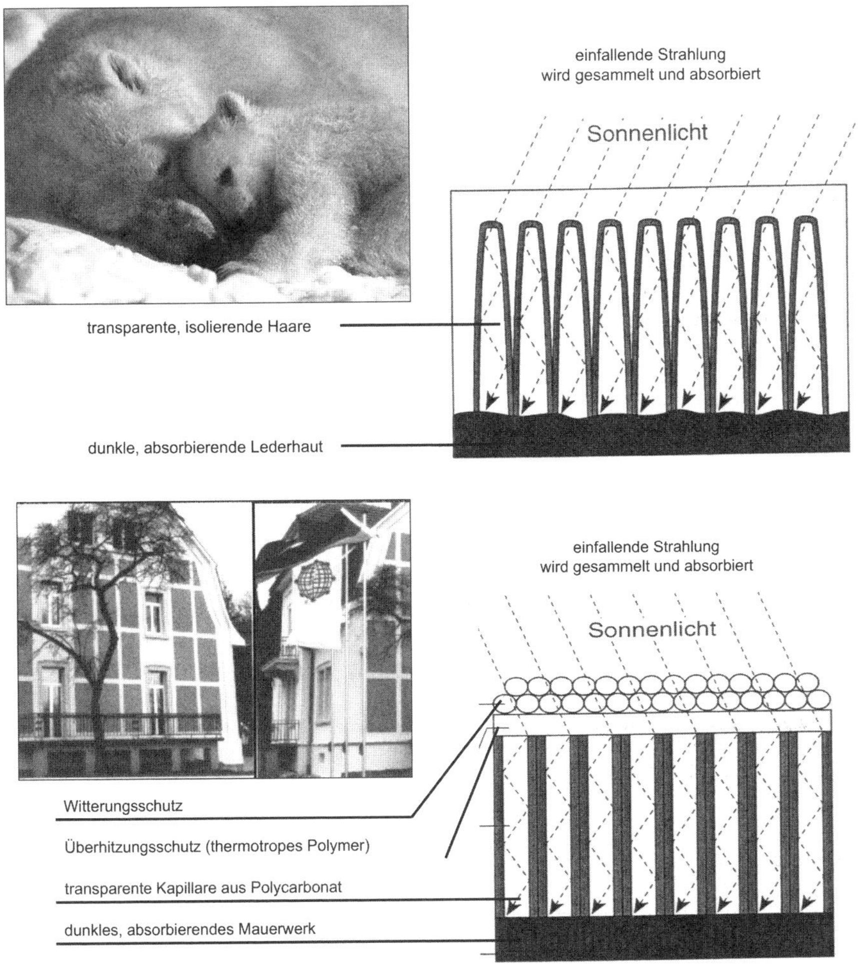

BILD 2.9 Solarenergienutzung mit Polymeren (nach *Urban*)

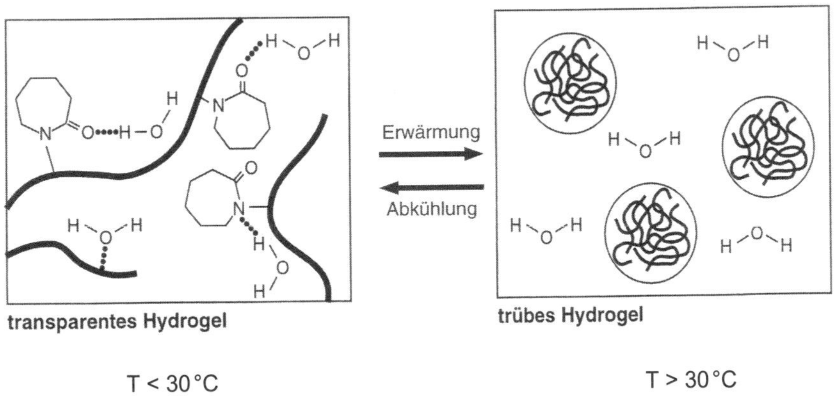

BILD 2.10 Temperaturabhängige Hydratation in Hydrogelen als Schutz gegen Wärme bei Einstrahlung (nach *Urban*)

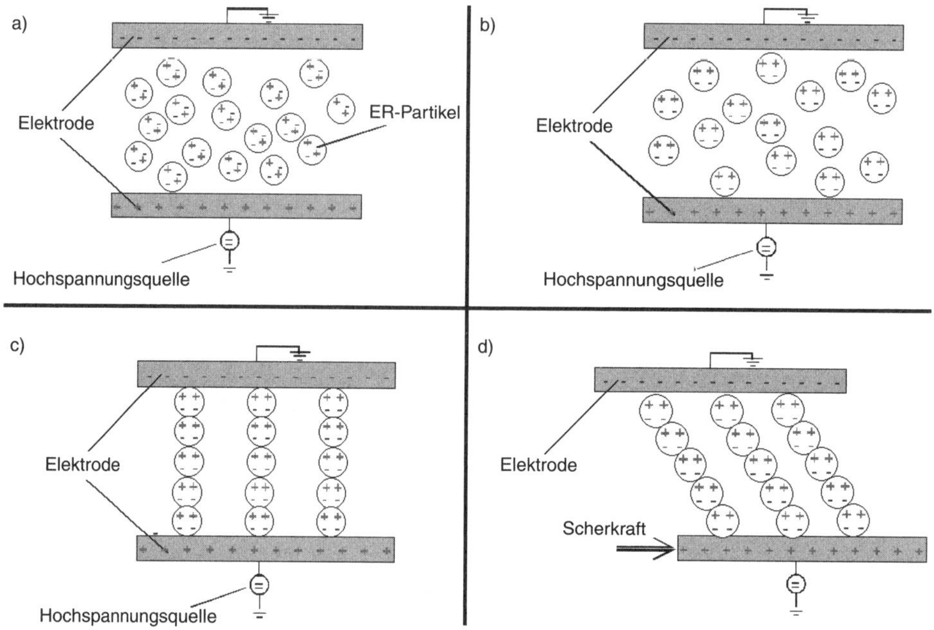

BILD 2.11 Wirkprinzip der elektrorheologischen Flüssigkeiten (nach *Wolff-Jesse*)

kommt es zur Ausbildung von kettenförmigen Strukturen. Verschiebt man nun eine der Elektroden, was einer Scherströmung entspricht, werden die Ketten deformiert und setzen damit dem Scherfließen einen Widerstand entgegen (Bild 2.11a–d).

Die ERF zeigt ohne ein elektrisches Feld zunächst Newton'sches Verhalten (Bild 2.12 links). Legt man ein elektrisches Feld an, so wird die Fließkurve nach oben zu einem höheren Fließwiderstand verschoben und das rheologische Verhalten der ERF ähnelt dem eines Bingham-Fluids mit Fließgrenze. Die Fließgrenzspannung steigt mit zunehmendem elektrischem Feld an (Bild 2.12 rechts), und so lässt sich der Fließwiderstand stufenlos einstellen.

Als ER-Partikel kann z. B. ein spezielles Polyurethan verwendet werden, das sich insbesondere durch seine geringe Abrasivität auszeichnet. Die für den ER-Effekt benötigte

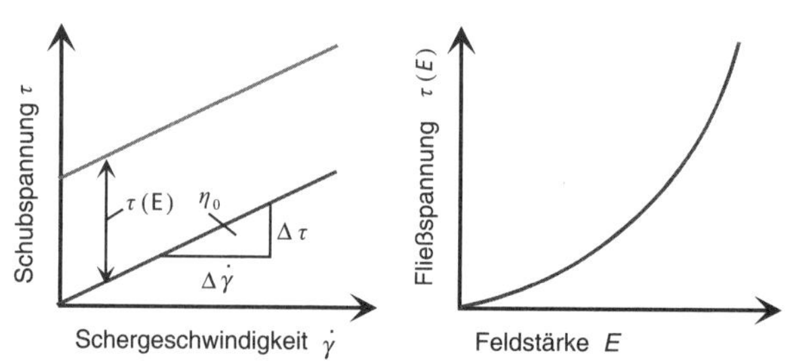

BILD 2.12 Steigerung der Fließgrenzspannung mit zunehmendem elektrischem Feld

Polarisierbarkeit des Polyurethans wird durch Metallsalze (z. B. Lithium-Verbindungen) erreicht, die in die Polymermatrix eingebunden werden.

Wirkprinzipien elektrorheologischer Flüssigkeiten

Beim Einsatz von ERF kann nach drei verschiedenen Wirkprinzipien unterschieden werden (Bild 2.13). Im Schermodus werden die zwei Platten, zwischen denen sich die ERF befindet, relativ zueinander bewegt. Damit ist eine flexible Momentübertragung möglich (Anwendung z. B. bei Bremsen und Kupplungen). Im Fließmodus fließt die ERF durch einen Kanal, in dem sich durch das Anlegen eines elektrischen Feldes der Fließwiderstand variabel einstellen lässt. Damit lassen sich Ventile realisieren, die ohne bewegte Teile auskommen. Im Quetschmodus befindet sich die ERF zwischen zwei Elektroden, wobei die obere nach oben und unten bewegt werden kann. Durch das Anlegen eines elektrischen Feldes lässt sich der Widerstand gegen die Bewegung der oberen Platte gezielt einstellen, so dass hier eine variable Dämpfung von Bewegungen erreicht werden kann. Auf diesem Prinzip basierende Prototypen von Schwingungsdämpfern sind bereits im Einsatz.

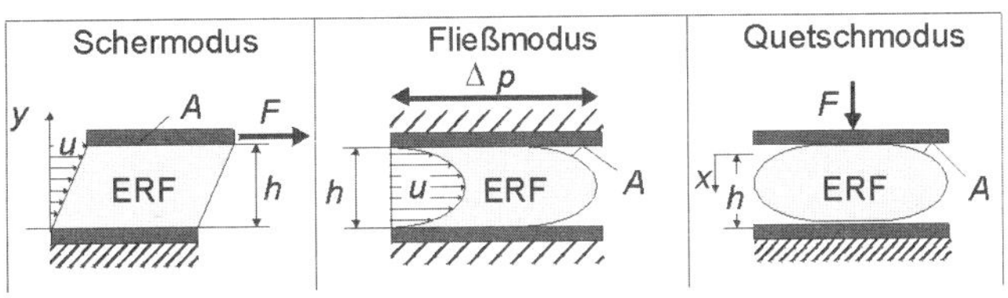

variable Momentübertragung:	variabler Fließwiderstand:	variable Dämpfung:
Kupplungen	Drucksteuerung	Schwingungsdämpfung
Bremsen	Volumenstromsteuerung	

BILD 2.13 Prinzipielle Anwendungen von elektrorheologischer Flüssigkeit ERF (nach *Wolff-Jesse*)

2.2.2.4 Polymere Datenspeicher

photoadressierbare Polymere

Zur Speicherung von Daten werden als Funktionspolymer so genannte photoadressierbare Polymere (PAP, z. B. amorphe Azobenzene) eingesetzt. Bild 2.14 links zeigt die schematische Struktur eines PAP-Polymers. Zunächst hängen die Seitenketten völlig ungeordnet an der Hauptkette. Bestrahlt man diese PAP nun mit einem polarisierten Laserstrahl, so führt dies zu einer Ausrichtung der Seitenketten senkrecht zur Polarisationsebene des Laserstrahls (Bild 2.14 rechts). Diese Ausrichtung wird im PAP eingefroren und bleibt auch dann erhalten, wenn der Strahl die Probe nicht mehr trifft.

Zur Datenspeicherung werden dann ein so genannter Datenstrahl und ein Adressstrahl benötigt (Bild 2.15 oben). Beide Strahlen sind polarisierte Laserstrahlen, die außerdem zueinander kohärent sind, d. h. sie schwingen im Gleichtakt. Die zu speichernden Daten werden zunächst als Hell/Dunkelfeld eingefroren, d. h. die binären Informationen 0 und 1 werden in Farbinformationen Null = schwarz und Eins = weiß umgesetzt. Der Datenstrahl fällt nun durch das Hell/Dunkelfeld, wodurch sich aus der Polarisation des Laser strahls eine Intensitätsverteilung im Strahl ergibt. Im Speicherpunkt des PAP kommt es

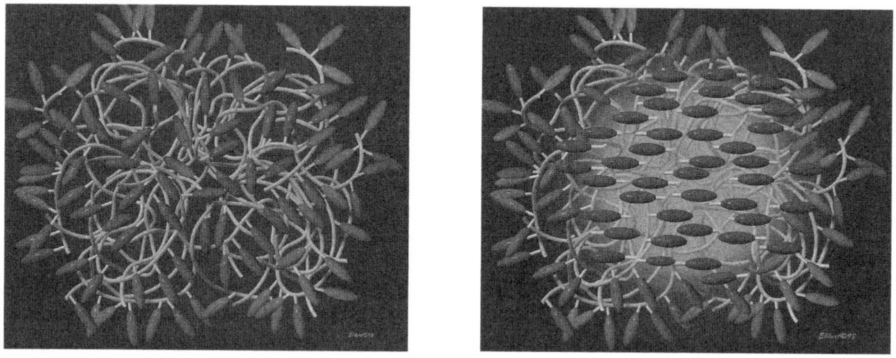

BILD 2.14 Photoadressierbare Polymere. Links: regelloser Zustand; rechts: ausgerichteter Zustand (*Bayer AG*)

zu einer Interferenzerscheinung mit dem Adressstrahl und damit zu einer charakteristischen Ausrichtung der Polymerketten in Abhängigkeit von der Intensitätsverteilung im Interferenzmuster im Polymer.

Für das Auslesen der Daten wird dann nur der Adressstrahl benötigt (Bild 2.15 unten). Dabei fällt der polarisierte Laser auf die ausgerichteten Moleküle, wobei es zu Doppelbrechungserscheinungen kommt. Diese charakteristische Intensitätsverteilung liefert die gespeicherten Informationen.

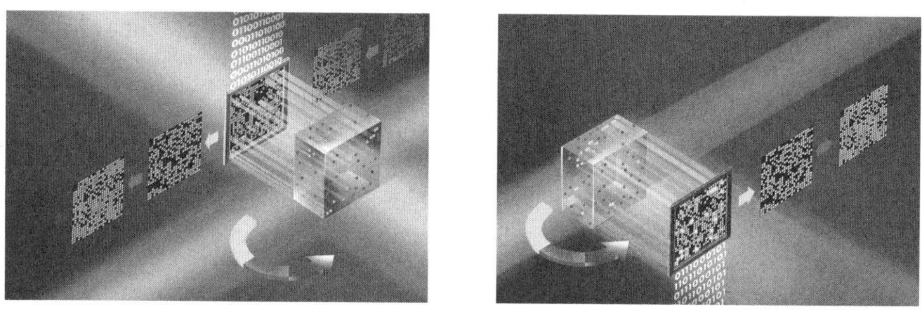

BILD 2.15 Photoadressierung. links: Abspeichern der Daten; rechts: Auslesen der Daten (*Bayer AG*)

Man trägt für die Herstellung eines solchen Datenspeichers eine Schicht des photoadressierbaren Polymeren (PAP) auf ein Trägermaterial auf. Damit entsteht eine so genannte Holo-CD mit einer Speicherkapazität von ca. 1.000 Gigabyte (1.500-fache Speicherkapazität einer CD-Rom). Eine Anwendung dieser Technik ergibt sich überall dort, wo sehr große Datenmengen verarbeitet werden müssen.

2.2.2.5 Polymere Displays

polymere Leuchtdioden

Durch den Einsatz von Funktionspolymeren, die in den Farben rot, grün und blau strahlen, können Displays realisiert werden, die eine Anzeige in Farben ermöglichen. Die Voraussetzung zur Erzeugung von Licht sind halbleitende Eigenschaften der Polymere.

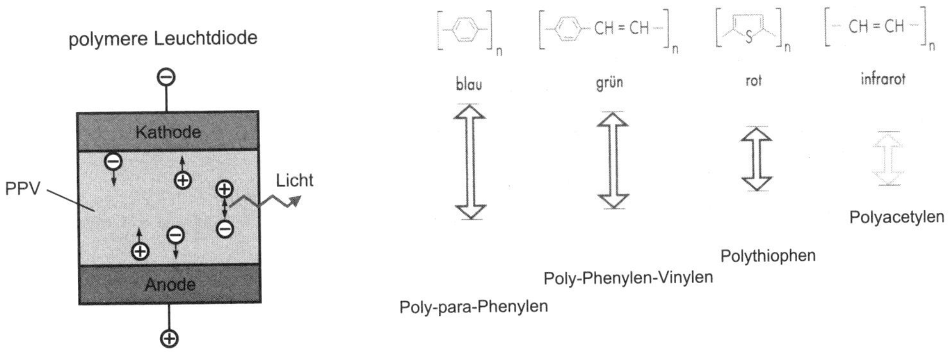

BILD 2.16 Polymere Displays (*Stieler*)

Photolumineszenz

Ein solches halbleitendes Polymer ist das im Bild 2.16 dargestellte Poly-Phenylen-Vinylen (PPV). Aufgrund seiner konjugierten Doppelbindungen besitzt es delokalisierte Elektronen, d. h. die Doppelbindungselektronen sind relativ frei beweglich. Legt man nun ein elektrisches Feld an eine PPV-Schicht an, so können Ladungen transportiert werden. Kommt es zu einem Zusammenstoß der Ladungsträger, führt dies zu einer so genannten Rekombination auf ein niedrigeres Energieniveau. Die dabei frei werdende Energie wird in Form von Lichtenergie emittiert. Die Farbe des Lichts richtet sich nach seiner Wellenlänge und damit nach der chemischen Struktur des Halbleiters. Verwendet man PPV als Funktionspolymer, so wird grünes Licht abgestrahlt. Zur Erzeugung blauen Lichts wird dagegen Poly-para-Phenylen und für rotes Licht Polythiophen verwendet. Damit lassen sich die in der Displaytechnologie benötigten drei Farben durch die Anwendung polymerer Leuchtdioden erzeugen. Dazu wird jeder Bildpunkt des Displays aus drei polymeren Leuchtdioden aufgebaut, die so klein sind, dass sich bei einer 1 Zoll Bildschirmdiagonalen eine Auflösung von 800 × 236 Pixel erreichen lässt (Bild 2.16). Diese so genannten organischen Leuchtdioden (OLEDS) haben heutzutage ein breites Anwendungsfeld, sie finden sich u. a. in Handys, Digitalkameras und MP3-Playern. Neben einer hohen Effizienz und brillanten Farben zeichnen sich OLEDS auch dadurch aus, dass sie keine Farbveränderung aufweisen, wenn sie unter großen Winkeln betrachtet werden.

HINWEIS: Beispiele für Funktionspolymere sind schaltbare Polymere, photoadressierbare Polymere zur polymeren Datenspeicherung oder halbleitende Polymere zur Anwendung als so genannte OLEDs z. B. für Displays.

Literatur zu Kapitel 2

Brandrup J., Bittner M., Michaeli W., Menges G.: Die Wiederverwertung von Kunststoffen. München: Carl Hanser Verlag, 1995

Lambertz, S.: Entwicklung eines kontinuierlichen Extraktionsverfahrens zur Reinigung von Kunststoffschmelzen mittels überkritischem Kohlendioxid. Dissertation, RWTH Aachen, 2007

van Lück, F.: Zentrifugieren von Kunststoffschmelzen. Dissertation, RWTH Aachen, 2001

Mülhaupt, R.: Neue Zwischenprodukte durch kontrollierte Polymerisation. Vortrag auf der Fachtagung „Funktionspolymere, Effektstoffe und formulierte Systeme“, SKZ, Würzburg, 15./16. Oktober 1997

N.N.: Holografische Datenspeicher. Firmenbroschüre, Bayer MaterialScience, Leverkusen, 2006

Schwarz, P.: Konzepte zur materiellen Wiederverarbeitung von PET auf Doppelschneckenextrudern. Dissertation, RWTH Aachen, 2002

Stieler, W.: Aus dem Reagenzglas – Plastik wird die Computertechnik verändern. *c't magazin für computertechnik* **2** (1999), S. 76–81

Tiltmann K.O.: Recyclingpraxis Kunststoffe. Köln: Verlag TÜV-Rheinland, 1993

Urban, D.: Schaltbare Eigenschaften bei Polymeren. Vortrag auf der Fachtagung „Funktionspolymere, Effektstoffe und formulierte Systeme“, SKZ, Würzburg, 15./16. Oktober 1997

Wolff-Jesse, C.: Untersuchung des Einsatzes elektrorheologischer Flüssigkeiten in der Hydraulik. Dissertation, RWTH Aachen, 1997

Wolters, I., Marwick, J., Regel, K., Lackner, V., Schäfer, B.: Kunststoff-Recycling – Grundlagen – Verfahren – Praxisbeispiele. München: Carl Hanser Verlag, 1997

Zilker, S. J., et al.: Holographic Data Storage in Amorphous Polymers: *Advanced Materials* **10** (1998) 11, S. 855–859

3 Der makromolekulare Aufbau der Kunststoffe

3.1 Bildung von Makromolekülen

„Kunststoffe sind makromolekulare Verbindungen, die synthetisch oder durch Umwandlung von Naturprodukten entstehen“ sagt sinngemäß ein Normentwurf. Präzise ausgedrückt bestehen Kunststoffe aus einer Matrix, einem Polymer und Füll- oder Zusatzstoffen, die erforderlich sind, um den Werkstoff an die Verarbeitung oder die Anwendung anzupassen. Der Ausdruck *Polymer* stammt aus dem Griechischen (griech. *poly* = viele, *meros* = Teil). Die Polymere stellen folglich die Grundstoffe der Kunststoffe dar und sind für den Charakter und die Eigenschaften des Kunststoffes weitgehend verantwortlich.

Monomere bilden die Wiederholungseinheiten

Polymere bestehen aus Makromolekülen, d. h. sie werden gebildet durch miteinander verknüpfte Wiederholungseinheiten, den sog. *Monomeren* (griech. *mono* = allein). Der Begriff des *Makromoleküls* wurde 1922 von Hermann Staudinger geprägt und bezeichnet ein Molekül, welches sich in seiner Zusammensetzung nicht merklich unterscheidet, egal ob es aus n oder n + 1 Wiederholungseinheiten zusammengesetzt ist. Daneben existieren eine Reihe weiterer Definitionen.

natürliche Polymere

Organische Polymere auf der Basis von Kohlenstoffatomen sind die Baustoffe der gesamten belebten Natur. Auch der menschliche Körper besteht zu einem großen Teil aus organischen Makromolekülen. Seit Beginn seiner Existenz benutzt der Mensch viele dieser Naturstoffe als Werkstoffe. Dies sind Holz, Blätter Gras, Elfenbein, Leder, Tiersehnen, Baumwolle, Flachs, Hanf, Leinen, Seide, Kautschuk, Teer, Bernstein und viele andere.

Modell des Makromoleküls

Wie kann man sich nun ein Makromolekül vorstellen? Bild 3.1 soll der Vorstellung helfen. Man stelle sich eine Kette vor, die aus Metallstäbchen besteht, welche an ihren beiden Enden je einen Ring tragen, mit dem sie an ihren Nachbarn hängen. So kann man sich die einzelnen Glieder der Makromolekülkette, die so genannten Monomermoleküle, vorstellen. Sie hängen einigermaßen beweglich mit ihren Nachbarn zusammen und bilden damit das Makromolekül, das wir Polymer nennen. Das einzelne Polymer ist jedoch submikroskopisch klein; es ist etwa 1.000 mal so lang, wie sein Durchmesser. Das Makromolekülmodell hat also die Form einer Kette, aufgebaut aus einigen hundert Monomermolekülen (den Monomeren), die sich bei der Polymerisation miteinander verbunden haben. Ein Polymer hat einen Durchmesser von etwa 0,5 nm bei Längen von knapp 1 μm gestreckter

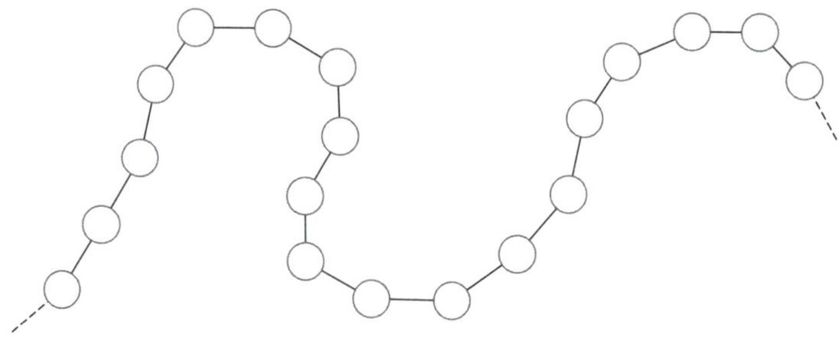

BILD 3.1 Stäbchenmodell eines Makromoleküls (nach *Kaiser*)

Länge. Die einzelnen Polymere sind jedoch nie völlig gestreckt. Das reale Polymer besteht vielmehr aus einer riesigen Zahl solcher Ketten, die entweder ungeordnet miteinander verschlungen oder auch regelmäßig angeordnet sein können (siehe auch Bild 6.6).

Da die Eigenschaften der Polymere in entscheidendem Maße vom molekularen Aufbau wie von der Anordnung der Ketten geprägt werden, wird hierauf nachfolgend ausführlich eingegangen. Zunächst soll jedoch die Frage beantwortet werden, wie die Bindungen zwischen den Monomermolekülen zustande kommen.

Alle organischen Makromoleküle und damit auch die Kunststoffe basieren auf der Fähigkeit des Kohlenstoffs, *kovalente Atombindungen* einzugehen. Diese Fähigkeit resultiert aus dem atomaren Aufbau des Kohlenstoffatoms. Zum Verständnis dieses atomaren Aufbaus hilft die anschauliche Darstellung, wie sie *Bohr* entwickelt hat (Atommodell oder Kugelschalenmodell). Darin wird der Atomkern, der aus positiven und neutralen Teilchen (*Protonen und Neutronen*) zusammengesetzt ist, von negativen Teilchen (*Elektronen*) auf verschiedenen, aber genau definierten, Bahnen umkreist.

Bild 3.2 zeigt die Kugelschalenmodelle des Kohlenstoff- und des Neonatoms. Man erkennt, dass das Neonatom acht Elektronen in der äußeren Schale besitzt, die damit voll besetzt ist. Daher geht das Edelgas Neon, wie auch die anderen Edelgase, deren äußere Schalen mit Elektronen voll besetzt sind (sog. *Edelgaskonfiguration*), keine Verbindungen mit anderen Atomen ein.

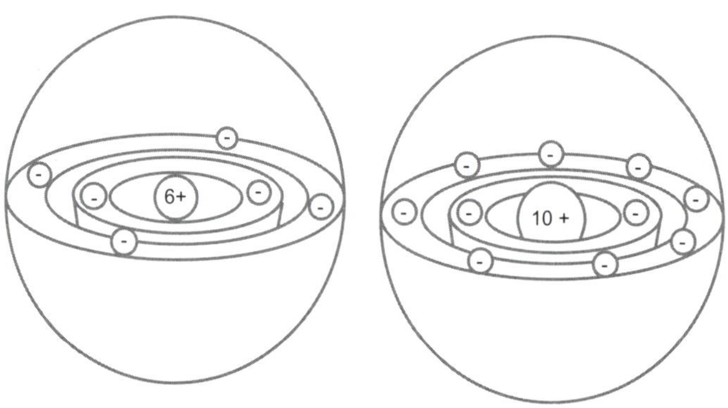

BILD 3.2 Kugelschalenmodell des Kohlenstoffatoms (links) und des Neonatoms (rechts)

die chemische Bindung

Dem Kohlenstoffatom hingegen fehlen in seiner äußeren Schale vier Elektronen zur Edelgaskonfiguration. Da sich die äußere Schale jedoch mit Elektronen füllen möchte, sucht das Kohlenstoffatom nach Atomen in seiner Nachbarschaft, die seine Schale mit dessen Elektronen füllen könnten. Man spricht deswegen beim Kohlenstoffatom von vier *freien Valenzen*. Kohlenstoffatome versuchen also, diese Lücken in ihrer äußeren Schale aufzufüllen, indem sie sich Elektronen von anderen Atomen „leihen“. Es verbinden sich die beiden Atome und bilden ein Molekül. Das Kohlenstoffatom gelangt so quasi zu einer Edelgaskonfiguration. Diese anderen Atome können auch andere Kohlenstoffatome sein, wie beim Diamant oder dem Graphit, aber auch Wasserstoff-, Sauerstoff-, Stickstoff- oder andere Atome. Durch dieses „Teilen“ von Elektronen, d. h. die Absättigung der freien Valenzen, entsteht die kovalente Atombindung. Bild 3.3 zeigt schematisch eine Bindung zwischen zwei Kohlenstoffatomen, wie man sie sich beispielsweise bei der Verbindung von zwei Monomeren (eines Polyolefins; vgl. Bild 3.5) vorzustellen hat. Jedes der beiden Monomermoleküle stellt ein Elektron für die Bindung zur Verfügung. Dieses Bindungselektronenpaar bewegt sich in einem Raum zwischen den beiden C-Atomen in einer Art Wolke.

Die beiden Elektronen der sich überschneidenden Elektronenwolken (oder „-bahnen“) stehen beiden Atomen zur Verfügung, so dass beide Atome quasi fünf Außenelektronen besitzen. Man erkennt weiterhin, dass die vier „bindungsfähigen“ Bahnen des Kohlenstoffatoms sich möglichst günstig im Raum anordnen (so dass die elektrostatische Abstoßung möglichst gering ist) und deswegen die Form eines *Tetraeders* einnehmen. Dies ist in Bild 3.4 am Molekülmodell des Gases Methan weiter verdeutlicht, bei dem das Kohlenstoffatom sich mit vier Wasserstoffatomen unter den gleichen Winkeln verbindet und so den größtmöglichen Abstand der vier Wasserstoffatome um das zentrale Kohlenstoffatom herum realisiert.

Verbindet sich ein Molekül bestehend aus zwei Kohlenstoffatomen (z. B. ein Ethylenmolekül) mit zwei seiner Valenzen mit anderen Kohlenstoffatomen, so können Kettenmoleküle entstehen. Die beiden anderen freien Valenzen der Kohlenstoffatome müssen durch

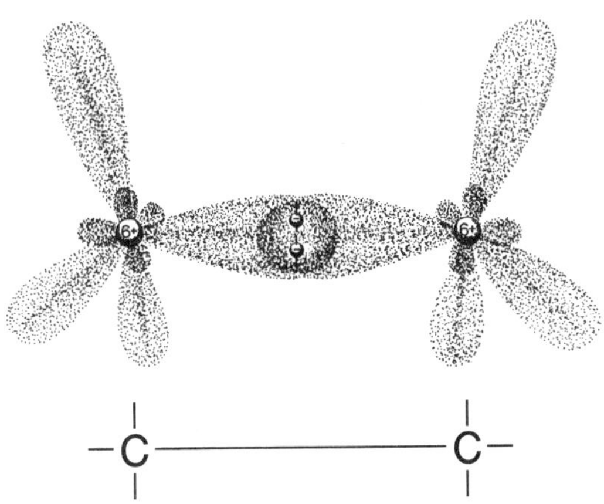

BILD 3.3 Einfachbindung zwischen zwei Kohlenstoffatomen, wie man sich z. B. die Atombindung zwischen zwei Polyethylenmolekülen (siehe chem. Struktur unten) vorstellen kann (BASF AG)

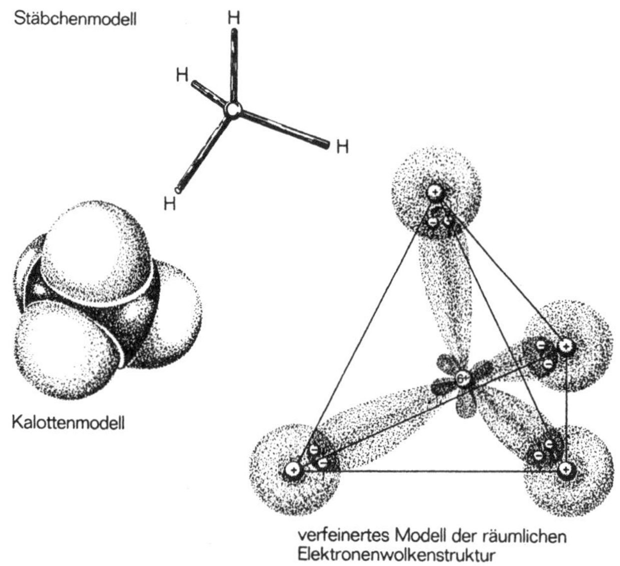

BILD 3.4 Drei verschiedene Darstellungen des Methanmoleküls (BASF AG)

andere Atome abgesättigt sein (z. B. Wasserstoff). Das Polyethylenmolekül ist ein wichtiges, aber gleichzeitig sehr einfach gebautes und damit sehr anschauliches Kettenmolekül. Es ist hier als Modell sehr willkommen und in Bild 3.5 schematisch in zwei möglichen Darstellungsformen, wie es Chemiker nutzen, gezeichnet.

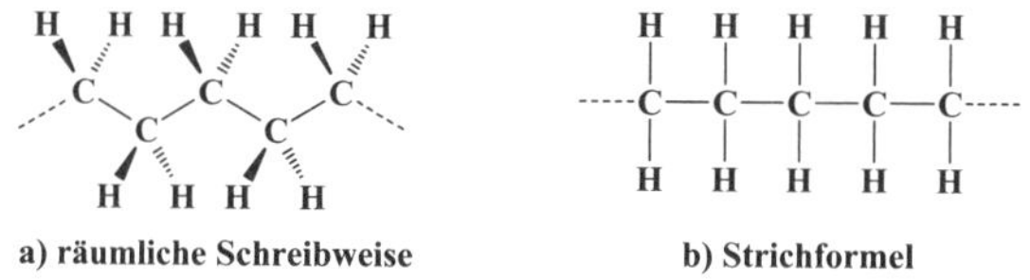

BILD 3.5 Schematische Darstellung des Polyethylenmoleküls

Hier ist jedes Kohlenstoffatom mit zwei weiteren Kohlenstoffatomen verbunden; die beiden weiteren Valenzen sind beim Polyethylen mit zwei Wasserstoffatomen gesättigt. Der Einfachheit halber zeichnet man die Kette meist gestreckt, obwohl sie aufgrund des Bindungswinkels des Kohlenstoffs (Tetraederwinkel = 109,5°) auch in der gestreckten Form einer Zick-Zack-Linie folgt. Die das Kettenmolekül (Polymer) *Polyethylen* bildenden Monomere sind das Gas *Ethylen*, eine Verbindung aus zwei Kohlenstoff- und vier Wasserstoffatomen.

HINWEIS: Die Fähigkeit des Kohlenstoffs, Kettenmoleküle zu bilden, liefert die Grundlage für die natürlichen und die meisten künstlichen Polymere.

Polymerisationsgrad

Die physikalischen Eigenschaften der Polymere werden entscheidend durch ihre Kettenlänge bestimmt. Ein Maß für diese Kettenlänge ist der (*mittlere*) *Polymerisationsgrad n.* Dieser bezeichnet die Anzahl an Monomereinheiten, die in der Kette enthalten sind. Im Falle der Polyethylens können dies bis zu 10^4 Einheiten sein. Aufgrund des Mechanismus der Kettenbildung sind nicht alle Ketten gleich lang, so dass man einen Mittelwert für den Polymerisationsgrad angibt (siehe Kapitel 4). Die wichtigste Größe zur Charakterisierung der Kettenlänge ist die Molmasse (früher Molekulargewicht, relative Molekülmasse, Formelgewicht genannt). Sie ist definiert als Produkt der Molmasse der Wiederholungseinheit und des Polymerisationsgrades. Im Falle des *Polyethylens* erhält man so Werte zwischen 28.000 und 280.000.

Molekulargewicht und Molmasse

$$\begin{array}{lll} 2\,C & +\,4\,H & = C_2H_4 \\ 2 \cdot 12\ \text{g mol}^{-1} & +\,4 \cdot 1\ \text{g mol}^{-1} & = 28\ \text{g mol}^{-1} \end{array}$$

Da nicht alle Ketten gleich lang sind, kann hier nur ein Mittelwert angegeben werden, im Gegensatz zu den niedermolekularen chemischen Verbindungen, die eine definierte Molmasse (Molekulargewicht) besitzen. Auch fügt man der Angabe der Molmasse (Molekulargewichtes) keine Einheit hinzu, weil es sich um einen Verhältniswert (bezogen auf ein Zwölftel der Masse eines Kohlenstoffisotopes mit dem Atomgewicht 12) handelt.

> **HINWEIS:** Polymerisationsgrad und mittlere Molmasse bzw. das mittlere Molekulargewicht geben Aufschluss über die durchschnittliche Kettenlänge. ■

Heteroatome

Die Makromolekülketten, wir nennen sie jetzt Polymere, müssen nicht unmittelbar über die Kohlenstoffatome miteinander verbunden sein. Es ist auch möglich, dass Atome – z. B. Sauerstoff oder Stickstoff – zwischen je zwei Kettenatomen oder Monomermolekülen in die Polymerkette eingebaut werden. Man spricht dann von Polymeren mit *Heteroatomen* in der Kette (z. B. beim Polyoxymethylen).

Das Kohlenstoffatom ist nicht das einzige zur Kettenbildung befähigte Atom. Auch das Siliciumatom ist zusammen mit dem Sauerstoffatom zur Bildung von Ketten mit kovalenten Bindungen befähigt. Diese so genannten *Polysiloxane* sind ebenfalls Makromoleküle, die in der Hauptkette immer abwechselnd ein Silizium- und ein Sauerstoffatom tragen. Im Gegensatz zu den auf Kohlenstoff beruhenden *organischen* Polymeren sind die Polysiloxane *anorganische* Polymere.

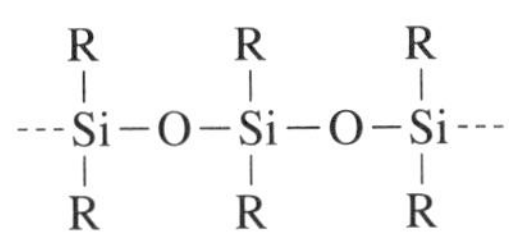

Schließlich finden sich sowohl bei den makromolekularen Naturstoffen wie auch bei den synthetischen Polymeren Makromoleküle, in welchen Ringbausteine enthalten sind. Als Beispiele soll hier die *Cellulose* dienen, ein so genanntes *Polysaccharid*, welches als Baustoff der Pflanzen bekannt ist und bereits vor 140 Jahren die Basis eines der ersten Kunststoffe, des *Celluloids*, gewesen ist.

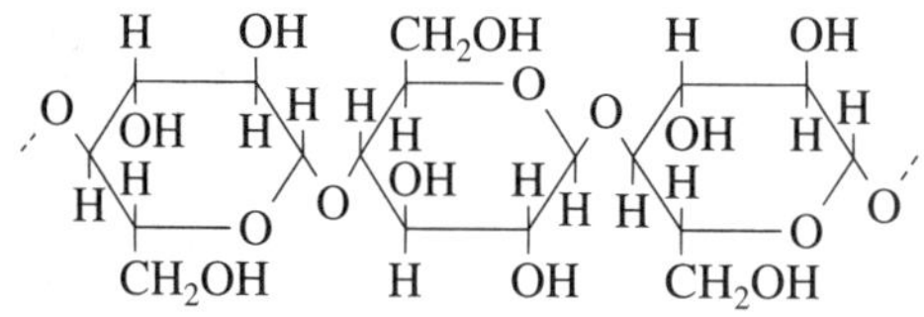

3.2 Einführende Darstellung in Aufbau und Eigenschaften

Der molekulare Aufbau der Polymere beeinflusst in hohem Maße die Struktur und damit die physikalischen, aber vor allem auch die chemischen Eigenschaften, vgl. Bild 4.1 und Kapitel 15. Die physikalische Gestalt der einzelnen Makromoleküle kann sich unterschiedlich ausbilden – was von der Herstellung (Polymerisation) und der Verarbeitung abhängt und ebenfalls einen bedeutenden Einfluss auf die Eigenschaften und den Charakter des Polymers hat. In Bild 3.6 sind die vier wesentlichen Bauformen von Makromolekülen schematisch dargestellt.

3.2.1 Lineare Makromoleküle

thermoplastische Polymere

Die einfachste Bauform besitzen die linearen Makromoleküle. Diese Polymere können wiederholt geschmolzen oder in einem Lösemittel gelöst werden. Ihre mechanischen Eigenschaften reichen von weich (z. B. *thermoplastische Elastomere*) über zäh bis hin zu harten und spröden Polymeren.

Auch die zweite Bauform der Makromoleküle, die verzweigten Kettenmoleküle, verhalten sich prinzipiell wie die linearen, jedoch bedingen die Seitenketten einen größeren Kettenabstand und daher eine Erweichung gegenüber dem gleichen Polymer ohne Verzweigungen.

Wenn solche linearen oder verzweigten Makromoleküle genügend Beweglichkeit durch Wärme oder in einem Lösemittel erhalten, oder langzeitig belastet werden, können sie aneinander abgleiten; der Kunststoff wird plastisch. Die Namensgebung folgt dieser Eigenschaft; sie werden mit dem Sammelbegriff *Thermoplaste* (früher: *Plastomere*) bezeichnet.

teilkristalline Thermoplasten

Es gibt nun noch eine Besonderheit bei den Thermoplasten, die wir jetzt schon kurz erwähnen müssen, wenn auch eine ausführliche Behandlung erst im Abschnitt 3.6 erfolgt. Wenn die Polymere sich frei bewegen können, bilden sie Knäule. Ein anschaulicher Vergleich sind dünne Spaghetti, die ja auch ineinander verschlungen sind. Wenn die Makromoleküle absolut linear und völlig gleichmäßig gebaut sind, dann bilden solche

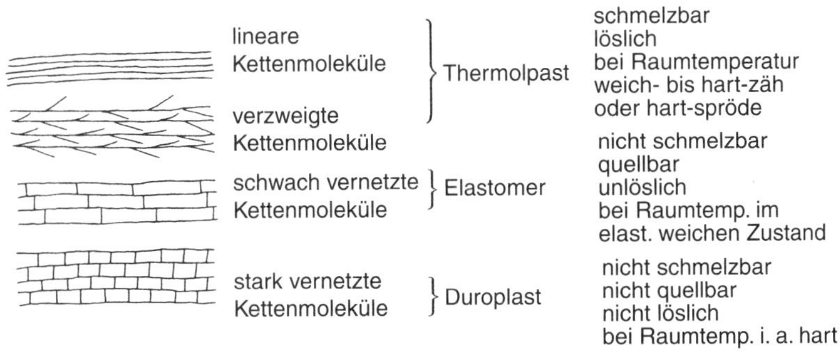

BILD 3.6 Schematische Darstellung der Anordnung der Kettenmoleküle in Kunststoffen und deren Eigenschaften

Polymere, wenn die Wärmebewegung bei Abkühlung nachlässt, kristalline Zonen, wobei die Ketten bzw. Kettensegmente, die engstmögliche Lage zueinander einnehmen.. Man bezeichnet solche Polymere daher auch als kristalline, bzw. teilkristalline Thermoplaste, da eine völlige Kristallisation praktisch nicht möglich ist. Derartige Thermoplaste bestehen aus kristallinen Strukturen, welche in *amorphen* Bereichen eingelagert sind. Dieser *teilkristalline* Zustand verleiht derartigen Polymeren in vieler Hinsicht einen besonderen Charakter, der sich im Wesentlichen durch die höhere Wärmestandfestigkeit und Festigkeit der kristallinen Anteile einerseits und die Zähigkeit der amorphen Anteile andererseits ausdrückt.

Eigenschaften teilkristalliner Polymere

HINWEIS: Bei sonst gleichem molekularem Aufbau unterscheiden sich amorph und kristallin erstarrende Thermoplasten sehr. Teilkristalline Thermoplaste sind härter, zäher und wärmeformbeständiger.

3.2.2. Vernetzte Makromoleküle

vernetzte Polymere (Duroplaste, Elastomere

Es ist auch möglich, dass die einzelnen Kettenmoleküle über Querbrücken miteinander verbunden (*vernetzt*) sind. Damit können die Polymerketten auch bei erhöhter Beweglichkeit nicht mehr voneinander abgleiten, was die Eigenschaften deutlich verändert. Man hat hier zwei Fälle zu unterscheiden:

1. Falls die Vernetzung zwischen den Polymerketten sehr weitmaschig ist, sind derartige Kunststoffe zwar weder schmelzbar noch löslich, sie können jedoch unter der Einwirkung von Lösemitteln aufquellen, d. h. die Lösemittelmoleküle lagern sich zwischen den Polymerketten ein und erweichen den Werkstoff. Ist bei derartigen Polymeren die Kettenbeweglichkeit bei Raumtemperatur ausreichend hoch, so lassen sie sich reversibel sehr stark verformen. Man nennt Materialien dieser Art *Elastomere* (kautschukelastische Stoffe).

2. Mit zunehmend engmaschigerer Vernetzung wird der Werkstoff steifer (härter) und spröder; er ist schließlich weder schmelzbar noch quellbar bzw. löslich. Derartige Werkstoffe werden als *Duroplaste* (oder *Duromere*) bezeichnet. Aus den vielen Makromolekülen ist ein Netzwerk, also ein einziges, kompaktes Molekül geworden. Um derartige Polymere überhaupt verarbeiten zu können, werden sie in der Regel in der Polymerisation zunächst linear oder allenfalls gering vernetzt hergestellt, so dass sie noch in der Wärme umgeformt oder in Lösung weiter verarbeitet werden können. Die Vernetzung erfolgt dann als letzte Verarbeitungsstufe, meist unter der Einwirkung von Wärme.

HINWEIS: Werden lineare Makromoleküle vernetzt, so ändern sich viele wichtige Eigenschaften, vor allem die Wärmeformbeständigkeit.

3.3 Die Bildung und Herstellung von Polymeren

3.3.1 Thermoplaste

Die Verknüpfung der Monomeren zu Polymeren, die Polymerisation, kann dann erfolgen, wenn in den Monomeren entweder freie Valenzen erzeugt werden können, oder die Monomere reaktive Endgruppen besitzen, welche chemische Bindungen eingehen können.

3.3.1.1 Ungesättigte Bindungen, Polymerisation

ungesättigte Moleküle

Neben der schon besprochenen Einfachbindung zwischen zwei Kohlenstoffatomen, bei der sich die Atome zwei Elektronen teilen, ist auch die Ausbildung von Doppel- und Dreifachbindungen zwischen zwei C-Atomen möglich (diese teilen sich dann 4 bzw. 6 Elektronen). Man bezeichnet Moleküle, die Doppel- oder Dreifachbindungen enthalten, als *ungesättigt*.

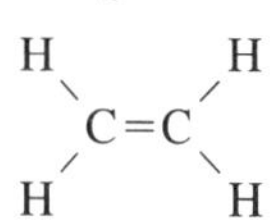

Das einfachste Beispiel für ein ungesättigtes Molekül ist das Ethylen (die nach den Regeln der Chemie richtige Bezeichnung lautet „Ethen“, jedoch benutzt man aus historischen Gründen meist den älteren Ausdruck), welches zur Gruppe der *Alkene* oder *Olefine* gehört und den monomeren Baustein des Polyethylens darstellt (man bezeichnet daher das Polyethylen auch als ein *Polyolefin*). Bild 3.7 zeigt schematisch den Aufbau eines Ethylenmoleküls.

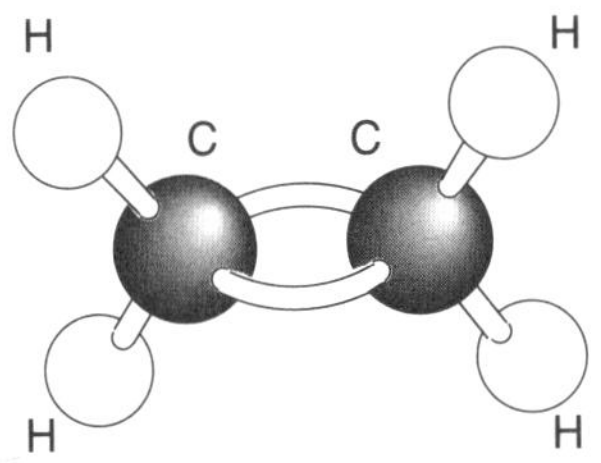

BILD 3.7 Schematische Darstellung des Ethylenmoleküls

Energieinhalt ungesättigter Moleküle

Man erkennt, dass bei der Doppelbindung beide Bindungen stark „verbogen" werden müssen (sie weichen stark vom Tetraederwinkel ab), so dass sich das Molekül in einem gespannten Zustand befindet. Während eine C-C-Einfachbindung eine Bindungsenergie von 350 kJ/mol aufweist (die Bindungsenergie ist die Energie die frei wird, wenn sich zwei Atome kovalent miteinander verbinden), besitzt eine Doppelbindung eine Bindungsenergie von nur 560 kJ/mol. Öffnet man eine Doppelbindung und knüpft stattdessen daraus zwei Einfachbindungen, so wird eine Energie von 140 kJ/mol ($2 \cdot 350 = 700$; $700 - 540 = 140$) frei. Dieses Freiwerden von Energie durch Lösen des Verspannungszustandes in ungesättigen Molekülen erklärt die Möglichkeit, die Doppelbindungen zu lösen und ungesättigte Moleküle zu Polymeren zusammenzubinden. Noch größer ist diese Energiedifferenz bei einer C-C-Dreifachbindung (Bindungsenergie 840 kJ/mol), wie sie z. B. im Acetylen (Ethin) vorhanden ist.

$$H-C\equiv C-H$$

Ablauf der Polymerisation

Bei der Bildung von Polymeren aus ungesättigten Monomeren – der sog. *Radikalketten-Polymerisation* – müssen zunächst einige Monomermoleküle durch einen *Initiator* aktiviert werden (z. B. ein Peroxid, das zerfällt und zwei Radikale bildet, deren Valenzen sich absättigen möchten; unten in der Strukturformel dargestellt).

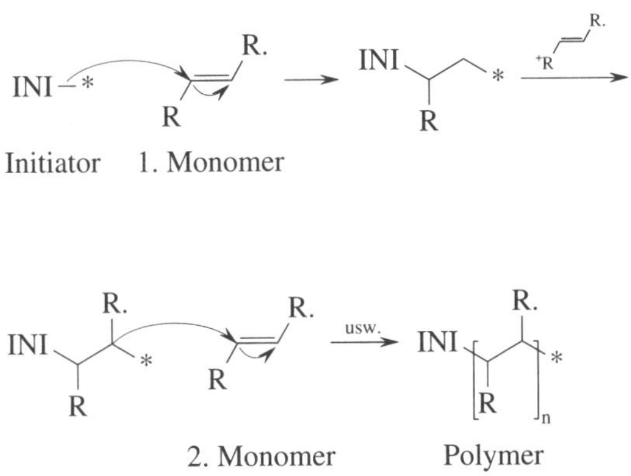

Ein Radikal greift ein ungesättigtes Monomer (ein Monomer mit einem Substituenten R) an und öffnet die Mehrfachbindung; das ist die *Startreaktion* der Radikalkettenbildung. Eine der beiden entstandenen zwei freien Valenzen des Monomermoleküls bindet das Radikal an sich. Damit verlagert sich das aktive Zentrum auf die zweite Valenz des Monomers.

Diese sucht nun ihrerseits sich abzusättigen und greift ein noch ungesättigtes Monomermolekül an, dessen Doppelbindung aufbricht und sich seinerseits an die wachsende Kette anbindet. Dieses aktive Zentrum lagert dann ein weiteres Monomermolekül an und die *Kettenbildung* setzt sich so fort, bis der Prozess abbricht. Für den Abbruch gibt es mehrere Ursachen; die einfachste ist, dass es keine ungesättigten Monomermoleküle mehr in erreichbarer Nähe gibt.

Initiatoren

Die Initiierung der Polymerisationsreaktion kann auf verschiedenen Wegen erfolgen. Man kann hierzu *radikalische, anionische* und *kationische* Initiatoren (man spricht analog von der radikalischen, anionischen oder kationischen Polymerisation) benutzen. Im Wesentlichen liegt der Unterschied in der chemischen Natur der aktiven Stelle (in der obigen Strukturformel mit * bezeichnet), die im ersten Fall ein Teilchen mit einem einzelnen ungepaarten freien Elektron (*Radikal*), im zweiten Fall ein Anion (C^-) und im dritten Fall ein Kation (C^+) sein kann.

Aus der unterschiedlichen Natur der aktiven Spezies resultieren Unterschiede im Reaktionsmechanismus und in den erzielbaren Eigenschaften. So zeichnen sich z. B. anionisch oder kationisch hergestellte Polymere durch eine besonders enge *Molekulargewichtsverteilung* aus. Ein Beispiel für ein anionisch polymerisierbares Monomer ist das Styrol, welches zu *Polystyrol* umgesetzt wird.

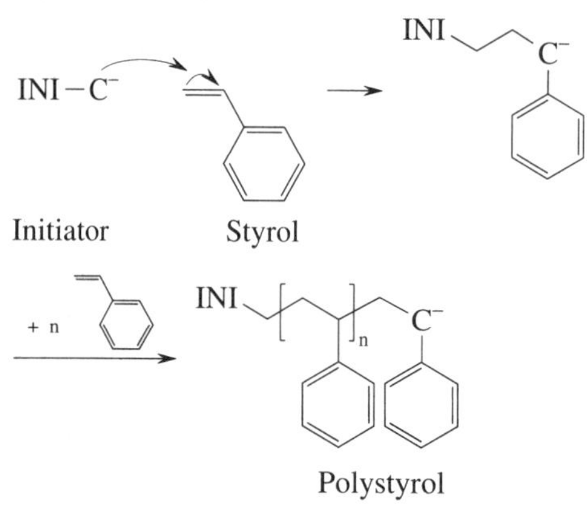

koordinative Polymerisation

Für einige Polymerisationsreaktionen existieren spezielle Katalysatoren, welche ein Polymer mit besonders regelmäßiger Struktur erzeugen. Diese Katalysatoren besitzen ein aktives Zentrum, an welches die wachsende Polymerkette sowie das einzubauende Monomer angebunden werden. Aufgrund der Struktur kann nun das Monomer nur in einer ganz bestimmten Weise an die Kette angekoppelt werden („*Folterbankmechanismus*"). Man nennt die Art der Bindung zwischen dem Katalysator und der Kette bzw.

dem Monomer eine *koordinative Bindung*, daher spricht man auch von einer *koordinativen Polymerisation.* Diese Art der Polymerisation wurde von K. Ziegler und G. Natta (Nobelpreis 1963) entdeckt. Die von ihnen verwendeten Katalysatoren (auch *Ziegler-Natta-Katalysatoren* genannt) sind chemische Verbindungen, die ein Metallatom enthalten. In neuerer Zeit wurde ein weiterer Katalysatortyp entwickelt: die sog. *Metallocen-Katalysatoren.* Auch hier handelt es sich um metallhaltige organische Verbindungen, die nach einem ähnlichen Mechanismus funktionieren (d. h. auch hier wird durch eine Koordination der Reaktionspartner eine bestimme Art der Anbindung erzwungen). Die Produkte einer koordinativen Polymerisation zeichnen sich meist durch eine besonders regelmäßige Struktur aus; man spricht von einer bestimmten *Taktizität.* Diese besondere Regelmäßigkeit führt z. B. bei Polyolefinen zu einem erhöhten Kristallinitätsgrad von ca. 50 %, was ihre Gebrauchsfähigkeit bis zu einer Temperatur von 100 °C und darüber ermöglicht. Dies hat mit dazu geführt, dass diese von ihrer Rohstoffbasis preiswerten Polymere inzwischen zu den mengenmäßig bedeutendsten Kunststoffen der Welt zählen. Daher wurde für sie auch der Ausdruck *Massenkunststoffe* geprägt.

Massenkunststoffe

HINWEIS: Bei einer Polymerisation wächst die durch einen Initiator gestartete Polymerkettenbildung durch Anlagerung einzelner Monomermoleküle in einer Kettenwachstumsreaktion.

3.3.1.2 Reaktive Endgruppen, Polyaddition und Polykondensation

bifunktionelle Monomere, Polyaddition

Moleküle (dies können nahezu beliebige Verbindungen sein, weshalb sie im Folgenden nur mir R bezeichnet werden) können, wenn sie zwei reaktive Endgruppen besitzen, d. h. wenn sie *bifunktionell* sind, mit den reaktiven Endgruppen anderer Moleküle (R′) reagieren und auf diese Weise ebenfalls Makromoleküle erzeugen. Solche reaktiven Endgruppen sind z. B.

- die Hydroxylgruppe bei Alkoholen $-OH$
- die Aldehydgruppe, z. B. des Formaldehyds 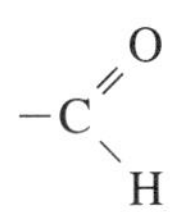
- die Carboxylgruppe organischer Säuren 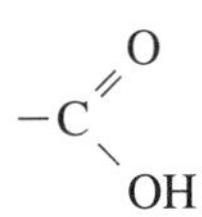
- die Isocyanatgruppe $-N{=}C{=}O$
- die Epoxidgruppe 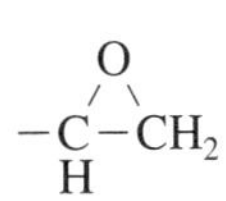
- die Amingruppe $-NH_2$

Polyaddition

So reagiert z. B. die Isocyanatgruppe eines Diisocyanats mit der Hydroxylgruppe eines Dialkohols (Glykol) gemäß folgender Gleichung

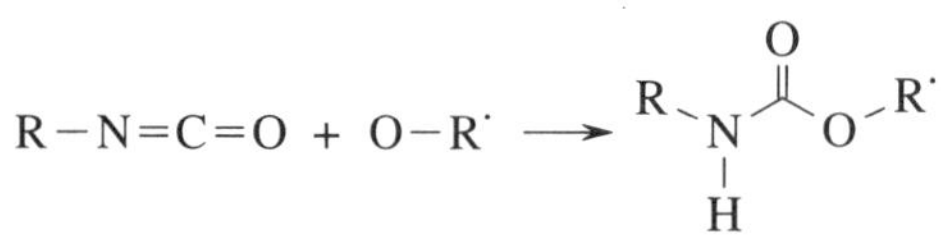

zu einem linearen *Polyurethan*. Ähnlich verläuft die Reaktion zwischen Epoxid- und Amingruppen. Kennzeichnend für diese Reaktionstypen ist, dass keine Nebenprodukte entstehen; es findet nur eine Addition der Bausteine statt. Man spricht daher von einer *Polyaddition*.

Polykondensation

Es gibt auch Kombinationen reaktiver Endgruppen, die unter Abspaltung von niedermolekularen Komponenten, in der Regel Wasser, miteinander reagieren. Daher auch der Ausdruck „*Polykondensation*“. Ein Beispiel ist die Reaktion von Alkohol- und Säuregruppen zu *Estern*, die damit zu *Polyestern* werden:

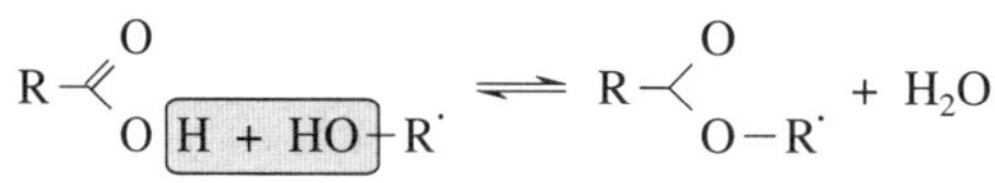

Der Doppelpfeil deutet an, dass die Reaktion in beide Richtungen ablaufen kann; es handelt sich um eine *Gleichgewichtsreaktion*. Entzieht man dem Reaktionsgemisch das entstehende Wasser, dann wird das Gleichgewicht auf die Seite des Esters verschoben und aus dem hier beispielhaft verwendeten Dialkohol und einer Disäure bildet sich ein *Polyester*.

Ein weiteres Beispiel für eine Polykondensationsreaktion ist die Reaktion von Phenol mit Formaldehyd. Auch hier wird Wasser als Nebenprodukt frei, welches dem System entzogen werden muss (Reaktion s. Abschnitt 3.3.2.2).

Weder für die Polykondensation noch für die Polyaddition ist eine Aktivierung der Moleküle bzw. Endgruppen erforderlich (lediglich werden in einigen Fällen Katalysatoren zur

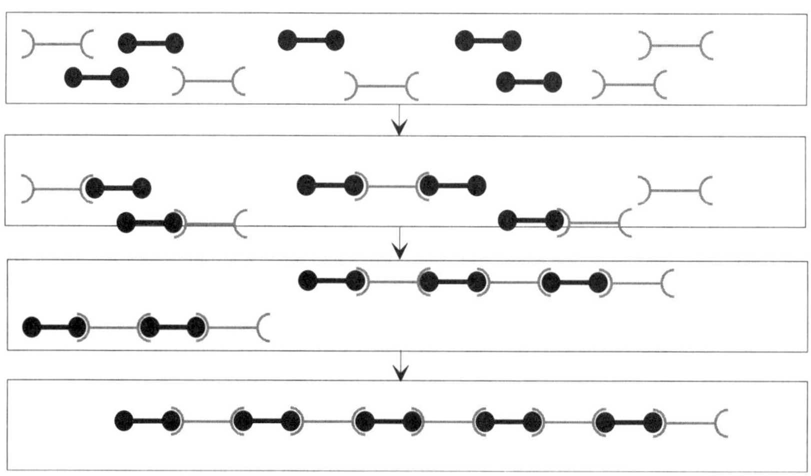

BILD 3.8 Schema einer Stufenwachstumsreaktion

Beschleunigung der Reaktion zugegeben). Die Bildung der Makromoleküle folgt daher einem anderen Mechanismus. Zunächst lagern sich die Moleküle paarweise zusammen und reagieren miteinander. Dann lagern sich die so gebildeten Gruppen zusammen und reagieren zu größeren Gruppen (man spricht hier von *Oligomeren* mit wenigen Wiederholungseinheiten; griech. Oligo = wenig, klein). Oft hält diese Konzentration an; die Gruppen werden immer größer, d. h. die Kettenmoleküle immer länger, bis schließlich Makromoleküle gebildet werden. Da das Molekulargewicht der Ketten immer in Stufen größer wird, spricht man auch von einer *Stufenwachstumsreaktion* (Bild 3.8).

Stufenwachstumsreaktion, Äquivalenz der Gruppen

Um große Molmassen zu erhalten, muss eine weitere Voraussetzung erfüllt sein. Greifen wir zurück auf das oben genannte Beispiel der Polyaddition von Diisocyanaten an Glykol.

Liegt hier das Glykol im Überschuss vor, so werden sich nur kurze Kettenfragmente (Oligomere) bilden, die an beiden Seiten Alkoholgruppen tragen. Da diese jedoch nicht mehr miteinander reagieren können und alles Isocyanat verbraucht ist, stoppt die Reaktion. Erst die Zugabe von weiterem Diisocyanat setzt die Reaktion fort. Man erhält das höchste Molekulargewicht, wenn genau gleich viele Alkohol- und Isocyanatgruppen vorhanden sind (*Äquivalenz*).

Für die Fertigung sind solche Stufenreaktionen von enormem Vorteil, weil man die Reaktion, d. h. die Kettenbildung, gezielt steuern bzw. anhalten kann. Man polymerisiert die Monomermischung zunächst nur so weit (man spricht fälschlicherweise vereinfachend immer von polymerisieren, obwohl es richtiger *polykondensieren* oder *polyaddieren* heißen müsste), dass sie einen zähflüssigen Charakter annimmt (aufgrund der dann noch relativ kurzen Ketten ist die Viskosität noch vergleichsweise gering). Im nächsten Schritt, z. B. nach der Formgebung, gibt man die fehlende Menge Monomer hinzu und die Reaktion mit Bildung längerer Moleküle schreitet fort. Damit steigen die Molmasse (das Molekulargewicht) und die Viskosität sprunghaft an.

Ein gutes Beispiel für diese Vorgehensweise sind einige sog. Zweikomponenten-Klebstoffe. Diese härten erst dann aus, das heißt, sie erreichen eine hohe Molmasse (Molekulargewicht) erst dann, wenn die fehlende Monomermenge der zweiten Komponente in ausreichender Menge – man sagt „im *stöchiometrischen Verhältnis*“ – eingemischt worden ist. Bei der Polykondensation muss allerdings das bei der Reaktion frei werdende Wasser vollständig abgezogen werden, sonst bleibt die Polymerbildung stehen. Das erschwert die Polykondensation gegenüber der Polyaddition.

HINWEIS: Bei der Polykondensation und der Polyaddition werden die Makromoleküle in einer Stufenwachstumsreaktion aus Monomeren mit reaktiven Endgruppen gebildet. Bei der Polykondensation entstehen niedermolekulare Nebenprodukte, die abgezogen werden müssen, sonst stoppt die Polykondensation. Bei der Polyaddition gibt es dieses Problem nicht. ■

3.3.2 Elastomere und Duroplaste

Methoden der Vernetzung

Wie bereits gesagt, können Makromoleküle untereinander verbunden (*vernetzt*) werden. Damit diese Reaktion stattfinden kann, müssen an den Makromolekülen noch geeignete *Vernetzungsstellen* vorhanden sein. Dies können entweder C–C-Doppelbindungen (ungesättigte Bindungen) in der Kette sein oder aber reaktive Gruppen, wie sie in Abschnitt 3.3.1 genannt worden sind. Die Vernetzung kann dann entweder nach erfolgter Kettenbildung durch die Zugabe geeigneter Reagenzien erfolgen, sie kann jedoch nach Wunsch gesteuert werden und auch schon während der Kettenbildungsreaktion gestartet werden.

3.3.2.1 Vernetzungen über ungesättigte Bindungen, die in den eingebundenen Monomeren noch verblieben sind

Vernetzung über ungesättigte Bindungen

Ein Beispiel für eine Vernetzung über ungesättigte Bindungen in der Polymerkette sind die *ungesättigten Polyesterharze*. Hier wird in einem Polykondensationsprozess zunächst ein Vorprodukt – ein *Präpolymer* – hergestellt, welches ungesättigte Bindungen in der Kette enthält. Dieses Präpolymer wird anschließend in ca. 30 % Styrol gelöst. Unmittelbar vor der Verarbeitung werden dann Chemikalien zugesetzt (Initiatoren, Peroxid), die eine Polymerisationsreaktion des Styrols starten. An die gebildeten aktiven Zentren (freie Valenzen) können sich neben den Styrolmolekülen auch andere in den Polymerketten vorhandene Doppelbindungen anlagern, d. h. die Präpolymer-Ketten werden quasi in die sich bildenden Polystyrolketten eingebaut.

Vulkanisation

Ein weiteres Beispiel für eine Vernetzung über Doppelbindungen in zunächst thermoplastischen Polymeren ist die *Vulkanisation* von Kautschuken zu Elastomeren. Hier werden z. B. Schwefel oder Schwefelverbindungen als Vernetzungsreagenzien zugegeben, die dann mit den Doppelbindungen reagieren.

3.3.2.2 Vernetzung über reaktive Gruppen

Vernetzung über reaktive Gruppen

Auch eine Vernetzung über reaktive Gruppen kann direkt während der Kettenbildungsreaktion erfolgen. Setzt man anstelle der bifunktionellen Monomere solche mit drei oder mehr reaktiven Gruppen ein, so werden gezielt Verzweigungsstellen in der Polymerkette erzeugt, die zur Vernetzung führen, wenn man sie aktiviert. Im Rahmen einer Stufenreaktion können diese Verzweigungen schließlich nach erfolgter Formgebung die Vernetzungsbrücken zwischen den Ketten bilden.

Ein praktisches Beispiel für eine derartige Vernetzung ist die Herstellung von Polyurethanen. Hier setzt man z. T. *mehrwertige Alkohole* (*Polyole*), d. h. Alkohole mit drei oder mehr OH-Gruppen ein. Nach der Mischung tritt die Reaktion mit gleichzeitiger Vernetzung ein. Gibt man dann noch ein weiteres Reagenz hinzu, welches für die Entwicklung von Gas (Stickstoff, CO_2) oder Dampf sorgt, dann führt dies zu einem Aufschäumen. Nach dem Abschluss der Reaktion erhält man einen *Polyurethanschaum* (*PUR-Schaum*), wie man ihn z. B. als Montageschaum kennt.

Ein weiteres Beispiel für eine Stufenreaktion mit gleichzeitiger Vernetzung über reaktive Endgruppen ist die Herstellung von Phenolharzen. Rohstoffhersteller stellen zunächst so genannte *Novolake* her, die sich im flüssigen Zustand leicht mit Füllstoffen versetzen lassen und dann durch Verpressen in heißen Formen gleichzeitig ihre Endgestalt erhalten und unter der Wirkung von Formaldehyd, welches vorher eingemischt wurde, vernetzen; man spricht hier von Aushärten.

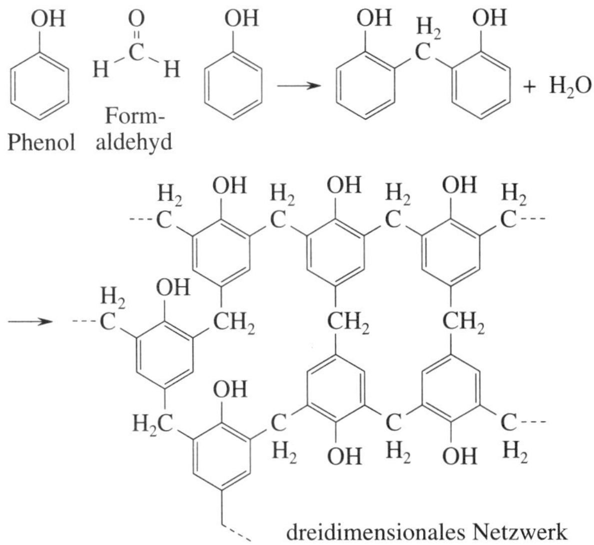

3.3.2.3 Vernetzung über Strahlung oder Peroxide

Strahlenvernetzung, Vernetzung mit Peroxiden

Wenn weder Doppelbindungen noch Endgruppen im Molekül vorhanden sind, besteht die Möglichkeit, freie Valenzen durch „Herausschlagen" von Wasserstoffatomen – der sog. *Wasserstoffabstraktion* – aus den Kettenmolekülen zu erzeugen. Dies kann z. B. durch die Einwirkung energiereicher Strahlung (Elektronenstrahlen) erfolgen. Eine weitere Möglichkeit ist der Einsatz spezieller Reagenzien, die ebenfalls die gesättigten Polymerketten angreifen und Wasserstoffatome herausschlagen können. Beispielsweise benutzt man *Peroxide* für eine derartige Aktivierung bei Polyethylen, um dieses zu vernetzen.

HINWEIS: In der Verarbeitung wird die Vernetzung erst ausgeführt, nachdem das Formteil seine Endgestalt erhalten hat. Eine Umformung nach der Vernetzung würde zur Zerstörung führen. ■

3.3.2.4 Leiterpolymere

Leiterpolymere, besondere Eigenschaften

Eine spezielle Art der Vernetzung ist die Erzeugung eines *Leiterpolymeren* durch eine Cyclisierung im Molekül. Sie sei am Beispiel des *Polybutadiens* dargestellt. Im ersten Schritt polymerisiert *Butadien* zu linearen, thermoplastischen Makromolekülen. In dieser Form lässt sich das Polybutadien z. B. zu Fäden verspinnen und verweben. In einem zweiten Reaktionsschritt werden diese Gewebe dann behandelt, um die noch vorhandenen ungesättigten Bindungen zu aktivieren und die Ringe zu schließen. Es entstehen quasi zwei gleich lange Polymerketten, die an jedem zweiten Kohlenstoffatom miteinander kovalent verbunden sind:

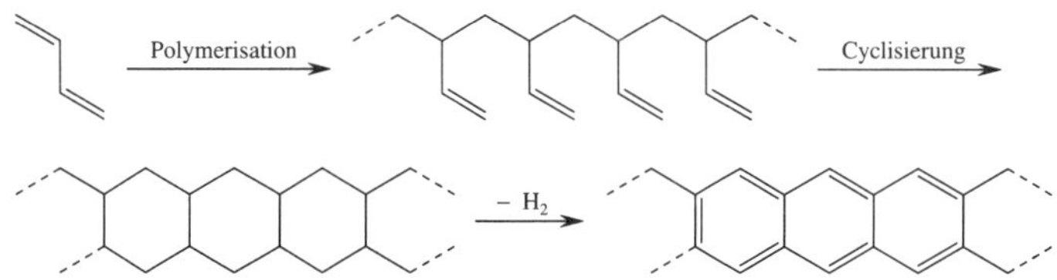

Die auf diese Weise hergestellten *Pluton*-Gewebe sind bis zu 1.000 °C unschmelzbar. Sie oxidieren jedoch unter längerer Wärmeeinwirkung an der Luft. Die besondere Wärmefestigkeit rührt von der besonderen Struktur der Polymermoleküle her. Kommt es bei normalen Thermoplasten z. B. unter Wärmeeinwirkung zu einer Kettenspaltung, so verringert sich die Molmasse (das Molekulargewicht) der gespaltenen Kette und, nachdem viele Ketten geschädigt werden, schließlich auch die mittlere Molmasse des Polymeren. Damit verschlechtern sich auch die mechanischen Eigenschaften. Bei einem Leiterpolymer müssen jedoch beide Stränge einer Kette an der gleichen Stelle gespalten werden, damit ein Molmassenabbau (Molekulargewichtsabbau) entsteht. Als Nebeneffekt vernetzen dann noch einzelne Leiterpolymerer miteinander, was die Wärmestandfestigkeit zusätzlich erhöht.

Ein weiteres Beispiel für ein Leiterpolymer ist das Polyacrylnitril, welches durch *Pyrolyse* (Erhitzen ohne Luftzutritt) in eine Leiterstruktur übergeht: Daraus entsteht dann die hochsteife und -feste Kohlenstoff(C-)faser, die in beachtlichen Mengen in Leichtbaukonstruktionen eingesetzt wird.

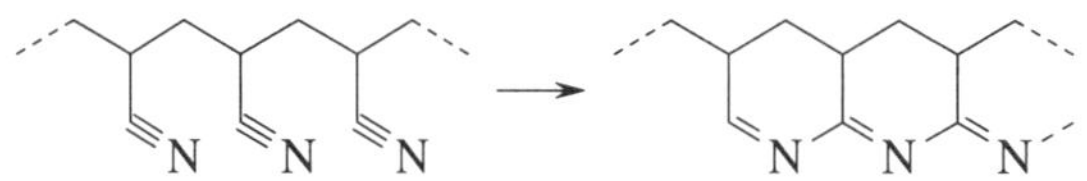

Eine spezielle Art von Leiterpolymeren sind die so genannten *flüssigkristallinen Polymere,* deren Schmelze eine *flüssigkristalline Phase* enthält, deren Steifigkeit von ihren Polymerleitermolekülen herrührt. Hierauf wird in Abschnitt 4.4.1.3 näher eingegangen.

> **HINWEIS:** Leiterpolymere besitzen aufgrund ihrer Struktur besondere physikalische Eigenschaften.

3.3.3 Copolymerisate und Pfropfpolymerisate

Einteilung der Copolymere

Polymere müssen keineswegs nur aus einer Sorte Monomer aufgebaut sein. Vielmehr können verschiedene Monomere in die gleiche Polymerkette eingebaut werden, und zwar sowohl über eine Polymerisation als auch über eine Polyaddition oder Polykondensation. Man spricht dann von *Copolymeren.*

Je nach Anordnung der Bausteine in der Kette unterscheidet man statistische, alternierende oder Blockcopolymere (Bild 3.9). Durch den Einbau von zwei oder mehr Monomeren mittels kovalenter Bindung in ein Polymer können besondere Eigenschaften erzeugt werden. Kombiniert man z. B. in einem Blockcopolymer Segmente aus bei Raumtemperatur weichen, beweglichen Ketten mit Segmenten aus steifen Ketten mit hoher Kristallisationsneigung, dann gelangt man beispielsweise zu *thermoplastischen Elastomeren*. Hier entsteht durch die Einbindung verschiedener Teile der Polymerketten in den kristallinen Bereichen eine Art physikalischer Vernetzung. Die weichen Segmente bleiben beweglich, so dass elastische Eigenschaften resultieren. Bei höheren Temperaturen schmelzen die Kristallite auf und die Masse wird thermoplastisch (und kann entsprechend verarbeitet werden).

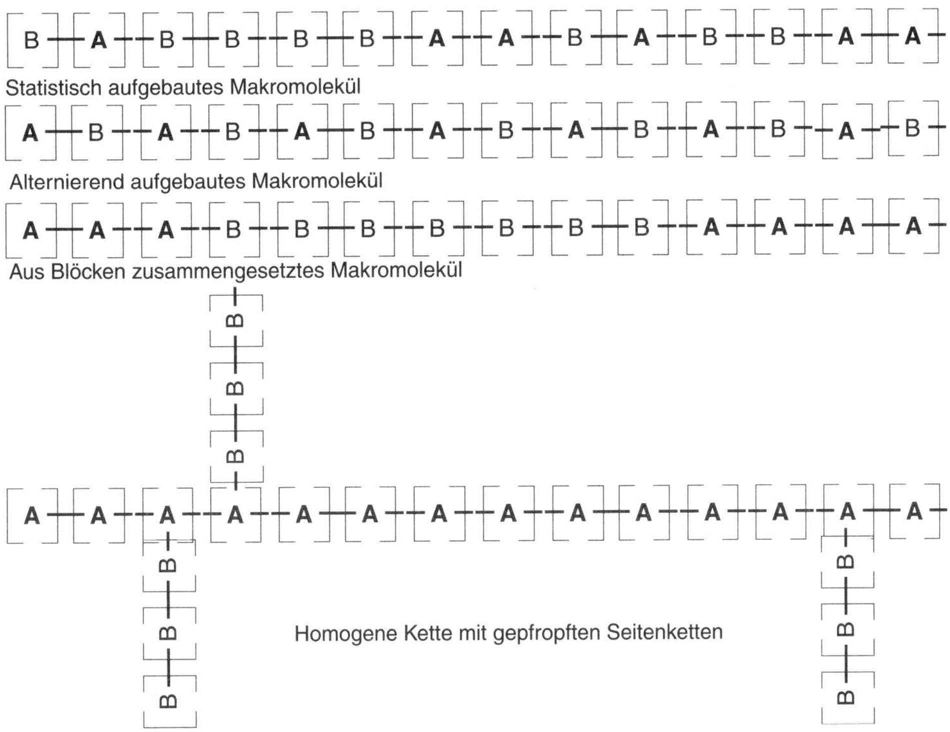

BILD 3.9 Einteilung der Copolymeren

Die Herstellung solcher Copolymere kann z. B. durch *simultane* oder *sequentielle Copolymerisation* erfolgen. Dabei werden die verschiedenen Monomere entweder vor Beginn der Polymerisationsreaktion (simultan) gemischt oder nacheinander in der sequentiellen Copolymerisation in den Polymerisationsreaktor eingetragen. Je nach Zustand der bereits erreichten Polymerisation kann zudem die Struktur des entstehenden Copolymers beeinflusst werden; so entstehen bei einer sequentiellen Polymerisation u. a. Blockcopolymere.

Eine spezielle Form der Copolymere sind die Pfropfcopolymere. Dies sind Polymere mit einer meist homogenen Hauptkette (sie besteht nur aus einer Sorte Monomer), auf die kürzere Seitenketten einer anderen Monomersorte *aufgepfropft* sind. Dies kann z. B.

Pfropfreaktion

durch eine *Pfropfreaktion* erfolgen, bei der die Seitenketten in einem gesonderten Verarbeitungsschritt mit der Hauptkette verbunden werden. Für die *Pfropfreaktion* werden an der Hauptkette aktive Stellen erzeugt, an die dann die zu pfropfenden Monomere anpolymerisieren.

3.3.4 Polymerblends

Mischen von Polymeren (Blends)

Blenden ist der amerikanische Ausdruck für Mischen, d. h. in einem Polymerblend sind verschiedene Polymere schlicht miteinander vermischt (siehe auch Abschnitt 4.4.2). Derartige Mischvorgänge werden in speziellen Schneckenmaschinen durchgeführt. Auf diese Weise ist es möglich, die Eigenschaften vorhandener Thermoplasten auch in kleinen Chargen zu kombinieren und an neue Aufgaben anzupassen. Meist ist bei der Herstellung von Blends zusätzlich der Einsatz von *Verträglichkeitsvermittlern* (*Compatibilizern*) erforderlich, welche die Mischbarkeit bzw. Verträglichkeit der unterschiedlichen Polymere verbessern.

HINWEIS: Die Kombination verschiedener Monomere in Copolymeren oder verschiedener Polymere in Blends liefert die Möglichkeit, Eigenschaften verschiedener Polymere zu kombinieren.

3.3.5 Verfahrenstechnik zur Herstellung von Polymeren

Reaktionsenthalpie

Damit eine Polymerisationsreaktion spontan – eventuell nach Zufuhr einer gewissen *Aktivierungsenergie* – ablaufen kann, muss der Energieinhalt der Produkte (des Polymers) kleiner sein als der Energieinhalt der Edukte (Monomere). Dies ist in Bild 3.10 schematisch dargestellt. Meist ist diese Energiedifferenz – die *Reaktionsenthalpie* – *exotherm* und recht groß, d. h. es wird viel Energie in Form von Wärme freigesetzt, was ein

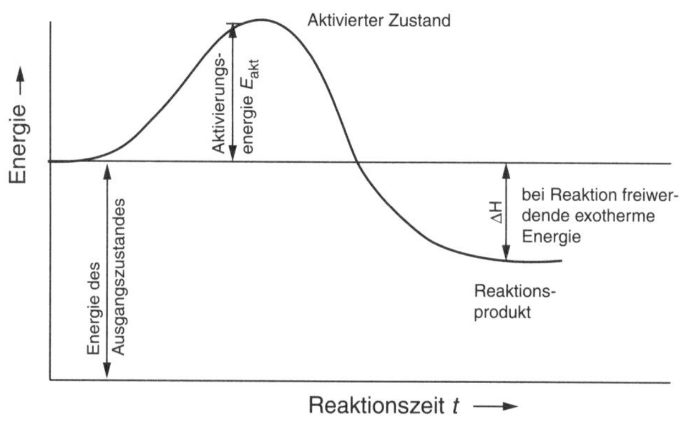

BILD 3.10 Energetisches Schema einer exothermen Reaktion

Problem bei den meisten Polymerisationen darstellt. Daher werden Polymerisationen nur selten als *Substanz-* oder *Massepolymerisationen* ausgeführt, weil zudem die Polymerschmelzen eine niedrige Wärmeleitfähigkeit besitzen und der Prozess daher zu lange dauern würde, oder nur in kleinen Volumina durchführbar ist. In einigen Fällen wird in der Schmelze (Polystyrol bei radikalischer Polymerisation) oder in der Gasphase polymerisiert (z. B. Polyethylen niedriger Dichte (PE-LD)).

Polymerisation in Lösung

Um die Wärme besser abführen zu können, wird die Mehrzahl der technischen Polymerisationen in einem Lösemittel durchgeführt (*Lösungspolymerisation*). Dieses Vorgehen löst drei Aufgaben:

1. Es hilft, die noch nicht reagierten Monomere und die wachsenden Polymerketten ausreichend gut zu vermischen und höhere Molmassen zu erreichen.
2. Die Abfuhr der Reaktionswärme wird erheblich erleichtert. Nur so sind die großen Volumina von bis 500.000 t/a in großen Reaktoren möglich (z. B. bei PE-LD).
3. In den meisten Fällen scheidet das Polymer aus, sobald es eine gewisse Korngröße erreicht hat, und fällt aus. Mit dem Lösungsmittel zusammen lässt sich das Reaktionsgefäß leichter entleeren

Suspensions- und Emulsionspolymerisation

Die Tatsache, dass viele Polymerisate in ihrem Monomer löslich sind, macht man sich bei der *Suspensionspolymerisation* zu Nutze. Hier wird das Monomer in einem Lösemittel, mit dem es nicht lösbar ist, dispergiert, so dass kleine Monomertröpfchen entstehen. Man startet dann die Polymerisation in diesen Tröpfchen, sodass man schließlich kleine Polymerperlen erhält.

Nach einem ähnlichen Prinzip funktioniert die *Emulsionspolymerisation*. Hier wird wieder das Monomer auch durch starkes Rühren im Reaktor zu kleinen Tröpfchen dispergiert. Der Initiator ist jedoch nicht im Monomer sondern im Lösemittel gelöst. Der Initiator holt sich nun ein Monomer nach dem anderen aus den Monomertröpfchen und bildet so das Polymer, das dann ausfällt.

Verfahrenstechnik bei Stufenwachstumsreaktionen

Bei der Polyaddition ist in der Regel keine Aktivierungsenergie erforderlich. Direkt nach dem Mischen erfolgt die Reaktion. Bei der Polykondensation muss das entstehende niedermolekulare Nebenprodukt (in der Regel Wasser) entfernt werden, um eine hohe Molmasse (hohes Molekulargewicht) zu erhalten. Dies erfolgt in Form von Verdampfen (durch die Wirkung hoher Temperaturen) oder durch das Anlegen eines Vakuums an den Polymerisationsreaktor.

Eine besondere Form der Polymerisation ist die *Plasmapolymerisation*. Hier wird das Monomer in einem Niederdruckplasma zur Polymerisation angeregt und als Polymer auf z. B. einer zu schützenden Oberfläche abgeschieden. Man nutzt dieses Verfahren zum Beschichten von Oberflächen; z. B. zur Kratzfestbeschichtung von Kunststofflinsen oder -brillengläsern.

Reaktionskinetik

Der Ablauf einer Polymerisationsreaktion kann mathematisch beschrieben werden (z. B. um die Wärmeentwicklung über der Zeit zu berechnen). Analog zum physikalischen Begriff der Kinetik spricht man hier von der *Reaktionskinetik*. Im Folgenden soll ein einfaches und leider nur zur Abschätzung anwendbares Verfahren vorgestellt werden.

Ausgehend von den Gesetzen der chemischen Reaktionskinetik kann man eine Polymerisationsreaktion vereinfachend als Reaktion n-ter Ordnung auffassen. Für die Konzentrationsänderung d_C der bereits reagierten Monomere kann dann folgender Ansatz (*Geschwindigkeitsgesetz*) aufgestellt werden:

$$\frac{d_C}{dt} = K(T) \cdot (1-C)^n$$

Hier ist $K(T)$ eine temperaturabhängige Konstante und n die formale Reaktionsordnung. Die Integration dieser Gleichung liefert eine Bestimmungsgleichung für die Reaktionszeit t und den Umsatz C:

$$\int \frac{d_C}{(1-C)^n} = K(T) \cdot \int dt$$

Dann ist

$$t = \frac{1}{(n-1) \cdot K(T)} \cdot \left[\frac{1}{(1-C)^{n-1}} - 1 \right]$$

$$C = 1 - \sqrt[n-1]{\frac{1}{1+(n-1) \cdot K(T) \cdot t}}$$

Für die Berechnung von $K(T)$ kann der Arrheniusansatz verwendet werden:

$$K(T) = Z \cdot e^{\left(-\frac{Ea}{R \cdot T}\right)}$$

wobei Z der *präexponentielle Faktor*, R die allgemeine Gaskonstante, T die thermodynamische Temperatur (in K) und E_a die Aktivierungsenergie sind. Es sei jedoch an dieser Stelle davor gewarnt, die hier angegebenen Gleichungen als allgemein gültig anzusehen. So kann keineswegs davon ausgegangen werden, dass eine Polymerisationsreaktion dem hier angenommenen Geschwindigkeitsgesetz gehorcht; dieses muss vielmehr zunächst experimentell nachgewiesen werden. Auch muss für $K(T)$ nicht zwingend der Arrheniusansatz gültig sein. Es gibt durchaus Reaktionen, die ein völlig anderes Verhalten zeigen. Für die Bestimmung der reaktionskinetischen Parameter gibt es eine Vielzahl verschiedener Methoden, auf die hier nicht näher eingegangen werden kann.

3.4 Biopolymere

3.4.1 Definitionen

Die begrenzte Verfügbarkeit fossiler Rohstoffe, steigende Ölpreise und die CO_2-Problematik verschaffen der vergleichsweise neuen Werkstoffklasse der Biopolymere zunehmende Aufmerksamkeit. Doch nach wie vor ist der Begriff der Biopolymere nicht eindeutig definiert und beschreibt eine Vielzahl von Produkten, die jedoch keiner einheitlichen

Polymerklasse zuzuordnen sind und auch unterschiedliche Eigenschaften besitzen können. Der Verband *European Bioplastics e.V.* in Berlin/DE, „Branchenverband der industriellen Hersteller, Verarbeiter und Anwender von Biokunststoffen sowie biologisch abbaubaren Werkstoffen (BAW)" definiert Biopolymere als:

- „Kunststoffe, die auf Basis nachwachsender Rohstoffe hergestellt werden" bzw. als
- „biologisch abbaubare Kunststoffe, welche alle Kriterien von wissenschaftlich anerkannten Normen zum Nachweis der biologischen Abbaubarkeit und Kompostierbarkeit von Kunststoff(produkt)en erfüllen; in Europa: EN 13432/EN 14995".

Dies bedeutet, dass Biopolymere entweder aus nachwachsenden Rohstoffen synthetisiert werden und/oder aber durch einen biologischen Einfluss, wie beispielsweise durch Mikroorganismen, zersetzt werden können. Wichtig ist dabei auch die Unterscheidung zwischen den Begriffen der Degradation (mechanische Zersetzung) sowie der Biodegradation/biologische Abbaubarkeit (metabolische Zersetzung).

Biobasierte Polymere sind nicht zwangsläufig biologisch abbaubar (biologische Degradation), andererseits können Biopolymere auf Basis von fossilen Rohstoffen entsprechend biologisch zersetzt werden. Die biologische Abbaubarkeit hängt daher nicht vom Ursprung des Rohstoffs, sondern ausschließlich von der chemischen Struktur der Polymere ab. Biologisch abbaubare Polymere werden in einer japanischen Studie des *Committee for the Practical Use of Biodegradable Plastics* von 1995 folgendermaßen definiert:

„Ein biologisch abbaubares Polymer ist ein polymeres Material, das die gleichen Funktionen wie ein konventioneller Kunststoff während des Gebrauchs erfüllt, jedoch nach seiner Verwendung durch die Aktivität von in der Natur existierenden Mikroorganismen zuerst in niedermolekulare Verbindungen und schließlich in anorganische Substanzen wie Wasser und Kohlendioxid abgebaut wird".

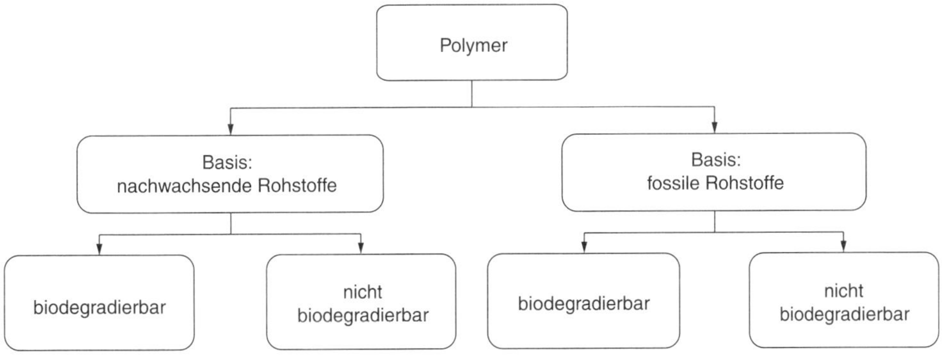

BILD 3.11 Einteilung des Begriffes Polymer nach dem Rohstoffursprung sowie nach der Abbaubarkeit

3.4.2 Produkte

Auch wenn das Bewusstsein der Verbraucher bisher nur wenig für Produkte auf Basis von Biopolymeren sensibilisiert ist, so haben diese schon seit geraumer Zeit ihren Platz in unterschiedlichsten Produkten gefunden. Insbesondere die biologischen Degradationseigenschaften spielen dabei eine wesentliche Rolle. Biologisch abbaubare Polymere finden daher bevorzugt in kurzlebigen Produkten wie Packmitteln, Geotextilien und landwirtschaftlichen Produkten wie Mulchfolien, Einwegprodukten oder auch für medizinische Produkte wie Implantate oder Nahtmaterialien Einsatz. Bei den beiden letztgenannten sind Biokompatibilität und Bioresorbierbarkeit gefordert. Biobasierte Polymere hingegen, die nicht biologisch abbaubar sind, können prinzipiell konventionelle Kunststoffprodukte ersetzen. Dank der außerordentlichen Fortschritte in der Erforschung biologisch abbaubarer, wasserlöslicher Polymere gewinnen diese beispielsweise für Produkte der Waschmittel- und Kosmetik-Industrie zunehmend an Bedeutung.

3.4.3 Bandbreite der Biopolymere

Die Bandbreite der Biopolymere ist groß.

Die Bandbreite der Biopolymere ist groß – sie reicht von den klassischen Polymeren pflanzlichen Ursprungs wie Cellulose und Stärke, über Makromoleküle tierischen Ursprungs wie Proteine oder Chitin bis hin zu Polymeren, die durch Mikroorganismen (z. B. Polylactid – PLA) oder Fermentation (z. B. Polyhydroxybutyrat – PHB) entstehen oder aus fossilen Rohstoffen (z. B. Polyesteramide – PEA, synthetisiert werden. Darüber hinaus nehmen auch Copolymere, Blends und Compounds von oder mit Biopolymeren einen wichtigen Stellenwert ein. An dieser Stelle sei auf die Vielzahl von Literaturquellen verwiesen. In diesem Kapitel soll nur auf eine Auswahl von Biopolymeren eingegangen werden.

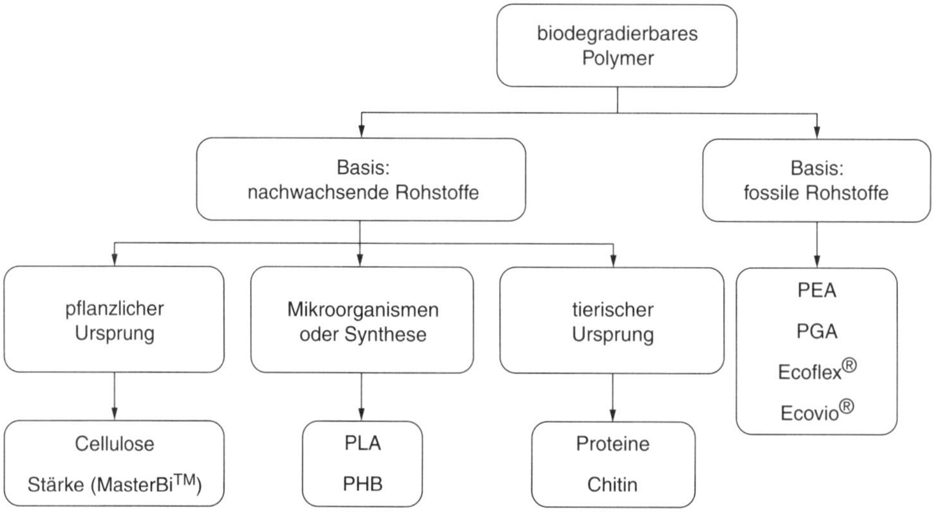

BILD 3.12 Einteilung von biodegradierbaren Polymeren nach ihrem Ursprung sowie ausgewählte Beispiele

3.4.4 Biopolymere natürlichen Ursprungs

3.4.4.1 Polylactid (Polymilchsäure)

Polylactid ist das industriell mengenmäßig wichtigste Biopolymer.

Polylactid (PLA) gehört zur Polymerklasse der aliphatischen Polyester und ist mit Abstand eins des technisch und industriell mengenmäßig wichtigsten Biopolymere, das derzeit synthetisiert wird. Die Herstellung höhermolekularer Polymilchsäure geht bereits auf Carothers im Jahr 1932 zurück und wurde weiter von den Firmen DuPont und Ethicon entwickelt. Heute wird es durch eine Vielzahl von Firmen vertrieben und kann dank Optimierung der Prozesstechnik und einem technisch ausgereiften Eigenschaftsprofil auf dem Weltmarkt zu konkurrenzfähigen Preisen, verglichen mit konventionellen Kunststoffen, angeboten werden. PLA ist natürlichen Ursprungs und wird fermentativ durch Milchsäure hergestellt, gefolgt durch diverse chemische Umwandlungsreaktionen. Beim PLA handelt es sich um einen Thermoplasten, der die Nutzung bereits existierender Prozesse ermöglicht. Außerdem kann es durch sein stereogenes Zentrum und den damit existierenden zwei enantiomeren (Bild und Spiegelbild) Formen (D- und L-Milchsäure) (s. Bild 3.13) ein breites Eigenschaftsprofil und eine Vielzahl unterschiedlicher Anwendungen ermöglichen, abhängig vom Anteil der unterschiedlichen Stereoisomere. Die biologische Abbaubarkeit, die in erster Linie durch Hydrolyse erfolgt und nicht auf mikrobielle Einwirkung zurückzuführen ist, wird ebenfalls durch den Anteil der unterschiedlichen Stereoisomere beeinflusst; sie nehmen Einfluss auf die Kristallinität des Polymers. Außerdem kann es in öffentlichen Müllverwertungsanlagen in Kompost umgewandelt werden. PLA ist ein steifer, transparenter Thermoplast, der ähnliche Eigenschaften wie Polystyrol besitzt und einen mit PET oder Cellophan vergleichbar hohen Modul aufweist.

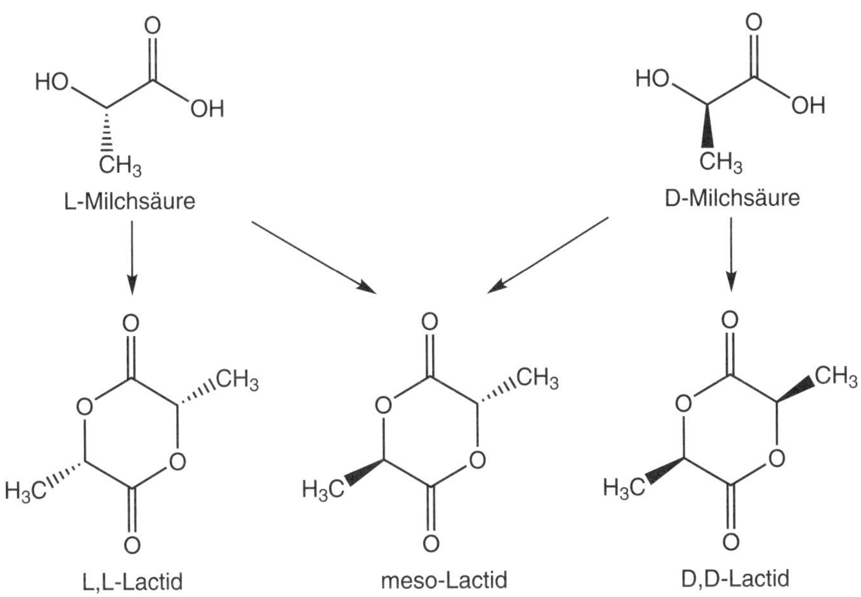

BILD 3.13 Strukturformeln D-/L-Milchsäure sowie L,L-Lactid, meso-Lactid, D,D-Lactid

Aufgrund seines nicht durch mikrobielle Einwirkung ablaufenden biologischen Abbaus ist PLA interessant für Anwendungen mit direktem Nahrungsmittelkontakt über längere Zeiträume. Es findet daher Einsatz als Kunststoffflaschen, Gefäße für kalte Getränke, steife Verpackungen oder wird für abbaubare Folien genutzt. Auch für textile Anwendungen spielt PLA eine wichtige Rolle. Kleidungsstücke aus PLA sollen einen besseren Tragekomfort, eine bessere Formbeständigkeit und eine erhöhte Wasseraufnahme gewährleisten, so dass es insbesondere für Sportbekleidung interessant ist.

3.4.4.2 Polysaccharide

Stärke gehört zu den bekanntesten hydrokolloiden (die in Wasser als Kolloide vorliegen und zur Gelbildung neigen) Biopolymeren, das mit einem sehr günstigen Preis zu den günstigsten Biopolymeren zählt. Der relative Gehalt von Amylose und Amylopektin variiert jedoch stark mit der Rohstoffquelle und nimmt Einfluss auf die mechanischen wie auch die Biodegradationseigenschaften. Reine Stärke findet aufgrund ihrer Sprödigkeit und Feuchtigkeitsempfindlichkeit bisher nur für eine eingeschränkte Anzahl von thermoplastischen Kunststoffanwendungen Einsatz, wie z. B. als Loose-Fill-Produkte im Verpackungs- und Transportwesen. Die Eigenschaften lassen sich jedoch wesentlich verbessern durch die chemische Modifizierung der Stärke sowie das Blenden mit thermoplastischen Kunststoffen wie Polyolefinen oder Polyestern. Werden biologisch abbaubare Polyester in Blends verwendet, können vollständig kompostierbare Polymere entstehen.

3.4.4.3 Polyhydroxyalkanoate

Polyhydroxyalkanoate (PHA) können mittels Fermentation aus natürlichen Rohstoffen wie Zucker oder Stärke synthetisiert werden. Sie gehören zur Klasse der Polyester, sind teilkristallin und biodegradierbar. Im Gegensatz zur PLA-Synthese sind zusätzlich zur fermentativen Synthese keine nachfolgenden chemischen Reaktionsschritte von Nöten. Das Polymer selbst wird von unterschiedlichen Mikroorganismen als Kohlenstoff- und Energiespeicher genutzt und kann im Mikroorganismus einen Anteil von bis zu 90 % des Trockengewichts der Zellmasse ausmachen. Die chemische Struktur des PHAs hängt anschließend von der Bakterien-Spezies sowie der Kohlenstoff-Rohstoffquelle, auf der der Mikroorganismus gewachsen ist, ab. Die Vielfalt der möglichen PHAs ermöglicht unterschiedliche Eigenschaftsprofile und Anwendungsmöglichkeiten. So können spritzgegossene Produkte hergestellt werden ebenso wie bioresorbierbare, medizinische und nichtmedizinische Produkte (z. B. Fischernetze, biologisch abbaubare Filme, Hygieneartikel (Rücklagen in Windeln oder Damenbinden, Verpackungen).

Die industriell wichtigsten Vertreter der Gruppe der PHAs sind die Poly(3-hydroxybutyrate) (PHB) sowie deren Copolymere, wie beispielsweise Poly(3-hydroxybutyrat-co-3-hydroxyvalerat) (PHB-co-HV).

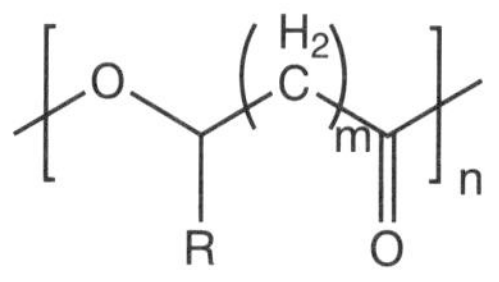

BILD 3.14 Allgemeine Strukturformel von PHAs

3.4.5 Biopolymere fossilen Ursprungs mit der Eigenschaft biologischer Abbaubarkeit

3.4.5.1 Polyester

Bei rein aliphatischen Polyestern handelt es sich um biologisch abbaubare Polymere. Es gibt im Wesentlichen zwei unterschiedliche Strukturen synthetischer Polyester, die als biologisch abbaubare Polymere interessant sind. Zum einen handelt es sich um Derivate der Hydroxyalkansäure, bzw. deren intramolekulare, zyklischen Kondensate, die Lactone oder um Kondensationsreaktionsprodukte aliphatischer Dicarbonsäuren und aliphatischer Glykole. Bekanntester Vertreter der erstgenannten Gruppe ist das Polycaprolacton (PCL). Die bekanntesten Polymere, die mittels Kondensationsreaktionen hergestellt werden, sind Polybutylensuccinat (PBS), das als geblasene Folien ähnliche Eigenschaften wie LDPE besitzt, sowie das Copolymer Poly(butylensuccinat-*co*-butylenadipat) (PBSA), das aufgrund niedrigerer Kristallinität höhere Degradationsgeschwindigkeiten aufweist. Aliphatische Polyester eignen sich als niedrig-schmelzende, flexible Thermoplaste beispielsweise für Tüten, Filme oder Monofilamentfasern und lassen sich auf konventionellen Anlagen für Polyolefine verarbeiten.

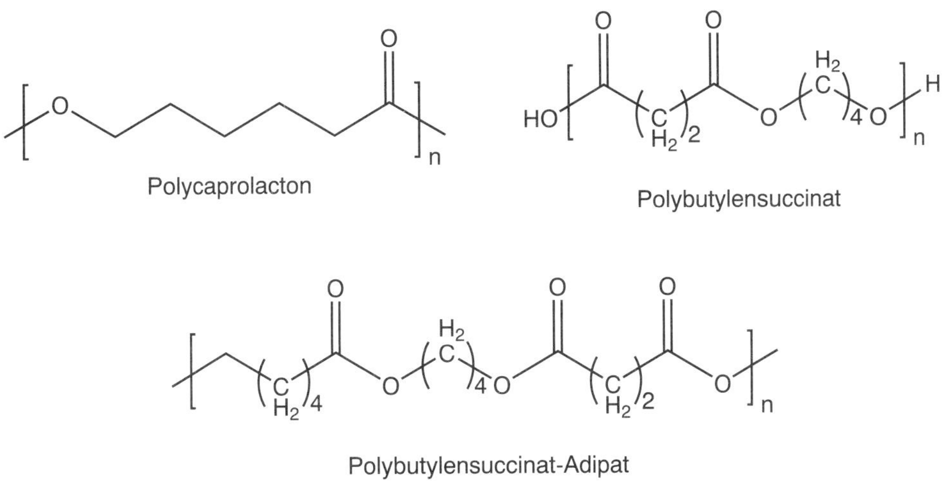

BILD 3.15 Strukturformeln von PCL, PBS und PBSA

3.4.5.2 Polyesteramide

Polyesteramide (PEA) sind Polymere, die sowohl Ester- als auch Amidgruppen in der Hauptkette enthalten und dadurch die guten mechanischen und thermischen Eigenschaften der technischen Polyamide mit der guten biologischen Abbaubarkeit aliphatischer Polyester verknüpfen. Während Polyesteramide mit einem molekularen Gewicht von <10.000 als Harze oder Elastomere zum Einsatz kommen, besitzen Polyesteramide mit einem höheren Molekulargewicht thermoplastische Eigenschaften. Diese lassen sich mittels katalysatorunterstützter Polykondensation oder durch ringöffnende Polymerisation

(ROP) bzw. die Kombination beider Verfahren herstellen. Durch die Variation des Amid- und Ester-Anteils lassen sich PEAs mit unterschiedlichen chemischen sowie gezielt einstellbaren chemischen sowie Degradationseigenschaften herstellen. Bisher hat sich die Synthese von Polyesteramiden jedoch industriell noch nicht durchsetzen können. Der bekannteste Vertreter der Polyesteramide ist das von 1997–2001 von der Bayer AG vertriebene BAK®. Dieses war zur Anwendung im Verpackungsbereich bestimmt, insbesondere zur Herstellung von Flaschen und Kanistern. Die Herstellung konnte sich jedoch aufgrund der zu hohen Kosten zur Markteinführung und dem Vorzug des Gesetzgebers für Kunststoffe auf petrochemischer Basis nicht durchsetzen.

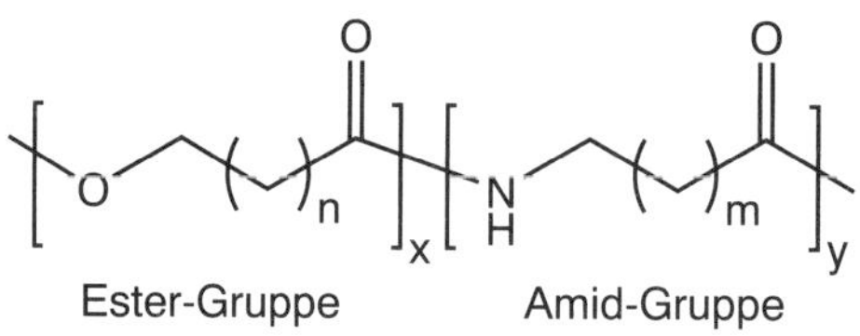

BILD 3.16 Strukturformel von Polyesteramiden

3.4.6 Marktsituation

Die Biopolymer-Produktion gewinnt zunehmend an Bedeutung.

Entsprechend einer Studie des Verbandes European Bioplastics lag die globale Produktion von Biopolymeren im Jahr 2008 bei etwa 300.000 t/Jahr. Auf dem europäischen Kunststoffmarkt von 48 Mio. t waren die Biopolymere mit 75.000–100.000 t/Jahr vertreten. Für 2011 wird mit einer globalen Steigerung der Biopolymer-Produktion auf über 1 Mio t gerechnet und für 2020 mit einer jährlichen Produktionskapazität von etwa 5 Mio. t. Die Marktsteigerung hängt jedoch entscheidend von unterschiedlichen dynamischen Faktoren ab:

- Investitionen in den Bau größerer Produktionsanlagen
- Preisentwicklung bei den fossilen und den nachwachsenden Rohstoffen
- Bereitschaft seitens der Industrie, neue Produkte in den Markt einzuführen
- Politische und rechtliche Rahmenbedingungen

Darüber hinaus sind weitere ökonomische Hürden zu nehmen, die für Innovationen typisch sind:

- Hoher Forschungs- und Entwicklungsaufwand sowie die damit verbundenen Kosten
- Hohe Kosten durch die Produktion von kleinen Chargen
- Investitionen zur Optimierung der Produktionsanlagen
- Preisdifferenz zu konventionellen Produkten

Die Absatzsteigerung sowie Wettbewerbsfähigkeit von Biopolymeren gegenüber den konventionellen Polymeren hängt im Wesentlichen von drei Faktoren ab: den Kosten, den Produkt- und Werkstoff-Eigenschaften sowie der ökologischen Bewertung. Der Kunde ist nur dann bereit, mehr zu zahlen und auf diese neue Werkstoffklasse zu setzen, wenn er eindeutige Vorteile im Vergleich zu konventionellen Polymerwerkstoffen erkennen kann.

Literatur zu Kapitel 3

Baur, Brinkmann, Osswald, Schmachtenberg: Saechtling Kunststoff-Taschenbuch, 30. Auflage. München: Carl Hanser Verlag, 2007

Breulmann, M.; Künkel, A.; Philipp, S.; Reimer, V.; Siegenthaler, K.; Skupin, G.; Yamamoto, M.: Biodegradable Polymers. Weinheim: Wiley-VCH Verlag, 2009

Endres, H.J.; Siebert-Raths, A.: Technische Biopolymere – Rahmenbedingungen, Marktsituation, Herstellung, Aufbau und Eigenschaften. München: Hanser Verlag, 2009

European Bioplastics e.V. www.european-bioplastics.org, 16.03.2011

Fakirov, S.; Bhattacharyya, D.: Handbook of Engineering Biopolymers – Homopolymers, Blends, and Composites. München: Hanser Verlag, 2007

Gross, R.A.; Kalra, B.: Biodegradable Polymers for the Environment, In: *Science* **297** (2002), 803–807

Kaiser W.: Kunststoffchemie für Ingenieure. München: Carl Hanser Verlag, 2007

Kircher, K.: Chemische Reaktionen bei der Kunststoffverarbeitung. München: Carl Hanser Verlag, 1982

Mecking, S.: Biologisch abbaubare Werkstoffe – Natur oder Petrochemie? In: *Angewandte Chemie* **116** (2004), 1096–1104

N.N.: Biodegradable Plastics, Japan Study Committee for the Practical Use of Biodegradable Plastics (Hrsg.): The Age of New Plastics. 1995

N.N.: Kunststoff-Werkstoffe im Gespräch: Aufbau und Eigenschaften. BASF AG, Ludwigshafen, 1975

Osswald, T. A.; Menges, G.: Materials Science of Polymers for Engineers, 2nd ed. München: Carl Hanser Verlag, 2003

Okada, M.: Chemical syntheses of biodegradable polymers. In: *Progress in Polymer Science* **27** (2002), 87–133

van Krevelen, D. W.: Properties of Polymers. Amsterdam, London, New York, Tokyo: Elsevier, 1990

Utracki, L.: Polymer Alloys and Blends; Thermodynamics and Rheology. München: Carl Hanser Verlag, 1999

Vroman, I.; Tighzert, L.: Biodegradable Polymers. In: *Materials* **2** (2009), 307–344

4 Aufbau, Bindungskräfte, Füllstoffe und davon beeinflusste Eigenschaften von Polymerwerkstoffen

Die Kräfte, welche die Atome in den Polymerketten zusammenhalten, bestimmen die chemischen und physikalischen – und damit direkt die makroskopischen – Eigenschaften der Polymere. Bild 4.1 zeigt schematisch die Zusammenhänge.

Im Folgenden werden zunächst die auftretenden Bindungskräfte erläutert.

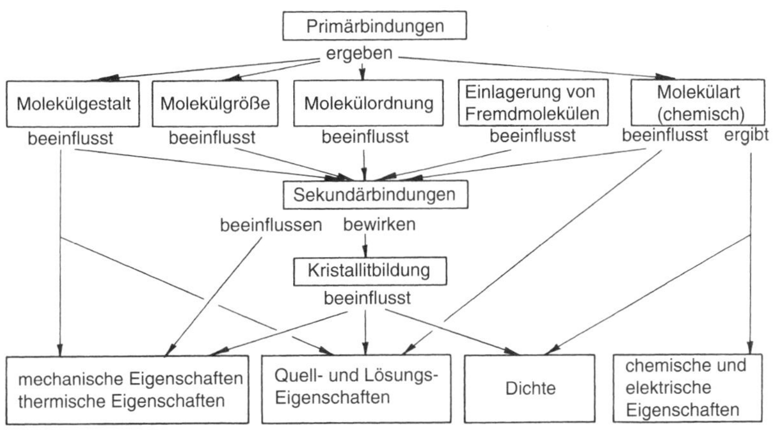

BILD 4.1 Zusammenhänge zwischen Moleküleigenschaften und Werkstoffeigenschaften (nach *Biederbick*)

4.1 Hauptvalenzbindungen

4.1.1 Kovalente Atombindung

In Kapitel 3 wurde vorgestellt, wie sich Monomermoleküle zu Makromolekülen, den Polymeren, verbinden. Diese Bindung der Monomermoleküle zu Makromolekülen nennt man *kovalente Atombindung.* Üblicherweise sind in den Makromolekülen der Polymerketten Atome von C, O, S und N miteinander zum Polymer verbunden.

Bindungsenergie

Bei den an der Bindung beteiligten Atomen entsteht durch die zusätzlichen Elektronen ein Energiegewinn, die sog. *Bindungsenergie*. Diese beträgt beispielsweise bei der C–C-Bindung ca. 350 kJ/mol. Die Energien der Bindungen zwischen Kohlenstoff und den Heteroatomen O, S, N und Si sind demgegenüber etwas geringer.

Würde man die Bindungsenergie der C–C-Einfachbindung in Festigkeitswerte umrechnen, dann müsste z. B. bei Polyethylen, welches in der Hauptkette nur C–C-Einfachbindungen aufweist, eine Festigkeit von etwa $1{,}4 \times 10^4$ bis $1{,}9 \times 10^4$ N/mm² besitzen. Die effektiven Festigkeiten von Polymeren sind aber bekanntlich um Größenordnungen niedriger und liegen nur zwischen 10 und 100 N/mm².

HINWEIS: Man muss daraus schließen, dass der Zusammenhalt der Polymere nicht auf den Kettenmolekülen und damit der kovalenten Bindung beruht. Für den Zusammenhalt der Polymerwerkstoffe sind vielmehr die Kräfte verantwortlich, mit welchen die nebeneinander liegenden Moleküle sich gegenseitig anziehen, unterstützt von Verschlaufungen der Kettenmoleküle. ■

Den wesentlichen Beitrag zum Zusammenhalt liefern die Anziehungskräfte - die *Nebenvalenzkräfte* -, die die nebeneinander liegenden Makromoleküle aufeinander ausüben.

Elektronegativität

Weitere anzutreffende Bezeichnungen für die kovalente Atombindung sind Elektronenpaarbindung, Molekülbindung oder homöopolare Bindung. Für die Stärke einer kovalenten Bindung ist die Elektronegativität verantwortlich. Man bezeichnet sie als polare kovalente Bindung. Die Elektronegativität beschreibt die Neigung von Atomen, die Elektronen der Bindung an sich zu ziehen. Sie ist keine messbare Größe, sondern eine Modellvorstellung, die von Pauling etabliert wurde. Durch ein Berechnungsverfahren auf Grundlage der Bindungsenergien verschiedenster Atomkombinationen erstellte er eine Tabelle, in der die Elektronegativität in Zahlenwerten angegeben ist. Dabei ist Fluor das elektronegativste Element (EN = 4), die am wenigsten elektronegativen Elemente (elektropositivsten) sind die schweren Alkalielemente der ersten Hauptgruppe des Periodensystems. Die Elektronegativität von Kohlenstoff beträgt 2,5, von Wasserstoff 2,2 und von Sauerstoff 3,5. In einer Bindung zwischen Atomen unterschiedlicher EN zieht nun das Atom mit der höheren EN die Elektronen der Bindung mehr auf seine Seite (so z. B. Sauerstoff O in einer –C–O-Bindung). Damit entsteht ein Ladungsgefälle entlang der Bindungsachse und so ein elektrischer Dipol. Diese Dipole sind von besonderem Interesse, da sie zum einen einige chemische Eigenschaften bestimmen, zum anderen Ursache für eine Nebenvalenzkraft sind (s. u.). Die Elektronegativitäten von Kohlenstoff (C) und Wasserstoff (H) sind nahezu gleich groß, sodass C–H-Bindungen unpolar sind. Bild 4.2 verdeutlicht die Bildung der Dipole.

polare Bindung

Das linke Molekül (1) besitzt einen stark polaren Charakter (z. B. H_2O); die Aufenthaltswahrscheinlichkeit der Elektronen ist stark zum Atom x verschoben. Das mittlere Molekül (2) ist schwach polar, die Elektronen sind nicht so stark verschoben (z. B. H_2S, wie auch viele organische Verbindungen). Beim rechten Molekül (3) liegen die Elektronen „mittig“ zwischen den Atomkernen. Das Molekül ist unpolar (z. B. H_2, N_2, O_2 usw.).

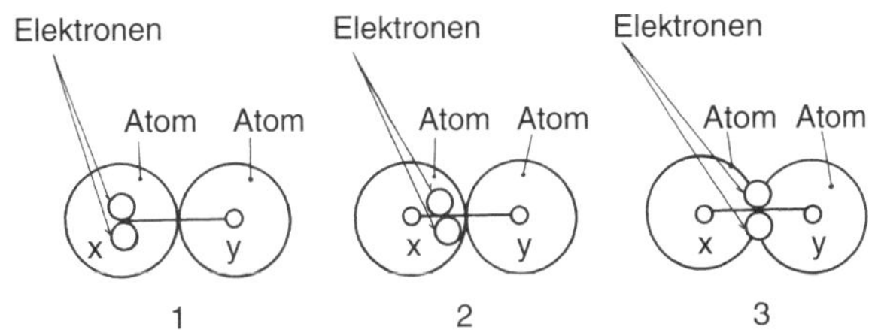

BILD 4.2 Erklärung des polaren Charakters
1 stark polar (z. B. H_2O)
2 schwach polar (z. B. H_2S, viele organische Verbindungen)
3 unpolar (z. B. H_2, N_2, O_2 usw.)

Unter den Kunststoffen ist Polyvinylchlorid (PVC) der wichtigste Vertreter mit großen polaren Bindungskräften. Hier ist der Schwerpunkt der Bindung der beiden Atome stark zum elektronegativen Chlor verschoben.

$$-\underset{|\;\delta^+}{\overset{|}{C}}-\underset{\delta^-}{Cl}$$

Von geringerer Stärke sind die Dipolmomente der Nitrilgruppe

$$-\overset{\delta^+}{C}\equiv\overset{\delta^-}{N}$$

und diejenigen der Estergruppe.

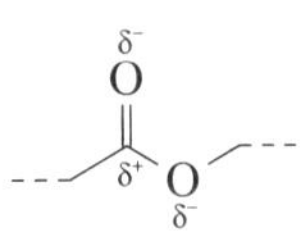

Enthalten chemische Gruppen polare kovalente Bindungen, so spricht man von *polaren Gruppen*.

HINWEIS: Kovalente Bindungen verbinden die Atome in den Polymermolekülen.

4.1.2 Ionenbindung

Ionenbindung

Streng genommen ist eine Ionenbindung nichts anderes als die elektrostatische Anziehung zwischen elektrisch geladenen Teilchen (Ionen), wie man sie z. B. in Salzen findet. Es gibt nur einige wenige Makromoleküle, in denen Ionenbindungen in Polymeren anzutreffen sind, die dann jedoch zu interessanten Eigenschaftsverbesserungen führen können. So können z. B. durch Copolymerisation Zn^{2+} und Cd^{2+}-Ionen eingebaut werden. Diese Bindung ist bei Raumtemperatur sehr fest, löst sich jedoch bei hohen Temperaturen, so dass eine leichte Verarbeitung möglich ist. Sie verleiht derartig ausgerüsteten

Polymerwerkstoffen eine hohe Zähigkeit. Einer der wenigen Polymerwerkstoffe mit Ionenbindungen ist das *Surlyn* von *DuPont*, das man für die Außenhaut von Golfbällen einsetzt, die sehr hoch beansprucht ist.

4.2 Zwischenmolekulare Kräfte (Nebenvalenzkräfte/Sekundärbindungen)

Die gegenüber den Hauptvalenzbindungen der Kettenmoleküle wesentlich schwächeren Wechselwirkungen zwischen den benachbarten Kettenmolekülen beeinflussen entscheidend die chemischen und physikalischen Eigenschaften der Polymere. Sie werden zusammenfassend als Nebenvalenzkräfte (oder Sekundärbindungen, siehe Bild 4.1, Mitte) bezeichnet.

4.2.1 Dispersionskräfte

Dispersionskräfte

Die *Dispersionskräfte* sind die allgemein in Materie wirkenden Anziehungskräfte (W_{an}), auch London-Kräfte genannt. Sie sind nur bei großer Nähe stark (z. B. in Kristallen), denn sie nehmen mit der 6. Potenz des Abstandes schnell ab: $W_{an} \sim 1/r^6$

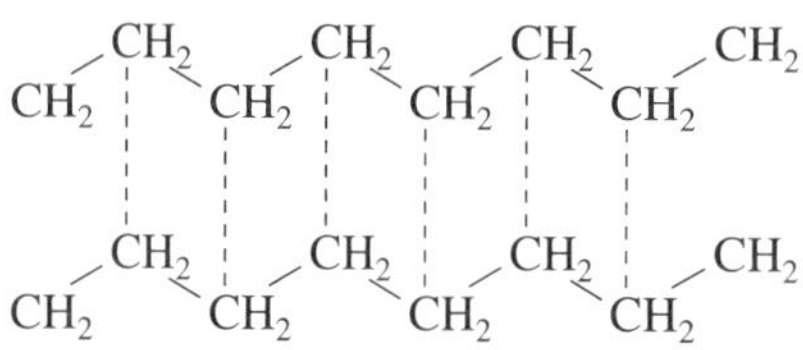

Die Bindungskräfte der Dispersionskräfte betragen maximal 10 kJ/mol. Es ist leicht verständlich, dass diese Bindungskräfte mit zunehmender Erwärmung schnell abnehmen, weil höhere Temperaturen größere Schwingungsamplituden und damit einen größeren Abstand der Moleküle voneinander bedeuten. Die Bindungskräfte sinken weiterhin, wenn durch Aufnahme von Fremdmolekülen, z. B. Lösungsmitteln, wie Wasser bei Polyamiden, die Moleküle größere Beweglichkeit gewinnen.

Erwartungsgemäß sind die Dispersionskräfte nur in den kristallisierten Bereichen stark, da hier die Moleküle die dichtest mögliche Packung, d. h. größte Nähe zueinander, besitzen. Dies ist auch die Ursache dafür, dass vor allem im hochverstreckten Zustand, in welchem die Molekülketten parallel aneinander liegen, beachtliche Zug-Festigkeiten von

$$\sigma_B \cong \frac{E}{25}$$

erreicht werden können.

4.2.2 Dipolkräfte

permanente Dipolkräfte

Die *Dipolkräfte* sind die wichtigsten Nebenvalenzkräfte. Sie resultieren aus elektrostatischen Anziehungskräften zwischen Molekülen, die elektrische Dipole enthalten. Der einfachste Fall – die Anziehung zwischen permanenten Dipolen – tritt auf bei Molekülen, die polare Atombindungen enthalten (s. o.). Weiterhin dürfen diese Bindungen nicht in einer Weise angeordnet sein, die das Dipolmoment wieder aufheben würde (so ist z. B. die C—Cl-Bindung deutlich polar, das CCl_4-Molekül ist jedoch unpolar, da sich die Dipolmomente der einzelnen Bindungen aufgrund der tetraedrischen Struktur aufheben). Ein permanentes Dipolmoment erzeugt zwischen den Molekülen elektrostatische Wechselwirkungen, die zu einer Änderung der physikalischen Eigenschaften führen. So sind diese Kräfte u. a. für die Siedepunkttemperatur von Kohlenwasserstoffen verantwortlich, z. B. liegt der Siedepunkt von Ethanol mit 78 °C deutlich höher als derjenige von Propan (–42,1 °C), obwohl diese Moleküle vergleichbare Masse und Größe besitzen.

induzierte Dipolkräfte

Moleküle mit permanenten Dipolen können zudem in anderen, unpolaren Molekülen Elektronenverschiebungen hervorrufen und somit Dipole induzieren. Dies ist eine bei Polymeren häufig zu beobachtende Nebenvalenzkraft. Kunststoffe mit polaren Gruppen erweichen aufgrund der Dipol-Wechselwirkungen erst bei höheren Temperaturen als ähnlich gebaute Polymere ohne Dipolkräfte. Die Stärke der Dipolkräfte folgt etwa der vierten Potenz des Abstands der Atome in zwei benachbarten Ketten:

$$W_{Dipol} \sim \frac{1}{r^4}$$

4.2.3 Wasserstoffbrückenbindungen

Wasserstoffbrücken

Bei *Wasserstoffbrückenbindungen* handelt es sich um eine besondere Art einer polaren Wechselwirkung, bei der ein in ein Molekül eingebundenes Wasserstoffatom eine Wechselwirkung mit einem elektronegativen Atom eines anderen Moleküls (in der Regel elektronegatives Atom O, N u. dgl.) eingeht. Aufgrund dieser Wechselwirkung kommt es zu einer Ladungsverschiebung, die dieser Bindung ihre Energie liefert (<40 kJ/mol). Diese Art der Bindung ist z. B. für den im Vergleich zu Masse und Größe des Moleküls extrem hohen Siedepunkt des Wassers verantwortlich. Auch zwischen Polymerketten, die Wasserstoff und Sauerstoff als Substituenten an der Kette tragen, können derartige Bindungen wirksam werden. Insbesondere die natürliche Cellulose und ihre thermoplastischen Derivate sowie die Polyamide verdanken diesen zwischenmolekularen Kräften ihre hohen Erweichungstemperaturen, sowie die außergewöhnliche Zähigkeit. Das nachfolgende Strukturbild von Polyamid 6 möge als Beispiel für diese Art der Nebenvalenzbindungen dienen.

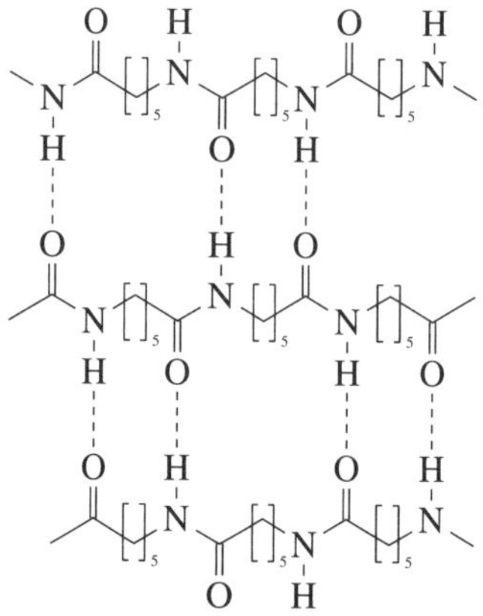

Hier entstehen zwischen den N–H-Gruppen und den C–O-Gruppen Wasserstoffbrücken, die hohe Schmelz- und Erweichungstemperaturen sowie eine außerordentlich hohe Zugfestigkeit hervorrufen. Die Brücken zeichnen sich weiterhin dadurch aus, dass sie zwar bei hohen Belastungen durch das aneinander Abgleiten von Ketten gelöst werden, sich jedoch nach einer Verschiebung sofort wieder klettenartig aufbauen.

HINWEIS: Die Nebenvalenzbindungen verbinden die Polymerketten untereinander und beeinflussen die Eigenschaften wesentlich.

4.2.4 Vergleich der verschiedenen Nebenvalenzkräfte

Die schwächsten Nebenvalenzkräfte sind die Dispersionskräfte mit 10 kJ/mol bzw. 450 N/mm^2. Die daraus resultierende theoretische Zugfestigkeit beträgt jedoch immer noch mehr als das Zehnfache der Zugfestigkeit von Polymeren. Diese Diskrepanz kann man nur durch Defekte im Aufbau realer Polymerer erklären. So ist eine vollständige Kristallisation in realen Polymeren wegen Strukturfehlern in den Kettenmolekülen nicht möglich. Technische Polymere sind allenfalls zu 30 bis 70 % kristallin. Infolge von Baufehlern innerhalb der kristallinen Bereiche werden aber auch in verstreckten Polymerwerkstoffen die theoretischen Festigkeiten, die sich aus den Anziehungskräften errechnen lassen, noch immer nicht erreicht (bei Polyamid 66 betrüge der theoretische Elastizitätsmodul $1{,}4 \cdot 10^5$ N/mm^2; er beträgt aber im hochverstreckten Zustand, z. B. bei Fasern, effektiv nur ca. 5 % hiervon).

Es sei jedoch erwähnt, dass neue Faserentwicklungen durch spezielle Verstreck- und Wärmebehandlungen bei einem aromatischen Polyamid (z. B. *Kevlar*) solche hohen, nahezu den theoretischen Werten entsprechenden Modulwerte gestatten.

In der Natur finden wir ähnlich hohe Bindungskräfte, z. B. in der Cellulose. Sie ist an sich ein lineares Polymer, also ein Thermoplast. Aber durch den gezielten Strukturaufbau, den die Natur diesem Polymer verschafft hat, entstehen so hohe Nebenvalenzkräfte, dass der Stoff nicht geschmolzen werden kann, sondern sich vor dem Schmelzen zersetzt (verbrennt).

Die festeste Nebenvalenzbindung ist die Wasserstoffbrückenbindung mit etwa 20 kJ/mol. Dies kennzeichnet die vergleichsweise hohe Erweichungstemperatur von über 100 °C gegenüber ähnlichen Polymeren, die keine Wasserstoffbrücken besitzen.

Polymere, die polare Gruppen enthalten, besitzen eine hohe Verträglichkeit mit kleinen Molekülen wie Wasser, Lösungsmittel oder Weichmacher, die ebenfalls polar sind. Hierauf beruht z. B. der Effekt, dass man Polymerwerkstoffe, die sich eigentlich antiadhäsiv verhalten, durch den Einbau solcher Gruppen in die Oberflächen mit anderen verträglich, d. h. klebbar, machen kann. Ein weiteres Beispiel ist, dass man PVC durch den Einbau von polaren Flüssigkeiten weich machen kann (*Weichmacher*, engl. *Plasticizer*).

4.3 Struktur und Eigenschaften

In der makromolekularen Chemie wird die Struktur von Makromolekülen in die Primär-, Sekundär-, Tertiär- und Quartärstruktur differenziert. Dabei bezeichnet die

- Primärstruktur
  - die *Konstitution* (d. h. den Typ und die Anordnung) der Atome, Substituenten, Endgruppen, Verzweigungen und die Molmasse (Molekulargewicht) und die
  - *Konformation* (d. h. die räumliche Anordnung bestimmter chemischer Gruppen).
- Die *Sekundärstruktur* beschreibt die Anordnung der einzelnen Polymerketten im Raum.
- *Die Tertiärstruktur* (= vollständige räumliche Anordnung eines Makromoleküls) und
- *die Quartärstruktur* (= definierte Assoziation mehrerer Makromoleküle zueinander) sind für die synthetisch hergestellten Polymere ohne wesentliche Bedeutung.

4.3.1 Primärstruktur und Eigenschaften

Die Primärstruktur eines Polymers wird bestimmt durch die verschiedenen in ihm enthaltenen Atome sowie ihre „Reihenfolge“ in der Kette und die Art ihrer Verknüpfung. Auch Seitenketten und Verzweigungen gehen in die Primärstruktur ein. Primärstruktur

Bild 4.1 entnimmt man, dass die Primärstruktur (Konstitution, Molekülgestalt) die mechanischen, thermischen und chemischen Eigenschaften der Polymere direkt beeinflusst. Aus Anordnung und Wirkung der in einem Polymer eingebauten Atome und Atomgruppen lassen sich daher nahezu alle Eigenschaften voraussagen. Van Krevelen leitet hieraus nahezu alle Eigenschaften von Polymeren ab.

Die kovalenten Bindungen sind verantwortlich für den Zusammenhalt der Atome in den Monomeren als den Bausteinen und natürlich auch in den Kettenmolekülen, den Polymeren. Sie bestimmen die Thermostabilität (vgl. Kapitel 8), das elektrische Verhalten, d. h. die nicht vorhandene elektrische Leitfähigkeit bei Polymerwerkstoffen (falls sie keine besondere Behandlung erfahren haben) und damit ihren umfassenden Einsatz als

Isolationswerkstoffe für Nieder- und Hochspannungsanwendungen (z. B. Kabelisolationen aus PE). Weiterhin ist im Begriff der Primärstruktur die Molekülgröße, d. h. die mittlere Molmasse (das Molekulargewicht), enthalten.

4.3.1.1 Molekülordnung

Die Regelmäßigkeit, mit welcher die Ketten aufgebaut sind (bzw. mit der die Wiederholungseinheiten angeordnet sind), hat einen wesentlichen Einfluss auf die Größe der wirkenden Nebenvalenzkräfte und somit auf viele Eigenschaften. Beispielsweise begünstigt ein hochgradig regelmäßiger Aufbau der Ketten die Ausbildung kristalliner Strukturen, indem sich mehr oder weniger lange Segmente engstmöglich zu dichten Packungen zusammenlagern können (kristallisieren), wodurch starke Dispersionskräfte wirksam werden. Auch die Ausbildung von Wasserstoffbrücken wird durch einen regelmäßigen Aufbau begünstigt, wie es z. B. bei den Polyamiden der Fall ist. Wir sprechen hier von Strukturregelmäßigkeit. Hierauf wird in Kapitel 6 noch ausführlich eingegangen.

Es stellt sich in Anbetracht der großen Bedeutung nun sofort die Frage, wie man einen solchen regelmäßigen Molekülaufbau bei einer Polymerisation erzwingen kann. Dabei muss man zwischen zwei Effekten unterscheiden, zwischen der *sterischen Ordnung* und der *Taktizität*. Beide müssen vorhanden sein, um Kristallisation zu ermöglichen.

4.3.1.2 Sterische Ordnung

sterische Ordnung

Unter der sterischen Ordnung eines Moleküls versteht man die Anordnung des Substituenten R an der Kohlenstoffkette. Betrachtet man z. B. ein zur Polymerisation befähigtes Monomer folgender Struktur (beispielsweise Polyvinylchlorid, Polystyrol, Polypropylen u. a.):

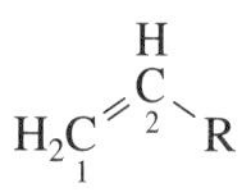

so kann sich dieses theoretisch mit dem Kopf (Atom 1) oder mit dem Schwanz (Atom 2) an die wachsende Kette anlagern. Es können sich so prinzipiell drei verschiedene Polymere bilden (Bild 4.3).

Häufig wird eine der möglichen Anlagerungen aufgrund von Reaktionsmechanismen bei der Polymerisation bevorzugt. Dafür ist man dankbar, denn Kristallisation ist nur möglich, wenn eine regelmäßige Anordnung der Monomerglieder im ganzen Kettenmolekül oder zumindest in Segmenten einer gewissen Länge vorliegt.

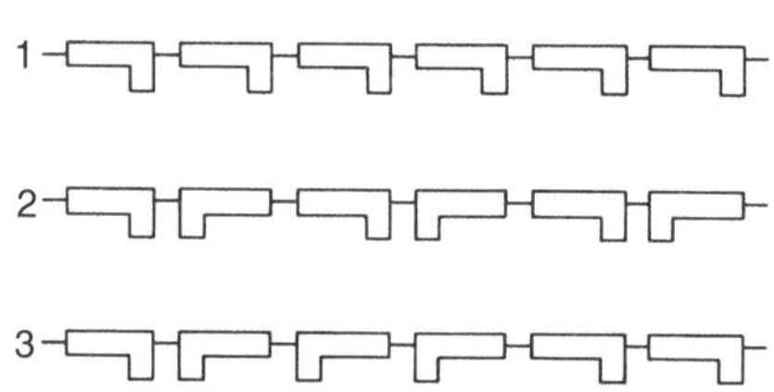

BILD 4.3 Schematische Darstellung der Kopf-Kopf- und Kopf-Schwanz-Polymerisation
1 Kopf-Schwanz-Polymerisation, 2 Kopf-Kopf-Polymerisation, 3 gemischte Polymerisation

4.3.1.3 Taktizität

Stereoisomerie

Kohlenstoff ist chemisch gesehen vierwertig, d. h. es können vier Substituenten an ein C-Atom gebunden sein. Damit sind zwei Strukturen möglich, die sich wie eine linke und eine rechte Hand zueinander verhalten. Sie lassen sich nicht durch eine Drehung, sondern nur durch eine Spiegelung ineinander überführen. Die beiden möglichen räumlichen Anordnungen nennt man *Stereoisomere*. Das folgende Bild zeigt schematisch die Stereoisomere eines Moleküls einer Kohlenstoffverbindung. Man erkennt, dass zur Überführung der einen in die andere Struktur der Austausch zweier Substituenten durch Öffnen und Knüpfen zweier Bindungen erforderlich ist.

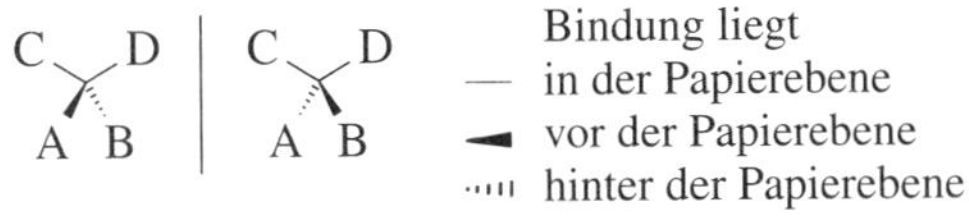

Stereoisomere können sich in ihren chemischen Eigenschaften erheblich unterscheiden. Ein Beispiel ist das Schlafmittel Contergan, welches in der Vergangenheit traurige Berühmtheit erlangte. Während das eine Stereoisomer ein hervorragendes Schlafmittel ist, ruft das andere Isomer schwere Missbildungen bei ungeborenen Kindern hervor.

Taktizität

In einer Polymerkette ist prinzipiell jedes Kohlenstoffatom ein Stereozentrum, das neben den beiden mit ihm verbundenen Kettenatomen zwei weitere gleiche oder unterschiedliche Substituenten (z. B. Fluor, Wasserstoff oder andere chemische Gruppen) enthält. Die Art, wie sich diese Substituenten im Raum anordnen, bezeichnet der Begriff der *Taktizität*. Man unterscheidet

- *isotaktische* Polymere, bei denen alle Stereozentren dieselbe Konfiguration aufweisen,
- *syndiotaktische* Polymere, bei denen die Konfiguration der Stereozentren regelmäßig wechselt und
- *ataktische* Polymere, bei denen keine regelmäßige Konfiguration der Stereozentren sichtbar ist.

Anschaulich gesprochen liegen die Substituenten bei isotaktischen Polymeren alle auf einer Seite der Hauptkette, bei syndiotaktischen Polymeren abwechselnd rechts und links (Bild 4.4).

Technische Bedeutung haben alle drei Formen, wobei jedoch die isotaktische Struktur die bisher wichtigste Molekülbauform ist. Der erste Kunststoff, der so hergestellt wurde, ist

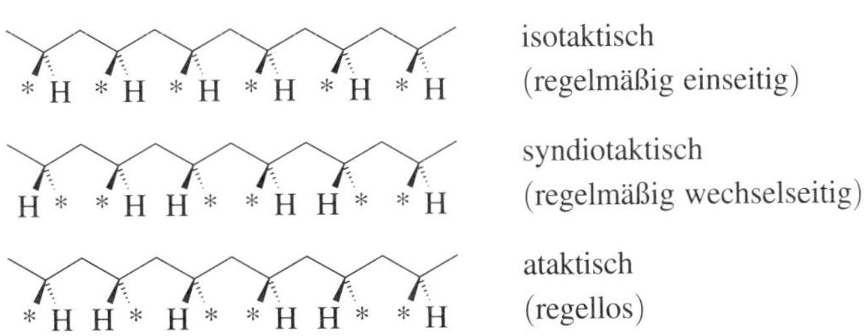

BILD 4.4 Sterische Konfiguration der Seitenketten

auch heute noch der wichtigste: das Polypropylen. Es kristallisiert zu etwa 50 % und verdankt seine herausragenden Eigenschaften dieser Struktur.

In jüngster Zeit kommen aber auch syndiotaktische Kunststoffe auf den Markt, die sich in ihren Eigenschaften vom isotaktisch aufgebauten Polymer unterscheiden, aber ebenfalls einen hohen Kristallinitätsgrad besitzen. Das bekannteste ist das syndiotaktische Polystyrol, welches einen sehr hohen Schmelzpunkt von ca. 270 °C besitzt.

Die dritte Form ist das ataktische Polymer, bei welchem die Substituenten völlig unregelmäßig angeordnet sind. Es ist völlig amorph, wird jedoch z. B. als ataktisch aufgebautes Polypropylen in großen Mengen als Teppichrückenbeschichtung verwendet, weil es dank seines elastomeren Verhaltens die Rutschfestigkeit verbessert. Reale Polymere enthalten nach der Polymerisation meist noch alle drei Arten von Stereoisomeren nebeneinander. Man strebt bei der Polymerisation in der Regel einen möglichst hohen Anteil gleicher Taktizität an, man spricht hier von *Isotaxie-Index* (bei Polypropylen >95 %). Der ataktische Anteil wird in technischen Polymerwerkstoffen – z. B. bei PP mit Heptan – vor der Granulierung vom Hersteller extrahiert.

4.3.1.4 Konfiguration der Doppelbindungen in der Kette

Cis-Trans-Isomerie

Einige Polymere enthalten nach der Polymerisation in ihren Ketten noch intakte –C=C– Doppelbindungen. Diese können ebenfalls verschiedene Konfigurationen einnehmen. Sie versteifen die Ketten, weil sie sich nicht durch Drehungen um Bindungsachsen ineinander überführen lassen:

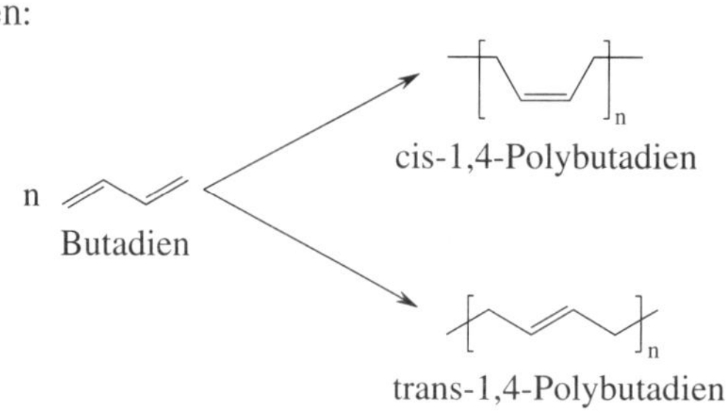

Man spricht hier von *cis-trans-Isomerie*. Diese verschiedenen Isomere unterscheiden sich beispielsweise stark in ihren Schmelztemperaturen.

4.3.1.5 Verzweigungen

Verzweigungen

Wie bereits im Kapitel 3 angesprochen, bestehen Polymere nicht nur aus linearen Ketten. Aufgrund von „Baufehlern“ – gelegentlich auch gewollt – können z. B. *Verzweigungen* auftreten. Sie werden auch bewusst erzeugt, um die Eigenschaften des Werkstoffs an die Anwendungen anzupassen (Tabelle 4.1 und 4.2).

Das Muster hierzu sind Polyethylene, bei denen an der Hauptkette recht unterschiedliche Verzweigungen – lange, kurze und weiter verzweigte Äste – hängen können. Sie entstehen bei der Polymerisation oft ungewollt, z. B. durch Verunreinigungen des Monomergases oder aber auch gezielt, z. B. durch Zugabe von Spuren anderer Kohlenwasserstoffe. Verzweigungen verändern das Eigenschaftsbild in Abhängigkeit von der Zahl, der Verteilung und der Länge der Verzweigungen. In erster Linie stören sie die Kristallisation, d. h. sie machen den Polymerwerkstoff weicher, aber auch zäher.

Es existieren heute vor allem drei große Gruppen derartiger Polyethylene, die sich in vielen Eigenschaften unterscheiden, obwohl sie chemisch sonst gleich sind (Bild 4.5). Es sind dies das PE-HD (PE hoher Dichte; engl. high density), das PE-LD (PE niedriger Dichte; engl. low density) und das PE-LLD (PE linear low density). In Tabelle 4.1 findet man die wesentlichen Einflüsse, die durch die verschiedenen Verzweigungsarten bei Polyethylen bewirkt werden.

TABELLE 4.1 Einfluss von Verzweigungen auf die Eigenschaften von Polyethylen

Verzweigungsart	Auswirkung	
kurze Verzweigung (2–6 C-Atome)	Kristallisation	↓
	Dichte	↓
	Steifigkeit	↓
lange Verzweigung (> 10 C-Atome)	Molmassenverteilung	↓
	Fließfähigkeit	↓
	Glanz von Folien	↓
	Einschnürung von Folien beim Verstrecken	↓

TABELLE 4.2 Einfluss von Art und Anzahl der Seitenketten bei PE-LD auf dessen Eignung für bestimmte Verwendungszwecke

Verwendungszweck	Anzahl kurze Seitenketten	Anzahl lange Seitenketten
transparente Folien	mittel	wenig
zähe Folien	wenig	viel
leichtfließendes Spritzgussmaterial	viel	viel
steife Spritzgussteile	wenig	wenig
Blasformteile	mittel	viel
Extrusionsbeschichten	mittel	viel

Verzweigungen wirken als innere Weichmacher. Man nutzt diese Möglichkeit durch Anhängen von langen, beweglichen Paraffinseitenketten. Beispielsweise pfropft man aliphatische Ketten auf die Hauptketten anderer Polymere. Das nachfolgende Beispiel zeigt den Aufbau von Polyacrylsäurepropylester:

innere Weichmacher

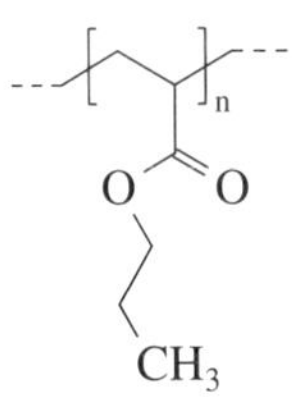

Die Einfriertemperatur (Glastemperatur) liegt hier bei –50 °C, bei Raumtemperatur ist das Polymer weich und zäh.

HINWEIS: Die Stellung und Anordnung der Seitenketten und Verzweigungen hat erheblichen Einfluss auf die Eigenschaften der Polymere. ■

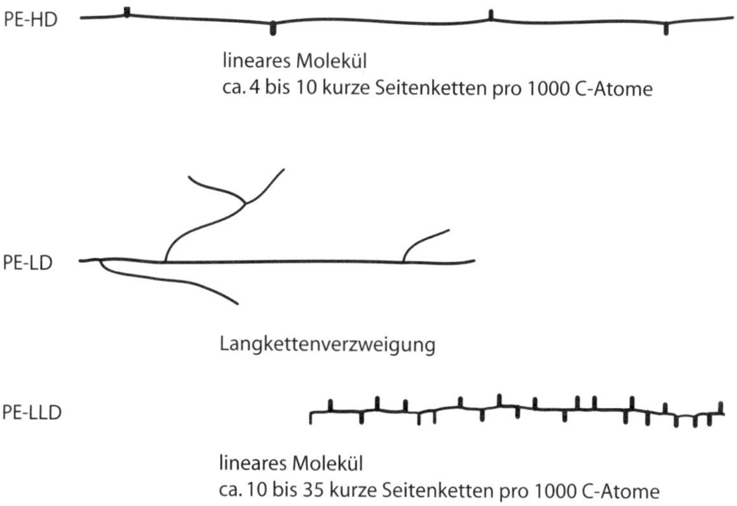

BILD 4.5 Molekülaufbau der verschiedenen PE-Typen

4.3.2 Die Molmasse (früher Molekulargewicht)

Definition Molmasse (Molekulargewicht)

Für die Eigenschaften eines Polymerwerkstoffs ist die Kettenlänge der Polymere von sehr großer Bedeutung, weil einige wichtige Eigenschaften hiervon beeinflusst werden. Das ist zunächst die Verarbeitbarkeit, da die Viskosität der Schmelze mit der Molmasse schnell zunimmt. Längere Makromoleküle, also Polymere mit höherer Molmasse, haben in den Knäulen mehr Verschlaufungen und sind daher zäher (schlagfester, weniger spröde) und gegen Abbaureaktionen resistenter.

Molmassen (Molekulargewichte) werden in der Regel als Mittelwerte angegeben, da es sich bei Polymeren um Gemische mit verschieden langen Ketten handelt. Durch Fraktionieren eines Polymers erhält man den Massenanteil m_i und die Molmasse M_i jeder Fraktion *i*. Daraus kann man die *zahlenmittlere Molmasse* $\bar{M}_n$ ableiten:

$$\bar{M}_n = \frac{\sum m_i}{\sum n_i} = \frac{\sum n_i \cdot M_i}{\sum n_i}$$

mit n_i Anzahl der Moleküle der Molmasse m_i.

Das *Gewichtsmittel der Molmasse* (*des Molekulargewichts*) $\bar{M}_w$ ist definiert als

$$\bar{M}_w = \frac{\sum m_i M_i}{\sum m_i} = \frac{\sum n_i \cdot M_i^2}{\sum n_i \cdot M_i}$$

Ein für eine Messung leicht zugänglicher Wert ist die so genannte *viskositätsmittlere Molmasse* (Viskositätsmittel; viskosimetrisches Mittel) $\bar{M}_v$:

$$\bar{M}_v = \sqrt[\alpha]{\frac{\sum n_i \cdot M_i^{\alpha+1}}{\sum m_i}}$$

Die mittlere Molmasse hat, wie oben schon gesagt, einen ganz erheblichen Einfluss u. a. auf die Festigkeitseigenschaften, wie sich besonders gut am Beispiel von Polystyrol zeigen lässt:

$\bar{M}_w < 10000$: spröde, mäßige Festigkeiten

$\bar{M}_w \approx 250\,000$: hart, fest, glasartig

$\bar{M}_w > 10^6$: faserig

Bild 4.6 und 4.7 zeigen die Abhängigkeit wichtiger Gebrauchseigenschaften von der mittleren Moleküllänge. Alle Eigenschaften laufen mit zunehmender Molmasse asymptotisch einem Grenzwert zu. Die Abhängigkeit der Einfriertemperatur lässt sich auch rechnerisch mit folgender Gleichung bestimmen

$$T_g = T_{g\infty} - \frac{\kappa}{M^\alpha}$$

wobei α, κ Konstanten und $T_{g\infty}$ die Einfriertemperatur bei unendlich großer Molekülmasse darstellen.

Mit zunehmender Molmasse wird aber die Verarbeitung schwieriger, weil die Viskosität zunimmt und die Schmelze immer zäher und elastischer wird. Praktische Kunststoffe werden daher so hergestellt, dass die Moleküle eine mittlere Länge besitzen. Bei der gewählten mittleren Länge sind bereits die für die betreffenden Anwendungen ausreichenden Eigenschaften vorhanden, jedoch bleibt die Viskosität in Bereichen, bei denen noch eine erträgliche Verarbeitbarkeit vorhanden ist. Man wird also versuchen, für die Verarbeitung durch Spritzgießen möglichst niedrige Viskositäten zu erhalten, d. h. niedrigere Molmassen auswählen. Für die Extrusion und das Blasformen bevorzugt man höhere

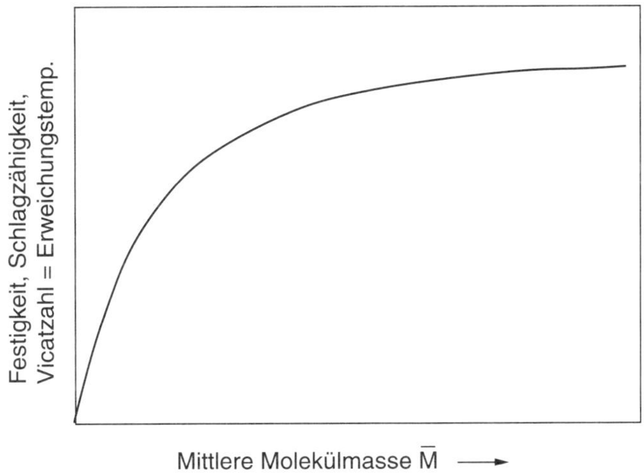

BILD 4.6 Einfluss der mittleren Molmasse auf physikalische Eigenschaften

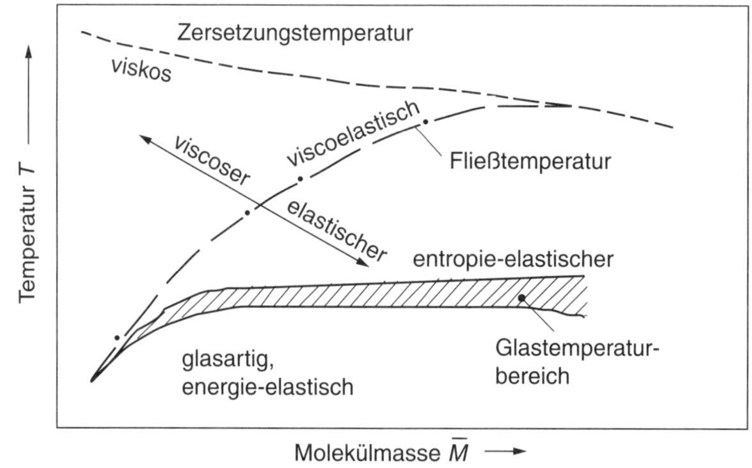

BILD 4.7 Formänderungsverhalten eines amorphen Thermoplasten als Funktion der mittleren Molmasse und der Temperatur

Viskositäten und nimmt die höhere Elastizität der Schmelze in Kauf, weil man eine ausreichende Steifigkeit des extrudierten Stranges benötigt, damit er nicht auseinander fließt, sobald er das formende Werkzeug verlässt. Man wählt somit für Verarbeitungen im Extruder höhere Molmassen.

Tabelle 4.3 gibt einen Eindruck über den Einfluss einer steigenden Kettenmolekülgröße auf die verschiedenen Eigenschaften.

TABELLE 4.3 Einfluss der steigenden mittleren Molmasse (steigende durchschnittliche Moleküllänge) auf verschiedene Eigenschaften

Steigende Molmasse bedingt:			
höhere Festigkeit	höhere Zähigkeit	höhere chemische Beständigkeit	schlechteres Fließverhalten
Ursachen:			
höhere Nebenvalenzkräfte, mehr Verschlaufungen	geringerer Kristallisationsgrad bei längeren Molekülen, mehr Verschlaufungen	höhere Nebenvalenzkräfte, geringer Einfluss von Abbau, da insgesamt hohes Niveau	mehr Verschlaufungen, Folge: früher Schmelzebruch

Die Molmassenverteilung

Neben der mittleren Molmasse hat jedoch auch deren Verteilung einen Einfluss auf verschiedene Eigenschaften. Die einzelnen Moleküle in einem Polymer unterscheiden sich durch ihren Polymerisationsgrad bzw. ihre Molmasse. Die Häufigkeit, mit der bestimmte Polymerisationsgrade (oder Kettenlängen der einzelnen Moleküle) auftreten, bezeichnet man als Molmassenverteilung. Sie hat besonderen Einfluss auf die Fließeigenschaften,

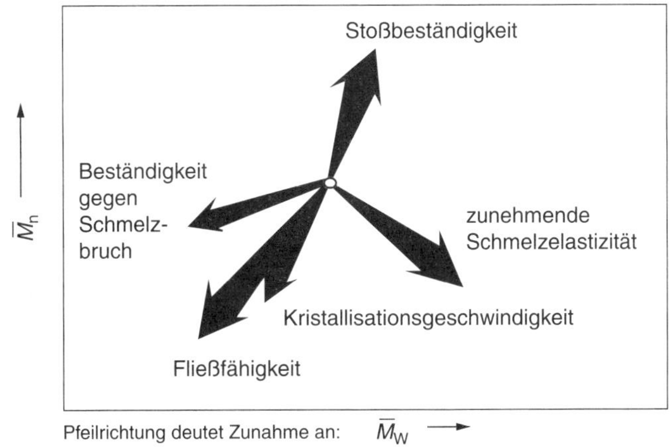

BILD 4.8 Qualitative Abschätzung des Einflusses von Molmasse und Molmassenverteilung auf verschiedene Eigenschaften. Die Pfeilrichtung deutet Zunahme an (nach *van der Regt*)

vor allem auf die elastischen Eigenschaften der Schmelze und auf das Verhalten bei Stoßbeanspruchung der erstarrten Polymere (vgl. Bild 4.8).

Für die Verarbeitung sind in der Regel etwas breitere Molmassenverteilungen erwünscht, wie man Tabelle 4.4 entnehmen kann.

Zusammenfassend lässt sich feststellen, dass eine breitere Molmassenverteilung das Fließen begünstigt, da die kurzen Moleküle wie Schmiermittel wirken. Anderseits brauchen die langen Moleküle länger, bis sie kristallisieren. Dies verlängert die Zykluszeit und verursacht eine höhere Nachschwindung im Gebrauch, wenn man dem Werkstoff keine Zeit lässt, auszukristallisieren und ihn damit zwingt, amorph zu erstarren.

Die in einem Polymer auftretende mittlere Molmasse sowie die Molmassenverteilung lassen sich durch eine gezielte Anpassung des Polymerisationssprozesses steuern. Damit lassen sich ebenfalls die Eigenschaften an die Verwendungen anpassen.

TABELLE 4.4 Einfluss der Uneinheitlichkeit der Molmassenverteilung ($\bar{M}_w/\bar{M}_n$) auf Verarbeitung und Eigenschaften

$1 < \bar{M}_w/\bar{M}_n$		$\bar{M}_w/\bar{M}_n \to 1$
Einfluss auf Verarbeitung		Einfluss auf Festigkeit
Spritzgießen	Extrudieren	
verlängerte Zykluszeit durch langsame Abkühlung infolge geringerer Kristallisation (Wärmeleitung)	Schmelzebruch später, da kurze Kettenmoleküle als Schmiermittel wirken, stärkeres Schwellen durch lange Kettenmoleküle	möglichst enge Verteilung ergibt bessere Stoßfestigkeit (kurze Kettenmoleküle führen zum Reißen)

4.3.2.1 Molmassen-(Molekulargewichts-) Bestimmung

Es gibt verschiedene Möglichkeiten, die Molmasse zu bestimmen. Eine Übersicht vermittelt Tabelle 4.5. Die verschiedenen Methoden lassen sich einteilen in relative und absolute Methoden. In die Auswertung einer Absolutmethode gehen außer einigen leicht bestimmbaren Stoffkonstanten (z. B. Brechungsindex oder Dichte) nur universelle Konstanten (Gaskonstante, Avogadro-Konstante) ein. Die Auswertungen nach den relativen Methoden erfordert hingegen die Bestimmung einer Eichkurve anhand von Polymerstandards, deren Molekulargewicht durch eine Absolutmethode bestimmt worden ist.

TABELLE 4.5 Übersicht über verschiedene Molmassen-Bestimmungsmethoden (*Zahn*)

Methode	Absolut-/ Relativmethode	Mittelwert	Grenze für die Anwendung
Lösungsviskosität	relativ	$\bar{M}_v$	bis 10^7 g/mol
Schmelzviskosität	relativ	$\bar{M}_w$ (in Näherung)	keine Grenze
Ultrazentrifuge	absolut	$\bar{M}_w$ (in Näherung)	10^4 bis 10^7 g/mol
Lichtstreuung	absolut	$\bar{M}_w$	10^4 bis 10^7 g/mol
Osmometrie	absolut	$\bar{M}_n$	10^4 bis 10^7 g/mol
Endgruppen	absolut	$\bar{M}_n$	stark methodenabhängig
Kryoskopie* und Ebullioskopie**	absolut	$\bar{M}_n$	bis 2×10^4 g/mol
Gelpermeations-chromatographie (GPC)	relativ	$\bar{M}_n$, $\bar{M}_v$ und $\bar{M}_w$	600 bis 2×10^6 g/mol (bei Polystyrol-Eichung)

* Gefrierpunktserniedrigung
** Siedepunktserhöhung

Lösemittel-viskosimetrie

Eine gebräuchliche Methode für die Molmassenbestimmung ist die Lösemittelviskosimetrie (die Messung der Viskosität von verdünnten Lösungen verschiedener Konzentrationen des Polymers in geeigneten Lösemitteln). Diesem Verfahren liegt zugrunde, dass gelöste Polymermoleküle die Viskosität der Lösung erhöhen. Die Bestimmung der Viskosität erfolgt dabei in der Regel in einem Kapillarviskosimeter, in dem die Durchlaufzeit einer definierten Menge Lösung durch eine definierte Kapillare gemessen und mit der Durchlaufzeit des reinen Lösemittels verglichen wird. Gemessen wird dabei die Zunahme der Viskosität mit der Konzentration c des Polymers in der Lösung. Zur Auswertung extrapoliert man die Viskositäten für $c \rightarrow 0$ und erhält so die sog. *Grenzviskositätszahl (η-Wert, Staudinger-Index)*. Mit Hilfe der *Mark-Houwink-Beziehung*, die für lineare Polymere gilt, kann man dann auf die mittlere Molmasse schließen:

$$[\eta] = K \cdot M_w^\alpha$$

mit K = Koeffizient, α = Exponent, der die Beweglichkeit der Polymermoleküle im Lösemittel ausdrückt, M_w^α = massenmittleres Molekulargewicht.

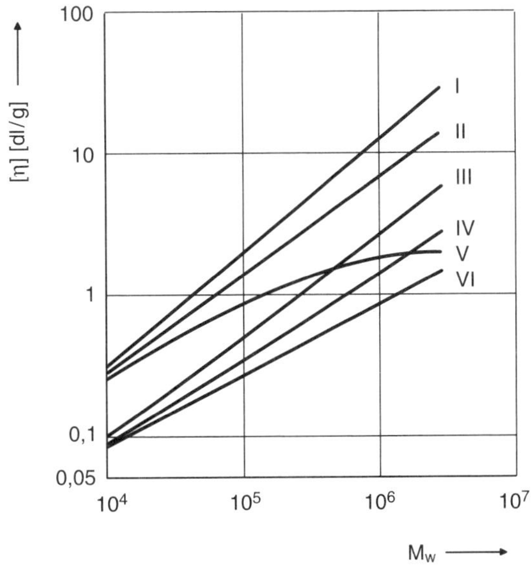

BILD 4.9 Zusammenhang zwischen Viskosität und Molekülmasse unterschiedlicher Polymere gemessen in verschiedenen Lösemitteln (nach *Hoffmann, Krömer, Kuhn*)

I: Lineare Polyethylene (PE-HD) in Tetralin bei 120 °C
II: Lineares Polypentenamer mit 80 % *trans*-Gehalt in Toluol bei 25 °C
III: Polystyrol in Toluol bei 25 °C
IV: Polystyrol in Dimethylformamid bei 25 °C
V: Verzweigte Polyethylene (PE-LD) der Dichte 0,918 g cm^{-3} in Tetralin bei 120 °C
VI: Polystyrol in Cyclohexan bei 34,5 °C (Θ-Lösungsmittel)

In Bild 4.9 ist die Abhängigkeit des Staudinger-Indexes (η) von M_ω für einige wichtige Kunststoffe in Lösung in einem bestimmten Lösungsmittel aufgetragen. Sie gelten für lineare Polymerwerkstoffe; bereits bei Polymeren mit Verzweigungen sind sie nicht mehr gültig, wie man an der Kurve für Polyethylen niedriger Dichte (PE-LD) erkennen kann.

Bei PVC wird die Molekülgröße durch den *K*-Wert ausgedrückt, der sich durch eine besondere Art der Auftragung der gemessenen Viskositätswerte von gelöstem Werkstoff ergibt. Die Messung des *K*-Wertes ist in DIN EN ISO 1628-2 genormt.

Für nicht oder schlecht lösliche Thermoplaste (vor allem Polyolefine) hat sich die Bestimmung des Schmelzindex als Schnellprüfung eingebürgert (vgl. Abschnitt 5.1 und Bild 5.1). Diese Bestimmungsmethode ist beschrieben in DIN EN ISO 1133. Der Schmelzindex gibt dabei an, welche Menge in Gramm unter festgelegten Bedingungen (Geometrie der Düse) innerhalb einer bestimmten Zeit (10 min) bei einer bestimmten Temperatur der Schmelze (bei Polyethylen z. B. 190 °C) und genau definierter Belastung (z. B. 20 N ergibt Bezeichnung i_2 bzw. 50 N ergibt Bezeichnung i_5) durch die Düse hindurchgedrückt wird.

Für Einzelheiten zu den anderen Verfahren zur Bestimmung der Molmasse und ihrer Verteilung sei auf die Fachliteratur verwiesen, z. B. (Wortberg, Hoffmann, Krömer und Kuhn).

4.3.2.2 Bestimmung der Molmassenverteilung

Fraktionierung von Polymeren

Die Molmassenverteilung der in der Regel polydispersen Kunststoffe bestimmt man z. B. durch Fraktionieren von Lösungen (z. B. durch schrittweises Ausfällen der Polymere mit zunehmender Kettenlänge) und deren Auftragung in der in Bild 4.10 gezeigten Weise. Diesem Bild entnimmt man auch, wie die verschiedenen verwendeten Mittelwerte definiert werden. Aus deren Beziehung zueinander ergibt sich auch die Maßzahl für die Molmassenverteilung, die man mit *Uneinheitlichkeit* bezeichnet.

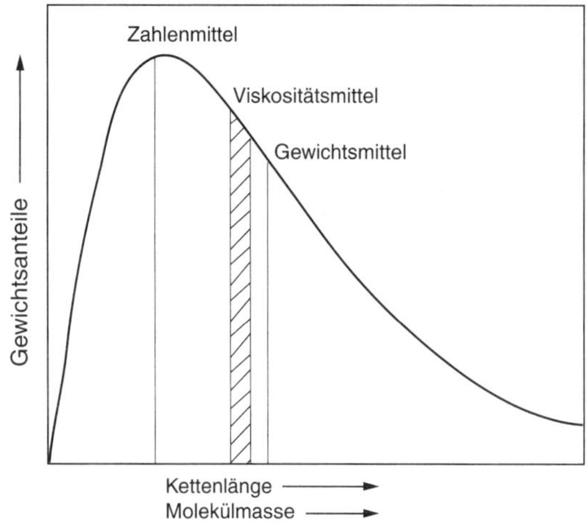

BILD 4.10 Molmassenverteilung eines Polymeren mit Angabe der Lage verschiedener Mittelwertangaben

Bei einem völlig einheitlichen, d. h. monodispersen, Kunststoff (den es nicht gibt) würde gelten:

$$M_w = M_n = M_v$$

Bei den praktischen, polydispersen Kunststoffen, d. h. bei den Polymeren, die unterschiedlich lange Polymerketten enthalten, ist stets

$$M_w > M_v > M_n$$

Somit hat ein Polymer eine umso einheitlichere Molekülgröße, je mehr das Verhältnis M_w/M_n sich 1 nähert. Als Messzahl wird die Uneinheitlichkeit

$$U = \left(\frac{M_w}{M_n}\right) - 1$$

benutzt.

Gelpermeationschromatographie

Einige Methoden zur Molmassebestimmung liefern die Molmassenverteilung gleich mit. So erhält man z. B. aus der Gelpermeationschromatographie (GPC, engl. size exclusion chromatography SEC), einem Verfahren, bei dem die Polymerketten quasi „der Länge nach“ sortiert und dann detektiert werden, die Molekulargewichtsverteilung. Daraus werden dann rechnerisch die entsprechenden Mittelwerte berechnet.

HINWEIS: Sowohl die Molmasse als auch die Molmassenverteilung haben erhebliche Einflüsse auf die Eigenschaften der Polymere.

4.3.3 Sekundärstruktur und Eigenschaften

Der kettenförmige Aufbau der Polymere wurde bereits in Kapitel 3 beschrieben. Diese Ketten sind nun in der Regel - entgegen der als Vereinfachung gewählten Schreibweise - nicht linear, sondern an jedem Kohlenstoffatom mit Einfachbindungen entsteht aufgrund des Valenzwinkels (vgl. Kapitel 3) ein Knick von ca. 110° (Siehe Bild 4.11). Doppel- und Dreifachbindungen hingegen zwingen zu einer linearen Verbindung mit einem Bindungswinkel von 180°.

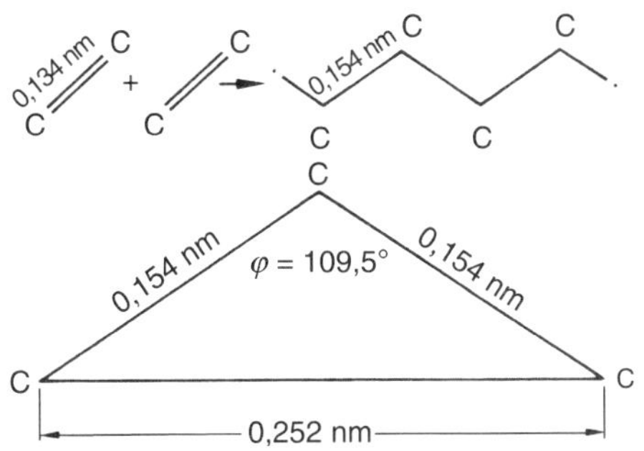

BILD 4.11 Bindungsabstand und Bindungswinkel bei Polyolefinen

Drehbarkeit um Einfachbindung

Um die Achse einer C–C-Einfachbindung besteht eine weitgehend freie Drehbarkeit. Normalerweise stehen die benachbarten C-Atome mit ihren Substituenten in der energetisch günstigsten Stellung (vgl. Bild 4.12). Dies bedeutet, dass die Substituenten (Wasserstoffatome beim Polyethylen beispielsweise) auf Lücke (engl. staggered) stehen. Lediglich in einigen Stellungen behindern sich die weiteren, an die Kohlenstoffatome gebundenen Gruppen aufgrund ihrer räumlichen (sterischen) Ausdehnung. Dadurch entstehen energetisch ungünstige Konstellationen

Die Molekülketten sind daher in ihrer freien Drehbarkeit behindert und die Substituenten stehen „hintereinander" (engl. eclipsed):

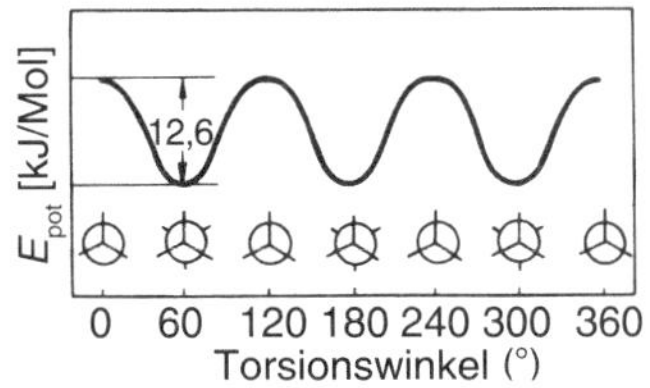

BILD 4.12 Beweglichkeit um die Hauptvalenzachse bei organischen Molekülen, die Kurve zeigt den Verlauf der potenziellen Energie bei der inneren Rotation eines Ethanmoleküls

Die Energieschwelle zu einer Drehung ist recht niedrig (z. B. 13 kJ/mol beim Ethan-Molekül, dem Monomeren des Polyethylens). Bereits bei Raumtemperatur können sich die Methylgruppen des Ethan-Moleküls um die Bindungsachse frei drehen. Je leichter die Drehbarkeit, umso weniger steif ist auch die Kette, und damit das Polymer. Erwartungsgemäß sind Ketten mit Heteroatomen (z. B. –C–O–C–) noch leichter zu drehen.

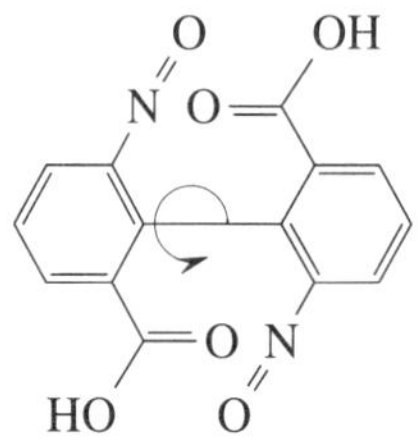

E > 63 kJ/mol

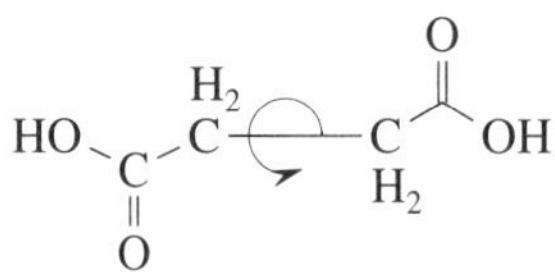

E ~ 63 kJ/mol

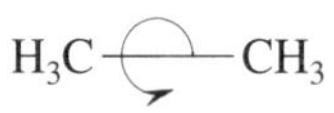

E ~ 13 kJ/mol

Bei Doppelbindungen ist aufgrund der Anordnung der Bindungselektronen eine Drehung um diese Achse nicht möglich. Doppelbindungen in einer Polymerkette führen daher zu einer höheren Steifigkeit. Polymere mit Ringen in der Kette sind besonders steif, was vor allem bedeutet, dass das betreffende Polymer eine höhere Wärmefestigkeit besitzt.

Die Drehbarkeit um die C–C-Bindung und die Länge der Polymerketten ermöglichen es den Polymermolekülen, eine Vielzahl verschiedener Gestalten anzunehmen. Solange keine ordnenden Kräfte einwirken und die Moleküle bzw. Molekülsegmente ausreichende Beweglichkeit besitzen, z. B. in der Schmelze oder noch mehr in Lösung, wird die Kette die statistisch wahrscheinlichste Form - eine Knäuelstruktur - einnehmen (dies ist gleichzeitig die Anordnung mit der größten Entropie), wie Bild 4.13 zeigt.

Behinderung der Drehung

sterische Hinderung

Werden während der Synthese Monomereinheiten mit Substituenten an die Polymerkette angefügt, so behindern diese aufgrund ihres erhöhten Raumbedarfs je nach ihrer Größe mehr oder weniger die Drehbarkeit um die C–C-Bindungen der Hauptkette. Man bezeichnet diesen Effekt als *sterische Hinderung*. Dieser Einfluss, der das mechanisch-thermische Verhalten stark beeinflusst, existiert bei sehr vielen Polymerwerkstoffen. Dies findet seinen Ausdruck vor allem in der Höhe der Einfriertemperatur (vgl. Tabelle 4.6).

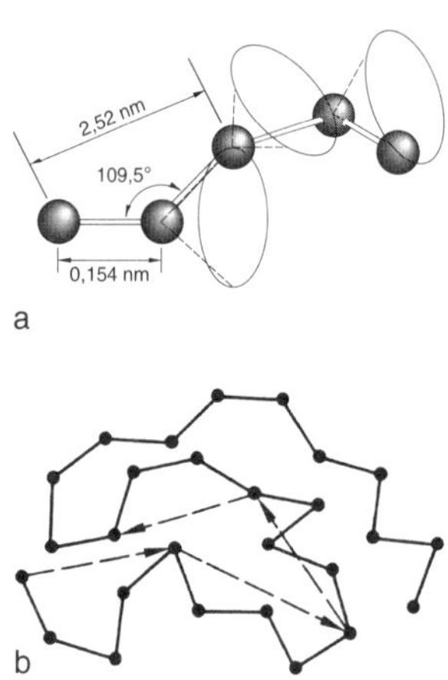

BILD 4.13 Rotation der Kette um die Valenzachse
a) schematisch für fünf C–C-Glieder
b) Rotation der Glieder als Ursache für die Entstehung des Knäuels

TABELLE 4.6 Molekülkonfiguration, Erweichungstemperatur (Glastemperatur) T_g und Kristallitschmelztemperatur T_m (*Vollmert*)

Kettenausschnitt	Polymer	T_g [°C]	T_m [°C]
$-CH_2-CH_2-$	lineares Polyethylen	-125	135
$-CH_2-CH-$ | CH_3	isotaktisches Polypropylen	-20	170
$-CH_2-CH-$ | C_2H_5	isotaktisches Polybuten	-25	135
$-CH_2-CH-$ | $CH-CH_3$ | CH_3	isotaktisches Poly-3-methylbuten-1	-50	310
$-CH_2-CH-$ | CH_2 | $CH-CH_3$ | CH_3	isotaktisches Poly-4-methylpenten-1	-29	240
$-CH_2-CH-$ | C_6H_5	syndiotaktisches Polystyrol	-100	270
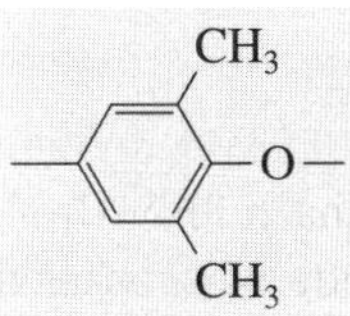	Polyphenylenether (PPE)	-210	261
$-O-CH-$ | CH_3	Polyacetaldehyd	-30	165
$-O-CH_2-$	Polyformaldehyd (Polyacetal, Polyoxymethylen)	-85	178, 198
$-O-CH_2-CH-$ | CH_3	isotaktisches Polypropylenoxid	-75	75
CH_2Cl | $-O-CH_2-C-CH_2-$ | CH_2Cl	Poly-[2,2-bis-(chlor-methyl)-trimethylenoxid]	-5	181
CH_3 | $-CH_2-C-$ | CO_2CH_3	Polymethylmethacrylat, isotaktisch	-50	160

TABELLE 4.6 Molekülkonfiguration, Erweichungstemperatur (Glastemperatur) T_g und Kristallitschmelztemperatur T_m (*Vollmert*) (Fortsetzung)

Kettenausschnitt	Polymer	T_g [°C]	T_m [°C]
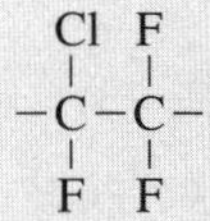	Polychlortrifluorethylen	-45	220
$-CF_2-CF_2-$	Polytetrafluorethylen	-113, +127	330
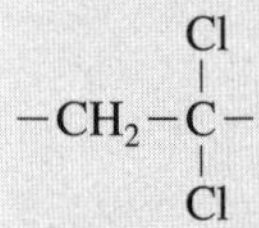	Polyvinylidenchlorid	-19	190
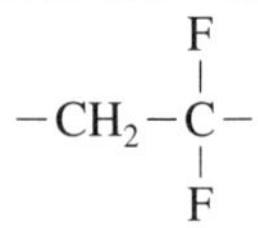	Polyvinylidenfluorid	-45	171
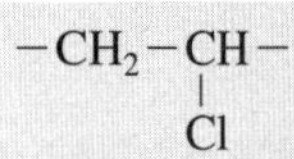	Polyvinylchlorid, amorph kristallin	-80 -80	- 212
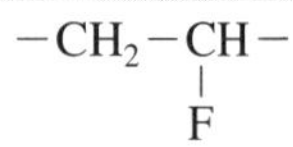	Polyvinylfluorid	-20	200
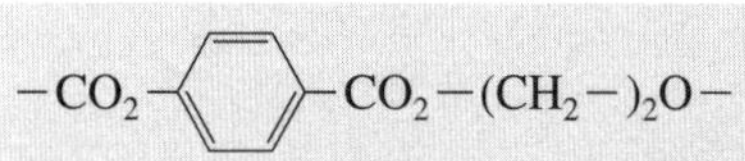	Polyethylenterephthalat (linear, Polyester)	-69	245
$-CO-(CH_2-)_4CO-NH-(CH_2-)_6NH-$	Polyamid 66	-57	265
$-CO-(CH_2-)_8CO-NH-(CH_2-)_6NH-$	Polyamid 610	-50	228
$-CO-(CH_2-)_5NH-$	Polycaprolactam, Polyamid 6	-75	233
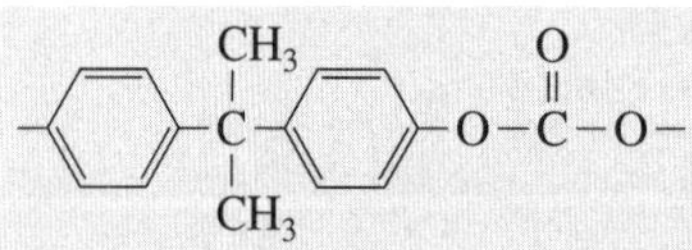	Polycarbonat	-149	267
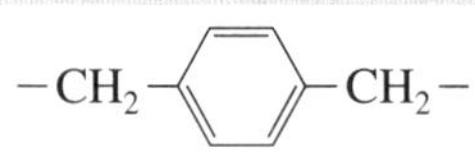	Poly-(p-xylen) (Parylen || R)	-	400
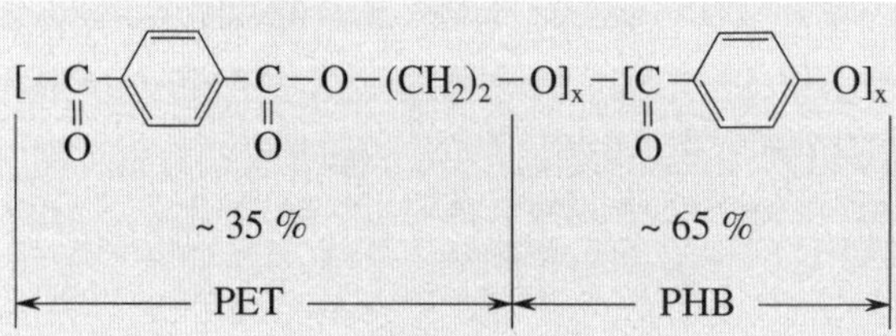	Polyethylenterephthalat/ p-Hydroxybenzoat-Copolymeres LC-PET, Polymeres mit semiflexiblen Ketten	-75	280

Tabelle 4.6 Molekülkonfiguration, Erweichungstemperatur (Glastemperatur) T_g und Kristallitschmelztemperatur T_m (*Vollmert*) (Fortsetzung)

Kettenausschnitt	Polymer	T_g [°C]	T_m [°C]
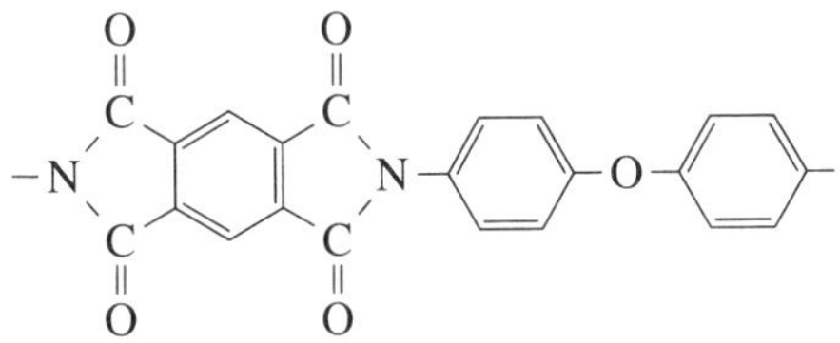	Polyimid PI	bis 400	
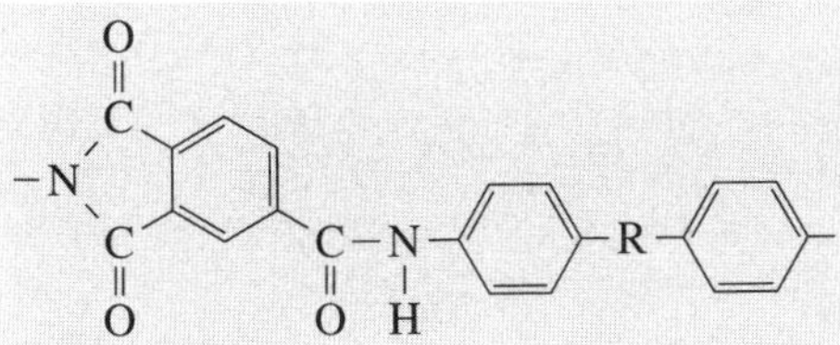	Polyamidimid PAI	~260	
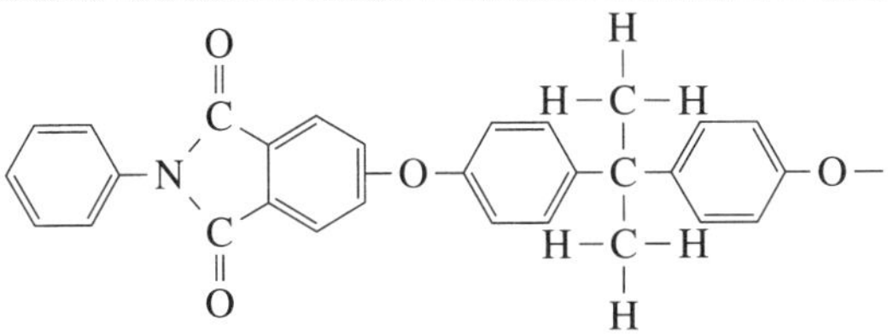	Polyetherimid PEI	~215	
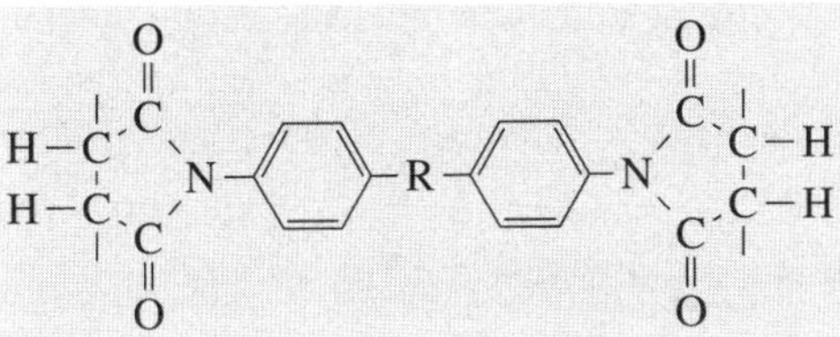	Polybismaleinimid PBI	~250	
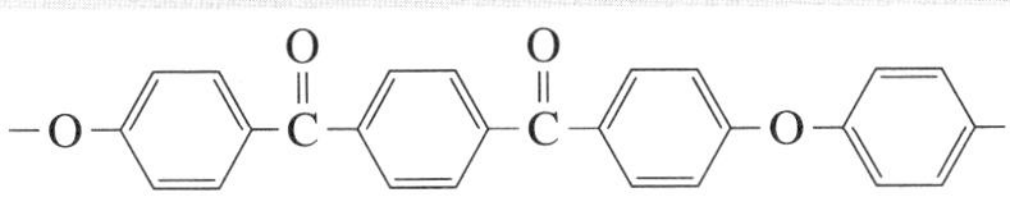	Polyoxybenzoat POB	~290	
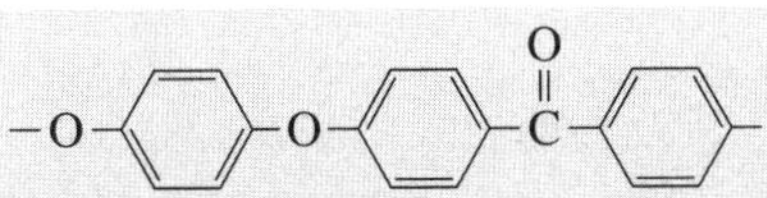	Polyetherether-keton PEEK	143	335
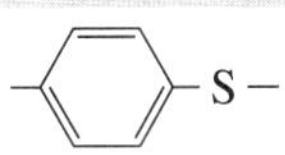	Polyphenylen-sulfid PPS	85	280
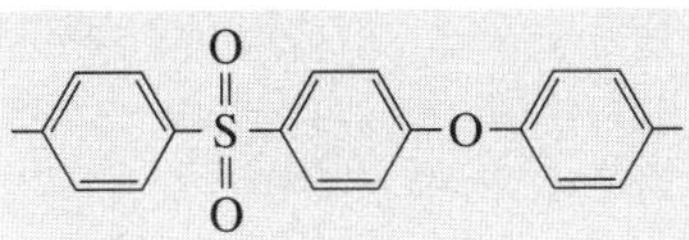	Polyethersulfon PES	230	
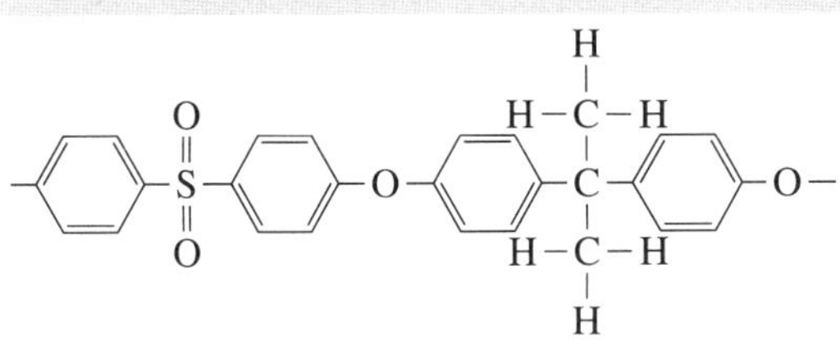	Polysulfon PSU	~180	

Bei den Thermoplasten ist das typischste Beispiel für den Einfluss einer sterischen Behinderung durch den Substituenten das Polystyrol (PS) mit seinem Aromatenring.

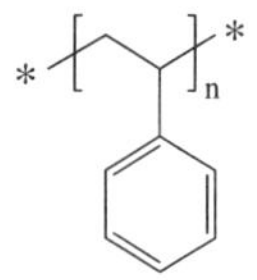

Die Einfriertemperatur (Glastemperatur) T_g beträgt 100 °C, die Kristallitschmelztemperatur T_m beträgt 270 °C (bei syndiotaktischem Aufbau) und die Verdampfungswärme des Monomers (Maß für die Bindungsenergie) ist 32 kJ/mol.

Ein anderes gutes Beispiel ist Polymethylmetacrylat (PMMA)

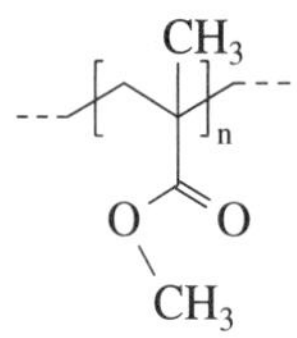

Hier beträgt die Einfriertemperatur $T_g = 100$ °C, die Kristallitschmelztemperatur bei syndiotaktischem Aufbau, (bisher nicht kommerziell erhältlich) $T_m = 200$ °C und die Verdampfungswärme des Monomers 32 kJ/mol.

Beide Thermoplaste erstarren in der Regel amorph, wenn man nicht einen streng regelmäßigen Aufbau erzwingt, der eine Kristallitbildung ermöglichen würde. Beide Thermoplaste sind bei Raumtemperatur hart und spröde. Infolge ihrer sperrigen Substituenten liegt eine *sterische Hinderung* vor. (Wenn sie amorph erstarren, sind sie glasklar. Man bezeichnet sie daher auch als organische Gläser.)

Weitere Beispiele sind der Auflistung von Aufbau und thermischen Eigenschaften (T_g und T_m) der wichtigsten Kunststoffe in Tabelle 4.6 zu entnehmen.

4.3.4 Supermolekulare Strukturen

4.3.4.1 Vernetzungen

Vernetzung, physikalisches Netzwerk

Wie bereits in Kapitel 3 besprochen, können die einzelnen Polymerketten durch bestimmte Reaktionen miteinander zu physikalischen Netzwerken verbunden werden. Durch diese Vernetzungen entstehen gravierende Änderungen in den Eigenschaften. Mechanische Eigenschaften, die durch Vernetzung beeinflusst werden, sind der Schubmodul im kautschukelastischen Bereich und die Zugfestigkeit. Durch Vernetzen werden Polymere unlöslicher. Sie quellen jedoch je nach Vernetzungsgrad bis zu einem bestimmten Gleichgewichtswert.

Vernetzungsgrad, Quellung

Der Vernetzungsgrad ist definiert durch das Verhältnis der vernetzten Bausteine (Wiederholungseinheiten) zur Gesamtzahl der Wiederholungseinheiten. Die Quelldehnung ist somit eine geeignete Möglichkeit zur Bestimmung des Vernetzungsgrades. Aus dem Volumenbruch v_p des vernetzten Polymers im Gel (= $v_{ungequollenes\ Polymer}/v_{Gel}$) lässt sich mittels der *Flory-Rehner-Gleichung* das Molekulargewicht der Segmente M_{segm}, die zwischen den Vernetzungsstellen liegen, bestimmen:

$$M_{segm} = -\frac{v_0 \rho_p \left(\sqrt[3]{v_p} - \frac{v_p}{2} \right)}{\ln(1 - v_p) + v_p + \chi v_p^2}$$

mit: v_p = Volumenbruch des Polymers im Gel, χ = Parameter zur Beschreibung der Polymer-Lösemittel-Wechselwirkungen, v_0 = Molvolumen des Lösemittels, ρ = Dichte des Polymers

Aber auch aus der Ermittlung mechanischer Parameter lässt sich der Vernetzungsgrad bzw. M_{segm} bestimmen. Durch die Entropieänderung der Ketten entsteht beim Dehnen eines Elastomers eine Rückstellkraft, deren Höhe von der mittleren Kettenlänge der Segmente M_{segm} zwischen den Vernetzungsstellen abhängt. Damit lässt sich die mittlere Kettenlänge der Segmente aus der Rückstellkraft F wie folgt errechnen:

$$M_{segm} = A_0 \cdot \rho \cdot R \cdot T \left[\beta - \frac{1}{2\beta} \right] \cdot \frac{1}{F}$$

Auch mit dem Elastizitätsmodul kann man die mittlere Molekülsegmentlänge zwischen zwei Vernetzungsstellen nach der folgenden Formel errechnen:

$$M_{segm} = \frac{3 \cdot \rho \cdot RT}{E}$$

mit: A = Querschnitt der nichtdeformierten Probe, T = vabsolute Temperatur, R = allg. Gaskonstante, β = Verhältnis der Längen der gedehnten Probe zur ungedehnten, F = Rückstellkraft, ρ = Dichte, E = Elastizitätsmodul.

nicht-vernetzte Anteile

Eine wichtige und oft praktizierte Methode zur Bestimmung der nicht vernetzten Anteile ist das Kochen in einem geeigneten Lösemittel. Hierzu wird das Polymer in feine Späne zerlegt und in ein feinmaschiges Säckchen aus Draht oder Tuch gepackt, das dann abgewogen wird. Da beim Kochen in Lösungsmittel das unvernetzte Polymer herausgewaschen wird, kann man durch erneutes Wägen des Säckchens nach dem Kochprozess den noch im Säckchen vorhandenen Anteil, d. h. den Vernetzungsgrad bestimmen. Der unlösbare Anteil, die vernetzten Moleküle, wird als *Gelgehalt* bezeichnet.

4.3.4.2 Kristallisation

Kristallisation

Wenn eine Kette einen völlig regelmäßigen Aufbau besitzt, dann ist eine hohe Packungsdichte durch geordnetes Aneinanderlagern möglich. Als anschauliches Beispiel mag ein Reißverschluss dienen. Bereits ein einziger nicht an seinem Platz sitzender Reißverschlusshaken verhindert auf einem gewissen Bereich das Schließen des Reißverschlusses.

Ebenso kann man sich das Aneinanderpassen der Kettenmoleküle vorstellen. Man spricht bei den zu solch engen Packung fähigen Polymerwerkstoffen von teilkristallinen Polymeren; teilkristallin deswegen, weil die langen Ketten in praktischen Fällen beim Abkühlen aus der Schmelze niemals fähig sind, vollständig zu kristallisieren.

Die besten Beispiele sind das Polyethylen hoher Dichte (PE-HD)

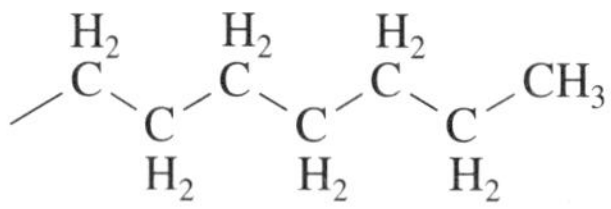

hier erfolgt die Kristallisation der teilkristallinen Phase bei +136 °C und das Polyformaldehyd (Polyacetal),

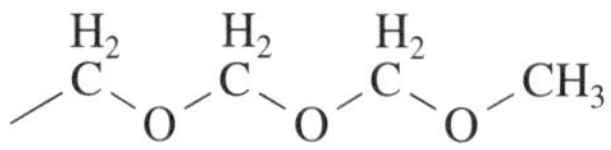

bei dem die Kristallisation der teilkristallinen Phase bei +170 °C erfolgt. Beide Polymere kristallisieren zu etwa 70 %.

Wie später noch zu erkennen ist, zeichnen sich die teilkristallinen Polymere durch besondere Zähigkeit aus, die von dem Nebeneinander der harten, kristallinen und der weichen, amorphen Phasen bewirkt wird.

Unterdrückung der Kristallisation

Durch unregelmäßigen Aufbau der Makromoleküle wird die Kristallisation eingeschränkt bzw. ganz unterdrückt. Bereits das im Hochdruckverfahren hergestellte Polyethylen (PE-LD) hat infolge seiner Verzweigungen einen geringeren Kristallisationsgrad von 35 % als Polyethylen hoher Dichte (PE HD). In manchen Fällen verhindert man die Kristallisation durch Copolymerisation mit anderen Monomeren, die statistisch in die Hauptkette eingebaut werden.

Ein anschauliches Beispiel ist das aus Ethylen und Propylen aufgebaute Copolymerisat EPM (vgl. Bild 4.16 bis 4.19).

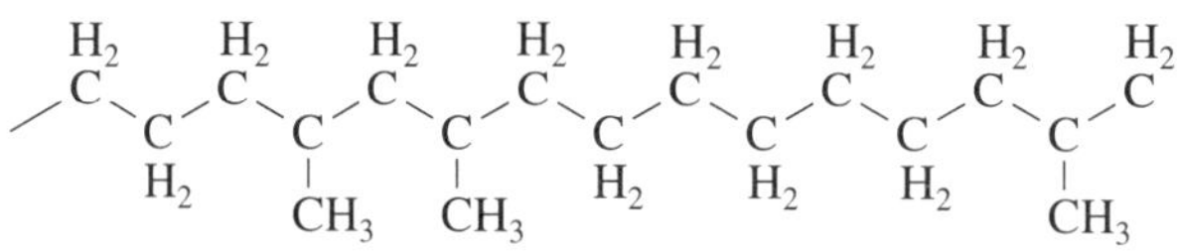

EPM ist ein Elastomer, dessen Erweichungstemperatur je nach Zusammensetzung zwischen −20 °C und −60 °C liegt. Durch den unregelmäßigen Aufbau ist hier bei einem Propylengehalt von 30 % eine Kristallisation ausgeschlossen (vgl. Bild 4.19). Die räumliche Anordnung und morphologische (Gefüge-)Struktur eines regelmäßig gebauten Polymers, die sich nach dem Erstarren bei Polymeren einstellen, zeigt Bild 6.6 schematisch am Beispiel von Polyethylen. In Kap. 6.1.3 wird weiter auf die Kristallisation eingegangen.

Es gibt auch Polymere, die bereits in der Schmelze oder in Lösung einen bestimmten Ordnungszustand einnehmen. Man nennt sie *flüssigkristalline Polymere*. Auf sie geht Abschnitt 4.4.1.3 genauer ein.

■ 4.4 Einlagerung von Fremdmolekülen

Fremdmoleküle

Das Eigenschaftsprofil von Kunststoffen wird auch durch die Anwesenheit „fremder" Moleküle beeinflusst. Damit können z. B. andere Monomere gemeint sein, die während des Herstellungsprozesses in die Kette eingebaut werden. Der Nachteil ist natürlich, dass dies aus wirtschaftlichen Gründen nur bei großen Volumina möglich ist.

4.4.1 Copolymerisation (Einbau in die Kette)

Die Copolymerisation wurde bereits in Kapitel 3 kurz behandelt. Zur eindeutigen Kennzeichnung der Konstitution und präzisen Eigenschaftsvoraussage müssen hier zusätzlich gegenüber einem Homopolymeren bekannt sein:

- die mittlere Zusammensetzung,
- die Verteilung der Zusammensetzung,
- die mittlere Sequenzlänge und
- die Verteilung der Sequenzen.

Exemplarisch soll hier nur am Beispiel zweier Polymere der Einfluss der mittleren Zusammensetzung auf die Eigenschaften der Polymere erläutert werden.

4.4.1.1 Amorphe Copolymere

Bild 4.14 zeigt exemplarisch die Änderung der Erweichungstemperatur mit der Zusammensetzung eines Copolymers aus Polystyrol und Dimethylstyrol. Unterschiedliche Kettensegmente bedingen eine unterschiedliche Molekülbeweglichkeit. Im Falle statistischer Verteilung werden die Erweichungstemperaturen entsprechend dem Verhältnis der Partner im Copolymeren linear verschoben.

Erzeugt man bei der Polymerisation einen segmentweise alternierenden Aufbau der Polymere, erhält man Blockcopolymere, die zwei getrennte Erweichungsbereiche aufweisen.

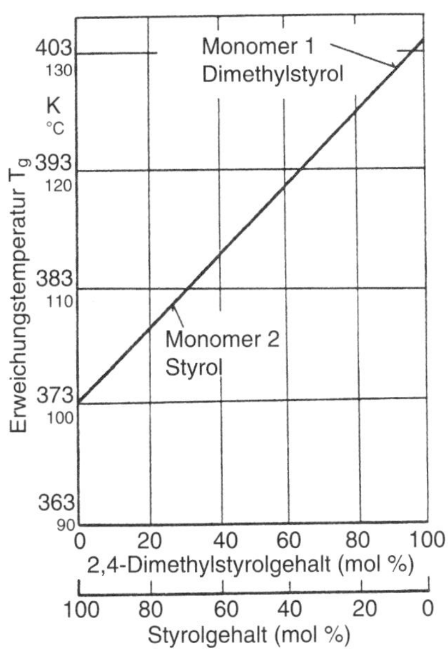

BILD 4.14 Erweichungstemperatur (Glastemperatur) als Funktion des Comonomeranteils bei statistischer Verteilung der Comonomeren in der Kette.

4.4.1.2 Teilkristalline Copolymere am Beispiel von Copolymeren aus PE und PP

Die Monomere von PE und PP bilden bei der Polymerisation teilkristalline Thermoplaste, d. h. sie besitzen amorphe und kristalline Phasen. Man darf daher auch für das Copolymer erwarten, dass sich je nach Sequenzlänge der aus jeweils einem Monomer bestehenden Sequenzen ebenfalls amorphe und teilkristalline Phasen bei der Erstarrung bilden können. Das bedeutet, dass man kein lineares Verhalten wie beim vorangegangenen Beispiel eines amorphen Copolymers erwarten kann. Die Kristallisation wird je nach Länge der Sequenzen, die bei der Copolymerisation von Ethylen und Propylen erzeugt werden, entscheidend beeinflusst und damit die Endeigenschaften bestimmt. Das zeigen die folgenden Bilder deutlich. Bild 4.15 zeigt für ein Copolymer mit statistischer Verteilung der Comonomere in der Kette und Bild 4.16 für ein Blockcopolymer aus Ethylen und Propylen den Verlauf der Einfriertemperatur der amorphen Phase und der Kristallitschmelztemperatur in Abhängigkeit der Comonomer-Anteile.

Bei einem statistischen Copolymer aus Ethylen und Propylen wird bei Anteilen von mehr als 20 bis 30 % des einen oder anderen Comonomeren im Polymerwerkstoff die Kristallisation unterdrückt. Der Stoff hat amorphen Aufbau und, wenn gleichzeitig die Molmassen ausreichend hoch sind, elastomeren Charakter, da die Einfriertemperatur weit unterhalb der Raumtemperatur liegt. Dieser so genannte EP(D)M-Kautschuk gewinnt dank seiner vorzüglichen Eigenschaften ständig an Bedeutung. D bezeichnet hier eine zusätzlich einpolymerisierte ungesättigte Dien-Komponente, die eine spätere Vernetzung ermöglicht.

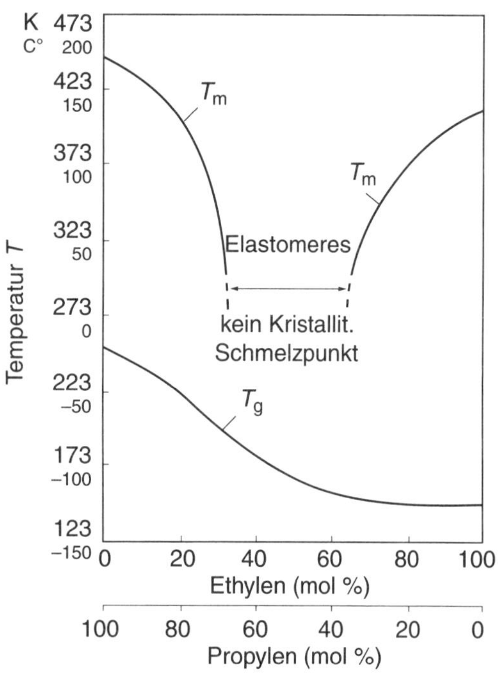

BILD 4.15 Schmelz- und Einfriertemperatur bei statistischen Ethylen-Propylen-Copolymeren

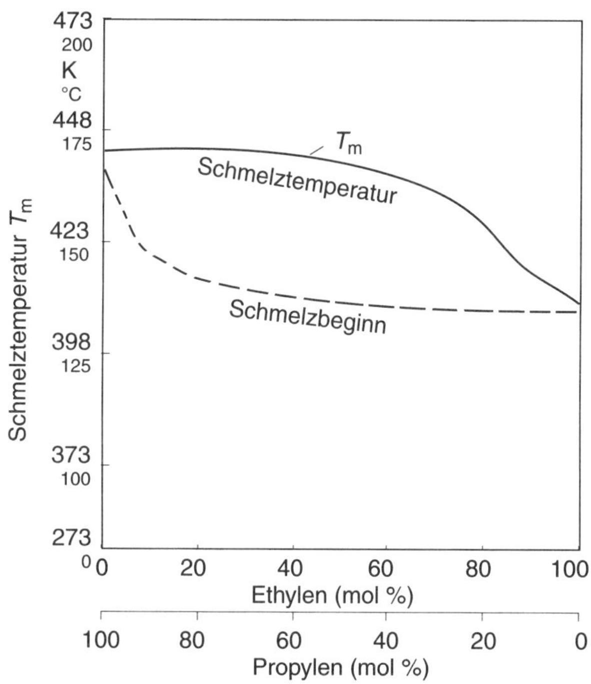

BILD 4.16 Schmelzbereich und Kristallitschmelztemperatur bei Ethylen-Propylen-Blockcopolymeren

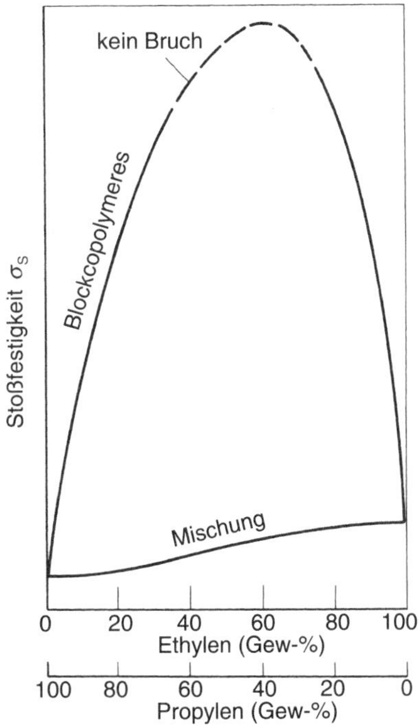

BILD 4.17 Das Bockcopolymer hat eine die Grundstoffe weit übertreffende Schlagzähigkeit und ist somit Gemischen (Blends) weit überlegen

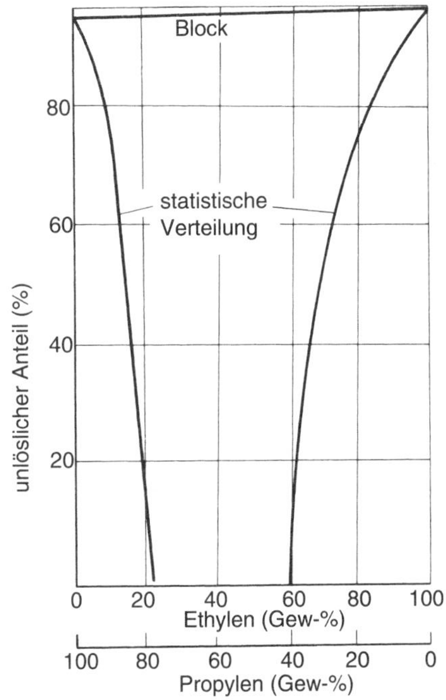

BILD 4.18 Löslichkeit von Block- und statistisch angeordneten Copolymeren; infolge der verminderten Kristallisation ist bei mittleren Mischungsverhältnissen bei statistischen Copolymeren eine starke Löslichkeit vorhanden.

Bei Blockcopolymeren wechseln sich Kettensegmente, welche jeweils aus nur einem Monomer bestehen, regelmäßig blockweise (segmentweise) ab. Hier kristallisieren die jeweiligen Segmente (Bild 4.17). Infolge der verbesserten Schlagzähigkeit sind Blockcopolymere aus Propylen und Ethylen sehr gebräuchlich, insbesondere mit mittleren Anteilen an beiden Comonomeren.

Wie man beim Vergleich dieser Bilder erkennt, können die Eigenschaften von Copolymeren sehr weit variieren. Das Blockcopolymer erweist sich infolge der Kristallisation auch bei der chemischen Beständigkeit gegenüber dem statistisch verteilten Copolymeren als überlegen (Bild 4.18).

Diese exemplarische Ausführung für Copolymere aus Ethylen und Propylen gilt auch für Copolymerisate aus anderen Monomeren, die in der Polymerisation teilkristalline Thermoplaste bilden.

Insgesamt wird die Copolymerisation in einem sehr breiten Maße zur Anpassung der Polymere an ihre Verwendungszwecke genutzt. Sie benötigt jedoch erhebliche Mindestmengen, um wirtschaftlich zu sein.

4.4.1.3 Besondere Copolymere

Ein typischer Kunststoff, der in sehr großen Mengen seit Jahrzehnten eingesetzt wird, ist Styrol-Acrylnitril-Butadien (ABS). ABS ist ein gutes Beispiel für Copolymere, die zum Zwecke einer verbesserten Schlagzähigkeit in ähnlicher Weise aufgebaut sind.

Bei der Herstellung von ABS wird zunächst ein leicht vernetztes Elastomer, das in feinen Partikeln vorliegt, in monomerem Styrol verteilt. Dann wird das Copolymerisat aus Acrylnitril und Styrol hergestellt. Die bei der Polymerisation entstehenden Ketten pfropfen auf die Elastomerpartikel auf. Dadurch sind die Ketten fest auf den Elastomerpartikeln verankert. Das Elastomer liegt somit als feine, aus Kügelchen bestehende Phase in der Styrol/Acrylnitril-Matrix vor. Das Aufpfropfen ist notwendig, um die Schlagzähigkeit zu verbessern (vgl. Abschnitt 7.2.3).

4.4.2 Besondere Polymere

4.4.2.1 Flüssigkristalline Kunststoffe (liquid crystalline polymers, LCP)

flüssigkristalline Polymere

Moleküle mit steifen Kettensegmenten, die aus mehreren durch aliphatische Segmente miteinander verbundenen Aromatenringen bestehen (vgl. Tabelle 4.6), können einen flüssigkristallinen Charakter besitzen, wenn die steifen Kettensegmente nicht zu groß sind. Diese Polymere sind schmelzbar, weisen jedoch bereits in der Schmelze eine hohe Ordnung auf, weshalb sie als thermotrope Flüssigkristalle bezeichnet werden (im Gegensatz dazu weisen lyotrope Polymere eine hohe Ordnung im gelösten Zustand auf). Die möglichen Ordnungszustände zeigt Bild 4.19.

Die Molekülstäbchen orientieren sich beim Fließen wie Baumstämme in einem strömenden Fluss. Da sie sich gegenseitig behindern, ist praktisch keine Relaxation möglich, so dass der Orientierungszustand eingefroren wird. Hierdurch besitzt ein Bauteil aus einem derartigen Werkstoff in Richtung der Orientierung der aromatischen Segmente besonders hohe Modulwerte.

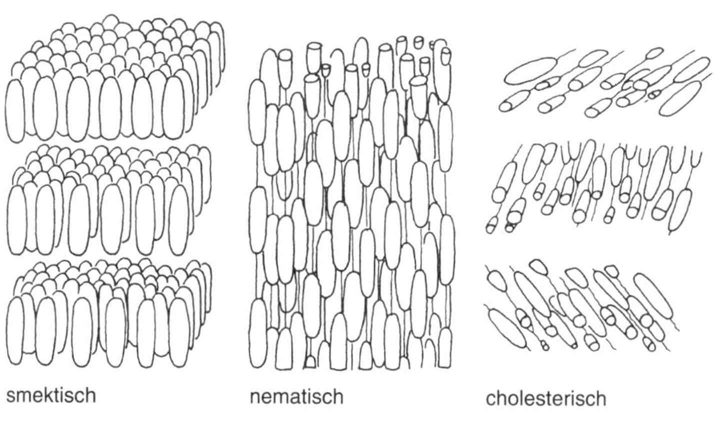

BILD 4.19 Flüssigkristalline Phasen

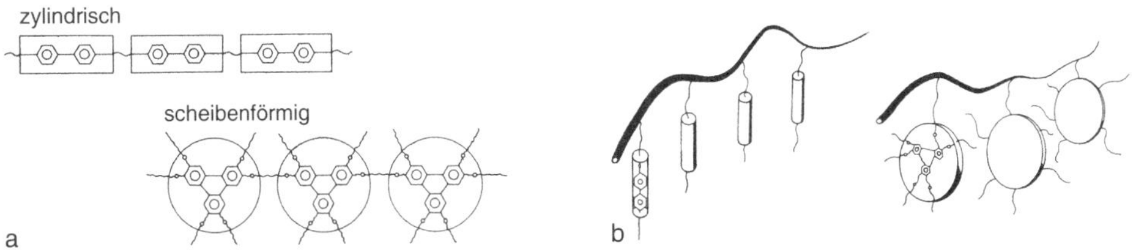

BILD 4.20 Möglichkeiten des Aufbaus von Polymeren mit flüssigkristallinen Bausteinen
a) Stäbchenmoleküle, b) Seitenketten-LCPs

Die steifen Molekülbausteine können sowohl als Monomere in der Makromolekülkette eingebaut sein, wie in Bild 4.20 (a) gezeigt, oder als Substituenten bzw. Seitenketten angeordnet werden. Unterschiedliche Eigenschaften sind die Folge.

4.4.2.2 Polysalze (intrinsisch leitfähige Polymere, intrinsic conductive polymers, ICP)

leitfähige Polymere

Wenn bestimmte Polymere durch eine Oxidation, Reduktion oder eine Säure-Base-Reaktion behandelt werden, bildet sich ein Polysalz. So werden z. B. bei einer Oxidation dem Oxidationsmittel die Gegenionen entzogen. Das Polysalz besteht dann aus elektrisch geladenen Ketten mit eingelagerten Ionen. Die Elektronen können entlang der Ketten und von einer zur anderen mit großer Geschwindigkeit wandern, so dass hohe Leitfähigkeiten bis zu 100.000 S/cm entstehen. Die Leitfähigkeit ist vergleichbar mit der von Kupfer und wesentlich höher, als Leitfähigkeiten, die man durch Einarbeiten von Ruß erhält. Solche Produkte sind heute als Pulver (z. B. Polypyrrol und Polyanilin) erhältlich, aber nur in Lösung verarbeitbar, da sie nicht thermoplastisch sind. Polyanilin in Form von Lösung wird als Lack eingesetzt, um die damit beschichteten Oberflächen leitfähig zu machen.

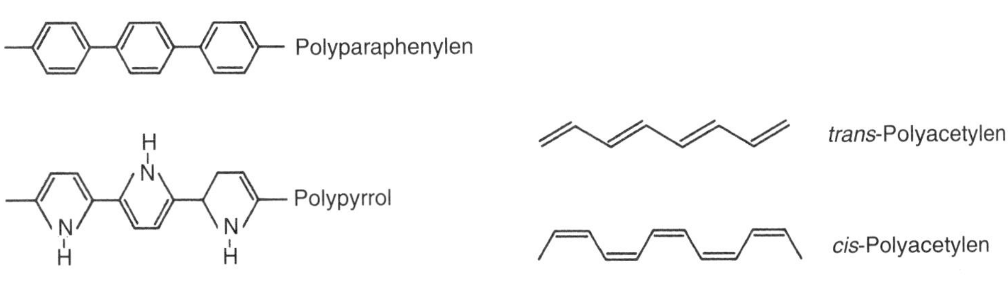

BILD 4.21 Polymerstrukturen mit intrinsischer Leitfähigkeit

4.5 Polymergemische (Polymerblends)

Wie schon in Abschnitt 3.3.4 kurz erwähnt wurde, kann man verschiedene Polymere miteinander vermischen, so dass sich die Materialeigenschaften beider Polymere ergänzen. Die Eigenschaften der Blends hängen davon ab, ob und inwieweit die beiden die Mischung bildenden Polymere miteinander verträglich sind. Sie können sich vollständig miteinander mischen oder separate Phasen bilden. Eine Verträglichkeit ist nur bei wenigen Polymeren gegeben. Man unterscheidet daher:

- homogene Gemische aus verträglichen Polymeren,
- teilweise bzw. begrenzt verträgliche Gemische (Einphasengemische),
- heterogene Gemische aus unverträglichen Polymeren (Mehrphasengemische).

4.5.1 Homogene Gemische aus verträglichen Polymeren

homogene Blends

Obwohl die Zahl verträglicher Polymere begrenzt ist, haben diese eine gewisse Bedeutung. Ihre Eigenschaften lassen sich linear mit dem Anteil der Homopolymere verändern. Wirtschaftliche Bedeutung haben vor allem die folgenden Mischungen aus verträglichen Polymeren:

- Naturkautschuk mit Polybutadien und andere Elastomere,
- Polyphenylenether (PPE) mit Polystyrol (PS),
- Polyamide, z. B. PA 6 mit PA 10 und
- Polyethylen mit Polyisobutylen.

Mischungen von Homopolymeren mit der gleichen Monomerbasis existieren häufig. Ein gutes Beispiel sind Gemische aus verschiedenen Polyethylenen, insbesondere Gemische aus PE-LD und PE-LLD. Hierdurch wird das schwer verarbeitbare PE-LLD, vor allem bei der Herstellung von Schlauchfolien, an die vorhandenen Maschinen angepasst. Die Mischung wird hier in der Regel während der Verarbeitung im Extrusionsprozess hergestellt.

4.5.2 Mischungen aus begrenzt verträglichen Polymeren

heterogene Blends

Die bedeutendsten Anwendungen für Mischungen aus begrenzt verträglichen Polymeren finden sich in der Kautschukverarbeitung, wo nahezu alle Elastomere miteinander gemischt werden. Die Herstellung von Reifen und anderen Gummiprodukten, die den heutigen Anforderungen entsprechen, wäre nicht möglich, wenn man nicht durch die Mischung verschiedener Polymere höchste Leistungen erzielen könnte.

Auch Polymergemische aus Thermoplasten, wie Polyphenylenether (PPE) und Polystyrol (PS) weisen eine begrenzte Verträglichkeit auf. Dennoch ist dieses Polymergemisch von großer wirtschaftlicher Bedeutung, das dank seiner guten Wärmeformbeständigkeit bis ca. 160 °C, verbunden mit einer hervorragenden chemischen Beständigkeit, als technischer Kunststoff eine große Bedeutung, nicht zuletzt in der Automobilbranche hat.

Mischungen aus Homopolymeren, die zwar aus den gleichen Monomeren bestehen, sind jedoch infolge unterschiedlicher Molmassen oder Verzweigungen nicht immer unbegrenzt verträglich.

4.5.3 Mehrphasengemische

Eine sehr breite Anwendung finden Gemische aus unverträglichen Polymeren. Mit modernen Knetmaschinen (z. B. Doppelschneckenextrudern) kann man Partikel der ausgeschiedenen Phase von einigen Nanometern bis zu Mikrometern erzeugen und eine gleichmäßige Dispersion dieser Phase erreichen. Da man gleichzeitig mit Hilfe von Zusatzstoffen, so genannten Kompatibilisatoren, die Phasen durch Pfropfen aneinander bindet, entstehen sehr hochwertige Kunststoffe mit genau an die Aufgaben angepassten Eigenschaften. Bild 4.22 zeigt anhand einiger fotografischer Aufnahmen, wie die mikroskopische Struktur solcher Werkstoffe beschaffen ist.

Kompatibilisatoren (Verträglichkeitsvermittler)

Kompatibilisatoren können Copolymere sein, deren Ketten je zur Hälfte aus solchen Monomeren bestehen, die jeweils mit einer der beiden Phasen verträglich sind. Bild 4.23 erklärt den Mechanismus der Pfropfung mit Hilfe von Kompatibilisatoren. Diese sind jeweils in einer der beiden Phasen eingebaut und sorgen so dafür, dass die Phasen miteinander verankert sind. Kompatibilisatoren werden in der Größenordnung von einigen Gewichtsprozent in das Rohgranulat eingemischt. Für diese Art des Blendens sind normale Schneckenmaschinen in der Regel nicht geeignet, da es schnell zu Schichtenbildung kommen kann bzw. sich zu große Partikel bilden. Dies wirkt sich auf die Eigenschaften, insbesondere auf die Schlagzähigkeit, negativ aus.

Das klassische Beispiel eines wichtigen Kunststoffs, dessen herausragende Eigenschaften – hoher Elastizitätsmodul und ausgezeichnete Schlagzähigkeit – auf einer Mischung von unverträglichen Polymeren beruht, ist das Gemisch aus Polystyrol und Styrol-Copolymerisat (Acrylnitril) mit Kautschuk. Dieses Polymergemisch ist bekannt als schlagzähes Polystyrol oder HIPS (high impact polystyrene). An diesem Beispiel hat man gelernt, dass eine ganz bestimmte Unverträglichkeit notwendig ist, um eine hohe Schlagzähigkeit zu erzeugen, da im Werkstoff fein und gleichmäßig verteilte Partikel (<2–10 µm) der ausgeschiedenen Phase vorliegen müssen. Die Partikel sollten elastomerer Natur und fest mit der Matrix verbunden sein. Wie derartige Gefüge aussehen, kann man an der in Bild 4.22 gezeigten Auswahl verschiedener mikroskopischer Aufnahmen der Gefüge von Blends und Copolymeren sehen. Der Mechanismus, der zu einer hohen Schlagzähigkeit führt, wird in Abschnitt 7.2.3 näher erklärt.

Heute erfolgt das Blenden, d. h. das Mischen, meist bei den Rohstoffherstellern oder in Mischbetrieben, so genannten Compoundeuren, auf großen Schneckenknetern. Diese arbeiten auch bei kleineren Mengen wirtschaftlich und führen zu gleichmäßigen Produkten, welche von der Kombination zweier Polymere profitieren. Es können heute nahezu alle Thermoplaste durch Blenden an ihre Aufgaben angepasst werden. Selbst Duroplaste,

		Werkstoff	Verhalten
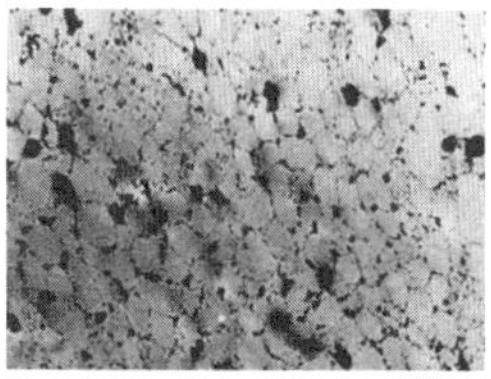	Netzstruktur	PVC mit E/VA+PE-C ABS	shear yielding
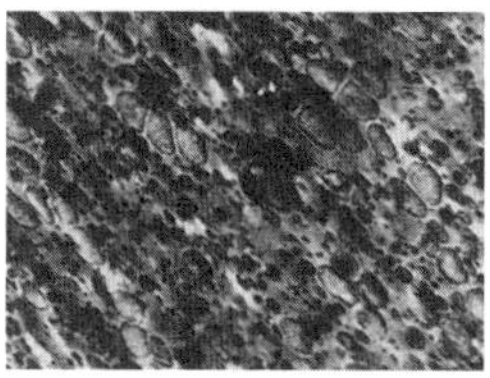	Runde (sphärische) Partikel	ABS mit vernetztem Kautschuk	shear yielding und crazing
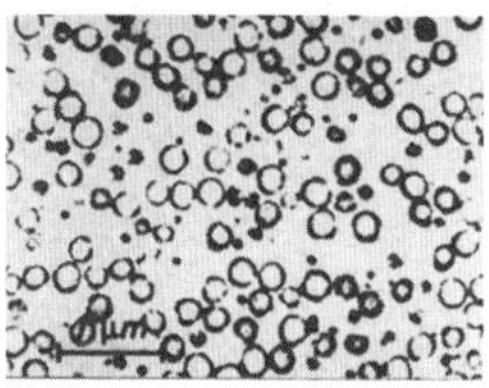	Sphärische Partikel mit Einschlüssen	PMMA	crazing
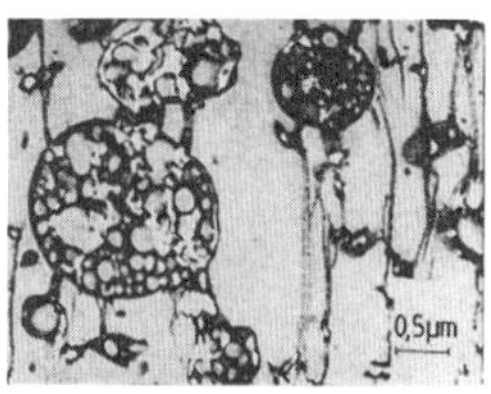	Partikel mit großen Einschlüssen 5 µm	PS-HI	crazing
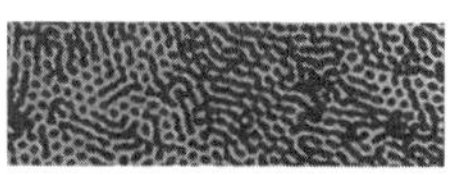	Dünne Lamellen	Styrolux (BASF) Styrol + Butadien	crazing transparent
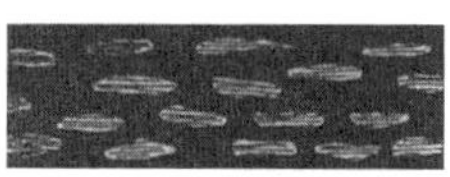	Domänen mit LC-Struktur	PES + LCP	aufgefasertes Bruchbild
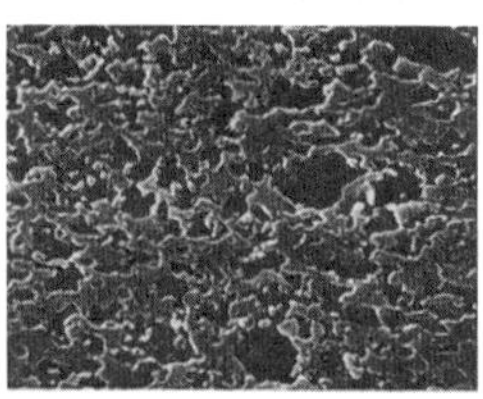	Zerstörte Sphärolite	semikristalline PA + Elastomer, PP + EPDM	crazing

BILD 4.22 Strukturen von Blends

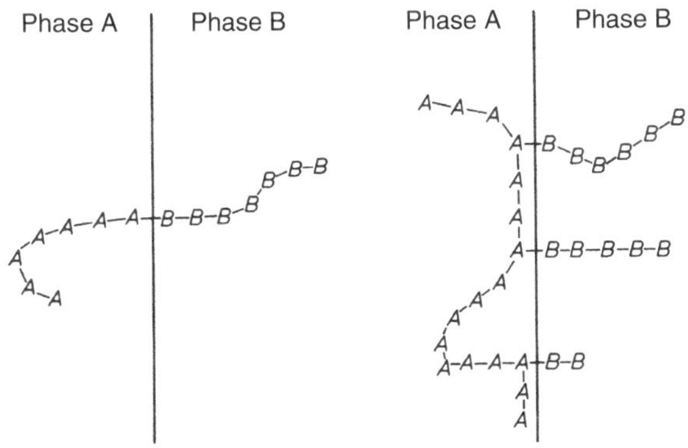

BILD 4.23 Wirkung von Kompatibilisatoren, die als Block- (links) oder Pfropf-Copolymere (rechts) dank ihres Aufbaus aus den beiden Monomeren in die A- und B-Phasen des Blends eingebaut werden. Links: Block-Copolymer-Kompatibilisator, rechts: gepfropfter Kompatibilisator

wie Epoxid- und Phenolharze werden so mit Erfolg in ihren Zähigkeitseigenschaften verbessert. Bild 4.24 zeigt die Wirkung dieser Maßnahmen in einer Darstellung der Wärmeformbeständigkeit anhand der Vicat-Temperatur (siehe Abschnitt 8.2.3) in Abhängigkeit von der Kerbschlagzähigkeit für einige wichtige Thermoplaste.

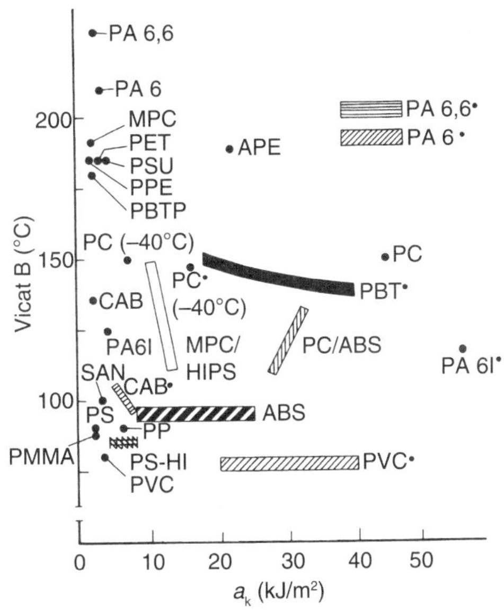

BILD 4.24 Kerbschlagzähigkeit a_k (DIN 53453) und Vicat-Erweichungstemperatur B VST/B (DIN 53460) kautschukmodifizierter Produkte im Vergleich zu normalen Thermoplasten (*Bayer AG*)

In diesen Beispielen erzielen durch Pfropfen angebundene, gering vernetzte Kautschukpartikel die Verbesserung der Schlagzähigkeit.

Die verbesserte Schlagzähigkeit beruht auf der Bildung von Myriaden von Mikrorissen (crazes) bei Stoßbelastung, was in Abschnitt 7.2.2, Bild 7.10 vertiefend erklärt wird.

Bei Gehalten von mehr als 50 % der zweiten Komponente entsteht eine Phasenumkehr. Dieser Effekt kann erwünscht sein, z. B. wenn die zweite Komponente ein Elastomer ist und man dadurch ein Elastomer mit Einlagerungen eines steifen Polymers erhält. Auf diese Weise können beispielsweise in größeren Mengen thermoplastische Elastomere hergestellt werden. Sie bieten gegenüber vernetztem Kautschuk den enormen Vorteil, dass sie sich auch unvernetzt kautschukelastisch verhalten, solange die Temperatur unter der Erweichungstemperatur der thermoplastischen Phase bleibt. Das wiederum hat den Vorteil, dass man Formteile aus thermoplastischen Elastomeren mit den gleichen Maschinen verarbeiten kann, die zur Thermoplastverarbeitung dienen. Dadurch ist eine einfache Formgebung möglich und die Zeit für die Vernetzungsreaktion wird eingespart.

Zudem wird ein unkompliziertes mechanisches Recycling ermöglicht. Darüber hinaus können durch so genanntes Coextrudieren oder Mehrkomponenten-Spritzgießen in einem Arbeitsgang miteinander fest verbundene Teile aus zwei verschieden Werkstoffen hergestellt werden. Diese so genannten Hart-Weich-Verbunde weisen heute vor allem bei technischen Spritzgussteilen eine enorme Bedeutung auf. Ein typisches Anwendungsbeispiel sind angespritzte Dichtungen.

4.6 Modifizierungen durch Füllstoffe (Polymercompounds)

Der Zusatz von Füllstoffen zu einem Polymer ist eine andere Möglichkeit, die Eigenschaften von Polymeren gezielt zu verbessern und an die jeweilige Aufgabe anzupassen. Man unterscheidet verarbeitungsfördernde und produkteigenschaftsverbessernde Zusatzstoffe.

4.6.1 Verarbeitungsfördernde Zusatzstoffe

Zu den verarbeitungsfördernden Zusatzstoffen zählen Gleitmittel, Wärmestabilisatoren, Haftvermittler, Trenn- und Thixotropiemittel.

4.6.1.1 Gleitmittel

Gleitmittel wirken zum einen zwischen den Polymerpartikeln und minimieren die Reibungskräfte beim Mischen, Plastifizieren und Verformen. Hierdurch wird eine schonendere Verarbeitung empfindlicher Polymere ermöglicht, da man unkontrollierter Friktionswärme vorbeugt. Zum anderen sollen Gleitmittel ein Anhaften des Polymers an heißen Stahlflächen der Förderaggregate (Schnecke, Zylinder usw.) verhindern. Dadurch werden die Verweilzeit und folglich die thermische Belastung bei der Verarbeitung verringert. Je nach Wirkungsweise des Gleitmittels unterscheidet man zwischen inneren und äußeren Gleitmitteln. Innere Gleitmittel (z. B. Fettalkohole) wirken auf molekularer Ebene und verringern die innere Reibung. Sie haben einen starken Einfluss auf die rheologischen Eigenschaften eines Polymers. Äußere Gleitmittel (z. B. Wachse oder Fettsäuren) lassen sich nicht in den Kunststoff einarbeiten und diffundieren deswegen bei der Verarbeitung in die Grenzschicht zwischen Polymer und Metall. Dadurch werden die Wandreibung und folglich die Verweilzeit und die thermische Belastung des Polymers reduziert.

4.6.1.2 Wärmestabilisatoren

In Abhängigkeit von Temperatur und Zeit können in Polymeren Abbauerscheinungen durch Kettenspaltungen initiiert werden. Diese machen den Einsatz von Wärmestabilisatoren erforderlich. Weit verbreitet sind Antioxidantien, die dadurch wirken, dass sie mit entstehenden Radikalen reagieren. Auch die Anwesenheit von Metall-Ionen kann eine katalytische Wirkung auf Degradationsprozesse in Polymeren haben. Um solche Verunreinigungen (z. B. aus Ziegler-Katalysatoren, Füllstoffen und Pigmenten) unschädlich zu machen, werden z. B. Metalldesaktivatoren eingesetzt.

4.6.1.3 Haftvermittler

Haftvermittler werden vorwiegend bei der Einarbeitung von Füllstoffen, wie z. B. Fasern verwendet, um die Haftung zwischen Füllstoff und Polymer zu verbessern. Zum Beispiel führt der Einsatz organofunktioneller Silane, die hydrolisierbare Siliziumgruppen besitzen, zur Bildung von Siloxanpolymeren. Diese lagern sich unter Abspaltung von Wasser an der Füllstoffoberfläche an. Die funktionellen Gruppen des Polysiloxanüberzugs sind nach außen gerichtet und gehen mit dem Polymer eine chemische Verbindung ein, die für die bessere Haftungseigenschaft verantwortlich ist.

4.6.1.4 Trennmittel

Haupteinsatzgebiete von Trennmitteln sind das Spritzgießen, das Pressen und die Schaumverarbeitung. Aufgabe der Trennmittel ist es, die Entformungskräfte zwischen dem Polymer und den Metalloberflächen herabzusetzen. Innere Trennmittel können dem Polymer zugegeben, äußere Trennmittel können in der Werkzeugform eingesetzt werden.

4.6.1.5 Thixotropiemittel

Thixotropiemittel werden als Antiblockmittel eingesetzt, um ein Zusammenkleben von Folien zu verhindern oder die Rieselfähigkeit von Granulaten und Pulvern zu verbessern. Sie erzeugen kolloidale Bindungen, die unter Schereinwirkung leicht zerstört werden können. Polymere, die mit derartigen Stoffen versetzt sind, zeigen in Ruhe ein zähflüssiges Verhalten, das z. B. durch Scherung während der Verarbeitung verringert werden kann.

4.6.2 Produkteigenschaftsverbessernde Zusatzstoffe

Produkteigenschaftsverbessernde Zusatzstoffe können in festigkeitserhöhende, steifigkeitserhöhende, reagierende, gebrauchsfähigkeitsverlängernde und färbende Zusatzstoffe sowie Weichmacher eingeteilt werden. Aufgrund ihrer aktuell hohen Relevanz werden Nanofüllstoffe und Treibmittel zur Herstellung von Schäumen als Zusatzstoffe in diesem Kapitel gesondert diskutiert.

4.6.2.1 Festigkeitserhöhende Zusatzstoffe

Füllstoffe, die eine wesentlich größere Länge als Dicke (hohes Aspektverhältnis) aufweisen, erhöhen eingebettet in ein Polymer die Festigkeit, da Kräfte, die auf das Polymer wirken, auf die Füllstoffe übertragen werden und das Polymer entlasten. Als festigkeitserhöhende Zusatzstoffe kommen organische und anorganische Füllstoffe zum Einsatz. Zu den anorganische Füllstoffen zählen z. B. Glasfasern, Glimmer oder Einkristalle. Auch der Einsatz von organischen Füllstoffen ist üblich. Im Vergleich zu Glasfasern besitzen organische Fasern eine höhere Bruchdehnung und geringe Dichte. Typische organische Fasern sind Aramid- und Kohlenstofffasern. Der hohen Zugfestigkeit der Fasern steht grundsätzlich eine geringe Druckfestigkeit entgegen. Dadurch können bereits geringe, nicht senkrecht in die Faser eingeleitete Kräfte zum Ausknicken führen. Weiterhin werden Naturfasern, Gewebeschnitzel, Papier, Zellulose und Kohlenstoff (Ruß) als festigkeitserhöhende Zusätze verwendet.

4.6.2.2 Steifigkeitserhöhende Zusatzstoffe

Neben der Festigkeit spielt auch die Steifigkeit eines Bauteils eine wesentliche Rolle. Kugelförmige Partikel mit einem Aspektverhälts von ungefähr 1 wirken steifigkeitserhöhend, da verformungsfähiges Volumen des Polymers durch einen nahezu unendlich steifen Füllstoff ersetzt wird. Deswegen werden vor allem mineralische Füllstoffe, z. B. bei Biegung oder gegen Verzug, in erheblichem Maße eingesetzt. Weitere Vorteile dieser Füllstoffe sind die einfache Verarbeitbarkeit und der geringe Preis.

4.6.2.3 Weichmacher

Für einige Anwendungsfälle ist es notwendig, den Elastizitätsmodul durch Zugabe geeigneter Weichmacher zu verringern, um ein ansonsten hartes und sprödes Polymer einzusetzen. Bei Weichmachern unterscheidet man zwischen inneren und äußeren Weichmachern. Innere Weichmachung kann z. B. durch Copolymerisation zu sogenannten schlagzähmodifizierten Polymeren erreicht werden. Zur äußeren Weichmachung werden dem Polymer monomere oder polymere Substanzen zugemischt, die eine Affinität zum Polymer aufweisen und außerdem ein Lösungs- bzw. Quellvermögen für das Polymer besitzen. Weichmacher müssen zudem eine gute Verträglichkeit, eine hohe Lichtechtheit, eine geringe Fogging-Neigung, eine gewisse Temperaturstabilität, eine Migrations- und Extraktionsbeständigkeit, eine toxische Unbedenklichkeit und eine gute Kältefestigkeit sowie eine hohe Zugfestigkeit und Dehnung aufweisen.

4.6.2.4 Reagierende Zusatzstoffe

Um das Eigenschaftsprofil eines Polymers gezielt zu erweitern oder die Polymerreaktion zu beeinflussen, können reagierende Zusätze zum Polymer gegeben werden. Zu diesen Stoffen zählen z. B. Schwerentflammbarkeitszusätze, Peroxide, Beschleuniger und Inhibitoren. Auch Treibmittel, die in Abschnitt 4.6.2.8 erläutert werden, gehören zu den reagierenden Zusatzstoffen.

Da Polymere auf Kohlenstoffbasis wie alle organischen Stoffe brennbar sind, werden häufig Schwerentflammbarkeitszusätze hinzugefügt. Aus Erfahrungen mit dem Polymer PVC, welches 56 Gew.-% Chlor enthält, ist bekannt, dass ein Polymer durch Halogenzugabe schwerentflammbar wird. Dies geschieht durch eine endotherme Reaktion und die Bildung schwerer Dämpfe, die den Sauerstoffzutritt zur Brandstelle verhindern. Als Zusatzstoffe werden daher z. B. Chlorparaffine, Bromverbindungen und Elemente der 5. Gruppe des Periodensystems wie Arsen, Antimon und Phosphor verwendet. Die Zuschläge wirken oftmals synergetisch, d. h. der Gesamteffekt ist größer als die Summe der einzelnen Effekte. Da die Handhabung der oben genannten Zusätze häufig kritisch betrachtet wird, werden Zusatzstoffe entwickelt, die oberhalb einer Temperatur von ca. 200 bis 300 °C Wasser abspalten und so zur Selbstverlöschung führen.

Eine andere Gruppe der reagierenden Zusatzstoffe sind Peroxide. Sie sind Radikalerzeuger und werden z. B. bei radikalischen Polymerisationsreaktionen benötigt. Der Peroxidzerfall erfolgt nach Zufuhr der notwendigen Aktivierungsenergie durch Erhöhung der Temperatur. Beschleuniger oder lichtempfindliche Zusätze können die Aktivierungsenergie weiter senken.

Neben der Aktivierung einer Polymerisation ist häufig auch die Verhinderung einer Polymerisation notwendig. Hierzu werden Inhibitoren eingesetzt. Der Inhibitor wirkt, indem er schneller mit Peroxidradikalen reagiert als monomere Bestandteile. Daher kann, bis sämtliche Inhibitormoleküle mit Peroxidradikalen umgesetzt sind, keine Polymerisation stattfinden.

4.6.2.5 Gebrauchsfähigkeitsverlängernde Zusatzstoffe

Um den Abbau eines Polymers während des Gebrauchs zu unterdrücken, werden gebrauchsfähigkeitsverlängernde Zusatzstoffe eingesetzt. Zu nennen sind z. B. Antioxidantien und Lichtstabilisatoren. Antioxidantien werden eingesetzt, um einen Abbau durch Wärme in Anwesenheit von Sauerstoff zu verhindern. Antioxidantien bilden unschädliche Produkte mit den freien Radikalen, die durch Kettenspaltungen entstehen. Viele Polymere sind lichtunbeständig. Der UV-Strahlungsanteil des Lichts führt zum photochemischen Abbau. Dadurch werden freie Radikale erzeugt. Dies macht den Einsatz von Lichtstabilisatoren erforderlich. Lichtstabilisatoren absorbieren die einfallende Strahlung und verhindern die Bildung freier Radikale.

4.6.2.6 Färbende Zusatzstoffe

Als färbende Zusatzstoffe werden meist organische oder anorganische Pigmente verwendet. Die Farbwirkung von Pigmenten beruht auf Lichtbrechung im Polymer. Damit haben die Größe und die Dispersion der Partikel einen sehr großen Einfluss auf die Farbqualität. Der Teilchendurchmesser der Pigmente liegt unter 1 µm. Während der Verarbeitung dürfen die Pigmentpartikel ihre Gestalt nicht ändern, da diese die Lichtreflexion beeinflusst. Verarbeitbare Ansätze sind so genannte Masterbatches, in denen hohe Pigmentkonzentrationen in ein Polymer eingearbeitet sind. Auf andere Zusatzstoffe wie z. B. Antistatika und antibakterielle Zusätze sollen an dieser Stelle nicht weiter eingegangen werden.

4.6.2.7 Nanofüllstoffe

Als Nanofüllstoffe werden Füllstoffe bezeichnet, deren Primärpartikel mindestens eine charakteristische Dimension der Größe unter 100 nm aufweisen. Nanofüllstoffe bieten eine sehr große spezifische Oberfläche und damit eine große Interaktionsfläche zwischen dem Polymer und dem Füllstoff. Daher kann bereits die Zugabe geringer Mengen Nanofüllstoff zum Polymer zu den folgenden Eigenschaftsverbesserungen führen:

- erhöhter E-Modul bei Erhalt der Schlagzähigkeit,
- erhöhte Zugfestigkeit,
- verbessertes Brandverhalten,
- erhöhte Wärmeformbeständigkeit und
- verringerte Permeabilität gegenüber Gasen.

HINWEIS: Nanofüllstoffe sind Füllstoffe, deren Primärpartikel mindestens eine charakteristische Dimension der Größe unter 100 nm aufweisen.

Allerdings weisen Nanofüllstoffe auch eine starke Wechselwirkung untereinander auf, wodurch die Neigung zur Agglomeration begünstigt wird. Liegen die Nanofüllstoffe agglomeriert im Polymer vor, können sie ihre positiven Eigenschaften nicht voll entfalten, da bereits ein großer Teil ihrer Oberfläche dazu verwendet wird, Verbindungen mit anderen Nanopartikeln einzugehen. Daher müssen Nanofüllstoffe im Polymer sehr gut dispergiert werden, um die gewünschten Eigenschaftsverbesserungen uneingeschränkt zu erreichen.

In der Forschung werden besonders die folgenden Nanofüllstoffe für Anwendungen in Kunststoffen diskutiert:

- Kohlenstoffhaltige Nanopartikel (z. B. Kohlenstoffnanoröhrchen oder Kohlenstoffnanofasern),
- Metall-Oxide (z. B. SiO_2, TiO_2, Al_2O_3, Fe_2O_3 oder Fe_3O_4 und ZnO),
- Silizium basierte Materialien wie Schichtsilikate,
- Silber,
- Metallsulfide u. v. m.

Die Kombination eines Nanofüllstoffes mit einer polymeren Matrix nennt man Nanokomposit. Nanokomposite auf Basis von Schichtsilikaten haben vor allem in der Forschung eine gewisse Bedeutung erlangt. Bei Schichtsilikaten aus Montmorillonit handelt es sich um plättchenförmige, in der Natur vorkommende, quellbare und relativ preiswerte Schichtsilikate mit einer im Vergleich zu mikroskaligen Füllstoffen besonders großen spezifischen Oberfläche. Schon geringe Anteile Schichtsilikat (wenige Gewichtsprozent) können bemerkenswerte Eigenschaftsverbesserungen bewirken. Allerdings liegen Schichtsilikate in ihrer Ausgangsform als mikroskalige Agglomerate vor. Diese müssen zunächst zerteilt und dann homogen im Polymer verteilt werden, um die gewünschten Eigenschaftsverbesserungen zu erzielen. Liegen die einzelnen nanoskaligen Plättchen

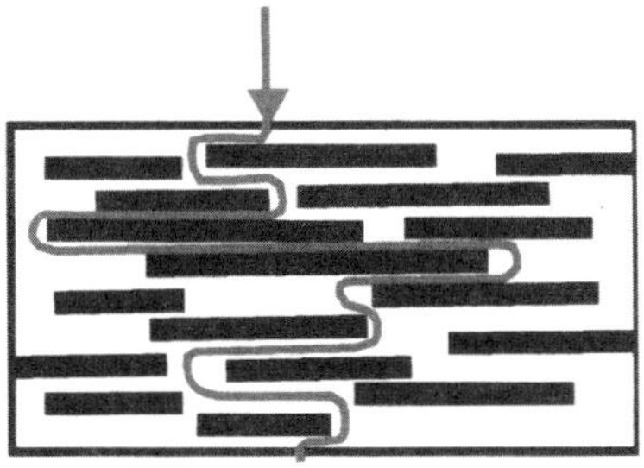

BILD 4.25 Barriereeigenschaften von Nanokompositen (nach *Mülhaupt*)

des Schichtsilikats fein verteilt in der polymeren Matrix vor, kann z. B. der Elastizitätsmodul erhöht, sowie die Permeation und der Brennbarkeit vermindert werden. Da die homogene Verteilung der Schichtsilikatplättchen im Polymer eine große Herausforderung darstellt, ist das Wunschziel einer Verstärkung von Polymeren bei gleichzeitig verbesserter Schlagzähigkeit bisher noch nicht zufriedenstellend erreicht worden. Die mögliche Verstärkungswirkung beim Einsatz von Schichtsilikaten beruht auf dem großen Aspekt-Verhältnis (Länge zu Dicke) und beträgt bei Nanokompositen auf Basis von Schichtsilikaten in der Regel mehr als 100. Aufgrund ihrer geringen Größe und des geringeren benötigten Volumenanteils, sowie der Flexibilität der Plättchen, entsteht bei Nanokompositen auf Basis von Schichtsilikaten im Vergleich zu kurzglasfaserverstärkten Kunststoffen deutlich geringerer Verschleiß an Verarbeitungsmaschinen und Werkzeugen. Schichtsilikate werden bereits zur Verringerung der Brennbarkeit und der Permeation von Polymeren in kommerziellen Anwendungen eingesetzt. Bild 4.25 zeigt, dass die Schichtbildung der plättchenförmigen Partikel den Weg für permeierende Gase durch die Wände von Verpackungsmitteln aus Kunststoffen erheblich verlängert. Die Verminderung der Brennbarkeit von Polymeren mit Schichtsilikat wird durch eine Krustenbildung im Brandfall erreicht. Durch die Bildung von skelettartigen Strukturen kann mit Nanokompositen weiterhin eine bessere Dimensionsstabilität und ein erheblich reduziertes Schwindungspotential erreicht werden. Die geringe Partikelgröße kann schließlich die Herstellung verstärkter, aber optisch transparenter Kunststoffe ermöglichen.

Neben keramischen und metallischen Pulvern werden vereinzelt auch isolierte metallische Partikel sowie mikrokristalline Stärke, flüssigkristalline Polymere (liquid crystalline polymers, LCP) und Dendrimere eingesetzt.

HINWEIS: Die Eigenschaftsverbesserungen von Nanokompositen gegenüber unverstärkten bzw. konventionell verstärkten Materialien sind auf Grenzflächeneffekte zurückzuführen.

Auch Kohlenstoffnanoröhren (Carbon Nano Tubes, CNT) werden vermehrt als Nanofüllstoffe in Polymeren eingesetzt. CNT sind submikroskopisch kleine, röhrenförmige Gebilde aus Kohlenstoff. Ihre Wände sind miteinander verbundene Aromatenringe (Graphit), die in einer oder mehreren Schichten angeordnet sein können. Der Durchmesser der Röhrchen liegt im Bereich von 0,4 bis 50 nm, ihre Länge kann bis hin zu mehreren Millimetern reichen. CNT erreichen bei einer Dichte von 1,3 g/cm^3 eine enorme Zugfestigkeit von 30 bis 60 GPa und sind daher als Füllstoffe für Polymere besonders interessant. Die spezifische Zugfestigkeit von CNT entspricht rechnerisch einer 130-mal höheren spezifischen Zugfestigkeit als derjenigen von Stahl. Der Elastizitätsmodul liegt bei 1 TPa, was etwa dem 5-fachen Wert von Stahl entspricht. Für die Anwendung in Kunststoffen ist vor allem die sehr gute elektrische Leitfähigkeit (1.000-fache Strombelastbarkeit gegenüber Kupfer), sowie die Wärmeleitfähigkeit (5-mal höher als diejenige von Diamant 6.000 W/mK) von großem Interesse.

Nanofüllstoffe auf Basis von Silber werden dank ihrer antibakteriellen Eigenschaften häufig in Lacken eingesetzt. Auch für Kunststoffoberflächen sind sie in der Diskussion.

Nanopartikel auf polymerer Basis werden kommerziell seit 2004 als Additiv in Polybutylenterephtalat (PBT) und neuerdings auch in PA zur Verringerung der Viskosität von Formmassen für das Spritzgießen eingesetzt. Der Vorteil ist, dass man bei nahezu doppeltem Fließweg-Wanddickenverhältnis die mechanischen Eigenschaften nicht beeinträchtigt. Die geringere Viskosität bietet weitere Vorteile, wie die Möglichkeit, höhere Füllgrade mit anorganischen Stoffen, wie Glasfasern, zu erreichen oder in der Konstruktion eine filigranere Gestaltung zu realisieren.

4.6.2.8 Treibmittel

Um Polymere zu schäumen, können feste, flüssige und gasförmige Treibmittel eingesetzt werden. Man unterscheidet grundsätzlich zwischen chemischen und den physikalischen Treibmitteln.

Chemische Treibmittel erzeugen durch eine Zersetzung eines Stoffes oder eine chemische Reaktion mit dem Polymer oder einem einzelnen Vorprodukt ein im Polymer gelöstes Gas. Feste Treibmittel spalten meist Stickstoff ab. Zu dieser Gruppe gehört z. B. Azodicarbonamid (Backpulver). Die Gasentwicklung erfolgt durch den Zerfall des Treibmittels bei der Verarbeitungstemperatur.

Physikalische Treibmittel bewirken ein Aufschäumen durch die Verdampfung von flüssigen Treibmitteln (z. B. FCKW). Physikalische Treibmittel werden dem Polymer im Allgemeinen erst bei der Verarbeitung zugegeben. Hauptanwendungsgebiet ist das Schäumen von Polyurethan. Aber auch in der Extrusion und im Spritzgießen existieren viele wirtschaftlich wichtige Verfahren zum Schäumen von Polymeren. Häufig wurde dabei FCKW als Treibmittel eingesetzt. Bedingt durch die starke Belastung der Ozonschicht ist der Einsatz von FCKW deutlich zurückgegangen. FCKW wird vermehrt durch alternative Treibmittel (z. B. CO_2, Butan, Pentan) und Verfahrensalternativen ersetzt.

Unabhängig von der Treibmittelart erfolgt das Aufschäumen in der Regel bei der Formgebung. Das im Polymer gelöste Treibmittel schäumt das Polymer beim Eintrag in die Form oder beim Werkzeugaustritt durch einen Druckabfall auf. Geschäumte Formteile weisen meist unterschiedliche Blasenstrukturen auf. Außen besitzen sie keine oder sehr feine Poren, während die Formteile in der Mitte größere Poren aufweisen. Diese Schäume nennt man auch Integralschäume. Diese Struktur kommt den meisten Anwendungen entgegen, da sie sich als biegesteif erweist und eine glatte, porenfreie Oberfläche zeigt.

Vorgeschäumte Granulate aus Polystyrol oder auch Polypropylen können in eine geschlossene Form mit perforierten Wänden eingefüllt und dort, z. B. durch Heißdampf, erwärmt werden. Unter dem Innendruck des treibenden Gases blähen sich die Granulatkörner weiter auf. Sobald die Form und die Hohlräume zwischen den Granulatkörnern ausgefüllt sind, sintern die Granulatkörner zusammen. Der sogenannte Partikelschaum aus Polystyrol ist ein Großprodukt und wird unter dem Namen Styropor (BASF) vor allem als Wärmeisolationsstoff im Bau von Wohngebäuden vertrieben.

Ähnliche Bedeutung haben Polyurethane, die in einer Polyadditionsreaktion aus Polyolen und Isocyanaten entstehen. Die Komponenten können in flüssiger Form genau dosiert und miteinander vermischt werden, bevor sie in die Form eingetragen werden (vgl. Abschnitt 3.3.1.2). Aus geschäumtem Polyurethan werden z. B. Matratzen hergestellt. Als Treibmittel dient Wasser, das mit einem Teil des Isocyanats reagiert und dabei ein Gas abspaltet.

Für alle Schäumverfahren ist eine sorgfältige Auswahl der Polymere bzw. der Präpolymere, der Treibmittel und der Prozessbedingungen notwendig, da die Polymerschmelze gewisse Werte für Viskosität, Elastizitätsmodul und Dehnfähigkeit aufweisen muss, damit die Blasen nach dem Aufschäumvorgang nicht kollabieren, sondern eine gleichmäßige Schaumstruktur bilden.

Literatur zu Kapitel 4

Arndt, K. F.; Müller, G.; Schröder, E.: Polymer Characterization. München: Carl Hanser Verlag, 1998

Baur, E.; Brinkmann, S.; Osswald, T. A.; Schmachtenberg, E.: Saechtling Kunststofftaschenbuch. 30. Ausgabe, München: Carl Hanser Verlag, 2007

Biederbick, K.-H.: Kunststoffe. Würzburg: Vogel Verlag Würzburg, 1984

Becker, G. W.; Bottenbruch, L.; Braun, D.: Technische Polymer-Blends, PC-ABS-Blends, PC-PBT-Blends, PPE-Blends, Kunststoff-Handbuch 3/2 Technische Thermoplaste. München: Carl Hanser Verlag, 1992

Crolla, G.: Morphologische und verfahrenstechnische Untersuchungen an PVC. RWTH Aachen, Dissertation, 1988

Cremer, M.: Morphologie und Eigenschaftsveränderung beim Spritzgießen von Polymerblends. RWTH Aachen, Dissertation, 1992

Eipper A., Stransky R.: Kleine Teilchen - großer Effekt. *Kunststoffe*, **98** (2008) 1, S. 94-96

Elas, A.: Compoundierung und Weiterverarbeitung von Masterbatches aus Schichtsilikat und Polyethylen. RWTH Aachen, Dissertation, 2010

Elias, H.-G.: Macromolecules, Vol. 1. Weinheim: Wiley-VCH Verlag, 2005

Elias, H.-G.: Makromolecules, Vol. 2. Weinheim: Wiley-VCH Verlag, 2007

Hoffmann, M., Krömer, H., Kuhn, R.: Polymeranalytik. Stuttgart: Georg Thieme Verlag, 1977

Heidemeyer, P. K. H.: Herstellung verstärkter Thermoplaste durch Blenden mit flüssig-kristallinen Polymeren. RWTH Aachen, Dissertation, 1990

Kaiser, W.: Kunststoffchemie für Ingenieure. 2. Auflage, München: Carl Hanser Verlag, 2007

Klepek, G.: Konstruieren mit PUR- Integral-Hartschaumstoff. München, Wien: Carl Hanser Verlag, 1980

Kircher, K.: Chemische Reaktionen bei der Kunststoffverarbeitung. München, Wien: Carl Hanser Verlag, 1982

Knipp, U.: Herstellung von Großbauteilen aus Polyurethanschaumstoffen. RWTH Aachen, Dissertation, 1973

Macosko, C. W.: RIM-Fundamentals of Reaction Injection Molding. München, Wien: Carl Hanser Verlag, 1998

Michler, G. H.: Kunststoff-Mikromechanik. München: Carl Hanser Verlag, 1992

Mülhaupt, R.: Nanowerkstoffe; Chancen und Risiken. *Kunststoffe* **96** (2004) 8, S. 76-88

Nicolay, A.: Untersuchungen zur Blasenbildung in Kunststoffen unter besonderer Berücksichtigung der Rissbildung. RWTH Aachen, Dissertation, 1976

N.N.: DIN EN ISO 1133-1: Bestimmung der Schmelze-Massefließrate (MFR) und der Schmelze-Volumenfließrate (MVR) von Thermoplasten – Teil 1: Allgemeines Prüfverfahren. Berlin: Beuth Verlag, 2010

N.N.: DIN EN ISO 1628-2: Kunststoffe – Bestimmung der Viskosität von Polymeren in verdünnter Lösung unter Verwendung von Kapillarviskosimetern – Teil 2: Vinylchlorid-Polymere. Berlin: Beuth Verlag, 1999

Nordmeier, J.: Schlagzähmodifizieren von Polypropylen auf Zweischneckenextrudern. RWTH Aachen, Dissertation, 1986

Pauling L.: Grundlagen der Chemie. 9. Auflage, Weinheim: Verlag Chemie, 1969

Pfefferkorn, T. G.: Analyse der Verarbeitungs- und Materialeigenschaften elektrisch leitfähiger Kunststoffe auf Basis niedrig schmelzender Metalllegierungen. RWTH Aachen, Dissertation, 2009

Rothe, B.: Herstellung von Polyamid 6-Nanocompounds mit Schichtsilikaten durch reaktive Extrusion von Caprolactam. RWTH Aachen, Dissertation, 2010

Schacht, T.: Spritzgießen von Liquid Crystal Polymeren. RWTH Aachen, Dissertation, 1986

Schäper, S.: Nukleierung thermodynamisch getriebener Polyurethan-Reaktionsschäume. RWTH Aachen, Dissertation, 1977

Schwanitz, K.: Analyse und Verfahrensentwicklung der Herstellung von harten Polyurethan-Integralschäumen. RWTH Aachen, Dissertation, 1974

Suh, K. W., Web, D. D.: Cellular Materials. In: Mark, H. F. (Hrsg.); Biskales, N.; Overberger, C. G.; Menges, G.; Kroschwitz, J. I. (Eds.): Encyclopedia of Polymer Science and Engineering, Vol. 3, 2nd Edition. Hoboken: Wiley interscience, 1986

Tieke, B.: Makromolekulare Chemie. Eine Einführung. 2. Auflage, Weinheim: Wiley-VCH Verlag, 2005

Wortberg, J.: Qualitätssicherung in der Kunststoffverarbeitung. München, Wien: Carl Hanser Verlag, 1996

Wunderlich, W.: Megatrends innovativer Entwicklungen. *Kunststoff-Trends* (2004) **1**, S. 26-27.

Vieweg, R., Hoechtlen, A.: Polyurethane. Kunststoffhandbuch Band VII. München: Carl Hanser Verlag, 1966

Vollmert, B.: Grundriss der makromolekularen Chemie. Berlin, Göttingen, Heidelberg: Springer Verlag, 1962

Woodward, A. E.: Understanding Polymer Morphology. München: Carl Hanser Verlag, 1994

Wypych, G.: Handbook of Fillers. Toronto: ChemTec Publishing, 2010

5 Verhalten in der Schmelze

Die Kenntnis der Fließeigenschaften der Polymerwerkstoffe ist für die Polymerverarbeitung von besonderer Bedeutung, da in nahezu allen Verarbeitungsverfahren der Werkstoff im schmelzeflüssigen Zustand vorliegt. Es geht hier einerseits um die Beurteilung der Eignung eines Kunststoffs für einen bestimmten Verarbeitungsprozess, wie z. B. die Quantifizierung der Fließfähigkeit einer Schmelze im Rahmen der Werkstoffauswahl, der Werkstoffentwicklung und der Qualitätskontrolle. Andererseits geht es auch um die detaillierte Analyse von Schmelzeströmungsvorgängen bei Verarbeitungsprozessen. Die Strömungssimulation mit numerischen Verfahren wie z. B. FEM hat in der Auslegung von Maschinen, Werkzeugen und Nachfolgeinrichtungen der Polymerverarbeitung große Bedeutung. Die Simulation ermöglicht die Darstellung von Strömungen in den Schnecke-Zylinder-Systemen von Schneckenmaschinen, in Düsen bei der Extrusion, in Formwerkzeugen beim Spritzgießen wie auch die Darstellung von Verstreckprozessen beim Umformen. Die Güte solcher Simulationsrechnungen steht und fällt mit der Güte der Beschreibung des Fließverhaltens der Werkstoffe. Polymere zeigen abhängig von ihrem molekularen Aufbau häufig ein sehr komplexes Fließverhalten.

Rheologie

Das komplexe Fließverhalten verschiedenster Stoffe, auch der Polymerwerkstoffe, ist Gegenstand der Rheologie. Dieses Kapitel kann nur einige Grundbegriffe der Rheologie erläutern, aber keine Einführung in die Rheologie geben. Für weiterführende Informationen sei auf die am Ende des Kapitels angegebene Literatur verwiesen.

Die Komplexität des Fließverhaltens vieler Polymere zwingt in der Praxis zu einer vereinfachten Beschreibung, z. B. um Simulationsprogramme in angemessener Weise zu nutzen und den Aufwand zu begrenzen. Diese Vereinfachungen im konkreten Fall sinnvoll vorzunehmen und das Fließverhalten mit geeigneten Messmethoden zu erfassen, gehört zu den wesentlichen Fertigkeiten eines Ingenieurs.

In der Polymertechnologie werden verschiedenste Messverfahren der Rheologie, z. B. zur Erfassung der Viskosität, genutzt. Dabei kommt es darauf an, die spezifischen Eigenheiten des jeweiligen Polymers zu verstehen und auf dieser Grundlage die Möglichkeiten und Grenzen verschiedener rheologischer Messverfahren und Messgeräte richtig einzuschätzen.

Spannung/ Deformation

Neben der realistischen Beschreibung des Materialverhaltens bei Schmelzefließvorgängen ist die Berücksichtigung der jeweils vorliegenden Strömungsform von Bedeutung.

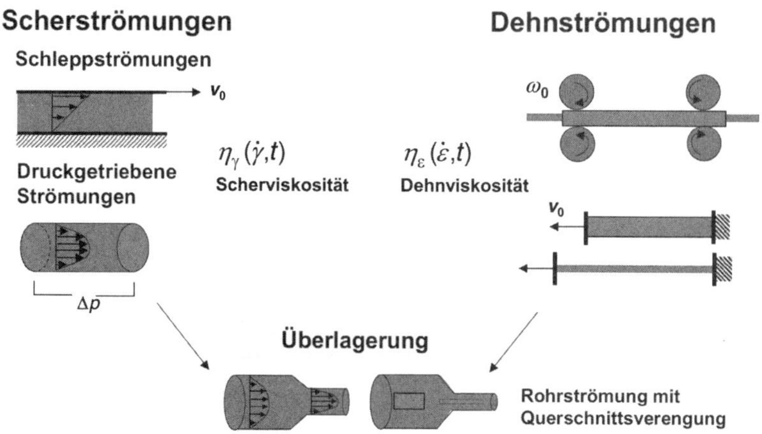

BILD 5.1 Reine Scher- und reine Dehnströmungen sowie die Überlagerung von Scher- und Dehnströmungen (nach *Kohlgrüber/Hepperle*)

Auch hier sind in gewissen Grenzen Vereinfachungen zulässig. Während in den Verarbeitungsprozessen komplexe Strömungsformen vorliegen können, werden in rheologischen Messgeräten zumeist rein eindimensionale oder rein zweidimensionale Strömungen realisiert. Die Scherströmung (eindimensional) und Dehnströmungen (zweidimensional) stellen die wichtigsten Deformationsarten dar (Bild 5.1). In diesem Kapitel werden zunächst ausschließlich eindimensionale Strömungen betrachtet, da es um die grundlegende Beschreibung des Fließverhaltens geht.

Das Kapitel konzentriert sich zunächst auf die Thermoplaste, später werden kurze Hinweise auf vernetzende Polymere und auf bestimmte Eigenheiten von Kautschukmischungen gegeben. Viele Polymerschmelzen haben die Eigenschaft, die im Fließprozess für die Deformation der Schmelze aufgebrachte Energie zu einem kleineren Teil als elastische Deformationsenergie zu speichern und nach Entlastung die dieser gespeicherten Energie zugehörige Spannung zeitlich verzögert abzubauen. Es sind also zwei gleichzeitig auftretende Phänomene zu betrachten: Die kontinuierliche Umwandlung von mechanischer Leistung in Wärme (viskoses Verhalten mit Dissipation) sowie die Speicherung von mechanischer Energie (elastisches Verhalten). Anders ausgedrückt, es zeigt sich neben dem alle Fluide kennzeichnenden primären Phänomen des viskosen Verhaltens als sekundäres Phänomen auch ein elastisches Verhalten, welches zeitabhängig ist. Man spricht von Viskoelastizität. Viskoelastische Polymerschmelzen sind in ihrem rheologischen Verhalten zwischen den rein viskosen Flüssigkeiten und den rein elastischen Festkörpern einzuordnen. Die grundlegende Charakterisierung des rheologischen Verhaltens der Polymere einschließlich der Beschreibung ihrer Viskoelastizität ist mit einigem Aufwand verbunden. Wegen dieses höheren Aufwandes wird bei der Strömungssimulation die Elastizität der Schmelze häufig vernachlässigt.

viskoses und elastisches Verhalten

In den nachfolgenden Abschnitten wird zunächst ausschließlich auf die viskosen Eigenschaften eingegangen, danach wird die Viskoelastizität kurz eingeführt. Schließlich werden verschiedene Methoden zur Messung der Fließeigenschaften vorgestellt.

5.1 Viskose Kunststoffschmelzen unter stationärer Scherströmung

Zunächst werden folgende Annahmen getroffen:

- Eine als rein viskos betrachtete Schmelze haftet an der Oberfläche des Fließkanals (Wandhaftung),
- die Strömung ist voll ausgebildet (stationäre Strömung, keine Anlaufvorgänge) und
- die Temperatur ist konstant (isotherme Verhältnisse).

Wandhaftung

Die in der Kunststofftechnik vorkommenden Strömungen sind aufgrund der hohen Viskositäten der Schmelzen stets als zähe, schleichende Strömungen zu bezeichnen. Gegenüber den Zähigkeitskräften sind die Trägheitskräfte zu vernachlässigen, d. h. die Reynoldszahl dieser laminaren Strömungen nimmt sehr kleine Werte an (kleiner als Eins).

Scherung

Zur Einführung der grundlegenden Parameter soll hier das sog. Zweiplattenmodell verwendet werden (Bild 5.2). Wird eine der beiden parallelen Platten mit konstanter Geschwindigkeit gegen die andere verschoben, dann gleiten die Flüssigkeitsschichten aneinander ab, die Volumenelemente erfahren eine Scherdeformation. Von unmittelbarem Interesse ist die Geschwindigkeitsdifferenz zweier benachbarter Schichten, das Maß dafür ist die Schergeschwindigkeit (Bild 5.3).

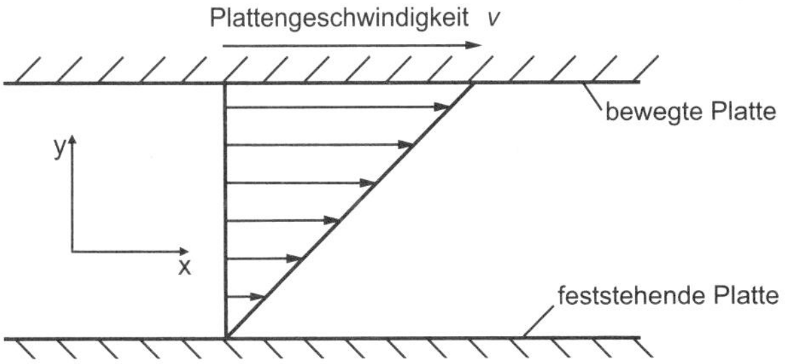

BILD 5.2 Schematische Darstellung des laminaren Scherfließens (Geschwindigkeitsverteilung im Zweiplattenmodell)

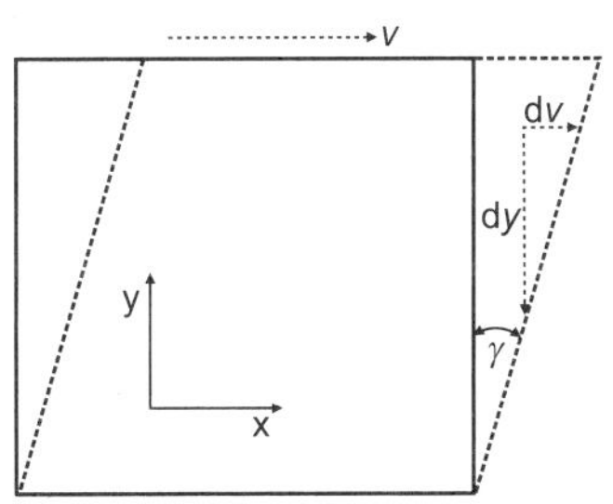

BILD 5.3 Scherung eines Flüssigkeitselements

$$\frac{dv}{dy} = \frac{d}{dy}\left(\frac{ds}{dt}\right) = \frac{d}{dt}\left(\frac{ds}{dy}\right) = \left(\frac{d\gamma}{dt}\right) = \dot{\gamma} \tag{5.1}$$

Schergeschwindigkeit

Dabei bedeutet s die zurückgelegte Strecke der bewegten Platte. Die dargestellte Strömungsform wird auch Schleppströmung genannt, sie tritt in der Praxis beispielsweise zwischen Schnecke und Zylinderwand eines Extruders auf. Hierbei wird der Schneckenkanal als abgewickelt betrachtet. Die neben der Schleppströmung ebenso wichtige Strömungsform der Druckströmung zwischen zwei feststehenden Platten oder in einem Rohr wird in Abschnitt 5.1.4 behandelt.

Schubspannung
Scherviskosität

Eine stationäre isotherme Strömung einer viskosen Schmelze wird durch eine konstante Kraft aufrechterhalten. Der Zusammenhang zwischen dieser Kraft bzw. Spannung und der Schergeschwindigkeit ist durch die Definition der Viskosität gegeben:

$$\eta = \frac{\tau}{\dot{\gamma}} \tag{5.2}$$

Zuerst soll hier auf die bei Polymeren besonders stark ausgeprägte Abhängigkeit der Viskosität von der Schergeschwindigkeit eingegangen werden. Anschließend werden die Einflüsse von Temperatur, Druck, Füllstoffgehalt und Molekülaufbau sowie weitere Einflüsse behandelt.

5.1.1 Abhängigkeit der Viskosität von der Schergeschwindigkeit

Bei vielen Flüssigkeiten, wie z. B. Wasser oder Öl, ist die Viskosität von der Schergeschwindigkeit unabhängig, d. h. das Verhältnis von Schubspannung zu Schergeschwindigkeit bleibt bei unterschiedlichen Strömungsgeschwindigkeiten und damit unterschiedlichen Schergeschwindigkeiten unverändert. Man spricht von Newtonschem Fließverhalten.

Fließkurve

Der grundlegende Zusammenhang zwischen Schubspannung und Schergeschwindigkeit wird in der Fließkurve dargestellt. Bild 5.4 zeigt verschiedene Typen von Fließkurven. Die Steigung der Fließkurve entspricht der Viskosität. Newtonsches Verhalten ist bei vielen Polymerschmelzen im Bereich niedriger Schergeschwindigkeiten gegeben, mit zunehmender Schergeschwindigkeit zeigt sich aber eine Abnahme der Viskosität,die mehrere Zehnerpotenzen betragen kann. Dieser Effekt wird als Strukturviskosität bezeichnet. Er ist zurückzuführen auf die Veränderung der knäuelförmigen Gestalt der Makromoleküle unter der Einwirkung der Scherkräfte und auf die räumliche Ausrichtung der durch die Wirkung der Strömung langgestreckten Molekülknäuel.

Strukturviskosität

Eine Zunahme der Viskosität mit der Schergeschwindigkeit, dilatantes Verhalten genannt, kommt bei Polymeren sehr selten vor und wird hier nicht behandelt. Der in Bild 5.4 ebenfalls dargestellte rheologische Flüssigkeitstyp der Bingham-Fluide fließt nur in denjenigen Bereichen des Strömungsfeldes, in dem eine bestimmte Schubspannung überschritten wird. Alle kleineren Schubspannungen bewirken zwar eine elastische

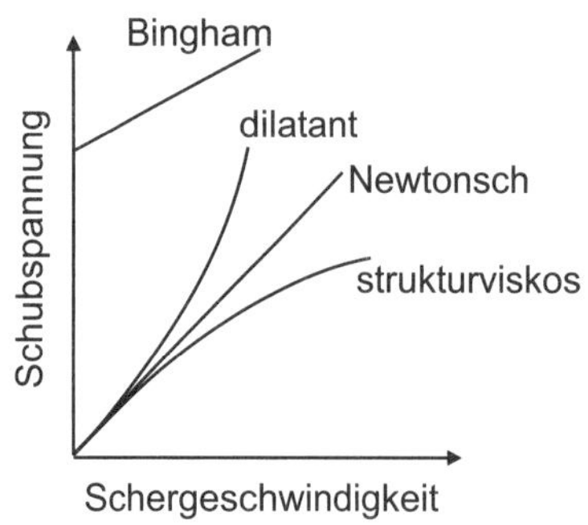

BILD 5.4 Fließkurven verschiedener Flüssigkeiten (schematisch)

Deformation, aber kein Fließen. In den Bereichen des Fließkanals, in dem die Schubspannung den kritischen Wert übersteigt, verhalten sich Bingham-Fluide entweder wie Newtonsche oder wie strukturviskose Fluide. Dort wo die Schubspannung niedriger ist, werden sie nicht geschert und verhalten sich wie ein fester Pfropfen innerhalb der Strömung. Bingham-Verhalten beobachtet man häufig bei gefüllten Thermoplastschmelzen und bei gefüllten Kautschuken.

Nachdem die grundlegenden Typen des Fließverhaltens von Kunststoffen anhand der Fließkurve schematisch dargestellt wurden, soll nun die Darstellungsform eingeführt werden, die für das praktische Arbeiten die größte Bedeutung hat, die Viskositätskurve (Bild 5.5). Gemäß der Definition der Viskosität zeigt ein Diagramm mit Viskositätskurven nichts anderes als die Steigung der Fließkurven, ebenfalls als Funktion der Schergeschwindigkeit.

Viskositätskurve

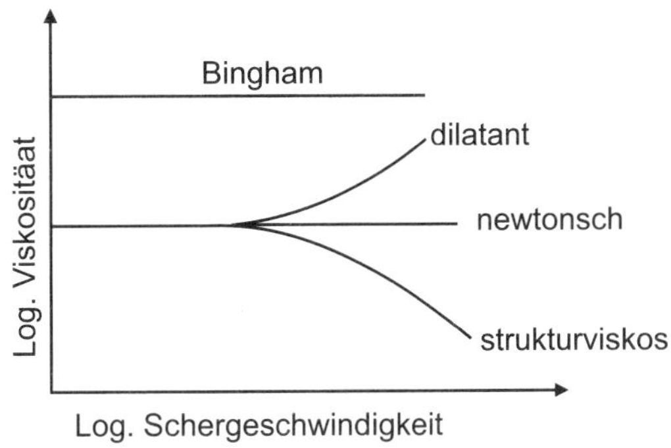

BILD 5.5 Viskositätskurven verschiedener Flüssigkeiten (schematisch)

Mathematische Modellierung der Schergeschwindigkeitsabhängigkeit

Die oben vorgestellten Fließ- und Viskositätskurven bilden die Grundlage für die Berechnung von Schmelzeströmungen in Kunststoffverarbeitungsprozessen. Die dazu notwendigen Gleichungen sollen im Folgenden beschrieben werden.

- *Potenzansatz nach Ostwald/de Waele*

Potenzansatz

Die doppelt-logarithmische Darstellung der strukturviskosen Fließkurve in Bild 5.6 zeigt häufig zwei näherungsweise lineare Abschnitte. Zur Beschreibung eines Kurvenabschnitts eignet sich der in Gl. 5.3 dargestellte Potenzansatz nach Ostwald und de Waele.

$$\dot{\gamma} = \Phi \cdot \tau^m \tag{5.3}$$

In diesem Potenzansatz wird das rheologische Verhalten des Polymers durch zwei Parameter beschrieben: Fließexponent m und Fluidität Φ. Die Abweichung vom Newtonschen Fließverhalten, d. h. das Maß der Strukturviskosität, wird durch den Fließexponenten m dargestellt. Es gilt:

$$m = \frac{\Delta(\log \dot{\gamma})}{\Delta(\log \tau)} \tag{5.4}$$

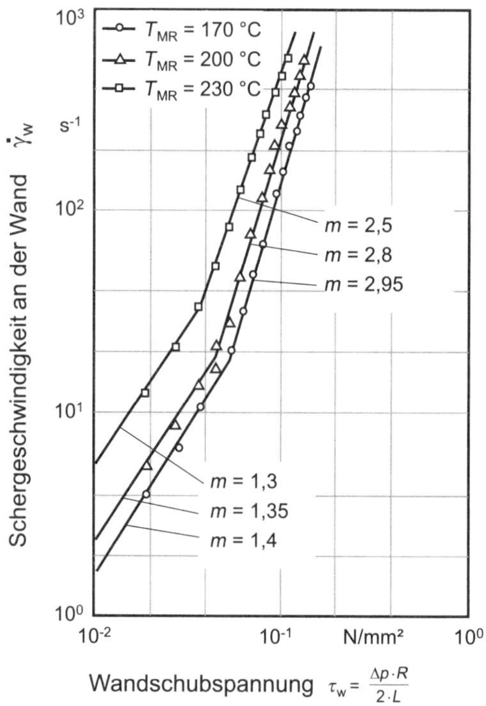

BILD 5.6 Schergeschwindigkeit als Funktion der Wandschubspannung

m ist also die Steigung der Fließkurve im betrachteten Bereich, aufgetragen im doppelt-logarithmischen Diagramm mit der Schubspannung als Abszisse.

Bei Kunststoffschmelzen liegt *m* in der Regel zwischen 1 und 6. Für $m = 1$ wird $\Phi = 1/\eta$, d. h. es liegt Newtonsches Fließverhalten vor.

Mit Gl. 5.3 erhält man für die Viskositätsfunktion:

$$\eta = \Phi^{-1} \cdot \tau^{1-m} = \Phi^{\frac{1}{m}} \cdot \dot{\gamma}^{\frac{1}{m}-1} \tag{5.5}$$

Mit

$$K = \Phi^{\frac{1}{m}} \tag{5.6}$$

und

$$n = \frac{1}{m} \tag{5.7}$$

erhält man die übliche Darstellung der Viskositätsfunktion:

$$\eta = K \cdot \dot{\gamma}^{n-1} \tag{5.8}$$

Der Faktor *K* heißt Konsistenzfaktor oder Eins-Viskosität. Er gibt die Viskosität bei der Schergeschwindigkeit von $\dot{\gamma} = 1\ s^{-1}$ an. Der Viskositätsexponent *n* ist gleich 1 für Newtonsches Verhalten und nimmt im strukturviskosen Bereich für die meisten Polymere Werte zwischen 0,7 und 0,2 an. Im doppelt-logarithmischen Viskositätsdiagramm beschreibt dieser Exponent die Steigung der Viskositätskurve.

Der Potenzansatz ist wegen seiner Einfachheit für die analytische Beschreibung von Strömungsproblemen besonders vorteilhaft. Allerdings kann er den bei ungefüllten Thermoplasten auftretenden Viskositätsverlauf in niedrigen Schergeschwindigkeitsbereichen (Plateau oder Newtonscher Bereich genannt) nicht beschreiben. Hier ist die unten beschriebene Gleichung nach Carreau weit besser geeignet. Bei gefüllten Thermoplasten oder bei gefüllten Kautschuken verläuft dagegen die Viskositätskurve häufig so, dass sie auch im Bereich niedriger Schergeschwindigkeiten mit dem Potenzansatz gut beschrieben werden kann. Bei gefüllten Kautschuken ist oft selbst bei äußerst niedrigen Schergeschwindigkeiten kein Newtonsches Verhalten zu beobachten.

- *Carreau-Ansatz*

Carreau-Ansatz

Ein rheologisches Werkstoffmodell, das sowohl das Newtonsche Verhalten bei niedrigen Schergeschwindigkeiten als auch das strukturviskose Verhalten in einer einzigen Gleichung beschreiben kann, ist der Ansatz von *Carreau*. Er enthält drei Stoffparameter und lautet:

$$\eta(\dot{\gamma}) = \frac{A}{(1 + B \cdot \dot{\gamma})^C} \qquad (5.9)$$

Hier beschreibt Parameter A die Nullviskosität und B die sogenannte reziproke Übergangsviskosität. Analog zu $1-n$ im Potenzansatz entspricht der Parameter C der Steigung der Viskositätskurve (Bild 5.7). Man beachte, dass auch hier die beiden Diagrammachsen logarithmisch skaliert sind.

Der Carreau-Ansatz beschreibt sowohl den Newtonschen wie auch den strukturviskosen Bereich und hat dadurch für ungefüllte Thermoplastschmelzen gegenüber dem Potenzansatz einen beträchtlichen Vorteil. In Programmen zur Strömungssimulation ist meist

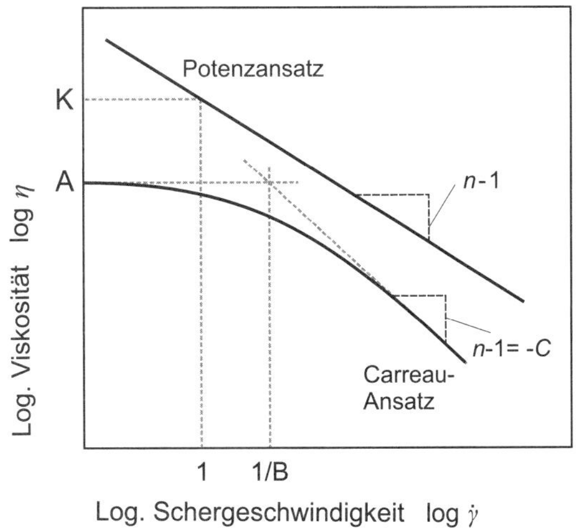

BILD 5.7 Potenzansatz und Carreau-Ansatz

CAMPUS

neben dem Potenzansatz auch der Carreau-Ansatz verfügbar. Viskositätskurven für Thermoplaste finden sich z. B. in der weltweit verbreiteten Werkstoffdatenbank CAMPUS. Damit wird die Beschreibung der rheologischen Eigenschaften im Rahmen der Simulation recht komfortabel. An dieser Stelle sei nochmals darauf hingewiesen, dass bei dieser oft praktizierten Vorgehensweise von folgenden Annahmen ausgegangen wird: rein viskoses Verhalten (d. h. keine Elastizität), Wandhaftung, keine Fließgrenze, stationäre Strömung. Für weitere rheologische Modelle, die z. B. auch eine Fließgrenze berücksichtigen, sei auf die Literatur am Kapitelende verwiesen.

Bis hierher wurde lediglich der Einfluss der Schergeschwindigkeit auf die Viskosität dargestellt. Auf die Einflüsse von Temperatur, Druck und Füllstoffgehalt soll im Folgenden eingegangen werden. Bild 5.8 gibt schematisch einen Überblick und weist darüber hinaus auch noch auf die Einflussgrößen Molekulargewicht und Weichmachergehalt hin.

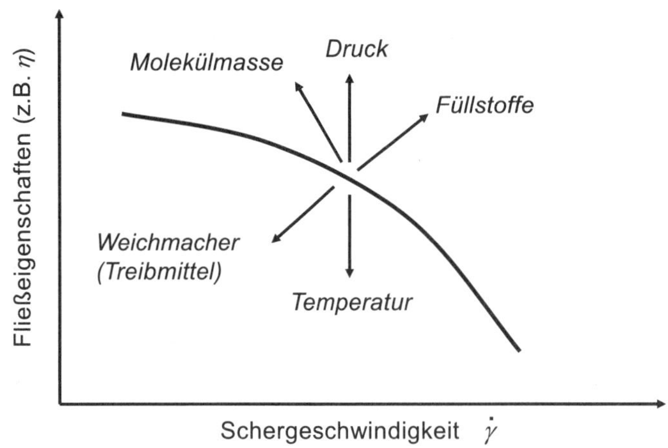

BILD 5.8 Einflüsse auf das Fließverhalten von Polymerschmelzen

5.1.2 Abhängigkeit der Viskosität von Temperatur und Druck

Temperaturabhängigkeit

Die Abkühlung einer Schmelze bedingt eine Volumenänderung. Bild 6.2 zeigt, dass das spezifische Volumen bei einer Abkühlung der Schmelze bis zur Einfriertemperatur. $T_{ET} = T_g$ bei amorphen Thermoplasten bzw. der Kristallitschmelztemperatur T_m bei teilkristallinen Thermoplasten linear abnimmt. Von der Einfriertemperatur an (bei amorphen Thermoplasten) ändert sich die Steigung; das spezifische Volumen nimmt nun weniger stark ab. Das bedeutet, dass oberhalb der Einfriertemperatur mit steigender Temperatur zusätzlich so genanntes „freies Volumen" entsteht, welches den Molekülketten Platzwechsel, d. h. Fließen ermöglicht, während unterhalb der Einfriertemperatur dieses freie Volumen jedoch nicht mehr zur Verfügung steht.

Während das Volumen mit der Temperatur linear zunimmt, fällt die Viskosität exponentiell ab.

$$\eta(T) = \eta_{0S} \cdot e^{B/T} \tag{5.10}$$

Die Nullviskosität $\eta_{0\,S}$ ist dabei der Wert, den die stationäre Viskosität bei sehr kleinen Schergeschwindigkeiten erreicht.

Druckabhängigkeit

Umgekehrt wird durch zunehmenden hydrostatischen Druck p das freie Volumen vermindert, so dass die Beweglichkeit der Molekülketten abnehmen muss, gleichzeitig steigt die Viskosität:

$$\eta = \eta_{0\,S} \cdot e^{C \cdot p} \tag{5.11}$$

Hierbei ist darauf hinzuweisen dass die Parameter B und C hier nicht mit den Carreau-Parametern zu verwechseln sind. Es muss nun eine Beschreibungsform gefunden werden, die den Einfluss des Druckes gemeinsam mit dem der Temperatur ausdrückt. Dies gelingt über die Einfriertemperatur, denn die Beweglichkeit der Moleküle entsteht erst nach deren Überschreiten. Wenn die Einfriertemperatur somit als Bezugstemperatur benutzt wird, erhält man einen einheitlichen Bezugspunkt. Da die Einfriertemperatur auch vom hydrostatischen Druck abhängt (vgl. Bild 5.13), kann somit auch dessen Einfluss mit einbezogen werden. Da dieser Einfluss bei allen Thermoplastschmelzen nahezu gleich ist, lässt er sich wie folgt abschätzen (genauere Werte entnehme man Bild 5.13):

$$T_g\,(p) = T_g\;(1\,\text{bar}) + (20 \div 25) \cdot 10^{-3} \cdot p \tag{5.12}$$

Trägt man für ein und dieselbe Polymerschmelze die Viskositätskurven doppeltlogarithmisch für jeweils unterschiedliche Temperaturen auf (Bild 5.9), so stellt man fest, dass sich zwar die Lage der Viskositätskurven im Diagramm je nach Temperatur ändert, deren qualitativer Verlauf aber gleich bleibt.

Masterkurve

Es kann gezeigt werden, dass für fast alle Polymerschmelzen die Viskositätskurven bei verschiedenen Temperaturen in eine einzige temperaturunabhängige Masterkurve überführt werden können, indem die Viskosität durch den η_0-Wert der entsprechenden Temperatur dividiert und die Schergeschwindigkeit mit η_0 multipliziert wird. Graphisch bedeutet dies, dass man die Kurven entlang einer Geraden mit der Steigung −1, d. h.

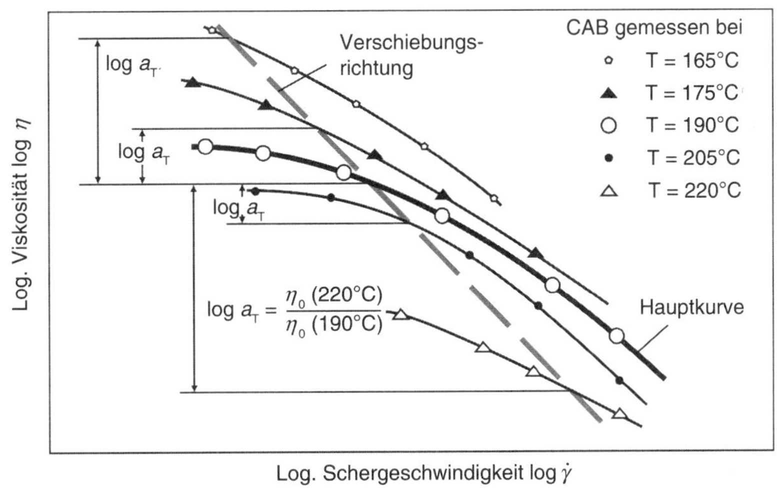

BILD 5.9 Viskositätsfunktion für CAB bei verschiedenen Temperaturen

entlang einer Linie konstanter Schubspannung $\eta \cdot \dot{\gamma}$, um die Strecke lg $(\eta_0(T))$ nach rechts und gleichzeitig nach unten verschiebt und ineinander überführt (Bild 5.10). Man spricht vom Zeit-Temperatur-Verschiebungsprinzip. Diese Zeit-Temperatur-Verschiebung führt zur Auftragung der sogenannten reduzierten Viskosität η/η_0 über der Größe $\eta_0 \cdot \dot{\gamma}$. Man erhält somit eine einzige für das Polymere charakteristische Funktion:

Zeit-Temperatur-Verschiebung

$$\frac{\eta(\dot{\gamma},T)}{\eta_0(T)} = \mathrm{f}(\eta_0(T)\cdot\dot{\gamma}) \tag{5.13}$$

Die Temperatur T ist hierbei als Bezugsgröße frei wählbar. Ist die Viskositätsfunktion für eine bestimmte Temperatur T gesucht, und ist nur die Masterkurve bzw. die Viskositätskurve bei einer zunächst willkürlichen Bezugstemperatur T_0 gegeben, muss eine Temperaturverschiebung durchgeführt werden, um den gewünschten Kurvenverlauf zu erhalten. Dabei ist aber zunächst nicht bekannt, um welchen Betrag die Viskositätskurve verschoben werden muss. Gesucht ist demnach der sogenannte Temperaturverschiebungsfaktor a_T mit

Temperaturverschiebungsfaktor

$$a_T = \frac{\eta_0(T)}{\eta_0(T_0)} \quad \text{bzw.} \quad \log a_T = \log\frac{\eta_0(T)}{\eta_0(T_0)} \tag{5.14}$$

log a_T ist dabei die Strecke, um die die Viskositätskurve der Bezugstemperatur T_0 jeweils in Richtung der Koordinatenachsen verschoben werden muss (Bild 5.10).

Mathematische Modellierung der Temperaturverschiebung

Zur Berechnung des Temperaturverschiebungsfaktors existieren verschiedene Ansätze, von denen im Folgenden die beiden wichtigsten – der *Arrhenius*-Ansatz und die WLF-Gleichung – dargestellt werden sollen.

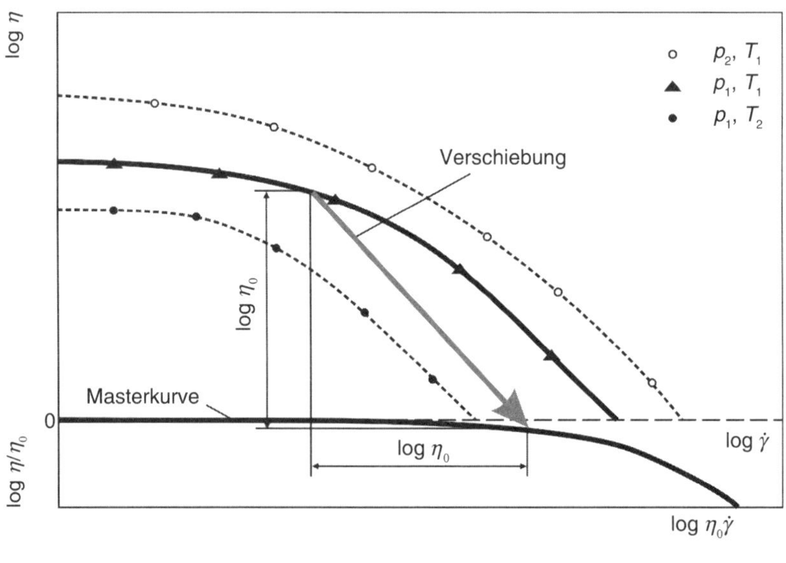

BILD 5.10 Zeit-Temperatur-Verschiebungsprinzip

- *Arrhenius-Ansatz*

Der Arrhenius-Ansatz lässt sich aus Betrachtungen eines rein thermisch aktivierten Platzwechselprozesses von Molekülen herleiten: Arrhenius-ansatz

$$\log a_T = \log \frac{\eta_0(T)}{\eta_0(T_0)} = \frac{E_0}{R} \cdot \left(\frac{1}{T} - \frac{1}{T_0} \right) \tag{5.15}$$

Dabei sind E_0 die materialspezifische Fließaktivierungsenergie (J/mol) und R die universelle Gaskonstante mit $R = 8{,}314$ J/(mol · K). Der Arrhenius-Ansatz eignet sich insbesondere zur Beschreibung der Temperaturabhängigkeit der Viskosität von *teilkristallinen* Thermoplasten.

- *WLF-Gleichung*

Eine andere Betrachtungsweise, die auf der Grundlage des freien Volumens aufbaut, d. h. auf der Wahrscheinlichkeit von Platzwechselvorgängen, wurde von *Williams, Landel* und *Ferry* zur Beschreibung der Temperaturabhängigkeit von Relaxationsspektren entwickelt und später auf die Viskosität übertragen. Sie fanden die Beziehung (auch WLF-Gleichung genannt): WLF-Gleichung

$$\log a_T = \log \left(\frac{\eta(T)}{\eta(T_S)} \right) = -\frac{C_1 \cdot (T - T_S)}{C_2 + (T - T_S)} \tag{5.16}$$

welche die Viskosität $\eta(T)$ bei einer gesuchten Temperatur T mit der Viskosität bei der Standardtemperatur T_S bei konstanter Schubspannung verknüpft. Für $T_S \approx T_E + 50$ °C, wobei T_E die Erweichungstemperatur ist, kann man für die meisten Polymerschmelzen mit hinreichender Genauigkeit $C_1 = -8{,}86$ und $C_2 = 101{,}6$ setzen.

Zur Messung von T_E kann für amorphe Polymere das Verfahren zur Ermittlung der Formbeständigkeitstemperatur nach DIN 53461, Verfahren A, eingesetzt werden. Die so ermittelte Formbeständigkeitstemperatur kann gleich T_E gesetzt werden.

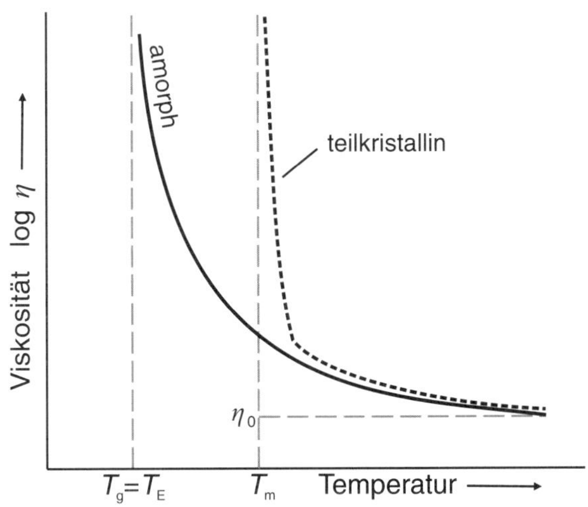

BILD 5.11 Temperaturabhängigkeit der Viskosität (schematisch)

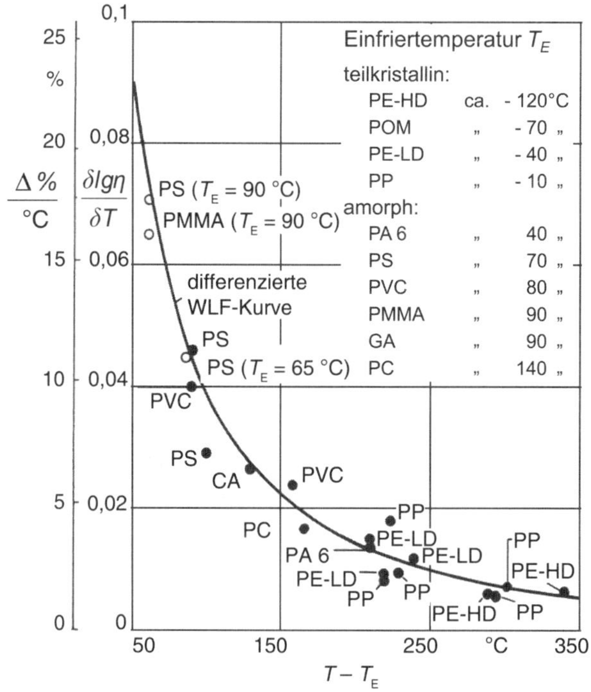

BILD 5.12 Viskositätsänderungen als Funktion der Differenz zwischen Masse- und Einfrier-(Glas)-Temperatur (nach *Wübken*)

Eine genauere Beschreibung ist möglich, wenn T_S (und gegebenenfalls auch C_1 und C_2) durch Regression aus Viskositätskurven, die bei verschiedenen Temperaturen gemessen wurden, ermittelt wird.

Die Abhängigkeit der Fließfähigkeit von der Temperatur ist noch einmal in Bild 5.11 schematisch und in Bild 5.12 für verschiedene Thermoplaste dargestellt. Man kann erkennen, dass teilkristalline Kunststoffe spontan relativ dünnflüssig aufschmelzen, sobald die Kristallitschmelztemperatur T_m überschritten wird. In Bild 5.12 ist der Differentialquotient $d \log \eta / dT$ der WLF-Funktion aus Gl. 5.16 über der Temperaturdifferenz zwischen Schmelztemperatur T_m und Einfriertemperatur T_E aufgetragen. Die Messpunkte stammen von unterschiedlichen Kunststoffen. Dabei ist besonders bemerkenswert, dass die teilkristallinen Kunststoffe bei Temperaturen verarbeitet werden müssen, die weit über der Einfriertemperatur liegen – wegen der weit über der Einfriertemperatur liegenden Kristallitschmelztemperatur. Diese Schmelzen sind daher hinsichtlich der Viskosität weniger von der Temperatur abhängig. Die Urformtemperaturen für amorphe Thermoplaste liegen ca. 20–50 K über der Schmelztemperatur T_m und für teilkristalline ca. 100 K über T_g.

Druckabhängigkeit

Zunehmender hydrostatischer Druck in der Schmelze vermindert die Fließfähigkeit, da die Einfriertemperatur verschoben wird und das freie Volumen abnimmt. Die Größe dieser Verschiebung ist bei verschiedenen Thermoplasten unterschiedlich, wie man Bild 5.13 entnimmt.

Die Druckabhängigkeit lässt sich leicht in die WLF-Gleichung einbauen (vgl. Gl. 5.13), wenn die Einfriertemperatur und somit auch die Bezugstemperatur T_S durch den hydrostatischen Druck verschoben werden.

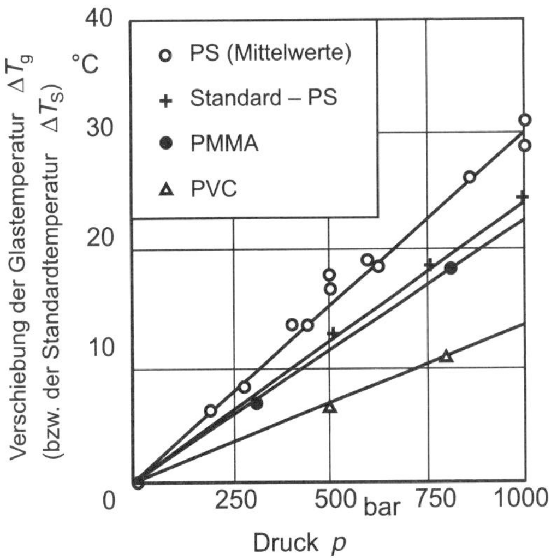

BILD 5.13 Verschiebung der Einfrier-(Glas-)Temperatur durch hydrostatischen Druck

5.1.3 Abhängigkeit vom Füllstoffgehalt

Füllstoffe

Viele Kunststoffe werden mit Füllstoffen beladen. Um ihre Viskosität schnell aus den Viskositäten der ungefüllten Schmelze auch ohne Messung abschätzen zu können, wurde eine einfache, bewährte Methode entwickelt (*Geisbüsch*). Hierbei geht man von einer einfachen Modellvorstellung aus (Bild 5.14). Danach ist die Schergeschwindigkeit in der

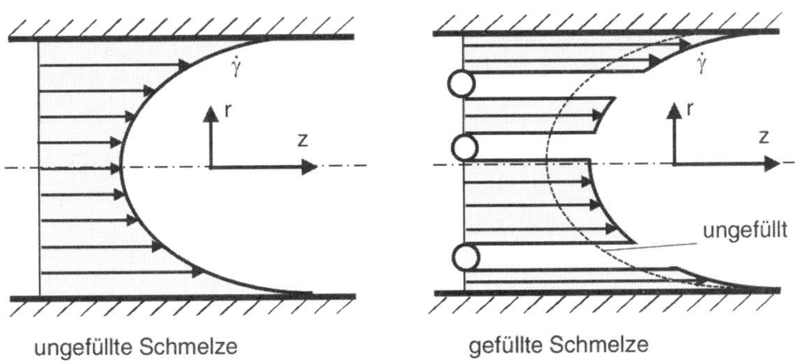

BILD 5.14 Schergeschwindigkeitsüberhöhung in gefüllten Thermoplasten

gefüllten Schmelze effektiv um einen Faktor k höher als in der ungefüllten. Die Füllstoffpartikel werden nur passiv von der Strömung mitgeschleppt, jedoch nicht selbst geschert. Das Polymer zwischen den Füllstoffpartikeln erfährt eine entsprechend höhere Schergeschwindigkeit.

Für die Viskosität der gefüllten Schmelze $\eta_{gef}(\dot{\gamma})$ wird folgende Gleichung angesetzt: (vgl. Bild 5.15):

$$\eta_{gef}(\dot{\gamma}) = \frac{\tau_0}{\dot{\gamma}} + k \cdot \eta_{ungef}(k \cdot \dot{\gamma}) \tag{5.17}$$

Für große $\dot{\gamma}$ gilt näherungsweise:

$$\eta_{gef}(\dot{\gamma}) \approx k \cdot \eta_{ungef}(k \cdot \dot{\gamma}) \tag{5.18}$$

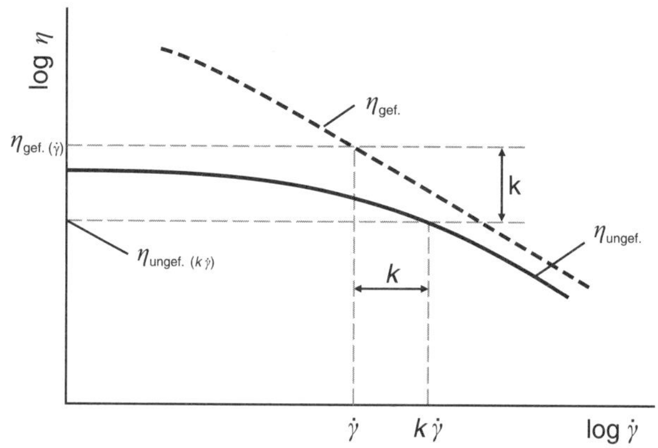

BILD 5.15 Berechnung der Viskosität einer gefüllten Schmelze aus der ungefüllten (nach *Geisbüsch*)

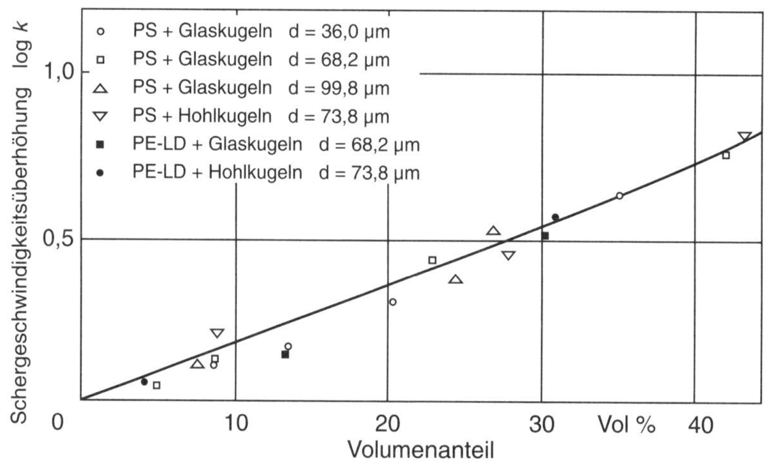

BILD 5.16 Schergeschwindigkeitsüberhöhung in Abhängigkeit vom Füllstoffgehalt

Darin ist τ_0 die Fließgrenze, die bei niedrigen Schergeschwindigkeiten großen, bei hohen Geschwindigkeiten jedoch vernachlässigbaren Einfluss hat. Der Faktor k ist in halblogarithmischer Auftragung eine nahezu lineare Funktion des Volumenanteils Füllstoff, wie Bild 5.16 zeigt. Für kleine Volumengehalte (<10 Vol. %) rechnet man relativ genau mit derEinstein -Gold-Beziehung und dem Füllstoffvolumenanteil c:

Einstein-Gold-Beziehung

$$\frac{\eta_{gef}}{\eta_{ungef}} = 1 + c^2 \qquad (5.19)$$

5.1.4 Druckströmungen in einfachen Fließkanälen

In Kunststoffverarbeitungsmaschinen treten neben Schleppströmungen auch Druckströmungen auf, also Strömungen, die durch ein Druckgefälle getrieben werden. Dies ist z. B. in Schmelzeverteilerkanälen oder in Extrusions-Düsen der Fall. Zur Auslegung solcher Fließkanäle wie auch zur Auswertung von Messungen mit Kapillarrheometern (Abschnitt 5.3.1.2) werden Druck-/Durchsatzbeziehungen benötigt, in denen neben der Fließkanalgeometrie die Viskositätsfunktion berücksichtigt wird. Für geometrisch einfache Kanalformen, wie Schlitz-, Rund- oder Ringspaltkanäle, existieren für diese Beziehungen analytische Lösungen. Am Beispiel der Strömung durch einen kreisrunden Kanal (Rohrströmung) soll aufgezeigt werden, welche Besonderheiten bei der Berechnung von Volumendurchsätzen und Geschwindigkeitsverteilungen über dem Kanalquerschnitt entstehen.

Druck-/Durchsatz-Beziehung

Ausgangspunkt ist die Gleichung für die Verteilung der Schubspannung über dem kreisförmigen Fließquerschnitt (Gl. 5.20). Diese Schubspannungsverteilung hängt vom Druckgefälle in Fließrichtung ab. Die Herleitung von Gl. 5.20 basiert auf einer Kräftebilanz (Impulsbilanz).

Schubspannungsverlauf

$$\tau(r) = \frac{\Delta p}{2L} \cdot r \qquad (5.20)$$

Dabei ist L die Länge der Kapillare und r der Radius. Dieser Verlauf ergibt sich allein aus der Kräftebilanz und ist unabhängig vom rheologischen Verhalten (d. h. von der Fließkurve) des Fluids. Dieses Schubspannungsprofil ist in Bild 5.17 links dargestellt. Der Maximalwert an der Wand wird Wandschubspannung genannt.

Schergeschwindigkeitsverlauf

Im Gegensatz zum Schubspannungsverlauf ist der Schergeschwindigkeitsverlauf materialabhängig und kann nur für den einfachsten Fall der Newtonschen Flüssigkeit direkt aus dem Volumenstrom bestimmt werden:

$$\dot{\gamma}_{Newtonsch}(r) = \frac{4\dot{V}}{\pi R^4} \cdot r \qquad (5.21)$$

Für Newtonsche Fluide kann nun bei Kenntnis der Viskosität mit den Gleichungen 5.2, 5.20 und 5.21 die Druck-/Durchsatzbeziehung für Rohrströmungen ermittelt werden:

Rohrströmung

$$\Delta p = \frac{8\dot{V}L\eta_{Newtonsch}}{\pi R^4} \qquad (5.22)$$

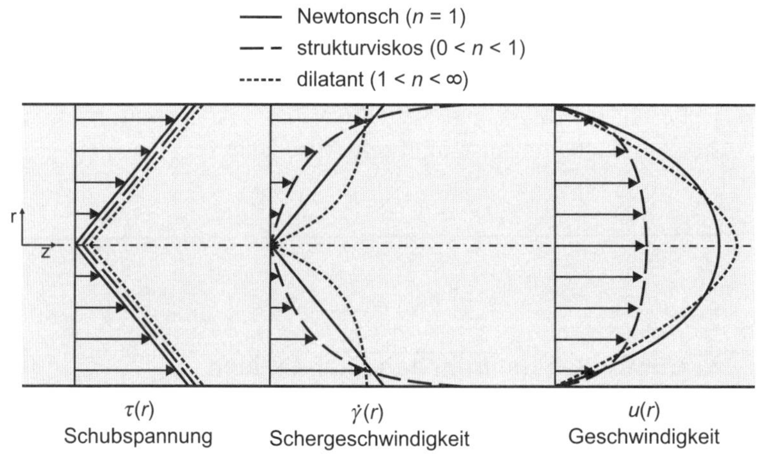

BILD 5.17 Beispiele für die Profile von Schubspannung, Schergeschwindigkeit und Geschwindigkeit bei einer druckgetriebenen Rohrströmung (nach *Kohlgrüber/Hepperle*)

Bei strukturviskosen Fluiden ist der Verlauf der Schergeschwindigkeit über dem Kanalquerschnitt jedoch nicht linear, er wird von der Fließkurve bestimmt. Es ist nicht mehr möglich, die Druck-/Durchsatzbeziehung analytisch herzuleiten. Hier bietet sich ein einfaches Näherungsverfahren nach *Schümmer* an, mit dem auch für strukturviskose Flüssigkeiten die Druckverlust-/Durchsatz-Beziehung mit recht hoher Genauigkeit ermittelt werden kann und dennoch mit einer analytischen Lösung gearbeitet wird. Dieses unten erläuterte Verfahren wird Konzept der repräsentativen Viskosität genannt.

Bild 5.17 zeigt auch die unterschiedlichen Geschwindigkeitsprofile für Newtonsche, strukturviskose und dilatante Flüssigkeiten. Man beachte, dass die Fläche unter der Geschwindigkeitskurve dem Volumenstrom entspricht. Aus dem Volumenstrom folgt durch Multiplikation mit der Dichte unmittelbar der Massedurchsatz.

repräsentative Viskosität

Das Konzept der repräsentativen Viskosität

Schümmer und Mitarbeiter gingen von der Überlegung aus, dass bei einem Newtonschen und einem strukturviskosen Fluid, bei denen sich bei gleichem Druckverlust der gleiche Volumenstrom einstellt, die Schergeschwindigkeit der strukturviskosen Substanz in der Mitte des Fließkanals kleiner und am Rand größer als die der Newtonschen Flüssigkeit sein muss. Daraus folgt, dass es eine Stelle geben muss, an der beide Schergeschwindigkeiten gleich groß sind. Diese Stelle wird repräsentative Stelle genannt; die Viskosität und die Schergeschwindigkeit werden hier als repräsentativ bezeichnet. Der Verlauf der Schubspannung ist aufgrund des gleichen Druckverlustes für beide Fluide gleich. Die Schergeschwindigkeitsverläufe sind in Bild 5.18 dargestellt.

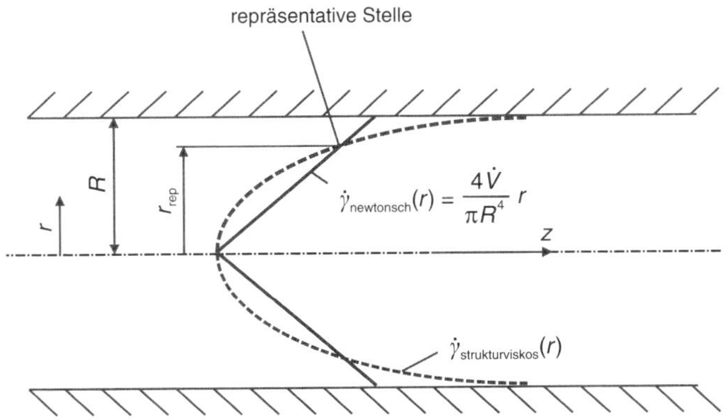

BILD 5.18 Konzept der repräsentativen Viskosität (nach *Schümmer*)

Untersuchungen haben gezeigt, dass für fast alle in der Praxis der Kunststofftechnik relevanten Thermoplaste die Lage dieser repräsentativen Stelle annähernd gleich bleibt. Für die Rohrströmung gab *Schümmer* für das Verhältnis von repräsentativer Stelle r_{rep} zum Rohrradius R an:

$$e_0 = \frac{r_{rep}}{R} \approx \frac{\pi}{4} \tag{5.23}$$

Obwohl der Wert e_0 empirisch ermittelt wurde und keine theoretische Begründung hat, ist er für die meisten Thermoplaste als Näherungswert gut geeignet.

Genauere Abschätzungen lassen sich bei *Giesekus* und *Langer* finden. Damit ist die Berechnung der Schergeschwindigkeit des strukturviskosen Fluids an der repräsentativen Stelle mit Gl. 5.21 möglich:

$$\dot{\gamma}_{rep} = \dot{\gamma}_{Newtonsch}(r_{rep}) = \frac{4\dot{V}}{\pi R^3} \cdot e_0 \tag{5.24}$$

Die Viskosität an der repräsentativen Stelle η_{rep} lässt sich nun über ein Viskositätsdiagramm oder eines der in Abschnitt 5.1.1 vorgestellten Modelle bestimmen. Mit Hilfe der Gleichungen 5.20, 5.21 und 5.22 ergibt sich somit:

$$\Delta p = \frac{8\dot{V}L\eta(\dot{\gamma}_{rep})}{\pi R^4} \tag{5.25}$$

Die für die Rohrgeometrie dargestellte Methode zur Erfassung des Durchflussverhaltens kann analog auf die Geometrie des Schlitzes und des Ringspalts übertragen werden. Eine Zusammenstellung der Grundgleichungen für die angesprochenen Systeme ist in Tabelle 5.1 zu finden.

TABELLE 5.1 Grundgleichungen zur Düsenauslegung mit repräsentativen Größen

Geometrie	Abkürzung	repräsentative Schergeschwindigkeit $\dot{\gamma}_{rep}$	Druckverlust/ Länge $\Delta p/l$
Rohr	———	$\frac{4 \cdot \dot{V}}{\pi R^3} \cdot 0{,}815$	$\frac{8 \eta_{rep} \dot{V}}{\pi R^4}$
Ringspalt	$\bar{R} = R_a \left(1 + k^2 + \frac{1-k^2}{\ln k}\right)^{\frac{1}{2}}$ $k = \frac{R_i}{R_a}$	$\frac{\dot{V}}{(R_a^2 - R_i^2)\,\bar{R}}$	$\frac{8 \eta_{rep} \dot{V}}{\pi (R_a^2 - R_i^2)\,\bar{R}^2}$
Schlitz	———	$\frac{6 \cdot \dot{V}}{BH^2} \cdot 0{,}722$	$\frac{12 \eta_{rep} \dot{V}}{BH^3}$

Voraussetzung für die Anwendbarkeit dieser Berechnungsverfahren ist das Vorliegen thermisch und mechanisch homogener Schmelzen. Die angegebenen Beziehungen lassen sich ebenso verwenden, um bei einem Kapillarrheometerversuch aus den gemessenen Werten für Volumenstrom und Druckverlust die unbekannte Viskosität zu ermitteln.

Viskositätsbestimmung

5.1.5 Erwärmung infolge des Scherfließens

Die bei allen hochviskosen Flüssigkeiten für den Fließprozess aufzuwendende erhebliche Energie (Pumpenergie) wird in Wärme umgesetzt. Eine schnelle Abfuhr dieser Wärme durch Wärmeleitung hin zu der kälteren Fließkanalwand ist bei Polymeren wegen der niedrigen Wärmeleitfähigkeit nicht möglich. Folglich kann es bei höheren Schergeschwindigkeiten zu einer beträchtlichen Erwärmung der Schmelze kommen. Diese dissipative Erwärmung errechnet sich wie folgt:

Dissipation

Die bei der Scherung eines quaderförmigen Fluidteilchens umgesetzte Energie beträgt

$$E = F \cdot s \quad \text{(in J)} \tag{5.26}$$

Mit F = Kraft = $\tau \cdot A$, s = Weg = $\gamma \cdot l_0$ und A = Fläche folgt

$$E = \tau \cdot A \cdot \gamma \cdot l_0 \tag{5.27}$$

bzw. volumenspezifisch

$$e = \frac{E}{A \cdot l_0} = \tau \cdot \gamma \quad \text{(in J/m}^3\text{)} \tag{5.28}$$

Für die Leistung gilt

$$\dot{e} = \tau \cdot \dot{\gamma} \quad \text{(in W/m}^3\text{)} \tag{5.29}$$

und damit erhält man mit Gl. 5.2 die volumenspezifische Dissipationsleistung

$$\dot{e} = \eta \cdot \dot{\gamma}^2 \quad (\text{in W/m}^3) \tag{5.30}$$

Bei gefüllten Schmelzen kommt dieser Effekt noch stärker zur Wirkung. Entsprechend der in Abschnitt 5.1.3 dargelegten Überlegungen beträgt die spezifische Dissipationsleistung in gefüllten Schmelzen

$$\dot{e}_{gef} = k^2 \cdot \eta_{ungef}(k \cdot \dot{\gamma}) \cdot \dot{\gamma}^2 \cdot (1-c) \tag{5.31}$$

Die Temperaturerhöhung einer Schmelze kann in den Fällen, in denen man adiabate Verhältnisse ansetzen kann – wie beim Durchströmen einer Düse mit einem geringen Unterschied zwischen Schmelzetemperatur und Wandtemperatur – wie folgt abgeschätzt werden: Aus

$$\dot{m} \cdot c_p \cdot \Delta T = \dot{V} \cdot \mathrm{d}p + p \cdot \mathrm{d}\dot{V} \tag{5.32}$$

wird, da $p \cdot \mathrm{d}\dot{V}$ vernachlässigt werden kann,

$$\Delta T = \frac{\dot{V} \cdot \mathrm{d}p}{\dot{m} \cdot c_p} \cong \frac{\Delta p}{\rho(T) \cdot c_p(T)} \tag{5.33}$$

Mit Δp = Druckgefälle in der Düse, ρ = Dichte der Schmelze, c_p = Wärmekapazität der Schmelze.

Temperaturerhöhung

5.1.6 Schergeschwindigkeitsbereiche in Verarbeitungsprozessen

Die Größenordnung der Schergeschwindigkeit ist bei verschiedenen Verarbeitungsprozessen unterschiedlich. Die für praktische Fälle wichtigen Daten von Thermoplast-Schmelzen sind anhand einiger Beispiele in Tabelle 5.2 angegeben.

Schergeschwindigkeitsbereiche

TABELLE 5.2 Schergeschwindigkeitsbereiche typischer Verarbeitungsverfahren

Verarbeitungsprozess	Schergeschwindigkeitsbereich
Pressen	10^1 s^{-1}
Kalandrieren	10^1 bis 10^2 s^{-1}
Extrudieren (Werkzeug)	10^3 bis 10^4 s^{-1}
Spritzgießen	10^4 bis 10^6 s^{-1}

Viskositäten der Größenordnungen $\eta < 10$ Pa · s sind zu niedrig für die Verarbeitung mit Schneckenmaschinen, sie erfordern andere Verarbeitungsmethoden, wie z. B. Rakeln bei Plastisolen. Viskositäten von $\eta > 10^4$ Pa · s (zähflüssig) lassen sich durch Schneckenmaschinen nur noch schwer verarbeiten.

Bild 5.19 zeigt exemplarisch Viskositätsniveau und Viskositätsverlauf für einige technische Thermoplaste im Verarbeitungstemperaturbereich.

Verarbeitungstemperaturen und -viskositäten

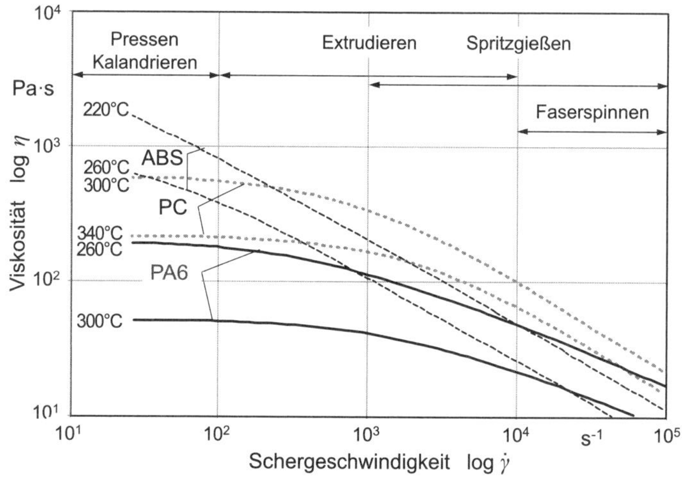

BILD 5.19 Viskositäten einiger Thermoplaste

Extrusion, Spritzgießen

Für das Spritzgießen werden niedrigviskose Schmelzen bevorzugt, da hier häufig kleine Fließkanalquerschnitte verwendet werden und hohe Volumenströme auftreten. Für das Extrudieren oder Extrusionsblasformen werden typischerweise hochviskose Thermoplaste eingesetzt, da beim Austritt aus der Düse oft eine gewisse „Standfestigkeit“ der Schmelze gegeben sein muss. Mit Standfestigkeit bezeichnet der Praktiker eine Eigenschaft, die sich von der idealtypischen Eigenschaft einer Flüssigkeit (viskoses Verhalten) klar unterscheidet. Es geht hier um ein Eigenschaftsbild, das zwischen flüssig und fest einzuordnen ist. Weiteres soll dazu im folgenden Abschnitt gesagt werden.

5.2 Viskoelastische Kunststoffschmelzen und spezielle Fließphänomene

5.2.1 Viskoelastische Eigenschaften und ihre Beschreibung

Visko-elastizität

Bis hierher wurde von der Annahme ausgegangen, dass das Fließverhalten der betrachteten Kunststoffschmelzen ausschließlich nach der Modellvorstellung eines viskosen Fluids beschrieben werden kann. Als Vereinfachung ist das häufig zulässig. Es geht aber auch darum, die Grenzen dieser Vereinfachung zu erkennen und eine Erweiterung der Modellvorstellung vorzunehmen. Kunststoffe können ein rheologisches Verhalten aufweisen, das eine komplexere Beschreibung erforderlich macht.

Eine weitere Vereinfachung soll ebenfalls fallen gelassen werden, nämlich die eines konstanten Fließkanalquerschnitts und damit einer konstanten Schergeschwindigkeit bei reiner Scherströmung. Stattdessen soll eine Querschnittsverengung betrachtet werden, bei der in einer zweidimensionalen Strömung Scherung und Dehnung überlagert sind.

Der bei dieser mehrdimensionalen Strömung an einer Kanalverengung auftretende Druckverlust wird Einlaufdruckverlust genannt. Der Widerstand, den die Schmelze ihrer an diesem Querschnittsübergang aufgezwungenen Deformation entgegensetzt, wird sowohl durch die Scherviskosität als auch durch die Dehnviskosität bestimmt. Ein Teil der Deformationsenergie wird elastisch gespeichert, der Rest wird in Wärme umgewandelt.

Einlaufdruckverluste

Die beim Einströmen in den engeren Kanal gespeicherte elastische Deformation kann sich nach dem Durchströmen des engen Kanalquerschnitts nach dem Düsenaustritt zum Teil zurückbilden. Dadurch schwillt der austretende Schmelzestrang bzw. das Profil oder die Folie auf, man spricht von Strangaufweitung oder vom Schwellen des Extrudats. Die Schmelze scheint sich somit an frühere Deformationen zu „erinnern", so dass man auch vom „Gedächtnis" einer Kunststoffschmelze spricht. Mit zunehmendem Molekulargewicht treten solche Effekte immer ausgeprägter auf (siehe auch Bild 5.27).

Extrudatschwellen

Es geht also bei den Schmelzefließvorgängen nicht nur darum, die Makromoleküle gegeneinander zu bewegen und dabei einen Widerstand zu überwinden (der sich in der Viskosität widerspiegelt). Es geht auch um die Veränderung von Gestalt und Anordnung der Molekülknäuel sowie um das Lösen oder Neubilden von Verschlaufungen zwischen Molekülketten (was sich in elastischen Phänomenen widerspiegelt).

Die Beschreibung dieser Vorgänge ist Gegenstand der Polymerphysik. Je länger die Molekülketten sind, desto langsamer verlaufen die sog. Relaxationsbewegungen, die weg führen von einer erzwungenen Molekülgestalt und wieder hin führen zu einer statistisch wahrscheinlicheren Anordnung. Mit dieser molekularen Relaxation ist stets auch eine Erhöhung der Entropie verbunden. Die Fähigkeit einer Kunststoffschmelze zur „Erinnerung" an vorangegangene Deformationen bzw. an erzwungene Zustände ist umso ausgeprägter, je höher das Molekulargewicht ist.

Es besteht also die Notwendigkeit, das Modellbild der Kunststoffschmelze mit viskosen Eigenschaften um die Eigenschaften der zeitabhängigen Elasitzität zu erweitern. Man bleibt primär bei der Grundvorstellung einer Flüssigkeit, fügt aber eine bestimmte Art der Beschreibung des Deformationsverhaltens hinzu, die auch bei Kunststoffen im Festkörperzustand verwendet wird; nämlich dann, wenn eine aufgezwungene Deformation sich nach Entlastung zeitabhängig zurückstellt (viskoelastischer Festkörper). Damit ist man bei einem rheologischen Modell, das den Begriff der Viskoelastizität enthält. Vom Standpunkt der Rheologie aus ganz grundsätzlich betrachtet, ist ein viskoelastisches Modell für viskoelastische Festkörper wie für viskoelastische Flüssigkeiten geeignet; bei den in diesem Kapitel zu diskutierenden Flüssigkeiten dominiert in der Gewichtung der Grundphänomene aber der viskose Anteil. Bei viskoelastischen Festkörpern dagegen dominiert der elastische Anteil und der viskose Anteil wird als ein sekundäres Phänomen behandelt (siehe auch Abschnitt 6.2). Physiker sprechen bei viskoelastischen Substanzen von einer „Welt zwischen fest und flüssig".

Zeitabhängigkeit

Im Abschnitt 5.3.1.4 wird aufgezeigt, wie die mathematische Beschreibung des Verhaltens einer viskoelastischen Flüssigkeit (komplexe Viskosität) und die eines viskoelastischen Festkörpers (komplexer Modul) gegenübergestellt werden können.

Zur Veranschaulichung des Effekts der zeitabhängigen Elastizität bei einer viskoelastischen Polymerschmelze dient Bild 5.20. Dargestellt ist der zeitliche Verlauf von Schergeschwindigkeit und Schubspannung für den Fall, dass der Schmelze spontan eine bestimmte konstante Schergeschwindigkeit aufgeprägt wird. Die Schubspannung (Antwort des Werkstoffs auf die aufgezwungene Deformation mit konstanter Deformationsgeschwindigkeit) erreicht erst nach einer Verzögerung ihren konstanten Wert. Nachdem die Strömung verzögerungsfrei zum Stillstand gezwungen wurde, zeigt sich im Abklingen der Schubspannung wiederum die zeitabhängige Reaktion der viskoelastischen Flüssigkeit. Solch eine Messung kann z. B. mit Rotationsrheometern vorgenommen werden, die Anlauf- und Abklingvorgänge in einer stillstehenden Schmelze erfassen können (siehe dazu Abschnitt 5.3.1.3).

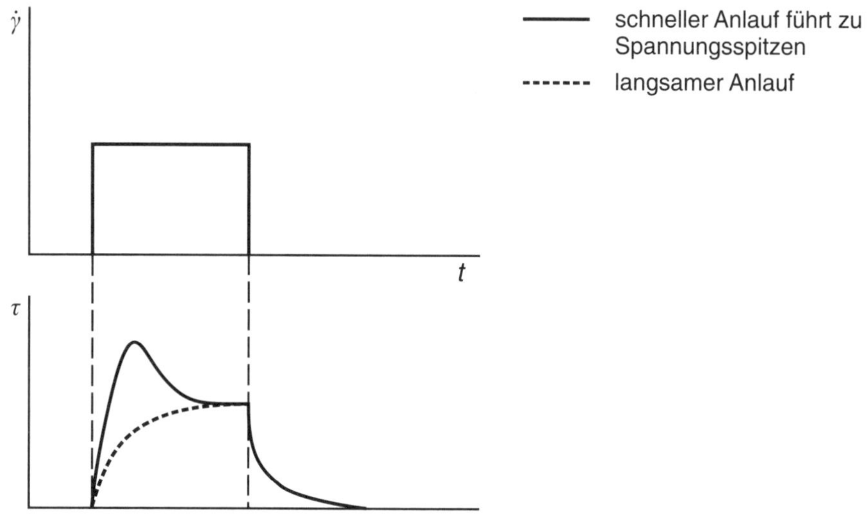

BILD 5.20 Anlaufeffekte beim Fließen von Polymerschmelzen
t_1 ≙ Verformungsbeginn
t_2 ≙ Ende der erzwungenen Verformung

5.2.2 Mechanische Ersatzmodelle

Feder-Dämpfer-Modelle

Die Eigenschaft einer Polymerschmelze, sich gleichzeitig elastisch und viskos zu verhalten, kann unter Verwendung der mathematisch einfach zu beschreibenden Elemente Feder, Dämpfer und Reibungskörper abgebildet werden. Durch geeignete Kombination dieser Grundelemente, die die rheologischen Grundphänomene Elastizität, Viskosität und Plastizität repräsentieren, lässt sich nahezu jedes empirisch beschriebene, dynamisch-mechanische Verhalten einer Flüssigkeit oder eines Festkörpers in Form eines Analogiemodells modellieren. Damit werden gleichzeitig die Gleichungen zur Beschreibung des Zusammenhangs zwischen Spannung, Deformation, Deformationsgeschwindigkeit und Zeit, also die rheologischen Materialmodelle formuliert. Die wichtigsten Kombinationen von Federn und Dämpfern sind in Bild 5.21 dargestellt.

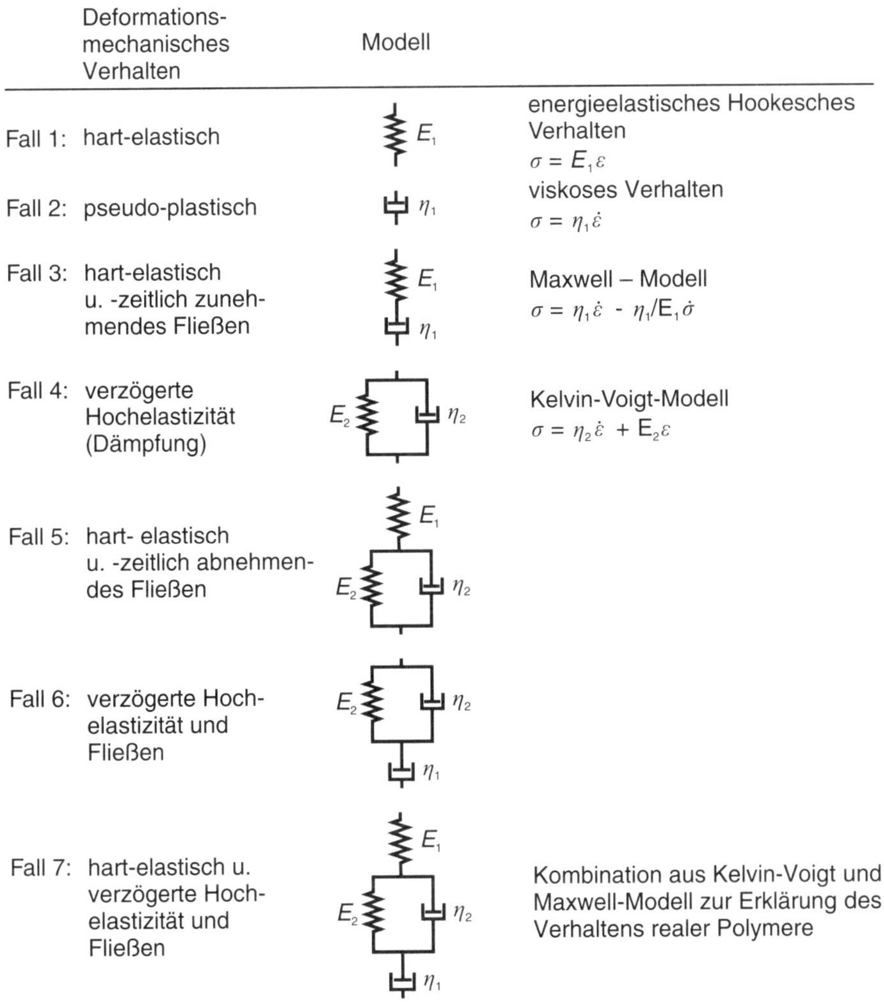

BILD 5.21 Feder-Dämpfer-Modelle zur Beschreibung des Deformationsverhaltens von Polymeren

Anhand des häufig verwendeten *Maxwell*-Modells (Fall 3) soll kurz die mathematische Beschreibung des viskoelastischen Materialverhaltens erläutert werden: Infolge der Spannung σ entsteht eine Verformung ε, die aus einem elastischen ε_{el} und einem viskosen Anteil ε_{vis} besteht. Nach der zeitlichen Ableitung ergibt sich: Maxwell-Modell

$$\dot{\varepsilon} = \dot{\varepsilon}_{el} + \dot{\varepsilon}_{vis} \qquad (5.34)$$

Dabei gilt:

$$\dot{\varepsilon}_{el} = \frac{\sigma}{E} \quad \text{(Hookesches Verhalten einer Feder)} \qquad (5.35)$$

und

$$\dot{\varepsilon}_{vis} = \frac{\sigma}{\eta} \quad \text{(Newtonsches Fließen; Öl im Dampfer)} \tag{5.36}$$

Damit ergibt sich durch Umformen eine Differentialgleichung für σ:

$$\dot{\sigma} + \frac{E}{\eta} \cdot \sigma - E \cdot \dot{\varepsilon} = 0 \tag{5.37}$$

Analog gelten diese Ansätze auch für Schubspannungen und Schergeschwindigkeiten. Hält man nun eine bestimmte Formänderung fest (Relaxationsversuch), d. h. ε = konst. bzw. $\dot{\varepsilon} = 0$, dann ergibt sich eine einfache Differentialgleichung für σ

$$\dot{\sigma} + \frac{E}{\eta} \cdot \sigma = 0 \tag{5.38}$$

und daraus wird durch Integration

$$\sigma = \sigma_0 \cdot e^{-\frac{t \cdot E}{\eta}} = \sigma_0 \cdot e^{-\frac{t}{\lambda}} \tag{5.39}$$

Relaxationszeit

Diese Funktion erkennt man in Bild 5.22 als Abklingen der Spannung mit der Zeit. Dabei setzt man $t = t_0 = 0$; der Exponent $-t \cdot (E/\eta)$ nimmt den Wert -1 an, wenn $t = \eta/E = \lambda$ wird. Man bezeichnet diese Zeit als *Relaxationszeit* λ

$$\lambda = \frac{\eta}{E} \left(\frac{\mathrm{N} \cdot \mathrm{s/m}^2}{\mathrm{N/m}^2} \right) \tag{5.40}$$

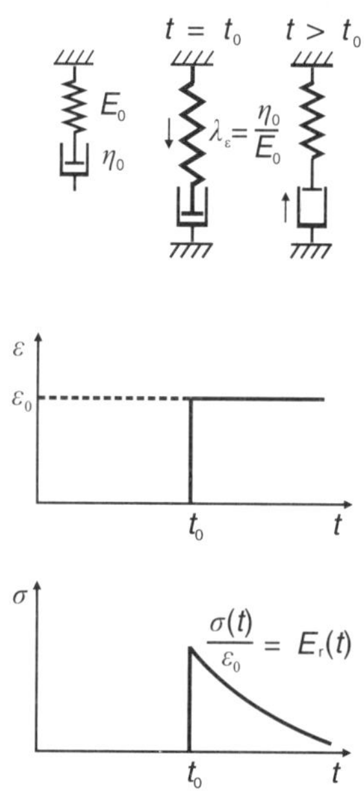

BILD 5.22 Spannungsrelaxation (*Maxwell-Modell*), $E_r(t)$ Relaxationsmodul, λ_ε Relaxationszeit

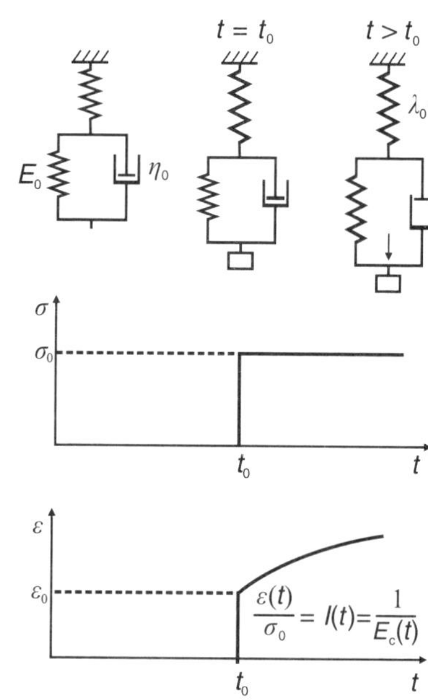

BILD 5.23 Kriechen (*Kelvin-Voigt*-Modell), $I(t)$ Nachgiebigkeit, $1/I = E_c(t)$ Kriechmodul, λ_0 Retardationszeit

für die gilt $\sigma/\sigma_{t=0} = e^{-1} = 0{,}37$, d. h. $\eta/E = 1$ ist die Zeit, in welcher bei diesem Körper unter einer gegebenen Verformung die Spannung auf 37 % des Anfangswertes abgeklungen ist. Zur Abschätzung genügt es zu wissen, dass nach Ablauf der vierfachen Relaxationszeit die Spannung auf 1,8 % des Ausgangswertes abgeklungen ist.

Für reale Schmelzen bzw. genauere Rechnungen reichen solche einfache Modelle jedoch nicht aus. Man benötigt dann die Kombination mehrerer solcher Feder-Dämpfungssysteme, wie in Bild 5.24 gezeigt wird. Für ein handelsübliches Polystyrol ($M_v = 260.000$) lässt sich der Relaxationsvorgang durch die Parallelschaltung von mehreren Maxwell-Elementen sehr gut beschreiben (Bild 5.25). Man spricht von einem verallgemeinerten Maxwell-Modell. Parallelschaltung

Die mathematische Beschreibung nimmt zum Beispiel hier die Form an:

$$\frac{\varepsilon}{\varepsilon_a} = 0{,}25 \cdot \left(e^{-8{,}75\frac{t}{\lambda_{1/2}}} + e^{-1{,}0\frac{t}{\lambda_{1/2}}} + e^{-0{,}28\frac{t}{\lambda_{1/2}}} + e^{-0{,}0583\frac{t}{\lambda_{1/2}}} \right) \quad (5.41)$$

wobei die vier individuellen Relaxationszeiten

$$\lambda_1 = \frac{\lambda_{1/2}}{8{,}75}; \quad \lambda_2 = \lambda_{1/2}; \quad \lambda_3 = \frac{\lambda_{1/2}}{0{,}28}; \quad \lambda_4 = \frac{\lambda_{1/2}}{0{,}0583} \quad (5.42)$$

betragen.

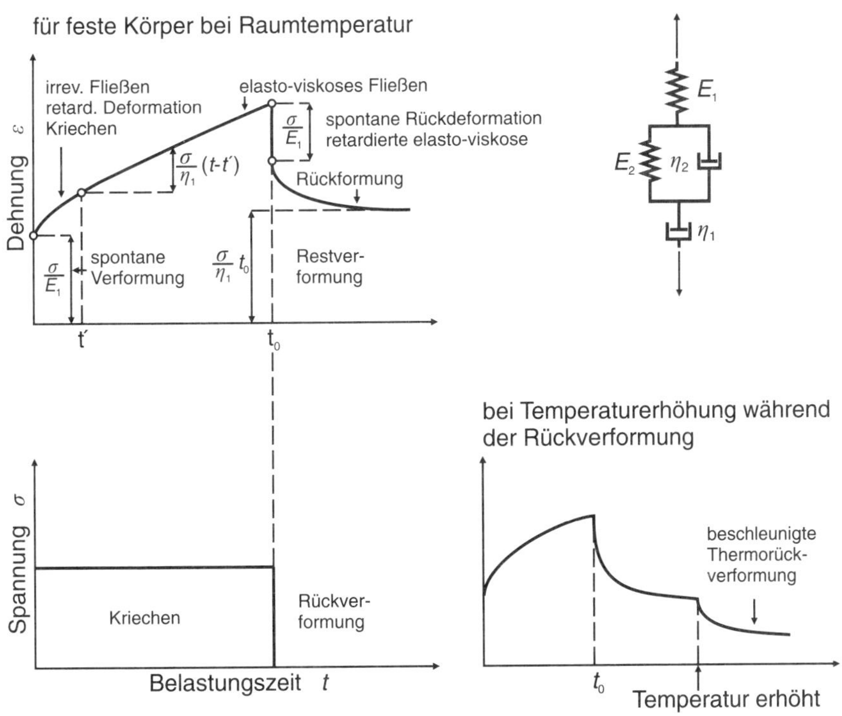

BILD 5.24 Reihenschaltung eines *Kelvin-Voigt*- und eines *Maxwell*-Modells (*Burgers*-Modell)

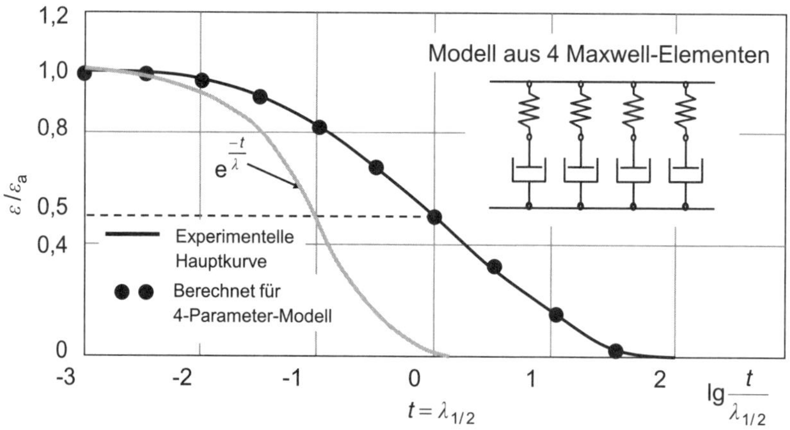

BILD 5.25 Beschreibung des experimentell ermittelten Relaxationsvorgangs durch ein Modell aus 4 Maxwell-Elementen (*Wübken*)

Die Halbwertzeit $\lambda_{1/2}$ korreliert, wie man Bild 5.26 entnimmt, mit der auf die Hälfte abgeklungenen Anfangsdehnung ε_a. Sie ist temperaturabhängig und kann aus Bild 5.26 entnommen werden. Wie man aus dem Kurvenverlauf entnehmen kann, sind die Kurven ähnlich und nur zu verschiedenen Temperaturen verschoben. Es ist dabei besonders bemerkenswert, dass das Relaxationsverhalten aller amorphen Thermoplaste ähnlich ist.

Bei der Retardation (vgl. Bild 5.21, Fall 4 und Bild 5.23), d. h. der Verformung, die sich unter einer konstanten Belastung einstellt, ergibt sich sinngemäß

$$\varepsilon(t) = \frac{\sigma}{E} \cdot \left(1 - e^{-\frac{t \cdot E}{\eta}}\right) \tag{5.43}$$

als die Verformung, die sich nach Wegnahme der Spannung σ durch Zurückkriechen nach der Zeit t einstellt. Man kann aus dem vorher Gesagten leicht schließen, dass ohne eine Relaxation eine konstante Verformungsgeschwindigkeit einer Schmelze, z. B. in einem Extruder, überhaupt nicht möglich wäre, da mit wachsender Zeit t die Spannung, d. h.

$$E \cdot \dot{\varepsilon} \cdot t = \sigma \quad \text{für} \quad t \rightharpoonup \infty \Rightarrow \sigma \rightharpoonup \infty \tag{5.44}$$

die verformende Kraft, unendlich werden müsste.

Alle hier vorgestellten Ersatzmodelle beschreiben ein linear-viskoelastisches Materialverhalten, da die Viskositäten der verwendeten Dämpferelemente konstant sind. Um ein nichtlinear-viskoelastisches Verhalten zu modellieren, wie es Kunststoffe zeigen, müsste zusätzlich für jedes Dämpferelement ein funktionaler, nichtlinearer Zusammenhang zwischen Spannung und Dehngeschwindigkeit definiert werden.

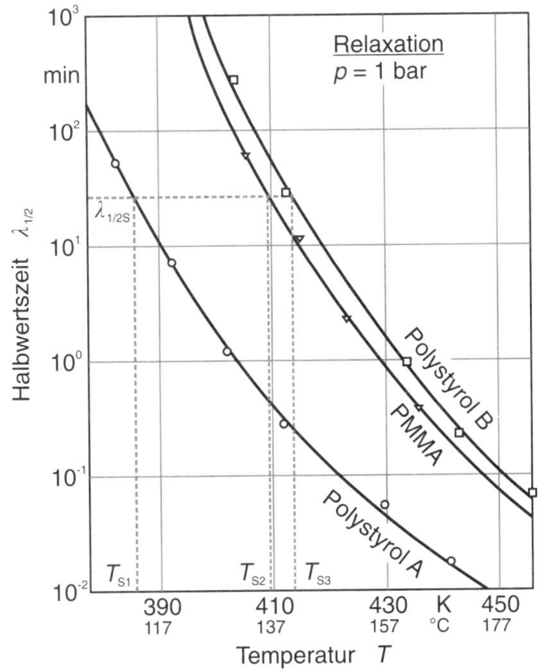

BILD 5.26 Temperaturabhängigkeit der Relaxationszeiten bei unterschiedlichen Werkstoffen (nach *Wübken*)

5.2.3 Die Deborah-Zahl

Deborah-Zahl

Die charakteristische Zeitdauer für den Auf- und Abbau von Spannungen in viskoelastischen Materialien kann sehr unterschiedlich sein. Liegen die Zeitkonstanten in der Größenordnung der jeweils vorliegenden Prozesszeiten, sind die zeitabhängigen elastischen Effekte von realem technischem Interesse. Reagiert das Material in seinem Spannungszustand wesentlich schneller oder langsamer auf eine aufgeprägte Deformation, so ist diese Zeitabhängigkeit zu vernachlässigen. Um die Relevanz der elastischen Effekte beurteilen zu können, wird in der Rheologie die *Deborah-Zahl* herangezogen. Sie ist definiert als

$$De = \frac{\lambda}{t_p} \tag{5.45}$$

Dabei ist λ die Relaxationszeit des Materials und t_p eine charakteristische Prozesszeit, z. B. die mittlere Verweilzeit eines Volumenelements in einem bestimmten Fließkanalabschnitt. Letztere resultiert aus dem Verhältnis von Volumenstrom zum Volumen des Fließkanalabschnitts.

Ist die Deborah-Zahl klein, so kann man von rein viskosem Verhalten ausgehen; wird sie hingegen groß, so verhält sich das Material viskoelastisch.

5.2.4 Bedeutung für die Verarbeitung

Wie schon erwähnt, können die viskoelastischen Eigenschaften Effekte bei der Verarbeitung eines Polymeren hervorrufen, die bei der Auslegung eines Verarbeitungsprozesses berücksichtigt werden müssen. Auf die beiden wichtigsten soll hier kurz eingegangen werden.

Extrudatschwellen

Parallelzone

Polymerschmelzen zeigen typischerweise beim Austritt aus einer Düse eine Strangaufweitung, die meist *Schwellen* genannt wird (Bild 5.27). Wie oben bereits erwähnt, tritt das Schwellen auch dann auf, wenn elastische Effekte keine Rolle spielen, also auch bei allen rein viskosen Flüssigkeiten. Der Schwelleffekt ist hier allerdings geringer. Die Ursache liegt in der Umlagerung des Geschwindigkeitsprofils am Düsenaustritt. Bei Polymerschmelzen ist aber eine zweite Ursache von größerem Interesse: der viel stärkere Effekt der Änderung der Gestalt der Makromoleküle. Wechselt man von der Betrachtung der Schmelze als Kontinuum zur Betrachtung auf der molekularen Ebene, so kann man folgendes sagen: Die Molekülknäuel, die zuvor unter dem Zwang der Strömung innerhalb der Düse zu länglichen Gebilden verformt und in Fließrichtung orientiert wurden, können nach dem Düsenaustritt wieder eine statistisch wahrscheinlichere Gestalt annehmen. Damit ist auch eine Zunahme der Entropie verbunden. Kontinuumsmechanisch betrachtet, werden die im Fließkanal bei viskoelastischen Flüssigkeiten vorhandenen, senkrecht zur Kanalwand gerichteten Normalspannungen beim Schwellen abgebaut.

In der Praxis der Kunststoffverarbeitung kann das Schwellen minimiert werden, in dem die sog. Parallelzone im Extrusionswerkzeug, also der Teil des Fließkanals mit konstantem Querschnitt vor dem Austritt, verlängert wird (Bild 5.27). Dadurch verlängert sich die Zeit zur Relaxation der Normalspannungen, die beim Einlauf der Strömung in die Parallelzone aufgebaut wurden. Bei der in Bild 5.27 dargestellten Strömung handelt es sich in diesem Bereich der Querschnittsverengung um eine Kombination von Scher- und Dehnströmung.

Der Praktiker spricht bei dieser Parallelzone auch von „Bügelzone", weil hier die zuvor der Schmelze aufgezwungene Molekülumlagerungen (und damit Spannungen) teilweise

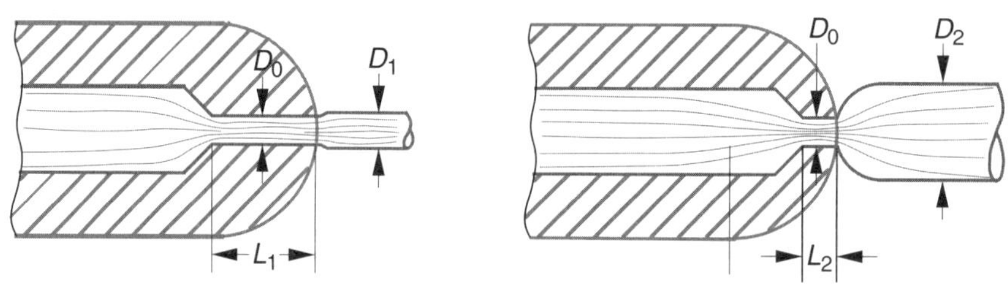

BILD 5.27 Schematische Darstellung des Extrudatschwellens (nach *Menges*)

„weggebügelt" werden. Man sagt auch: Eine längere Parallelzone gibt dem Material die Möglichkeit, die im konvergenten Bereich des Fließkanals „erlebte" starke Deformation „zu vergessen". Um bei einer Abschätzung der nötigen Länge der Parallelzone auch die Unterschiede in den Relaxationszeiten verschiedener Polymere zu berücksichtigen, kann die Deborah-Zahl herangezogen werden.

Oberflächendefekte

Ein wesentlicher, den maximalen Durchsatz durch ein Extrusionswerkzeug beschränkender Faktor ist das Auftreten von Oberflächendefekten, z. B. an Folien. Damit sind Rauigkeiten oder wellenartige Verwerfungen an der Oberfläche des Extrudats gemeint, welche beispielhaft an extrudierten Strängen aus PE-HD in Bild 5.28a dargestellt sind. Man kann diese Effekte am Kapillarrheometer ebenso wie an Extrusionsdüsen studieren. Solche Fließanomalien treten bei hohen Extrusionsgeschwindigkeiten auf und werden u. A. der Ursache zugeschrieben, dass dem Polymer nicht ausreichend Zeit zum Relaxieren zur Verfügung steht. Die Oberflächendefekte werden als „Haifischhaut" („shark skin") bzw. „Schmelzebruch" bezeichnet. Es kann auch zum periodisch wechselnden Ablösen und Haften der Schmelze an der Fließkanalwandung kommen, wie in Bild 5.28b zu sehen ist. Dieses Phänomen wird häufig als „stick-slip"-Effekt bezeichnet und darauf zurückgeführt, dass die Schubspannungen an der Wand so hoch sind, dass die Wandhaftung der Schmelze verloren gehen kann. Untersuchungen von *Vinogradov*, *Vlachopoulos* und anderen haben eine kritische Wandschubspannung in der Größenordnung von etwa 0,1 MPa erge-

Stick-slip-Effekt

a
b
c
d

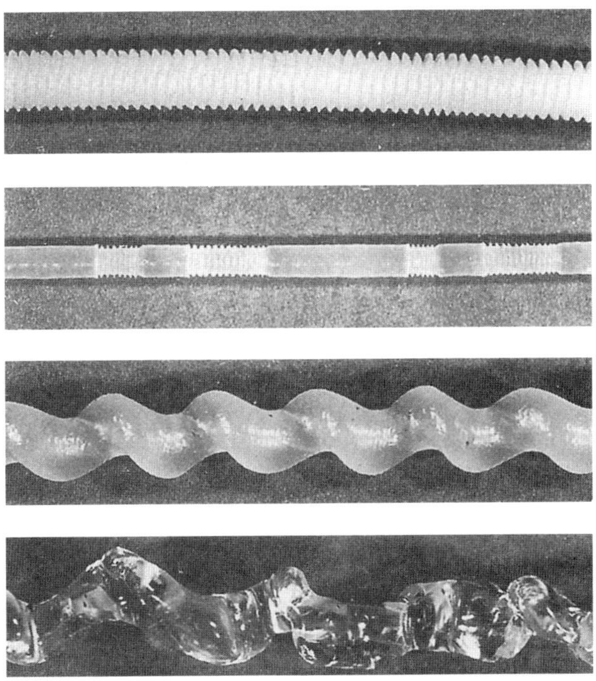

BILD 5.28 Verschiedene Oberflächendefekte von Extrudaten (nach *Osswald*), Erläuterung s. Text

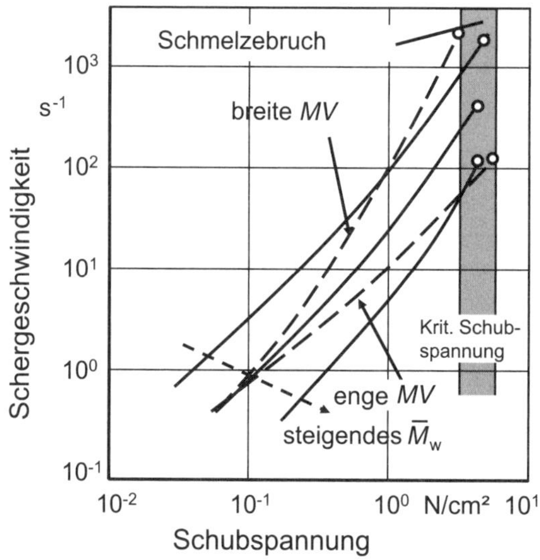

BILD 5.29 Auftreten von Schmelzebruch bei unterschiedlichen mittleren Molekülmassen und Molekülmassenverteilungen (nach *van der Regt*)

ben. Wenn die Geschwindigkeit noch weiter erhöht wird, können helixförmige Strukturen entstehen, wie sie in Bild 5.28c für PP dargestellt sind. Schließlich können die in Bild 5.28d dargestellten unregelmäßigen Strukturen entstehen, bei denen man von Schmelzebruch spricht. Der Effekt der Haifischhaut als erstes Stadium der Oberflächendefekte kommt nicht immer vor, der stick-slip-Effekt ist nur bei linearen Polymeren zu beobachten.

Schmelzebruch

Bei einer niedrigeren Massetemperatur kann schon bei geringen Durchsätzen Schmelzebruch auftreten, da hier größere Schubspannungen in der Schmelze wirken, als bei höheren Temperaturen. Das Auftreten des Schmelzebruchs ist zudem von der Molmasse und der Molmassenverteilung abhängig (siehe Bild 5.29). Es gibt Sonderfälle, bei denen Schmelzebruch erwünscht ist, z. B. bei Sackfolien, wo eine hierdurch bewirkte raue Oberfläche die Stapelfähigkeit verbessert. Detailliertere Untersuchungen zu solchen Fließanomalien finden sich bei *Dealy, Denn* und *Wagner*.

5.2.5 Polymere mit zeitlich veränderlichen Fließeigenschaften

Vernetzung, Abbau

Bestimmte Polymere verändern während der Verarbeitung ihre rheologischen Eigenschaften dauerhaft. Dies trifft insbesondere auf Stoffe zu, bei denen sich der molekulare Aufbau durch chemische Reaktionen ändert. Dabei kann es sich sowohl um Vernetzungsreaktionen als auch um Abbauerscheinungen handeln. Durch die veränderte Molekülstruktur ändern sich auch die rheologischen Eigenschaften.

5.2.5.1 Vernetzende Systeme

Zu den bekanntesten vernetzenden Polymeren gehören die Kautschuke, die Duroplaste und das Polyurethan. Dabei werden die Vernetzungsreaktionen entweder durch Aufheizen oder durch Hinzufügen einer Komponente gestartet (thermisch induziert/mischungsinduziert). Das dabei steigende Molekulargewicht hat eine Zunahme der Viskosität zur Folge. Zur Verdeutlichung sei in Bild 5.30 der zeitliche Verlauf des Vernetzungsgrades eines Vinylesters aufgezeigt und in Bild 5.31 die Abhängigkeit der Viskosität vom Vernetzungsgrad.

Vernetzungsgrad

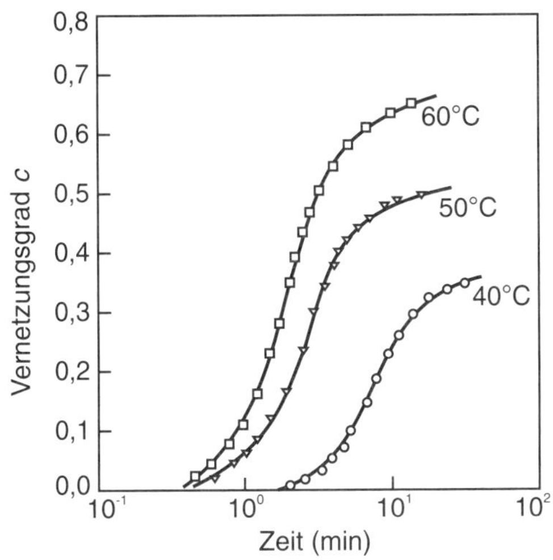

BILD 5.30 Vernetzungsgrad eines Vinylesters als Funktion der Zeit (nach *Osswald*)

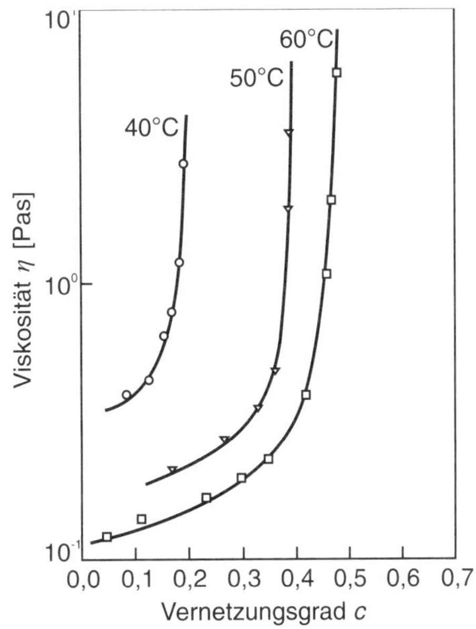

BILD 5.31 Viskosität eines Vinylesters als Funktion des Vernetzungsgrads (nach *Osswald*)

Ein vollständiges Viskositätsmodell muss also neben der Schergeschwindigkeit und der Temperatur auch den Vernetzungsgrad c berücksichtigen:

$$\eta = \eta\,(\dot{\gamma}, T, c) \tag{5.46}$$

Bisher existieren keine auf alle chemisch reagierenden Polymere anwendbaren Viskositätsmodelle, die den Vernetzungsgrad berücksichtigen. In der Praxis ist die Berücksichtigung des Vernetzungsgrades bei der Berechnung von Fließvorgängen hauptsächlich für sehr schnell reagierende Systeme relevant. Dazu wurde auf dem Gebiet der Viskositätsmodellierung von Polyurethanen ein empirisches Modell entwickelt, welches die Temperatur und den Vernetzungsgrad mit der Viskosität verknüpft:

Viskositätsmodell

$$\eta = \eta_0 \, e^{\frac{E}{RT}} \left(\frac{c_g}{c_g - c} \right)^{C_1 + C_2 \cdot c} \tag{5.47}$$

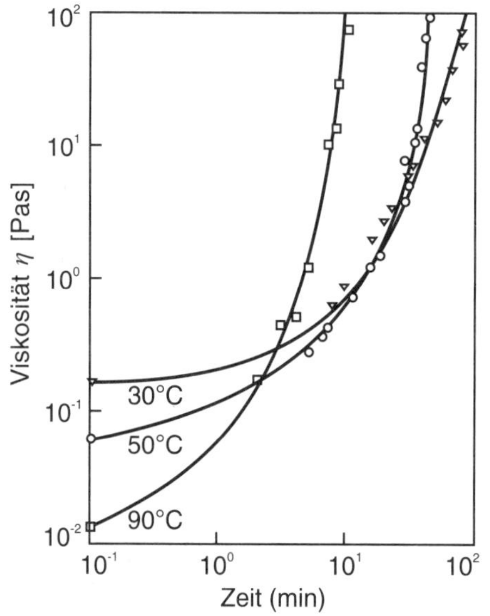

BILD 5.32 Viskosität eines 47 % MDI-BDO P(PO-EO) Polyurethans als Funktion der Zeit (nach *Osswald*)

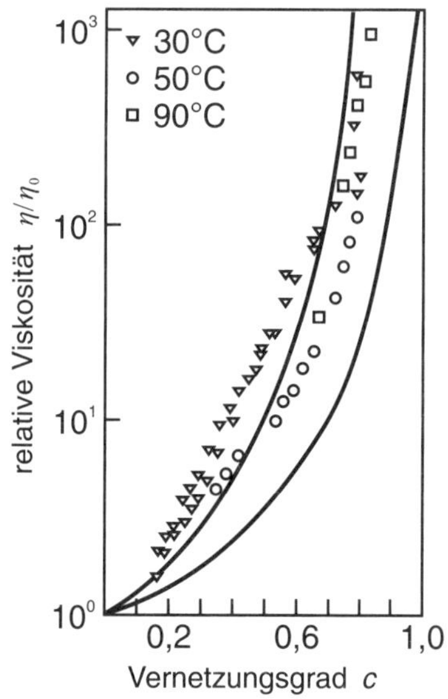

BILD 5.33 Viskosität eines 47 % MDI-BDO P(PO-EO) Polyurethans als Funktion des Vernetzungsgrads (nach *Osswald*)

Dabei sind E die Aktivierungsenergie, R die ideale Gaskonstante, T die Temperatur, c_g der Gelpunkt, c der Vernetzungsgrad und C_1 und C_2 Konstanten. In Bild 5.32 und Bild 5.33 ist die Viskosität als Funktion der Zeit und des Vernetzungsgrades eines Polyurethans dargestellt. Die Symbole geben dabei Messwerte und die durchgezogenen Linien die Beschreibung durch das Modell wieder.

5.2.5.2 Chemischer Abbau

Alle Kettenmoleküle sind mehr oder weniger empfindlich gegen langzeitige Temperatureinwirkung, insbesondere, wenn die Anwesenheit von Sauerstoff nicht ausgeschlossen werden kann, was im praktischen Betrieb stets der Fall ist. Zur Vermeidung des Abbaus bei der Verarbeitung muss die thermische Belastung der Schmelze berücksichtigt werden.

Um Kunststoffe zu plastifizieren, müssen sie auf entsprechend hohe Temperaturen gebracht werden. Das bedeutet für eine Reihe von Thermoplasten thermische Beanspruchung, unter der sie in mehr oder weniger kurzer Zeit ihre Struktur und ihre Molekülmasse verändern. Zum Beispiel ist PVC thermisch instabil; es spaltet HCl ab (thermischer Abbau). Damit ändern sich die Fließeigenschaften und auch eine Reihe anderer Eigenschaften, wie mechanische Zähigkeit; die Farbe wird dunkler. In manchen Fällen entsteht die Notwendigkeit, für bestimmte Temperaturen und Beanspruchungsfälle in geeigneten Messgeräten die bis zur Zersetzung ertragbare Belastungszeit zu ermitteln.

Die komplexen Zusammenhänge des Molekulargewichtsabbaus und die Auswirkung auf das Fließverhalten werden ausführlich in Kapitel 15 dargestellt.

5.3 Messtechnik

Kunststoffschmelzen werden in den meisten Verarbeitungsprozessen hauptsächlich geschert. Daher ist die Messung scherrheologischer Eigenschaften besonders wichtig und heute sehr ausgereift. Die wichtigsten Aufgaben sind dabei die Messung von Fließ- bzw. Viskositätskurven.

5.3.1 Prüftechnik zur Bestimmung der Scherviskosität

Die Messung viskoelastischer Eigenschaften ist zwar mit allen heutigen Rotationsrheometern möglich, wird aber hauptsächlich zu wissenschaftlichen Zwecken eingesetzt, da kaum leistungsfähige und handhabbare Berechnungsverfahren existieren, bei denen diese Eigenschaften berücksichtigt werden. Dennoch gibt es Entwicklungen, diese Geräte auch im Bereich der Qualitätskontrolle einzusetzen, da sich oftmals elastische Eigenschaften wesentlich deutlicher ändern als viskose, wenn es Änderungen im molekuaren Aufbau des Polymers gibt.

absolute Rheometer

Alle Geräte, mit denen sich aus den Meßwerten Fließ- bzw. Viskositätskurven bestimmen lassen, werden absolute Rheometer genannt, da die Ergebnisse stoffspezifisch und geometrieunabhängig sind. Absolut bedeutet hier, dass Messungen unterschiedlicher Geräte miteinander vergleichbar sind und für den gleichen gemessenen Stoff gleiche Ergebnisse erzielt werden. Nachteil dieser Geräte ist oft der relativ große Versuchsaufwand. Das zunächst im folgenden Abschnitt vorgestellte MFI-Gerät ist kein absolutes Rheometer, es ist aber wegen der einfachen Versuchsführung und der schnellen Vergleichbarkeit der Ergebnisse sehr weit verbreitet.

5.3.1.1 Das Schmelzindexmessgerät

Schmelzeindex MFI

Die verbreitetste Kenngröße zur Charakterisierung des Fließverhaltens von Kunststoffschmelzen ist der Schmelzindex MFI (Melt Flow Index). Die Messapparatur, das Messverfahren und die Kennzeichnung sind seit 1965 weltweit standardisiert (DIN 53735, ISO 1133, ASTM D-1238). In fast allen Werkstoffblättern von Kunststoffproduzenten wird der Schmelzindex als typische Maßzahl für das Fließverhalten angegeben.

Der Schmelzindex dient zur schnellen und einfachen Charakterisierung des Fließverhaltens von Kunststoffschmelzen mit einem einzigen Zahlenwert. Er gibt die Menge einer Schmelze in Gramm pro 10 Minuten an, die mittels eines mit Gewichtsstücken belasteten Kolbens aus einem Vorratszylinder durch eine Düse gepresst wird. Die Abmessungen von Düse, Kolben, Vorratszylinder und Gewichtsstücken sind genormt. Der schematische Aufbau des Prüfgerätes ist in Bild 5.34 dargestellt.

MVI

Die ausgeflossene Schmelzemasse wird durch Abschneiden des Flüssigkeitsstranges in vorgegebenen Zeitabständen und Wiegen bestimmt. Als modifizierten Schmelzindex benutzt man verstärkt den Volumenfließindex MVI, der das in 10 Minuten extrudierte Schmelzevolumen angibt. Dieser lässt sich allein aus dem Weg des Kolbens ermitteln, so

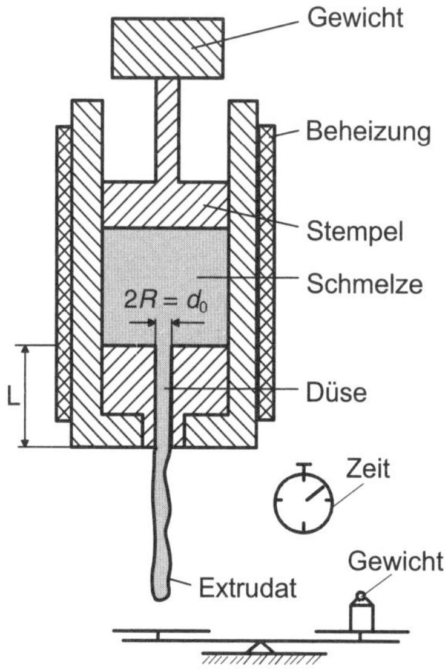

BILD 5.34 Das Schmelzindexmessgerät

Vergleichbarkeit

dass bei diesem Index das Wiegen entfällt. Um MFI-Werte untereinander vergleichen zu können, muss dessen Wert immer zusätzlich mit dem verwendeten Gewicht und der jeweiligen Prüftemperatur angegeben werden. Die Angabe MFI 190/2,16 bedeutet beispielsweise, dass der Schmelzindex bei 190 °C und einer Kolbenmasse von 2,16 kg ermittelt wurde.

Der wesentliche Nachteil dieses Messverfahrens ist, dass es sich bei dem Messergebnis um einen einzelnen Wert handelt, der im Prinzip nur einen einzigen Punkt der Viskositätskurve repräsentiert. Da sich das Fließverhalten der meisten Kunststoffschmelzen aber aufgrund der Strukturviskosität stark nichtlinear mit der Belastung verändert, ist der MFI oder MVI nur für eine sehr grobe Abschätzung der Fließeigenschaften geeignet, oder er wird lediglich für vergleichende Messungen z. B. in der Qualitätskontrolle verwendet. Ein anderes Problem ist, dass der MFI bzw. MVI stark durch den Druckverlust, der beim Einlauf vom Vorratsbehälter in die Düse entsteht, beeinflusst wird. Dieser Druckverlust entsteht hauptsächlich durch die elastischen Eigenschaften der Schmelze, so dass für Schmelzen mit gleichen viskosen, aber unterschiedlichen elastischen Eigenschaften verschiedene Schmelzindices ermittelt werden.

5.3.1.2 Kapillarrheometer

Kapillarrheometer

Volumenstromvorgabe

Ein Kapillarrheometer ist im Prinzip ähnlich aufgebaut wie das Schmelzindexprüfgerät. Der wesentliche Unterschied besteht darin, dass der Kolben mit einer definierten Geschwindigkeit verfahren wird, so dass von einem bekannten und konstanten Volumenstrom in der Kapillare ausgegangen werden kann. Zudem wird der Druckverlust in der Kapillare bestimmt. Mit diesen beiden Informationen kann ein Punkt der Viskositäts- bzw. Fließkurve bestimmt werden – durch Variation des Volumenstroms können so die

Kurven punktweise abgebildet werden. Die Berechnung erfolgt mit den in Abschnitt 5.1.4 vorgestellten Beziehungen.

Das Prinzip eines Hochdruck-Kapillarrheometers ist in Bild 5.35 abgebildet. Das zu prüfende Material wird in der Regel granulatförmig in den zylindrischen Vorraum gegeben, wo es durch die Beheizung aufschmilzt. Kurz vor dem Eintritt in die Kapillare befindet sich ein Druckaufnehmer (Bild 5.35, links). Dieser misst den Druckverlust vom Messpunkt zur Umgebung. Der Sensor ist über eine kleine Öffnung - dem sog. „pressure hole" - mit dem Probenraum verbunden, damit eventuell noch nicht aufgeschmolzenes Granulat den Sensor nicht zerstören kann.

Druckmessung

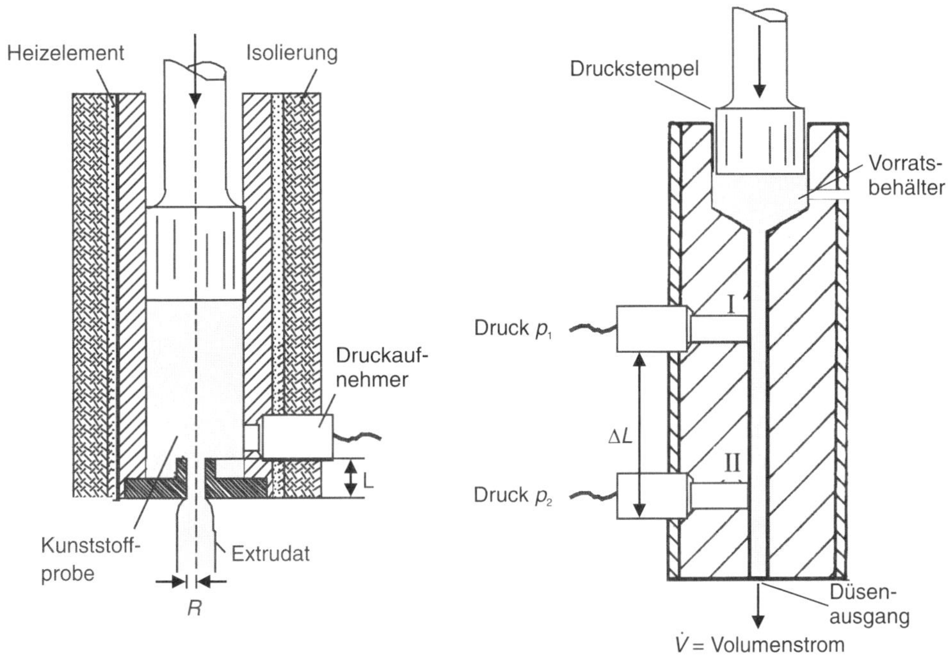

BILD 5.35 Hochdruckkapillarrheometer

Im Bereich der Querschnittsabnahme des Fließkanals werden die Schmelzeteilchen stark in Fließrichtung gedehnt. Diese Deformation wird teilweise in Form von elastisch gespeicherter Energie durch die Kapillare transportiert und am Austritt in Form einer Aufweitung des Schmelzestrangs zurückgewonnen. Diese elastisch gespeicherte Energie hat einen zusätzlichen Druckbedarf zur Folge, der in dem gemessenen Einlaufdruckverlust Δp_e mit enthalten ist. Die Differenz zwischen dem gemessen Druck und dem Atmosphärendruck am Ausgang der Kapillare ist der Gesamtdruckverlust. Um zum Druckverlust in der Kapillare zu kommen, muss der Druckverlust im Einlaufbereich abgezogen werden, was mittels der sogenannten „Bagley-Korrektur" geschieht.

Bagley-Korrektur

1. Der Einlaufdruckverlust ist unabhängig von der Kapillarlänge.
2. In der Kapillare fällt der Druck mit konstantem Druckgradienten ab.

Nimmt man nun den Druckabfall über Kapillaren unterschiedlichen *L*/*D*-Verhältnisses (meist hält man den Durchmesser *D* konstant und variiert die Länge *L*) bei konstanter Schergeschwindigkeit auf, so erhält man in einem Δp-L/D-Diagramm (Bild 5.36) Punkte, die auf einer Geraden liegen. Die Steigung dieser Geraden entspricht dem Druckgradienten in der Kapillare. Bei Variation der Schergeschwindigkeit erhält man eine Geradenschar mit der Schergeschwindigkeit als Parameter.

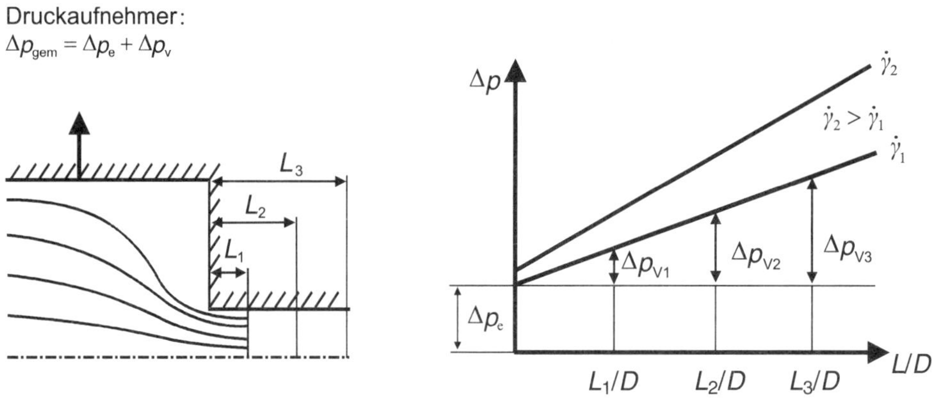

BILD 5.36 Bagley-Korrektur

Extrapoliert man nun mittels dieser Geraden auf die Düsenlänge Null ($L/D = 0$), so schneidet die Gerade die Ordinate gerade bei dem längenunabhängigen Einlaufdruckverlust. Dieser Einlaufdruckverlust steigt wie der Druckgradient über der Kapillare mit zunehmender Schergeschwindigkeit. Der in der Kapillare auftretende Druckverlust Δp_v ergibt sich aus der Differenz zwischen dem gemessenem Druckverlust Δp_{gem} und dem Einlaufdruckverlust Δp_e :

$$\Delta p_v = \Delta p_{gem} - \Delta p_e \tag{5.48}$$

rechteckiger Kanalquerschnitt

Alternativ kann auch eine Kapillare mit rechteckförmigem Querschnitt verwendet werden. Dabei ist es im Gegensatz zu den kreisförmigen Kapillaren möglich, zwei Druckaufnehmer direkt in der Kapillare zu platzieren (Bild 5.35, rechts). Eine Bagley-Korrektur ist in diesem Fall nicht nötig; nachteilig ist aber der erhöhte Aufwand durch zwei Druckaufnehmer und der in der Regel kleinere Schergeschwindigkeitsbereich, in dem gemessen werden kann.

Der wesentliche Vorteil des Hochdruckkapillarrheometers besteht darin, dass in sehr hohen Schergeschwindigkeitsbereichen gemessen werden kann. Weiterhin ist es vorteilhaft, dass die Verfälschung der Messung durch dissipative Erwärmung der Probe relativ gering ist, da die Probe im Gegensatz zum Rotationsrheometer aus dem Messraum hinaus befördert wird, und sich somit durch die geringe Verweilzeit nicht so stark erwärmt.

Nachteilig ist die relativ aufwändige Versuchführung, da es durch den Einlaufdruckverlust nötig ist, die Versuche mit mindestens zwei verschiedenen Düsen durchzuführen. Zudem können keine viskoelastischen Eigenschaften gemessen werden.

5.3.1.3 Rotationsrheometer

Rotations-
rheometer

Bei Rotationsrheometern werden im Gegensatz zu den Kapillarrheometern keine Druckströmung sondern reine Schleppströmungen erzeugt. Im Prinzip entspricht dies der Strömungsform, die in Bild 5.2 als Zwei-Platten-Strömung bezeichnet wurde. Da eine translatorisch bewegte Platte aber zu sehr großen Abmessungen der Messgeräte führen würde, wird die Schleppströmung durch einen rotierenden Messkörper erzeugt.

Drehmoment,
Drehzahl

Ähnlich wie bei den Kapillarrheometern, bei denen der Druckverlust und der Volumenstrom zur Bestimmung der Viskosität nötig sind, werden für die Rotationsversuche neben den geometrischen Verhältnissen zwei Informationen zur Auswertung benötigt: Zur Bestimmung der Schubspannungen werden bei den Rotationsrheometern das an den Messkörpern anliegende Drehmoment und zur Bestimmung der Schergeschwindigkeiten die Drehzahl des Messkörpers verwendet, wobei eine der beiden Größen vorgegeben und die andere gemessen wird. Mit heute erhältlichen Rheometern ist es in der Regel möglich, wahlweise eine der Größen vorzugeben.

Der wesentliche Vorteil von Rotationsrheometern liegt in der Vielfalt der Messmöglichkeiten. Neben der Messung des rein viskosen Fließverhaltens ist es durch dynamische Versuche möglich, elastische Eigenschaften der Schmelze zu bestimmen. Ein weiterer Vorteil ist die hohe Empfindlichkeit moderner Geräte. Drehmomente können unter 1 µNm gemessen werden; die Winkelauflösung ist bei guten Geräten $< 10^{-6}$ rad. Hieraus resultiert, dass z. B. oszillatorische Messungen (siehe unten) mit sehr kleinen Amplituden durchgeführt werden können. Dies ermöglicht die Messung an Materialien, die nahezu Festkörperverhalten besitzen und bietet zudem den Vorteil, dass die Struktur der Prüfsubstanzen so gut wie nicht beeinflusst wird.

Nachteilig ist, dass Messungen bei großen Schergeschwindigkeiten problematisch sind, da prinzipbedingt die Probe während der gesamten Messung zwischen den Messkörpern bleibt. Bei großen Scherraten würde sich das Material stark durch Dissipation aufheizen, so dass die Messergebnisse signifikant verfälscht werden. Ein weiteres Problem ist die Probenvorbereitung, die mit großer Sorgfalt durchgeführt werden muss.

Messkörper

Es existiert eine Vielzahl von unterschiedlichen Messkörpern, die in Rotationsrheometern eingesetzt werden. Die bekanntesten sind in Bild 5.37 dargestellt. Auf die spezifischen Vor- und Nachteile soll im Folgenden kurz eingegangen werden. Die Gleichungen zur Bestimmung der Schergeschwindigkeit aus der Drehzahl und der Schubspannung aus dem Drehmoment finden sich z. B. bei *Pahl* (s. weiterführende Literatur am Ende von Kapitel 5).

Kegel-Platte-
System

Das Kegel-Platte-System ist das am meisten verbreitete Messkörpersystem. Es besteht aus einer ebenen Platte mit dem Radius R und einem sehr stumpfen Kegel, die koaxial zueinander angeordnet sind. Wesentlicher Vorteil dieser Anordnung ist eine homogene, nicht vom Materialverhalten abhängige Schergeschwindigkeit im gesamten Scherspalt.

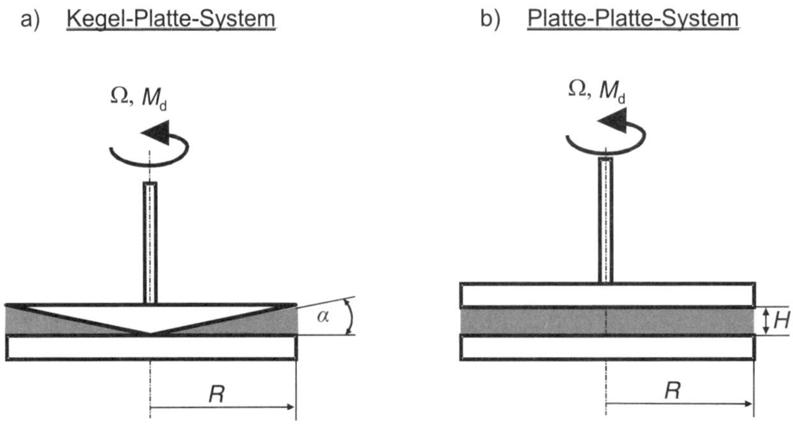

BILD 5.37 Messkörper für Rotationsrheometer

Problematisch ist die Messung von Suspensionen oder Emulsionen. Bei solchen Fluiden sollte die Höhe des Scherspaltes wenigstens um ein bis zwei Größenordnungen größer sein als der Partikel- bzw. Tropfendurchmesser der dispersen Phase, damit von homogenen Materialeigenschaften ausgegangen werden kann. Da die Höhe des Scherspalts bei der Kegel-Platte-Anordnung aber zur Drehachse hin fast bis auf den Wert 0 abnimmt (in der Realität wird ein Abstand von Kegelspitze zu Platte von etwa 40 µm erreicht), kann es bei diesen Fluiden zu Effekten kommen, die die Messung verfälschen. Suspensionen und Emulsionen sollten daher mit dem Platte-Platte-System gemessen werden, das im Folgenden beschrieben wird.

Platte-Platte-System

Das Platte-Platte-System ist dem Kegel-Platte-System sehr eng verwandt. Das Fluid wird zwischen zwei parallelen, konzentrisch angeordneten, kreisförmigen Platten geschert. Nachteilig bei dieser Anordnung ist, dass die Schergeschwindigkeit in der Probe vom Abstand zur Drehachse abhängt, was eine mathematische Korrektur erforderlich macht. Vorteilhaft ist jedoch, dass die Probenbefüllung einfacher ist und der Abstand der Platten in gewissen Grenzen frei gewählt werden kann, was den Messbereich erweitert.

Versuchsarten

rheologische Grundversuche

Der größte Vorteil der Rotationsrheometer besteht in der Vielfalt der Untersuchungsmöglichkeiten. Grund hierfür ist, dass die Antriebe und Steuerungen heutiger Rotationsrheometer fast beliebige zeitliche Verläufe von Drehmoment oder Drehzahl zulassen. Deswegen können alle wichtigen rheologischen Grundversuche realisiert werden, die in Bild 5.38 dargestellt sind.

Spannversuch

Beim *Spannversuch* wird der Prüfkörper im Idealfall sprungförmig aus dem Ruhezustand auf eine konstante Winkelgeschwindigkeit gebracht und das resultierende Moment gemessen. Diese Versuchsart wird in der Regel zur Ermittlung der stationären Viskositätsfunktionen verwendet. Dazu wird die Winkelgeschwindigkeit oft in Form einer Treppenfunktion vorgegeben.

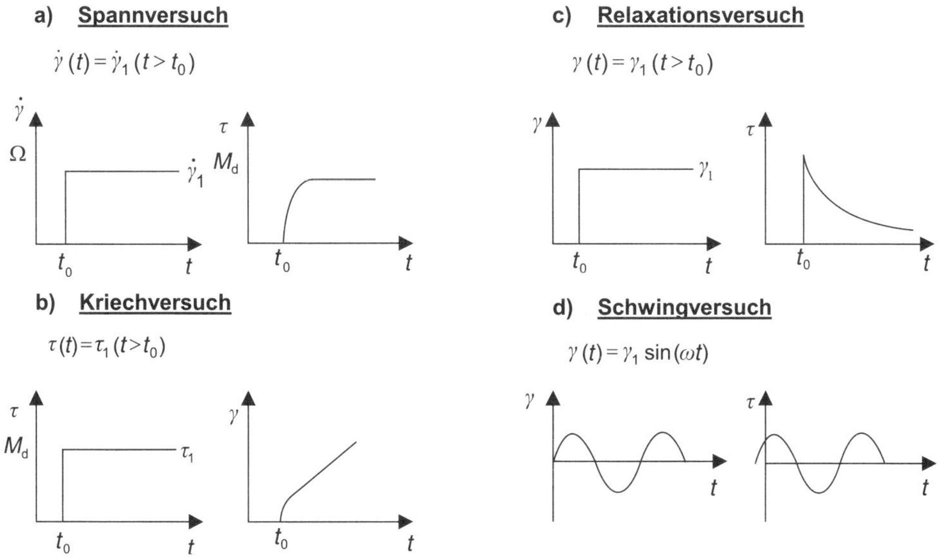

BILD 5.38 Rheometrische Grundversuche am Rotationsrheometer nach *Pahl*

Der *Kriechversuch* untersucht das Verhalten der Substanz bei sprunghafter Belastung auf eine konstante Schubspannung. Wenn die Schubspannung nach Erreichen der stationären Schergeschwindigkeit wieder auf Null zurückgenommen wird, wird sich der Prüfkörper bei einer viskoelastischen Flüssigkeit wieder ein Stück zurückdrehen – man nennt diesen Vorgang Retardation.

Kriechversuch

Im Gegensatz dazu wird beim *Relaxationsversuch* der Verlauf der Spannung bei einem vorgegebenen Deformationssprung betrachtet. Die Ergebnisse dienen beispielsweise der Kalibrierung viskoelastischer Modelle (siehe Abschnitt 5.2.2).

Relaxationsversuch

Besonders interessant ist der *Schwingversuch*. Hierbei wird in der Regel ein zeitlich sinusförmiger Verlauf des Scherwinkels vorgegeben. Dies entspricht einem um 90° voreilenden Verlauf der Schergeschwindigkeit. Der gemessene Drehmoment- bzw. Schubspannungsverlauf ist ebenfalls sinusförmig, solange die Amplitude des Scherwinkelverlaufs hinreichend klein ist. In diesem Fall befindet man sich im linear-viskoelastischen Bereich, in dem die Fluideigenschaften über die in Abschnitt 5.2.2 beschriebenen mechanischen Ersatzmodelle beschrieben werden können.

Schwingversuch

Der Verlauf von Scherwinkel und Schubspannung ist bei einer viskoelastischen Flüssigkeit phasenversetzt. Der Phasenversatz liegt zwischen dem eines idealen elastischen Festkörpers, bei dem die Schubspannung mit dem Scherwinkel in Phase schwingt, und dem einer rein viskosen Flüssigkeit, bei dem die Schubspannung dem Scherwinkel um 90° nacheilt. Die Phasenverschiebung ist zudem frequenzabhängig. Mit diesen Informationen lässt sich das viskoelastische Materialverhalten sehr gut charakterisieren. Auf die Vielzahl an Auswertungsmöglichkeiten soll hier nicht weiter eingegangen werden, sie sind beispielsweise bei *Pahl* umfassend dargestellt.

Phasenversatz

Ein wesentlicher Vorteil des Schwingversuchs im Vergleich zu den Versuchen mit stationärer Scherung ist, dass mit sehr kleinen Amplituden gearbeitet werden kann und somit die Ruhestruktur des gemessenen Stoffes nicht zerstört wird. Zudem sind aus einigen Ergebnissen der Schwingungsmessungen Rückschlüsse auf die Stoffstruktur möglich.

5.3.1.4 Vergleich der Fließeigenschaften nach zwei unterschiedlichen Messprinzipien

Die Anwendung der in den vorherigen Abschnitten beschriebenen verschiedenen Messverfahren für das Fließverhalten von Polymerwerkstoffen erfordert ein Grundverständnis der Prinzipien und der Aussage der einzelnen Verfahren. Die folgenden Messprinzipien werden hier nochmals gegenübergestellt:

- *Prinzip A*: Stationäre Scherströmung in einem rohr- oder schlitzförmigen Kanal (z. B. Kapillarrheometer) oder in einem kreisrunden scheibenförmigen Volumen zwischen zwei mit konstanter Winkelgeschwindigkeit rotierenden Platten (z. B. Platte-Platte-Rheometer).
- *Prinzip B*: Harmonisch (d. h. sinusförmig) oszillierende Scherdeformation zwischen zwei Platten oder flachen Kegeln (z. B. Platte-Platte oder Kegel-Platte-Rheometer), in der Rheologie auch Schwingversuch genannt.

Prinzip A eignet sich für Flüssigkeiten. Es werden nur viskose Eigenschaften gemessen, nicht aber der elastische Anteil des Fließverhaltens einer viskoelastischen Flüssigkeit. Die gemessene Viskosität eignet sich zur Berechnung von stationären Scherströmungen und ist nicht zu verwechseln mit der unten beschriebenen komplexen Viskosität. Grundlegend bei der Beschreibung der kontinuierlichen Deformation des Materials ist hier die konstante Deformationsgeschwindigkeit (Schergeschwindigkeit).

Prinzip B eignet sich sowohl für Flüssigkeiten mit rein viskosem oder viskoelastischem Charakter als auch für Festkörper, denn es werden dem Material nur kleine Deformationen aufgezwungen, die periodisch ihre Richtung ändern. Darüber hinaus kann auch die Umwandlung einer Flüssigkeit in einen Festkörper messtechnisch erfasst werden, z. B. beim Prozess der Vernetzung einer Polymerschmelze und der damit verbundenen Umwandlung in ein festes Polymer mit viskoelastischen Eigenschaften.

Komplexer Schubmodul

Gemessen wird ein Maß für die Steifigkeit, nämlich der Schubmodul einer viskoelastischen Flüssigkeit oder eines viskoelastischen Festkörpers. Der Schubmodul G^* wird dargestellt als komplexe Größe mit den beiden Anteilen Speichermodul (Realteil, elastischer Anteil) und Verlustmodul (Imaginärteil, viskoser Anteil). Diesem Messprinzip liegt also die Vorstellung eines viskoelastischen Festkörpers und nicht die Vorstellung einer Flüssigkeit zugrunde. Die Basis bei der Beschreibung der Deformation des Materials bildet die oszillierende Deformation (Scherwinkel) als Sinusfunktion der Zeit und die Höhe der Deformation (Amplitude der Funktion Scherwinkel über der Zeit).

Gleichzeitig mit dem komplexen Modul G^* liefert diese dynamische Messung aber auch eine komplexe Viskosität η^*.

$$|G^*| = \omega \cdot |\eta^*| \tag{5.49}$$

Die komplexe Viskosität setzt sich, analog zu G^*, aus einem Realteil η' und einem Imaginärteil η'' zusammen:

komplexe Viskosität

$$|\eta^*| = \sqrt{(\eta')^2 + (\eta'')^2} \tag{5.50}$$

Hierbei hat der Realteil die physikalische Bedeutung des viskosen Anteils und der Imaginärteil die des elastischen Anteils.

$$|\eta'| = \left|\frac{G''}{\omega}\right| \tag{5.51}$$

und

$$|\eta''| = \left|\frac{G'}{\omega}\right| \tag{5.52}$$

Es wurde empirisch festgestellt, dass bei manchen Polymeren die Nullviskosität des oszillierenden Scherversuchs mit der bei stationärer Scherströmung gemessenen Nullviskosität übereinstimmt. Diese Aussage heißt *Cox-Merz-Regel.*

$$\lim_{\dot{\gamma}\to 0} \eta(\dot{\gamma}) = \lim_{\omega\to 0} \eta^*(\omega) \tag{5.53}$$

Bei den beiden hier gegenübergestellten Messprinzipien liegen grundsätzlich unterschiedliche Beanspruchungsarten vor. Die *Cox-Merz-Regel*, die besagt dass man für kleine Deformationsgeschwindigkeiten ω mit $\dot{\gamma}$ gleichsetzen kann, ist rein empirisch begründet. Ihre Anwendbarkeit muss im Einzelfall überprüft werden. Eine theoretische Begründung für eine grundsätzlich mögliche Identifizierung von ω mit $\dot{\gamma}$ existiert nicht.

Cox-Merz-Regel

Es gibt Fälle, in denen eine direkte quantitative Beziehung zwischen der oszillierend gemessenen und der stationär gemessenen Viskositätskurve aus Gründen der Genauigkeit nicht aufgestellt werden kann, und sich dennoch der Grundgedanke der *Cox-Merz-Beziehung* nutzen lässt, um eine Gewichtung des elastischen und des viskosen Modulanteils in verschiedenen Schergeschwindigkeitsbereichen vorzunehmen. Man macht eine Messung mit einem oszillierenden Rheometer und interpretiert, wie oben gezeigt, die oszillierend gemessene Viskositätskurve $\eta^*(\omega)$ als stationär gemessene Scherviskosität $\eta(\dot{\gamma})$. Dies soll im folgenden Beispiel dargestellt werden:

Es geht darum, einer Thermoplastschmelze (PA 66) ein gewisses Maß an Elastizität zu verleihen, indem man das Molekulargewicht durch Copolymerisations- und Pfropfungsreaktionen stark erhöht. Ein PA 66 (Molekulargewicht: 28.000 g/mol) wird durch Aufpfropfen langer Seitenketten aus Styrol-Maleinsäure-Anhydrid modifiziert und dadurch auf ein Molekulargewicht von 112.000 g/mol gebracht. Die Frage ist nun, in wieweit diese Molekulargewichtserhöhung und Veränderung der Molekülstruktur neben der zu erwartenden Erhöhung des Viskositätsniveaus auch eine Veränderung des Verhältnisses zwischen viskosem und elastischem Anteil mit sich bringt. Das Ziel ist es, den elastischen Anteil wesentlich zu erhöhen. Bild 5.39 zeigt die oben genannte Gegenüberstellung der komplexen Viskosität η^* und der beiden Anteile des komplexen Moduls G' und G'' für das ursprüngliche und das modifizierte Material (siehe auch *Fritz, Bonten, Zhang*). Im Verlauf von η^* wird neben der Erhöhung des Viskositätsniveaus auch eine stärker

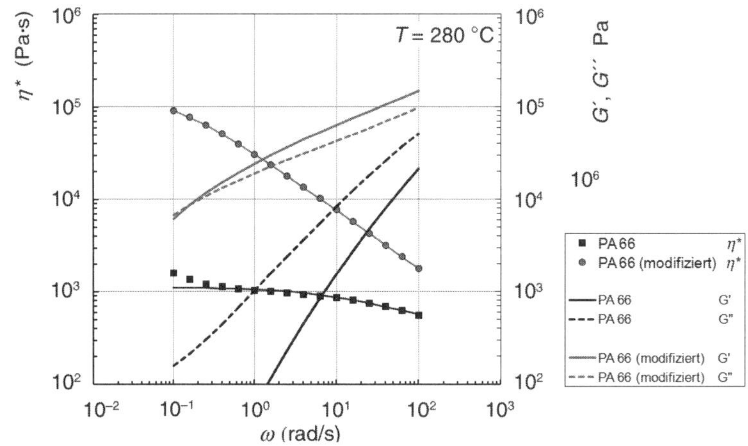

BILD 5.39 Rheologische Stoffwertfunktionen $\eta^*(\omega)$, $G'(\omega)$, $G''(\omega)$ eines PA 66 sowie einer Modifikation dieses PA 66 mit aufgepfropften Seitenketten und höherem Molekulargewicht (nach *Zhang, Fritz, Bonten*)

ausgeprägte Strukturviskosität sichtbar. Die Verläufe von G' und G'' zeigen, dass bei dem modifizierten und damit höhermolekularen Material schon bei niedrigen Deformationsgeschwindigkeiten (entsprechend niedriger Schergeschwindigkeit bei stationärer Scherströmung) eine Elastizität der Schmelze in erheblichem Maße vorhanden ist. Der Speichermodul G' ist hier sogar größer als der Verlustmodul G''. Der Schnittpunkt zwischen den Kurven für G' und G'' liegt bei einer relativ niedrigen Deformationsgeschwindigkeit. Bei dem ursprünglichen Material zeigt sich Elastizität dagegen erst bei wesentlich höheren Deformationsgeschwindigkeiten. Beachte: Eine formale Gleichsetzung von ω mit $\dot{\gamma}$ wurde hier nicht vorgenommen, es wird aber $\eta^*(\omega)$ als $\eta(\dot{\gamma})$ interpretiert.

Die Eigenschaft der Elastizität einer Thermoplastschmelze kann bei Extusionsprozessen z. B. dort von Bedeutung sein, wo die Schmelze aus der Düse austritt und das Extrudat frei waagerecht abgezogen wird. Das heisst, das Extrudat wird nicht mehr durch Fließkanalwände abgestützt und es wird auch nicht von irgendwelchen Transportvorrichtungen getragen. Bei diesem freien Abziehen ist ein ausreichend hoher Anteil an elastischem Verhalten notwendig (quasi eine Kombination aus Flüssigkeits- und Festkörperverhalten), damit das Extrudat nicht durchhängt. Der Praktiker spricht von Schmelzefestigkeit oder besser von Schmelzesteifigkeit. Ist diese Steifigkeit nicht gegeben, ist der Effekt des Wegfließens infolge des Eigengewichts zu stark. Dies gilt zumindest dann, wenn langsam und mit geringerer Kraft abgezogen wird. Entsprechendes gilt, wenn senkrecht nach unten abgezogen wird und die Schmelze eine gewisse Stabilität haben muss, um nicht wegzufließen. Wie bereits erwähnt, haben Polymere, die für diese Art von Verarbeitungsprozessen geeignet sind, immer höhere Molekulargewichte als diejenigen Typen desselben Polymers, die für das Spritzgießen geeignet sind. Die letzteren müssen relativ niedrige Viskositäten aufweisen, Elastizität (Steifigkeit) wird dagegen hier überhaupt nicht benötigt.

An diesem Beispiel sollte gezeigt werden, dass zwei Dinge gemeinsam diskutiert werden können: Einerseits muss bei den mit hohen Kräften erzwungenen Fließprozessen in Fließkanälen zuallererst die Fließfähigkeit einer Kunststoffschmelze betrachtet werden (Hauptinteresse: nicht zu hohe Viskosität, zumindest bei hohen Deformationsgeschwindigkeiten). Andererseits können aber auch ungewollte Deformationsprozesse auf Grund von geringen Gewichtskräften eine Rolle spielen (Hauptinteresse: eine gewisse Steifigkeit schon bei extrem niedrigen Deformationsgeschwindigkeiten). Bei der ersteren Betrachtung steht die Vorstellung der Schmelze als Flüssigkeit im Vordergrund, bei der letzteren Betrachtung stellt man sich die Schmelze dagegen primär als eine feste Substanz vor.

Schließlich soll nochmals an etwas erinnert werden, das in diesem Kapitel bereits gesagt wurde: Die Betrachtung des elastischen Anteils im rheologischen Verhalten einer Kunststoffschmelze ist für die Simulation der primären Strömungsvorgänge in Verarbeitungsprozessen, z. B. bei der Fließkanalauslegung, meist nicht von Bedeutung. Betrachtet man jedoch Strömungen bei abrupter Verringerung des Kanalquerschnitts oder betrachtet man das Schwellen am Düsenaustritt, so spielen die elastischen Schmelzeeigenschaften eine sehr große Rolle. Auf dem Gebiet der Werkstoffauswahl und der Werkstoffentwicklung ist die Schmelzeelastizität, und mehr noch das Gesamtbild der viskoelastischen Eigenschaften der Schmelze, grundsätzlich von erheblicher Bedeutung.

5.3.2 Prüftechnik zur Bestimmung der Dehnviskosität

Dehnung

Neben der Scherung erfahren Kunststoffschmelzen während ihrer Verarbeitung in der Regel auch Dehndeformationen. Dies ist beispielsweise immer bei Fließkanälen mit sich ändernden Querschnittsflächen der Fall, also an Stellen, wo die Schmelze in Fließrichtung beschleunigt oder verzögert wird. Zudem existieren Verarbeitungsverfahren, bei denen die Schmelze gezielt gedehnt wird, um das Produkt durch das Einbringen von Orientierungen zu verstärken. Als Beispiele seien das Verstrecken von Folien (uniaxial und biaxial), das Faserspinnen, das Thermoformen, das Extrusionsblasformen und das Streckblasen genannt. Man unterteilt dabei in uniaxiale (Abschnitt 5.3.2.1) und biaxiale (Abschnitt 5.3.2.2) Dehnungen.

5.3.2.1 Messtechnik für die uniaxialen Dehnung

Dehnviskosität

Uniaxial werden Schmelzen hauptsächlich in Fließkanälen und beim Schmelzespinnprozess gedehnt. Analog zur Scherviskosität definiert sich die Dehnviskosität μ mit der Dehngeschwindigkeit $\dot{\varepsilon}$ und der Normalspannung σ zu

$$\mu = \frac{\sigma}{\dot{\varepsilon}} \tag{5.54}$$

Die Dehn- oder Troutonviskosität ist bei *niedrigen* Schergeschwindigkeiten mit der Scherviskosität über folgende Gleichung verknüpft:

$$\mu = 3\eta \tag{5.55}$$

Nimmt man für die Schmelze Inkompressibilität und Newtonsches Verhalten an, so ist diese Beziehung direkt analytisch herzuleiten. Im Bereich höherer Schergeschwindigkeiten kann die Kurve der Dehnviskosität bei Polymerschmelzen allerdings einen deutlich anderen Verlauf annehmen und sogar abschnittsweise dilatantes Verhalten aufweisen. Als Beispiel sei der der Verlauf der Scher- und Dehnviskosität eines PE-LD in Bild 5.40 gezeigt.

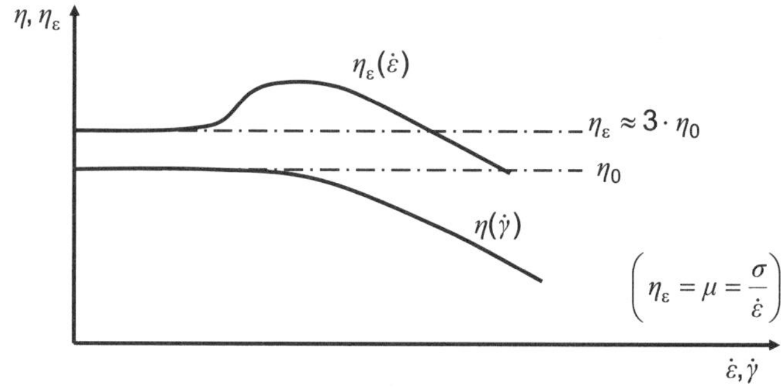

BILD 5.40 Scher- und Dehnviskosität eines PE-LD nach *Pahl*

Dehnmaße

Es sei an dieser Stelle noch darauf hingewiesen, dass für das Deformationsmaß ε verschiedene Definitionen existieren. Die wichtigsten sind die technische Dehnung

$$\varepsilon = \frac{l}{l_0} - 1 \tag{5.56}$$

und die natürliche oder Hencky-Dehnung

$$\varepsilon = \ln\left(\frac{l}{l_0}\right) \tag{5.57}$$

Dabei ist l die aktuelle Länge des Schmelzeteilchens und l_0 die Anfangslänge. Beide Deformationsmaße liefern für kleine Dehnungen den gleichen Wert; für große Dehnungen wird häufig die natürliche Dehnung verwendet.

Wie bei der Scherviskosität beziehen sich die oben genannten Gleichungen auf eine *stationäre Dehngeschwindigkeit.* Diese ist aber in der Realität praktisch nicht zu finden, da hierfür beispielsweise ein kreisrunder Schmelzestrang bei Verwendung der natürlichen Dehnung mit einem exponentiellen Geschwindigkeitsverlauf gedehnt werden müsste. Zudem ändert sich beim Schmelzespinnen aufgrund von Schmelzeschwellen und Geschwindigkeitsumlagerungen am Austritt die Querschnittsfläche des Schmelzestrangs in Fließrichtung, so dass keine konstante Dehngeschwindigkeit zu erwarten ist.

Dehnverfestigung

Aus diesem Grund ist die Betrachtung des instationären Spannungs-/Dehnungsverhaltens von großer Bedeutung. Dabei beobachtet man oft eine Zunahme der Dehnviskosität. Man spricht bei dieser Versteifung auch von *Dehnverfestigung.*

Als Beispiel diene dabei das in Bild 5.41 dargestellte Verhalten einer PE-Schmelze. Bei Dehnversuchen mit konstanten Dehngeschwindigkeiten ist der Anfangsbereich der Kurve für die zeitabhängige Dehnviskosität unabhängig von der Dehngeschwindigkeit. Bei höheren Dehngeschwindigkeiten tritt dann der Effekt der Dehnverfestigung auf.

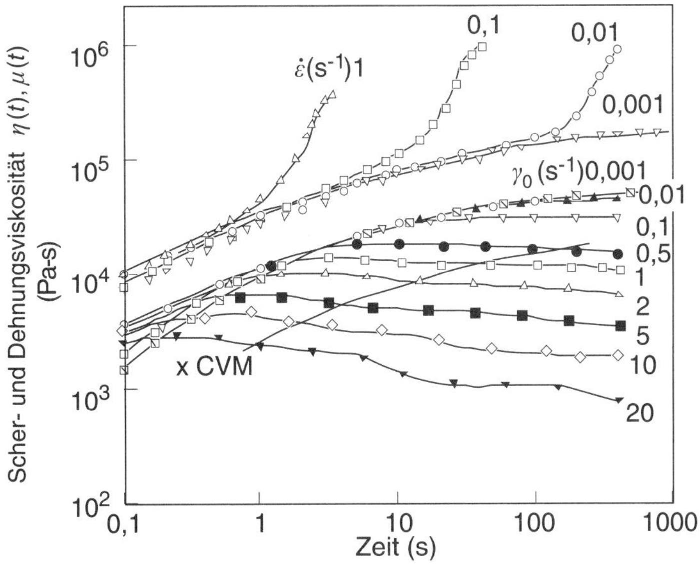

BILD 5.41 Anlaufen von Scher- und Dehnströmungen (nach *Meißner*)

Vor allem der Faserspinnprozess ist ein Verarbeitungsverfahren, bei dem die Schmelze nach dem Verlassen des Werkzeugs in erheblichem Maße in Abzugsrichtung gedehnt wird. Speziell zur Auslegung dieses Prozesses ist es daher wichtig, das Verhalten der Schmelze bei uniaxialer Dehnung zu kennen. Ein Messverfahren, das diese Eigenschaften qualitativ erfasst – es handelt sich also nicht um ein absolutes Rheometer – ist der Rheotensversuch (Bild 5.42). Rheotensversuch

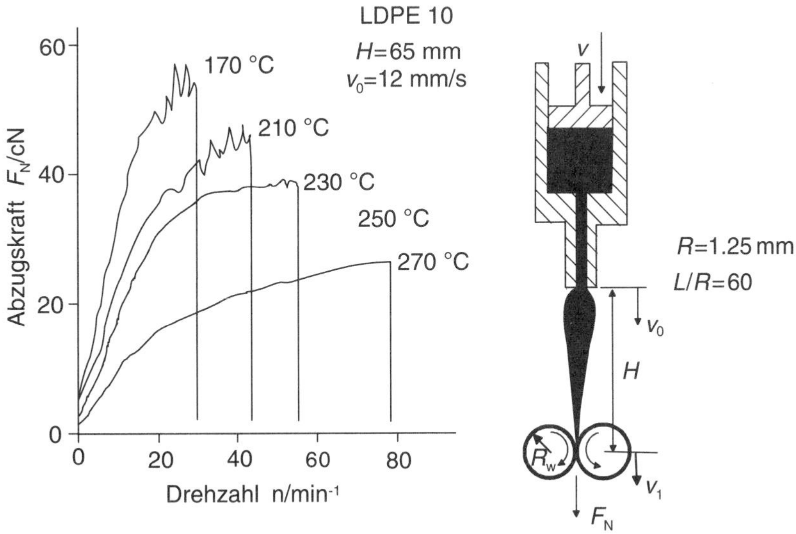

BILD 5.42 Der Rheotensversuch

Die Versuchsanordnung stellt sich wie folgt dar: Ähnlich einem Kapillarrheometer wird die Schmelze mit einem definierten Volumenstrom durch eine Kapillare mit großem *L*/*D*-Verhältnis extrudiert. Der Schmelzestrang wird nach dem Verlassen der Düse von einem im Abstand H angeordneten Paar Walzen oder Zahnräder abgezogen. Die Abzugsgeschwindigkeit v_1 ist höher als die Austrittsgeschwindigkeit v_0 aus der Düse, so dass sich eine Verstreckung der Schmelze ergibt. An den Walzen kann die Abzugskraft gemessen werden.

Im Versuch wird die Abzugsgeschwindigkeit linear so lange gesteigert, bis der Schmelzestrang reißt. Dabei wird gleichzeitig die Abzugskraft gemessen. Der Versuch wird bei unterschiedlichen Schmelzetemperaturen durchgeführt. Die so erhaltenen Diagramme (Bild 5.42) geben einen Anhaltswert für die Auslegung.

Vorteil dieses Messverfahrens ist die sehr prozessnahe Materialcharakterisierung für die Auslegung von Spinnprozessen. Der wesentliche Nachteil besteht darin, dass das gemessene Dehnverhalten nicht direkt auf Dehnvorgänge im Werkzeug übertragen werden kann, da sich beispielsweise die Schmelze nach dem Werkzeugaustritt undefiniert abkühlt und aufschwillt und somit die Stranggeometrie nur abgeschätzt werden kann.

Dehnrheometer nach Münstedt

Das Problem der Temperierung vermeidet das Dehnrheometer nach *Münstedt* (Bild 5.43). In diesem Rheometer schwebt die zylindrische Probe in einem temperierten Ölbad, das die gleiche Dichte wie die Probe besitzt. Über geklebte Enden ist die Probe auf der einen Seite mit einer Kraftmessdose und auf der anderen Seite mit einem Abzugsband befestigt, mit dem die Probe auseinander gezogen werden kann.

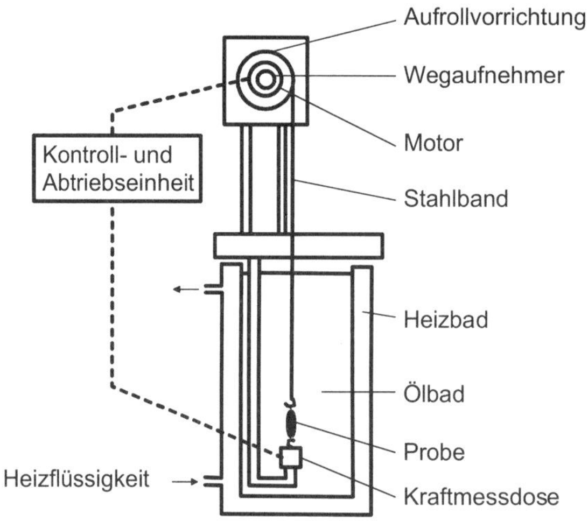

BILD 5.43 Dehnrheometer nach *Münstedt*

Nachteil dieser Versuchsanordnung ist, dass sich der Querschnitt der Probe an den geklebten Einspannungen nicht verändern kann. Da die Probe aber aufgrund der Volumenkonstanz – von der man mit guter Näherung bei den meisten Kunststoffschmelzen bei konstanter Temperatur ausgehen kann – dünner wird, entsteht eine Einschnürung in der Probenmitte. Die Probe besitzt also keinen konstanten Querschnitt und somit auch keine konstante Spannung, weswegen eine Bestimmung der wahren Spannungs- und

Dehnungsverhältnisse nur ungenau möglich ist. Aus diesem Grund existieren andere Konzepte, bei denen die Proben z. B. durch Zahnradpaare auseinander gezogen werden.

5.3.2.2 Messtechnik für die biaxialen Dehnung

Das Verhalten von Kunststoffschmelzen bei biaxialer Dehnung unterscheidet sich erheblich von dem bei uniaxialer Dehnung. Daher wurden speziell für diesen Belastungsfall eigene Rheometertypen entwickelt. Kunststoffschmelzen werden z. B. bei den Verarbeitungsverfahren Blasformen, Streckblasen, Thermoformen, Schäumen und Schlauchfolienextrusion biaxial gedehnt.

Biaxiale Dehnung

Ein von *Meißner* vorgestelltes Rheometer (Bild 5.44) verwendet das Prinzip der „rotierenden Klemmen“. Dabei werden acht dieser Klemmen, die mit Kraftmessern verbunden sind, auf einem Kreis angeordnet. Die folienförmige Probe wird in diese Klemmen eingespannt, mit temperiertem Silikonöl auf die Versuchstemperatur aufgeheizt und anschließend gedehnt.

Rheometer nach Meißner

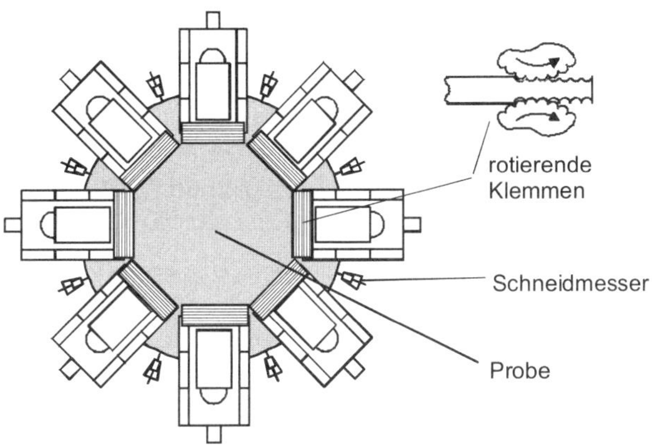

BILD 5.44 Dehnrheometer nach *Meißner*

Da das Probenmaterial aus dem Messgebiet herausgefördert wird, können sehr große Dehnungen realisiert werden. Nachteilig ist allerdings, dass durch die Klemmen die Spannung in der Probe nicht homogen verteilt ist. Weiterhin liegt nur in der Mitte eine rein äquibiaxiale Dehnung vor, während an den Klemmen fast uniaxial gedehnt wird. Durch diese Mischform fällt es schwer, das Verhalten des Materials bei rein biaxialer Dehnung zu ermitteln. Zudem lassen sich nur relativ kleine Dehngeschwindigkeiten realisieren.

Ein weiteres Rheometer, das von *Hartwig* entwickelt wurde, ist das sog. „Membrane-Inflation-Rheometer“. Das Messprinzip ist in Bild 5.45 dargestellt. Bei diesem Messprinzip wird die ebene, kreisrunde, folienartige Probe zwischen einen Zylinder und eine Kammer gespannt. Zylinder und Kammer sind mit temperiertem Silikonöl gefüllt, welches die gleiche Dichte wie die Probe besitzt, so dass Gravitationskräfte kompensiert werden. Die Probe wird deformiert, indem ein Kolben das Öl aus dem Zylinder herausdrückt und die Probe

Membrane-Inflation-Rheometer

Leitvorrichtung

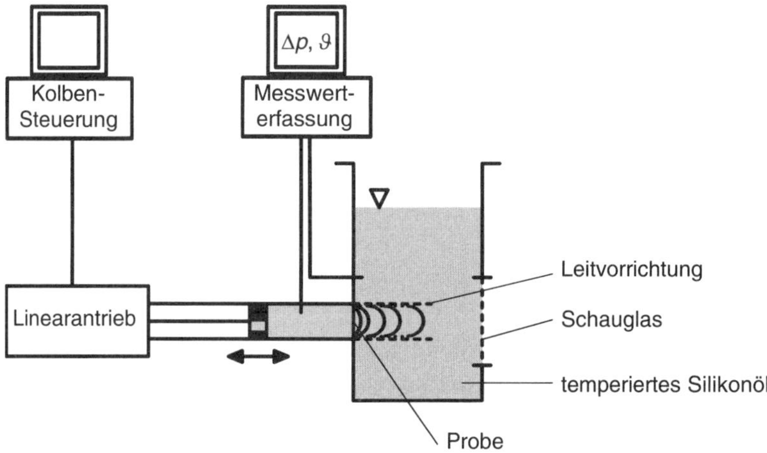

BILD 5.45 Membrane-Inflation-Rheometer

in einer zylindrischen Leitvorrichtung in der Kammer deformiert. Während der Deformation wird die Druckdifferenz zwischen Kolben und Kammer gemessen. Durch die Leitvorrichtung wird die Probe definiert verformt. Am Pol der halbkugelförmigen Probe wird so eine äquibiaxiale Dehnung realisiert. Durch die Messung der Druckdifferenz können über Kräftebilanzen Spannungs-/Dehnungkurven aufgenommen werden.

Mit dieser Messvorrichtung können sehr hohe Dehngeschwindigkeiten erreicht werden, die im Bereich der im Produktionsprozess vorkommenden Geschwindigkeiten liegen. Nachteilig wirken sich allerdings die bei hohen Deformationsgeschwindigkeiten auftretenden Trägheitskräfte des verdrängten Öls aus, die die Messungen der Druckdifferenz beeinflussen können. Weiterhin ist nicht geklärt, inwieweit das Öl in die Probe eindiffundieren und dann die rheologischen Eigenschaften beeinflussen kann.

5.4 Molekülorientierungen und Relaxation

Der molekulare Aufbau der polymeren Werkstoffe führt zu dem in den Abschnitten 5.1 bis 5.3 beschriebenen Verhalten im schmelzeförmigen Zustand. Durch die Fließvorgänge werden die Makromoleküle deformiert und in Strömungsrichtung orientiert. Orientierungen können durch genügend schnelle Abkühlung eingefroren werden und beeinflussen entscheidend die späteren Werkstoffeigenschaften im festen Zustand. Das Entstehen von Orientierungen und deren Abbau durch Relaxation soll daher im Folgenden detaillierter betrachtet werden.

5.4.1 Die Relaxation als thermodynamische Reaktion

Relaxation

Die Relaxation, d. h. das Abklingen der Spannung, die sich als Antwort auf eine vorausgegangene, konstant gehaltene Verformung einstellt, ist eine Folge der Wärmebewegung von Molekülen und Molekülsegmenten. Diese versuchen stets, sich in einen Zustand der niedrigsten Ordnung und des geringsten Zwanges einzustellen. Derartige Einstellungen von neuen Gleichgewichtszuständen lassen sich meist mit der Gibbschen Zustandsgleichung (*Gibbs-Helmholtzsche Gleichung*) abschätzen (Gibbsches Potential)

$$\Delta G = \Delta H - T \cdot \Delta S \tag{5.58}$$

- ΔG freie äußere Enthalpie; sie nimmt einen Minimalwert ein, $\Delta G \leq 0$, wenn die Einstellung zu einem neuen Gleichgewicht führt
- H innere Enthalpie
- T absolute Temperatur
- S Entropie

Bei völlig elastischem Verhalten würde durch Zufuhr äußerer Energie keine Energie in Wärme umgesetzt; dann wäre $T \cdot \Delta S = 0$. Man kann sich energieelastisches Verhalten, das durch den Modul ausgedrückt wird, vorstellen, als sei es durch Verbiegen der kovalenten Molekülachsen bewirkt.

Wir erkennen in der Zustandsgleichung, dass mit zunehmender Temperatur T das Glied $-T \cdot \Delta S$ groß wird, was eine starke rücktreibende Energie darstellt. Wie in einem gespannten Gas steigt auch in einem gespannten Gummi-(Elastomer-)Band die rücktreibende Kraft mit zunehmender Temperatur. Man spricht von Entropieelastizität, weil die Moleküle aus einem aufgezwungenen Ordnungszustand in den ungeordneten Zustand zurückkehren wollen. Wir beobachten daher bei Kunststoffen stets entropieelastische Erscheinungen. Sie spielen eine sehr große Rolle bei an Schmelzen geleisteten Verformungsarbeiten, z. B. bei der Urformung wie Spritzgießen, Pressen und anderen.

5.4.2 Orientierung

Orientierung

Beim Durchströmen oder beim Pressen werden die Molekülknäuel ausgerichtet, wie das schematisch in Bild 5.46 beim Übergang von Zustand I und II angedeutet ist. Sie kommen somit in einen Zwangszustand. Auch eine Schmelze, die unter Druck gesetzt wird, verformt sich durch Deformation der Molekülknäuel (Zustand II). Wirkt der Druck nur sehr kurz oder ist die Schmelze sehr hochviskos, dann zeigt sie kautschukelastisches Verhalten, d. h. nach Entlastung formt sie sich wieder in die Ausgangslage zurück (Zustand I). Unter langzeitig einwirkendem Druck bei gleichzeitig hoher Temperatur – das bedeutet Molekülbeweglichkeit – relaxiert die Schmelze, sie nimmt ohne verbleibende Orientierung die neue Gestalt (III) an. Unter Orientierung versteht man also eine Molekülgestalt, die einen Zwangszustand darstellt. Bei einigen Verarbeitungsverfahren, wie z. B. beim Spritzgießen (oder auch beim Vakuumtiefziehen), lässt man im Allgemeinen der Schmelze nicht ausreichend Zeit zum Relaxieren, sondern man friert sie – durch Einspritzen ins

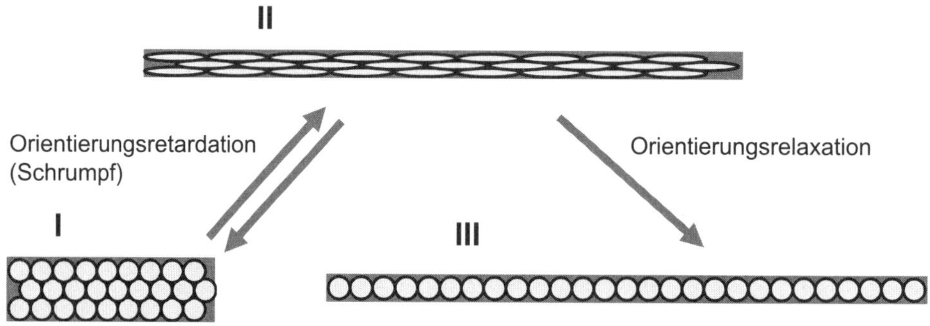

BILD 5.46 Schema zur Veranschaulichung der Deformation und Relaxation von Polymeren in der Schmelze und im kautschukelastischen Zustand (nach *Vollmert*)

gekühlte Werkzeug – im Zustand II ein. Eine spätere Wiedererwärmung führt dann zum Rückstellen in den Zustand I, dies ist ein entropieelastischer Effekt. Man spricht daher auch vom Erinnerungsvermögen der Thermoplaste oder dem „memory effect".

Hierbei muss auch erwähnt werden, dass die Eigenschaften solcher Teile im kalten Zustand stark durch die Orientierung beeinflusst werden, wie dies in Bild 5.47 für das Bruchverhalten bei Biegung für gespritzte und wie üblich schnell gekühlte Plättchen, z. B. aus Polystyrol, dargestellt ist. Auch die Zugfestigkeit kann in Orientierungsrichtung mehr als doppelt so hoch sein wie senkrecht dazu.

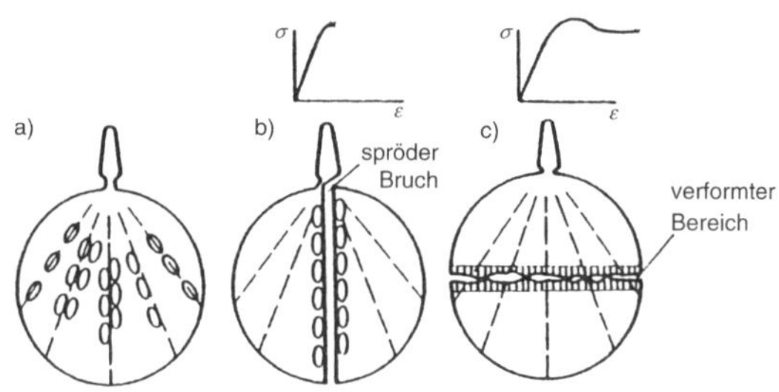

BILD 5.47 Zur Orientierung von Spritzgussteilen (nach *Vollmert*)
a) Fließrichtung bei einem gespritzten Kunststoffscheibchen – Orientierung von Partikeln
b) Bruch längs der Fließlinien bei geringer Deformation – sprödes Bruchverhalten
c) Bruch quer zu den Fließlinien bei größerer Deformation mit wesentlich größerem Kraftaufwand – zähes Bruchverhalten

Ketten-beweglichkeit

Es versteht sich nach dem Vorstehenden, dass eine Rückstellung der Moleküle in den statistisch wahrscheinlichsten Zustand umso schneller erfolgt, je höher die allgemeine Kettenbeweglichkeit, d. h. die Temperatur des Polymers bzw. je niedriger die Molekülmasse ist. Kettenbeweglichkeit ist sogar bei Raumtemperatur in einem allerdings sehr geringen Maße vorhanden. Die Relaxationszeit in Thermoplast-Schmelzen ist bereits so kurz, dass beim Extrudieren von Rohren (z. B. aus Hart-PVC) keine Orientierung zustande kommt. Andererseits macht man z. B. bei Schrumpfschläuchen (meist hochmolekulares PE, Verpackung) von einer eingefrorenen Orientierung praktischen Gebrauch. Sie ziehen sich nach Wiedererwärmung infolge Retardation auf den zu verpackenden Gegenstand.

Man kann diese Eigenschaften (Orientierungsgrad, Relaxationsverhalten) bei amorphen Thermoplasten bestimmen, wenn man verstreckte Formteile schrumpfen lässt bzw. im gestreckten Zustand wiedererwärmt und dabei retardieren lässt. Eine andere Methode benutzt die Änderung der optischen Anisotropie bei transparenten Kunststoffen, um die Relaxation bzw. Retardation zu messen (vgl. Abschnitt 10.9). Bei teilkristallinen Kunststoffen ist die Molekülorientierung von derjenigen der Kristallite überlagert und daher die Bestimmung schwierig. Bei thermo-rheologisch einfachen Stoffen, zu denen die Thermoplast-Schmelzen ebenso wie Elastomere (solange sie nicht vernetzt sind) gehören, haben alle Relaxations- und Retardations-Zeitverläufe die gleiche Temperaturabhängigkeit. Es ist daher möglich, diese Kurven entlang der Zeitachse so zu verschieben, dass sie zur Deckung gebracht werden können, so dass die Zusammenhänge sich verhältnismäßig einfach ermitteln lassen. Dies soll an einem Beispiel erläutert werden.

Orientierungsgradbestimmung, Schrumpf

Als Beispiel mögen die Schrumpfmessungen an gespritzten Formteilen aus einem Polystyrol dienen (Bilder 5.48 und 5.49) (*Wübken*). Hierbei drücken wir die jeweiligen Verfor-

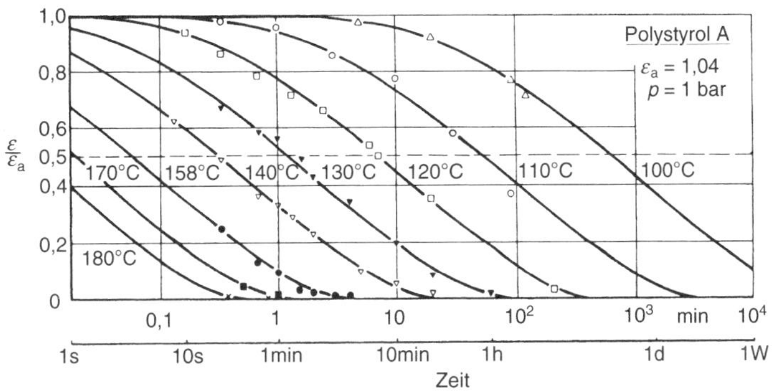

BILD 5.48 Relaxationsvorgang im Spritzgießwerkzeug bei unterschiedlichen Temperaturen (nach *Wübken*)

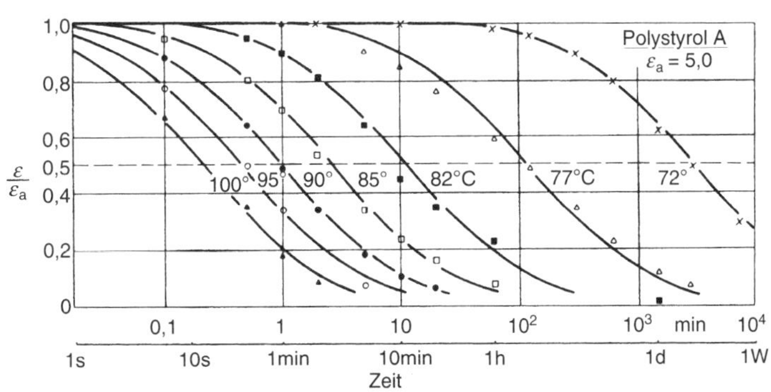

BILD 5.49 Retardationsvorgang (freier Schrumpf) bei unterschiedlichen Temperaturen (nach *Wübken*)

mungszustände in Form der (eingefrorenen) Dehnung ε aus. Wir bezeichnen somit den Zustand nach der Herstellung mit den eingefrorenen Orientierungen als Dehnung im Ausgangszustand ε_a

$$\varepsilon_a = \frac{l_a - l_0}{l_0} \tag{5.59}$$

und

$$\varepsilon = \frac{l - l_0}{l_0} = \frac{\Delta l}{l_0} \tag{5.60}$$

mit l_a Länge im Ausgangszustand, l_0 Länge im ausgeschrumpften Zustand (gleichbedeutend mit vor der Orientierung)

Demnach kann die sich infolge von Relaxations- oder Retardationsvorgängen einstellende Verformung ε auf die Ausgangsverformung ε_a bezogen werden. Der Praktiker arbeitet allerdings nicht mit dieser für wissenschaftliches Arbeiten besonders geeigneten Darstellung, sondern mit dem Schrumpf. Darunter versteht man

$$S = \frac{l_a - l}{l_a} = \frac{\Delta l}{l_a} \tag{5.61}$$

und völlig ausgeschrumpft, also der Endschrumpf (maximaler Schrumpf)

$$S_0 = \frac{l_a - l_0}{l_a} \tag{5.62}$$

Für die maximale Deformation (Dehnung im Ausgangszustand) folgt daraus

$$\varepsilon_a = \frac{S_0}{1 - S_0} \tag{5.63}$$

Temperung

Lässt man in Spritzgussteilen durch Tempern bei unterschiedlichen Temperaturen oder durch langen Aufenthalt im beheizten Werkzeug – also bei Erhalt der Geometrie – die Moleküle relaxieren, dann kann man die Ergebnisse wie folgt darstellen: Es ergeben sich, wie in Bild 5.48 und Bild 5.49 gezeigt, Kurven der auf den Anfangswert bezogenen Dehnung über dem Logarithmus der Zeit, die – unabhängig davon, ob Relaxation oder Retardation – ähnlich sind. Die Mechanismen stofflicher Art scheinen somit gleich zu sein. Wir können beide Vorgänge mit dem gleichen Modell beschreiben (vgl. Bild 5.25).

Masterkurve

In beiden Fällen sind die Kurven umso mehr zu langen Zeiten verschoben, je niedriger die Temperatur ist. Darüber hinaus laufen Retardationsvorgänge schneller ab. Da die Kurven jeweils für Relaxation oder Retardation ähnlich sind, kann man sie durch Verschieben zur Deckung bringen. Man erhält eine einzige Kurve, die sogenannte Masterkurve (Bild 5.50).

Als Bezugsgröße für das Maß, um das die Funktionen jeweils zu verschieben sind, nehmen wir zweckmäßigerweise die Dehnung, die gerade halb so groß ist wie der Ausgangswert.

$$\frac{\varepsilon}{\varepsilon_a} = 0{,}5$$

Als Bezugskurve, auf die wir unsere Kurven verschieben, benutzen wir die Kurve, die den Wert

$$\frac{\varepsilon}{\varepsilon_a} = 0{,}5 \quad \text{zur Zeit } t = 1 \text{ min}$$

durchläuft. Zudem machen wir die Zeit dimensionslos, indem wir sie durch die Halbwert-Relaxationszeit $\lambda_{1/2}$ teilen (vgl. Bild 5.50).

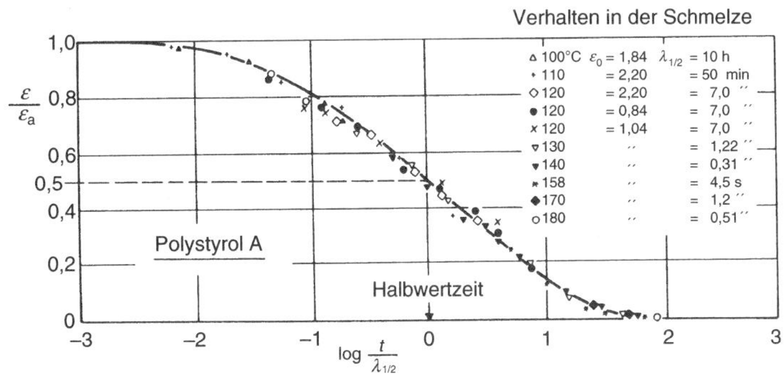

BILD 5.50 Hauptkurve (normierte Darstellung) der Relaxationsvorgänge im Spritzgießwerkzeug (nach *Wübken*)

Den jeweiligen Halbwert-Relaxationszeitwert in einer Kurve für eine bestimmte Temperatur erhält man aus der sogenannten WLF-Kurve (Bild 5.51). Die Ergebnisse der Untersuchungen von *Wübken* sind hier zusammengestellt. Wie bereits festgestellt, sind die

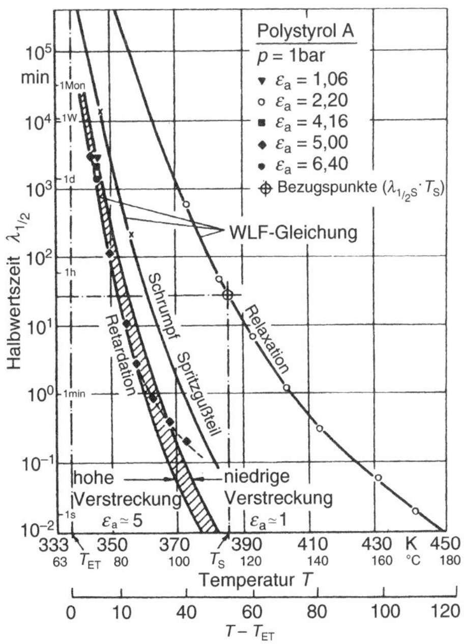

BILD 5.51 Temperaturabhängigkeit der Halbwertszeiten von Retardation und Relaxation (nach *Wübken*)

Retardationen sehr viel schneller als die Relaxationen und das Schrumpfen der Spritzgussteile, bei dem offensichtlich eine Mischung beider Mechanismen vorliegt. Dass die Relaxation etwa 10^4-fach länger braucht, ist leicht erklärbar, denn – wie man in Bild 5.46 entnimmt – bei der Relaxation müssen sich die Moleküle gegeneinander verschieben, während sich bei der Retardation ganze Querschnitte gemeinsam bewegen können.

Halbwertszeit

5.4.3 Halbwertzeiten der Relaxation

In Bild 5.51 sind die Halbwertzeiten der Relaxation und der Retardation, die durch langsame Verformungsgeschwindigkeit aufgebracht worden waren, in Abhängigkeit von der Temperatur dargestellt. Sie wurden aus Bild 5.48 und Bild 5.49 übertragen. Die Kurven gelten für den Werkstoff Polystyrol. Obwohl die Halbwertzeiten der Retardation je nach Verstreckungsgrad unterschiedlich sind (s. Bild 5.49), fallen sie – in Bild 5.51 über der Temperatur aufgetragen – in einem engen Band recht dicht zusammen.

Temperaturabhängigkeit

Der steile Abfall der Kurven zeigt, dass das Relaxationsverhalten sehr stark temperaturabhängig ist. Eine Temperaturerhöhung von nur 20 K setzt die Halbwertzeit im Versuchsbereich um das Zehn- bis Tausendfache (!) herab. Die Kurven werden um so steiler, je niedriger die Temperatur ist; sie nähern sich scheinbar (!) asymptotisch der Erweichungstemperatur T_{ET}. Diese entspricht der vom Rohstoffhersteller angegebenen Temperatur für die Formbeständigkeit in der Wärme, gemessen nach DIN 53461, Verfahren A (ISO/R 75). Diese Temperatur hat für Relaxationsvorgänge offenbar eine besondere Bedeutung. Es ist die Temperatur, bei der sich der Kunststoff unter Biegebeanspruchung deutlich zu verformen beginnt. Unterhalb dieser Temperatur findet praktisch keine Orientierungsrelaxation statt, es sei denn, man verfolgt sie über Jahre oder Jahrzehnte.

Auffällig ist, dass auch die Messpunkte für die Relaxation bei unterschiedlichem hydrostatischen Druck in Bild 5.52 einer von *Williams*, *Landel* und *Ferry* angegebenen theoretischen Beziehung gehorchen. Die Autoren fanden empirisch, dass Relaxationsprozesse der mechanischen oder elektrischen Eigenschaften für verschiedene Stoffe in ihrer Temperaturabhängigkeit einer einzigen einfachen Funktion entsprechen (vgl. Gl. 5.16).

Das Verhältnis der Relaxationszeit λ zur Relaxationszeit λ_S bei einer bestimmten Bezugstemperatur T_s gehorcht nach ihren Angaben folgender Gleichung:

$$\log a_s = \log \frac{\lambda}{\lambda_s} = -\frac{8{,}86 \cdot (T - T_s)}{101{,}6 + (T - T_s)} \qquad (5.64)$$

WLF-Gleichung

Diese Beziehung ist in der Literatur als „WLF"-Gleichung bekannt. Das Verhältnis der Relaxationszeiten $\lambda / \lambda_s = a_s$ wird als Verschiebungsfaktor bezeichnet. Die Autoren fanden, dass die obige Gleichung weitgehend unabhängig von der Art des Relaxationszeitspektrums (z. B. breit oder schmal) und der Zeitabhängigkeit ist, gleichgültig, ob es sich um mechanische oder elektrische Messungen handelt. Sie konnten den analytischen Zusammenhang für amorphe Polymere sowie für organische und anorganische Gläser im Bereich $T_{ET} < T < (T_{ET} + 100\ \mathrm{K})$ mit großer Genauigkeit verifizieren. Bei Temperaturen von mehr als 100 K oberhalb der Erweichungstemperatur muss allerdings unter Umständen mit Abweichungen gerechnet werden. Dies ist auch der Grund, weshalb entsprechende

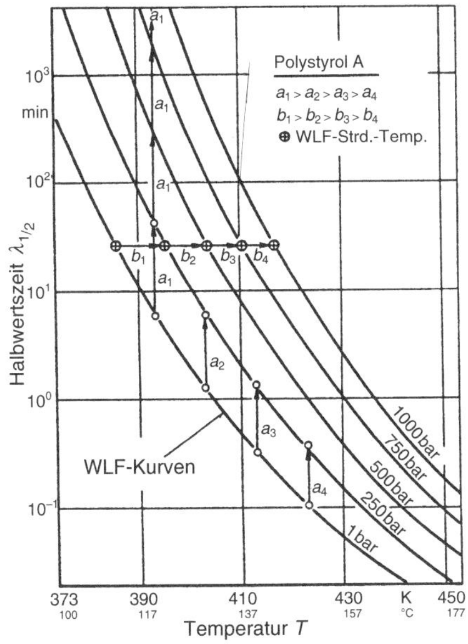

BILD 5.52 Temperaturabhängigkeit der Relaxationszeiten bei unterschiedlichen Drücken (nach *Wübken*)

Messungen bei teilkristallinen Thermoplasten weniger gut reproduzierbare Ergebnisse bringen, liegt doch hier die Schmelztemperatur $T_m \cong T_{ET}$. Die WLF-Gleichung lässt sich nicht nur auf Thermoplaste, sondern auch auf Elastomere anwenden.

Die in der WLF-Gleichung enthaltene Bezugstemperatur T_s ist nicht frei wählbar. Um eine möglichst exakte Übereinstimmung zwischen experimentellen und WLF-Werten zu erhalten, muss die WLF-Kurve so lange verschoben werden, bis sie die Versuchsdaten am besten beschreibt, d. h. $\lambda_{1/2}$ und T_s sind zu bestimmen. Die Bezugstemperatur ist jedoch nicht von der Art des Relaxationsversuchs abhängig, sondern typisch für den Werkstoff. Sie wurde einheitlich für alle bisher untersuchten Stoffe ungefähr 50 K über der Erweichungstemperatur mit einer Standardabweichung von nur ±5 K festgestellt. Für Polystyrol A (Bild 5.51) fanden wir eine Bezugstemperatur von $T_s = 113$ °C (386 K). Sie liegt um 48 K über der vom Hersteller angegebenen Formbeständigkeitstemperatur von 65 °C.

Die Beziehungen für die Halbwertzeiten von Bild 5.51 lauten für Polystyrol A mit: $T_s = 113$ °C:

Relaxation

$$\log \frac{\lambda_{1/2}}{\text{min}} = \log 27 - \frac{8{,}86(T - T_s)}{101{,}6 + (T - T_s)} \tag{5.65}$$

Retardation

$$\log \frac{\lambda_{1/2}}{\text{min}} = \log 0{,}0018 \frac{8{,}86(T - T_s)}{101{,}6 + (T - T_s)} \tag{5.66}$$

Die Konstanten 27 und 0,0018 sind identisch mit der Halbwertzeit $\lambda_{1/2}$ in Minuten bei der zugrunde gelegten Bezugstemperatur von $T_s = 113$ °C.

Bild 5.52 zeigt den Einfluss des Druckes auf das Relaxationsverhalten; mit zunehmendem hydrostatischem Druck wird die Beweglichkeit kleiner. Auch hier verhalten sich die Zeitveränderungen

$$a_1(p):a_2(p):a_3(p) \quad \text{wie} \quad b_1(p):b_2(p):b_3(p) \tag{5.67}$$

Druckabhängigkeit

Diese Druckabhängigkeit lässt sich leicht in die WLF-Funktion einbauen, wenn wir uns an Bild 5.13 erinnern, wonach die Einfriertemperatur und somit auch die Bezugstemperatur T_s durch den hydrostatischen Druck verschoben werden. Es gilt schließlich (da $\lambda = \eta / E$) die gleiche Gesetzmäßigkeit für η und λ, so dass wir die wichtige Beziehung erhalten:

$$\log \frac{\lambda^*_{(T,p)}}{\lambda_0} = \frac{8{,}86 \cdot \left(T - T_S + \frac{2}{100}\frac{°\text{C}}{\text{bar}} \cdot p\right)}{101{,}6 + \left(T - T_S + \frac{2}{100}\frac{°\text{C}}{\text{bar}} \cdot p\right)} - \frac{8{,}86 \cdot \left(T^* - T_S \frac{2}{100}\frac{°\text{C}}{\text{bar}} \cdot p\right)}{101{,}6 + \left(T^* - T_S + \frac{2}{100}\frac{°\text{C}}{\text{bar}} \cdot p\right)} \tag{5.68}$$

Das Zeit-Temperatur-Verschiebungsprinzip gilt somit nicht für Deformationen und Spannungen bei Retardation und Relaxation, sondern auch für die Moduln und für die Nullviskosität (vgl. Gl. 5.16).

Deformationsgeschwindigkeit

Wenn Deformationen unter hohen Geschwindigkeiten erfolgen, dann beobachtet man eine deutliche – nicht mehr vernachlässigbare – Abhängigkeit des Relaxationsverhaltens von der Geschwindigkeit; bei hohen Verformungsgeschwindigkeiten werden die Relaxationszeiten kürzer. Auch für diesen Fall wurde eine Berechnungsmethode vorgeschlagen. Sie erfasst zudem denjenigen Teil der Verformung, der bereits während des Aufbringens relaxiert, sich also später nach der Entlastung nicht mehr zeigt. Die Vorgehensweise ist in Bild 5.53 und Bild 5.54 verdeutlicht (*Wortberg*).

Die in einem Zeitschritt Δt sich einstellende Änderung der reversiblen Deformation ergibt sich aus der Superposition von eingebrachter Deformation ($\dot{\varepsilon} \cdot \Delta t$) und im gleichen Zeitintervall relaxierter, reversibler Deformation ($\varepsilon_\text{R} \Delta t / \tau(\varepsilon_\text{R})$ zu

$$\Delta\varepsilon_\text{R} = \underbrace{\dot{\varepsilon} \cdot \Delta t}_{\text{äußere Deformation}} - \underbrace{\frac{\varepsilon_\text{R}}{\tau(\varepsilon_\text{R})} \cdot \Delta t}_{\text{Relaxation}} \tag{5.69}$$

$$\tau(\varepsilon_\text{R}) = C_1 \cdot \text{e}^{-C_2 \cdot \varepsilon_\text{R}} \tag{5.70}$$

Das materialspezifische Relaxationsverhalten (zeitlicher Abbau reversibler Deformationen bei äußerer Behinderung) ist hier mit einem Ansatz für ein Maxwell-Modell mit von der Höhe der reversiblen Deformation abhängiger Relaxationszeit $\tau(\varepsilon_\text{R})$ beschrieben (vgl. Bild 5.55).

In dieser Weise lassen sich der Aufbau reversibler Deformationen für konstante Deformationsgeschwindigkeit $\dot{\varepsilon}$, die stationären Endwerte $\varepsilon_{\text{Rmax}}$ als Funktion der Deformationsgeschwindigkeit und die Relaxationskurve, ausgehend von einem Anfangswert $\dot{\varepsilon}_{\text{Ra}}$, numerisch berechnen.

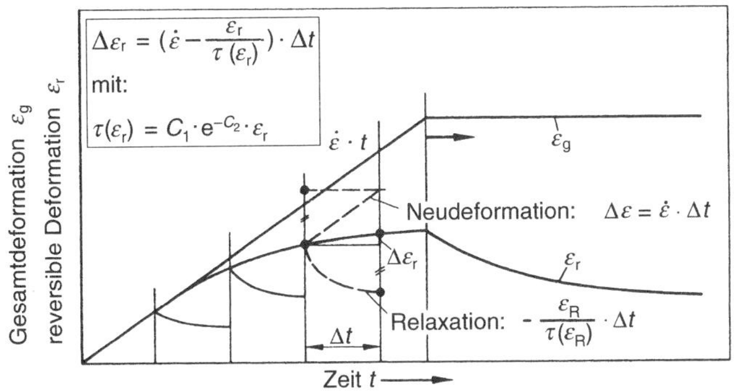

BILD 5.53 Bestimmung des elastischen Verhaltens von Schmelzen durch schrittweises Berechnen von Deformation und Relaxation, Schema des Rechenganges

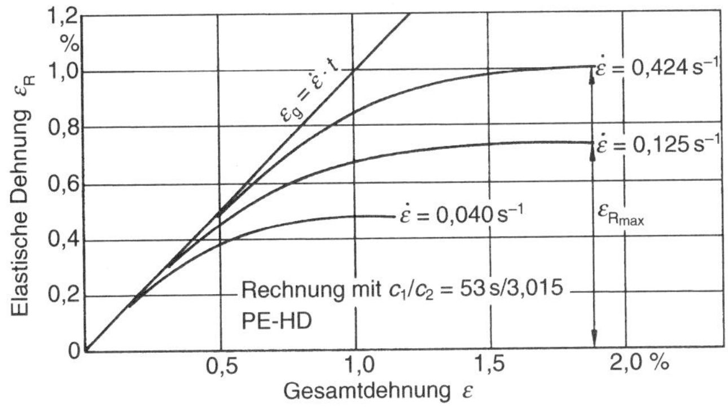

BILD 5.54 Elastische Anteile bei der Dehnung einer PE-Schmelze bei verschiedenen Dehngeschwindigkeiten (nach *Junk*, *Wortberg*, *Vogt*)

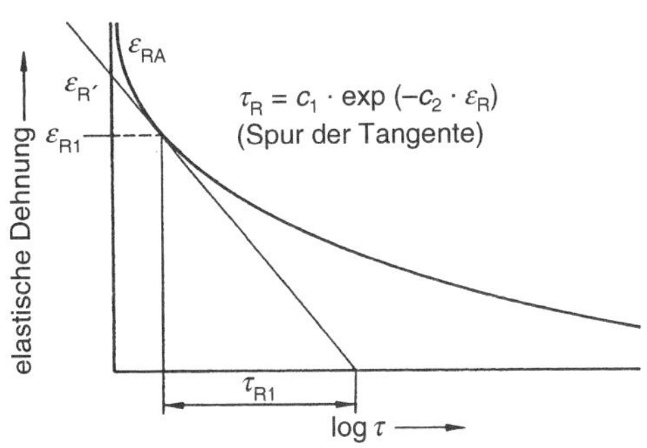

BILD 5.55 Funktion für die Änderung der Relaxationszeit τ in Abhängigkeit von der jeweils vorhandenen reversiblen (elastischen) Deformation

Die charakterisierenden Konstanten C_1 und C_2 für das jeweils interessierende Material müssen aus Messungen ermittelt werden. Dies geschieht am günstigsten aus einigen Relaxationsmessungen oder durch die Ermittlung der stationären Endwerte reversibler Deformationen ε_{Rmax} bei zwei verschiedenen Deformationsgeschwindigkeiten $\dot{\varepsilon}$. Die Größe C_1 beinhaltet den Temperatureinfluss und ist – eine Temperatur-Verschiebungs-Beziehung – auf jede beliebige Temperatur umrechenbar.

Bild 5.54 zeigt die maximal erreichbare reversible Scherdeformation als Funktion der Schergeschwindigkeit bei PE-HD.

Literatur zu Kapitel 5

Breuer, H.: Schrumpf als Folge von Orientierungen in Folien und Tafeln. Dissertation, RWTH Aachen, 1979

Carreau, P. J.; De Klee, D. C. R.; Chhabra, R. P.: Rheology of Polymeric Systems. Hanser, München 1997

Chmiel, H.; Schümmer, P.: Eine neue Methode zur Auswertung von Rohrrheometer-Daten. *Chemie Ingenieur Technik*, **43** (1971) 23, S. 1257–1259

Cox, W. P.; Merz, E. H.: Correlation of dynamic and steady-flow viscosities. *Journal of Polymer Science* **28** (1958) A-118, S. 619–622

Ferry, J. D.: Viscoelastic Properties of Polymers. John Wiley & Sons, New York, London 1980

Dealy, J. M.; Saucier, P. C.: Rheology in Plastics Quality Control. München: Carl Hanser Verlag, 2000

Detrois, C.: Untersuchungen zur Dehnrheologie und Verarbeitbarkeit von Halbzeugen beim Thermoformen sowie Simulation und Optimierung der Umformphase. Dissertation, RWTH Aachen, 2001

Fink, B.-K.: Simulative und experimentelle Untersuchungen zum Aufschwellverhalten von Kunststoffschmelzen hinter Extrusionswerkzeugen. Dissertation, RWTH Aachen, 2009

Giesekus, H.; Langer, G.: Die Bestimmung der wahren Fließkurven nicht-newtonscher Flüssigkeiten und plastischer Stoffe mit der Methode der repräsentativen Viskosität. *Rheologica Acta* **16** (1977) 1, S. 1–22

Hartwig, K.: Simulation des Streckblasverfahrens und Charakterisierung des prozessrelevanten Materialverhaltens. Dissertation, RWTH Aachen, 1997

Hepperle, J.: Rheologische Eigenschaften von Polymerschmelzen. In: K. Kohlgrüber (Hrsg.) Der gleichläufige Doppelschneckenextruder: Grundlagen, Technologie, Anwendungen. München: Carl Hanser Verlag, 2007

Hoffmann, K.: Beiträge zur Strömungs- und Spannungsberechnung in Extrusionswerkzeugen. Dissertation, RWTH Aachen, 1996

Junk, P. B.: Betrachtungen zum Schmelzeverhalten beim kontinuierlichen Blasformen. Dissertation, RWTH Aachen, 1978

Macosco, C. W.: Rheology – Principles, Measurements and Applications. Weinheim: VCH Verlagsgesellschaft, 1994

Matsouka, S.: Relaxation Phenomena in Polymers. München: Carl Hanser Verlag, 1992

Meißner, J.: Rheologisches Verhalten von Schmelzen. In: G. Schreyer (Hrsg.) Konstruieren mit Kunststoffen, Teil 2. München: Carl Hanser Verlag, 1985

Mezger, T. G.: Das Rheologie Handbuch: Für Anwender von Rotations- und Oszillations-Rheometern. Hannover: Vincentz Network, 2010

Schümmer, P.: Rheologie I. Umdruck zur Vorlesung, Institut für mechanische Verfahrenstechnik, RWTH Aachen, 1992

Münstedt, H.: New Universal Extensional Rheometer for Polymer Melts –Measurements on a Polystyrene Sample. *Journal of Rheology* **23** (1979) 4, S. 421–436

Osswald, T. A.; Menges, G.: Materials Science of Polymers for Engineers. München: Carl Hanser Verlag, 2003

Osswald, T. A.; Hernandez-Ortiz, J. P.: Polymer Processing: Modeling and Simulation. München: Carl Hanser Verlag, 2006

Osswald, T. A.: Understanding Polymer Processing: Processes and Governing Equations. München: Carl Hanser Verlag, 2010

Pahl, M.; Gleisle, W.; Laun, H.-M.: Praktische Rheologie der Kunststoffe und Elastomere. VDI Verlag, Düsseldorf 1995.

Retting, W.; Laun, H. M.: Kunststoff-Physik. München, Wien: Carl Hanser Verlag, 1991

Schmitz, G.: Experimentelle Analyse und numerische Modellierung der Deformationsvorgänge bei der Schlauchfolienextrusion. Dissertation, RWTH Aachen, 1996

Schulze-Kadelbach, R.: Fließverhalten gefüllter Polymerschmelzen. Dissertation, RWTH Aachen, 1978

Strauch, T.: Ein Beitrag zur rheologischen Auslegung von Coextrusionswerkzeugen. Dissertation, RWTH Aachen,1987

VDI (Hrsg.): Praktische Rheologie für Kunststoffschmelzen und Lösungen. VDI-Verlag, Düsseldorf 1981, 1983

VDMA (Hrsg.): Kenndaten für die Verarbeitung thermoplastischer Kunststoffe. Teil 1: Thermodynamik. 1979; Teil 2: Rheologie. 1986; Teil 3: Tribologie. 1983; Teil 4: Rheologie Band 2. Hanser, München 1986

Vinogradov, G. V.; Malkin, A. Y.: Temperature-independent viscosity characteristics of polymer systems. *Journal of Polymer Science* **2** (1964) A-5, S. 2357–2372

Vinogradov, G. V.; Malkin, A. Y.: Rheological properties of polymer melts. *Journal of Polymer Science* **4** (1966) A-2, S. 135–154

Vinogradov, G. V.; Malkin, A. Y.; Jarlykow, B. W.; Borissenkowa, E. K.; Blinowa, N. K.: Relaxationseigenschaften und kritische Fließbedingungen bei Polymeren. *Plaste und Kautschuk* **19** (1972) 12, S. 907–912

Williams, M. L.; Landel, R. F.; Ferry, J. D.: The Temperature Dependence of Relaxation Mechanisms in Amorphous Polymers and Other Glass-forming Liquids. *Journal of American Chemical Society* **77** (1955) 14, S. 3701–3707

Wortberg, J.: Werkzeugauslegung für Ein- und Mehrschichtextrusion. Dissertation, RWTH Aachen, 1978

Wübken, G.: Einfluss der Verarbeitungsbedingungen auf die innere Struktur thermoplastischer Spritzgussteile unter besonderer Berücksichtigung der Abkühlverhältnisse. Dissertation, RWTH Aachen, 1974

Zhang, D.; Fritz, H. G.; Bonten, C.: Modifikation der rheologischen Eigenschaften von PA 66 mittels eines reaktiven Extrusionsprozesses. In: C. Bonten, M. R. Buchmeiser (Hrsg.) 22. Stuttgarter Kunststoff-Kolloquium, 2011

6 Abkühlen aus der Schmelze und Entstehung von innerer Struktur

6.1 Struktur und innere Eigenschaften

6.1.1 Thermodynamischer Zustand

Einfrieren

Wenn einer Polymerschmelze Wärme entzogen wird, dann verlieren die Ketten ihre Beweglichkeit, und Segment um Segment wird von den Nebenvalenzfeldern der Nachbarn eingefangen. Die Schmelze wird hochviskos. Handelt es sich um ein Polymer mit unregelmäßigen, nicht kristallisationsfähigen Kettenmolekülen, so kann die mit der Abkühlung einhergehende, zunehmend dichtere Packung aber nicht zur Kristallisation führen. Die Schmelze friert segmentweise weiter ein, d. h. sie versteift zunehmend, bis sie bei der Einfriertemperatur völlig erstarrt. Dieses Verhalten kommt vielen Verarbeitungsverfahren sehr entgegen.

Betrachten wir zunächst die Kurve des Polystyrols. Im Verlauf der Enthalpie und des spezifischen Volumens registrieren wir eine schwache Steigungsänderung (vgl. Bild 6.1 untere Kurve). Wurde der Stoff vorher mit zunehmender Abkühlung in seinem mechanischen Verhalten mehr und mehr einem Kautschuk ähnlich, so wird er nun zum harten,

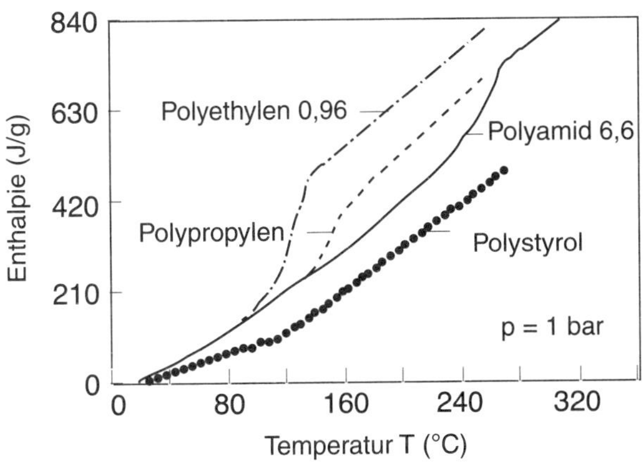

BILD 6.1 Wärmeinhalt als Funktion der Temperatur bei verschiedenen Thermoplasten

spröden Körper. Man nennt daher diese Temperatur die Einfriertemperatur T_{ET} bzw. Glastemperatur T_G. Richtiger ist für Polymere, von einem Einfriertemperaturbereich zu sprechen, da sich dieser Vorgang über einige Temperaturgrade hinzieht. Das Volumen eines so einfrierenden Stoffes ändert sich bis zur Einfriertemperatur und darunter jeweils linear, allerdings mit unterschiedlicher Steigung. Die Einfriertemperatur kann aus dem Schnittpunkt beider Geraden bestimmt werden. Die lineare Volumenänderung ist für eine Reihe von Fertigungsmethoden vorteilhaft.

Volumenänderung bei der Kristallisation

Kühlt man eine Schmelze ab, die aus Molekülknäueln aufgebaut ist, deren Ketten – zumindest zum Teil – einen regelmäßigen Bau aufweisen (vgl. Bild 6.1, Kurven von Polyethylen, Polypropylen oder Polyamid 6.6), dann kommen Segmente der Ketten bereits weit oberhalb der Einfriertemperatur in Nebenvalenzfelder ihrer Nachbarn, wo sie aber nun eine engste Packungsdichte einnehmen, d. h. sie kristallisieren. Da hierbei Kristallisationswärme frei wird (vgl. Bild 6.1: Abknicken der Enthalpiekurven für Polyamid, Polyethylen, Polypropylen), muss diese erst abgeführt werden, bevor die Abkühlung weiter voranschreiten kann. Man beobachtet daher, dass die Schmelze, die je nach Größe ihrer Moleküle noch mehr oder weniger viskos ist, bei Erreichen der Kristallisationstemperatur T_{KT} einen Temperaturhaltebereich aufweist. Je kürzer die Moleküle sind (geringe Molmasse), umso leichter kristallisieren die Moleküle, der Kristallisationsgrad wächst. Die Kristallisationstemperatur T_{KT} ist nur in seltenen Fällen mit der Kristallitschmelztemperatur T_m identisch; beide sind in starkem Maße von der Abkühl- bzw. Aufheizgeschwindigkeit abhängig. Teilkristalline Thermoplaste haben einen Kristallisationsgrad von 30 bis 70 %. Bei derartigen Anteilen liegt unterhalb der Kristallitschmelztemperatur ein fester, aber dank der noch nicht eingefrorenen amorph erstarrenden Anteile, zäher Körper vor.

In Bild 6.2 wird schematisch dargestellt, wie sich gleichlaufend mit der Enthalpie in Bild 6.1 das Volumen von Polymeren v_i mit der Temperatur ändert. In der Schmelze besteht ein gewisses freies Volumen (Leerstellen), welches die Molekülbeweglichkeit erlaubt.

Eine unterkühlte Flüssigkeit besteht jedoch auch nur solange, wie dank des noch vorhandenen freien Volumens eine gewisse molekulare Beweglichkeit besteht. Wenn für ganze

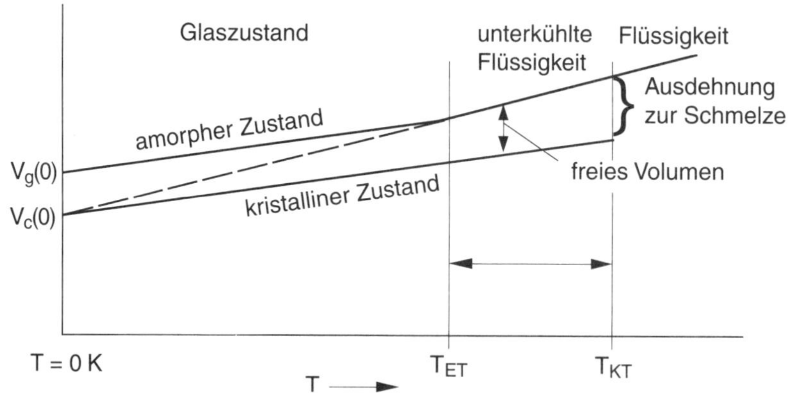

BILD 6.2 Wärme-Volumen-Ausdehnungsmodell für Thermoplaste (nach *Simha* und *Boyer*)

Moleküle oder Segmente von Ketten jedoch die Bewegungsmöglichkeit aufhört, ist der Glaszustand erreicht. Der Stoff ist eingefroren. Man nennt die Temperatur, bei der dies auftritt, daher auch Glas- oder Einfriertemperatur (T_G bzw. T_{ET}). Wie man Bild 6.2 weiter entnimmt, wird damit auch das freie Volumen eingefroren, das bei der Einfriertemperatur vorliegt.

Im Falle der Kristallisation ändert sich das Volumen des kristallisationsfähigen Anteils weit über der Einfriertemperatur des amorphen Anteils, im Idealfall sprunghaft, auf ein niedrigeres spezifisches Volumen, jedoch bleiben in den amorphen Anteilen Leerstellen übrig, die weiterhin Beweglichkeit der Polymerketten und damit langsames Fließen (Kriechen) erlauben. Experimentell findet man bei Polymeren Kristallisations- und Schmelzebereiche, was auf die unterschiedlichen Molmassen der einzelnen Polymerketten zurückzuführen ist. Kürzere Polymere kristallisieren schneller als lange, was man sich im Bild 6.6 im zweiten Teilbild gut veranschaulichen kann, wenn man den weiten Weg sieht, den ein Molekül bei der Faltung vollziehen muss.

Die Flüssigkeit hat gegenüber dem festen Körper ein großes freies Volumen und dank dessen eine hohe Molekülbeweglichkeit. Am absoluten Nullpunkt hat ein kristallisierender Stoff dagegen sein kleinstes Volumen, da hier keine Wärmebewegung mehr vorliegt. Das Volumen am Nullpunkt ist durch die Bauform der die Monomermoleküle darstellenden Atomgruppen gegeben.

Einfluss des Druckes

Aufgrund der Leerstellen sind die Polymere kompressibel und das spezifische Volumen bei amorphen und teilkristallinen Thermoplasten ist damit abhängig vom Umgebungsdruck. Durch zunehmendem Druck p_i; verringert sich das spezifische Volumen und die Einfrier-/Kristallisationstemperatur nimmt linear zu (Bild 6.3).

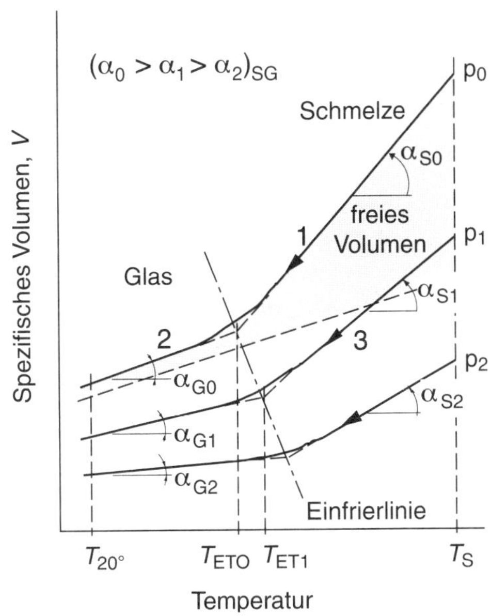

BILD 6.3 p-v-T-Diagramm eines amorphen Thermoplasten bei verschiedenen Drücken

Einfluss der Abkühlgeschwindigkeit

Aufgrund der Kristallisation hängt die Größe des eingefrorenen Volumens sehr stark von der Abkühlgeschwindigkeit ab. Hohe Abkühlgeschwindigkeit bedeutet größeres freies Volumen. Diese Zusammenhänge haben große praktische Bedeutung. Eingefrorenes freies Volumen bewirkt, dass auch im festen Zustand noch Molekülbewegung möglich ist. Der Werkstoff erweist sich damit als weniger spröde. Dies bedingt auch ein stärkeres Eindringen und eine höhere Durchlässigkeit von angrenzenden Fremdstoffmolekülen, wenn das freie Volumen größer ist (Diffusion von Gasen und Flüssigkeiten). Desgleichen wird mit Maßänderungen zu rechnen sein. Wenn z. B. dem Stoff durch erhöhte Temperatur mehr molekulare Beweglichkeit gegeben wird, wird er das eingefrorene freie Volumen schneller abbauen als bei einer niedrigen Temperatur. Man macht davon Gebrauch, indem man Formteile u. a. einer Wärmebehandlung an der Grenze der Formsteifigkeit unterwirft. Dies nennt man „Tempern". Im Allgemeinen bedeutet dies eine qualitative Verbesserung.

Tempern

Abkühlung bei der Extrusion

Für die Fertigung haben diese Zusammenhänge erhebliche Konsequenzen. So ist das Herstellen von Profilen auf Extrudern aus der Schmelze bei amorph erstarrenden Thermoplasten gut möglich, da die Schmelze so weit im formgebenden Extruderwerkzeug abgekühlt werden kann, dass sie beim Austritt eine ausreichende Festigkeit hat, um abgezogen werden zu können bzw. nicht in sich zusammenzufallen. Bei amorphen Thermoplasten ist zudem keine Volumenänderung mit der Einfriertemperatur verbunden (vgl. Bild 6.3), vielmehr wird die mit diesem Zustand erreichte Leerstellenkonzentration eingefroren. Teilkristallin erstarrende Thermoplaste sind – wenn sie nicht eine sehr hohe Molmasse besitzen – oberhalb der Kristallisationstemperatur noch so niedrigviskos, dass sie beim Austritt aus dem Werkzeug eine nicht ausreichende Schmelzesteifigkeit zeigen. Tiefere Temperaturen sind jedoch wegen des Einfrierens im Werkzeug nicht möglich. Hier muss somit die Formgebung bis nach dem Einfrieren unter Formzwang erfolgen, was ungleich schwieriger ist.

Abkühlung beim Spritzgießen

Auch beim Spritzgießen verhalten sich die teilkristallinen Thermoplaste ungünstiger, da zum einen mehr Wärme abgeführt werden muss und zum anderen die größere Volumenänderung längere Nachdruckzeiten bedingt, d. h. längere Herstellzeiten und größere Schwindung. Durch den Abkühlvorgang wird der Kristallisationsgrad nachhaltig beeinflusst. Sehr schnelles Abkühlen gestattet, die Kristallisation weitgehend zu unterdrücken und zumindest bei dünnwandigen Formteilen eine nahezu amorphe Erstarrung zu erzwingen. Im Falle erzwungener amorpher Erstarrung kommt es aber mit der Zeit zur Nachkristallisation, was weiteren Schwund und Verzug in der späteren Anwendung bedingt.

Schwindung

Man kann den Füll- und Nachdruckverlauf beim Spritzgießen (vgl. Bild 6.4) in einem p-v-T-Diagramm (spezifisches Volumen über Druck und Temperatur) verfolgen und daraus wichtige Eigenschaften voraussagen. So ist in Bild 6.4 der Zustandsverlauf (Verlauf von Druck und Temperatur) des Werkstoffs von der Schmelze bis zum festen, kalten Formteil dargestellt. Während der volumetrischen Füllung (0 bis 1), der Kompressionsphase (1 bis 2) und der Nachdruckphase (2 bis 3) wird Polymermasse in die Werkzeugkavität gedrückt. Bei Punkt 3 kommt es durch den Abkühlprozess zum Einfrieren des Angusses, d. h. zur Versiegelung des Formteils. Von diesem Zeitpunkt an kann kein weiteres Material zur Schwindungskompensation nachgeführt werden. Innerhalb des weiteren Abküh-

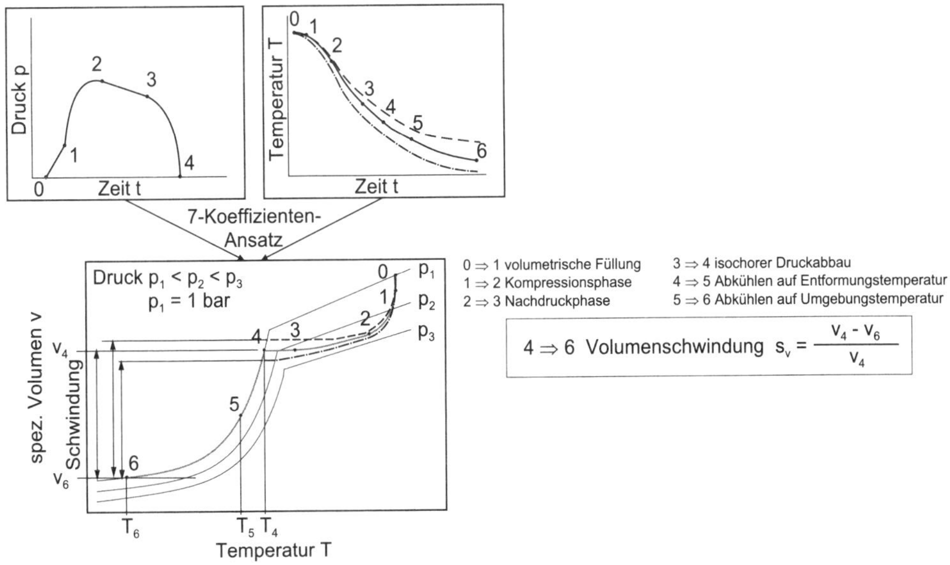

BILD 6.4 Zustandsverlauf im p-v-T-Diagramm bei einem teilkristallinen Thermoplast

HINWEIS: Die Differenz zwischen dem spezifischen Volumen bei Erreichen des Umgebungsdrucks zum spezifischen Volumen bei Raumtemperatur gibt im p-v-T-Diagramm die Volumenschwindung wieder.

lens des Polymers über den isochoren Druckabbau (3 bis 4), der Abkühlung auf Entformungstemperatur (4 bis 5) und der Abkühlung auf Umgebungstemperatur (5 bis 6) kommt es zu einer Abnahme des spezifischen Volumens. Die Schwindung, d. h. die Abmessungsdifferenz des fertigen kalten Formteils gegenüber dem formenden Werkzeug, kann man aus dem Volumenunterschied zwischen dem spezifischen Volumen zum Zeitpunkt 4 und dem spezifischen Volumen bei Raumtemperatur abschätzen. Da sich bei nahezu gleichem Druck über dem Formteilquerschnitt aufgrund der schlechten Wärmeleitfähigkeit von Polymeren Temperaturprofile einstellen, kommt es über den Formteilquerschnitt zu einer unterschiedlichen Volumenschwindung. Unterschiedliche Schwindungen, hervorgerufen auch durch unterschiedliche Druck- und Temperaturverhältnisse im Formteil, führen zu Eigenspannungen und Verzug.

Bei teilkristallinen Thermoplasten treten aufgrund des niedrigeren Verlaufes des spezifischen Volumens gegenüber amorphen Thermoplasten eine höhere Schwindung und eine höhere Schwindungsspannbreite auf.

HINWEIS: Teilkristalline Thermoplaste haben eine größere Schwindung als amorphe Thermoplaste.

6.1.2 Morphologische Struktur

Nahordnung

Von morphologischer Struktur spricht man, wenn man die Ordnungszustände bzw. das Gefüge beschreiben will. Bild 6.5 zeigt dies in dem Schema der möglichen Strukturen. Auf molekularer Ebene können die Ordnungsmöglichkeiten zwischen einzelnen benachbarten Polymermolekülen oder ihren Kettensegmenten (Nahordnung) vom hochkristallinen Zustand bis zu völliger Unordnung bei einer ideal amorphen Struktur reichen (Bild 6.5, Schema links in vertikaler Anordnung). Dieser Nahordnung können sich weitere übermolekulare Ordnungen größerer Dimensionen überlagern, die als Überstruktur oder Textur bezeichnet werden (Bild 6.5, rechts).

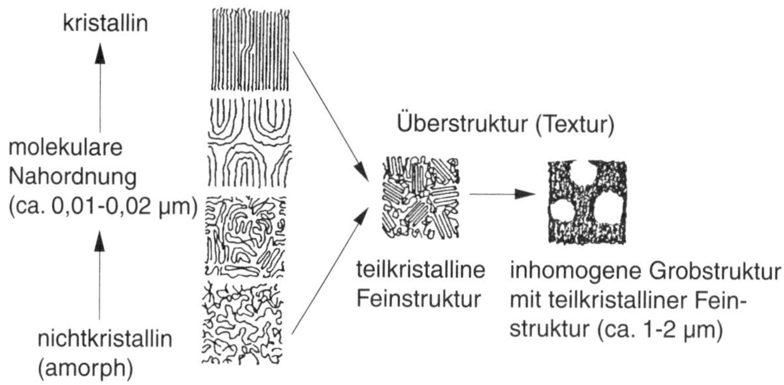

BILD 6.5 Schematische Darstellung von Beispielen der molekularen Nahordnung und übermolekularer Ordnungen (nach *Funke*)

Elektronenmikroskopisch erfassbare, übermolekulare Ordnungen lassen sich durch Zusammensetzung, Größe, Form und Verteilung der molekularen Nahordnungsbereiche (Domänen) charakterisieren und sind daher chemisch und/oder bezüglich des Nahordnungsgrades ihrer Strukturelemente inhomogen. Beim Übergang zu noch größeren, bereits lichtmikroskopisch erkennbaren Dimensionen lassen sich auch gröbere, makromorphologische Strukturen erkennen, wie sie z. B. bei teilkristallinen Kunststoffen in Form von Einschlüssen einer zweiten Phase (vgl. Blends in Abschnitt 4.4.4.2) oder bei Gemischen verschiedener Polymere und in teilkristallinen Thermoplasten als sphärolithische Überstruktur anzutreffen sind.

amorphe Struktur

Unter einem amorphen Zustand versteht man streng genommen eine völlig ungeordnete, regellose Struktur in Polymerwerkstoffen. Es erhebt sich allerdings die Frage, ob Polymere überhaupt eine ideal amorphe Struktur besitzen können. So sind die hohen Dichten von so genannten amorphen Polymeren mit der Vorstellung eines völlig wirren Durcheinanders von Molekülketten mit einer hierzu erforderlichen sehr lockeren Packung unvereinbar. Vor allem elektronenmikroskopische Untersuchungen zeigen, dass solche amorphen Polymere, die aus relativ starren Ketten bestehen, deutliche übermolekulare Strukturen und Ordnungszustände besitzen. Dies sind beispielsweise globuläre Bereiche mit überwiegend geknäulten Makromolekülen oder Bündel-, bzw. fibrilläre Bereiche aus überwiegend gestreckten Makromolekülen. Trotz dieser Strukturen zeigen die Polymere keinerlei Beugungseffekte bei der Röntgenstreuung und sind optisch isotrop.

Auch Polymere aus weichen, flexiblen Makromolekülen, wie Polyisopren, bei denen zunächst eine Struktur aus völlig ungeordneten, verschlungenen Makromolekülen angenommen wurde, zeigen bänderartige oder globuläre Bereiche. Diese Bündelstrukturen aus parallelisierten Kettenmolekülen sind relativ labil und kurzlebig. Ihre räumliche Lage fluktuiert, und sie zerfallen leicht bei Einwirkung von Spannungen. Die starke Viskositätsabnahme bei zunehmender Schubspannung wird z. B. auf die Zerstörung solcher übermolekularer Nahordnungsbereiche zurückgeführt.

HINWEIS: Die morphologische Struktur beinhaltet die Beschreibung des Ordnungszustandes bzw. Gefüges. Eine völlig ungeordnete regellose Struktur wird als amorph bezeichnet. ■

6.1.3 Kristallisation

6.1.3.1 Grundlagen der Kristallentstehung

kristalliner Aufbau

Wenn in einem Polymer die Molekülketten einen völlig regelmäßigen und identischen Aufbau besitzen, dann ist eine extrem hohe Packungsdichte durch geordnetes Aneinanderlegen der Ketten zumindest segmentweise möglich. Als anschauliches Beispiel mag ein Reißverschluss dienen. Er kann sich einwandfrei schließen lassen, aber bereits ein einziger nicht an seinem Platz sitzender Reißverschlusshaken verhindert das Schließen des Reißverschlusses. Ebenso haben wir uns das Aneinanderpassen der Kettenmoleküle vorzustellen, wenn die Moleküle in benachbarten Ketten identisch angeordnet sind. Man spricht bei den zu solcher Packung fähigen Kunststoffen von teilkristallinen Polymeren; teilkristallin deswegen, weil die langen Ketten in praktischen Fällen beim Abkühlen aus der Schmelze niemals fähig sind, vollständig zu kristallisieren. Beispiele sind das Polyethylen hoher Dichte (PE-HD) und das Polyoxymethylen (POM), die zu etwa 70 % kristallisieren.

Durch unregelmäßigen Aufbau der Makromoleküle wird die Kristallisation eingeschränkt bzw. ganz unterdrückt. Bereits das im Hochdruckverfahren hergestellte Polyethylen (PE-LD) hat infolge seiner Verzweigungen einen geringeren Kristallisationsgrad (ca. 35 %) als Niederdruck-Polyethylen (PE-HD). In anderen Fällen verhindert man die Kristallisation absichtlich durch Copolymerisation mit anderen Monomeren, die statistisch in die Polymere eingebaut werden. So kann durch den unregelmäßigen Aufbau des aus Ethylen und Propylen aufgebauten Copolymerisat EPM mit einem Polypropylengehalt von 30 % eine Kristallisation ausgeschlossen werden (vgl. Abschnitt 4.4.1.2).

Die räumliche Anordnung und die morphologische (Gefüge-)Struktur, die sich nach der Erstarrung bei solchen Polymeren aufgrund eines regelmäßigen Aufbaus einstellen, zeigt Bild 6.6 schematisch am Beispiel von Polyethylen. Ausgehend von einem Kern bzw. Keim (oberstes Teilbild) wachsen Lamellen (die beiden mittleren Teilbilder). Das Ende der Lamellen ist dabei gleichzeitig die Grenze des Sphärolithen (unterstes Teilbild). Die Lamellen selber bestehen aus gefalteten Molekülketten (siehe zweites Teilbild).

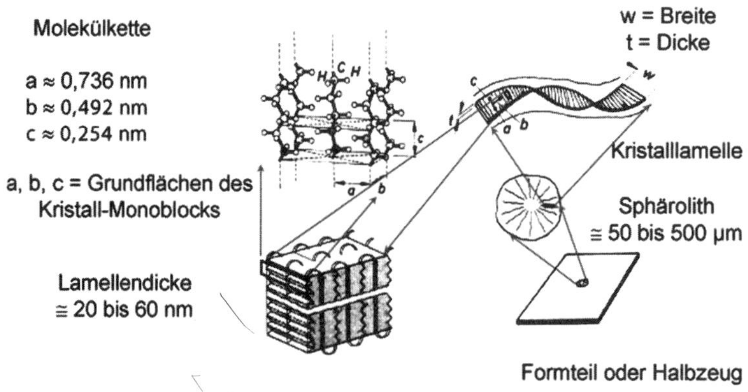

BILD 6.6 Struktureller Aufbau von teilkristallinen Polymeren am Beispiel von Polyethylen vom Keim über die Lamellen bis zum Sphärolithen (Überstruktur in teilkristallinen Thermoplasten)

6.1.3.2 Kristallstrukturen

Schon ehe die Existenz von Makromolekülen allgemein erkannt wurde, gab es vor allem aus röntgenographischen Untersuchungen zwingende Hinweise, dass in bestimmten Naturstoffen, wie Zellulose oder Kautschuk, bei tiefer Temperatur oder in gestrecktem Zustand hoch geordnete, kristalline Bereiche vorliegen müssen. Später wurde eine kristalline Ordnung auch bei vielen synthetischen makromolekularen Stoffen, wie z. B. Polyamiden, Polyethylenen und stereospezifischen Vinylpolymeren, gefunden. Man unterschied daher zwischen teilkristallinen und amorphen Polymeren. Teilkristallin deswegen, weil Polymere aufgrund ihrer Struktur nie vollständig kristallisieren. Der Kristallisationsgrad liegt nur zwischen 35 und 70 %. Das Vorhandensein von kristallartig geordneten Bereichen führte zunächst zu der Modellvorstellung, dass teilkristalline Polymere als Systeme aufzufassen seien, bei denen Bereiche hoher Ordnung (Kristalle) in einer Matrix aus ungeordneten (amorphen) Molekülketten eingebettet sind (Fransenmiszellen-Modell, Bild 6.7). Diese Modellvorstellung entspricht jedoch nur in wenigen Fällen der zu beobachtenden Realität. Die Vorstellung, es lägen zwei getrennte Phasen nebeneinander vor, ist jedoch auch bei dem in Bild 6.6 gezeigten Modell vorhanden.

teilkristalline Polymere

BILD 6.7 Kristallisation, dargestellt in Form von Fransenmizellen

Einkristall

Zum Studium der Kristallisation kann man wie bei Metallen Einkristalle züchten. Jedoch werden diese weniger aus Schmelzen, als vielmehr aus Lösungen gezogen. Hierbei entstehen Plättchen artige Kristalle einer ganz bestimmten Stufenhöhe. Unter bestimmten Bedingungen können auch Stäbchen, so genannte Whisker (vgl. auch Bild 6.14), erzeugt werden.

Wenn Schmelzen erstarren, dann entstehen kristalline Überstrukturpartikel in Größen bis zu 100 µm Durchmesser, die aus Lamellen bestehen (vgl. Bild 6.6, beide unteren Teilbilder). Bei den entstandenen Überstrukturen handelt es sich um Sphärolithe, die ein typisches und häufig vorkommendes Gussgefüge darstellen, das im Polarisationsmikroskop gut sichtbar ist (Bild 6.8). Bei schneller Abkühlung an kalten Metalloberflächen beobachtet man eine stark gerichtete Erstarrung in Form entarteter Sphärolithe. Sphärolith

BILD 6.8 Polarisationsmikroskopische Aufnahme von Sphärolithen im Polypropylen (nach *Wagner*)

Werden teilkristalline Kunststoffe im Bereich der Kristallisationstemperaturen verstreckt, dann wird die Sphärolithbildung verhindert bzw. gebildete Sphärolithe werden zerstört. Es entsteht ein verstrecktes Gefüge ohne Überstruktur, das dank der gemeinsamen Orientierung der Lamellen einen höheren Kristallisationsgrad aufweist. verstreckte Gefüge

6.1.3.3 Energetische Bedingung für Keimbildung und Wachstum der Kristallite

Die Kristallisation erfolgt in den drei Stufen Keimbildung, Kristallwachstum und Nachkristallisation. Auch die Entwicklung eines Sphärolithen beginnt mit der Bildung von Kristallkeimen. Damit Kristallisationskeime entstehen können, müssen bestimmte Bedingungen erfüllt sein.

Regelmäßig aufgebaute Polymerketten können sich in einer durch ihre Gestalt bedingten, engsten Packung aneinander legen. Polymere, die Substituenten an der Kette besitzen, kristallisieren nur dann in längeren Segmenten, wenn sie ganz regelmäßig unter identischer Stellung der Substituenten im Polymer aufgebaut sind. Bekannte Beispiele hierfür sind die dank spezieller Ziegler-Natta-Katalysatoren regelmäßig, aufgebauten *stereoregulären* Vinylpolymere. So entstehen auch gewendelte Ketten, wie sie das isotaktische Polypropylen aufweist. Auch diese können sich eng aneinander legen und so eine energetisch günstige Position einnehmen, d. h. kristallisieren.

Embryo

Die ersten Kristallite bilden sich z. B. infolge der Wärmebewegungen der Moleküle, wobei Ketten oder Kettenabschnitte in günstige Positionen zueinander kommen und sich zusammenlegen. Dies nennt man dann einen „Embryo“. Seine Bildung und Existenz sind vom energetischen Zustand abhängig.

Grenzflächenenergie

Die treibende Kraft jeder Phasenumwandlung ist die Differenz der freien Enthalpie zwischen der Ausgangsphase und der bzw. den Endphasen. Sobald eine Umwandlung begonnen hat, werden die Moleküle der Ausgangsphase (u. a. durch Diffusion) Plätze einnehmen, die der Phase mit der niedrigeren freien Energie entsprechen. Nun ist aber eine sich neu bildende Phase von der Ausgangsphase durch eine Grenzfläche getrennt, deren Bildungsenergie durch die Umwandlung aufgebracht werden muss. Diese Energie muss also ebenfalls ins Kalkül gezogen werden.

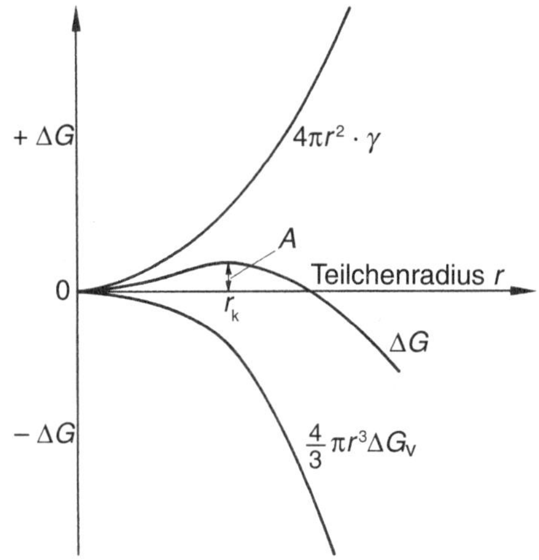

BILD 6.9 Änderung der freien Enthalpie in Abhängigkeit vom Teilchenradius bei einer Phasenumwandlung (nach *Böhm*)

Wir betrachten nun die beiden Phasen α und β anhand von Bild 6.9. In der Ausgangsphase α möge sich ein kugelförmiges Teilchen der Phase β mit dem Radius r gebildet haben. Die Phasen α und β mögen die auf das Volumen bezogene Enthalpiedifferenz ΔG_V besitzen. Der Gewinn an freier Enthalpie ist dann

$$\frac{4}{3}\pi \cdot r^3 \cdot \Delta G_V \qquad (6.1)$$

Ist γ die spezifische Grenzflächenenergie zwischen den beiden Phasen α und β, so muss eine Energie der Größe

$$4\pi \cdot r^2 \cdot \gamma \qquad (6.2)$$

zur Bildung der Grenzfläche aufgebracht werden. Für den Phasenübergang von amorph zu kristallin ist somit eine Grenzflächenenergie notwendig, die proportional zur Oberfläche ist ($\sim r^2$). Gegenläufig dazu wird eine Kristallisationswärme frei, die proportional zum Volumen des Keimes ist ($\sim r^3$). Die gesamte Änderung der freien Enthalpie ist damit

$$\Delta G - \frac{4}{3}\pi \cdot r^3 \cdot \Delta G_v + 4\pi \cdot r^2 \cdot \gamma \qquad (6.3)$$

Wie man Bild 6.9 entnimmt, steigt die freie Enthalpie bis zum Erreichen eines kritischen Radius r_k zunächst an. Teilchen, die größer sind als r_k, wachsen dann aber - ohne Energiezufuhr von außen - selbsttätig weiter. Man bezeichnet sie nun als Keime und r_k als kritische Keimgröße.

HINWEIS: Kristallisation erfolgt erst dann, wenn Keime entstehen, die eine kritische minimale Größe überschreiten. Ansonsten zerfallen sie aufgrund thermodynamischer Instabilität wieder.

Man kann nun leicht durch Differentiation der Gleichung 6.3 nach r den kritischen Keimradius r_k berechnen.

$$r_k = \frac{2\gamma}{\Delta G_V} \qquad (6.4)$$

Die volumenbezogene Enthalpie ergibt sich zu:

$$\Delta G_V = \frac{\Delta H \cdot \Delta T}{T_G} \qquad (6.5)$$

Darin steht $\Delta T = T_G - T$ für die Unterkühlung, wobei T_G die Gleichgewichtstemperatur und ΔH die Enthalpiedifferenz zwischen den Phasen α und β ist. Für den kritischen Radius, bei dem sich stabile Keime bilden, erhält man somit

$$r_k = \frac{2\gamma \cdot T_G}{\Delta H \cdot \Delta T} \qquad (6.6)$$

Aus der Gleichung für r_k (Gl. 6.6) ist zu ersehen, dass der Keimradius umso kleiner wird, je größer die Unterkühlung ΔT ist, d. h. bei abnehmender Schmelzetemperatur muss die Keimbildungsgeschwindigkeit zunehmen, da nun auch kleinere Keime aktiv werden. Dies ist tatsächlich der Fall, wie Bild 6.10 zeigt.

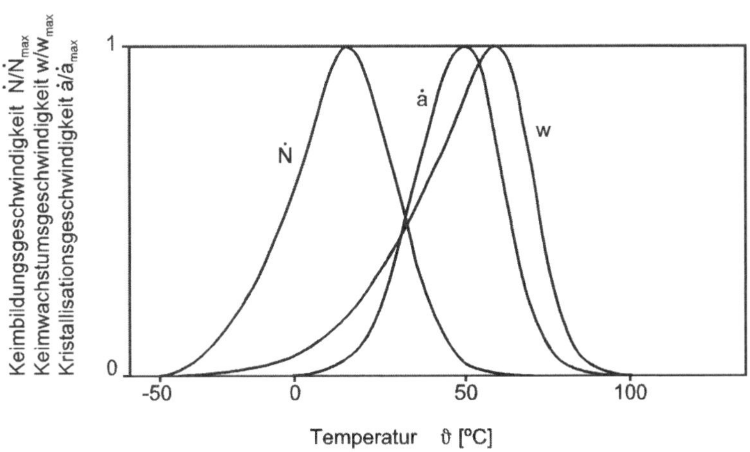

BILD 6.10 Keimbildungs-, Keimwachstums- und Kristallisationsgeschwindigkeit von Polyethylen

6.1.3.4 Modelle zur Beschreibung der Keimbildung

homogene und heterogene Keimbildung

Zur theoretischen Beschreibung der Keimbildung existieren unterschiedliche Modelle. So kann man einerseits zwischen einer homogenen und einer heterogenen Keimbildung unterscheiden. Als homogen wird in diesem Zusammenhang die Keimbildung in einer reinen Polymerschmelze verstanden. Hier liegen unmittelbar nach dem Abkühlen noch keine wachstumsfähigen Keime vor. Da jedoch in handelsüblichen Polymeren unterschiedlichste Verunreinigungen, wie z. B. Verarbeitungshilfsmittel, Farbstoffe und Füllstoffe, vorliegen, konnte eine solche homogene Keimbildung bisher nur in relativ wenigen Fällen und mit speziellen Methoden eindeutig nachgewiesen werden. Aufgrund der Verunreinigungen wird in diesem Zusammenhang stattdessen von einer heterogenen Keimbildung gesprochen.

thermische und athermische Keimbildung

Eine weitere Möglichkeit zur Beschreibung der Keimbildung stellt die Differenzierung zwischen thermischer und athermischer Keimbildung dar. So liegen bei der thermischen Keimbildung direkt nach dem Abkühlen analog zur homogenen Keimbildung keine wachstumsfähigen Keime vor. Diese Keime werden erst sukzessive durch Wärmebewegungen gebildet. Man spricht hierbei von Embryonen. Die Zahl der gebildeten Keime ist dabei temperaturabhängig. Der geschilderte Fall der Bildung thermischer Keime ist jedoch in der Realität selten. Vielmehr finden sich in realen Schmelzen genügend Verunreinigungen oder nicht aufgeschmolzene Kristalle (Eigenkeime), die die Grenzflächenenergie herabsetzen und dafür sorgen, dass die resultierende, athermische Keimbildung mit einem geringeren Aufwand an freier Energie erfolgen kann.

Neben den bisher vorgestellten Bezeichnungen homogene/heterogene, thermische/athermische Keimbildung findet man auch die Unterscheidung zwischen Primär-, Sekundär- und Tertiärkeim. Eine schematische Darstellung dieser drei Keimtypen zeigt Bild 6.11.

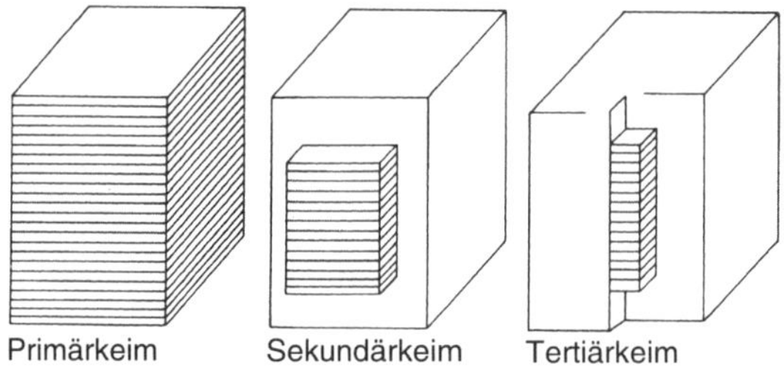

BILD 6.11 Arten von Kristallkeimen

Der Primärkeim ist dem homogenen Keim gleichzusetzen. Sekundär- und Tertiärkeim sind typische Beispiele für einen heterogenen Keim. Die Letzteren wachsen auf einem in der Schmelze vorhandenen Keim/Kristallit auf, wobei eine wesentlich geringere Keimbildungsarbeit erforderlich ist als beim Primärkeim. Daraus folgt, dass die Sekundärkeimbildung bereits bei geringerer Unterkühlung einsetzt als die Primärkeimbildung. So können kleine Mengen von Verunreinigungen bereits bei geringen Unterkühlungen eine derart starke Kristallisation durch heterogene Keimbildung hervorrufen, dass im Prinzip keine Primärkeimbildung stattfindet.

6.1.3.5 Keimbildung durch Nukleierung

Nukleierung

Die Kristallisationsneigung der verschiedenen Polymere wird stark durch den molekularen Aufbau des jeweiligen Makromoleküls beeinflusst. So kristallisiert das vom Aufbau her einfachste Polymer, das Polyethylen, z. B. um den Faktor 100 schneller als isotaktisches Polypropylen. Daher ist der Verarbeiter bzw. der Aufbereiter (Compoundeur) bei vielen teilkristallinen Polymeren, die eine langsame Wachstumsgeschwindigkeit besitzen, gezwungen, die Zahl der heterogenen Keime zu erhöhen, um ein feineres Gefüge zu erhalten. Man spricht in diesem Fall von Nukleierung.

Als Nukleierungsmittel kommen sehr unterschiedliche Stoffe in Frage: Verarbeitungshilfsmittel, Farbstoffe, Füllstoffe, Verstärkungsstoffe und sogar Flüssigkeiten und Gase wirken bereits als Nukleierungsmittel. Obwohl eine Reihe von Arbeiten über den Einfluss von Nukleierungsmitteln auf die Kristallisation – insbesondere auch bei Polypropylen – vorliegt, sind die chemische und physikalische Struktur des Nukleierungsmittels und die Effektivität der Nukleierung bisher noch nicht vollständig geklärt. So kann z. B. ein Zusatzstoff in einem bestimmten Polymer ein ausgezeichnetes Nukleierungsmittel darstellen (so etwa Silikonöl in Polyamid 6), während er in einem anderen Polymer ohne Wirkung bleibt. Die meisten bisher bekannten guten Nukleierungsmittel sind Metallsalze organischer Säuren, die im Kristallisationsbereich des Polymeren selbst bereits kristallin vorliegen.

6.1.3.6 Kristallit- und Sphärolithbildung

Sphärolith-wachstums

Bei normaler Erstarrung wächst bei Polypropylen, wie bei vielen anderen teilkristallinen Thermoplasten, um jeden Kristallkeim ein aus kristallinen und nicht kristallinen Bereichen bestehender Sphärolith. Dabei wandelt sich die Schmelze an der Keimoberfläche analog dem Sekundärkeimbildungsmechanismus in kristallines Material um (vgl. Bild 6.12). Das Sphärolithwachstum lässt sich als Lamellenwachstum mit vereinzelter dendritischer Verzweigung der Lamellen auffassen. Die Richtung der Molekülketten in den Lamellen ist senkrecht zur Wachstumsrichtung der Sphärolithe, d. h. senkrecht zum Sphärolithradius, angeordnet. Die Wachstumsrichtung wird durch das Temperaturgefälle bestimmt (vgl. Bild 6.12).

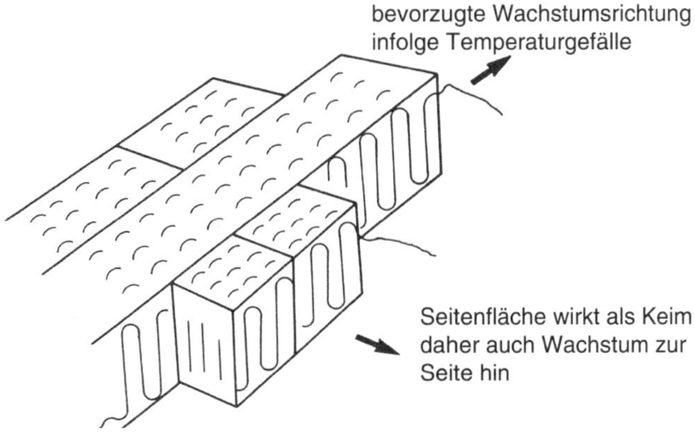

BILD 6.12 Mechanismus der Lamellenbildung bei der Kristallisation

Lamellenwachstum

Die Dicke der Lamellen beträgt etwa 10 nm. Je nach Höhe der Kristallisationstemperatur lagern sich unterschiedlich viele solcher Lamellen zu Lamellenpaketen zusammen, die dann bis zu 100 nm dick sein können. Mit fortschreitendem Wachstum der Lamellenpakete in radialer Richtung fächern sich diese auf; der Sphärolith wächst kugelförmig in die amorphe Umgebung hinein. Erst wenn der Sphärolith mit anderen Sphärolithen zusammenstößt, entsteht die bekannte polyedrische Struktur (vgl. Bild 6.8 und 6.13, letzteres zeigt Sphärolithe in vier, je 30 s nacheinander aufgenommenen, Zeitpunkten, wie sie aus einer Schmelze aus Polypropylen wachsen). Im Bild 6.13 unten rechts ist die so genannte Primär- oder Hauptkristallisation abgeschlossen; nur die Sekundär- oder Nachkristallisation kann noch weiterlaufen. Unter Letzterer versteht man die Zunahme der Lamellendicke im Sphärolithen auf Kosten des amorphen Materials zwischen den Lamellenpaketen. Die Sekundärkristallisation beginnt gleichzeitig mit der Hauptkristallisation; sie kann jedoch, solange sich der Werkstoff oberhalb der Glastemperatur befindet, über Jahre hinweg andauern. Die Sekundär- oder Nachkristallisation hat eine geringfügige Dichtezunahme der Probe zur Folge und eine Schwindung, die auch zu Verzug führen kann. Die Geschwindigkeit des Sphärolithwachstums ist stark temperaturabhängig.

Nachkristallisation

Je nach dem Zeitpunkt, zu dem zwei Sphärolithe zusammenstoßen, entstehen sehr feste oder auch gar keine Verbindungen (vgl. Bild 6.13), so dass die Trennflächen zwischen

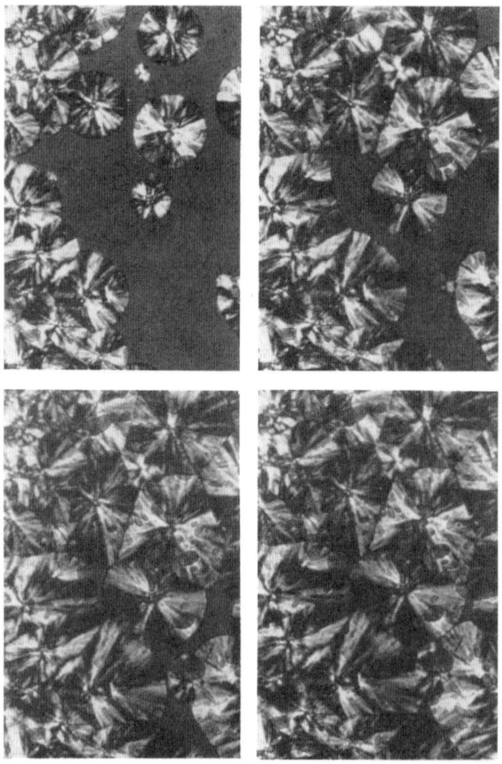

BILD 6.13 Sphärolithwachstum in einer PP-Schmelze, aufgenommen mit je 30 s Abstand (nach *Menges* und *Winkel*)

den Sphärolithen ausgeprägte Strukturschwachstellen bilden können (vgl. Kapitel 7, Bild 7.1). Große Sphärolithe sind also nicht wünschenswert. Man vermeidet sie durch Nukleierung und/oder Unterkühlung, so dass viele Sphärolithe gleichzeitig wachsen. Auch bei längerem Tempern können die Sphärolithe weiter wachsen, indem sie die kleinen Nachbarn aufzehren.

6.1.3.7 Berechnung des Kristallisationsgrads

Kristallisationsgrad

Die meist verwendeten Modelle zur Beschreibung des Kristallisationsverhaltens von Polymeren sind die *Avrami*-Gleichung (Gl. 6.7: Formulierung für den nicht-isothermen Fall) und das Modell nach Schneider (Gl. 6.8).

$$\xi(t) = \xi_\infty \cdot \left(1 - \exp\left(-\int_0^t k(T(t))\,\mathrm{d}t\right)^n\right) \tag{6.7}$$

mit ξ_∞ maximaler Kristallisationsgrad, k Kristallisationskonstante, n Avrami-Exponent (ca. 1,5 bis 3,5 für Kunststoffe).

$$\dot{\xi}_g(t) = G(t) \cdot \varphi_1(t) \cdot e^{-\varphi_0(t)} \tag{6.8}$$

$$\varphi_i(t) = \frac{1}{G(t)} \cdot \varphi_{i-1}(t) \tag{6.9}$$

mit φ_i Hilfsfunktionen, $G(t)$ Wachstumsrate. Da die oben beschriebenen Modelle in der dargestellten Form nur für ruhende Schmelze gelten, müssen für eine Beschreibung der Kristallisationsvorgänge in bewegter Schmelze geeignete Modelle entwickelt werden, die teilweise noch Gegenstand aktueller Forschungsarbeiten sind.

Reihenstruktur

Unter Spannungseinfluss bilden sich bei der Kristallisation keine Sphärolithstrukturen aus. Stattdessen findet man in den Polymeren Reihenstrukturen – so genannte Shish-Kebab-Strukturen –, die aus einem Stab, auch Whisker genannt, und runden Plättchen bestehen (Bild 6.14). Diese Whisker und Shish-Kebab sind in Scherzonen, z. B. im Randschichtbereich von Spritzgussformteilen, zu finden.

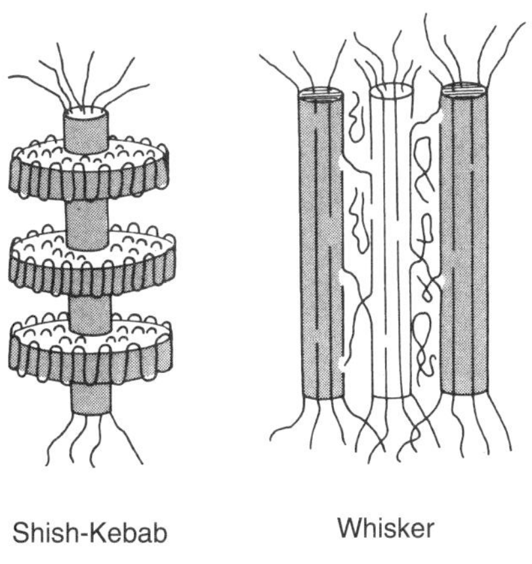

BILD 6.14 Überstrukturen bei der Kristallisation gescherter Schmelzen

6.1.3.8 Gefügebeobachtungen

Gefügeuntersuchungen

Sphärolithe haben Größen bis zu 0,1 mm. Die Bildung solcher grober Überstrukturen ist stets mit dem Verlust der Transparenz verbunden. Teilkristalline Thermoplaste sind daher nur durchscheinend und von opaker Eigenfarbe. Verstreckte teilkristalline Thermoplaste hingegen sind transparent, da die übrig gebliebenen Blöcke und Lamellen kleiner sind als die Lichtwellenlänge (≤ 0,1 µm). Füllstoffhaltige Proben, die nicht mehr transparent sind, können geätzt werden, so dass auf diese Weise Sphärolithe sichtbar gemacht werden können. Hier empfiehlt sich dann aber meist die Beobachtung unter einem Rasterelektronenmikroskop.

Die traditionelle Gefügebeurteilung erfolgt bei ungefüllten Kunststoffen an Dünnschnitten, die mit so genannten Mikrotomen vom zu untersuchenden Kunststoff abgeschält werden. Sie sind normalerweise einige 10 µm dick. Proben aus füllstoffhaltigen Kunststoffen werden besser durch Schleifen präpariert. Entsprechend Bild 6.15 werden sie unter dem Mikroskop meist in einem Strahlengang mit polarisiertem Licht betrachtet. Die durchgeschnittenen Sphärolithe nehmen dabei charakteristische Färbungen an, da das Licht unterschiedlich – je nach Lage der Lamellen – gebrochen wird. Typisch ist das viele Sphärolithe überspannende Malteserkreuz (Bild 6.8).

zerstörungsfreie Prüfverfahren

Weitere Möglichkeiten zur Gefügeanalyse bieten zerstörungsfreie Prüfverfahren, wie die Infrarot-Mikrospektroskopie oder die Röntgenstreuung. Da hierbei keine Probenentnahme in Form von Mikroschnitten oder -schliffen erfolgt, sind Gefügeveränderungen durch die Probenpräparation ausgeschlossen. Allerdings erfordern die genannten Prüfverfahren vor Beginn einer Messreihe eine Kalibrierung, für die gut reproduzierbare Daten benötigt werden. Trotz dieser teilweise aufwändigen Kalibrierung bieten die Infrarot-Mikrospektroskopie und die Röntgenstreuung eine gute Ortsauflösung bei einer schnellen Probenpräparation.

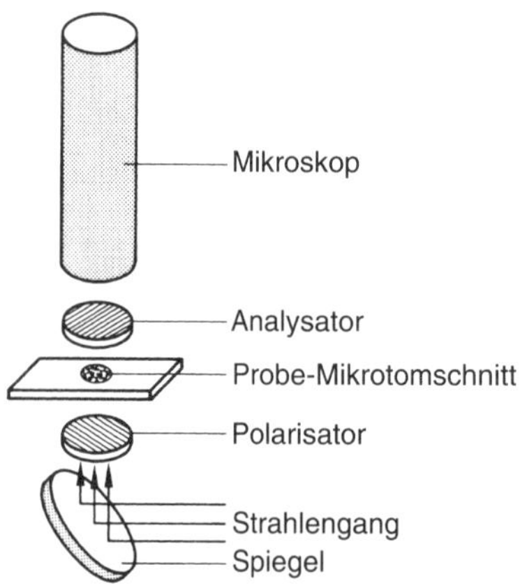

BILD 6.15 Schema eines Polarisationsmikroskops

6.1.4 Verbindungen an Struktur- und Phasengrenzen im Innern von Polymeren

Eine sehr wichtige Frage, deren Klärung noch in den Ansätzen steckt, ist die, auf welche Weise einzelne mikromorphologische Strukturelemente untereinander verbunden sind. Es ist allgemein bekannt, dass vernetzte Polymere aus einem räumlichen System kovalent verbundener Netzketten bestehen (Bild 6.16a), doch werden die Eigenschaften solcher Netzwerke keinesfalls allein durch die Konzentration an kovalenten Vernetzungsbindungen bestimmt. So zeigen beispielsweise auch unvernetzte Polymere mit linearem Aufbau, wie Polyisobutylen, bei genügend hoher Molmasse gummi-elastische Eigenschaften. Die Gummielastizität wird hier durch so genannte Verschlingungsnetzwerke erklärt, die sich durch Verhakung von Makromolekülen oberhalb einer bestimmten Mindestlänge ausbilden können (Bild 6.16b). Bei relativ kurzzeitiger Belastung sind die für eine Entschlingung unter der angelegten Spannung notwendigen Segmentdiffusionsbewegungen zu langsam, so dass sich das Material nach Entlastung weitgehend elastisch erholen und seine ursprüngliche Form wieder nahezu erreichen kann.

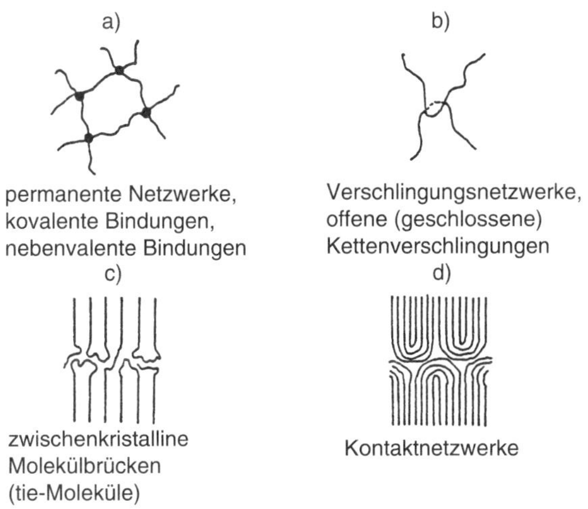

BILD 6.16 Zwischenmolekulare Verbindungen an Struktur- und Phasengrenzen (nach *Funke*)

Der Zusammenhalt zwischen den einzelnen Strukturbereichen lässt sich durch ungeordnete Molekülbrücken („tie-Moleküle") erklären, die z. B. geordnete oder kristalline Bereiche miteinander verbinden. Diese Molekülbrücken reichen mit längeren Kettenstücken oder -enden in die benachbarten Nahordnungsbereiche hinein und sind dort durch kooperativ wirkende Nebenvalenzkräfte gebunden (siehe Bild 6.16c, tie-Polymerketten zwischen benachbarten Kristall-Lamellen). tie-Moleküle

Die gummielastischen Eigenschaften von Schmelzen linearer Polymere können auch durch so genannte Kontaktnetzwerke zustande kommen, bei denen aus ursprünglich kristallinen Bereichen beim Schmelzen erhalten gebliebene Nahordnungsbereiche, etwa in der Art von Waben- oder Mäanderstrukturen, über nichtkristalline Randbereiche durch fluktuierende, kooperativ wirkende Nebenvalenzkräfte verbunden sind (Bild 6.16d). Kontaktnetzwerk

Die thermoreversible Gelierung konzentrierter Polymerlösungen, wie z. B. des Polyvinylchlorids (Weich-PVC), wird ebenfalls durch eine kooperative, nebenvalente Wechselwirkung zwischen den Kettensegmenten benachbarter Polymermoleküle erklärt. Diese Wechselwirkungsbereiche übernehmen gewissermaßen die Funktion von mehrfunktionellen Vernetzungsstellen. Solche nebenvalenten Wechselwirkungen über wenig geordnete Kontaktzonen und die Phasengrenzen überquerenden Molekülketten spielen bei mehrphasigen und strukturell inhomogenen Polymeren eine wichtige Rolle.

Die „tie-Moleküle" erklären insbesondere das Phänomen der Rückerinnerung, auch Memory-Effekt genannt. So wird beispielsweise ein kalt, d. h. unterhalb seiner Kristallitschmelztemperatur, verstrecktes Material bei Erwärmung in den Bereich knapp unter der Kristallitschmelztemperatur seine ursprüngliche Gestalt vor der Verstreckung wieder einnehmen. Bei amorphen Thermoplasten finden wir den gleichen Effekt in Form der Rückstellung (Relaxation) einer Orientierung (vgl. Abschnitt 5.2.3). Dieses besondere Phänomen der Thermoplaste lässt sich durch diese, die Kristallit- und andere Phasengrenzen überspringenden Moleküle, verständlich machen. Nach Hosemann findet bei solchen Verstreckungen lediglich eine affine Verzerrung der Kristallitbereiche statt.

6.2 Das Verformungsverhalten fester Kunststoffe

Im Gegensatz zu vielen anderen Werkstoffen, wie etwa den meisten Metallen oder Keramiken, liegt die Gebrauchstemperatur der Kunststoffe relativ nahe an der Erweichungs- bzw. Schmelztemperatur. Daher zeigen die Kunststoffe – auch die als Matrix dienenden, gefüllten und mit Fasern verstärkten Kunststoffe – ein Verhalten, das als eine Mischform aus festem und flüssigem oder präziser aus elastischem und viskosem Verhalten verstanden werden kann. Diese Werkstoffeigenschaft wird als Viskoelastizität definiert. Wesentlich für das Verständnis viskoelastischer Werkstoffe ist die Betrachtung der Einflussgrößen Zeit und Temperatur.

Zeiteinfluss

Im Einsatztemperaturbereich verformt sich der Werkstoff sowohl elastisch, als auch viskos, d. h. zeitabhängig. Die viskosen Verformungsanteile hängen von der Dauer der Belastung ab. Bei viskoelastischen Werkstoffen wie Kunststoffen steigt bei konstanter äußerer Last daher die Dehnung mit der Belastungszeit an. Die Kunststoffe geben somit in einem gewissen Maß der auferlegten Beanspruchung durch Kriechen nach (vgl. Bild 6.17).

Der konstruierende Ingenieur benötigt für seine Stoffdaten jedoch keine Kriechkurven, sondern Spannungs-Dehnungskurven, Kriechmodulkurven und Zeitstandschaubilder. Daher werden die Kriechkurven in derartige Diagramme umgezeichnet, wie dies Bild 6.18 zeigt.

Diese Dehnungszunahme erklärt sich durch innere Fließvorgänge im Werkstoff. Wird hingegen eine konstante Dehnung im Probekörper induziert, so bewirken die Fließvorgänge eine zeitliche Abnahme der Spannungen im Werkstoff. In diesem Fall spricht man

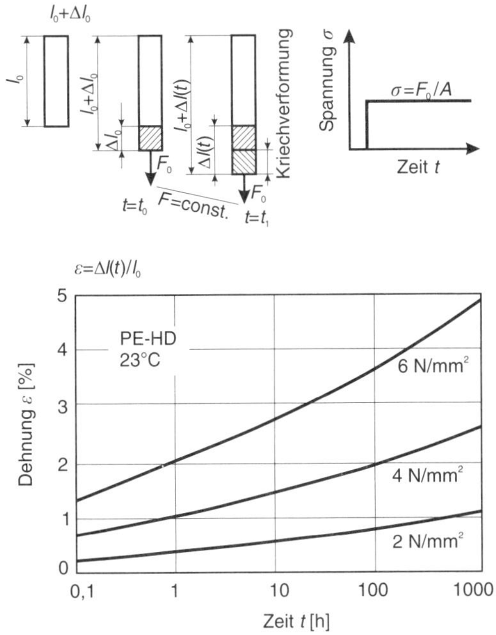

BILD 6.17 Viskoelastisches Werstoffverhalten am Beispiel von Kriechversuchen mit PE-HD

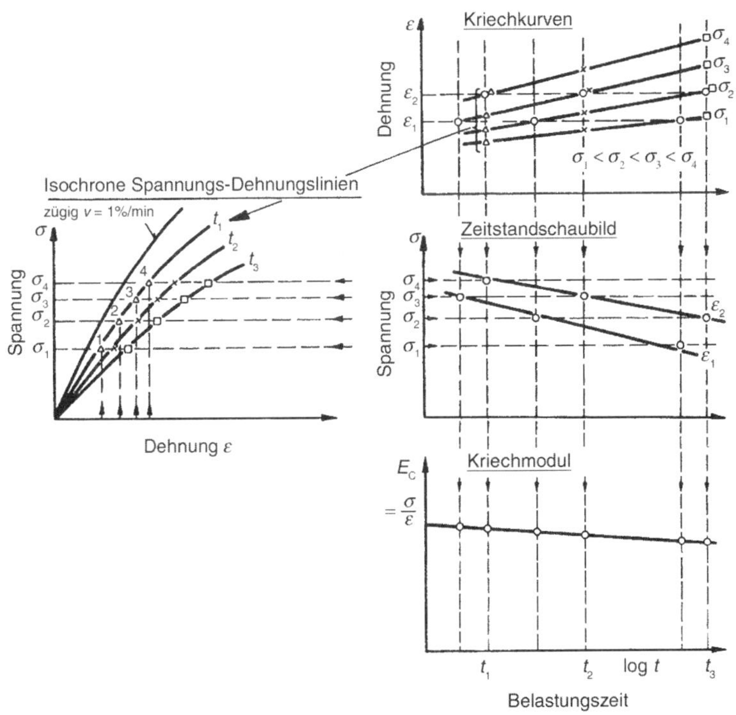

BILD 6.18 Entstehung von Spannungsdehnungskurven, Kriechkurven und Zeitstandschaubildern durch Umzeichnen der gemessenen Kriechdehnungen.

von Relaxation. Die Zeitabhängigkeit des Werkstoffverhaltens äußert sich ebenfalls bei unterschiedlicher Belastungsgeschwindigkeit. Dies zeigen die Zugversuche in Bild 6.19. Jedem Kurvenzug ist eine konstante Dehngeschwindigkeit zugeordnet. Wird die Belastung innerhalb kurzer Zeit aufgebracht (hohe Dehngeschwindigkeit), reagiert der Werkstoff verhältnismäßig steif. Bei langsamer Belastung (niedrige Dehngeschwindigkeit) treten verstärkt Fließvorgänge auf, was sich in einer geringeren Steigung der Spannungs-Dehnungs-Kurven bemerkbar macht.

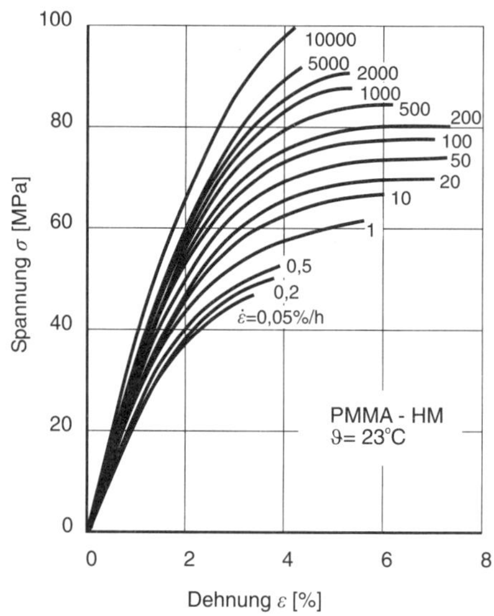

BILD 6.19 Dehnungsgeregelte Zugversuche bei verschiedenen Dehngeschwindigkeiten am Beispiel des hochmolekularen Polymethylmethacrylates (PMMA-HM) (nach *Knausenberger*)

Eine konstante Dehngeschwindigkei $\dot{\varepsilon} = \text{konst}$ bedeutet, dass die Zeit zum Erreichen einer bestimmten Dehnung bei jeder dieser Kurven sich zu:

$$t = \frac{\varepsilon}{\dot{\varepsilon}}. \tag{6.10}$$

Temperatureinfluss

berechnet. Neben dem Zeiteinfluss ist als weiterer Aspekt der Einfluss der Temperatur zu nennen. Dazu betrachten wir die Spannungs-Dehnungs-Verläufe in Bild 6.20. Die einzelnen Kurven wurden alle bei gleicher Dehngeschwindigkeit ermittelt.

Es kann festgestellt werden, dass höhere Temperaturen auf den Werkstoff einen gleichsinnigen Einfluss nehmen wie niedrigere Dehngeschwindigkeiten (bzw. längere Versuchszeiten).

Erst bei relativ tiefen Temperaturen werden die Fließvorgänge in den Kunststoffen vollständig unterdrückt. Die Werkstoffe verhalten sich dann ideal elastisch, zugleich nimmt die Bruchdehnung stark ab und das Material bricht spröde.

Es ist von besonderem Interesse zu klären, welche Mechanismen bei Temperaturbeanspruchung im Werkstoff wirksam sind. Den Zeiteinfluss haben wir uns durch die Fließvorgänge im Werkstoff erklärt. Je länger der Werkstoff einer Belastung ausgesetzt ist,

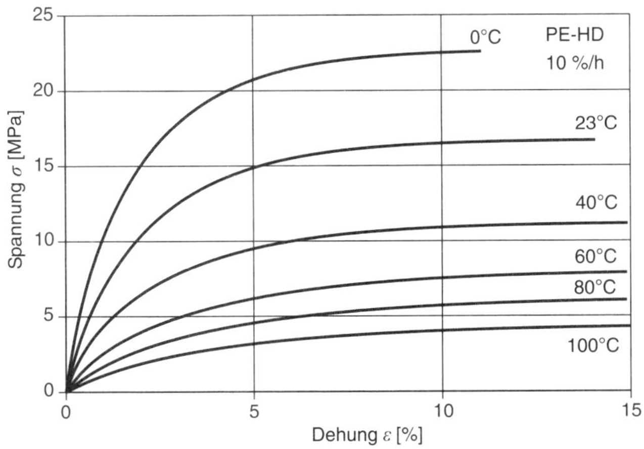

BILD 6.20 Dehnungsgeregelte Zugversuche an PE-HD bei verschiedenen Temperaturen

umso länger sind auch Fließvorgänge wirksam. Entsprechend haben wir etwa die Dehnungszunahme beim Kriechversuch erläutert. Übertragen auf den Temperatureinfluss kann beobachtet werden: Mit höherer Temperatur dehnt sich der Werkstoff aus. Dadurch werden die Molekülsegmente im Werkstoff beweglicher. Da die Versuche alle etwa die gleich lang dauern, kann man folgern, dass bei gleicher Spannung eine erhöhte Temperatur eine stärkere Fließbewegung und damit eine erhöhte Dehnung verursacht. Da bei konstanter Dehngeschwindigkeit die Dehnungszunahme als Funktion der Zeit durch die Prüfmaschine erzwungen wird, ist die folgende Argumentation präziser: Bei gleichen Dehnungszuständen kann in derjenigen Probe, die einer höheren Versuchstemperatur ausgesetzt ist, die Spannung durch Fließvorgänge stärker relaxieren.

Trotz der umfangreichen Literatur zum viskoelastischen Werkstoffverhalten, war lange Zeit nicht eindeutig bekannt, ob es sich bei der Temperaturabhängigkeit der Eigenschaften ausschließlich um Fließeinflüsse handelt, oder ob auch die elastischen Anteile der Werkstoffeigenschaften durch die Temperatur verändert werden. Erst Schöche hat 1997 den eindeutigen Beweis liefern können, dass die Fließvorgänge und nicht die elastischen Eigenschaften die Änderung der mechanischen Eigenschaften in Abhängigkeit von der Temperatur bestimmen.

Beweis für das Zeit-Temperatur-Verschiebungsprinzip

Der Nachweis gelingt ihm durch eine indirekte Beweisführung: Wenn die elastischen Eigenschaften im viskoelastischen Werkstoff durch die Temperatur beeinflusst würden, dann müsste mit steigender Temperatur die Elastizität abnehmen, mit fallender Temperatur ansteigen. Entsprechend müsste bei einer verformten und dadurch vorgespannten Probe durch Abkühlung eine Spannungserhöhung zu beobachten sein. Bei der Durchführung von Versuchen zum Nachweis dieser Eigenschaft muss allerdings auch beachtet werden, dass sich der Werkstoff durch eine Temperaturabsenkung zusammenzieht. Somit wäre in einem auf Zug beanspruchten Probekörper nicht zu unterscheiden, ob die Spannungserhöhung durch die Zunahme der elastischen Eigenschaften im Werkstoff oder durch die Volumenänderung bei Abkühlung verursacht wird. Dazu ist ein Biegeversuch aussagefähiger.

Hierbei wird eine Streifenprobe auf Biegung beansprucht. Um Einflüsse der thermischen Ausdehnung der Prüfmittel zu eliminieren, wird die Probenkrümmung durch zwei Drehgeber gemessen und die Traversenposition der Prüfmaschine so geregelt, dass die Probenkrümmung und damit der zu der jeweiligen Prüfkraft gehörende Verformungszustand im Werkstoff über die ganze Versuchszeit konstant bleibt. Der Versuch findet in einer Temperierkammer statt. Zunächst wird die Probe in die Prüfvorrichtung eingebracht, der Temperaturausgleich zwischen Probe und Kammer abgewartet und schließlich die Probe auf eine konstante Biegeverformung gebracht. Danach wird die Temperatur der Kammer abgesenkt. Biegekräfte und Temperatur werden gemessen. Das Ergebnis eines solchen Abkühlversuchs zeigt Bild 6.21. Man erkennt zunächst den abfallenden Verlauf der Biegekraft, der durch Fließvorgänge hervorgerufen wird und für viskoelastische Werkstoffe typisch ist. In dem Zeitraum zwischen 5 und 25 Minuten wird dann die Temperatur von ca. 50 °C auf 0 °C heruntergekühlt. Ein Anstieg der Kraft und damit der Spannung in der gebogenen Probe ist hierbei nicht zu erkennen. Im Gegenteil zeigt das weitere, mässige Abfallen der Kraft, dass die Temperatur ausschließlich Einfluss auf die Fließeigenschaften, nicht aber auf die elastischen Eigenschaften des viskoelastischen Werkstoffes nimmt.

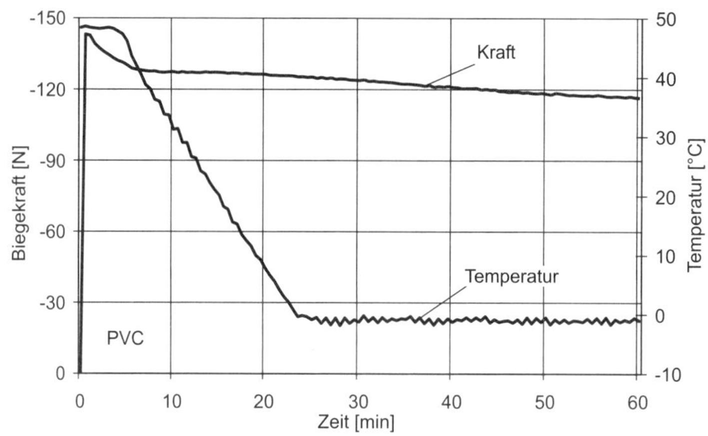

BILD 6.21 Verlauf der Biegekraft bei Abkühlung zum Nachweis, dass die Fließvorgänge unter Belastung, die bei höheren Temperaturen verstärkt einsetzen, rein viskoser Natur sind (*Schöche*)

Zeit-Temperatur-Verschiebung

Für das grundsätzliche Verständnis viskoelastischer Werkstoffe ist also festzuhalten, dass die erkennbare Temperaturabhängigkeit auf die gleichen inneren Mechanismen zurückzuführen ist, wie die Zeitabhängigkeit. Die Erhöhung der Temperatur hat auch einen Zeit raffenden Effekt. Somit kann das „Zeit-Temperatur-Verschiebungsprinzip“ angewendet werden. Voraussetzung ist, dass sich die Einflüsse von Zeit und Temperatur eindeutig separieren lassen, wie es im Zugversuch mit konstanter Dehngeschwindigkeit (vgl. Bild 6.20) der Fall ist. Zur Quantifizierung kann (wie in Abschnitt 5.1.13 schon gezeigt) die Arrhenius-Gleichung verwendet werden:

$$\frac{t}{t_0} = e^{-\frac{A}{RT}} \tag{6.11}$$

Arrhenius-Funktion

Dabei bedeuten:

t/t_0 die Zeitraffung einer Reaktion durch Änderung der absoluten Temperatur T.

In der ursprünglichen Interpretation des Arrhenius wird A der Wert der Aktivierungsenergie für die betrachtete Reaktion und R der Wert der allgemeinen Gaskonstanten zugewiesen. Zur Betrachtung der Zeit-Temperatur-Verschiebung hat sich in der Werkstofftechnik folgende Schreibweise der Arrhenius-Funktion durchgesetzt:

$$\log\left(\frac{t}{t_{ref}}\right) = k\left(\frac{1}{T} - \frac{1}{T_{ref}}\right) \tag{6.12}$$

Dabei beschreiben:

t/t_{ref} die Zeitraffung einer Reaktion durch die Änderung der Temperatur von der absoluten Bezugstemperatur

T_{ref} auf die absolute Temperatur T

Formal kann Gl. 6.11 in Gl. 6.12 überführt werden, indem Gl. 6.11 jeweils für die absolute Temperatur T und die absolute Bezugstemperatur T_{ref} angeschrieben und anschließend so aufgelöst wird, dass die Unbekannte t_0 eliminiert wird. Die „Arrhenius-Konstante" k hat die Dimension einer Temperatur (in K). Sie kann für einen weiten Temperaturbereich als konstant angesehen werden und repräsentiert dann einen Werkstoffkennwert, der sich aus der allgemeinen Gaskonstanten, der Aktivierungsenergie für den betrachteten Prozess und einem Faktor aus der Umrechnung vom natürlichen auf den Zehnerlogarithmus zusammensetzt.

Der Vorteil dieser Schreibweise zeigt sich bei der experimentellen Ermittlung der „Arrhenius-Konstanten" k. Dazu führt man Versuche bei zwei unterschiedlichen Temperaturen durch und ermittelt die Zeit, die zum Erreichen des gleichen Verhaltens notwendig ist. Im dehnungsgeregelten Zugversuch erhält man bei unterschiedlichen Versuchstemperaturen dann zwei identische Spannungs-Dehnungs-Diagramme, wenn die Dehngeschwindigkeit entsprechend angepasst wurde (aus der Dehngeschwindigkeit bestimmt sich die Versuchszeit bzw. umgekehrt (siehe Gl. 6.10)).

Grenzen der Zeit-Temperatur-Verschiebung

Das Zeit-Temperatur-Verschiebungsprinzip ist ein elegantes Mittel, das Langzeitverhalten von Bauteilen aus Kunststoffen vorherzusagen, da es eine Zeit raffende Simulation der Produkterprobung vor der Markteinführung erlaubt. Man muss allerdings ausschließen, dass andere Mechanismen, wie etwa Diffusion, Oxidation oder Hydrolyse, auftreten, die ebenfalls auf die Fließvorgänge im Werkstoff Einfluss nehmen können und die Temperatureinflüsse daher überlagern. Sie würden das Ergebnis der Verschiebung verfälschen.

Werden die mechanischen Eigenschaften nicht zeit- sondern dehngeschwindigkeitsabhängig ermittelt, so kann Gl. 6.11 wie folgt umgewandelt werden:

$$\log\left(\frac{\dot{\varepsilon}_{ref}}{\dot{\varepsilon}}\right) = k\left(\frac{1}{T} - \frac{1}{T_{ref}}\right) \tag{6.13}$$

In Abschnitt 6.2.1.6 werden wir die Anwendung des Zeit-Temperatur-Verschiebungsprinzips bei der Ermittlung der mechanischen Eigenschaften an einem praktischen Beispiel näher erläutern.

Nichtlineare Viskoelastizität

Analysiert man das mechanische Verhalten der Kunststoffe insbesondere bei höheren Belastungen sehr genau, so stellt man eine über den Zeit- und Temperatureinfluss hinausgehende Nichtlinearität des Spannungs-Dehnungs-Verlaufes fest. So ist das Werkstoffverhalten zusätzlich abhängig von der Höhe der wirkenden Beanspruchung. Der Werkstoff verhält sich nicht mehr linear, sondern *nicht linear viskoelastisch*. Der Einfluss der Beanspruchungshöhe lässt sich anschaulich anhand von Kriechversuchen darstellen (Bild 6.17 unteres Teilbild).

Es ist deutlich zu erkennen, dass bei hohen Beanspruchungen die Kriechdehnung überproportional stark zunimmt. Eine Verdoppelung der Spannung führt bei gleicher Einwirkzeit nicht mehr zu einer doppelten, sondern einer größeren Dehnung. Das bedeutet, dass für gleiche Zeiten das Verhältnis aus Spannung und Dehnung nicht mehr konstant ist. Stattdessen wird die Dehnungszunahme durch die wirkende Spannung beeinflusst.

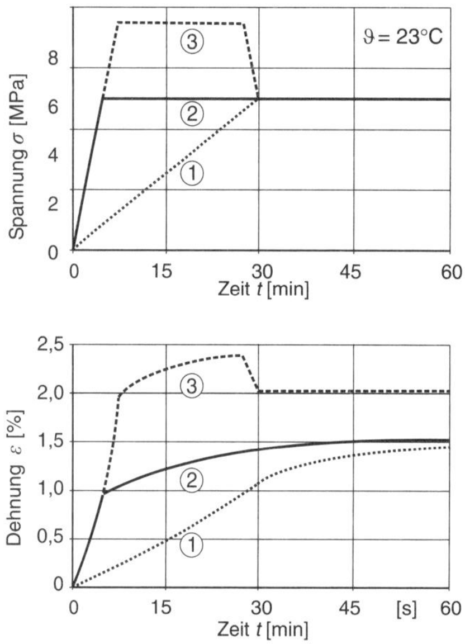

BILD 6.22 Einfluss der Beanspruchungsgeschichte auf das Kriechverhalten von PE-HD

Grundsätzlich zeigen alle realen Kunststoffe dieses nicht-linear viskoelastische Verhalten. Lediglich für kleine Dehnungen kann man von einem linearen Verhalten ausgehen.

Memory-Effekt

Zusätzlich zu der aktuell wirkenden Beanspruchung wirkt sich aber auch noch die in der Vergangenheit erfahrene Beanspruchung auf das Verformungsverhalten viskoelastischer Werkstoffe aus. Das in Bild 6.22 dargestellte Beispiel ist gut geeignet, den Einfluss der Beanspruchungsgeschichte zu erkennen. Für die drei hier gezeigten Versuchsbelastungen ergibt sich einheitlich nach 45 min eine konstante Spannung von 5 MPa. Jedoch ist auf Grund der wesentlich höheren Vorbelastung Probe 3 stärker gedehnt als etwa Probe 2.

Wesentlich für die Höhe der sich einstellenden Dehnung ist also nicht nur die Dauer und Höhe der Beanspruchung, sondern auch deren zeitlicher Verlauf (Memory-Effekt, Einfluss der Beanspruchungsgeschichte).

6.2.1 Bestimmung der mechanischen Eigenschaften viskoelastischer Kunststoffe

Kennwertermittlung

Zur Auslegung von Kunststoffbauteilen werden Werkstoffkennwerte benötigt. Dabei lassen sich grundsätzlich zwei Zielrichtungen unterscheiden:

- Ermittlung des zeit- und temperaturabhängigen Spannungs-Dehnungs-Verhaltens,
- Ermittlung der Versagensgrenzen durch Rissbildung.

Letztendlich bedingt das komplexe Verhalten der Kunststoffe sehr spezifische Methoden der Werkstoffprüfung. Oft liefern die dabei gewonnenen Kennwerte jedoch nur eine vergleichende Aussage, etwa beim Schlagbiegeversuch über die Schlagzähigkeit, wobei eine Übertragung auf andere Geometrien oder Werkstoffe bereits problematisch ist. Zur Dimensionierung eignen sich viele der in der Kunststoffprüfung ermittelten Kennwerte nicht. In der nachfolgenden Übersicht über die Prüfmethoden wird daher verstärkt auf solche Verfahren eingegangen, die Kennwerte für den Konstrukteur liefern.

6.2.1.1 Die dynamisch-mechanische Analyse

DMA

Die Prüfmethodik der dynamisch-mechanische Analyse (DMA) wurde ursprünglich aus der Rheologie übernommen und auf die Charakterisierung von viskoelastischen Festkörpern übertragen. Das Verfahren ist inzwischen als Standard etabliert. Das Funktionsprinzip der DMA ist in Bild 6.23 dargestellt.

Der gelagerte bzw. eingespannte Probekörper wird über eine Schubstange, die an einen elektrodynamischen Schwingungserreger gekoppelt ist, mit einer sinusförmigen Last beaufschlagt. Üblicherweise wird das Lastniveau so gering gewählt, dass keine Werkstoffschädigungen hervorgerufen werden und näherungsweise von linear viskoelasti-

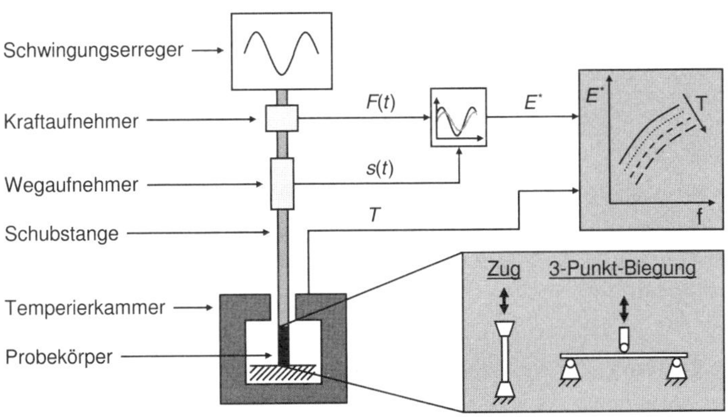

BILD 6.23 Funktionsprinzip der dynamisch-mechanischen Analyse

schem Verhalten ausgegangen werden kann. Hoch auflösende Weg- und Kraftaufnehmer zeichnen den zeitabhängigen Kraft-Weg-Verlauf auf, der über Geometriefaktoren in einen Spannungs-Dehnungs-Verlauf umgerechnet wird. Damit lässt sich der Modul bestimmen. Aus der Verschiebung des Nulldurchgangs von Spannung und Dehnung bei sinusförmiger Beanspruchung erhält man außerdem den mechanischen Verlustfaktor tan δ, ein Maß für die Werkstoffdämpfung. Während der Versuchsdurchführung können die Anregungsfrequenz und die Temperatur der Prüfkammer variiert werden, so dass die Kennwerte als Funktion beider Größen ermittelt werden. Mit einer einzigen Probe können so der Schubmodul und die Dämpfung von tiefen Temperaturen (z. B. –180 °C) bis zur Fließtemperatur bei amorphen und bis zur Kristallitschmelztemperatur bei teilkristallinen Polymeren bzw. der Zersetzungstemperatur bei vernetzten Polymeren und Kunststoffen gemessen werden. Ein wesentlicher Vorteil des Verfahrens ist es also, dass sich das elastische Verhalten bei geringem Zeit- und Probenaufwand über einen weiten Temperaturbereich erfassen lässt. Bei der DMA können die Probekörper auf verschiedene Arten mechanisch beansprucht werden. Abhängig von der Probekörpergeometrie und den zu ermittelnden Kennwerten stehen die genormten Deformationsmodi Zug, Biegung, Schub und Torsion zur Verfügung. In Bild 6.24 sind die Ergebnisse eines Torsionsschwingversuchs nach DIN 53545 dargestellt.

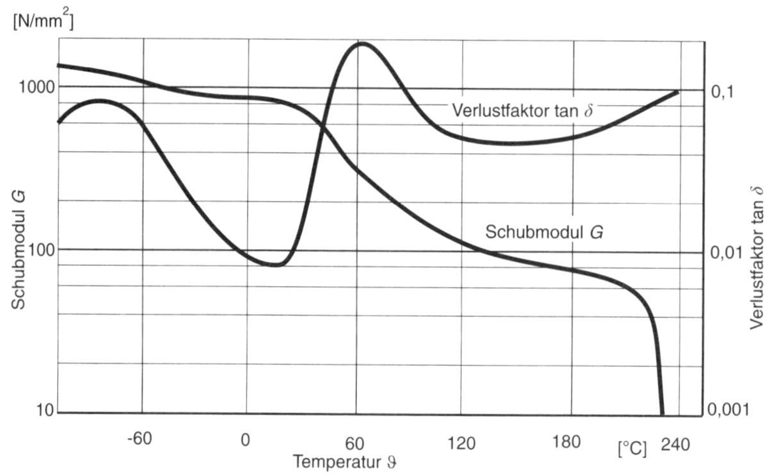

BILD 6.24 Schubmodul und Verlustfaktor für Polybutylenterephthalat (PBT)

„thermisch-mechanischer Fingerprint“

Aus dem Verlauf dieser Kurven lassen sich etwa die Glastemperatur T_G und die Kristallitschmelztemperatur T_S ermitteln. Damit wird die dynamisch-mechanisch Analyse zu einer interessanten Messmethode, um den „thermisch-mechanischen Fingerprint“ eines Werkstoffs zu ermitteln.

6.2.1.2 Der Zugversuch

Die üblichste Methode zur Bestimmung mechanischer Eigenschaften von Werkstoffen, und so auch übernommen für Kunststoffe, ist der Zugversuch entsprechend ISO 527. Das

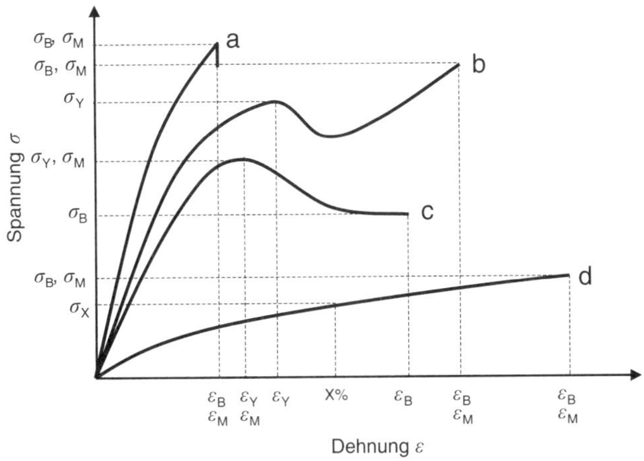

BILD 6.25 Kurzzeitzugversuch nach ISO 527

dabei ermittelte Spannungs-Dehnungs-Diagramm und die Ableitung von mechanischen Kennwerten zeigt Bild 6.25.

Kennwerte des Kurzzeitzugversuches

Entsteht der Probenbruch erst nach Verstrecken der Probe durch starkes Fließen, so unterscheidet man als Kennwerte die Streckspannung und Streckdehnung (indiziert mit Y für Yield) von der Bruchspannung und Bruchdehnung (indiziert mit B). Je nach Werkstoff kann die Maximalspannung (indiziert mit M) die Streck- oder die Bruchspannung sein. Zur Messung des Elastizitätsmoduls sieht die Norm vor, dass die Probe einer Dehnung ausgesetzt wird, deren Dehnrate so nah wie möglich bei 1 % der Messlänge je Minute liegt. Bei gängigen Probengeometrien entspricht dies einer niedrigen Traversengeschwindigkeit von 1 mm/min.

Die Steigung der Spannungs-Dehnungs-Kurve zwischen 0,05 und 0,25 % Dehnung wird als Maß für den E-Modul bestimmt. Zur Bestimmung der Streckgrenze und des Bruchverhaltens ist es sinnvoll, die Abzugsgeschwindigkeit der Prüfmaschine auf 50 mm/min einzustellen, um in genügend kurzer Zeit den Versuch abschließen zu können. Jedoch müssen auf Grund der unterschiedlichen Prüfgeschwindigkeiten verschiedene Prüfkörper untersucht werden.

Da die Kennwerte üblicherweise an Schulterproben mit einer Probenlänge von 100 mm (zwischen den Schultern) ermittelt werden, kann in erster Näherung für den E-Modul eine Dehngeschwindigkeit von 1 %/min, für die Streckspannung und Streckdehnung eine Dehngeschwindigkeit von ca. 10 bis 100 %/min angewandt werden. Zu beachten ist jedoch, dass die tatsächlich im Probekörper vorliegende Dehngeschwindigkeit keineswegs, auch nicht ueber die Messlänge konstant ist. Bei viskoelastischen Werkstoffen hängen zudem alle Eigenschaften von Temperatur und Dehngeschwindigkeit ab. Diese Messmethode ist daher nur für vergleichende Betrachtungen geeignet. Dieser Nachteil wird durch den dehnungsgeregelten Zugversuch aufgehoben.

6.2.1.3 Der dehnungsgeregelte Zugversuch

Dehnungs-geregelter Kurzzeitzug-versuch

Die Grundlagen zum dehnungsgeregelten Zugversuch wurden von *Knausenberger* in seiner Dissertation vorgestellt. Kern seiner Überlegung war es, dass bei einem Kurzzeitzugversuch unter idealen Bedingungen die Dehnung linear mit der Zeit ansteigen sollte und in jedem Bereich der Messlänge der Probe gleich sein muss. Die in der Norm (ISO 527) für die Bestimmung der Kurzzeitzugfestigkeit vorgesehene Regelung der Traversengeschwindigkeit erweist sich jedoch bei ausgeprägtem viskoelastischen Verhalten sehr nachteilig auf die Ergebnisse aus. Fehler im Prüfaufbau beeinflussen das Messergebnis zusätzlich. *Knausenberger* modifizierte den Kurzzeitzugversuch deshalb zum „dehnungsgeregelten Kurzzeitzugversuch". Hier wird die Dehnung über die gleichmäßig gedehnte Länge der Probe zur „Leitgröße". Die über dem mittleren parallelen Bereich am Probekörper (Messlänge) gemessene Dehnung wird mit einer rampenförmigen Sollvorgabe verglichen und die Abweichung dieser beiden Signale zur Regelung der Traversengeschwindigkeit der Zugprüfmaschine verwendet. Ergebnisse, die Aussagen für langzeitiges Verhalten ermöglichen sollen, werden mit entsprechend abgesenkten Dehngeschwindigkeiten ausgeführt. Bild 6.19 zeigt das Ergebnis einer solchen Versuchsreihe. Die Ergebnisse aus dem genormten Kurzzeitzugversuch, mit konstanter Traversengeschwindigkeit, sehen zwar ähnlich aus, sie weichen jedoch umso mehr von den Ergebnissen der dehnungsgeregelten Versuche ab, je weiter die Eigenschaften der Probe vom ideal elastischen Materialverhalten abweichen. Zudem besteht bei Normversuchen immer die Gefahr, dass rutschende Einspannungen das Ergebnis verfälschen.

Eine genaue Betrachtung von Bild 6.19 ergibt: Jedem Kurvenzug ist eine konstante Dehngeschwindigkeit zugeordnet (siehe Gl. 6.10).

Der Zeiteinfluss auf das viskoelastische Verhalten lässt sich also gut interpretieren als die Abnahme der Spannung bei gleicher Dehnung mit geringerer Dehngeschwindigkeit. Auch kann die Krümmung der Spannungs-Dehnungs-Kurven, also der jeweils degressive Verlauf dieser Kurven, mit dem Zeiteinfluss in Zusammenhang gebracht werden. Zusätzlich ist auch die Nichtlinearität des viskosen Werkstoffverhaltens für die Krümmung der Kurven verantwortlich. Diese Art der Versuche ist sehr gut geeignet, um den Zeit- und Temperatureinfluss zu charakterisieren. Daher werden mit dehnungsgeregelten Zugversuchen heute häufig Kennwerte für Auslegungsrechnungen von Kunststoffbauteilen gewonnen.

6.2.1.4 Der Zeitstandzugversuch (Kriechversuch)

Nach wie vor stellt der Zeitstandzugversuch nach DIN 53444 die einzige derzeit genormte Methode zur Ermittlung der mechanischen Eigenschaften von Kunststoffen in Abhängigkeit von der Temperatur, Zeit und Beanspruchungshöhe dar. Die grundsätzliche Vorgehensweise beim Zeitstandzugversuch wurde in Bild 6.17 dargestellt. Zum Zeitpunkt t_0 wird dem Probekörper eine konstante Last angehängt. Zunächst stellt sich eine spontane elastische Dehnung ein. Anschließend wächst die Dehnung mit der Belastungszeit. Für jede gewählte Probenspannung sind zur statistischen Absicherung wenigstens 7 Probekörper zu wählen. Üblicherweise werden die Versuche nach 1.000 h oder nach 10.000 h (etwa 14 Monate) abgebrochen. Die Temperatur wird üblicherweise in Schritten von 20 °C gewählt. Die Vermessung eines Werkstoffs im Zeitstandzugversuch belegt also mehrere dutzend Prüfplätze und dauert länger als ein Jahr. Der hohe Kostenaufwand für diese Prüfung ist die Ursache dafür, dass in Werkstoffdokumentationen, etwa in der Datenbank CAMPUS, bisher nur für einen Teil der Werkstoffe die entsprechenden Informationen verfügbar sind.

Im Rahmen der Bauteilauslegung wird die zeitabhängige Kennwertfunktion des E-Moduls als Kriechmodul definiert:

$$E_C(t) = \frac{\sigma_0}{\varepsilon(t)} \tag{6.14}$$

Kriechen

Da beim Kriechversuch die Spannung konstant und die Dehnung monoton steigend verlaufen, hat der Kriechmodul einen monoton fallenden Funktionsverlauf.

Die Ergebnisse des Kriechversuches sind in der Darstellung der Dehnung als Funktion der Belastungszeit ($\varepsilon = f(t)$) als Werkzeug für den Konstrukteur unpraktikabel. Es haben sich deswegen andere Darstellungen eingebürgert, die in Bild 6.18 aufgeführt sind.

isochrones Spannungs-Dehnungs-Diagramm

Am praktischsten erweist sich die Darstellung als Spannungs-Dehnungs-Diagramm, wie bei anderen Werkstoffen üblich, jedoch mit dem zusätzlichen Parameter der Zeit bzw. durch einfache Umrechnung mit dem Parameter Dehngeschwindigkeit. Dazu sei hier zunächst erläutert, wie das isochrone Spannungs-Dehnungs-Diagramm aus den Ergebnissen von Kriechversuchen entwickelt wird. Zu gleichen Zeiten werden die Dehnungen verschiedener Probekörper, die unterschiedlich hohen Kriechspannungen ausgesetzt sind, abgelesen. In einem Spannungs-Dehnungs-Diagramm werden die Wertepaare von Spannung und Dehnung jedes Probekörpers für den betrachteten Zeitpunkt eingetragen und durch einen interpolierenden Kurvenzug miteinander verbunden. Die so erzeugte „Isochrone" verbindet also die Spannungs-Dehnungs-Punkte bei gleicher Zeit für verschiedene Kriechbeanspruchungen. Typischer Weise werden die Isochronen in logarithmisch wachsenden Zeitabständen ermittelt.

6.2.1.5 Der Relaxationsversuch

Relaxieren

Oft unterliegen Bauteile dem Zustand „konstanter Verformung". Beispiele hierfür sind Schraub- oder Pressverbindungen. Diese Beanspruchungsform entspricht dem Relaxationsversuch (Bild 6.26).

Zum Zeitpunkt t_0 wird der Probekörper auf ein konstantes Dehnungsmaß deformiert. Die Spannung nimmt mit der Zeit ab, der Werkstoff relaxiert. Hierzu definiert man entsprechend den Relaxationsmodul:

$$E_R(t) = \frac{\sigma(t)}{\varepsilon_0} \tag{6.15}$$

Hier gilt, dass die Spannung bei konstanter Dehnung monoton fallend verläuft. Also zeigt der Relaxationsmodul ähnlich wie der Kriechmodul einen monoton fallenden Funktionsverlauf. Da häufig die Funktion des Relaxationsmoduls nicht verfügbar ist, stellt sich für den Konstrukteur die Frage, ob nicht auch die Relaxation mit der Funktion des Kriechmoduls berechnet werden darf. Bild 6.27 zeigt die jeweiligen Beanspruchungszustände im Vergleich. Bei gleicher Zeit und Spannung zeigt der Relaxationsversuch eine größere

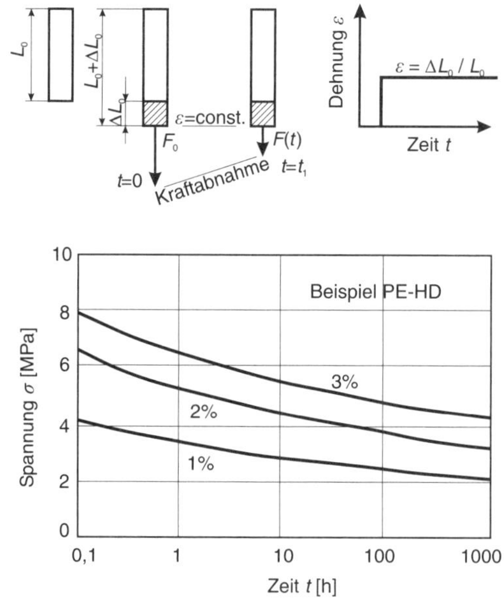

BILD 6.26 Relaxationsversuch PE-HD

Vergleich Kriechmodul zu Relaxationsmodul

Dehnung (da im zurückliegenden Zeitraum die Spannung stets größer war, hat sich im Werkstoff eine höhere Dehnung als im Retardationsversuch eingestellt).

Entsprechend gilt:

$$E_R(t) \leq E_C(t) \tag{6.16}$$

HINWEIS: Da die Unterschiede durch die unterschiedliche Beanspruchungsform „Kriechen“ oder „Relaxieren“ klein bleiben, können statische Beanspruchungszustände für linear viskoelastische Werkstoffe in erster Näherung mit dem Kriechmodul gerechnet werden.

6.2.1.6 Zeitraffende Prüfung

zeitraffende Ermittlung des Werkstoffverhaltens

Die oben aufgeführten Kriech- und Relaxationsversuche sind aufgrund der langen Versuchszeiten sehr kostenintensiv. Daher wird versucht, die benötigten Kennwerte durch zeitraffende Prüfungen zu ermitteln. Eine Möglichkeit, den großen Aufwand des Zeitstandzugversuches zu meiden, bietet der dehnungsgeregelte Zugversuch. Nur dieser Versuch erlaubt die exakte Zuordnung der Beanspruchungsparameter Temperatur und Dehngeschwindigkeit zu dem jeweils gemessenen Spannungs-Dehnungs-Diagramm. Mit Hilfe der Zeit-Temperatur-Verschiebung kann daher ein zeitraffender Effekt erzielt werden. Dazu werden Versuche bei verschiedenen Dehngeschwindigkeiten und unterschiedlichen Temperaturen durchgeführt. Die Versuche bei hoher Temperatur sind stellvertretend für das langzeitige Werkstoffverhalten zu sehen.

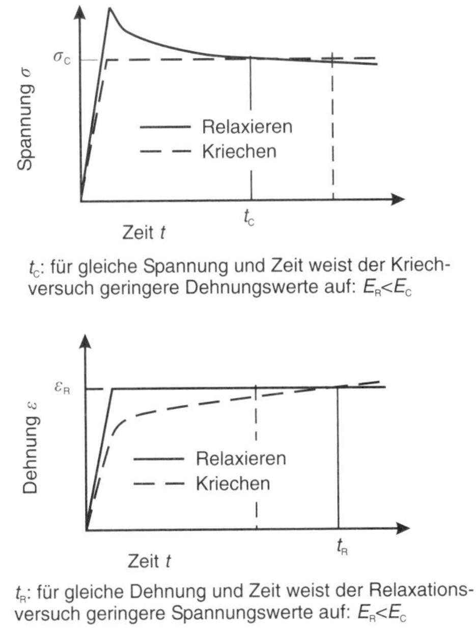

BILD 6.27 Vergleich Kriechen-Relaxieren

Die so gemessenen Spannungs-Dehnungs-Kurven werden in einem ersten Schritt durch geeignete mathematische Funktionsansätze approximiert. Für homogene, amorphe Thermoplaste kann bereits mit dem einfachen Ansatz nach Gl. 6.17 approximiert werden:

$$\sigma = E_0 \cdot \varepsilon (1 - D_1 \varepsilon) \tag{6.17}$$

Werkstoffkennwerte

Dabei werden durch die Approximation die Kennwerte E_0 und D_1 in Abhängigkeit von der jeweils im Versuch verwendenden Dehngeschwindigkeit und Temperatur bestimmt. Dieser Ansatz hat große Ähnlichkeit mit dem Hook'schen Gesetz, lediglich der Kennwert D_1 beschreibt die Nichtlinearität. Die Zeit- und Temperatureinflüsse zeigen sich in der Abhängigkeit der Kennwerte E_0 und D_1 von der Dehngeschwindigkeit und der Temperatur.

Teilkristalline Kunststoffe zeigen im Vergleich zu amorphen Thermoplasten eine anders ausgeprägte Nichtlinearität, die sich mit Gl. 6.17 nur unzureichend approximieren lässt. Daher wird für diese Werkstoffgruppe die Approximationsgleichung auf

$$\sigma = E_0 \cdot \varepsilon \frac{1 - D_1 \cdot \varepsilon}{1 + D_2 \cdot \varepsilon} \tag{6.18}$$

erweitert. Mit dieser allgemeinen Approximationsfunktion lässt sich das Verhalten - vom weichen, viskosen bis zum hart elastischen Zustand - gut beschreiben.

Ein alternativer Ansatz ist der 2-Parameter-Ansatz nach *Schöche* (Gl. 6.19).

$$\sigma(\varepsilon) = E_0 \varepsilon_\tau \left(1 - e^{-\frac{\varepsilon}{\varepsilon_\tau}}\right) \tag{6.19}$$

Darin beschreibt E_0 den Ursprungsmodul und ε_τ die sogenannte Relaxationsdehnung. Dieser 2-Parameter-Ansatz bildet die Spannungs/Dehnungs-Verläufe ebenfalls hinreichend genau ab. Darüber hinaus erlaubt er aufgrund des streng monoton steigenden Verlaufs auch eine sinnvolle Extrapolation der Werte.

Kennwertfunktion

Als zweiter Schritt werden die Kennwerte der Ansatzfunktion in Abhängigkeit der Dehngeschwindigkeit und Temperatur ermittelt und in ein Diagramm eingetragen. Bild 6.28 zeigt beispielhaft den Verlauf der Kennwertfunktion von E_0 für den Werkstoff PVC-hart (PVC-U).

Zeit-Temperatur-Verschiebungsprinzip

Auf die so ermittelten Funktionen kann das Zeit-Temperatur-Verschiebungsprinzip angewendet werden. Wir erkennen aus Bild 6.28, dass etwa ein dehnungsgeregelter Zugversuch bei 60 °C und einer Dehngeschwindigkeit von 30 %/h den gleichen Kennwert E_0 aufweist, wie ein Versuch bei 0,36 %/h und 40 °C. Die Verschiebung der Kurvenzüge in Bild 6.28 ist ein unmittelbares Maß für den Aktivierungsfaktor (*k*-Wert) der Arrhenius-Funktion.

Durch Umstellung der Gl. 6.12 in Gl. 6.21 lässt sich der *k*-Wert unmittelbar aus den abgelesenen Werten bestimmen:

$$k = \frac{\log\left(\frac{\dot{\varepsilon}_{ref}}{\dot{\varepsilon}}\right)}{\frac{1}{T} - \frac{1}{T_{ref}}} \qquad (6.21)$$

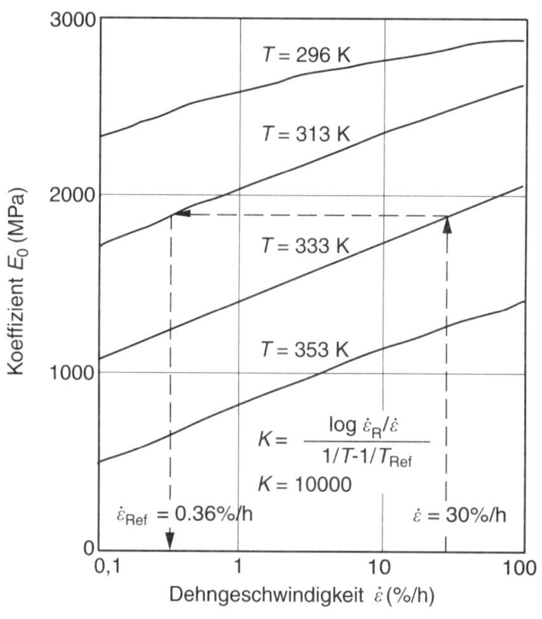

BILD 6.28 Kennwert E_0 als Funktion von Dehngeschwindigkeit und Temperatur für den Werkstoff PVC-U

Für das vorliegende Beispiel bestimmte sich der k-Wert zu 10.000 K. Es sei darauf hingewiesen, dass dieser Wert nur in den Bereichen gültig ist, in der die Struktur unverändert bleibt. Er darf daher nicht als Werkstoffkonstante angesehen werden. Insbesondere im Bereich der Übergangstemperaturen, also etwa im Bereich der Glastemperatur, muss mit einer Änderung der Verschiebungskorrelation gerechnet werden. Daher sollte die Extrapolation von Kennwerten mit Hilfe des Zeit-Temperatur-Verschiebungsprinzips auf zwei Dekaden beschränkt bleiben.

Masterkurve für die Kennwertfunktionen

Durch die Verschiebung der Kurven bei erhöhter Temperatur in Richtung niedriger Dehngeschwindigkeiten erhält man eine so genannte Masterkurve für die Kennwertfunktionen. In Bild 6.29 ist die Abhängigkeit der Kennwerte E_0, D_1 und D_2 über einen großen Dehngeschwindigkeitsbereich bei Referenztemperatur eingetragen.

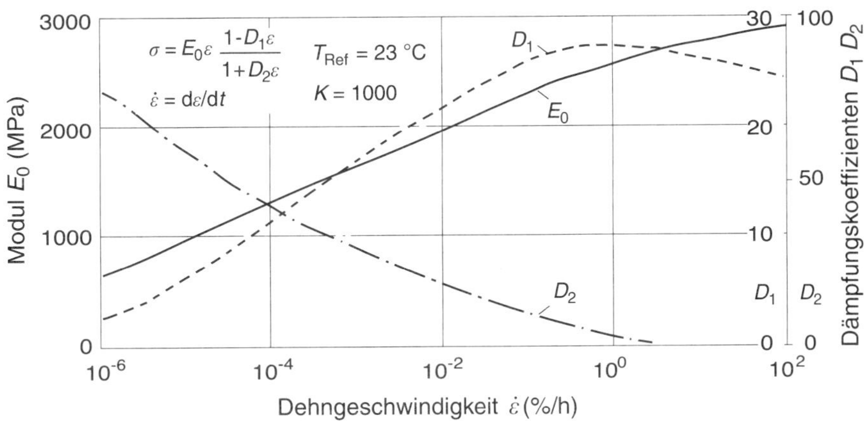

BILD 6.29 Masterkurve mit den Kennwerten E_0, D_1 und D_2 für den Werkstoff PVC-U

Rechnen mit Kennwertfunktionen

Der große Vorteil dieser Vorgehensweise liegt darin, dass nun unter Kenntnis dieser Masterkurven und mit dem k-Wert der Arrhenius-Funktion das Spannungs-Dehnungs-Diagramm für beliebige Zeiten – innerhalb der oben genannten Grenzen - und Temperaturen berechenbar wird. So lassen sich einfach isochrone Spannungs-Dehnungs-Diagramme erzeugen.

berechnetes isochrones Spannungs-Dehnungs-Diagramm

Ein solcherart berechnetes, isochrones Spannungs-Dehnungs-Diagramm zeigt Bild 6.30 Einschränkend muss bemerkt werden, dass die hierbei Werkstoffversuche zugrunde liegen, die unter konstanter Dehngeschwindigkeit ermittelt wurden und nicht wie üblich bei konstanter Spannung. Da jedoch nach dem Einfluss von Temperatur, Zeit und Nichtlinearität dem Einfluss der Belastungsgeschichte eine nachrangige Bedeutung zukommt, kann der hierbei entstehende Fehler aus der unterschiedlichen Belastungsgeschichte häufig vernachlässigt werden.

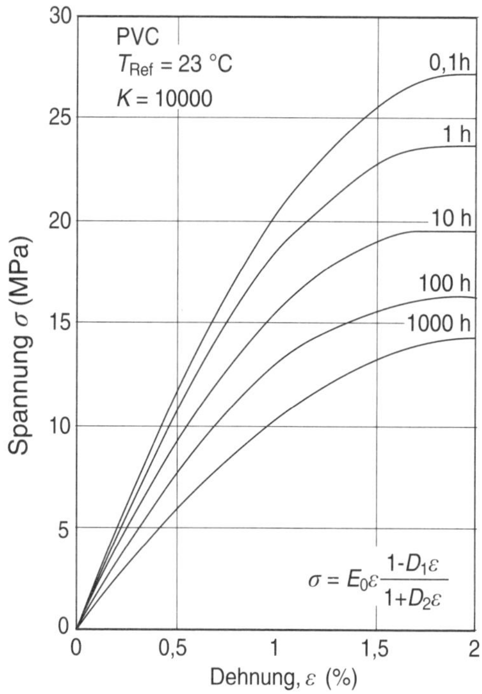

BILD 6.30 Berechnete isochrone Spannungs-Dehnungs-Diagramme für den Werkstoff PVC-U

6.2.2 Theorie der Viskoelastizität

Modellierung der Viskoelastizität

Um den Konstrukteur in die Lage zu versetzen, das Verformungsverhalten für Kunststoffe zu berechnen, wurde die Theorie der Viskoelastizität entwickelt. Hierbei wird angestrebt, durch geeignete Modellierung den Zusammenhang zwischen den einwirkenden Spannungen und den hieraus resultierenden Dehnungen berechenbar zu machen. Betrachtungen über einsetzende Rissbildung hingegen kann die Theorie der Viskoelastizität nicht liefern; hierauf wird in Kapitel 7 ausführlich eingegangenen werden.

Wie auch bei Kunststoffschmelzen (vgl. Abschnitt 5.2.2), verwendet man als Modellgrundlage Feder-Dämpfer-Elemente. Nachfolgend wollen wir uns schrittweise von einfachen qualitativen Modellen, die für das Verständnis der Arbeitsweise solcher Materialbeschreibungen hilfreich sind, bis hin zu komplexen Modellvorstellungen vorarbeiten, wie sie heute für quantitative, numerische Simulationen des Werkstoffverhaltens angewendet werden. Diese Modelle verwenden als Dehnungsmaß die technische Dehnung. Daher bleiben die Ergebnisse solcher Berechnungen auf Bereiche kleiner Dehnungen beschränkt. (Soll auch der Bereich großer Dehnungen in Modellen beschrieben werden, müssen die wahren bzw. natürlichen Spannungen und Dehnungen zugrunde gelegt werden, da sich durch die große Verformung die Veränderung der Querschnitte erheblich auswirkt.)

6.2.2.1 Modelle der Linearen Viskoelastizität

Theorie der linearen Viskoelastizität

Grundsätzlich genügt zur qualitativen Beschreibung der Effekte Zeit- und Temperaturabhängigkeit die Modellierung des Werkstoffverhaltens durch ein Feder-Dämpfer-Modell nach Maxwell (siehe auch Bild 5.21 Fall 3). Allerdings hat ein solches Modell bei der quantitativen Beschreibung des Werkstoffverhaltens den Mangel, sich nur in einem kleinen Bereich durch die Wahl von geeigneten Parametern E für den Federmodul und η für die Viskosität anpassen zu lassen. Dies wird im Folgenden anhand Bild 6.31 erläutert.

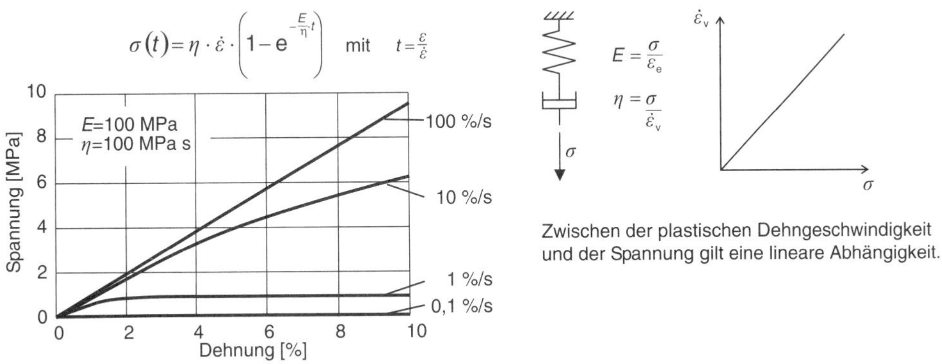

BILD 6.31 Maxwell-Modell

Ausgehend von Gl. 5.37 ergibt sich für den Fall konstanter Dehngeschwindigkeit:

$$\frac{d\sigma}{dt}+\frac{E}{\eta}\cdot\sigma=E\cdot\dot{\varepsilon}_0 \tag{6.22}$$

und durch Umstellung

$$dt=-\frac{\eta}{E}\cdot\frac{1}{\sigma-\eta\cdot\dot{\varepsilon}_0}\cdot d\sigma \tag{6.23}$$

nach Integration

$$t=-\frac{\eta}{E}\int\frac{1}{\sigma-\eta\cdot\dot{\varepsilon}_0}\cdot d\sigma \tag{6.24}$$

und weiter:

$$t=-\frac{\eta}{E}\ln(\sigma-\eta\cdot\dot{\varepsilon}_0)+c_1 \tag{6.25}$$

Aufgelöst nach der Spannung als Funktion der Zeit schreibt man

$$\sigma=\eta\cdot\dot{\varepsilon}_0+e^{\frac{E}{\eta}(c_1-t)} \tag{6.26}$$

und mit der Randbedingung $t = 0 \Rightarrow \sigma = 0$ bestimmt sich die Integrationskonstante c_1 aus Gl. 6.26 zu

$$c_1 = \frac{\eta}{E} \cdot \ln(-\eta \cdot \dot{\varepsilon}) \tag{6.27}$$

Nachdem c_1 in Gl. 6.26 eingesetzt ist, ergibt die Spannungs-Zeit-Funktion für konstante Dehngeschwindigkeit:

$$\sigma = \eta \cdot \dot{\varepsilon}_0 \left(1 - \mathrm{e}^{-\frac{E}{\eta} t} \right) \tag{6.28}$$

Da die Dehngeschwindigkeit konstant ist, kann die Zeitachse auch in die Dehnungsachse nach Gl. 6.10 umgerechnet und so die Spannungs-Dehnungs-Funktion des Maxwell-Elementes analytisch bestimmt werden zu:

$$\sigma = \eta \cdot \dot{\varepsilon}_0 \left(1 - e^{-\frac{E}{\eta \dot{\varepsilon}_0} \varepsilon} \right) \tag{6.29}$$

Zur Diskussion dieser Beschreibungsform ist die Spannungs-Dehnungs-Kurve mit fiktiven Werten für die Viskosität und dem Federmodul für verschiedene konstante Dehngeschwindigkeiten in Bild 6.31 (unteres Teilbild) eingetragen.

Merkmale von Feder-Dämpfer-Modellen

Hieran lassen sich einige wichtige Merkmale der Modellierung mit Feder-Dämpfer-Elementen erläutern. Auch hier, wie bereits in Gl. 5.40 definiert, ergibt sich die Relaxationszeit λ als der Quotient von Viskosität zu Federmodul. Bei schnellen Einwirkungen, bei denen die Dehngeschwindigkeit größer als der Kehrwert der Relaxationszeit ist, verhält sich das Maxwell-Element elastisch wie eine Stahlfeder. Die Spannung steigt nahezu linear mit der Dehnung an. Bei einer langsamen Dehngeschwindigkeit hingegen, also bei einem Wert, der wesentlich kleiner als der Kehrwert der Relaxationszeit ist, zeigt das Modell ein starkes Fließen. Die errechnete Fließspannung bestimmt sich immer direkt aus dem Produkt von Viskosität η und der Dehngeschwindigkeit (z. B. berechnet sich die Fließspannung σ_S bei einer Dehngeschwindigkeit von 1 %/s und einer Viskosität von 100 MPa zu 1 MPa. Beachte: Dehnungen und Dehngeschwindigkeiten stets als Absolutwerte in die Gleichungen einsetzen). Das einfache Modell gibt lediglich das Funktionsprinzip richtig wieder.

Vergleich von Burgers- und Maxwell-Modell

Genau wie bei der Beschreibung der Eigenschaften elastischer Schmelzen kann die Beschreibungsgüte des Modells dadurch verbessert werden, dass mehrere Feder-Dämpfer-Elemente verwendet werden. In der Literatur wird dazu oft das Burgers-Modell zur Beschreibung der Kunststoffe zitiert (Bild 6.32, links). Die Parallelschaltung von mehreren Maxwell-Modellen erweist sich jedoch als praktikabler (*Wübken*). Man spricht dann von einem erweiterten oder verallgemeinerten Maxwell-Modell. Es zeigt sich, dass bei entsprechender Wahl der Federsteifigkeiten und der Viskositäten der Dämpfer beide Modelle das gleiche Verhalten zeigen (Bild 6.32 rechts).

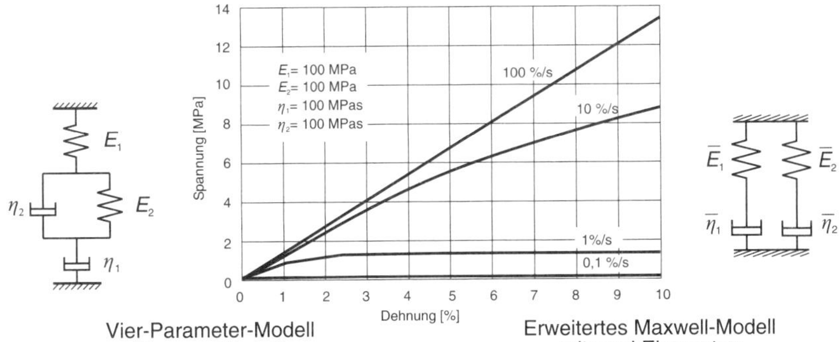

Vier-Parameter-Modell (Burgers-Modell)

$$\sigma(t)=\eta_1\cdot\dot{\varepsilon}\cdot\left(1+\frac{1}{C}\cdot\left[e^{-\lambda_I\cdot t}+e^{-\lambda_{II}\cdot t}\right]\right)$$

mit: $\lambda_{I/II}=\frac{A}{2}\pm\sqrt{\frac{A^2}{4}-B}$

$$A=\frac{E_2\cdot\eta_2+E_1\cdot\eta_2+E_1\cdot\eta_1}{\eta_1\cdot\eta_2}$$

$$B=\frac{E_1\cdot E_2}{\eta_1\cdot\eta_2}$$

$$C=\left(\lambda_I^{\,2}+\lambda_{II}^{\,2}\right)\cdot A-\left(\lambda_I+\lambda_{II}\right)\cdot B<0$$

Erweitertes Maxwell-Modell mit zwei Elementen

$$\sigma(t)=\eta_1\cdot\dot{\varepsilon}\cdot\left(1-e^{-\frac{\overline{E}_1}{\overline{\eta}_1}t}\right)+\eta_2\cdot\dot{\varepsilon}\cdot\left(1-e^{-\frac{\overline{E}_2}{\overline{\eta}_2}t}\right)$$

mit:

$\overline{\eta}_1=\frac{\eta_1}{2}$ (50 MPas)

$\overline{\eta}_2=\frac{\eta_2}{2}$ (50 MPas)

$\overline{E}_1=\lambda_I\cdot\overline{\eta}_1$ (131 MPa)

$\overline{E}_2=\lambda_{II}\cdot\overline{\eta}_2$ (20 MPa)

BILD 6.32 Simulation gleichen Werkstoffverhaltens mit erweitertem Maxwell- und Burgers-Modell (Vergleich)

Der besondere Vorteil des durch parallele Anordnung erweiterten Maxwell-Modells ergibt sich bei der Berechnung, denn die Spannung des Gesamtsystems ist stets die Summe der Einzelspannungen aus jedem Maxwell-Element. erweitertes Maxwell-Modell

$$\sigma(t)=\sum_{i=1}^{n}\sigma_i \tag{6.30}$$

Weiterhin gilt, dass jedes Element mit der gleichen Deformation und Deformationsgeschwindigkeit beaufschlagt wird.

$$\varepsilon_i(t)=\varepsilon(t) \tag{6.31}$$

$$\dot{\varepsilon}_i(t)=\dot{\varepsilon}(t) \tag{6.32}$$

Die Beschreibungsgleichung eines solchen Modells erhält man also einfach durch die Summation von Gleichungen für die einzelnen Maxwell-Elemente. Demnach kann für den Fall der Beanspruchungsform „konstante Dehngeschwindigkeit" bei einem 4-fach Maxwell-Element geschrieben werden:

$$\sigma=\dot{\varepsilon}\cdot\sum_{i=1}^{4}\eta_i\left(1-e^{-\frac{E_i}{\eta_i}t}\right) \tag{6.33}$$

Die berechnete Spannungs-Dehnungs-Funktion zeigt Bild 6.33. Um die Wirkung der Modellerweiterung darstellen zu können, wurden die Federmoduln und die Dämpfervis-

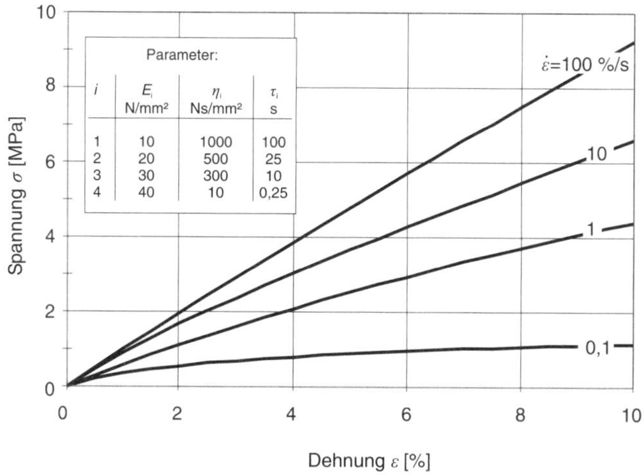

BILD 6.33 Modellierung des Zugversuches mit 4-fachem Maxwell-Element

kositäten so gewählt, dass sich eine gleiche Ausgangssteifigkeit wie im einfachen Maxwell-Modell aus Bild 6.31 ergibt. Zugleich sind aber die Relaxationszeiten über das Zeitspektrum der hier auftretenden Beanspruchungsfunktionen gespreizt.

Zusammenfassend sei festgehalten, dass sich bei Benutzung dieser Modelle grundsätzlich eine lineare Abhängigkeit zwischen Spannung und Dehnung einstellt, wenn die Randbedingung eingehalten wird: „gleiche Beanspruchungsform und Beanspruchungszeit".

Boltzmannsches Superpositionsprinzip

Hieraus wird das *Boltzmannsche Superpositionsprinzip* abgeleitet: Ein komplexer Beanspruchungsverlauf, wie etwa eine stufenweise Lastaufbringung in Bild 6.34, kann demnach in Teilfunktionen zerlegt werden. Diese Teilfunktionen stellen einfach beschreibbare Beanspruchungszustände dar, etwa wie in diesem Beispiel drei Kriechbeanspruchungen, die lediglich jeweils um einen Zeitraum verzögert auf den Probekörper einwirken. Die

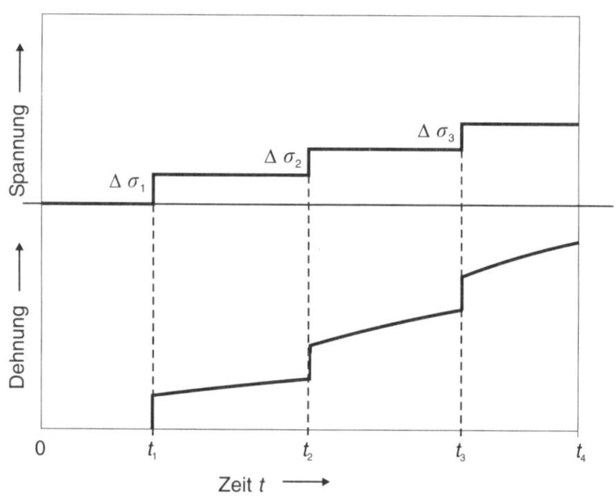

BILD 6.34 Das Boltzmannsche Superpositionsprinzip

Dehnungsantwort des Werkstoffs bestimmt sich dann aus der Summe der Dehnungsantworten der einzelnen Teilfunktionen. Diese Theorie erlaubt eine einfache grafische Näherungslösung für linear viskoelastisches Werkstoffverhalten.

Korrespondenzprinzip

Für näherungsweise Berechnungen im Bereich der linearen Viskoelastizität bedient man sich schließlich des *Korrespondenzprinzips*. Es besagt, dass zur Lösung mechanischer Aufgabenstellungen die aus der Elastizitätslehre abgeleiteten Gleichungen allgemein verwendbar sind. Man hat hierzu lediglich anstelle der Spannungen die zeitabhängige Spannungsfunktion $\sigma(t)$, anstelle der Dehnung die zeitabhängige Dehnungsfunktion $\varepsilon(t)$ und die zeitabhängige Kennwertfunktion des E-Moduls $E(t)$ einzusetzen (bei mehrachsigen Beanspruchungen wird auch die zeitabhängige Kennwertfunktion der Querkontraktionszahl $\nu(t)$ benötigt).

Einfluss der Beanspruchungsgeschichte

Da bei der Berechnung des Verformungsverhaltens neben dem Zeiteinfluss auch die Beanspruchungsgeschichte berücksichtigt werden muss, definiert man die Kennwertfunktion des E-Moduls in Abhängigkeit vom jeweiligen Beanspruchungszustand, wie schon in den Abschnitten 6.2.1.4 und 6.2.1.5 erläutert.

6.2.2.2 Modellierung der nichtlinearen Viskoelastizität

Modellbildung der nichtlinearen Viskoelastizität

Nachfolgend wird aufgezeigt, in welcher Weise die Modellierung für die nicht lineare Viskoelastizität mit Hilfe von Feder-Dämpfer-Modellen erweitert werden muss, um das Verhalten der polymeren Werkstoffe besser beschreiben zu können.

Zur Modellierung der nichtlinearen Viskoelastizität sind zunächst zwei Ansätze denkbar:

- *Die Elastizität sei nichtlinear.* Hierzu wird die in Bild 6.35 (oberes Teilbild) dargestellte Modellrechnung durchgeführt. Dazu wurde vorgegeben, dass mit steigender Federspannung die Federdehnung überproportional anwächst (siehe Federkennlinie in Bild 6.35 oben rechts). Das mittlere Diagramm zeigt die Dehnungs-Zeit-Funktion als

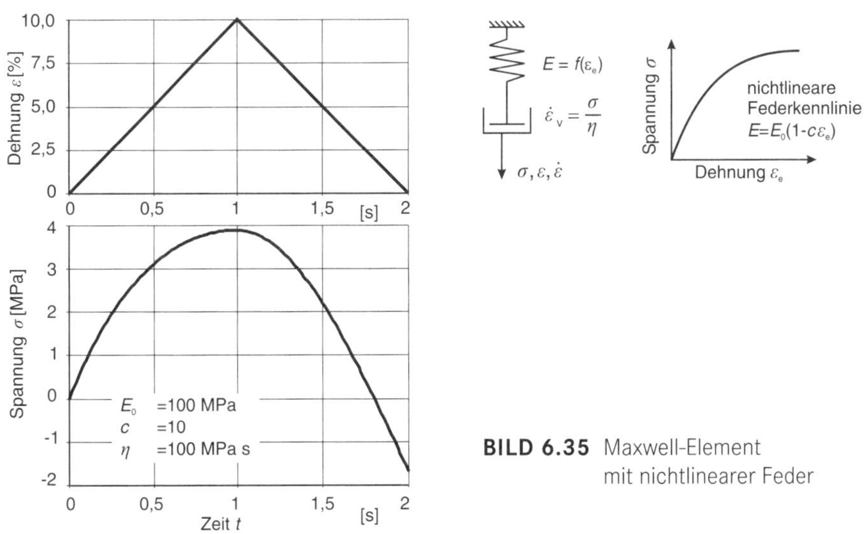

BILD 6.35 Maxwell-Element mit nichtlinearer Feder

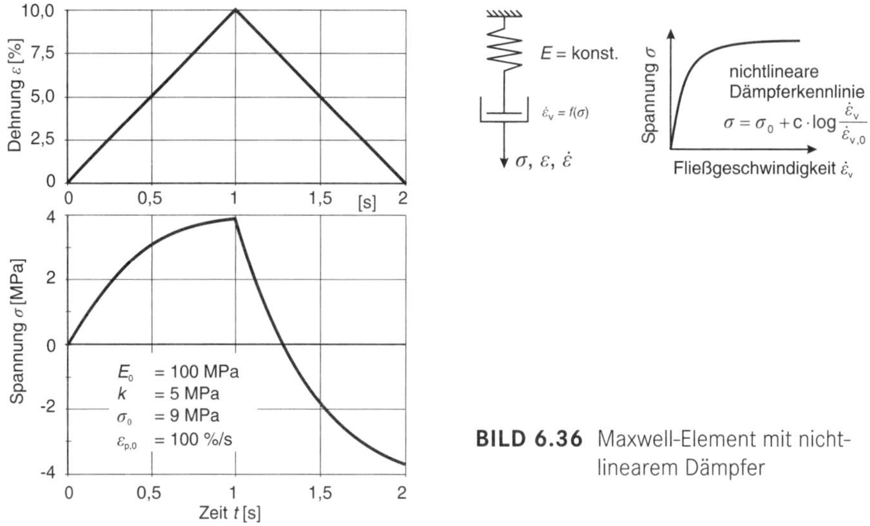

BILD 6.36 Maxwell-Element mit nichtlinearem Dämpfer

vorgegebene Beanspruchung, das untere Diagramm die berechnete Spannungs-Zeit-Funktion, d. h. die Antwort des Modells. Zwar zeigt dieses Modell in der Phase der Dehnungszunahme grundsätzlich richtiges Verhalten, jedoch ist nach Überschreiten des Dehnungsmaximums der Kurvenverlauf völlig falsch.

- Nun wird die Vorstellung geprüft: *Die Viskosität des Dämpfers sei nichtlinear* (Bild 6.36 oben links). Die Ergebnisse der entsprechenden Modellrechnung zeigen Bild 6.36 Mitte und unten. Hier wurde angenommen, dass die Fließgeschwindigkeit des Dämpfers mit steigender Spannung überproportional anwächst. Das mittlere Diagramm zeigt wiederum die identische Dehnungs-Zeit-Funktion als vorgegebene Beanspruchung, das untere Diagramm die berechnete Spannungs-Zeit-Funktion. Mit dieser Modellvorstellung kann also das Spannungs-Dehnungs-Verhalten sowohl bei Probenbelastung wie auch bei Probenentlastung grundsätzlich richtig beschrieben werden.

Der große Nachteil solcher nichtlinearen Modelle liegt darin, dass die mathematisch geschlossene Lösung der nichtlinearen Differentialgleichungen höherer Ordnung nur unter hohem Aufwand möglich ist, wenn die Funktion der Viskosität im Voraus und explizit bekannt ist. Tatsächlich ergibt sich dieser funktionale Zusammenhang jedoch in Abhängigkeit der Werkstoffeigenschaften, weshalb eine allgemein gültige geschlossene, mathematische Lösung nicht abgeleitet werden kann.

Stattdessen hat sich eine Modellierung der nichtlinearen Viskoelastizität (*Schmachtenberg*) etabliert, die auf numerischen Algorithmen aufbaut. Dies hat den Vorteil, dass für die Werkstoffeigenschaften nicht schon zu Beginn der Modellbildung funktionale Zusammenhänge hergestellt werden müssen. Dieser Lösungsalgorithmus wird in verschiedenen einschlägigen Arbeiten unter dem Namen *„Deformationsmodell“* beschrieben. Bei der Berechnung wird in Zeitschritten (Inkrementen) gerechnet. Nachfolgend wird der Berechnungsalgorithmus erläutert, wie er für jedes Inkrement durchlaufen wird.

6.2.2.3 Vorgehensweise bei der Berechnung des Verformungsverhaltens

Das nichtlinear-viskoelastische Werkstoffverhalten wird durch Parallelschaltung mehrerer Maxwell-Elemente mit nichtlinearer Viskosität abgebildet (Bild 6.37). Die Nichtlinearität des Werkstoffverhaltens wird durch die Fließfunktionen der Dämpfer beschrieben. Alternativ können anstelle einer Fließfunktion auch die Viskositäten bzw. Relaxationszeiten der Dämpfer für mehrere Beanspruchungsniveaus als Stützstellen vorgegeben werden.

Modellparameter des Deformationsmodells

Zur Abbildung des Werkstoffverhaltens im Deformationsmodell müssen folgende Modellparameter ermittelt werden:

- Anzahl der nichtlinearen Feder-Dämpfer-Elemente,
- die Federmoduln der Elementfedern E_i,
- die Dämpfereigenschaften, d. h. die Fließlinien als Beschreibung der Fließspannung der Dämpfer in Abhängigkeit von Fließgeschwindigkeit und Temperatur bzw. die Relaxationszeiten der Dämpfer.

Diese Modellparameter bilden das spezifische Verhalten des jeweiligen Werkstoffs ab. Die Festlegung der Modellparameter wird als „Kalibrierung“ bezeichnet.

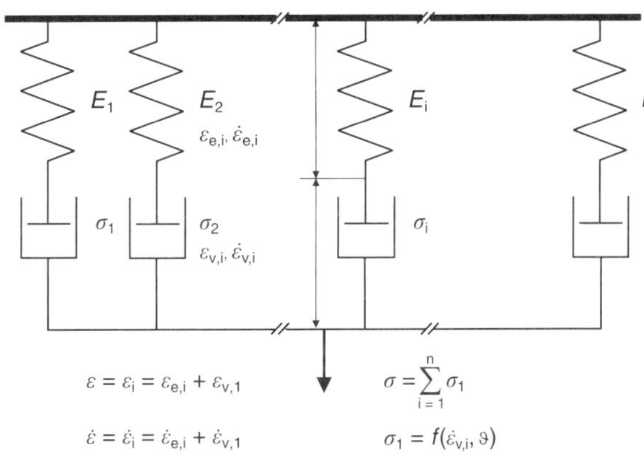

BILD 6.37 Deformationsmodell

1. Zu Beginn des Zeitschritts Δt sind die inneren Spannungen $\sigma_i(t)$ jedes Maxwell-Elements, die aktuelle Temperatur ϑ und die Änderung der äußeren Dehnung $\Delta\varepsilon$ bekannt. Gesucht wird die äußere Spannung $\sigma(t + \Delta t)$. Die inneren Spannungen dienen als „Gedächtnis“ der erfahrenen Beanspruchung und ermöglichen somit die Berücksichtigung der Beanspruchungsgeschichte.
2. Anhand des Beanspruchungsniveaus zu Beginn des Zeitschritts werden die Eigenschaften der Dämpfer aus den Fließlinien bestimmt bzw. anhand der Stützstellen interpoliert. Für isotherme Lastfälle wird daraus die Tangentensteifigkeit berechnet.
3. Weicht die aktuelle Temperatur ϑ von den Bedingungen ab, bei denen die Materialdaten ermittelt wurden, können die so bestimmten Dämpfereigenschaften nicht unmittelbar verwendet werden. Da aber Temperatur und Fließgeschwindigkeit/Relaxationszeit über das Zeit-Temperatur-Verschiebungsprinzip miteinander verknüpft sind, werden die zutreffenden Geschwindigkeiten/Relaxationszeiten beispielsweise mit dem Ansatz von Arrhenius ermittelt.

4. Anhand der Materialkennwerte wird schließlich die Spannungsänderung in jedem Maxwell-Element berechnet, die aus der Änderung der äußeren Dehnung $\Delta\varepsilon$ resultiert.
5. Die Spannungsänderungen in den einzelnen Maxwell-Elementen des Modells werden aufsummiert und man erhält die Spannungsänderung $\Delta\sigma$ im Zeitschritt Δt. Durch Addition von $\sigma(t)$ und Ds folgt die äußere Spannung $\sigma(t + \Delta t)$.

Für die Berechnung ist eine genügend kleine Zeitschrittweite zu wählen, um die Fehler bei der Ermittlung der Dämpfereigenschaften ausreichend klein zu halten.

Mit diesem Verfahren ist es bereits möglich, beliebige einachsige Spannungs-Dehnungs-Verläufe nachzurechnen. Durch die Kopplung solcher Modelle mit mechanischen Berechnungsprogrammen, die auf der Finite-Elemente-Methode aufbauen, lassen sich auch komplexe Kunststoffbauteile auslegen. Mehrachsige Spannungszustände werden dabei zunächst auf eine uniaxiale Vergleichsspannung (z. B. nach von Mises) zurückgeführt (vgl. Kapitel 7). Anhand dieser wird das Beanspruchungsniveau der Dämpfer des Modells charakterisiert und der Berechnungsalgorithmus durchlaufen.

Grenzen des Deformationsmodells

Aber auch trotz des hohen Modellierungsaufwands des Deformationsmodells zeigt der Vergleich von Simulationsrechnungen und Messwerten, dass nicht alle Effekte erfasst werden. So liegen die Polymerwerkstoffe verarbeitungsbedingt oft orientiert vor. Die hieraus resultierenden Anisotropien können in diesem Modell nicht berücksichtigt werden. Ergänzt man diese Werkstoffdaten noch um den Verlauf des Wärmeausdehnungskoeffizienten (Bild 6.38), so können auch nichtisotherme Beanspruchungsverläufe mit hoher Genauigkeit simuliert werden. So zeigt Bild 6.39 den Spannungszustand, der sich bei einer fest eingespannten Probe bei Abkühlung einstellt (thermische Abkühlspannungen). Dieser Lastfall tritt häufig bei dehnungsbehinderter Montage von Kunststoffteilen, etwa bei Kunststoff-Metall-Verbunden, oder bei der Abkühlung formgebundener Bauteile im Spritzgießwerkzeug auf.

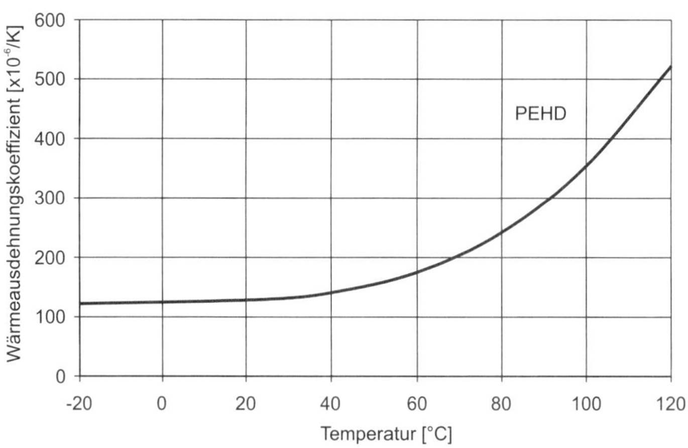

BILD 6.38 Wärmeausdehnungskoeffizient von PE-HD

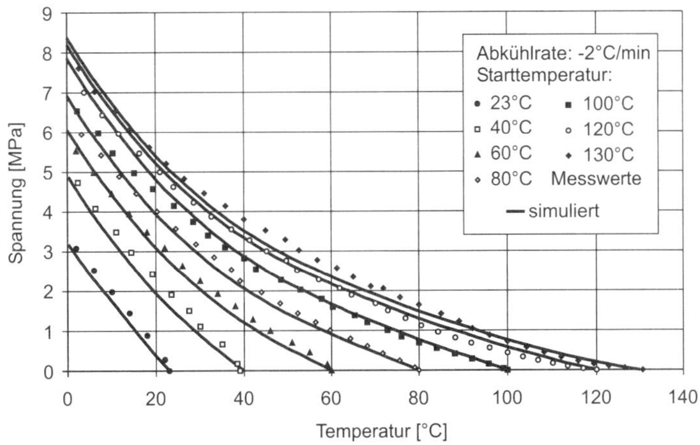

BILD 6.39 Abkühleigenspannungen bei PE-HD, Vergleich von Simulationsrechnung und Messwerten

Einen anderen, technisch interessanten Fall stellt der Temperaturwechsel unter Dehnungsbehinderung dar. Die zyklische Temperaturbeanspruchung führt zu Zugspannungen im viskoelastischen Werkstoff. Auch hier zeigt die gute Übereinstimmung von Messung und Simulation die hohe Beschreibungsgüte des Deformationsmodells.

Temperaturwechsel

6.3 Die Zustandsbereiche im mechanischen (elastischen) Verhalten von Kunststoffen

6.3.1 Amorphe Thermoplaste

In Bild 6.40 wird das Verhalten von amorphen Thermoplasten durch die Temperaturabhängigkeit des Elastizitätsmoduls (Schubmoduls) beschrieben. Bei hohen Temperaturen gleiten die Ketten bei geringer Belastung aneinander ab. Der Werkstoff hat pastösen Schmelzecharakter. Mit abnehmender Temperatur geht er in den entropieelastischen – auch als kautschukelastisch bezeichneten – Zustand über. In beiden Zuständen ist der mechanische Widerstand gegen eine Verformung besonders stark von der Länge der Moleküle abhängig (wohl infolge von deren Verhakung). Der Stoff friert bei weiterer Abkühlung ein und liegt nun als harter spröd-elastischer Körper vor, dessen Modul (Realmodul) stetig mit abnehmender Temperatur weiter zunimmt. Stufenweise Erhöhungen des Moduls werden dann beobachtet, wenn Verzweigungen einfrieren oder, im Falle von Polymergemischen, in einem der Partner entsprechende Vorgänge ablaufen (Sekundärer Übergangsbereich II). Der Verlustmodul bzw. die repräsentativen Messgrößen, wie das logarithmische Dekrement der mechanischen Dämpfung Λ oder der mechanische Verlustfaktor $\tan \delta$ zeigen an solchen Stellen jeweils Maxima, so genannte *Relaxationsmaxima*.

Temperaturabhängigkeit

Relaxationsmaximum

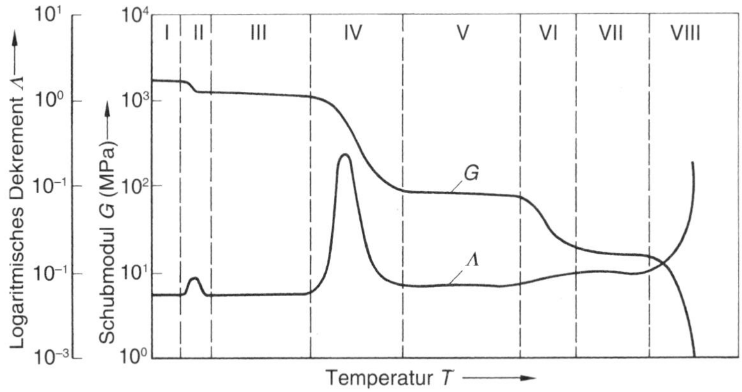

BILD 6.40 Schematisierte Darstellung der Zustands- und Übergangsbereiche polymerer Werkstoffe im Schubmoduldiagramm (I und III: energieelastisches Verhalten, II: sekundärer Übergangsbereich, IV: Glasübergangsbereich, V: entropieelastisches Verhalten bei weitgehend amorphen, energieelastisches Verhalten bei weitgehend kristallinen polymeren Werkstoffen, VI: Schmelzbereich, VII: Schmelze mit entropieelastischen Eigenschaften, VIII: Zersetzung)

Kautschukelastisches Plateau

Elastomere sind polymere Werkstoffe, deren Glastemperatur T_G unter der Raumtemperatur liegt und die ein breites „kautschukelastisches Plateau" in ihrer Schubmodulkurve besitzen. Durch die Vernetzung wird das Abgleiten der Ketten und somit ein Fließen des Werkstoffs verhindert. Außer dem Naturkautschuk gehören hierzu viele synthetische Kautschuke.

Amorphe Thermoplaste werden im Bereich des festen Zustandes, d. h. unterhalb von T_G eingesetzt. Als praktisches Beispiel wird in Bild 6.41 die Schubmodulkurve von Polyvinylchlorid vorgestellt. Es hat seine Glastemperatur T_G bei etwa 80 bis 90 °C. Der Einsatzbereich von Polyvinylchlorid hart (PVC-U) liegt zwischen etwa -10 und +60 °C. Über 60 °C

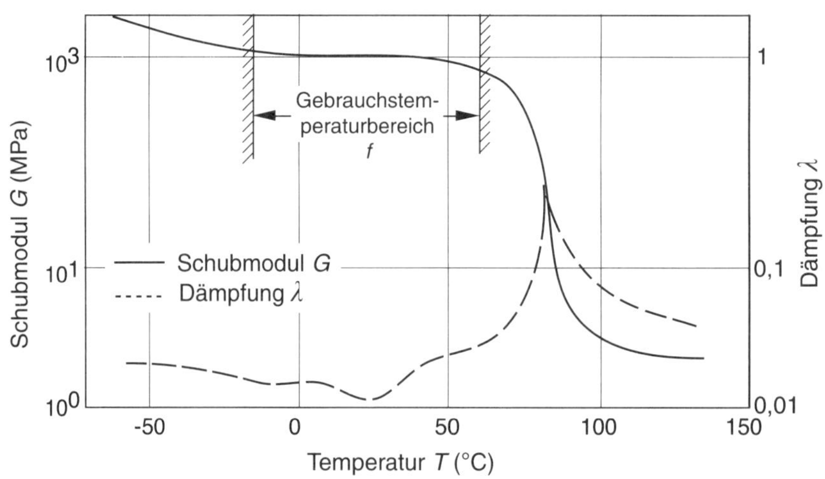

BILD 6.41 Schubmodul und mechanische Dämpfung von PVC-U

setzt starke Erweichung ein, so dass langzeitige Belastung zu starken Kriechdehnungen führt. Unterhalb von -10 °C wird der Kunststoff sehr spröde, d. h. schlagempfindlich.

Fließtemperaturbereich

In Bild 6.42 ist der prinzipielle Verlauf von Zugfestigkeit und Bruchdehnung in Abhängigkeit von der Temperatur am Beispiel eines amorphen Thermoplasten eingetragen (PVC-U). Bei hohen Temperaturen in der Schmelze tritt Zersetzung ein (T_Z). Sobald bei niedrigen Temperaturen das Abgleiten nur noch unter zunehmendem Kraftaufwand erfolgt, wird die Urformung durch Spritzgießen oder Extrudieren unmöglich, man kann sich eine Grenze als „Fließtemperaturbereich" (T_F) setzen. Es folgt mit weiter abnehmender Temperatur im Gebiet hoher Dehnungsfähigkeit (im Bild = *Dehnung*) eine große Formänderungsfähigkeit unter geringem Kraftaufwand (thermoplastische Verarbeitung). Sobald jedoch bei Unterschreiten der Einfriertemperatur (T_G) die Beweglichkeit derHauptkette weitgehend einfriert, nimmt die Möglichkeit einer Formänderung rapide ab, der Werkstoff wird zunehmend spröder, der erforderliche Kraftaufwand steigt drastisch. Das Material verhält sich hart und spröde. Dies ist der normale Einsatzbereich.

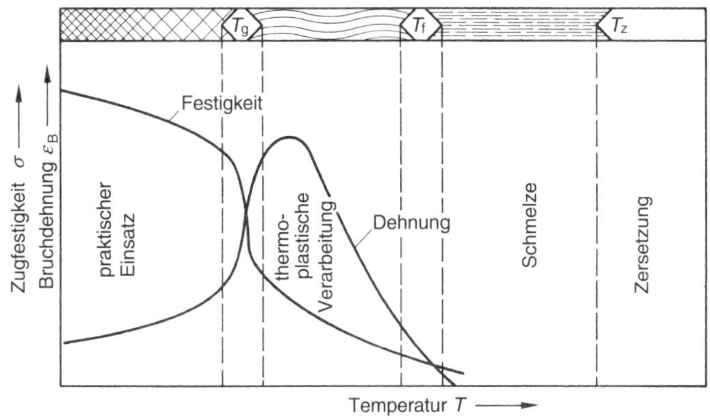

BILD 6.42 Zugfestigkeit und Bruchdehnung eines amorphen Thermoplasten (PVC-U)

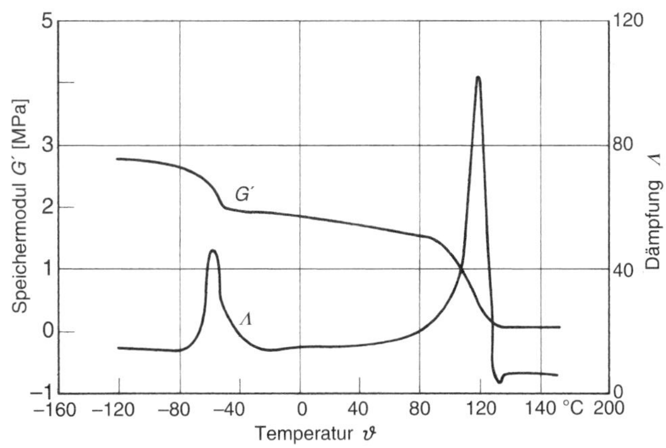

BILD 6.43 Schubmodul und Dämpfung von schlagzäh modifiziertem Polystyrol (ABS)

Schlagzäh-modifizierung

Beispiele für den Einfluss der Bewegungsfähigkeit von Seitenketten in erstarrten Polymeren liefern die schlagzäh modifizierten amorphen Thermoplaste, vgl. Bild 6.43. Hier werden durch Copolymerisation oder Pfropfung solche Seitenketten in das Polymergerüst eingebracht, deren Glastemperatur T_G weit unter Raumtemperatur liegen (z. B. Acrylnitril/Butadien/Styrol-Copolymerisat, ABS vgl. auch Abschnitt 4.4.2.2 und 7.2.3). Da die Butadienketten erst bei Temperaturen unterhalb −50 °C einfrieren, ist das Polymer oberhalb dieser Temperatur wenig schlagempfindlich und verhält sich zäh. Normales Polystyrol oder Styrol/Acrylnitril-Copolymerisat sind dagegen bis weit oberhalb der Raumtemperatur spröde.

6.3.2 Teilkristalline Thermoplaste

ataktisches und isotaktisches Polystyrol

Auch hier liefert die Schubmodulkurve die anschaulichste Darstellung. Bild 6.44 zeigt nebeneinander die Kurven für ein Polymer (Polystyrol), das durch normale und für die teilkristalline Variante durch stereospezifische Polymerisation, d. h. mit unterschiedlicher Kettenstruktur, hergestellt wurde. Bei den Kurven A und B handelt es sich um ein ataktisches Polystyrol (Standard-Polystyrol), das durch unregelmäßigen Aufbau seiner molekularen Kettenbausteine amorph erstarrt (Kurve A niedrige Molekülmasse, d. h. niedrigviskos, Kurve B hohe Molekülmasse, d. h. hochviskos). Das gleiche Polymer kann, wenn es einen regelmäßigen Kettenaufbau wie das isotaktisch erzeugte Polystyrol (Kurve C) besitzt, auch teilkristallin erstarren. Bei Abkühlung dieser Schmelze, kommt es bei 235 °C zur Bildung von Kristalliten und sofortiger Erstarrung (Kurve C). Das Gerüst aus kristallinem Werkstoff verleiht dem Werkstoff unterhalb von etwa 230 °C eine

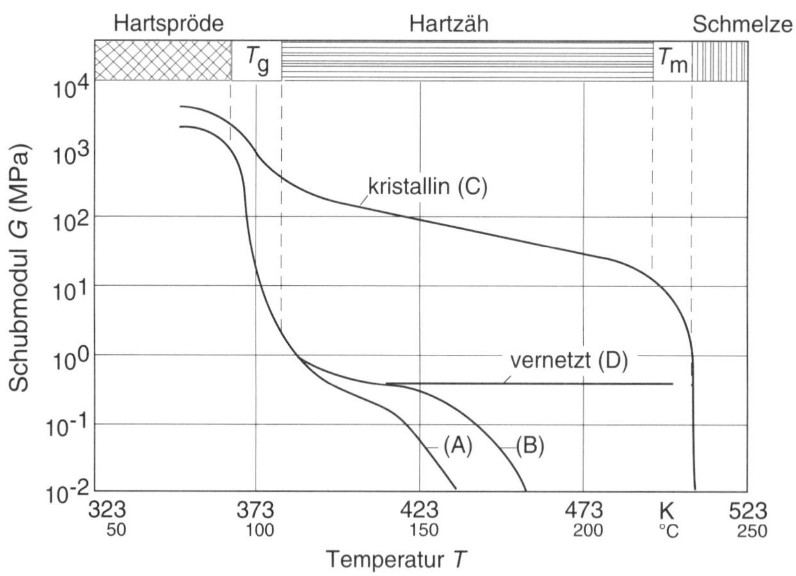

BILD 6.44 Schubmodulkurven von Polystyrol in amorpher, teilkristalliner und in vernetzter Form

beachtliche Steifigkeit. Die unregelmäßig gebauten, ebenfalls vorhandenen ataktischen Ketten und amorphen Anteile verleihen dem Polymer dabei gleichzeitig eine hohe Zähigkeit. Sobald jedoch bei Erreichen der Glastemperatur (T_G) der ataktische Anteil amorph einfriert, verliert der Werkstoff seine Zähigkeit und geht vom hartzähen Zustand zum hartspröden über. Durch Vernetzung des ataktischen Polystyrols (Kurve D) wird der Werkstoff unschmelzbar.

Teilkristallines Polystyrol hat allerdings bisher deswegen keine praktische Bedeutung erlangt, weil es bei Raumtemperatur infolge der bei 100 °C liegenden Glastemperatur bei Raumtemperatur schon sehr spröde ist. Die wichtigen teilkristallinen Thermoplaste haben bei Raumtemperatur und darüber – also im praktischen Einsatzbereich – hartzähen Werkstoffcharakter, da ihre amorphen Anteile erst bei Temperaturen unter bzw. im Bereich der Raumtemperatur einfrieren. Als Beispiel diene das Polypropylen (Bild 6.45).

spröde – zäh

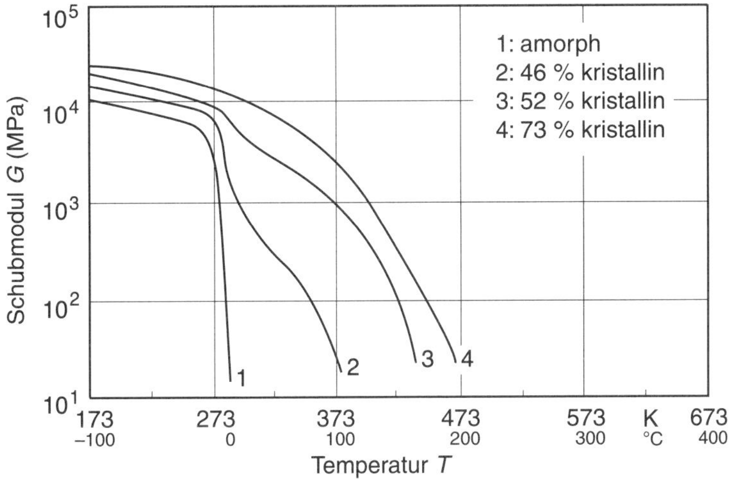

BILD 6.45 Schubmodulkurven von Polypropylen mit verschiedenem Kristallisationsgrad

Die ataktischen und amorphen Anteile von PP erstarren bei ca. 0 °C, d. h. für $T > 0$ °C ist der Werkstoff zäh. Die Schubmodulkurven in Bild 6.45 für Polypropylen mit verschiedenem Kristallisationsgrad zeigen dessen Einfluss auf die Steifigkeit oberhalb von T_G. Gebräuchliche Polypropylene besitzen einen kristallinen Gefügeanteil von ca. 50 %, wodurch sich die Gebrauchstemperatur von Raumtemperatur bis über 100 °C erstreckt; der Schmelzbereich beginnt bei ca. 120 °C und erstreckt sich bis ca. 170 °C.

Kaltversprödung

Da die bei Gebrauchstemperaturen unterhalb von 0 °C auftretende Versprödung bei Polypropylen von Nachteil ist, wird die Glastemperatur durch Copolymerisieren mit Ethylen in niedrigen Anteilen weiter abgesenkt (vgl. Abschnitt 4.4.1.2). Da bei geringen Comonomer-Anteilen die Fähigkeit zur Kristallisation nicht eingeschränkt wird, ändert sich die obere Dauergebrauchstemperatur nicht; die zulässigen Spannungen bei Raumtemperatur sind nur unwesentlich niedriger, die Versprödung tritt erst bei niedrigeren Temperaturen auf.

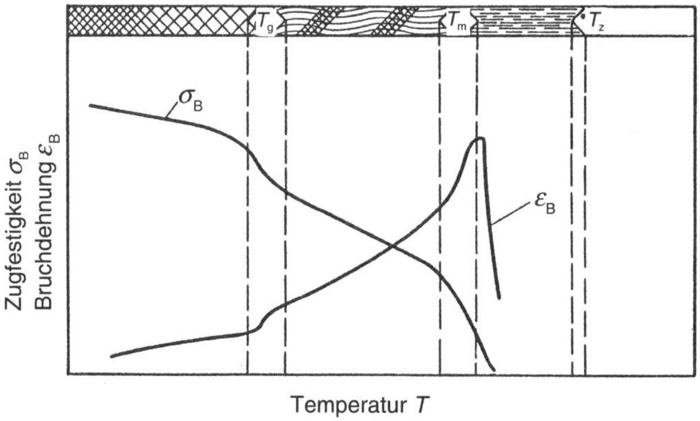

BILD 6.46 Temperaturabhängigkeit der Zugfestigkeit und Bruchdehnung bei teilkristallinen Thermoplasten (schematisch)

Das Verhalten von Zugfestigkeit und Bruchdehnung von teilkristallinen Thermoplasten in Abhängigkeit von der Temperatur entnimmt man Bild 6. 46. Der Anstieg der Bruchdehnung oberhalb von T_G kennzeichnet die hohe Schlagzähigkeit dieser Gruppe von Werkstoffen.

6.3.3 Verstreckte Thermoplaste

Orientierung

Werden Thermoplaste bei Temperaturen verstreckt, bei denen die Moleküle noch aneinander abgleiten können, jedoch die Relaxationszeiten bereits sehr viel größer sind als die Zeit, während der sie für den Verstreckprozess auf höherer Temperatur gehalten werden, dann bleibt diese Orientierung der Moleküle erhalten. Dies hat bedeutende Eigenschaftsveränderungen zur Folge, sowohl bei amorphen, als auch bei teilkristallinen Thermoplasten. Am stärksten sind erwartungsgemäß die Wirkungen bei teilkristallinen Thermoplasten dann, wenn es durch die Prozessführung gelingt, die Kristallite in Orientierungsrichtung ausgerichtet zu erhalten.

Verstreckt wird bei amorphen Thermoplasten bei Temperaturen von

$$T_G + (20\text{ K bis }40\text{ K})$$

bei teilkristallinen Thermoplasten bei

$$T_{KT} - (10\text{ K bis }20\text{ K})$$

Tempern

mit anschließendem Fixieren, d. h. Tempern unter Festhalten der erhaltenen Verstreckung, so dass die amorphen Anteile relaxieren, die Kristallite jedoch ihre Ausrichtung beibehalten. Beim Verstrecken werden die Sphärolithe zerstört. Man muss sich vorstellen, dass ganze Blöcke der Lamellen abrutschen (vgl. Bild 6.47). Ganze Lamellen können auch gedreht werden, so dass bei genügend hoher Verstreckung alle Ketten vorzugsweise in Verstreckrichtung orientiert sind. Die Blöcke sind nun durch eine hohe Zahl von „tie-Molekülen" miteinander verbunden. Wenn man dieses verstreckte Material dann tem-

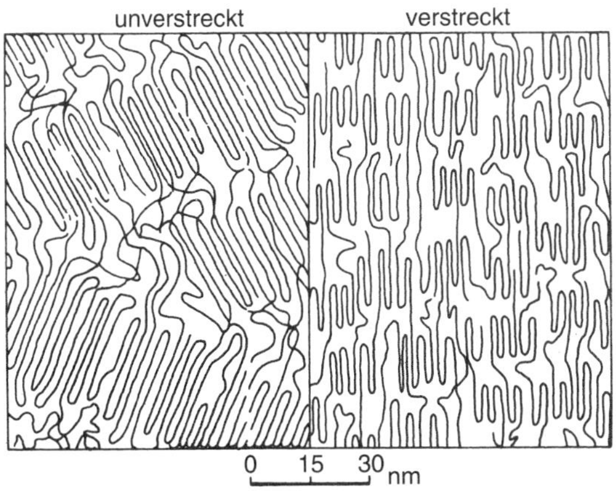

BILD 6.47 Abrutschen und Umlagern von Kristallitblöcken beim Verstrecken von teilkristallinen Thermoplasten

pert – industriell nennt man diese Prozessstufe „Fixieren", d. h. in der Länge dabei festhalten –, entsteht eine sehr gleichmäßige Lamellenstruktur. Dabei sind die Lamellen senkrecht zur Fixierrichtung ausgerichtet. Da die rückstellenden Kräfte aus dem amorphen Anteil nach dessen Relaxation beim Fixieren fehlen, ist ein solches Produkt auch bei höheren Temperaturen bis unter Fixiertemperatur dimensionsstabil. Würde man aber stattdessen das verstreckte Material ohne Festhalten (Fixieren) tempern, dann würde sich wieder das alte ungeordnete Gefüge vor der Verstreckung zurückbilden. Die Ursache sind die „tie-Moleküle". Hosemann hat darauf die anschauliche Theorie der *„affinen Verzerrung"* entwickelt. Bild 6.48 erklärt dies anschaulich.

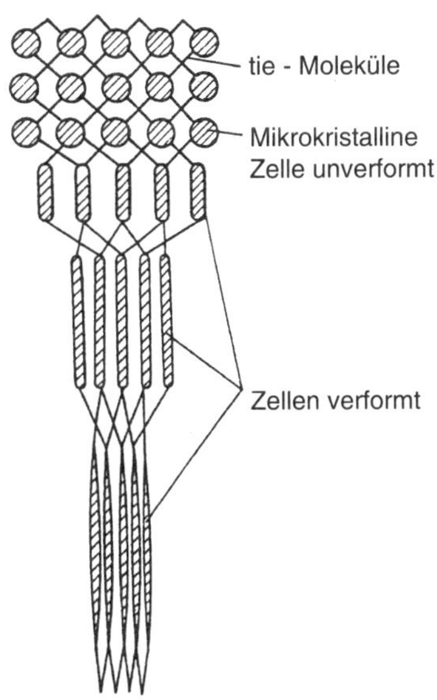

BILD 6.48 Affine Verzerrung als Modell des „Memory"-Effektes

Verstreckgrad

Man kann beim Verstrecken einer abkühlenden Schmelze knapp unter der Kristallitschmelztemperatur bei nicht zu hohen Polymerisationsgraden, z. B. bei Polyethylen, beachtliche Verstreckgrade erreichen (vgl. Bild 6.49), wenn man die Verstreckung aus-reichend langsam – bei niedrigen Temperaturen und allseitigem hydrostatischem Druck – oder aus einer vollständigen Lösung heraus vornimmt. Die Polymerketten müssen sich dazu völlig entschlauft haben.

Bei höherer Molmasse von PE beträgt der maximal erreichbare Verstreckgrad nur das 5- bis 10-fache der Ausgangslänge. Die experimentellen Ergebnisse stehen somit im Widerspruch zu den theoretisch zu erwartenden Werten für λ_{max}, für die gilt:

$$\lambda_{max} \sim \bar{M}^{0,5} \tag{6.34}$$

Verschlaufungen

Man kann diesen Unterschied zwischen theoretisch erwarteten und praktisch gefundenen Dehnungsgraden mit den während des Kristallisationsprozesses eingefangenen Verschlaufungen (trapped entanglements) erklären. Sie wirken beim Verstrecken wie Vernetzungen.

Langsames Kristallisieren ergibt bei relativ niedermolekularem PE HD Kristallite mit gefalteten Molekülen. Der Faltungsprozess reduziert die Anzahl der eingefangenen Verschlaufungen. Bei hoher Molmasse von PE kann man die Verschlaufungsdichte pro Molekül nur verringern, wenn man aus der Lösung kristallisiert. Auch bei sehr hochmolekularem PE (M_w > 106) können dann Dehnungsgrade über 100 erreicht werden.

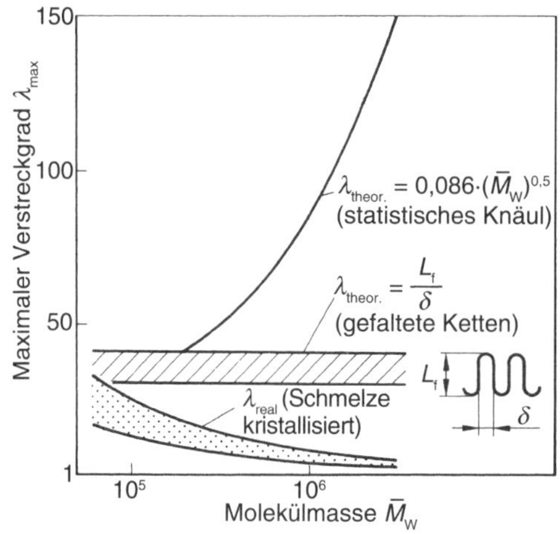

BILD 6.49 Maximal erreichbarer Verstreckgrad in Abhängigkeit von der Molmasse

Verstreckungsgefüge

Die Eigenschaften derartig entstandener Werkstoffmodifikationen sind somit stark von der Art der eingelagerten Kristallite abhängig. Das übliche beim Erstarren aus der Schmelze entstehende Gussgefüge ist durch die Sphärolithe geprägt. Es bestimmt auch die Eigenschaften (Bild 6.50). Gelingt es durch besondere Behandlungen, wie oben besprochen, ein Verstreckungsgefüge – gestapelte Einkristallplättchen oder gar Nadelkristalle – zu erhalten, so entstehen sehr steife Werkstoffe, wie dies Bild 6.51 für einige Fasern – unter anderem aus einigen thermoplastischen Kunststoffen – zeigt. Allerdings liegt der praktisch erreichte E-Modul zumeist noch weit unter den theoretisch möglichen Werten.

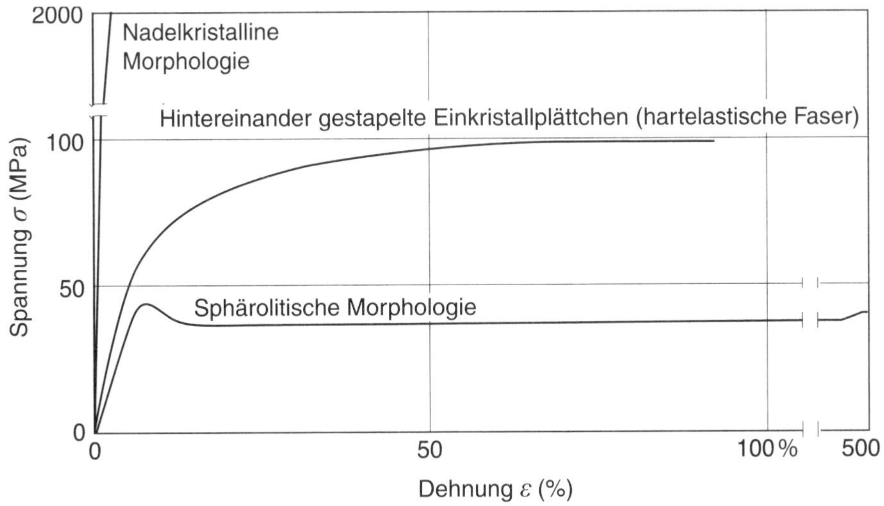

BILD 6.50 Festigkeiten von Polyethylen verschiedener Morphologie (nach *Petermann*)

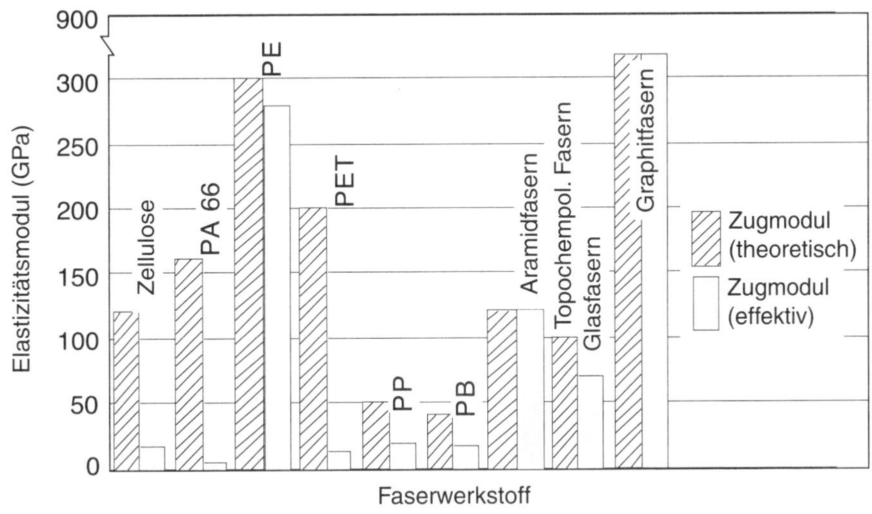

BILD 6.51 Modul von synthetischen (polymeren) Fasern

anisotrope Eigenschaften

Eine solch große Orientierung der Molekülketten hat auch bei nicht zur Kristallisation befähigten Thermoplasten, also solchen mit amorphem Gefüge, erhebliche Auswirkungen auf die Eigenschaften. In Verstreckrichtung steigen Festigkeit und E-Modul, senkrecht dazu vermindern sie sich. Solche Materialien neigen zum Spleißen, wenn sie senkrecht zur Verstreckrichtung beansprucht werden. Aber auch andere Eigenschaften, wie die thermische Ausdehnung oder die Wärmeleitfähigkeit, solch anisotroper Werkstoffe sind in Verstreckrichtung und senkrecht dazu unterschiedlich (vgl. Bild 6.52).

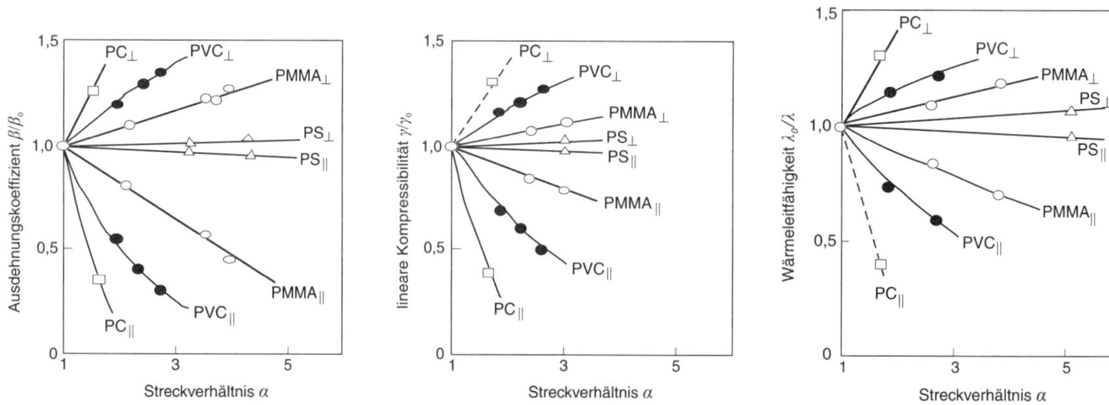

BILD 6.52 Einfluss der Verstreckung auf verschiedene Eigenschaften amorpher Thermoplaste

Die erheblichen Unterschiede in den erhaltenen Eigenschaften bei jeweils gleichem Streckverhältnis – das von der Maschine vorgegeben ist – hängen mit der jeweils erfolgten Relaxation zusammen. Gleiche Eigenschaften erhält man nur, wenn gleiche Molekülorientierung vorliegt. Somit ist die Orientierung eine wichtige, Qualität bestimmende Eigenschaft eines Produkts aus Kunststoffen. Durch Schrumpfmessungen oder bei transparenten Kunststoffen durch die Messung der Doppelbrechung (vgl. Abschnitt 10.9) kann der Orientierungsgrad überprüft werden.

Hermannsche Regel

Die Anisotropie der Eigenschaften kann man theoretisch abschätzen, wenn man sich vorstellt, dass ein völlig verstreckter Werkstoff in Streckrichtung nur aus Molekülen mit kovalenten Bindungen besteht und senkrecht dazu reine van der Waals-Bindung herrschen würden. Aus dem Drehungswinkel Θ eines aus geraden Segmentstücken bestehenden Molekülknäuels durch Verstrecken ergibt sich für eine physikalische Eigenschaft, die mit a bezeichnet sei (Hermannsche Regel),

$$\frac{a_s - a_p}{a_2 - a_1} = \frac{1}{2}(3\cos^2\Theta - 1) \tag{6.35}$$

Nach der so genannten 1:2-Regel (eine Richtung mit kovalenter Bindung, zwei Richtungen mit van der Waals-Bindung) gilt dabei

$$a_p + 2a_s = 3a_0 \quad \text{und} \quad a_1 + 2a_2 = 3a_0 \tag{6.36}$$

Dabei bedeuten a_0 Wert des isotropen Materials, $a_{1,2}$ Werte für das völlig orientierte Material (Grundanisotropie) und $a_{s,p}$ Messwerte parallel zur Streckrichtung (p) oder senkrecht dazu (s) bei einem Material mit nicht bekanntem Verstreckgrad. $\cos^2\Theta$ nimmt Werte an von 0 für planare Orientierung, 1/3 für den isotropen Werkstoff und 1 bei völliger Orientierung (praktisch nicht realisierbar).

Das Streckverhältnis $\alpha = L/L_0$ ist mit dem tatsächlich im Werkstoff vorhandenen Orientierungsgrad keinesfalls gleichzusetzen, da je nach Temperatur Relaxationsvorgänge bereits während des Verstreckens wirksam sind und weiterhin der Grad der sterischen Behinderung einen erheblichen Einfluss sowohl auf das Maß der Verstreckung, als auch für die

Relaxation hat. Die Drehung der Molekülsegmente (Orientierung) hängt daher sowohl vom Aufbau der Ketten des Polymers als auch von der Verstrecktemperatur ab.

Weitere wichtige mechanische Größen, die beim Verstrecken beeinflusst werden, sind erwartungsgemäß alle mit Richtung der kovalenten Molekülachse korrelierenden Eigenschaften, wie die elastischen Eigenschaften Steifigkeit, Kompressibilität und Querkontraktion sowie der lineare thermische Ausdehnungskoeffizient und die Wärmeleitfähigkeit. Für verstreckte amorphe Hochpolymere beträgt der E-Modul entsprechend anderen physikalischen Eigenschaften (Abschätzung von Henning)

$$\frac{1}{E_l}+\frac{2}{E_s}=\frac{3}{E_0} \tag{6.37}$$

Spleißneigung

Die einachsige Verstreckung wird vor allem bei Fasern angewendet. Die hohen Festigkeiten aller synthetischen Fasern beruhen auf den vor allem bei teilkristallinen Thermoplasten erreichbaren hohen Verstreckgraden. So ergibt sich z. B. bei Polypropylenfasern eine Steigerung der Zugfestigkeit von 30 N/mm² (isotropes Material) auf 700 N/mm² (verstreckte Faser). Einachsige Verstreckung führt allerdings zu einer entsprechenden Minderung der Querfestigkeit, die sich bei Folien in verstärkter Neigung zum Spleißen

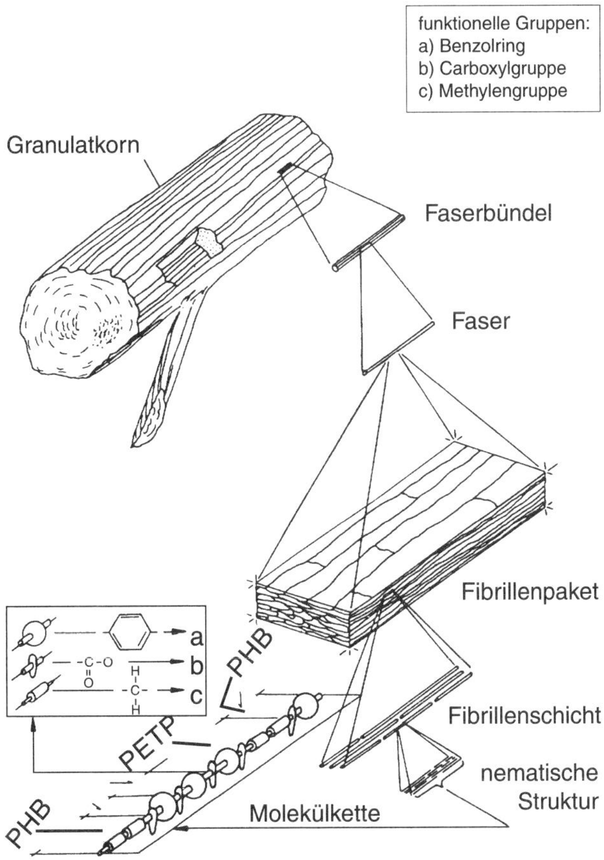

BILD 6.53 Modellvorstellung zur Struktur des LC-PET (nach *Becker*)

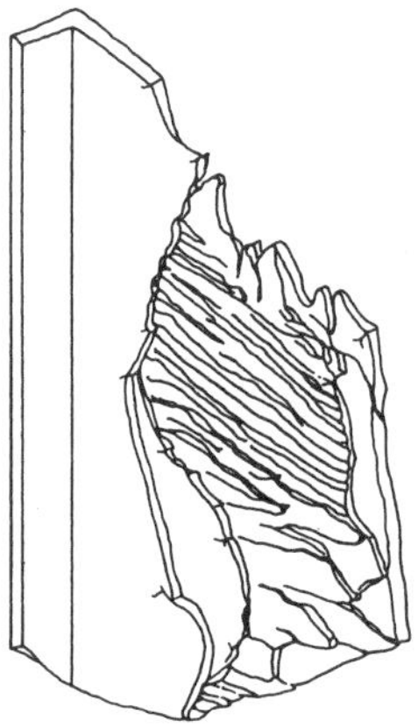

BILD 6.54 Schichtstruktur von LC-PET in der Bruchfläche eines spritzgegossenen Kästchens (nach *Becker*)

äußert. Da dies in der Regel unerwünscht ist, werden Folien – für Tonträger u. a. – biaxial verstreckt, so dass die Spleißneigung trotz erheblicher Verbesserung der Zugfestigkeit vermieden wird.

Liquid Crystal Polymere

Das mechanische Ausrecken mit sehr hohen Verstreckgraden (α = 10 bis 30) bereitet erhebliche technische Schwierigkeiten. Eine neue Methode, nämlich der Einbau von Flüssigkristallmolekülen in die Polymerkette (vgl. Abschnitt 4.4.1.3, Tabelle 4.6 und Bild 6.53 PET/PHB), eröffnet hier völlig neue Aspekte (Liquid Crystal Polymere). Solche Moleküle relaxieren nicht, sie bleiben auch in der Schmelze orientiert, behalten also die Ausrichtung, die sie z. B. beim Spinnen einer Faser erhalten, bei. Seit Jahren ist ein Faserprodukt dieser Art in Form von Aramidfasern (Kevlar®) mit Zugfestigkeiten von $\sigma_B \approx 1.500$ N/mm^2 und Elastizitätsmoduln von $E \approx 1{,}4 \cdot 105$ N/mm^2 auf dem Markt. Polymere dieser Art werden auch für Spritzgießmassen, z. B. für elektrische Anwendungen, eingesetzt.

Bild 6.53 zeigt die Struktur derartiger Materialien schematisch. In Spritzgussteilen bilden sich typische Sperrholzstrukturen (Bild 6.54), die durch die über den Querschnitt variierende Orientierung beim Fließen in den engen Spalten eines Spritzgießwerkzeugs bewirkt werden.

6.3.4 Vernetzte Polymere (Duroplaste und Elastomere)

Oligomere

Das Vernetzen erfolgt im Allgemeinen im geschmolzenen oder gelösten Zustand. Vielfach sind die Ausgangsstoffe niedermolekular (Oligomere), oder es handelt sich um Monomere, die bei Raumtemperatur in flüssigem Zustand vorliegen. Leicht verarbeitbare Standardharze sind niedermolekular und bei Raumtemperatur flüssig. Die Epoxidharze und ungesättigten Polyesterharze sind z. B. durch Kondensation vorpolymerisiert. Die Novolake als thermoplastisches Vorkondensat der Phenoplaste sind ab ca. 100 °C plastisch.

Man stellt das *Präpolymer* so ein, dass zunächst die Bildung der linearen Ketten stattfindet. In diesem Zustand erfolgt daher die Formgebung. Die Vernetzung sollte noch nicht fortgeschritten sein, damit der Werkstoff noch abschließend verformt werden kann. Es

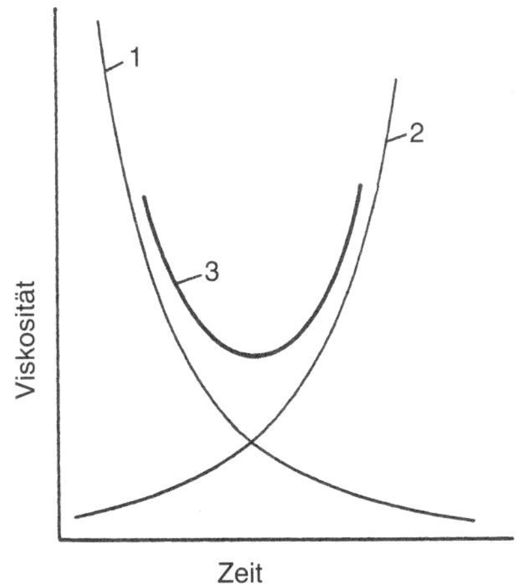

BILD 6.55 Schematischer Viskositätsverlauf vernetzbarer Formmassen

gelten somit für die Formgebung noch alle bisherigen Überlegungen hinsichtlich z. B. des Fließverhaltens, denn in der Schmelze muss man sich diese Materialien ebenso wie Thermoplaste als aus Molekülen mit Knäuelstruktur bestehend vorstellen. Schematisch zeigt Bild 6.55, wie man sich den zeitlichen Verlauf eines Vernetzungsprozesses hinsichtlich der Viskosität vorzustellen hat.

Vernetzungsreaktion

Die Herstellung eines Formteiles durch Spritzgießen oder Pressen läuft dann folgendermaßen ab: Das unvernetzte Harz wird zunächst im Kontakt mit dem heißen Metall des formgebenden Werkzeugs flüssig (vgl. Kurve 1). Die Viskosität nimmt bei den gegebenen Temperaturen exponentiell ab. Andererseits beginnen aber bereits die Kettenverlängerung und dann die Vernetzung (Kurve 2), die ebenfalls exponentiell verlaufen. Die tatsächliche Viskosität (Kurve 3) ergibt sich somit als Summe beider nebeneinander

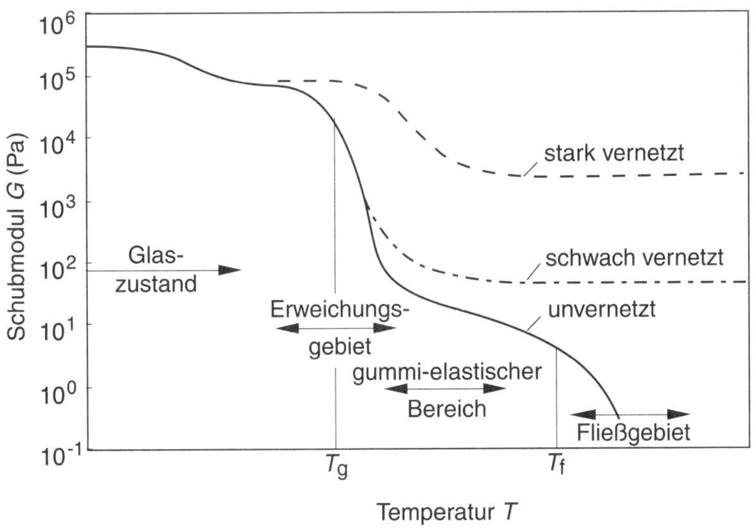

BILD 6.56 Schubmodulkurven und Deutung der Aggregatzustände von vernetzten und unvernetzten Polymeren

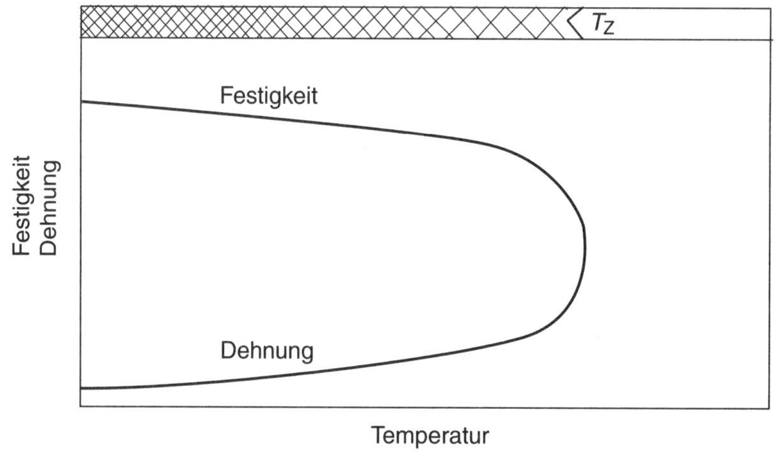

BILD 6.57 Temperaturabhängigkeit von Zugfestigkeit und Bruchdehnung bei Duroplasten

ablaufenden Vorgänge. Tatsächlich ist die Verarbeitungszeit daher in all den Fällen beschränkt, in denen die Vernetzung thermisch ausgelöst wird. Deshalb sind mit Erfolg Technologien entwickelt worden, die andere Aktivierungsmöglichkeiten nutzen, wie z. B. Licht – UV-Licht oder Laser-Strahlung, sowie Mikrowellen.

Temperatureinfluss

Auch im Fall vernetzter Polymere lässt sich der Stoffzustand am besten durch die Schubmodulkurve über der Temperatur beschreiben. Als Beispiel wurde ein Polymer gewählt, das unterschiedlich stark vernetzt ist (Bild 6.56). Man erkennt, dass bei schwacher Vernetzung oberhalb der Glastemperatur nur eine geringe Steifigkeit vorliegt, wie wir sie bei Elastomeren kennen. Die Vernetzung verhindert ein Abgleiten, wie es bei langen Belastungszeiten bei Thermoplasten – besonders im kautschukelastischen Bereich – eintritt. Mit zunehmender Vernetzungsdichte steigt die Steifigkeit an, jedoch bleibt der Glaspunkt insbesondere bei Bestimmung des Dämpfungsmaximums stets kenntlich. Oberhalb der Glastemperatur muss man mit stärkerem Kriechen unter langzeitigen hohen Belastungen rechnen. Temperaturbeständige Harze, z. B. auf Epoxidbasis, verdanken ihre Wärmeformbeständigkeit der hohen Vernetzungsdichte.

Die Höhe der Glastemperatur ist, ebenso wie bei anderen Polymeren, vom Aufbau der Kettenmoleküle abhängig, d. h. von den Nebenvalenzkräften und der sterischen Behinderung der Ketten. Wenn ein Polymer erst einmal vernetzt ist, dann ist dies nicht mehr rückgängig zu machen, dies zeigt Bild 6.57. Der Werkstoff wird mit zunehmender Wiedererwärmung nach der Vernetzung zwar etwas weicher und zäher, aber nicht mehr verformbar. Er wird durch Zersetzung zerstört, wenn man die Temperatur weiter steigert.

6.3.5 Nebenvalenzgele

Weichmacher

In einigen Fällen, besonders bei PVC, enthalten Kunststoffe niedermolekulare Anteile, die jedoch infolge hoher Nebenvalenzkräfte polarer Art mit den Polymeren verträglich sind und in Form von so genannten Nebenvalenzgelen ausreichend feste Körper bilden.

Der Zweck ist, die Nebenvalenzkräfte des Polymers durch die Einlagerung der Fremdmoleküle so weit zu reduzieren, dass die Einfriertemperatur unter Raumtemperatur abgesenkt ist. Der Werkstoff verhält sich dann bei Raumtemperatur und oberhalb davon kautschukelastisch. Infolge der nicht vorhandenen Vernetzung ist er aber unter Belastung verstärktem Kriechen unterworfen. Bild 6.58 zeigt am Verlauf des Schubmoduls von PVC die Absenkung infolge der Weichmachung.

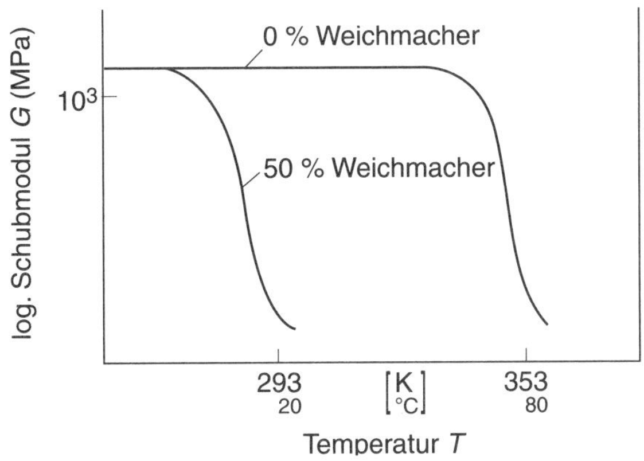

BILD 6.58 Schubmodul von Polyvinylchlorid mit und ohne Weichmacher

6.3.6 Gefüllte und verstärkte Kunststoffe

6.3.6.1 Rohstoffe und Herstellung

Die mechanischen Eigenschaften von Kunststoffen werden durch Zusätze von z. B. Mineralpulver, Ruß, Holzmehl und Faserschnitzeln sowie durch Tränken und Herstellen von Laminaten aus Papier oder Geweben aus verschiedensten Fasern an die Erfordernisse der Anwendungen angepasst. Die hohe und gute Adhäsion der meisten Kunststoffe und die Möglichkeit, diese Zusatzstoffe relativ leicht in flüssige Monomere vor der Polymerisation oder in dünnflüssige Schmelzen bei niedrigen Temperaturen einzuarbeiten und nach der Verarbeitung zu vernetzen, ermöglichten diese Werkstoffkombinationen.

Füll- und Zusatzstoffe

Die Eigenschaften solcher Verbundwerkstoffe ändern sich gegenüber den ungefüllten Kunststoffen in bemerkenswerter Weise. Insbesondere gilt dies für die mechanischen Eigenschaften. Je nach Art des Füllstoffs dominieren dessen Eigenschaften. Einen generellen Überblick über Füllstoffe bzw. Zuschläge, die Kunststoffen zugesetzt werden, liefert Tabelle 6.2 und Kapitel 4. Hier interessieren vor allem die unlöslichen Feststoffe, die eine verstärkende, d. h. Zugfestigkeit erhöhende, oder eine versteifende, d. h. den Elastizitätsmodul erhöhende, Wirkung besitzen. Die schlagzäh machenden Zusätze von Elastomerpartikeln werden in Abschnitt 7.2.3 beschrieben.

TABELLE 6.3 Einteilung der Füll- und Zusatzstoffe für Kunststoffe

Zusatzstoff	Funktion
lösliche Zusatzstoffe	- chemisch wirkende Verarbeitungs- und Anwendungshilfen (Stabilisatoren u. dgl.) - physikalisch wirkende Verarbeitungshilfen (Gleitmittel u. dgl.) - weich machende Zusatzstoffe
unlösliche Feststoffe	- färbende Zusatzstoffe (Pigmente u. dgl.) - verstärkende Zusatzstoffe (Zugfestigkeit) - versteifende und verhärtende Zusatzstoffe (Elastizitätsmodul) - schlagzähmachende Zusatzstoffe - sonstige funktionalisierende Zusatzstoffe (z. B. el. leitend, magnetisierbar u. v. m.)
unlösliche Gase	- Volumen erhöhende Treibmittel

Faser-verstärkung

Kurzfaserverstärkung mit Glasfaserlängen von < 3 mm wird bei Thermoplasten vor allem für das Spritzgießen und in geringem Maße bei gewissen Pressmassen angewendet. Bei Pressmassen, etwa für Reibbeläge, hatten Asbestfasern große Bedeutung, wurden aber mittlerweile fast vollständig von Alternativen verdrängt, da Asbestfasern als krebsauslösend gelten. An ihre Stelle traten Aramidfasern. Gelegentlich werden Kohlenstoffkurzfasern verwendet.

Beim Spritzgießen leiden Kurzglasfaser-Verstärkungen darunter, dass die Faserlänge – bedingt durch die Verarbeitungsbeanspruchung – von ihrer Ausgangslänge im Granulat auf Faserlängen von 0,3 mm im Spritzgussteil verkürzt werden. Es sind jedoch auch Granulate am Markt, deren Faserlängen ebenso lang sind wie die Granulate (ca. 5 mm). Hier sind die effektiven Längen, die in den Formteilen verbleiben, noch länger. Vorteile der Glasfaserverstärkung sind der größere Widerstand, vorzugsweise wirksam bei Biegebeanspruchung dank des höheren Moduls, die Verminderung der Schwindung von Spritzgussteilen, der Wärmedehnung und Dehnung durch Aufnahme von Feuchte. Die Formteiltoleranzen werden enger, zudem nimmt die Kühlzeit ab. Die letztgenannten Gründe sind für die Verstärkung mit Kurzfasern, insbesondere bei Spritzgieß-Formmassen, ausschlaggebend.

Faser-orientierung

Man muss aber auch hier besonders auf die richtige Lage des Angusses achten, damit die Fasern in kritischen Querschnitten möglichst in Belastungsrichtung orientiert sind. Andernfalls kann es bei Zugbeanspruchung zum spröden Versagen des Bauteils kommen. Auch Bindenähte sind extrem bruchempfindlich. Die Schwindung zeigt sich bei solchen Werkstoffen als stark anisotrop. Oftmals sind die Schwindungswerte in Fließrichtung um den Faktor 3 kleiner als senkrecht zur Fließrichtung.

Man hat deutlich zwischen den Partikeln und Kurzfasern einerseits und einer durchgehenden Langfaserverstärkung zu unterscheiden. Eine solche ist jedoch für den Prozess des Spritzgießens bisher unerreicht. Bei Langfaserverstärkung bestimmt weitgehend die Faser die mechanischen Eigenschaften, weshalb dieser Art Verbundwerkstoff ein besonderer Abschnitt (Abschnitt 7.6) gewidmet ist.

6.3.6.2 Die mechanischen Eigenschaften von gefüllten Kunststoffen

Die Steifigkeit, ausgedrückt durch den Elastizitätsmodul, erweist sich als besonders dehnungsabhängig, da nämlich bei höheren Dehnungen, durch Abplatzen der Matrix von den Füllstoffpartikeln (vgl. Abschnitt 7.2.1, Bild 7.2) der Modul schnell auf den eines Schaumstoffs absinkt und schließlich alle Füllstoffe locker in um sie entstandenen Hohlräumen liegen. Erwartungsgemäß vermindern sich auch Zugfestigkeit und Bruchdehnung auf niedrigere Werte.

Die Abhängigkeit des Elastizitätsmoduls (oder Schubmoduls) gegenüber verschiedenen Partikelfüllstoffen zeigt der zusammenfassende Überblick der Wirkung in Bild 6.59 in schematischer Form. Die Nummern an den Kurven indizieren die verschiedenen denkbaren Arten und Anordnungen von Füllstoffen, z. B. Steifigkeitserhöhung

0 = Gas im Produkt, also Schaumstoff

1 = Partikel mit einem Modul, der niedriger ist als derjenige der Matrix usw.

Bei Verstärkung mit faser- oder blättchenartiger Gestalt besteht natürlich eine Richtungsabhängigkeit, die in Bild 6.59 in den Beispielen 2 bis 7 im Hinblick auf ihre Wirkung in den Kurven zum Ausdruck kommt. Den Einfluss des Füllstoffgehaltes auf die Steifigkeit eines mit Kurzglasfasern verstärkten Kunststoffes zeigt Bild 6.60 stellvertretend auch für andere entsprechend gefüllte Kunststoffe. Die praktisch erreichbaren Modulerhöhungen liegen dabei zwischen dem Zwei- bis Vierfachen des Moduls der Matrix. Senkrecht zur Faserrichtung ist ebenso wie bei Füllung mit Partikeln diese Wirkung nur auf sehr kleine Dehnungen beschränkt, dann reißt die Matrix von den Partikeln ab.

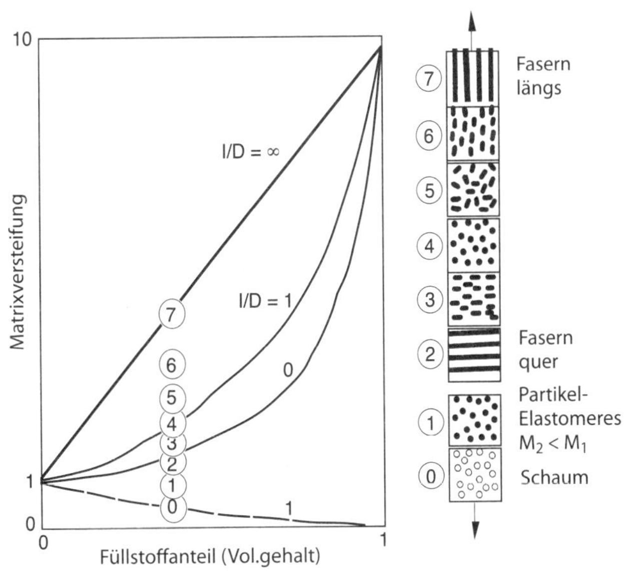

BILD 6.59 Beziehung zwischen der Morphologie und der Steifigkeit eines Werkstoffs bei gleicher Füllung mit verschiedenen Füllstoffgeometrien, Stoffen, Moduln und Ausrichtungen von faserigen Füllstoffen

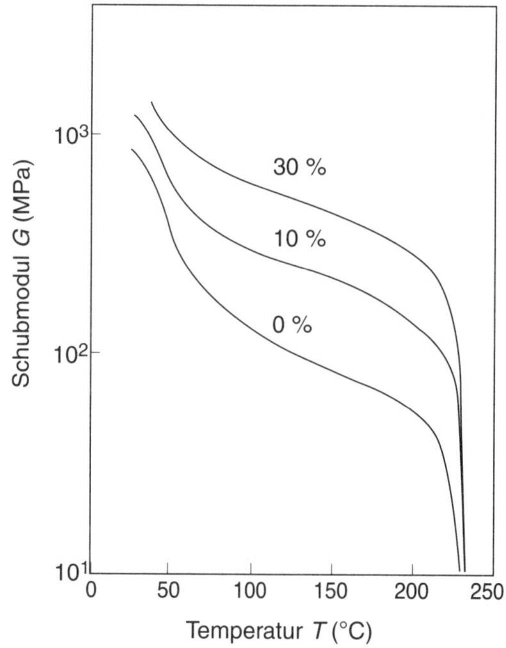

BILD 6.60 Schubmodul als Funktion der Temperatur bei verschiedenen Gewichtsgehalten von Kurzglasfasern für Polybutylenterephthalat-Spritzgießformmassen

aktive Füllstoffe

Für die versteifende Wirkung sind nicht nur die Form der Partikel oder Fasern, sondern auch ihr Modul und die Einlagerungsrichtung von entscheidender Bedeutung. Pulverpartikel setzen im Allgemeinen nur die Steifigkeit herauf, während die Zugfestigkeit herabgesetzt wird (Bild 6.61). Pulverpartikel haben nur dann eine verstärkende Wirkung, wenn es sich um sehr fein gemahlene und gut dispergierte Partikel mit Durchmessern von 20 bis 80 nm, wie Aktivkohlepartikel oder Kieselsäure (vor allem in Kautschuk) und Nanopartikel (in Thermolasten), handelt (Bild 6.62) (vgl. Abschnitt 4.4.3). Dass Ruße eine verstärkende Wirkung in Kautschuk haben, hat seine Ursache nicht nur in der chemischen Affinität, sondern vor allem in der Partikelgröße; die Rußpartikel hängen sich in solchen Rußen, die der Verstärkung dienen, zu Strängen zusammen. Wenn die Füllstoffteilchen kleiner sind als die Stoffpartikel selbst, bestimmen sie natürlich nicht mehr die kritische Fehlergröße. Im Falle, dass die Füllstoffpartikel größer sind und einen größeren Modul als das Polymer von

$$\frac{M_{Füllstoff}}{M_{Kunststoff}} > 100 \tag{6.38}$$

besitzen, kann man die Modulerhöhung des gefüllten Kunststoffs gegenüber dem ungefüllten Polymer mit der Einstein-Guth-Gold-Formel angeben. Unter der Voraussetzung, dass der Füllstoffanteil kleiner 30 Vol.-% ist, gilt dann

$$\frac{M}{M_0} = 1 + 2{,}5 \cdot C + 14{,}1 \cdot C^2 \tag{6.39}$$

Mit M_0 Modul des ungefüllten Polymers, M Modul des gefüllten Polymers, C Volumenanteil des Füllstoffs.

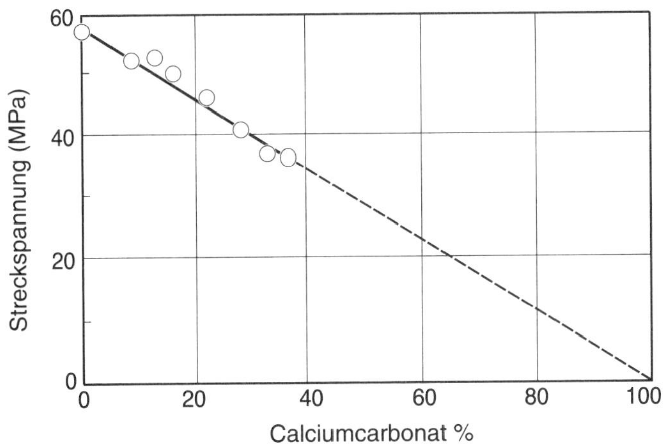

BILD 6.61 Streckspannung von PVC mit verschiedenen Volumengehalten an Calciumcarbonat-Pulver bei Raumtemperatur (nach *Vincent*)

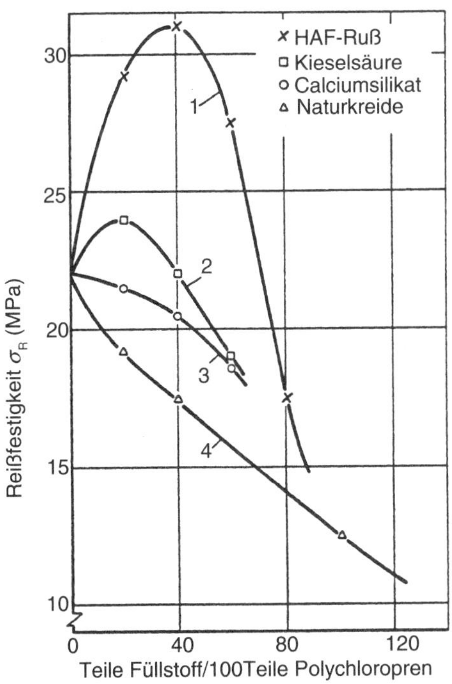

BILD 6.62 Einfluss verschiedener Füllstoffe auf die Reißfestigkeit von Polychloropren-Elastomeren

6.4 Zusammenfassende Darstellung der Werkstoffzustände bei Hochpolymeren

Schubmodul von Polymeren aufgetragen über der reduzierten Glastemperatur

Das Schubmodul-Temperaturdiagramm gibt, wie wir gesehen haben, eine brauchbare Übersicht über das mechanische Verhalten von polymeren Werkstoffen. Man kann in einem einzigen Diagramm sofort für jeden Polymerwerkstoff entnehmen, zu welcher Gruppe er gehört (Duroplaste, Elastomere, oder Strukturpolymere). Wenn man durch Reduktion der Glastemperatur auf Raumtemperatur den Wert T_{red} für die Abszisse wählt

$$T_{red} = \frac{293K}{T_G} \tag{6.40}$$

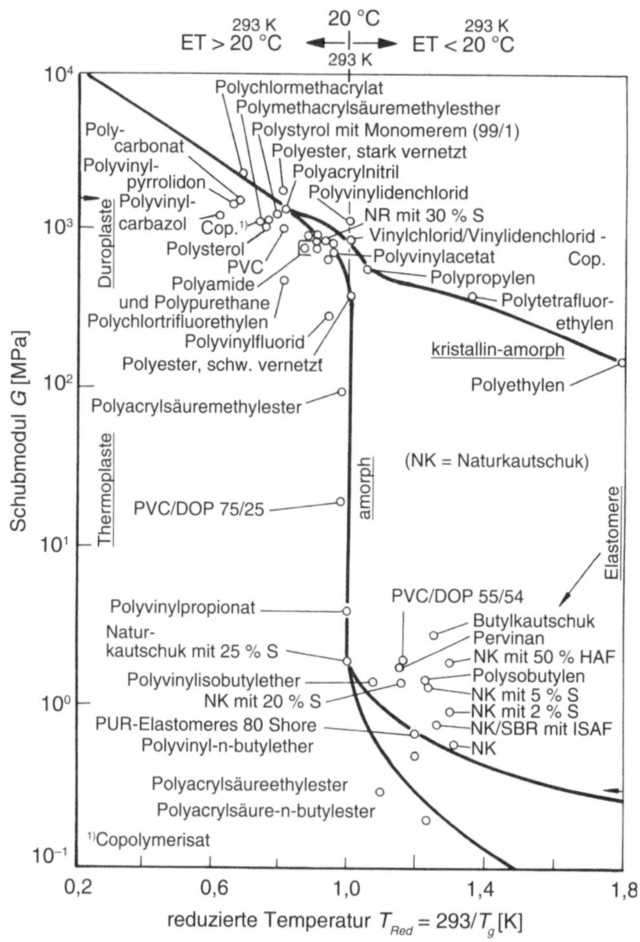

BILD 6.63 Schubmodul verschiedener Hochpolymere als Funktion der reduzierten Temperatur $293/T_G$

und darüber den Schubmodulwert des betreffenden Polymerwerkstoffes bei Raumtemperatur einträgt, kann man alle Polymerwerkstoffe in diesem Diagramm unterbringen. Dies erlaubt es, auf einen Blick zu erkennen, in welchem Zustand sich der jeweilige Werkstoff bei Raumtemperatur befindet (vgl. Bild 6.63).

Im linken oberen Bereich ordnen sich die hartspröden Thermoplaste und die hochvernetzten Duroplaste mit hoher Glastemperatur an. Rechts oben sind die teilkristallinen Thermoplaste angeordnet, deren Glastemperatur ihrer amorphen Phase unter Raumtemperatur liegt. Rechts unten ordnen sich – je nach Vernetzungsgrad mit unterschiedlichem Schubmodul – die Elastomere an.

Literatur zu Kapitel 6

Brandt, M.: CAE-Methoden für die verbesserte Auslegung thermoplastischer Spritzgussbauteile. RWTH Aachen, Dissertation, 2006

Berndtsen, N.; Jansen, F. J.: Präparation von Polymeren für die Licht- und Elektronenmikroskopie. IKV an der RWTH-Aachen (Hrsg.), 1979

Eder, G.; Janeschitz-Kriegl, H.: Crystallization (Chapter 5). Material Science and Technology, **18**, Processing of Polymers. Meijer, H. E. H. (Hrsg.). Weinheim: VCH Verlagsgesellschaft, 1997

Guenther, K. O.: Mechanische Untersuchungen an ungefüllten und mit Holzmehl gefüllten Novolaken und Resolen. RWTH Aachen, Dissertation, 1974

Henkhaus, R.: Das Verformungsverhalten ausgewähler Thermoplaste in Abhängigkeit von der Dehngeschwindigkeit. RWTH-Aachen, Dissertation, 1980

Hull, D.: An Introduction to Composite Materials. Cambridge: Cambridge University Press, 1981

Janeschitz-Kriegel, H.: Crystallization Modalities in Polymer Melt Processing. Wien: Springer-Verlag, 2010

Johnke, K. D.: Erkenntnisse aus dynamischer Prüfung glasfaserverstärkter Kunststoffe zur konstruktiven Auslegung von Karosserieteilen im Automobilbau. RWTH Aachen, Dissertation, 1987

Knausenberger, R.: Das mechanische Verhalten isotroper und anisotroper Werkstoffe mit nichtlinearelastischen Eigenschaften. RWTH Aachen, Dissertation, 1982

Krämer, S.: Ein Beitrag zur rechnerischen Beschreibung des feuchteabhängigen Werkstoffverhaltens. RWTH-Aachen, Dissertation, 1987

Kämpf, G.: Elektronenmikroskopische Untersuchungen zum Zusammenhang zwischen der morphologischen Struktur und den technologischen Eigenschaften bei mehrphasigen Polymersystemen. RWTH Aachen, Habilitationsschrift, 1976

Kämpf, G.: Industrielle Methoden der Kunststoffcharakterisierung. München, Wien: Carl Hanser Verlag, 1996

van Krevelen, D. W.: Properties of Polymers. Amsterdam: Elsevier Science Publishers, 1990

Lewen, B.: Das nichtlinear viskoelastische Verhalten von Kunststoffen am Beispiel der Zeit-Temperatur-Verschiebung und der Querkontraktionszahl. RWTH Aachen, Dissertation, 1991

Matsuoka, S.: Relaxation Phenomena in Polymers. München: Carl Hanser Verlag, 1992

Menges, G.; Knausenberger, R.; Schmachtenberg, E.: Estimation of Long-Term Behaviour from Short-Term Tests in Failure of Plastics. in Brostow, W. and Corneliussen, K. (Eds.): München: Carl Hanser Verlag, 1986, (S. 256–272)

Menges, G.; Schmachtenberg, E.: Beschreibung des mechanischen Verhaltens viskoelastischer Werkstoffe mit Hilfe von Kurzzeitzugversuchen. *Kunststoffe* **73** (1983) 9, S. 543–546

Menges, G.; Schmachtenberg, E.: Das Deformationsmodell. Eine Methode zur Beschreibung der mechanischen Eigenschaften nichtlinear viskoelastischer Werkstoffe. *Kunststoffe* 77 (1987) 3, S. 289–292

Michler, G. H.: Kunststoff-Mikromechanik. München: Carl Hanser Verlag, 1992

Parey, J.: Untersuchungen zum Gelierverhalten von PVC. RWTH Aachen, Dissertation, 1981

Ries, H.: Veränderung von Werkstoff und Formteilstruktur beim Spritzgießen von Thermoplasten. RWTH Aachen, Dissertation, 1988

Osswald, T. A.; Menges, G.: Materials Science of Polymers for Engineers. München: Carl Hanser Verlag, 2003

Roskothen, H.-J. Süßmann, H. F.: Zum Spannungs- und Deformationsverhalten von Kunststoffen im Feststoffbereich. Reihe 5, Nr. 37: Fortschrittberichte der VDI-Zeitschriften. Düsseldorf: VDI-Verlag, 1978

Schacht, T.: Spritzgießen von Liquid-Cristal-Polymeren. RWTH Aachen, Dissertation, 1986

Schmachtenberg, E.: Die mechanischen Eigenschaften nichtlinear viskoelastischer Werkstoffe. RWTH Aachen, Dissertation, 1985

Schmachtenberg, E.; Schöche, N.: Advances in Calculating Thermally Induced Stresses in Nonlinear Viscoelastic Materials. *Polymer Engineering And Science* **39** (1999) 4, S. 767–777

Schöche, N.: Wärmespannungen in Bauteilen aus Thermoplasten. Universität-GH Essen, Dissertation, 1997

Schreyer, G.: Konstruieren mit Kunststoffen. München: Carl Hanser Verlag, 1972

Stojek, M.; Stommel, M.; Korte, W.: Finite-Elemente-Methode für die mechanische Auslegung von Kunststoff- und Elastomerbauteilen. Düsseldorf: Springer-VDI-Verlag, 1998

Wanders, M.: Beitrag zur Entwicklung eines Modells zur Beschreibung des mechanischen Verhaltens nichtlinear viskoelastischer Werkstoffe unter mehrachsiger Beanspruchung. Universität-GH Essen, Dissertation, 1999

Winkel, E.: Einfluss der Verarbeitung auf Struktur und Eigenschaften von extrudiertem Polypropylen. RWTH Aachen, Dissertation, 1982

Woodward, A. E.: Understanding Polymer Morphology. München, Wien: Carl Hanser Verlag, 1994

Wool, R. P.: Polymer Interfaces. München, Wien: Carl Hanser Verlag, 1994

Weng, M.: Werkstoffgerechte Bestimmung und Beschreibung des mechanischen Verhaltens von Thermoplasten. RWTH Aachen, Dissertation, 1988

Zoller, P.; Walsh, D. J.: Standard Pressure-Volume-Temperature Data for Polymers. Basel: Technomic Publishing AG, 1995

7 Die mechanische Tragfähigkeit von Kunststoffteilen (Kunststoffteile unter mechanischer Belastung, Verhalten und Dimensionieren)

7.1 Allgemeines

Verglichen mit konventionellen Konstruktionswerkstoffen, wie Stahl und Aluminium, haben Kunststoffe in der Regel nur mäßige mechanische Eigenschaften, wie ein Vergleich der Bruchspannung oder des Elastizitätsmoduls zeigt. Erst die guten Verarbeitungs- und Gebrauchseigenschaften machen diese Werkstoffgruppe attraktiv.

Bauteil-gestaltung

HINWEIS: Die Kunst des Ingenieurs besteht darin, durch eine geeignete Bauteilgestaltung trotz der schlechten mechanischen Eigenschaften des Werkstoffs dennoch gute Gebrauchseigenschaften des Bauteils zu erreichen.

Bei der Bauteilauslegung muss abgeschätzt werden, inwieweit die einwirkenden Beanspruchungen zu einem Versagen führen können und inwieweit das Bauteil innerhalb der gewünschten Betriebsdauer den zu erwartenden Lasten standhalten kann. Dazu ist eine differenziertere Betrachtungsweise erforderlich. Dies betrifft in erster Linie das Tragverhalten der Kunststoffe unter langzeitig einwirkenden Lasten.

Versagens-formen

Um sinnvolle Prüfmethoden auswählen und die Belastbarkeit realistisch abschätzen zu können, wollen wir zunächst das Verformungsverhalten bei der Einwirkung von rein mechanischen Belastungen ansehen. Gefährlich sind in erster Linie Zugspannungen. Grundsätzlich zeigen Kunststoffe neben einer quasielastischen Verformung Kriechen. Bauteilversagen kann durch unzulässige Verformung oder durch Rissbildung und Bruch auftreten. Beide Versagensmechanismen sind bei Kunststoffen zeitabhängig.

Streng zu unterscheiden haben wir zwischen Zugspannungen und Druckspannungen, denn nur unter Zugspannungen entstehen Risse, die schließlich zum Bruchversagen führen. Unter Druckspannungen versagen dünnwandige Baukörper durch Instabilität, d. h. Knicken oder Beulen. Dickwandige Bauteile können unter Druckspannungen kriechen, wobei die Kriechverformungen unter Zug stets höher als unter Druckspannung ausfallen. Hier ist also unzulässige Verformung als Versagenskriterium zu betrachten.

Zug- und Druck-spannungen

7.2 Das Verhalten von (unverstärkten) Kunststoffen unter Zugbeanspruchung

7.2.1 Homogene, isotrope und mit harten Füllstoffpartikeln gefüllte Kunststoffe unterhalb der kritischen Dehnung

innere Grenzflächen

Wie wir bereits bei den teilkristallinen Kunststoffen gesehen haben, ist unter mikroskopischer Betrachtung das Werkstoffgefüge strukturiert (vgl. Bild 6.6). Im Falle von Strukturen mit Sphärolithen stellen deren Ränder oft ausgesprochene Schwachstellen dar. Dies ist deutlich in Bild 7.1 zu erkennen, wo an einer solchen Schwachstelle - Grenze zwischen zwei Sphärolithen - der Werkstoff unter Belastung aufgebrochen ist. Dabei sind auch die Lamellen der benachbarten Sphärolithe senkrecht zur Dehnungsrichtung aufgebrochen, wie in Bild 7.1 unten zur Verdeutlichung in einer Schema- Darstellung gezeigt wird.

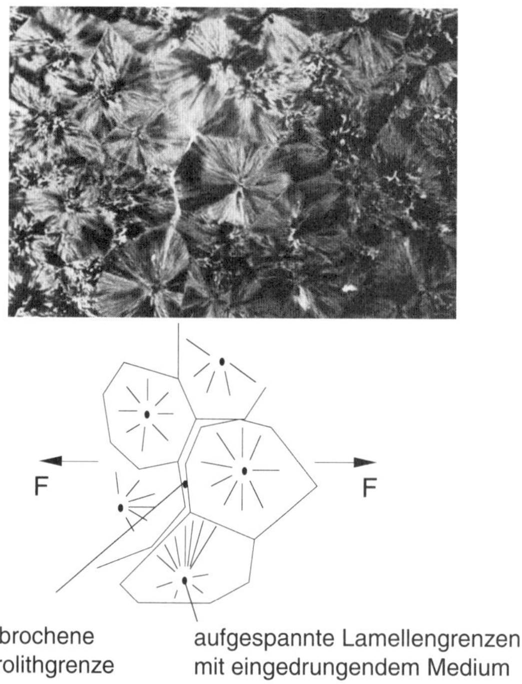

BILD 7.1 Mechanismus der Mikrorissbildung; Beginn der Mikrorissbildung im Sphärolithgefüge von Polypropylen; Nachweis durch Farbeindringmittel; Dünnschnitt nach Langzeitbeanspruchung (nach *Menges* und *Alf*)

Ebenso wie bei den Sphärolithen sind auch Grenzschichten mit Füllstoffpartikeln bei gefüllten Kunststoffen stets Schwachstellen und brechen ebenso leicht wie Sphärolith-Grenzschichten. Dies zeigt auch Bild 7.2. Weniger bekannt ist, dass auch reine amorphe Thermoplaste keineswegs so homogen sind, wie sie makroskopisch erscheinen. Auch sie

BILD 7.2 Rasterelektronenmikroskopische Aufnahme eines Adhäsionsbruchs zwischen Polyesterharz-Matrix und den Oberflächen von eingelagerten Glasfasern sowie des Bruchs einer dazwischenliegenden Harzbrücke, im gespannten Zustand aufgenommen (nach *Menges* und *Roskothen*)

sind strukturiert, jedoch sind die als Domänen bezeichneten „Partikel" kleiner als die Lichtwellenlänge, so dass keine Lichtbrechung sie sichtbar werden lässt.

Gefügeeinfluss

Diese Strukturgrenzen stellen mehr oder weniger starke potenzielle Schwachstellen dar, die vor allem bei langzeitiger Einwirkung von Zugspannungen durch Aufbrechen nachgeben. Infolge des Fugencharakters solcher sich kreuzenden Schwachzonen laufen sich die Risse jedoch oft sofort tot. Dies ist umso ausgeprägter, je „feinkörniger" der Gefügeaufbau ist. Infolgedessen entstehen bei feiner Strukturierung sehr viel mehr solcher Mikrorisse und der Werkstoff erweist sich als zäher im Vergleich zu Werkstoffen mit grober Strukturierung. Die größere Anzahl von Mikrorissen verbraucht eine größere Bruchenergie zur Bildung dieser Grenzflächen gegenüber nur wenigen oder einem einzigen Riss. Feinkörnige Gefüge erweisen sich somit als zäher. Es kommt schließlich noch hinzu, dass angenommen werden muss, dass benachbarte „Partikel", d. h. Sphärolithe oder andere Strukturen, unterschiedliche Eigenschaften, so z. B. auch Steifigkeit, besitzen, so dass sie sich unter der Einwirkung auf sie zustoßender Mikrorisse plastisch verformen, so wie dies schematisch Bild 7.3 zeigt. Nach dem Vorbild dieses Schemas kann man sich die Entstehung der für viele Thermoplaste typischen Mikrorisse – Fließzonen (englisch: Crazes) – mit sie überspannenden Molekülbündeln vorstellen. Bild 7.4 zeigt dies mit Aufnahmen von Crazes mit den überbrückenden, offensichtlich verstreckten Molekülbündeln.

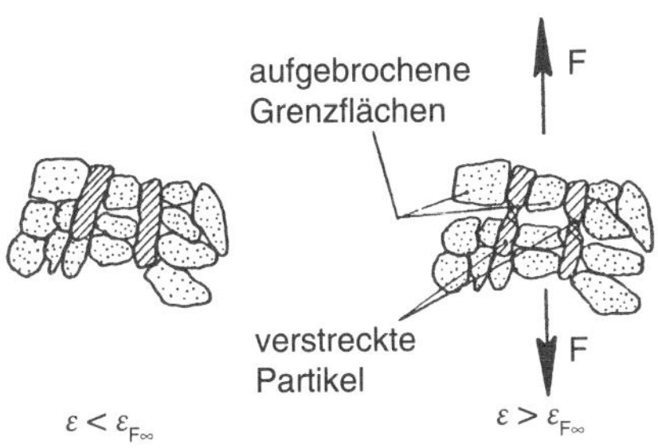

BILD 7.3 Entstehung von Craze-Materie aus einem Partikelhaufwerk (*Menges*)

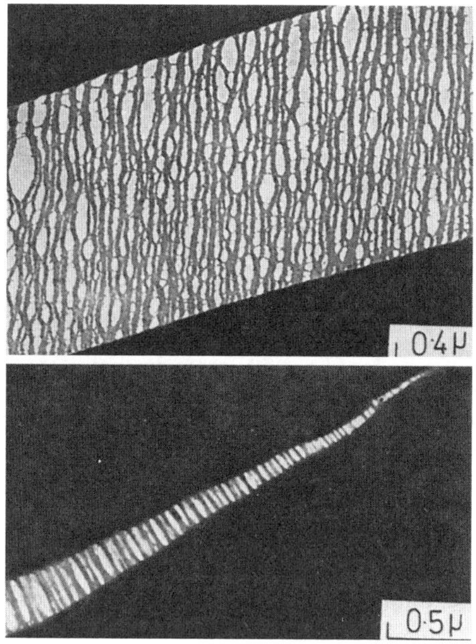

BILD 7.4 Elektronenmikroskopische Aufnahmen von Fließzonen in Polystyrol (nach *Hull* u. a.)

Mikrorisse

Mit dem bloßen Auge sind die Mikrorisse bei transparenten, amorphen Kunststoffen als solche gut zu erkennen, wenn sie unter niedriger Belastung – mit geringer Kriechgeschwindigkeit – (vgl. Bild 7.5) gewachsen sind. Mit höherer Spannung ergibt sich eine größere Kriechdehngeschwindigkeit. Hier beobachtet man kleinere Mikrorisse, die erst bei größeren Dehnungen auch visuell gut erkennbar werden. Bei teilkristallinen oder gefüllten Kunststoffen, die in der Regel nicht transparent sind, sind die Mikrorisse nicht sofort als solche optisch zu erkennen. Hier entstehen bei der Überschreitung gewisser Dehngrenzen ebenfalls Mikrorisse, die aber als solche in der Regel mit bloßem Auge nicht erkennbar sind. Das Auge vermerkt nur eine „milchige" Weißfärbung – daher

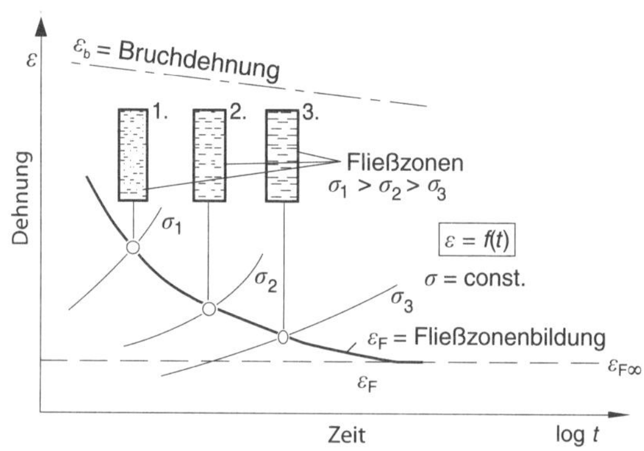

BILD 7.5 Fließzonenentstehung bei unterschiedlichen Kriechspannungen (nach *Menges* und *Schmidt*)

„Weißbruch“ genannt. Eine Erscheinung die man auch bei Überschreiten gewisser Dehngrenzen bei gefüllten amorphen Kunststoffen (z. B. PVC) findet.

Belastungsgrenze

Die Bildung solcher Mikrorisse führt in der Regel, d. h. bei statisch einwirkender Last in Luft, nicht zum Bruchversagen und ist oft auch nur bei sehr genauer Beobachtung erkennbar. Trotzdem hat sie insofern Bedeutung, als sie eine erste irreversible Veränderung des Werkstoffs darstellt - dieser ist fortan kein Kontinuum mehr und weicht daher vom ursprünglichen viskoelastischen Verhalten ab. Es erscheint daher wesentlich, auch bei rein statischer Belastung diese Dehngrenze zu kennen und je nach Beanspruchung auch zu berücksichtigen, wie wir noch bei einigen kritischen Belastungsarten erkennen werden (z. B. durch Medieneinfluss ausgelöste Spannungsrisse in Abschnitt 14.9 und unter Zugwechselbeanspruchung, vgl. Abschnitt 7.4.1 u. a.).

kritische Dehnung

Bei genügend kleinen Spannungen kann auch nach sehr langen Zeiten keine Fließzonenbildung mehr beobachtet werden. Die Dehngrenze bei Fließzonenbildung ε_F strebt dem Grenzwert, den wir ε_{F_∞} genannt haben, zu. Hieraus leiten wir den Begriff *„kritischen Dehnung ε_{F_∞}“* ab.

HINWEIS: Diese Grenzdehnung ist bei harten Thermoplasten in weiten Bereichen des praktischen Gebrauchs von der Zeit und der Temperatur weitgehend unabhängig, so dass man für Abschätzungen mit einem konstanten Wert der Dehnung (nicht der Spannung) - von uns auch als kritische Dehnung ε_{F_∞} bezeichnet - rechnen kann.

Erklärungsversuch

Man kann sich das spontane Entstehen vieler Mikrorisse beim Überschreiten einer Dehnungsschwelle auch wie folgt erklären:

Partikeltheorie

Wir wollen als Modellvorstellung annehmen, der Werkstoff bestehe - wie ein Beton, nur um Größenordnungen kleiner - aus Partikeln (Bild 7.3). Diese haften über Adhäsionskräfte aneinander, deren Stärke ihrer Grenzflächenspannung entspricht. Wenn dieser Werkstoff gedehnt wird, dann werden solche Grenzflächen aufbrechen, die zu den im Werkstoff verlaufenden Zugspannungen genau senkrecht liegen und etwas schwächer sind als ihre Nachbarn. Eine solche Mikrorissstelle bedeutet aber eine Entlastung der davor und dahinter liegenden Partikel, jedoch eine Mehrbelastung für die neben den Rissspitzen liegenden Partikel. Je nachdem wie diese in den Partikelverbund eingebettet sind, werden sie entweder auch von ihren Nachbarn wegbrechen oder sich über Einschnürung verstrecken. Da nun einmal eine solche Ebene bereits geschwächt ist, wird sich der Mikroriss auch auf der anderen Seite des verstreckten Partikels weiter fortsetzen, sobald dessen Verstreckung ein größeres Maß erreicht hat. Der Riss - besser sollten wir ihn wegen der Brücken, die ihn aus verstreckten Partikeln überspannen, „Fließzone“ nennen (engl. Craze) - wird aufhören weiter zu wachsen, wenn er in weniger hoch gedehnte oder bereits durch benachbarte Fließzonen entlastete Bereiche kommt. Tatsächlich wachsen selten Fließzonen zusammen. Wenn man Bild 7.4 betrachtet, dann könnte man diese Modellvorstellung akzeptieren.

Crazes

Auch die Beobachtung, dass umso mehr und kleinere Fließzonen (Crazes) entstehen (Bild 7.5), je größer die Spannung bzw. je höher die Dehngeschwindigkeit ist, spricht für diese Modellvorstellung. Denn bei niedrigen Spannungen werden nur die besonders kritischen Fehlstellen aktiviert. Daher wachsen unter diesen Bedingungen wenige Fließzonen, diese werden dann aber immer länger. Das bestätigen die Beobachtungen, dass bei sehr niedrigen Dehngeschwindigkeiten nur noch eine einzige Fließzone in einem so beanspruchten Zugstab wächst. Es wurde folgerichtig nur diese eine, schwächste Fehlstelle aktiviert.

Einfluss der Partikelgröße

Man kann die „kritische Dehnung“ abschätzen, bei der in einem Werkstoff die ersten derartigen Mikrorisse entstehen werden, wenn die zur Bildung einer solchen neuen Oberfläche erforderliche Arbeit kleiner ist als die dabei frei werdende elastische Energie. Es gilt näherungsweise nach *Nicolay* und *Menges*:

$$\varepsilon_{F_\infty} \sim \sqrt{\frac{\gamma}{L \cdot E_0}} \tag{7.1}$$

mit:
L = Länge der Schwächezonen/Durchmesser der Partikel/maximale Schwachstellenlänge,
γ = Grenzflächenenergie,
E_0 = Kurzzeitmodul der spröden Partikel = Kurzzeitmodul des Werkstoffs.

Aus Gl. 7.1 erkennt man den Einfluss der Partikelgröße L. In der Tat beobachtet man, dass bei dickwandigen Proben aus teilkristallinen Stoffen, die aus Gründen unterschiedlicher Abkühlung in der Mitte oft sehr grobe Sphärolithe besitzen, stets dort die ersten Risse entstehen.

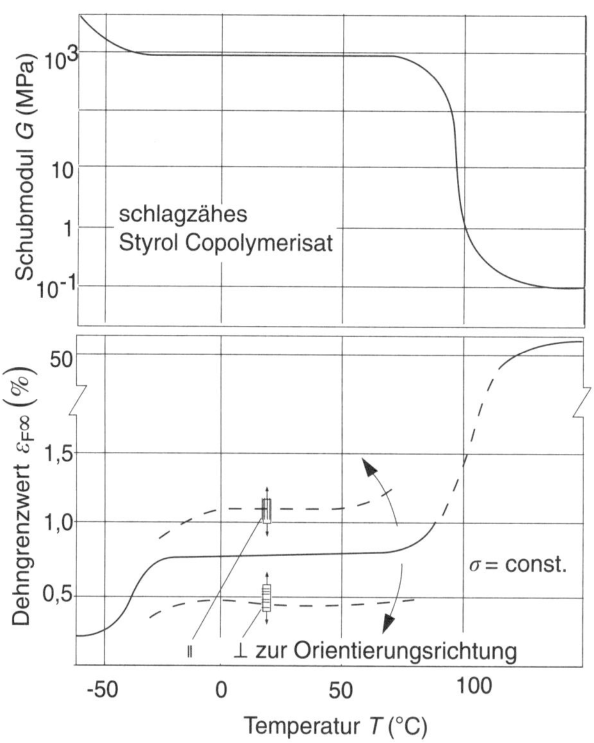

BILD 7.6 Einfluss der Temperatur und der Orientierung auf die Dehnung ε_{F_∞} bei schlagzähem Polystyrol (nach *Menges* und *Riess*)

Bekannt ist auch die Quersprödigkeit stark orientierter Teile. Dies lässt sich mit der hier vorgestellten Theorie gut erklären, denn entlang der verstreckten Partikel sind lange Grenzflächen und damit Schwächezonen entstanden. Das hat zur Folge, dass die ersten Risse frühzeitig entstehen und da keine Partikel da sind, die noch verstreckt werden könnten, nicht gestoppt werden. Andererseits erklärt sich so die große elastische Dehnbarkeit in Streckrichtung, denn hier sind die kritischen Grenzflächen sehr klein (Bild 7.6 bestätigt diese Behauptung durch die Versuchsergebnisse von Riess).

Grenzflächenenergie

Den Einfluss der Grenzflächenenergie γ auf die Fließzonenbildung kennt man ebenfalls aus empirisch getätigten Beobachtungen. So ist bei Zusatz von Gleitmitteln, z. B. bei Polystyrol, bekannt, dass die Fließzonen bei niedrigeren Dehnungen auftreten.

Für den Einfluss des Moduls spricht auch Bild 7.6. Bei Erweichungsvorgängen, etwa bei Überschreiten der Glastemperatur, entsteht infolge der Änderungen des Elastizitätsmoduls jeweils sprungartig ein verändertes Niveau für die „kritische Dehnung“, die hier in die Bruchdehnung übergegangen ist.

7.2.2 Homogene, isotrope oder mit harten Füllstoffpartikeln gefüllte Kunststoffe im Dehnbereich oberhalb der kritischen Dehnung bis zum Bruch

Kaltversprödung

Im Allgemeinen ist die Entstehung von Mikrorissen keineswegs negativ zu sehen. Im Gegenteil: Ihr Entstehen ist mit dem Verbrauch von Energie verknüpft, was z. B. bei schlagzähen Kunststoffen notwendig ist, sonst würden sie bei jedem Stoß spröde zersplittern. Wenn man allerdings die Temperatur weit genug erniedrigt oder die Geschwindigkeit steigert, verspröden alle Kunststoffe früher oder später, weil dann keine verstreckbaren Partikel mehr vorhanden, sondern alle eingefroren sind. Dies zeigen die Bilder 7.7 und 7.8 in zwei Beispielen; einem PMMA (Bild 7.7) und einem kurzglasfasergefüllten Polyamid 6 (Bild 7.8) bei Kriechversuchen mit ultraschneller Lastaufgabe (10 ms) und verschiedenen Temperaturen. Je tiefer die Temperatur, umso niedriger ist die Bruchdehnung. Sie läuft asymptotisch in allen Fällen bei hohen Geschwindigkeiten bzw. kurzen Zeiten einem Grenzwert von ca. 2 % zu. Allerdings ist das Polyamid trotz der Glasfaserfüllung zäher; es erreicht den Grenzwert erst, wenn die Geschwindigkeit um mehrere Dekaden gesteigert wird.

Rissstoppung

Bei kürzeren Zeiten (= hohen Geschwindigkeiten bzw. tiefen Temperaturen) verhält sich der Kunststoff zunehmend idealelastisch. Linearitätsgrenze und Bruchdehnung fallen praktisch zusammen. Der erste entstehende Mikroriss führt sofort zum totalen Versagen! Bei diesen kurzen Zeiten bzw. hohen Geschwindigkeiten sind alle Struktureinheiten (Partikel) noch eingefroren. Der Riss kann nicht durch innere Fließvorgänge gestoppt werden (vgl. Modell von Bild 7.3; es fehlen die weichen Partikel). Wie wir in Kapitel 6 zeigen konnten, gilt bei Zugversuchen das Zeit-Temperaturverschiebungsprinzip, d. h. die Ergebnisse aus Bild 7.7 könnten ebenfalls bei stoßartiger Belastung des Werkstoffs gelten.

Shear Yielding

Wird die Zeit länger (oder auch die Belastungsgeschwindigkeit niedriger, die Temperatur höher), dann liegen im Gefüge bereits weichgewordene Partikel vor, deren Relaxationszeit kürzer ist als die Beanspruchungszeit. Diese weichen Partikel stoppen die Mikro-

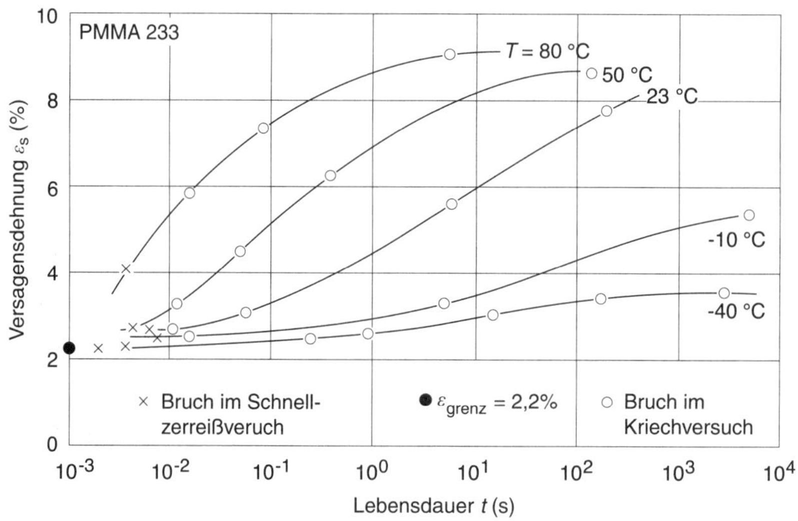

BILD 7.7 Versagensdehnung als Funktion der Lebensdauer im Kriechversuch

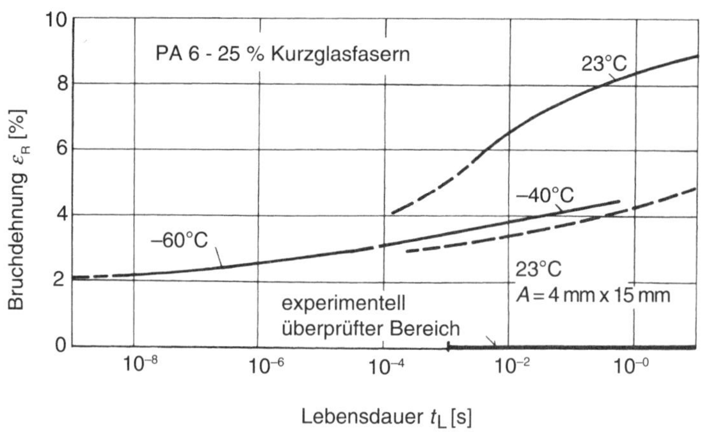

BILD 7.8 Bruchverhalten von PA 6 mit 25 % Kurzglasfasern bei Stoßbelastungen und verschiedenen Temperaturen

risse und zehren die eingeleitete Energie durch ihre Verstreckung auf. Damit sind die ersten Fließzonen entstanden, die aber im Allgemeinen noch so klein sind, dass sie sich einer visuellen Beobachtung entziehen. Die Bruchdehnung jedoch steigt auf ein Maximum, weil die in den Werkstoff eingeleitete Energie für die Mikrorisse verbraucht wird.

Aus den Beobachtungen lässt sich auch das Einschnüren dünner Proben aus zähen Werkstoffen und die dann sehr hohen Bruchdehnungen erklären. Bekannt sind diese Deformationserscheinungen auch als „Shear Yielding“ oder „Lüdersbänder“, die unter 45° die Oberfläche in dem verstreckten Bereich überziehen. Nach Beobachtungen von *Menges und Mitarbeitern* entstehen die Lüdersbänder an den Enden sehr kleiner Fließzonen. In

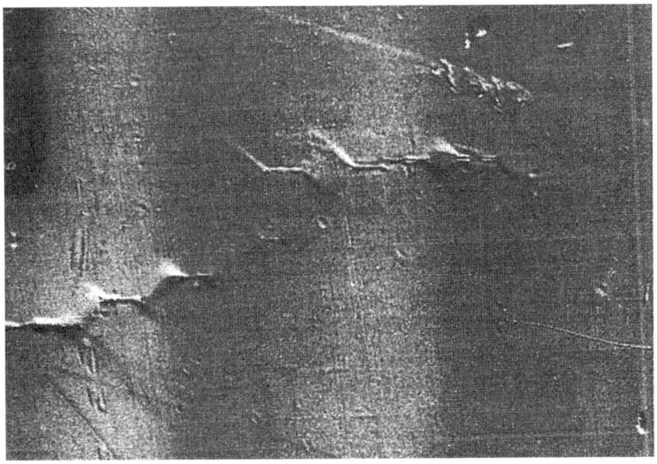

BILD 7.9 Entstehung von „Lüderschen Linien“ in PVC hart. Ausgehend von der ersten Fließzone bilden sich vor deren Enden Zonen, die infolge der Umlagerung des Kraftflusses etwas höher gedehnt werden, jedoch dieser Dehnung widerstehen. Anschließend wird die nächste Schwachstelle wieder aktiviert und eine neue Fließzone entsteht (nach *Menges*)

diesen Bereichen stellt sich der Spannungszustand um – der Spannungsfluss verläuft um die Fließzone herum! Dies führt partiell zu Schubspannungen und Abrutschen ganzer Streifen, solange der Werkstoffzustand dank der herrschenden Temperatur in der Probe und entsprechender Dehngeschwindigkeit günstig und die Proben dünn sind. Die hier vorgestellte Theorie erlaubt auch zu erklären, warum sich dickere Proben nicht soweit verstrecken lassen, dass sie einschnüren. Der sich vor den Rissspitzen einstellende Spannungsumlenkungsbereich erstreckt sich auf eine größere Breite als der Mikroriss. Wenn die Probendicke über diese Breite hinausgeht, kann sich eine Schubverformung, also ein Lüdersband nicht mehr ausbilden.

In dicken Proben herrscht auch ein mehrachsiger Zugspannungszustand, was bei gleicher Verformung ein höheres Maß an gespeicherter Dehnungsenergie verursacht. Dies ist einer größeren Deformationsgeschwindigkeit gleichzusetzen, so dass sich der erste Anriss mit höherer Geschwindigkeit fortpflanzt. Makroskopisch beobachten wir ein Absinken der Bruchdehnung und Verschiebung des Versprödungsbereichs.

7.2.3 Der Wirkungsmechanismus der Schlagzähweichmacher

Innere Spannungen

Man hatte schon vor vielen Jahren bei Styrol/Acrylnitril/Butadien-Copolymerisaten (ABS) entdeckt, dass dieser Werkstoff, der eine Mehrphasenstruktur besitzt, sich als besonders schlagzäh erweist, obwohl die Matrix Acrylnitril/Styrol sehr spröde ist (vgl. Kapitel 4).Umfangreiche Untersuchungen konnten den Mechanismus weitgehend aufklären. Es ist im Wesentlichen der gleiche Mechanismus, der für die Fließzonenbildung im Bild 7.3 und Gl. 7.1 erläutert wurde. Die bessere Wirksamkeit und das gleichmäßig frühe

Einsetzen der Verstreckungen erreicht man durch einen hohen Gehalt (15 bis 25 Vol.-%) gleichmäßig verteilter feiner Kautschukpartikel, wie dies in Bild 4.26 im Hinblick auf die Crazebildung dargestellt wurde. Es kommt weiter hinzu, dass dank Pfropfung der Matrix auf die Partikel (vgl. Bild 4.24) diese selbst infolge ihrer weiteren Volumenkontraktion nach dem Einfrieren der Matrix gemäß Bild 7.10 unter mehrachsige Zugspannung geraten und verstreckt werden, wodurch sich sehr viele Mikrorisse bilden (vgl. auch Bild 4.26 unten). Von den gedehnten Partikeln, die durch die Pfropfung in der Matrix eingebunden sind, wird die Kraft weiter übertragen. Die Partikel werden hierdurch verstreckt, bis durch ihre Verformung benachbarte Schwachstellen in der Matrix aufbrechen. Infolge der hohen Anzahl solcher verformungsfreudigen Stellen wird eine große Oberfläche neu erzeugt, sobald der kritische Schwellwert der Dehnung überschritten ist, was große Energiemengen verbraucht und damit den Werkstoff schlagzäh macht.

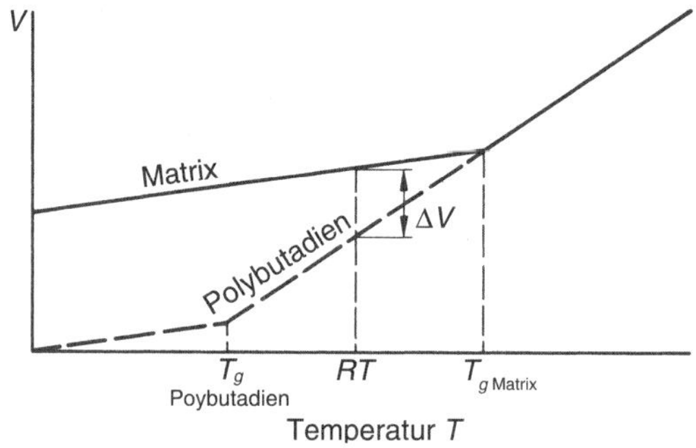

BILD 7.10 Schlagzähverhalten von ABS, ΔV ist ein Maß für Druck-Vorspannung in der Umgebung der Polybutadienpartikel

7.3 Festigkeitsrechnung gegen ruhende und schwingende Zugbelastung bei homogenen und gefüllten Kunststoffen

Man kann derartige Berechnungen mehr oder weniger aufwändig ausführen, beginnend mit der Abschätzung bis hin zu einer genauen Spannungs- und Verformungsanalyse mit der „Finite-Elemente Methode“ (FEM). Da der Aufwand bei den letztgenannten Methode entsprechend groß ist, wird man auch hohe Anforderungen an die Genauigkeit der Kennwerte stellen, um ein dem Aufwand gerecht werdendes Ergebnis zu erhalten. Es sollen daher nacheinander die Möglichkeiten – beginnend mit der unaufwendigsten Methode der Abschätzung – kurz erläutert werden.

Beim Wunsch nach einer detaillierten Information muss auf Spezialliteratur (zum Teil in Klammern angegeben) zurückgegriffen werden.

Es ist jedoch grundsätzlich anzuraten, stufenweise vorzugehen. So wird ein guter Konstrukteur vor einer genauen und dementsprechend aufwändigen Festigkeitsberechnung stets versuchen, sich durch Abschätzung ein Bild über die zu erwartende Beanspruchungen zu machen. So kann er dann eine Grobauslegung vornehmen, um beispielsweise den geeigneten Werkstoff und eine optimale Gestaltung auszuwählen. Das nun vorabgestimmte Produkt ist dann in der Regel schon so genau, dass die detaillierte, aufwändige Nachrechnung nur noch einen geringen Zeitaufwand erfordert. Sollte er dann noch nicht mit dem Ergebnis zufrieden sein, führt er nach den vorgenommenen, meist gestalterischen, Verbesserungen weitere genaue Rechnungen durch, bis das Ergebnis den Anforderungen entspricht.

7.3.1 Abschätzende Festigkeitsberechnung (nach Menges)

Kritische Dehnung

Die hier vorgeschlagene Methode einer ausreichend sicheren Dimensionierungsrechnung beruht auf der Beobachtung (vgl. Abschnitt 7.2), dass alle Kunststoffe beim Erreichen gewisser Schwellwerte der Dehnung Fließzonen bilden. Obwohl diese bei rein statischer Belastung noch ungefährlich sind, ist der Werkstoff nicht mehr isotrop und damit beginnt hier die

- größere, irreversible plastische Verformung,
- bei weiteren, z. B. dynamischen, Zugbeanspruchungen können die Crazes weiter wachsen und schließlich an irgendeiner Stelle den Bruch auslösen
- die Crazes erlauben das Eindringen von Medien aus der Umgebung
- schnellere Alterung bis hin zur spontanen Spannungsrissbildung (vgl. Abschnitt 14.9) sind die wahrscheinliche Folge.

Es sind somit genug Gründe vorhanden, den Werkstoff nicht über diese Grenze hinaus anzustrengen. Namhafte Konstrukteure, wie J. Kunz, wenden diese Mewthode seit Jahren mit gutem Erfolg an.

7.3.1.1 Kennwerte für die abschätzende Festigkeitsrechnung

einachsige Zugbeanspruchung

Im einachsigen zugbeanspruchten Belastungsfall sind unter langzeitiger Belastung die Dehnungen, bei welchen die ersten Risse auftreten, an relativ feste Werte gebunden, die sich auch nicht nennenswert mit der Fertigung verändern, solange diese ordnungsgemäß ausgeführt wird. Sie betragen für

- amorphe, ungefüllte Thermoplaste (mit Ausnahme Polystyrol) <0,9 %
- Polystyrol (Standard-Polystyrol) <0,2 %
- die glasartigen spröden Duroplaste <0,2 %
- teilkristalline, ungefüllte harte Thermoplaste <0,5 %
- teilkristalline, ungefüllte weiche Thermoplaste <2,0 %

Für Partikel- oder kurzglasfasergefüllte Thermoplaste kann mit steigendem Füllgrad dieser Grenzwert noch weiter abnehmen, was von der Qualität der Füllstoffe, vor allem aber ihrer die Adhäsion verbessernden Oberflächenvorbehandlung abhängt. Für lang- oder endlosfaserverstärkte Kunststoffe ist es hilfreich, auf eigene oder anderweitige Erfahrungen zurückzugreifen.

Um von den zulässigen Dehnungen auf die Spannungen schließen zu können, benutzt man isochrone Spannungs/Dehnungs-Diagramme (z. B. Bilder 6.17 oder 7.12)

Zu wählende Sicherheitskoeffizienten bei abschätzender Festigkeitsrechnung

Umgebungs- und Fertigungseinflüsse

Die Sicherheitskoeffizienten können mit relativ niedrigen Werten angesetzt werden, wobei die Art der Beanspruchung und ihr Gefahrenpotenzial natürlich eine Rolle spielen.

- Bei statischer Belastung in Luft ist große inhärente Sicherheit vorhanden, so dass $S = 1$ ausreicht.
- Bei Zugschwellbelastung oder Spannungsrissgefahr wird man $S = 1{,}5$ wählen.
- Soll der Werkstoff in aggressiver Umgebung eingesetzt werden, so sind gegebenenfalls zusätzliche Abminderungen entsprechend dem Gefahrenpotenzial zu wählen.
- Fertigungseinflüsse, wie etwa Bindenähte, sollten durch geschickte Konstruktion des Spritzgießwerkzeuges vermieden werden.

7.3.1.2 Praktisches Vorgehen bei abschätzender Festigkeitsrechnung

Es werden die Verformungen des Baukörpers unter den äußeren Lasten errechnet und die ermittelten größten Dehnungen mit den zulässigen Grenzdehnungen

$$\varepsilon \leq \frac{\varepsilon_{F_\infty}}{S} \tag{7.2}$$

verglichen.

zyklische Beanspruchung

Bei zyklischer Belastung wird die Erholung zwischen den Belastungen vernachlässigt. Bei schwingender Belastung (vgl. Abschnitt 7.4.1) muss genauso wie für statisches Kriechen gerechnet werden, d. h. man rechnet einerseits

- gegen Zerrüttung unter der Kriechwirkung der Oberspannung mit der kritischen Dehnung,

andererseits

- gegen Erwärmen mit der durch die Wechselbeanspruchung dissipierten Energie und prüft, ob die Temperatur im Prüfkörper mit der maximalen Schwingungsamplitude einen endlichen Wert erreicht oder ob mit der errechneten Gleichgewichtstemperatur das Kriechen zu frühzeitig die Grenzdehnung ε_{F_∞} überschreitet.

Der Werkstoffzustand darf sich dabei in seiner Struktur nicht verändern. Dieses Vorgehen erläutert schematisch Bild 7.15.

Temperatur

Einsatztemperatur

Die Einsatztemperatur hat einen sehr großen Einfluss und sollte daher relativ präzise bestimmt werden. Das Rechnen mit Mittel- bzw. Durchschnittstemperaturen ist nicht sinnvoll, besser ist dann eine Rechnung mit der maximalen Temperatur bei deren aufaddierter Einwirkungszeit. (siehe Bild 6.18),

Mehrachsigkeit

Bauteile sind in der Regel mehrachsig beansprucht. Soll ein Zusammenhang zwischen den wirkenden Spannungen und den hieraus resultierenden Verformungen hergestellt werden, so rechnet man im schubspannungsfreien Normalspannungssystem mit dem erweiterten Hook'schen Gesetz:

Mehrachsigkeit

$$\begin{aligned} \varepsilon_1 &= \frac{1}{E}(\sigma_1 - \nu(\sigma_2 + \sigma_3)) \\ \varepsilon_2 &= \frac{1}{E}(\sigma_2 - \nu(\sigma_1 + \sigma_3)) \\ \varepsilon_3 &= \frac{1}{E}(\sigma_3 - \nu(\sigma_1 + \sigma_2)) \end{aligned} \tag{7.3}$$

Dabei wird Isotropie angenommen, die Zeit- und Temperaturabhängigkeit der Kennwerte Elastizitätsmodul E und Querkontraktionszahl ν werden durch Linearisierung angenähert. Die Querkontraktion wird für diese abschätzende Festigkeitsrechnung mit $\nu = 0{,}4$ angesetzt und der Modul als Kriechmodul aus den isochronen Spannungs/Dehnungs-Diagrammen (z. B. aus Bild 6.19) durch Bildung der Tangente an die der Temperatur oder Belastungsgeschwindigkeit entsprechenden Kurve entnommen

Quasielastische Ersatzkennwerte

Abschätzen der Wirkung von Kerben

Kunststoffe erweisen sich als ebenso empfindlich gegen Kerben wie andere Werkstoffe, unter ihnen erweisen sich die amorphen Thermoplaste als am empfindlichsten. Deshalb wird man diese Werkstoffe für dynamisch belastete Bauteile möglichst vermeiden. Man kann, wie bei Metallkonstruktionen, mit den erprobten Kerbwirkungszahlen (nach *Neuber*) rechnen.

Bauteile mit Kerben

7.3.2 Festigkeitsrechnung nach üblichen Methoden

In technischen Handbüchern (z. B. Dubbel), Vorschriften (z. B. AD-Merkblätter für den Behälter- und Rohrleitungsbau) oder Zulassungsvorschriften (z. B. des Instituts für Bautechnik) werden Formeln zur Auslegung gegen mechanische Belastung auf der Basis der Elastizitätstheorie benutzt. Gesucht wird in der Regel eine zulässige Spannung für die kritischen Bereiche des Bauteils. Die Zulassungen müssen von den zuständigen Stellen der Bauaufsicht explizit für die beantragte Konstruktion genehmigt werden.

7.3.2.1 Vorschlag zu einer genauen Festigkeitsrechnung (nach Schmachtenberg)

Die für eine solche Rechnung benötigten, so genannten quasielastischen Ersatzkennwerte, z. B. der Modul, werden abhängig von der Zeit bzw. Belastungsgeschwindigkeit und der Temperatur aus isochronen Spannungs/Dehnungs-Diagrammen, in denen sich der E-Modul als Steigung der Sekanten zu dem betrachteten Spannungs-, Zeit- und Temperaturwert ergibt, ermittelt. Für die Anwendung in Berechnungsprogrammen empfiehlt sich die Verwendung von Kennwertfunktionen (z. B. Bilder 6.29 u. 6.30). Hier lassen sich die verschiedenen Einflüsse auf das nichtlinear viskoelastische Werkstoffverhalten am besten in Rechenalgorithmen umsetzen.

Einfluss der Mehrachsigkeit

Schwierig ist die Berücksichtigung der Mehrachsigkeit auf das nichtlinear viskoelastische Werkstoffverhalten. In Abschnitt 6.2.2.3 haben wir eine Beschreibung kennen gelernt, in der die Nichtlinearität als Abhängigkeit von der Dehnung aufgefasst wurde. Eine einfache Näherungslösung erhält man, wenn man die größte Zugspannung oder Zugdehnung im Bauteil als Maß für die Nichtlinearität bei der Ermittlung des quasielastischen Ersatz-E-Moduls verwendet. Exakter ist die Umrechnung über eine Vergleichshypothese, wie sie etwa durch das Kegelkriterium gegeben ist (Bild 7.11).

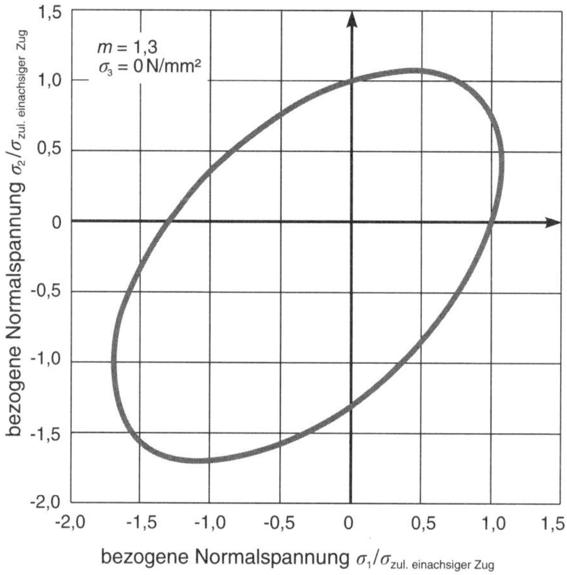

BILD 7.11 Vergleichsspannung nach dem Kegelkriterium.

Nach der Gleichung

$$\sigma_v = \frac{m-1}{2m} - (\sigma_1 + \sigma_2 + \sigma_3) + \frac{m+1}{2m\sqrt{2}} \times \sqrt{(\sigma_1 - \sigma_2)^2 + (\sigma_2 - \sigma_3)^2 + (\sigma_3 - \sigma_1)^2} \quad (7.4)$$

mit

$$m = \frac{\sigma_{Druck}}{\sigma_{Zug}} \quad (7.5)$$

wird der mehrachsige Spannungszustand, beschrieben durch die Hauptnormalspannungenυ σ_1, σ_2 und σ_3, auf einen vergleichbaren einachsigen Spannungszustand σ_v abgebildet. Der Faktor *m* gibt dabei das Verhältnis von einer Zug- und einer Druckspannung an, die zu gleichen Abminderungen im Werkstoff führen (etwa gleicher Kriechmodul). In erster Näherung kann dieser Faktor mit 1,3 angenommen werden (Werte aus Versuchen von *Schmachtenberg* und *Schöche* an PE-HD). Sinngemäß könnte man sagen: Unter einer um den Faktor 1,3 höheren Druckspannung ergibt sich die gleiche Kriechgeschwindigkeit wie bei einachsiger Zugspannung. Aus dem einachsigen Vergleichsspannungszustand lassen sich dann Belastungsgrenzen, wie die kritische Dehnung oder auch der Nichtlinearitätsparameter, für den quasielastischen Ersatz-E-Modul ableiten.

Querkontraktionszahl

Neben dem quasielastischen Ersatz-E-Modul benötigt man für mehrachsige Berechnungen auch die quasielastische Ersatz-Querkontraktionszahl. Da die Abhängigkeiten der Querkontraktionszahl von Zeit, Temperatur und Beanspruchungshöhe allgemein nicht dokumentiert ist, kann hilfsweise folgende Mischungsregel angewendet werden:

$$\nu(\vartheta, t, \varepsilon) = 0{,}5 - 0{,}2\,\frac{E(\vartheta, t, \varepsilon)}{E_{el}} \tag{7.6}$$

Dabei liegt dieser Mischungsregel die Auffassung zugrunde, dass idealelastisches Verhalten mit der Querzahl 0,3 und plastisches Verhalten mit der Querzahl 0,5 korrelieren. Das zeit- und temperaturabhängige Kriechverhalten der Thermoplaste ist stets als eine Mischform dieser beiden Grundformen anzusehen. Damit beinhaltet die Abnahme des E-Moduls vom Extremwert bei idealelastischem Verhalten bereits die Information über die Änderung der Querkontraktionszahl.

Beanspruchungsgrenze bei mehrachsigen Spannungen

Als kritisch sind mehrachsige Beanspruchungszustände dann einzustufen, wenn die nach dem Kegelkriterium berechnete Vergleichsspannung bezogen auf den hierfür maßgeblichen quasielastischen Ersatz-E-Modul die zulässige Spannung oder kritische Dehnung vermindert um den mit der Gefährdung gewählten Sicherheitsfaktor überschreitet:

$$\frac{\sigma_v}{E(\vartheta, t, \varepsilon)} \le \frac{\varepsilon_{F_\infty}}{S} \tag{7.7}$$

7.3.2.2 Kennwerte aus Datenbanken

Datenbanken

Da die zulässigen Spannungen je nach Art des Belastungsfalls weit variieren (vgl. Bild 7.12), sind für jeden Belastungsfall die von der Zeit und von der Temperatur abhän-

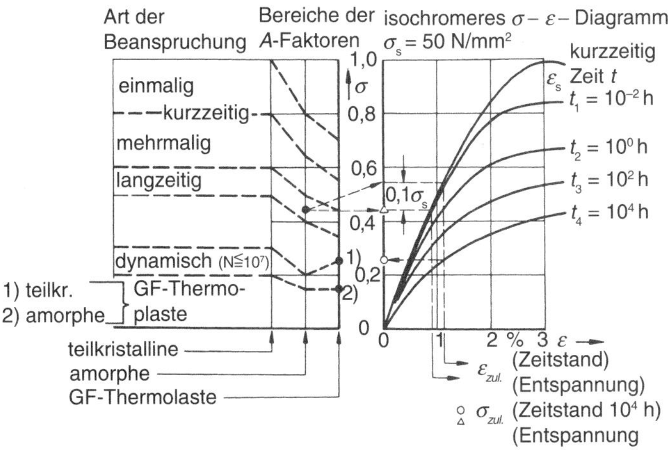

BILD 7.12
Abschätzung $\sigma_{zul.} = f(\varepsilon_{zul.})$ bei Langzeitbeanspruchung von ABS (nach *Oberbach*)

gigen Kennwerte erforderlich. Zur Ermittlung bietet sich auch die von den Rohstoffherstellern mit einem Sortiment von Kennwerten der verschiedensten Art belieferte Datenbank „CAMPUS“ an. Die erforderlichen Sicherheiten muss jedoch der Konstrukteur selbst wählen.

7.3.2.3 Festigkeitsberechnung nach der für metallische Konstruktionen üblichen Methode

Zur Bestimmung der zulässigen Festigkeit wird die im Kurzzeitzugversuch gemessene Kurzzeitzugfestigkeit als Eckwert betrachtet. Einflüsse durch die Zeit, die Temperatur, dynamische Beanspruchungszustände oder Festigkeit mindernde Medieneinflüsse werden durch spezielle Abminderungsfaktoren abgeschätzt:

$$\sigma_{zul.} = \frac{\sigma_b}{A_1 \cdot A_2 \cdot A_3} \tag{7.8}$$

Die Bestimmung der A-Faktoren erfolgt in geeigneten Experimenten. (Durch die Multiplikation der Abminderungsfaktoren kommt es in der Regel zur erheblichen Überdimensionierung.)

Vergleichs-spannung

Aus den äußeren Lasten werden mit den klassischen Formeln der Festigkeitslehre oder entsprechend der jeweiligen Vorschriften die Anstrengungen des Werkstoffs ermittelt. Mehrachsige Spannungszustände werden mit einer Hypothese (*von Mises*- oder Schubspannungshypothese) zu einer Vergleichspannung verdichtet und diese mit der jeweils zulässigen Spannung verglichen.

Erprobte Bauweisen

Die Sicherheitskoeffizienten sind – z. B. beim Institut für Bautechnik – wie in Gl. 7.8 in so genannte Abminderungsfaktoren A_i aufgespalten. Es sind einmal die konventionellen Sicherheitskoeffizienten, wie sie für die entsprechenden Bauweisen aus Metallen vorgeschrieben sind, die auf jeden Fall benutzt werden müssen. Zusätzliche Sicherheitskoeffizienten werden bei nicht erprobten Bauweisen eingeführt. Üblicherweise erfolgt die Festlegung der Sicherheitskoeffizienten in so genannten Sachverständigenausschüssen.

7.3.3 Rechnung mit Zeitstandfestigkeiten

Rohre unter Innendruck

Diese Methode wurde für den Kunststoff-Rohrleitungsbau aus den Methoden entlehnt, die man in der ersten Hälfte des vergangenen Jahrhunderts für die Auslegung von Dampfkesselrohren aus warmfesten Stählen entwickelt hat. Die Rechnung ist sehr einfach, da man mit Kennwerten rechnet, die an einem mehrachsig belasteten Baukörper – einem Rohr unter Innendruck bei verschiedenen Temperaturen – also praxisähnlich in Langzeitversuchen ermittelt wurden.

7.3.3.1 Kennwerte

Medien-einfluss

Die Kennwerte werden in so genannten Zeitstanduntersuchungen an Rohren unter Innendruck in temperiertem Wasser oder Ähnlichem (z. B. nach DIN 8061, 8062, 8072, 8074) ermittelt. Bild 7.13 zeigt ein typisches Zeitstanddiagramm. Der besondere Vorteil dieser Vorgehensweise liegt darin, dass hier bereits der festigkeitsmindernde Einfluss einwirkender Medien im Versuch berücksichtigt werden kann.

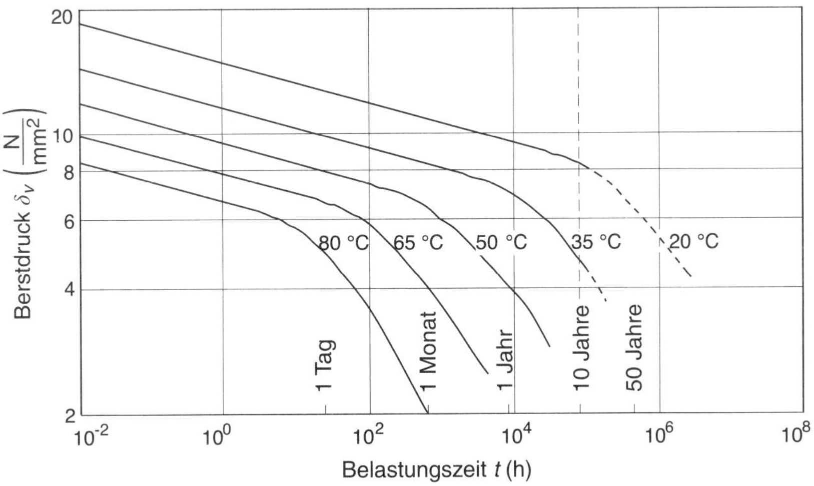

BILD 7.13 Zeitbruchlinien von Rohren aus Polyethylen hoher Dichte (PE-HD)

7.3.3.2 Sicherheiten

Es werden die für die jeweilige Bauweise vorgeschriebenen Sicherheitswerte zur Bestimmung der zulässigen Vergleichsspannung herangezogen.

7.3.3.3 Festigkeitsrechnung

Die mit den klassischen Formeln der Festigkeitslehre ermittelten maximalen Zugspannungen im Bauteil werden mit den zulässigen Spannungen – den Zeitstandfestigkeiten – für die extremsten Bedingungen, denen das Bauteil ausgesetzt ist, verglichen.

Anmerkung: Die Methode ist einfach und recht sicher, ohne die Gefahr zu großer Überdimensionierung.

7.3.4 Genaue Berechnungen und Belastungssimulation mit FEM oder ähnlichen Methoden

Mit der Methode der Finiten Elemente ist eine kunststoffgerechte, genaue Auslegung von Bauteilen möglich. Dazu unterscheiden wir die Schritte „Gestaltoptimierung“, „Fertigungssimulation“ und „Lebensdauer-FEM“.

Gestalt-optimierung

- *Gestaltoptimierung:* Üblich ist die Berechnung des mechanischen Tragprinzips einer Bauteilstruktur mit angenommenen idealelastischen Kennwerten (die gegebenenfalls die Einflüsse von Temperatur und Zeit durch eine Anpassung des E-Moduls und der Querkontraktionszahl bereits berücksichtigen). Das Ergebnis solcher Rechnungen zeigt die Bauteilbereiche, die hoch belastet oder unzulässig verformt sind. Durch Änderung der Gestalt, etwa durch Anfügen einer Verrippung, durch Erhöhung der Wanddicke oder durch vergleichbare Maßnahmen wird die Form des Bauteils solange optimiert, bis keine kritischen Bereiche mehr erkennbar sind.

Fertigungssimulation

- *Fertigungssimulation:* Liegt die Gestalt des Bauteils fest, so schließt sich die Simulation der Fertigung an. In dieser Rechnung wird zweckmäßigerweise auch der Einfluss der Fertigung, z. B. der Füllvorgang beim Spritzgießen, berechnet. Hieraus lässt sich dann etwa die Lage von Bindenähten oder die Faserorientierung berechnen.

Lebensdauer-FEM

- *Lebensdauer-FEM:* Erst unter Berücksichtigung der Fertigungseinflüsse lassen sich schließlich weiterführende mechanische Analysen des Bauteils, etwa im Sinne der Lebensdauervorhersage, durchführen. Dazu sind allerdings dann entsprechende Kennwerte erforderlich, die etwa die Abminderung der Bindenahtfestigkeit oder die mechanischen Eigenschaften in Abhängigkeit von der Orientierung beschreiben. Die Berechnungsmethode der Lebensdauer-FEM befindet sich derzeit noch in der Entwicklung, weshalb heute in der Regel Bauteilversuche eine letztendliche Sicherheit gegen unerwünschtes Bauteilversagen liefern müssen.

Soll bei Elastomerbauteilen das Verhalten unter großen Verformungen berechnet werden, so müssen geometrisch nichtlineare Lösungsansätze im FE-Programm benutzt werden.

7.3.4.1 Kennwerte

quasielastische Ersatzkennwerte

Zur Berechnung des zeit- und temperaturabhängigen Verformungsverhaltens werden bei FE-Rechnungen zur Gestaltoptimierung die quasielastischen Ersatzkennwerte E-Modul und Querkontraktionszahl in Abhängigkeit von Temperatur, Zeit und zulässiger Beanspruchungshöhe verwendet (siehe hierzu auch Abschnitt 7.3.1.3). Die zulässige Beanspruchungsgrenze berechnet sich nach Gl. 7.7 durch Anwendung des Kegel-Kriteriums. Da dies häufig nicht in den Post-Prozessoren als Ergebnisdarstellung vorhanden ist, kann ersatzweise auch mit den maximalen Hauptnormaldehnungen gearbeitet werden. Dabei sollen nur die Zugdehnungen, nicht aber die Druckdehnungen betrachtet werden. Die Gestaltung des Bauteils wird so weit optimiert, dass kritische Beanspruchungszustände nicht mehr auftreten.

Werkstoffmodelle für FEM

Für die Lebensdauer-FEM sind derzeit keine allgemein gültigen Werkstoffmodelle verfügbar. Daher muss sie der Anwender je nach Aufgabenstellung gesondert formulieren. Dazu werden die wichtigen Einflüsse, wie etwa Zeit, Temperatur, Nichtlinearität, Mehrachsigkeit, Orientierung, Eigenspannungen, Medieneinfluss und Bindenahtfestigkeit, je nach gewähltem Werkstoff und vorliegender Beanspruchung in ihrer Signifikanz bewertet und dann in dem jeweils verwendeten Werkstoffmodell berücksichtigt. Dazu werden die in Kapitel 6 erörterten Modellvorstellungen in Form angepasster Stoffgesetze in die Lebensdauer-FEM eingearbeitet. Bei Berücksichtigung fertigungsbedingter Einflüsse, wie etwa der lokalen Faserorientierung, ist eine Kopplung der Fertigungssimulation mit der Lebensdauer-FEM notwendig. Spezielle Fälle stellen Schwingungsbeanspruchungen und Stoß dar, worauf in Abschnitt 7.4 eingegangen wird. Dort wird gezeigt, wie die hierfür erforderlichen Kennwerte ermittelt werden.

7.3.4.2 Sicherheiten

Berechnung der Verformung

Wenn es sich um Festigkeitsrechnungen handelt, die Zulassungszwecken dienen, müssen die vorgeschriebenen Sicherheitskoeffizienten eingesetzt werden. Bei Simulationen des Bauteilverhaltens und den zu erwartenden Lasten wird man jedoch mit den originären Kennwerten (also ohne Abminderung durch Sicherheitskoeffizienten) rechnen, um ein unverfälschtes Bild des Verformungsverhaltens des Bauteils zu erhalten und um die Schwachstellen zu finden.

7.3.4.3 Rechnung

Bei der Gestaltoptimierung wird eine statische Lastannahme getroffen. Für die Lebensdauer-FEM ist es möglich, beliebige Lastverläufe anzunehmen

- isotherm,
- mit Aufheizung,
- wechselnde Temperaturen,
- statisch,
- zyklisch, periodisch oder nicht periodisch,
- dynamisch, mit und ohne Aufheizung,
- stoßartig,
- Medienbelastung,
- Feuchteauf- oder -abnahme.

Anmerkung: Dieser Aufwand lohnt sich immer für die Optimierung von Serienteilen, wenn deren Optimierung ansonsten empirisch in Bauteilversuchen vorgenommen werden müsste. Dies gilt insbesondere wegen der großen Zeitersparnis und der vermiedenen Änderungskosten für die Spritzgießwerkzeuge.

7.4 Tragfähigkeitsberechnung unter dynamischer Belastung

7.4.1 Versagen unter dynamischer (Schwing-)Beanspruchung im Dehnbereich

Belastungen, die den Werkstoff schwingend beanspruchen, haben stets eine zweifache Wirkung. Zum einen wirkt die Last genau wie eine statische Belastung. Unter ihrer Einwirkung kriecht der Werkstoff. Sobald die Amplitude der erzeugten Dehnung die Grenze der kritischen Dehnung überschreitet, werden erste Mikrorisse erzeugt. Jede weitere Amplitude gleicher oder größerer Stärke treibt den Mikroriss weiter und führt schließlich zum Bruch. Dies kann man mit schwingender Beanspruchung nachweisen, die wechselweise aus Amplituden besteht, die eindeutig unter der Schädigungsgrenze, und wenigen, die eindeutig über dieser liegen (vgl. Bild 7.14). Man sieht, dass jede dieser Überschreitungen einen eindeutigen, überkritischen Kriechfortschritt zur Folge hat, d. h., dass die Schädigung progressiv fortschreitet. Zerrüttung

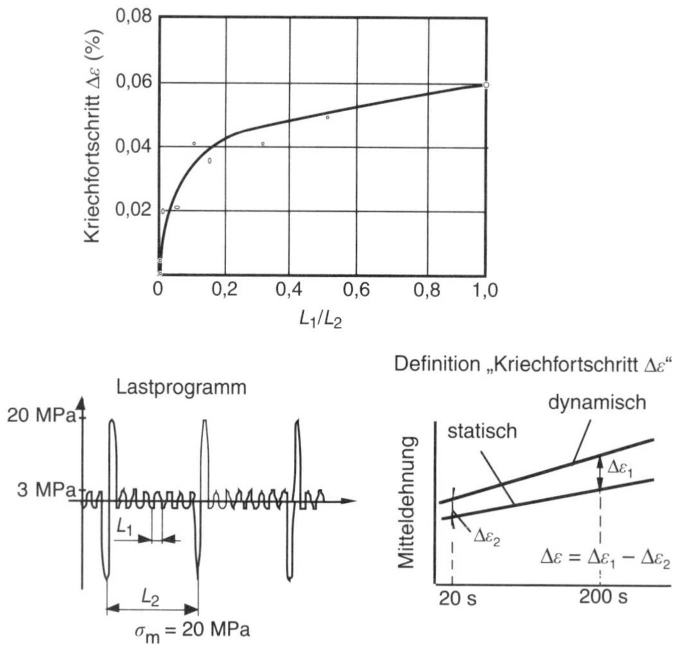

BILD 7.14 Kriechfortschritt durch Lastspitzen im nichtlinearen Bereich an POM (*Thebing*)

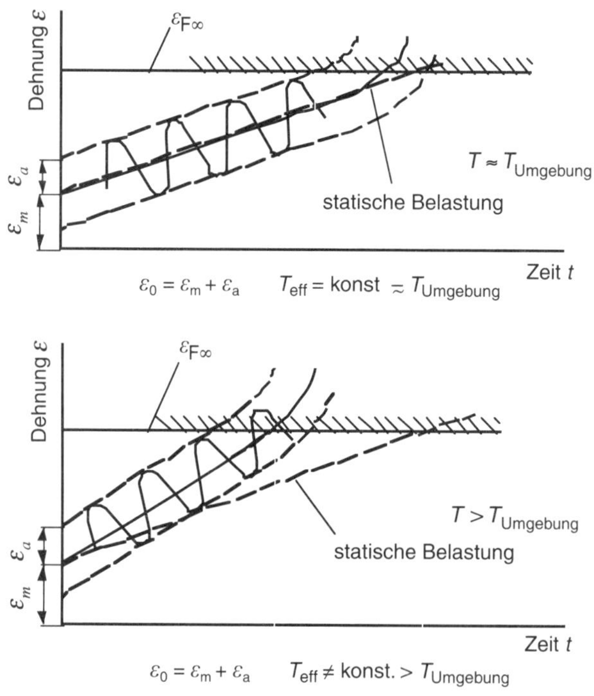

BILD 7.15 Schematische Darstellung des Kriechens des Werkstoffs unter dynamischer Zugwechselbeanspruchung; Beginn der Fließzonenbildung (ε_{F_∞})
Oben: ohne Erwärmung, unten: mit Erwärmung durch die innere Dämpfung

Zusätzlich wird jedoch der Werkstoff durch die dynamische Lastamplitude erwärmt. Diese kann oft so hoch sein, dass es zum Erweichen und Ausfließen unter dieser Last kommen kann (vgl. Bild 7.15). Die Festigkeitsrechnung muss daher stets beide Erscheinungen beachten. Besondere Werkstoffkennwerte sind nicht erforderlich. Kennlinien in Form von „Wöhlerkurven", die auf beliebige Geometrien übertragbar wären, haben sich vielfach als unbrauchbar erwiesen. Trotzdem findet man immer wieder Beschreibungen über den angeblich erfolgreichen Einsatz von Wöhlerkurven. Es ist dringend zu raten, diesen Empfehlungen nur nach gründlicher Überprüfung zu folgen.

Eigen-erwärmung

7.4.1.1 Festigkeitsrechnung gegen schwingende Belastung mit Dehndeformationen

Es gilt die Wärmebilanz, bestehend aus dissipierter und an die Umgebung abgeführter Wärme. Die dissipierte Wärme bestimmt sich zu:

Berechnung der Eigen-erwärmung

$$W_{disp} = \sigma_a \cdot \varepsilon_a \cdot d_{(T)} \cdot f \tag{7.9}$$

bzw.

$$\Delta T = \frac{\sigma_a^2}{E_{(T)}} \cdot d_{(T)} \cdot \pi \cdot f \cdot \frac{s}{\alpha} \tag{7.9a}$$

bzw.

$$\Delta T = \sigma_a \cdot \varepsilon_a \cdot d_{(T)} \cdot \pi \cdot f \cdot \frac{s}{\alpha} \tag{7.9b}$$

bzw.

$$\Delta T = E_{(T)} \cdot \varepsilon_a^2 \cdot d_{(T)} \cdot \pi \cdot f \cdot \frac{s}{\alpha} \tag{7.9c}$$

mit:

ΔT = Temperaturerhöhung im Werkstoff,

σ_a, ε_a = Schwingungsamplitude,

$E_{(T)}$ = Modul für die wirkende Werkstofftemperatur,

$d_{(T)}$ = Dämpfung für die wirkende Werkstofftemperatur,

f = Frequenz, mit der die Lastschwingung einwirkt,

s = Wanddicke,

α = Wärmeübergangskoeffizient für den Wärmeaustausch, mit dem das beanspruchte Bauteil seine Wärme abgibt.

Man erkennt, dass man mit Gl. 7.10 sofort abschätzen kann, ob mit Erwärmung zu rechnen ist, denn die Dämpfung $d_{(T)}$ gibt an, wie intensiv sich der Werkstoff erwärmt, während der Wärmeübergangskoeffizent ein Maß für die Wärmeabgabe an die Umgebung darstellt.

$$\Delta T \sim \frac{\alpha_{(T)}}{E_{(T)}} \tag{7.10}$$

Die Gleichungen (7.9a–c) gelten für dünnwandige Platten und Schalen mit $s < 10$ mm. Im Falle von dickwandigen Formteilen sind genaue Rechnungen, z. B. mit FEM oder BEM, notwendig, die auf der dissipierten Wärme (Gl. 7.9) aufbauen. Man prüft durch iterative Rechnung, ob sich eine Gleichgewichtstemperatur einstellt oder ob die Erwärmung ständig fortschreitet. Ist Letzteres der Fall, bedeutet dies Versagen durch Erweichen. Der Werkstoff wird überbeansprucht.

Der Werkstoff darf, wie viele Versuche gezeigt haben, an keiner Stelle über die kritische Dehnung hinaus beansprucht werden, denn hierdurch entstehen sofort Mikrorisse, die von jeder Amplitude, die diese Grenze überschreitet, weitergetrieben werden (vgl. Bild 7.15). Die Festigkeitsrechnung erfolgt daher unter der Annahme einer statischen Kriechbelastung durch die Oberspannung. Der Grenzwert, gegen den zu rechnen ist, ist die kritische Dehnung des Werkstoffes bei der effektiven Temperatur des schwingenden Formteiles.

7.4.2 Versagen unter Stoß und klassische Kennwerte

Grenzen der Bruchmechanik

Es gibt keine brauchbaren Festigkeitsrechnungen gegen Stoß. Auch die Bruchmechanik liefert zumindest für zähe Kunststoffe keine Voraussagemöglichkeit. Man kann lediglich die Empfindlichkeit des Werkstoffes gegen stoßartige Belastung mit Werkstoffkennwerten in Form von Schlagzähigkeitswerten abschätzen. Dazu gehören der Schlagbiegeversuch oder Kerbschlagbiegeversuch nach Charpy (DIN EN ISO 179) oder Izod (DIN EN ISO 180), bei denen an mit hoher Hammergeschwindigkeit belasteten Biegestäben die Arbeit gemessen wird, die die Prüflinge bis zum Bruch aufnehmen. Bei der Kerbschlagbiegeprüfung (Izod) hat der Probekörper eine V-förmige Kerbe und ist einseitig eingespannt. Die Probe wird so beansprucht, dass die Kerbe zu Zugspannungen im Rissgrund führt. Diese Prüfung wird in der Regel dann benutzt, wenn der Werkstoff in der Schlagbiegeprüfung so zäh ist, dass er nicht bricht und somit keine quantitative Aussage möglich ist.

Kerbschlagprüfung

Die Kerbschlagprüfung ist schärfer als die Schlagbiegeprüfung, infolgedessen beobachtet man, dass der Werkstoff im Kerbschlagversuch bereits bei höheren Temperaturen spröde versagt.

Diese Prüfmethoden sind aber nur dazu geeignet, den Werkstoff in Bezug auf sein Zähigkeitsverhalten einzustufen und allenfalls nach dieser Einstufung zu vergleichen und den zähesten Werkstoff auszuwählen. Dass man keine quantitativen Messwerte ermitteln kann hat seine Ursache darin, dass die Stoßzähigkeit eines Bauteils von vielen Einflüssen abhängt, wie z. B. der Geometrie, der Verarbeitung, der Einsatztemperatur und der Stoßgeschwindigkeit.

Festigkeitsrechnung gegen Stoß

Dimensionierung gegen Bruch

Möglichkeiten zu einer Festigkeitsrechnung gegen Stoß ergeben sich jedoch, wenn man das Verhalten unter hohen Dehngeschwindigkeiten zugrunde legt. Es hat sich in vielen Versuchen gezeigt (z. B. Dissertationen *Boden* und *Rest*), dass alle Kunststoffe unter

Stoßbelastung, auch wenn sie ungekerbt sind, bei mehr oder weniger großer Belastungsgeschwindigkeit oder mehr oder weniger tiefer Temperatur in einen linear-elastischen Verformungszustand übergehen und durch glatten Trennbruch bzw. spröden, glasartigen Splitterbruch verformungslos versagen. Die Dehnungen, bei denen der Bruch auftritt, liegt bei den meisten Kunststoffen um und knapp über $\varepsilon_B = 2$ % (vgl. Bilder 7.7 und 7.8 wo die Bruchdehnungen asymptotisch gegen 2 % zulaufen). Bild 7.16 zeigt das prinzipielle Verhalten und zwei Vorschläge zur Ermittlung von Dimensionierungskennwerten wenn keine Kerben im höchst beanspruchten Bereich des Bauteils vorliegen, denn die Einflüsse einer Kerbe sind nicht definierbar.

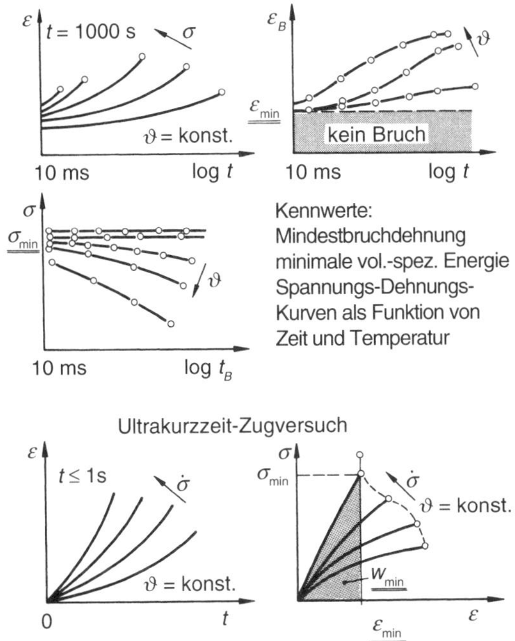

BILD 7.16 Verformung und Versagen von Thermoplasten bei Stoßbelastung (nach *Menges* und *Boden*)

Spannungswerte sind als Dimensionierungskennwerte ungeeignet, da sie zur Überdimensionierung führen würden. Die Dehnungswerte, die sich für kürzer werdende Belastungszeiten einer Mindestdehngrenze ε_{min} asymptotisch nähern (Bild 7.16 oben rechts), sind ebenfalls wenig geeignet, da z. B. an Kerben eine Dehnung kaum definierbar ist.

7.4.2.1 Für eine Abschätzung der Stoßenergie brauchbarer Kennwert

Ein brauchbarer Kennwert für eine Festigkeitsabschätzung bei Stoßbeanspruchung scheint letztlich nur die gespeicherte elastische Energie zu sein. Zur Ermittlung einer kritischen Energie ist für die Verformungsrechnung der Modul erforderlich. Er wird am besten für den energieelastischen Zustand den im Ultra-Kurzzeit-Zugversuch ermittelten isochronen Spannungs-Dehnungsdiagrammen entnommen, wie dies in Bild 7.16 unten rechts angedeutet ist. Behelfen kann man sich auch mit dem Schubmodulwert im voll eingefrorenen Zustand oder mit den aus den zu hohen Geschwindigkeiten bzw. tiefen

Anwendung des Zeit-Temperatur-Verschiebungsprinzips

Temperaturen (mit Zeit-Temperatur-Verschiebung) aus dehnungsgeregelten Zugversuchen (vgl. Bild 6.19 und 6.30) errechneten Modulwerten.

7.4.2.2 Sicherheitskoeffizienten

Es dürfen keine Sicherheitskoeffizienten benutzt werden, da dies zu – manchmal gefährlichen – Überdimensionierungen führen kann (unter Biegung sind die Dehnungen in der Zugzone umso größer, je dicker die Prüflinge sind).

7.4.2.3 Festigkeitsrechnung

kritische Bruchenergie

Eine Berechnung der Verformung unter stoßartiger Belastung mit FEM ist anzuraten. Da es sich meist bei Stößen um eine Biegebeanspruchung handelt, berechnet man für diejenigen Randfaserelemente, die den höchsten Zugspannungen unterworfen sind, die dort entstehende Dehnenergie. Diese muss unter der kritischen Dehnenergie des Werkstoffs bleiben. Versuche an mehreren praktischen Bauteilen zeigten, dass die Rechnung mit etwa 25 % auf der sicheren Seite liegen (Dissertation *Schleede*).

Wie Bild 7.16 unten rechts zeigt, ist es die Minimal-Bruchenergie W_{min}, die der Werkstoff zum Reißen mindestens verbraucht, (wie das Bild deutlich zeigt, benötigen alle Brüche mit langsamerer Beanspruchungsgeschwindigkeit mehr Energie). Die Minimalenergie, die somit bei Stoßbeanspruchung nicht überschritten werden darf, beträgt z. B. bei (nach *Boden*):

- PVC-U 2,1 N mm/mm^3
- POM 1,4 N mm/mm^3
- PMMA 1,5 N mm/mm^3
- PA 6 mit 25 % Glasfasern 1,6 N mm/mm^3
- PC 5,7 N mm/mm^3
- PC mit 20 % Glasfasern 3,2 N mm/mm^3

7.4.2.4 Praktische Stoßprüfung

Infolge Fehlens erprobter Dimensionierungsmethoden bzw. des Aufwands bei FEM hat die praktische Prüfung am Bauteil eine außerordentlich große Bedeutung. So prüft man wegen des gleichzeitig großen Gestalteinflusses meist die Schlagzähigkeit nicht an genormten Werkstoffproben, sondern am Bauteil, vor allem bei Spritzgussteilen und geblasenen Hohlkörpern, z. B. durch Fallversuche. Man entnimmt hierzu einige Stichproben aus den in größeren Stückzahlen gefertigten Teilen, die zerstörend geprüft werden. Da es sehr schwer ist, die Verformungszustände solcher Bauteile unter Berücksichtigung der bei der Fertigung eingefrorenen Deformationen und Orientierungen vorauszusagen, ist die Fallprüfung eine der wichtigsten Prüfungen für die Produktionskontrolle.

Eine weiter weit verbreitete Methode ist auch der Fallbolzenversuch, wie ihn Bild 7.17 zeigt.

Eine sehr praktische und einfache Methode ist auch der Durchstoßversuch, bei welchem ein Bolzen in die Zugprüfmaschine eingespannt wird. Der Bolzen wird mit einer geeigneten Geschwindigkeit auf den rund um den erwarteten Einstich gut aufliegenden Prüfling eingedrückt.

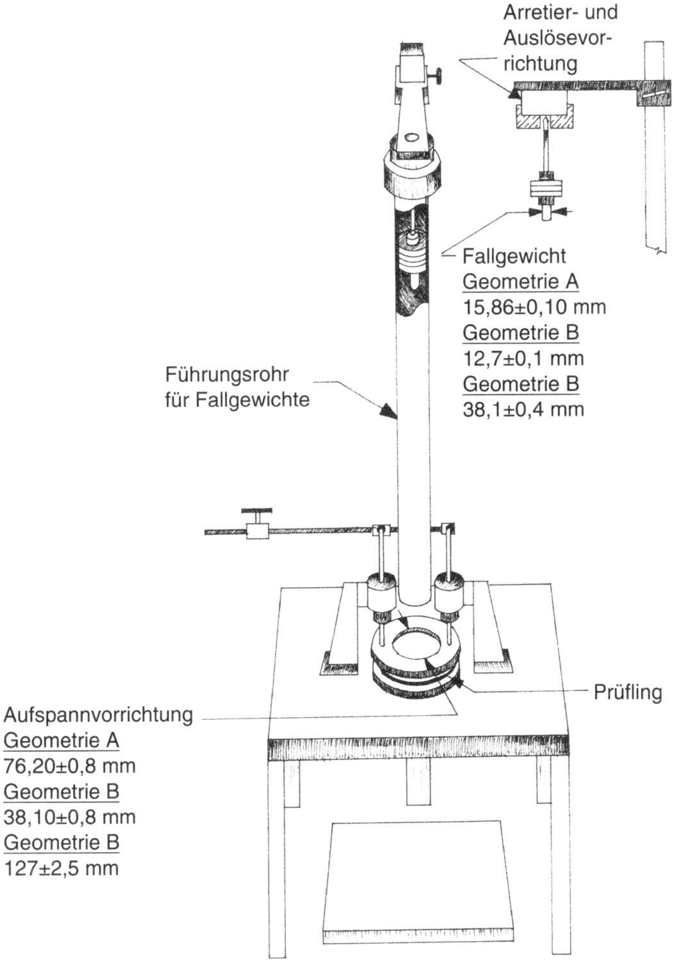

BILD 7.17 Prüfeinrichtung nach DIN EN ISO 6603, Fallbolzenversuch

7.5 Verhalten von Kunststoffbauteilen bei Druckspannungen (Schalen, Platten, Stäbe)

Bei Formteilen, die zur Mittelachse des Querschnitts symmetrisch aufgebaut sind, und in denen Querschnitte durch Druckspannungen beansprucht werden, muss man mit zwei möglichen Versagensformen rechnen: instabiles Verhalten

- überelastische Verformung
- Instabilität.

Das Kriterium für den Eintritt der einen oder anderen Versagensform ist die Schlankheit λ des beanspruchten Querschnitts. Schlankheit bedeutet, dass eine zur Richtung der Beanspruchung senkrecht liegende Ausdehnung dünn (schlank) ist, gegenüber der Länge, in welcher die Kraft wirkt.

Überelastische Verformung tritt nur bei nicht schlanken Bauteilen ein, das bedeutet, dass solche Bauteile eine gedrungene Gestalt besitzen. Sie kann zum Versagen führen durch:

- Fließen (Stauchen genannt) bei zähen Kunststoffen oder
- Schubbruch bei spröden Kunststoffen.

Da Kunststoffe jedoch in der Regel dünnwandig gegenüber den Längsausrichtungen sind, also oft zu schalenartigen Bauteilen verarbeitet werden, ist die instabile Versagensform eher zu erwarten. (Kunststoffbauteile haben bekanntlich in der Regel dünne Wände.)

Solche Teile versagen dabei unter Druckspannungen instabil, d. h.:

- in der Achse eines Stabes durch Knicken
- in einer Schale (in Rohren, die radial oder axial gedrückt werden) durch Beulen
- einer Längsrichtung eines Sandwiches gedrückt durch Knittern der Deckschichten.

Man bezeichnet diese Versagensform als Instabilität.

Knicken von Stäben

Bild 7.18 zeigt das Versagensverhalten von Stäben mit unterschiedlicher Länge, jedoch identischem Aufbau und gleicher Gestalt. Sie sind aus einem Mattenlaminat mit ungesättigtem Polyesterharz hergestellt worden und wurden in Richtung der Stabachse gedrückt

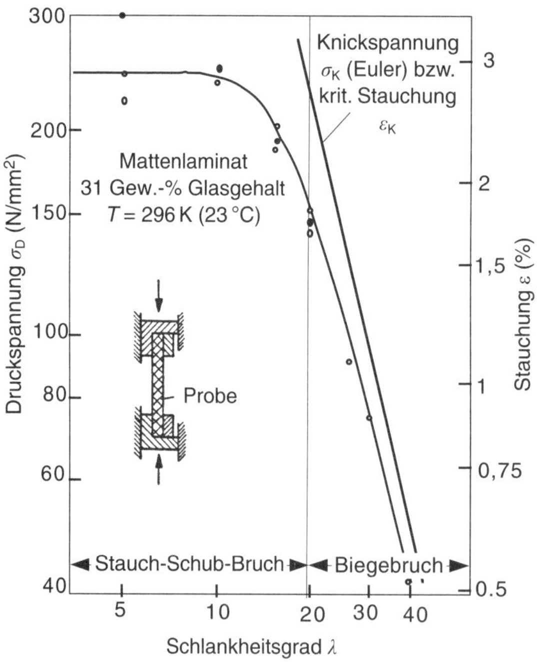

BILD 7.18 Stäbe aus GFK-Mattenlaminat unter axialen Druckspannungen (*Menges* und *Dolfen*)

Man entnimmt dem Bild, bei welchem die Versagensgrenze über dem Schlankheitsgrad aufgetragen ist, dass bei niedrigen Schlankheitsgraden ($\lambda < 20$) die Stäbe durch Delaminieren, d. h. Schubbruch versagen. Unter $\lambda < 10$ sind die Spannungen, die zum Versagen durch Delaminieren führen (Bild 7.17), stets gleich.

Stäbe mit Schlankheitsgraden $\lambda > 20$ knicken nach einer elastischen Stauchung (negative Dehnung) aus und versagen durch Biegebruch. Dabei folgt die Versagensgrenze der „Euler-Hyperbel“, wie dies bei schlanken Teilen (Prüflinge) aus anderen Werkstoffen (z. B. Metallen) in identischer Weise geschieht.

Das bedeutet, dass Kunststoffe gegen instabiles Versagen mit den klassischen, hierfür geltenden Formeln berechnet werden müssen. Berücksichtigt werden muss allerdings das spezifische Verhalten der sich viskoelastisch verhaltenden Kunststoffe, das heißt, die Veränderung der Eigenschaften vor allem unter Langzeitbelastung muss durch die Wahl des passenden Elastizitätsmoduls (Kriechmodul) berücksichtigt werden, worauf in der Folge noch eingegangen wird.

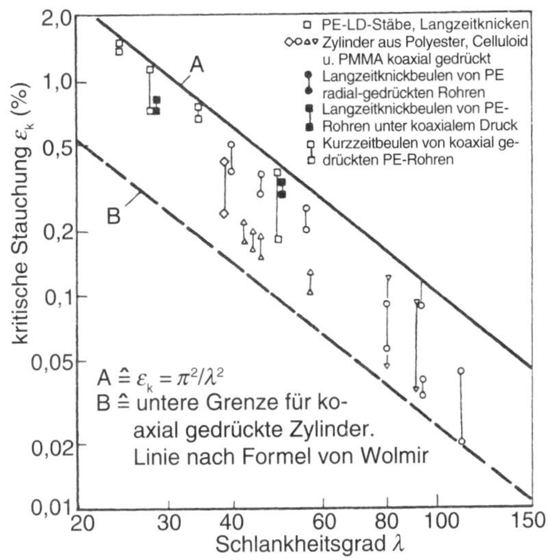

BILD 7.19 Beulen von Schalen (nach *Menges* und *Gaube*)

Knicken und Beulen

Bild 7.19 zeigt die Zusammenstellung einer größeren Anzahl von Ergebnissen aus Prüfungen mit verschiedensten Stäben und Schalen aus verschiedenen Werkstoffen. Abweichend von dem üblichen Vorgehen wurde hier für die Ordinate jedoch anstelle der Spannungen die Stauchung aufgetragen, bei der das erste Ausbeulen oder Knicken zu beobachten ist. Wir nennen sie „kritische Stauchung“.*

* Die Streuung ist nicht weiter überraschend, denn diese kleinen Stauchungen sind nur schwer genau zu messen und es ist bekannt, dass axial gedrückte Zylinder generell nicht der Euler-Hyperbel folgen, sondern bei etwa einem Fünftel des nach Euler errechneten Wertes durch Beulen versagen.

HINWEIS: Die *kritische Stauchung* hängt nur vom Schlankheitsgrad, d. h. nur von der Geometrie des beanspruchten Bauteils ab.

„kritische Stauchung“

Man kann aus diesem Diagramm sofort ersehen, wann man bei einer gegebenen Geometrie instabiles Verhalten zu erwarten hat; hierzu muss man nur die unter der Belastung eintretende Verformung, d. h. die Stauchung ε_k berechnen. Dies soll nun am in seiner Achse gedrückten Stab mit der kritischen Länge l_k, dem Querschnitt A und dem Flächenträgheitsmoment J abgeleitet werden. Dieser versagt unter der kritischen Knickspannung:

$$\sigma_k = \frac{F_k}{A} = \frac{\pi^2 \cdot E \cdot J}{l_k^2 \cdot A} = \frac{\Pi^2 \cdot E}{\lambda^2} \tag{7.11}$$

worin

$$\lambda = \frac{l_k}{\sqrt{\frac{J}{A}}} = \frac{l_k}{i} \tag{7.12}$$

worin $i = \sqrt{J/A}$ der Trägheitsradius, J das Trägheitsmoment und A der beanspruchte Querschnitt ist.

Da instabiles Versagen bereits bei sehr kleinen Stauchungen eintritt, erwartet man nach der gängigen Lehre auch für Kunststoffe Hooksches Verhalten und kann daher die Gl. 7.11 umformen in

$$\frac{\sigma_K}{E} = \varepsilon_k = \left(\frac{\pi}{\lambda}\right)^2 \tag{7.13a}$$

Darin ist E der Kriechmodul für die längste zu erwartende Belastungszeit

„einfache“ Berechnung

Man erkennt durch diese einfache Umformung aber nun sofort, dass die „kritische Stauchung ε_k“ nur von der Geometrie abhängt. Das bedeutet somit auch, dass bei langzeitiger Belastung durch eine Druckspannung σ_t infolge des kleineren Kriechmodules

$$E_t < E$$

die kritische Spannung

$$\sigma_{kt} < \sigma_k$$

werden muss, weil sonst die kritische Dehnung ε_k überschritten wird, denn es gilt ebenso wie bei kurzzeitiger Belastung:

$$\varepsilon_k = \left(\frac{\pi}{\lambda}\right)^2 = \frac{\sigma_{kt}}{E_t} \tag{7.13b}$$

Beulen

Die praktische Konsequenz ist, dass ein derart beanspruchtes Bauteil somit kurzzeitig eine Belastung gut aushalten wird, jedoch unter langzeitiger Belastung der gleichen Art und Höhe hingegen instabil versagen wird.

HINWEIS: Die kritische Stauchung ε_k, bei der das instabile Verhalten eintritt, ist unabhängig

- vom Werkstoff,
- von der Belastungszeit,
- von der Temperatur.

Instabilität hängt nur von der Geometrie - ausgedrückt durch den Schlankheitsgrad - ab. Mit welcher Kraft gedrückt werden muss, bis Instabilität eintritt, ist eine Frage des Elastizitätsmoduls bzw. bei langzeitiger Belastung des Kriechmoduls des gewählten Werkstoffes.

Hierfür gibt es bekannte Beispiele mit teuren Folgen aus der jüngeren Zeit. Eingeerdete Kanalrohre aus Kunststoffen versagten nach längeren Betriebszeiten durch Einbeulen katastrophal. Dabei hatte man diese Lastfälle mittels Kurzzeit-Prüfungen vorher gewissenhaft untersucht und die Beanspruchung für ungefährlich befunden. Es handelt sich hier um ein typisches Instabilitätsversagen, denn derartige Rohre stehen unter radialem Druck durch das umgebende Erdreich, dem sie dann nach längerem Betrieb durch Einbeulen nachgaben.

Für die schnelle Berechnung ist es eine gute Hilfe, wenn man eine Abszisse mit dem Schlankheitsgrad λ in das isochrone Spannungs-Dehnungsdiagramm für einen gegebenen Werkstoff einzeichnet. Man kann so die kritische Druckspannung direkt auf der Ordinate für die zu berücksichtigende Zeit ablesen.

HINWEIS: Man muss somit lediglich den Schlankheitsgrad des zu betrachtenden Bauteiles kennen, um die zu der anzunehmenden längsten Belastungszeit *und Temperatur* gehörende kritische Druckbelastung zu bestimmen.

Die Schlankheitsgrade wichtiger Schalen sind in Bild 7.20 zusammengestellt. Sie gelten für alle Werkstoffe, wenn diese homogen und isotrop sind.

Beulen von Schichtlaminaten aus Faserverbundwerkstoffen

Man kann diese einfache Abschätzmethode für den Beginn des „Instabilwerdens einer Konstruktion" auch für anisotrop aufgebaute Faserverbundwerkstoffe, z. B. Schichtlaminate, benutzen, wenn sie symmetrisch zur „neutralen Faser" des Laminats aufgebaut sind (was in der Regel auch so sein wird). Man muss jedoch einen „Schalenmodul" durch Mitteln aus den unterschiedlich ausgerichteten und armierten Schichten bilden, wie dies Bild 7.21 zeigt.

HINWEIS: Bauteile aus Kunststoffen - auch solche mit Verstärkung durch eingelagerte Fasern - werden gegen Versagen durch Instabilität mit den gleichen Regeln wie andere Werkstoffe ausgelegt. Der einzige Unterschied ist, dass Zeit und Umgebungseinflüsse durch Heranziehen des von Zeit, Temperatur (und Umgebungseinfluss) abhängigen Moduls (Kriechmodul) berücksichtigt werden müssen.

Lastfall	Bild	Klassische Beulformel	Kritische Beulspannung	Vergleichs-schlankheitsgrad	Autor
Knicken eines Stabes		$p_{kl} = \frac{\pi^2 EI}{l_e^2}$	$\sigma_{kr} = \frac{E\pi^2}{12}\frac{s^2}{l_e^2}$	$\lambda = \frac{l_e}{s}\sqrt{12}$	Euler
Beulen einer Platte	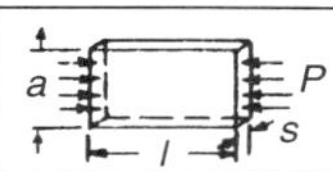	———	$\sigma_{kr} = \frac{E\pi^2}{12(1-\mu^2)}\frac{s^2}{l^2}k_i$	$\lambda_v = \frac{l_e}{s}\sqrt{\frac{12(1-\mu^2)}{k_i}}$	Pflüger
Beulen einer Kugelschale unter radialem Druck		$p_{kl} = \frac{2}{\sqrt{3(1-\mu^2)}}E\left(\frac{s^2}{r}\right)$	$\sigma_{kr} = \frac{E}{\sqrt{3(1-\mu^2)}}\left(\frac{s}{r}\right)$	$\lambda_v = \pi\sqrt{\frac{r}{s}}\sqrt[4]{3(1-\mu^2)}$	Zoelly und Karman
Beulen kurzer Zylinder-schalen unter radialem Druck	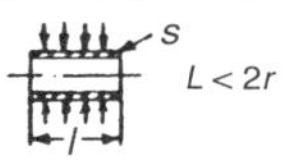	$p_{kl} = 0{,}92E\frac{r}{l}\left(\frac{s}{r}\right)^{5/2}$	$\sigma_{kr} = 0{,}92E\frac{r}{l}\sqrt{\left(\frac{s}{r}\right)^3}$	$\lambda_v = \frac{\pi}{0{,}92}\sqrt{\frac{l}{r}}\sqrt{\left(\frac{r}{s}\right)^3}$	Ebner
Beulen von Kegelschalen unter axialem Druck	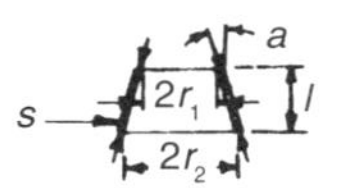	$p_{kl} = (0{,}8)(0{,}92)E\frac{p}{l}\frac{s}{\rho}^{5/2}$	$\sigma_{kr} = (0{,}8)(0{,}92)E\frac{s}{l}\sqrt{\left(\frac{s}{\rho}\right)^3}$	$\lambda_v = \frac{\pi}{(0{,}8)(0{,}92)}\sqrt{\frac{l}{\rho}}\sqrt[4]{\left(\frac{\rho}{s}\right)^3}$ $\rho = \frac{r_1+r_2}{2\cos\alpha}$	Pflüger
Beulen eines Ring-zylinders unter radialem Druck	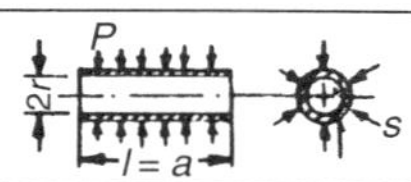	$p_{kl} = \frac{E}{4(1-\mu^2)}\left(\frac{s}{r}\right)^3$	$\sigma_{kr} = \frac{E}{4(1-\mu^2)}\left(\frac{s}{r}\right)^2$	$\lambda_v = 2\pi\frac{r}{s}\sqrt{1-\mu^2}$	v. Mises
Beulen eines Ring-zylinders unter axialem Druck	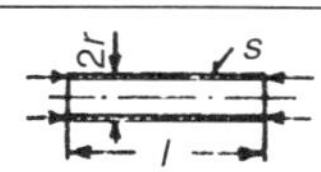	———	$\sigma_{kr} = \frac{sE}{r\sqrt{3(1-\mu^2)}}$	$\lambda_v = \pi\sqrt{\frac{r}{s}}\sqrt[4]{3(1-\mu^2)}$	Bresse
Beulen eines versteiften Ringzylinders unter radialem Druck	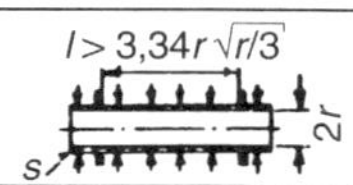	$p_{kl} = 0{,}92E\frac{r}{l}\left(\frac{s}{r}\right)$	———	$\lambda_v = \frac{\pi}{0{,}92}\sqrt{\frac{l}{r}}\sqrt[4]{\left(\frac{r}{s}\right)^3}$	v. Winden-burg

BILD 7.20 Beulformen und Schlankheitsgrad bekannter Schalen (nach *Menges* und *Gaube*)

Schale + Belastungsforum	Wickelmuster	Anistropie-verhältnis + Harz	gemittelter Schalenmodul M	Quelle
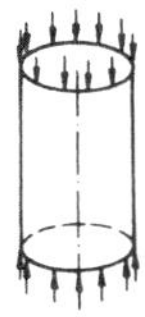	 $t_1 = t_2 = {}^1/_2$	0°, 90° weiches Harz $T > ET$	$\sqrt{\frac{2\hat{G}_{xy}\sqrt{\hat{E}_x \cdot \hat{E}_y}}{1-\sqrt{\hat{V}_{xy} \cdot \hat{V}_{yx}}}}$	A. Puck u. CH. Rueg
	 $t_1 = t_2 = {}^1/_2$	0°, 90° hartes Harz T < *ET*	$\sqrt{\frac{\hat{E}_x \cdot \hat{E}_y}{1-\hat{V}_{xy} \cdot \hat{V}_{yx}}}$	A. Puck u. CH. Rueg
	 $t_1 \neq t_2$	0°, 90° hartes Harz	$\sqrt{\hat{E}_x \cdot \hat{E}_y}$	C. S. Wang V. Schulz B. Schlehöfer
	 $t_1 = t_2 = t_3 = {}^1/_3$	± 30°, 90° beliebiges Harz	$\sqrt{\frac{\hat{E}_x \cdot \hat{E}_y}{1-\hat{V}_{xy} \cdot V_{yx}}}$	A. Puck u. CH. Rueg
	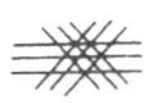 $t_1 = t_2 = t_3 = {}^1/_3$	± 45°, 90°	$\sqrt{\frac{\hat{E}_x \cdot \hat{E}_y}{1-\hat{V}_{xy} \cdot V_{yx}}}$	A. Puck u. CH. Rueg
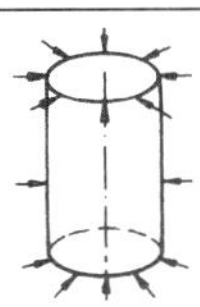	 $t_1 \neq t_2$	0°, 90°	$\sqrt{\hat{E}_x \cdot \hat{E}_y}$	C. S. Wang
	 $t_1 \neq t_2$	0°, 90°	$\left(\frac{E_B^U}{E_Z^U}\right)\frac{{}^3/_4 \cdot E_Z^U}{1-0{,}1\left(\frac{E_Z^A}{E_Z^U}\right)} \cdot \sqrt{\frac{E_Z^A}{E_Z^U}}$	G. Nonhoff

BILD 7.21 Mittelwerte für den Modul *M* bei der Beulberechnung von anisotrop aufgebauten Zylinderschalen (*Derek* und *Menges*)

7.6 Die Tragfähigkeit von faserverstärkten Kunststoffen

Dem Einsatz von faserverstärkten Kunststoffen (FVK) liegt das Prinzip zugrunde, durch Kombination von mindestens zwei unterschiedlichen Werkstoff-Komponenten neue Gebrauchseigenschaften zu erzielen bzw. existierende zu optimieren. Zu den besonderen Eigenschaften, die sie von den metallischen Werkstoffen abgrenzen, gehören ihr geringeres Gewicht sowie eine in weiten Grenzen einstellbare Steifigkeit, Dämpfung und Wärmedehnung; was auch aus der Art der Fasern, ihrer Aufmachung (Matten, Gewebe) und deren Ausrichtung abhängt. Gegenüber thermoplastischen Formteilen oder Pressteilen aus Duroplasten unterscheiden sie sich vor allem durch die größere Steifigkeit und höhere Kriechfestigkeit (höherer E-Modul).

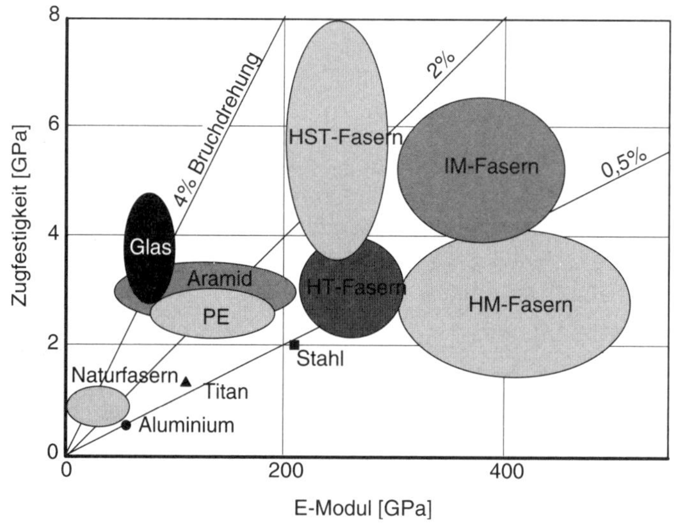

BILD 7.22 Vergleich der Eigenschaften von Verstärkungsfasern und Metallen

In faserverstärkten Kunststoffen werden Fasern in einer Polymermatrix eingebettet, die sie fixiert und vor Umwelteinflüssen schützt. Es entsteht ein zusammenhängendes Bauteil, dessen mechanische Eigenschaften nachhaltig von der Orientierung der eingebrachten Fasern geprägt werden. Aus dem Harz werden die Spannungen über Schubspannungen auf die Fasern übertragen. Demzufolge bilden die Fasern die Verstärkungskomponente eines FVK und bestimmen in hohem Maße die mechanischen Eigenschaften des Werkstoffes. In Bild 7.22 sind die Eigenschaften gebräuchlicher Verstärkungsfasern denen von Metallen gegenübergestellt.

Aus Bild 7.22 kann man ablesen, dass die reinen Fasern deutlich höhere Festigkeiten als die Metalle aufweisen. Der E-Modul von Glas- und Polymer-Fasern liegt im Bereich von Aluminium und Titan, während der E-Modul von Kohlenstofffasern sogar denjenigen von Stahl weit übertreffen kann. Berücksichtigt man zusätzlich noch die wesentlich geringere Dichte der Fasern, so treten ihre Vorteile noch deutlicher hervor. Einen objektiven Vergleich ermöglichen die spezifischen Kennwerte, z. B. in Bild 7.27.

7.6.1 Faserarten

Glasfasern

Bei der Herstellung von Glasfasern, die als Erste zur Verstärkung von Kunststoffen dienten, wird das Glas aus der Schmelze durch Düsen mit mehreren tausend Öffnungen gezogen, kontrolliert abgekühlt und anschließend zu Filamentsträngen (Rovings) zusammengefasst. Alle Glasarten bestehen zum größten Teil aus Siliziumoxid, jedoch entstehen durch unterschiedliche Gehalte an Metalloxiden, wie z. B. Aluminium- oder Magnesiumoxid, sowie andere Zuschlagstoffe Glasarten mit zum Teil sehr unterschiedlichen Eigenschaften.

Man unterscheidet vorrangig drei Typen von Glasfasern, die mit den Kürzeln E, R und C gekennzeichnet werden. Die ursprünglich für den Einsatz in elektrischen Anwendungen entwickelten E-Glasfasern sind vielseitig einsetzbar und zeichnen sich vor allem durch ihren geringen Preis aus (2–3 €/kg). R-Glas (französisch: résistance) besitzt höhere Festigkeiten als E-Glas, während C-Glas sich vor allem durch besonders gute chemische Beständigkeit auszeichnet.

Fasern aus Kohlenstoff (C-Fasern)

Für Anwendungen, in denen die Steifigkeit oder die Festigkeit von Glasfasern nicht ausreichen, bzw. diese zu schwer sind, bietet sich der Einsatz von Kohlenstofffasern (C-Fasern) oder Aramidfasern (Kevlar) an. C-Fasern bestehen aus Graphit und werden aus sog. Precursor-Fasern durch eine kontrollierte Pyrolyse bei Temperaturen von 1.200 bis 3.000 °C hergestellt. Als Precursor werden entweder Fasern aus Polyacrylnitril (PAN) oder preisgünstiger aus Petroleum- oder Steinkohlenpech verwendet. In mehreren Schritten erfolgt nachfolgend eine Wärmebehandlung, im Laufe derer der Kohlenstoffanteil der Fasern zunimmt. Je nach Kohlenstoffanteil und Art der Herstellung weisen C-Fasern sehr unterschiedliche Eigenschaften auf, so dass vier verschiedene Typen unterschieden werden.

- HT-Fasern (High Tenacity). Wie in Bild 7.22 zu erkennen ist, liegen Festigkeit und Steifigkeit dieser Fasern etwas oberhalb von Stahl. Sie werden aufgrund ihres relativ günstigen Preises (ab ca. 20 €/kg) häufig verwendet, obwohl ihr Eigenschaftsniveau die C-Fasern nach unten abrundet.
- Die Forderung nach hohen Steifigkeiten in der Luft- und Raumfahrttechnik erfüllen die HM-Kohlenstofffasern (high modulus). Diese können einen mehr als doppelt so hohen E-Modul als Stahl aufweisen. Sie sind jedoch mit einem Preis von ca. 110 €/kg die teuersten C-Fasern. Ein Nachteil der HM-Fasern ist ihre geringe Bruchdehnung.
- Bei Stoßbelastungen müssen hohe Spannung bei zugleich hohen Dehnungen ertragen werden. Diese Forderung wird von den HST-Fasern (high strain and tenacity) erfüllt, die einen ähnlichen E-Modul wie HT-Fasern, aber eine wesentlich höhere Festigkeit und Bruchdehnung aufweisen. Ihr Preis liegt bei ca. 25 €/kg.
- Die IM-Kohlenstofffaser (intermediate modulus), stellt in Bezug auf Festigkeit und Steifigkeit einen Kompromiss zwischen HST- und HM-Fasern dar. Der Richtpreis liegt bei ca. 50 €/kg.

Durch Schwankungen von Rohstoff- und Energiekosten und Nachfrage variieren die Kosten für Kohlenstofffasern. Daher sind die oben angegebenen Preise als Richtpreise zu verstehen (Stand 05/2011).

Neben ihrer elektrischen Leitfähigkeit zeichnen sich C-Fasern durch einen negativen Wärmeausdehnungskoeffizienten aus, der zusammen mit dem positiven des Matrixwerkstoffs durch entsprechende Laminatauslegung einen Werkstoff ohne Wärmedehnung entstehen lassen kann.

Polymerfasern (Kevlar u. Dyneema)

Aufgrund ihres sehr guten Energieabsorptionsvermögens bei gleichzeitig geringer Dichte eignen sich hochfeste Polymerfasern (Aramidfasern und Polyethylenfasern) zum Einsatz in sehr leichten, stoßbeanspruchten Bauteilen in besonderem Maße. Aramid- und Polyethylen-Fliese bzw. Fasern (z. B. Dyneema) werden deshalb häufig auch für den ballistischen Schutz – z. B. für Splitter- und Schuss-sichere Westen – verwendet. Diese

Polymerfasern besitzen einen negativen Wärmeausdehnungskoeffizienten, der betragsmäßig sogar größer als der von C-Fasern ist.

7.6.2 Aufmachung von Verstärkungsfasern

Unabhängig von der Art der Faser gibt es verschiedene Aufmachungen bzw. Lieferformen von Verstärkungsfasern. Die wichtigsten sind im Folgenden kurz dargestellt.

Rovings

Rovings sind die einfachste Aufmachung von Verstärkungsfasern. Sie werden vorrangig in der Wickel- und Flechttechnik sowie beim Strangziehverfahren eingesetzt. Ein Roving ist ein Filamentstrang, der aus mehreren tausend Einzelfilamenten bestehen kann. Die einzelnen Filamente sind durch eine Schlichte, die auch die Haftung der Fasern an der Matrix verbessern soll, verbunden und häufig zusätzlich leicht verdrillt. Eine wichtige Größe zur Charakterisierung von Rovings ist die so genannte Garnfeinheit T (auch Titer genannt), welcher die Masse m einer Faser pro Längeneinheit L angibt:

$$T = \frac{m}{L} \tag{7.14}$$

Matten und Vliese

Matten und Vliese sind Flächengebilde aus ungeordnet übereinander liegenden Fasern, deren Zusammenhalt im ungetränkten Zustand durch einen speziellen Binder hergestellt wird. Als Fasern werden hauptsächlich preiswerte Glasfasern mit einer Länge von ca. 5 cm verwendet. Matten und Vliese sind, da sie keine bevorzugte Faserrichtung aufweisen, zweidimensional isotrop und besitzen nur geringe Steifigkeiten und Festigkeiten. Während Matten als preisgünstige Möglichkeit zur Verbesserung der mechanischen Bauteileigenschaften Verwendung finden, dienen die dünneren Vliese vorrangig zur Verbesserung der Oberflächenqualität von mit Endlosfasern verstärkten Kunststoffbauteilen.

Gewebe

Gewebe sind textile Halbzeuge, in denen Filamente oder einzelne Rovings miteinander verwoben sind. Bei normalen Geweben überkreuzen sich die Filamente bzw. Rovings in regelmäßigen Abständen im rechten Winkel zueinander (Bild 7.23). Durch diese Überkreuzungen liegen die Fasern nicht völlig gestreckt vor und die mechanischen Eigenschaften werden etwas verschlechtert. Die Gewebe werden aus allen üblichen Faserarten in verschiedenen Ausführungen hergestellt und haben große Bedeutung, vor allem bei der Fertigung großflächiger Bauteile, z. B. im Handlaminier-, Injektions- und Infusionsverfahren.

Werden Halbzeuge benötigt, bei denen sich die Fasern nicht im rechten Winkel überkreuzen, so können auch schlauchförmige Rundgeflechte oder bandförmige Litzengeflechte bezogen werden. Textile Halbzeuge werden im Allgemeinen durch ihr Flächengewicht (Einheit: kg/m^2 bzw. g/m^2) charakterisiert.

Gelege

Schließlich gibt es noch *Gelege*. Im Gegensatz zu Geweben und Geflechten sind Gelege textile Halbzeuge, in denen sich die Fasern nicht überkreuzen, sondern parallel zueinander vorliegen. Häufig werden mehrere solcher Schichten in unterschiedlicher Orientierung aufeinander gelegt und miteinander vernäht oder verwirkt (so genannte verwirkte multiaxiale Gelege oder WIMAG). Aufgrund der gestreckten Lage der Fasern in Gelegen sind die mechanischen Eigenschaften besser als diejenigen von Geweben.

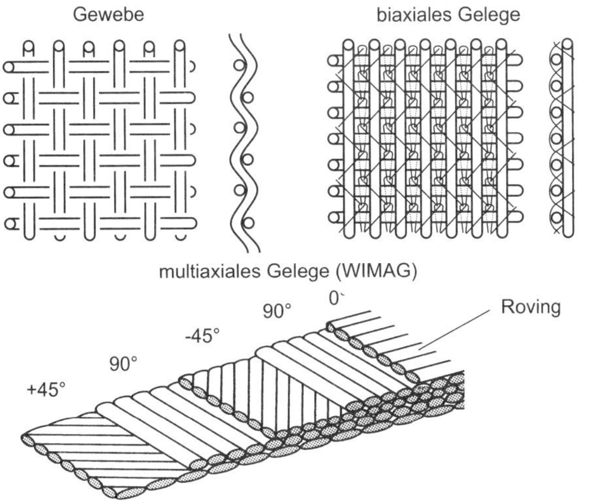

BILD 7.23 Gewebe und Gelege

Um eine gute Haftung zu den Matrixharzen sicherzustellen, sind alle Faserarten und Aufmachungen mit einer so genannten Schlichte auf ihrer Oberfläche versehen.

HINWEIS: Die Fasern bestimmen als Verstärkungskomponente in hohem Maße die mechanischen Eigenschaften des Verbundkunststoffs. Unabhängig vom Fasertyp gibt es verschiedene Aufmachungen bzw. Lieferformen.

7.6.3 Eigenschaften des Verbundes aus Fasern und Matrix

Die mechanischen Eigenschaften von Verstärkungsfasern können erst durch die Einbettung der Fasern in eine Matrix genutzt werden. Die Matrix übernimmt dabei folgende Aufgaben:

- Fixierung der Fasern in der gewünschten geometrischen Anordnung,
- Übertragung der Kräfte auf die Fasern,
- Stützung der einzelnen Fasern bei Druckbeanspruchung (Stabilität gegen Knicken),
- Schutz der Fasern vor der Einwirkung von Umgebungsmedien (Feuchtigkeit, Chemikalien usw.).

Prinzipiell besteht die Möglichkeit, aus der Vielzahl von duroplastischen und thermoplastischen Polymeren (Kunststoffen) ein für den jeweiligen Anwendungsfall optimales Matrixsystem zu wählen. In der praktischen Anwendung haben sich vor allem flüssige Reaktionsharze auf Basis ungesättigter Polyesterharze und Epoxidharze bewährt.

Wegen der schlechten Schlagzähigkeiten dieser Harze kommen allerdings Thermoplaste vermehrt zum Einsatz, um hochdehnbare Matrices mit gleichzeitig guter Wärmeformbeständigkeit einsetzten zu können. Daneben ist auch eine Verarbeitung von elastomeren

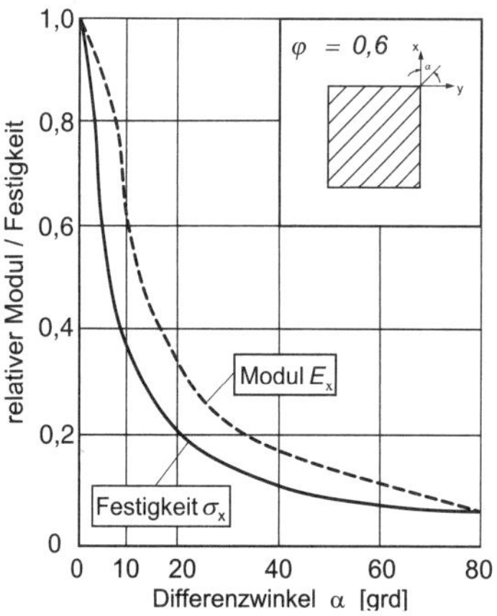

BILD 7.24 Richtungsabhängigkeit der mechanischen Eigenschaften einer UD-ES (unidirektionale Einzelschicht)

Matrices in Laminaten denkbar, was insbesondere durch die bekannten Anwendungen in Form von Antriebsriemen, Schläuchen oder auch Kraftfahrzeug-Reifen dokumentiert wird.

Faserverbund-Kunststoff

Ein faserverstärkter Kunststoff besteht somit aus den Fasern mit ihren exzellenten mechanischen Eigenschaften und einer Matrix mit mäßigen mechanischen Eigenschaften. Die Summe dieser Eigenschaften liegt natürlich unter dem Eigenschaftsniveau der Fasern alleine. Je nach Faservolumengehalt, der im Wesentlichen vom Fertigungsverfahren abhängig ist, kann dieser Unterschied beträchtlich sein. Weiterhin kommt der Ausrichtung der Fasern bezogen auf die Lastrichtung eine ganz entscheidende Bedeutung zu. Für den einfachsten Fall einer sog. unidirektionalen Einzelschicht (UD-ES), die durch parallele Faseranordnung in nur einer Richtung gekennzeichnet ist, liegen in Faserrichtung die sehr guten faserdominierten Eigenschaften vor. Senkrecht zur Faserrichtung sind die Eigenschaften der UD-ES allerdings deutlich geringer und matrixdominiert (Bild 7.24).

Grenzen der Belastbarkeit

Die beiden begrenzenden Belastungsfälle senkrecht und parallel zur Faserorientierung sind in Bild 7.25 dargestellt. Für die optimale Belastung einer UD-ES gilt entsprechend der in Bild 7.25, links aufgezeigte Spannungs/Dehnungs-Verlauf. Die Steifigkeit des Verbundes in Faserrichtung liegt unterhalb der reinen Fasersteifigkeit. Die Bruchdehnung ist aber in der Regel identisch mit derjenigen der reinen Faser-Bruchdehnung, während die Bruchspannung etwa proportional zum Faservolumengehalt φ abnimmt.

Faservolumengehalt

Der Faservolumengehalt stellt das Mengenverhältnis von Verstärkungsmaterial zum reinen Matrixmaterial dar und lässt sich in Volumen- bzw. Querschnittsanteilen V bzw. A beschreiben. In der Regel ist nur der Fasergewichtsgehalt ψ bekannt. Dieser kann leicht vor der Herstellung aus den Gewichten der Komponenten bestimmt werden. Man kann ihn bei FVK-Bauteilen im Falle eingesetzter Glasfasern durch Veraschen der Matrix bei ca. 400 bis 500 °C, bei Kohlefasern durch Kochen in Säuren oder Laugen bestimmen. Die Umrechnung von Gewichts- auf Volumengehalt erfolgt mit der Dichte der Fasern ρ_F und der Dichte der Matrix ρ_M nach

$$\varphi = \frac{V_{Faser}}{V_{Verbund}} = \frac{A_F}{A_V} = \frac{1}{1 + \frac{1-\psi}{\psi} \cdot \frac{\rho_F}{\rho_M}} \qquad (7.15)$$

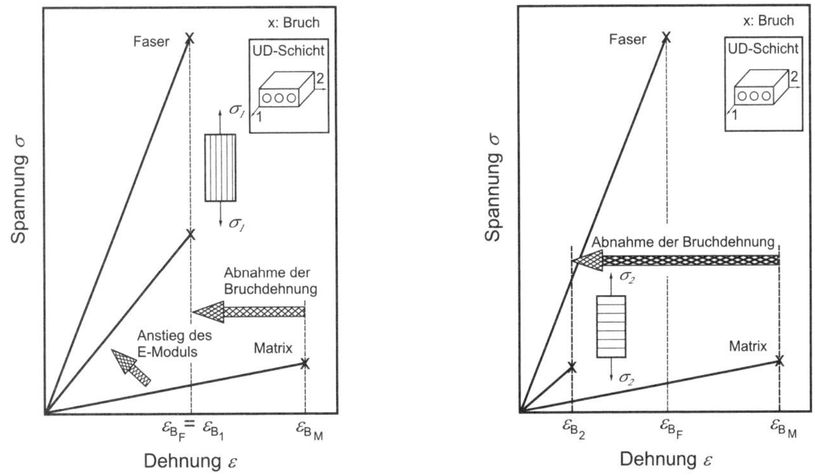

BILD 7.25 Qualitative Darstellung der Spannungs/Dehnungs-Kurven von UD-ES

Querfestigkeit

Bei der Belastung einer UD-ES senkrecht zur Verstärkungsrichtung sinken die mechanischen Eigenschaften auf Matrixniveau (Bild 7.25, rechts), bzw. liegen in der Regel sogar unterhalb derer einer reinen Matrix. Die starke Abnahme der Bruchdehnung ist darin begründet, dass die Fasern kaum an der Querverformung teilnehmen, da sie gegenüber der Matrix einen vielfach höheren Elastizitätsmodul besitzen. Es kommt daher zu einer überhöhten Dehnung des zwischen den Fasern liegenden Matrixsystems. Das Maß der sog. Dehnungs-Überhöhung ist - wie man leicht einsieht - umso höher, je größer der Unterschied in den Moduln und je höher der Faservolumengehalt ist. Eine Last abtragende Wirkung kann man daher von solchen Schichten mit Querzugspannungen zur Faserausrichtung nicht erwarten; hier treten häufig in den betreffenden Schichten, die so in einem Verbund beansprucht werden, Risse auf, die bei vielen Anwendungsfällen toleriert werden können. Sie beschränken sich in der Regel auf die betreffende Schicht und ermäßigen nur leicht den Elastizitätsmodul des Verbundes.

Eigenschaft der Einzelschicht

Um die mechanischen Eigenschaften einer UD-ES hinreichend genau beschreiben zu können, werden zumindest die Steifigkeit parallel zur Faserrichtung E_1 und die Steifigkeit senkrecht zur Faserrichtung E_2 sowie der Schubmodul G_{21} und die Querkontraktionszahl ν_{21} in der Laminatebene benötigt. Um diese Kennwerte auf recht einfache Weise abzuschätzen, kann man sich einer Mischungsregel bedienen, die davon ausgeht, dass die Wirkung jedes der beiden Verbundpartner seinem Volumenanteil im Verbundwerkstoff in der betrachteten Richtung entspricht. Grundlage der Betrachtungen bilden dabei Parallel- und Reihenschaltung der Verbundpartner (Bild 7.26).

Wird der Verbundwerkstoff (V) genau in Faserrichtung belastet, so erfolgt der Kraftfluss durch Matrix (M) und Faser (F) parallel. Das Modell zur Abschätzung des E_1-Moduls basiert daher auf einer Addition der Kräfte bei identischer Verformung (Bild 7.26, links). Liegen die Fasern hingegen quer zur Kraftrichtung in der Matrix eingebettet, stellt sich in Fasern und Matrix die gleiche Spannung ein, während die Gesamtverformung aus der

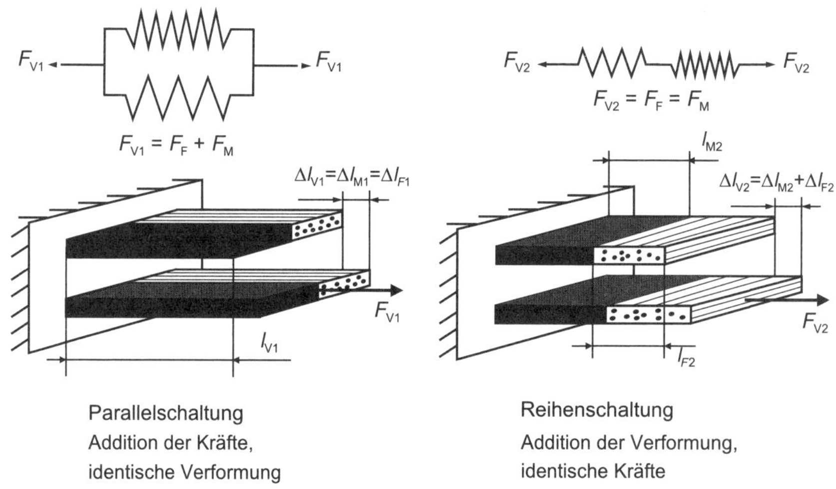

BILD 7.26 Mehrkomponenten Systeme unter Belastung

Summe der Komponentenverformungen resultiert (Bild 7.26, rechts). Mit diesem Modell lassen sich die mechanischen Eigenschaften E_2, G_{21} und ν_{21} ermitteln. Damit ergeben sich die als Mischungsregeln bekannten Gleichungen:

$$E_1 = \varphi \cdot E_F + (1-\varphi) \cdot E_M \qquad \nu_{21} = \varphi \cdot \nu_F + (1-\varphi) \cdot \nu_M$$
$$E_2 = \frac{E_M \cdot E_{F_2}}{\varphi \cdot E_M + (1-\varphi) \cdot E_{F_2}} \qquad G_{21} = \frac{G_M \cdot G_F}{\varphi \cdot G_M + (1-\varphi) \cdot G_F} \tag{7.16}$$

Mikromechanik

In Gl. 7.16 wurde bereits dem Umstand Rechnung getragen, dass auch der Fasermodul selbst anisotrop sein kann. Bei Kohlenstofffasern ergibt sich – im Gegensatz zu den isotropen Glasfasern – in Faserrichtung ein sehr viel höherer Modul als quer zur Faserrichtung! Für den interessierten Leser sei bezüglich der Herleitung der Mischungsregeln und weiterer Details über die Möglichkeiten der Mikromechanik – insbesondere auch zur Abschätzung der Festigkeitseigenschaften der UD-ES und der mechanischen Eigenschaften von Matten- und Gewebeschichten – auf *Schürmann* verwiesen.

Laminateigenschaft

Im günstigsten Fall können FVK-Bauteile so ausgelegt werden, dass die Fasern ausschließlich in Längsrichtung belastet werden und lediglich eine Faserorientierung vorherrscht (UD-ES) (Beispiele sind Rotorblätter von Windkraftanlagen, Zug/Druck-Stangen, Zugschlaufen und Biegebalken, z. B. Pkw-Blattfedern). Hier ist das Leichtbaupotential der FVK am besten ausgenutzt. In den weitaus meisten Fällen unterliegen Bauteile allerdings einem komplexeren Beanspruchungszustand. Die Konstruktion eines Laminats für einen ebenen, also nur zweidimensionalen Spannungszustand bewirkt bereits eine erhebliche Reduzierung der auf das Laminatgewicht bezogenen mechanischen Eigenschaften. Man benötigt für diesen Fall bereits mindestens zwei Faserrichtungen im Laminat, von denen jede nur in ihrer Verstärkungsrichtung zu den mechanischen Eigenschaften des Laminats beiträgt. Der unter dem Leichtbauaspekt ungünstigste Fall einer Laminatkonstruktion ist das sog. quasi-isotrope Laminat, das durch Einbringung sehr vieler Faserrich-

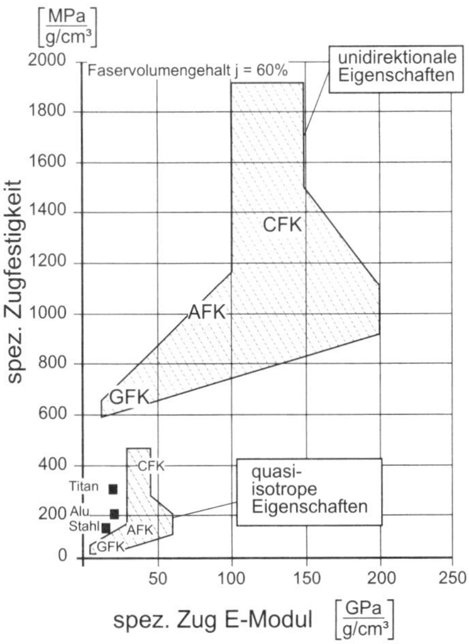

BILD 7.27 Spezifische Eigenschaften von FVK-Laminaten

tungen nahezu gleiche mechanische Eigenschaften in jeder Richtung der Laminatebene aufweist. Mit einem solchen Schichtaufbau ist nur noch CFK hochwertigen, metallischen Konstruktionswerkstoffen überlegen (Bild 7.27).

Um die mechanischen Eigenschaften eines Laminats mit mehreren Faserrichtungen aus den Eigenschaften der UD-ES ableiten zu können, wurden verschiedene Berechnungstheorien entwickelt, von denen die Netztheorie und die klassische Laminattheorie die breiteste Anwendung gefunden haben. Ihre Anwendung lässt auf einfache Weise auch eine Abschätzung der mechanischen Eigenschaften von gewebe- und geflechtverstärkten Einzelschichten zu. Für genauere Information gehe man zu Spezialliteratur, wie z. B. *Flemming, Ziegmann* oder *Schürmann*

Zeiteinfluss

Bei zeitlich gleich bleibender Belastung nimmt bei Kunststoffmatrices die Verformung stetig zu (Bild 7.28, links). Bei Kohlenstofffasern ist dieses Verhalten hingegen überhaupt nicht und bei Glas- und Polymerfasern sehr viel weniger ausgeprägt als bei unverstärkten Kunststoffen festzustellen. Gleichbedeutend damit ist eine Abnahme der ertragbaren Last mit der Zeit (Bild 7.28, rechts).

Schwingende Beanspruchung

Werden FVK schwingenden Belastungen ausgesetzt, so weisen Aramid- und Kohlenstofffaserverstärkung nur eine kleine Festigkeitsabnahme gegenüber ruhender Belastung auf, Glasfaserverstärkung dagegen zeigt eine ähnlich starke Abnahme wie unverstärktes Epoxidharz (Bild 7.29). Die im Bild angeführten Beispiele beziehen sich auf UD-ES, deren Festigkeit in Abhängigkeit von der Belastungshöhe um rund 10 % abnimmt. Die Entwicklung handhabbarer Methoden zur Berechnung der Lebensdauer (Schädigungshypothesen) von Laminaten mit mehreren Faserrichtungen sind derzeit Gegenstand von Forschungsarbeiten, da die für Metalle bekannte Miner-Regel bei FVK zu beträchtlichen Fehlern führen kann.

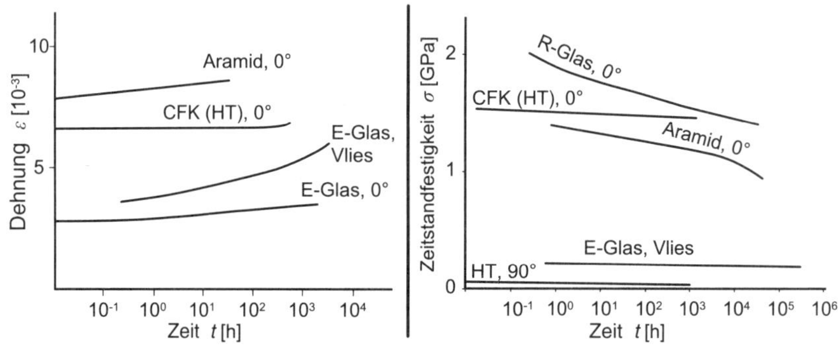

BILD 7.28 Kriechkurven und Zeitstandfestigkeit von faserverstärktem Epoxidharz bei Raumtemperatur (nach *Moser*)

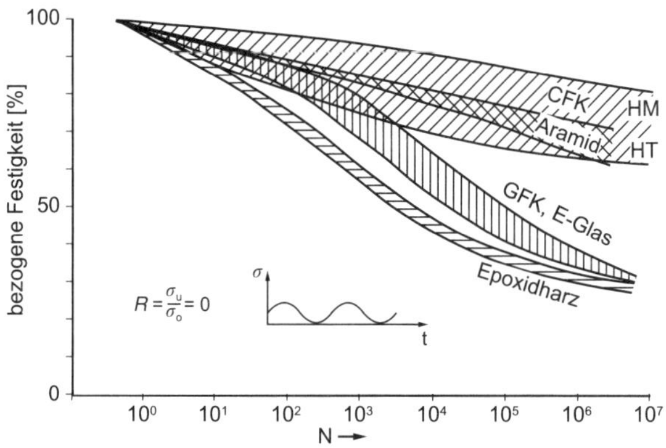

BILD 7.29 Ermüdungsfestigkeit bei Schwellbeanspruchung in Faserrichtung von Epoxidharz, ohne und mit Faserverstärkung bei Raumtemperatur (nach *Moser*)

HINWEIS: Ein FVK besteht aus Fasern mit exzellenten mechanischen Eigenschaften und einer Matrix mit mäßigen mechanischen Eigenschaften. Das Eigenschaftsniveau des Verbundkunststoffs liegt in jeder Richtung damit unter dem des in dieser Richtung fallenden Anteils der Fasern. Die optimale Auslegung verlangt von der Konstruktion, dass auch der Werkstoff in seinem Aufbau und der Ausrichtung der Fasern bezogen auf die Lastrichtung „konstruiert" wird.

7.6.4 Mechanismus der Tragfähigkeit von kurzfaserverstärkten Kunststoffen

Faser-Matrix-Haftung

Die Tragfähigkeit von kurzfaserverstärkten Kunststoffen wird weitgehend durch die Haftung des Harzes an den Fasern bestimmt. Die Matrix überträgt mit Schubspannungen die Kräfte in die Fasern. In Bild 7.30 ist schematisch das Verhalten des Harzes bei Zugbeanspruchung in Richtung einer eingelagerten Faser dargestellt. Das Harz wird durch die Faser entlastet. Die dabei übertragenen Schubspannungen sind an den Enden der Faser sehr hoch, gegen Mitte der Faser klingen sie ab. Diese Spannungsspitzen können von spröden Harzen nicht abgebaut werden, wie es bei fließfähigen, sich plastisch verhaltenden Werkstoffen der Fall ist. Es kann infolgedessen zu Anrissen kommen, die an der Faser entlanglaufen. Daher sind mit Kurzfasern verstärkte schlagzähe thermoplastische Polymere die bevorzugten Werkstoffe, wenn solche Verstärkungen in Formteilen genutzt werden sollen.

Zudem muss die Faser, wie Bild 7.30 zeigt, eine bestimmte Mindestlänge besitzen, damit die volle Tragfähigkeit der Faser auch ausgenutzt wird. Diese Mindestlänge l_c kann man aus einer Gleichung errechnen, die aus dem Gleichgewicht der an einer Faser mit dem Durchmesser d_F angreifenden Schubspannung τ und der Faserfestigkeit σ_F herrührt, wenn die Faser z. B. in einem teilkristallinen Thermoplasten eingelagert ist:

kritische Faserlänge

$$l_c = \frac{d_F \cdot \sigma_F}{2 \cdot \tau} \tag{7.17}$$

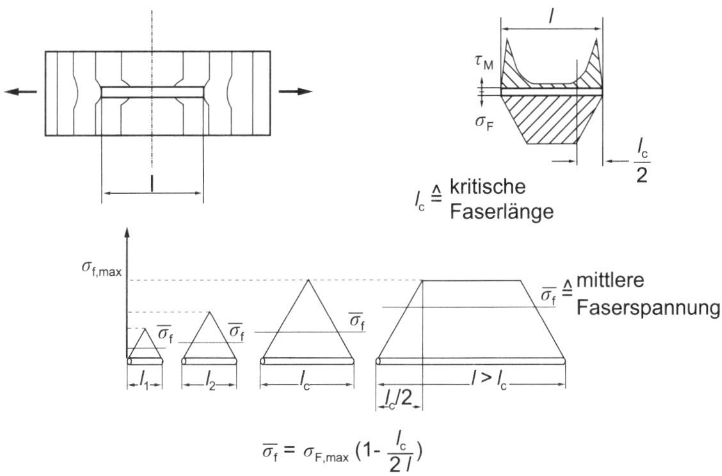

BILD 7.30 Spannungen in der Grenzfläche Faser/Matrix und in der Faser bei Kurzfaser-Verstärkung (nach *Ehrenstein*)

Die Faserlänge ist besonders bei den mit nur wenigen Millimeter langen Fasern verstärkten Thermoplasten wichtig, die als Formmassen häufig im Spritzgießverfahren verarbeitet werden. Bild 7.31 zeigt daher die kritische Faserlänge von mit Kurzglasfasern verstärktem Polyamid in Abhängigkeit vom Glasgehalt.

Die übertragbare Schubspannung ist durch die Haftung der Matrix an der Faser bzw. den Reibungskoeffizienten bestimmt, wenn die Fasern beim Bruch herausgezogen werden (pull out). Im besten Falle kann die Schubspannung, wenn Faser und Matrix optimal zusammenwirken, dem Wert der von der Matrix ertragbaren maximalen Schubspannung $\tau_{BM} \approx 0{,}58 \cdot \sigma_{BM}$ gleichkommen ($0{,}58 \cdot \sigma_{MB}$ entspricht dem theoretischen Wert, der mit der *Huber-Mises-Hencky*'schen Hypothese errechnet werden kann). Bei Spritzgussbauteilen aus

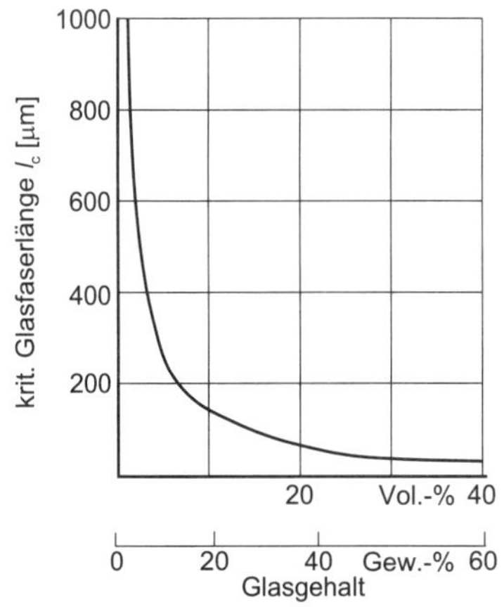

BILD 7.31 Kritische Faserlänge für bestimmte Glasgehalte bei Polyamid (nach *Ehrenstein*)

praktischen Formmassen mit den normalen Glas-Kurzfasern stellt sich nach der Verarbeitung im Formteil eine Faserlänge von 0,1 mm bis 0,3 mm ein, da die Fasern beim Aufschmelzen und Fließen in der Matrix auf dieses Niveau zerbrochen werden. Dies ist weniger, als sich mit $\tau_{BM} \approx 0{,}58 \cdot \sigma_{BM}$ errechnen würde. Durch diesen Umstand sinkt allerdings auch die Schlagzähigkeit nicht ganz so tief, wie es bei idealer Haftung der Fall wäre. Wie schon in Abschnitt 6.3.6.2 gesagt wurde, sind Langfasern, wobei die Fasern die Länge des Granulatkornes erreichen, für hoch belastete Spritzgieß-Formteile eine geeignete Wahl.

Die Eigenschaften spritzgegossener, kurzfaserverstärkter Bauteile werden stark durch die Orientierung der Fasern beeinflusst. Daher ist die Abschätzung der mechanischen Eigenschaften schwierig. Neuere Forschungsarbeiten beschäftigen sich mit der Berechnung der Faserorientierung durch dreidimensionale Fließsimulation des Spritzgussprozesses und der Ableitung der mechanischen Eigenschaften aus den so ermittelten Faserorientierungen.

HINWEIS: Schubspannungen übertragen Kräfte von der Matrix in eine Kurzfaserarmierung, daher müssen die Fasern eine Mindestlänge l_c *besitzen, um ein Maximum ihrer Tragfähigkeit auszunutzen.*

7.7 Reibung und Verschleiß

7.7.1 Reibung

physikalische Grundlagen

Bei der Gleitbewegung zweier Körper, die aufeinander liegen, muss eine Kraft R_F in Gleitrichtung aufgebracht werden, um das Gleiten aufrecht zu erhalten

$$R_F = \mu \cdot N_F \tag{7.18}$$

Die Reibungskraft R_F verhält sich um den Reibungskoeffizient μ zu der Kraft N_F proportional, mit der die beiden reibenden Körper aufeinander lasten. Dieses von *Coulomb* aufgestellte Reibungsgesetz gilt prinzipiell auch für Kunststoffe, die einen oder auch beide Reibpartner bilden. Allerdings bestehen erhebliche Schwierigkeiten in der Analyse des Reibungsverhaltens, da Wärme, und andere Einflüsse aus der Umgebung, wie Feuchte, Oxidation usw. in nur schwer entkoppelbarer Weise den Reibungsprozess beeinflussen. Bei Kunststoffen als Reibungspartner sind diese Verhältnisse besonders schwierig zu analysieren, da die genannten Einflüsse noch durch das viskoelastische Verhalten weiterhin erschwert werden. Die Ergebnisse aus Reibungsuntersuchungen an Laborprüflingen liefern daher nur Anhaltswerte. Es gibt jedoch die Möglichkeit einer Abschätzung, wozu ein gewisses Verständnis des Prozessgeschehens hilfreich ist.

Coulombsches Reibungsgesetz

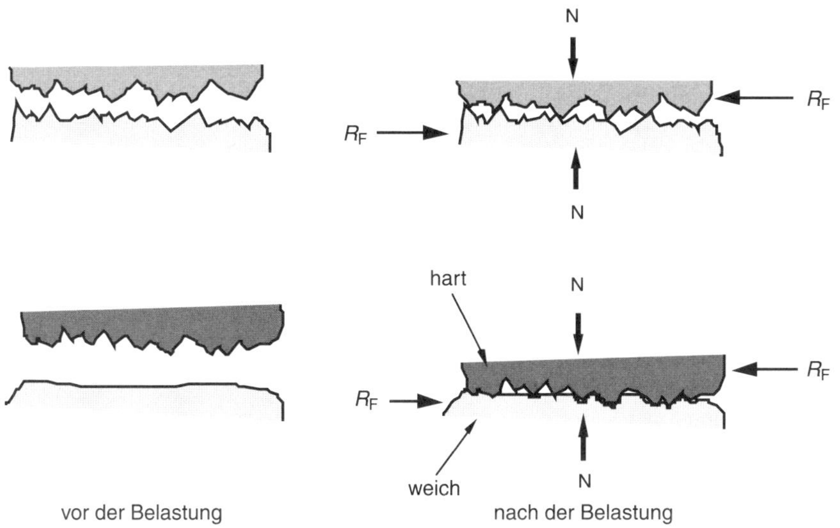

BILD 7.32 Entstehung der Reibungskraft

Die Ursachen der Reibungskraft kann man an einer anschaulichen Modellvorstellung erklären. Dazu muss man die realen Oberflächen in ihren mikroskopischen Größenordnungen betrachten. Sie sind nicht eben, sondern haben ein „gebirgiges" Oberflächenprofil. Liegen zwei Oberflächen aufeinander, dann werden die Oberflächenspitzen der gegeneinander drückenden Körper sich mit zunehmender Normalkraft stärker verhaken bzw. verformen oder die Spitzen des härteren Partners dringen in den weicheren ein (vgl. Bild 7.32). Die Eigenschaften der Kunststoffe lassen generell erwarten, dass für Kunststoffe als Reibungspartner gilt:

Modellvorstellung

- Da Festigkeiten und Modulwerte von Polymerwerkstoffen niedrig sind, dürfen die Normalbelastungen, die ein Kunststofflager zu übertragen hat, nicht groß sein, weil sonst schnell Schäden entstehen, sei es durch unzulässige Verformungen oder zu starker Erwärmung.

qualitative Abschätzung

- Da durch Reibung immer Wärme entsteht und diese in Polymerwerkstoffen nur sehr schlecht abgeleitet wird, sich aber erheblich auf das viskoelastische Verhalten von Polymerwerkstoffen bzw. auf die Festigkeit und den Elastizitätsmodul auswirkt (Bilder 7.33 und 7.34), müssen hieraus umfangreiche Konsequenzen erwartet werden.
- Feuchte und Öle (ausgeschwitzte Additive) usw. können in manche Polymerwerkstoffe ein- bzw. ausdiffundieren und damit die Reibungsbedingungen erheblich und abweichend gegenüber denjenigen beeinflussen, die man von anderen Werkstoffen kennt.

rechnerische Abschätzung

Bild 7.32 entwickelt eine einfache Modellvorstellung dafür, was sich bei diesem Prozess abspielt. Zunächst muss die Adhäsion überwunden werden, die an den Stellen entsteht, wo die Spitzen der stets mehr oder weniger rauen Oberflächen aufeinander drücken. Die Spitzen werden sich dabei verformen und platt drücken, denn die spezifischen Drücke sind sehr groß (die Spitzen umfassen nur einen kleinen Querschnitt gegenüber der gesamten aufeinander liegenden Fläche), (Bild 7.32 oben). Da man die Fließgrenzen σ_F der Reibpartner kennt und auch die belastende Normalkraft N bekannt ist, kann man daraus die wahre Berührungsfläche A errechnen.

$$A = N / \sigma_F \tag{7.19}$$

Die gemessene Reibungskraft entsteht nun dadurch, dass die verformten Rauigkeitsspitzen des weicheren Partners abgeschert werden. Das bedeutet:

$$R_F = A \cdot \tau_B \tag{7.20a}$$

Die Scherfestigkeit τ_B kann aus gängigen Werkstofftabellen dadurch gewonnen werden, dass eine für alle Werkstoffe geltende Abschätzung bekannt ist, wonach sie zur Zugspannung σ_B proportional ist:

$$\tau_B = 0{,}58 \cdot \sigma_B \cong 0{,}5 \cdot \sigma_B \tag{7.20b}$$

Setzt man für die unbekannte effektive Oberfläche A die oben gefundene Beziehung ein, dann ergibt sich:

$$R_F = (N \cdot \tau_B) / \sigma_F \tag{7.20c}$$

und da

$$R_F / N = \mu \tag{7.21}$$

ist, ergibt sich aus der Proportionalität der Scherfestigkeit zur Zugfestigkeit (Gl. 7.20b) für den Reibungskoeffizienten:

$$\mu = \tau_B / \sigma_F \approx \sigma_B / 2\sigma_F \tag{7.22}$$

Einfluss der Form der Belastung

Da sich Kunststoffe unter einer langfristig einwirkenden Spannung $\sigma^{(T,t)}$ bzw. $\tau^{(T,t)}$ viskoelastisch verhalten, beobachtet man erhebliche Unterschiede, je nachdem, ob die Reibbeanspruchung stetig, intermittierend oder über längere Zeit einwirkt. Besonders kritisch ist somit auch eine langfristige Reibbeanspruchung, durch die sich eine so hohe Erwärmung aufbauen kann, die den Werkstoff oertlich schmilzt, was zu befürchten ist, weil die Wärme in den Kunststoffen nur langsam abfließt. Dies bestätigen, wie Bild 7.33 zeigt, auch Versuche. Die Gleitreibungswerte steigen dann spontan auf hohe Werte, wenn die Schmelztemperatur des Polymerwerkstoffes erreicht wird. Man kann die örtliche Erwär-

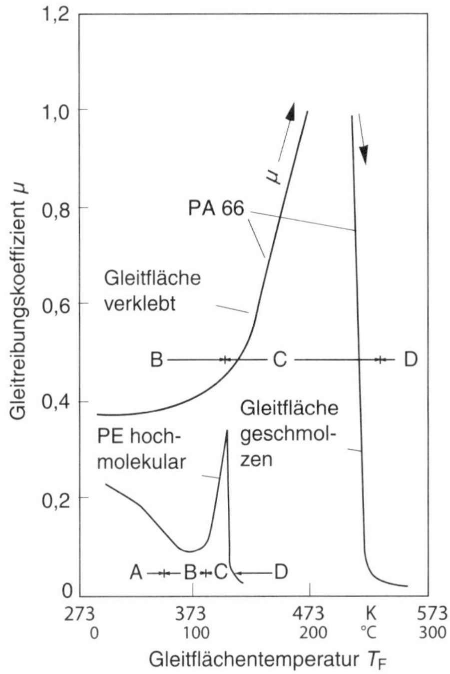

BILD 7.33 Gleitreibungskoeffizient als Funktion der Gleitflächentemperatur (*BASF*)

mung, die sich in der Reibebene einstellt, abschätzen:

$$T = T_0 + \frac{2\dot{q}\sqrt{t}}{\sqrt{\pi} \cdot \sqrt{\lambda \cdot \rho \cdot c}} \tag{7.23}$$

Darin bedeuten:

T	Temperatur in der Grenzschicht
T_0	Umgebungstemperatur
$\dot{q}$	Wärmefluss, bezogen auf Zeit und Flächeneinheit (auf jeder zur Kontaktfläche parallelen Ebene, er ist aus der in Wärme umgesetzten Reibungsarbeit zu errechnen)
t	Zeit
$\sqrt{\lambda \cdot \rho \cdot c}$	Wärmeeindringzahl
λ	Wärmeleitfähigkeit
ρ	Dichte und
c	spezifische Wärme.

Die in Bild 7.32 entwickelte Modellvorstellung erleichtert insbesondere dann das Verständnis, wenn zwischen den Reibpartnern ein erheblicher Unterschied der Härte bzw. der Festigkeit und der Elastizitätsmoduln besteht. Gleitet z. B. Stahl auf Kunststoff, dann werden sich die Rauigkeitsspitzen des Stahls, dank seiner sehr viel größeren Festigkeit,

Paarung Kunststoff Metall

in den Kunststoff eindrücken. Die Reibungskraft wird sich in diesem Falle aus der Kraft ergeben, welche zum „Durchpflügen" der Kunststoffoberfläche erforderlich ist (Bild 7.32 unten).

Überraschenderweise beobachtet man jedoch, wenn in solchen Fällen die Normalkräfte nicht zu hoch sind, dass die Reibungskraft im stationären Betrieb schnell von anfänglich hohen Werten auf ein niedrigeres Niveau absinkt. Besichtigt man danach die Reibflächen, so findet man, dass abgetragener Kunststoff auf die Metalloberfläche übertragen worden ist, so dass nun Kunststoff auf Kunststoff gleitet. Dabei erweist es sich als vorteilhaft, dass die mit abgetragenem Kunststoff aufgefüllte Metalloberfläche die Reibungswärme gut abzuführen vermag, weshalb hier der abgeriebene Kunststoff erstarrt, Wärmestau verhindert wird und die Reibeigenschaften deutlich verbessert worden sind.

Durch den Ab- und Übertrag des Kunststoffs auf die reibende Metalloberfläche können die Reibungskoeffizienten zwischen Metallen und Kunststoffen von $\mu = 0{,}3$ bis 0,6 auf etwa $\mu = 0{,}1$ bis 0,2 sinken. Dieser Effekt ist allerdings nur dann festzustellen, wenn dank ausreichend niedriger Normalbelastung die Kunststoffreibfläche noch nicht aufgeschmolzen wird. Wenn diese jedoch den Schmelzbereich erreicht, nimmt der Reibungskoeffizient (vgl. Bild 7.33) sehr stark zu und es entsteht so starker Verschleiß, dass das Lager zerstört wird (vgl. Bild 7.34).

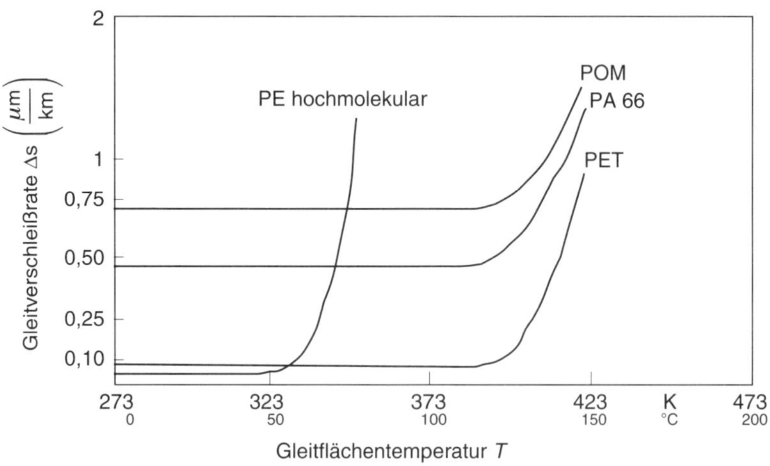

BILD 7.34 Gleitflächenverschleißrate als Funktion der Gleitflächentemperatur (*BASF*)

warum PTFE so gut ist

Unter den Kunststoffen zeichnet sich Polytetrafluorethylen (PTFE) durch seinen sehr niedrigen Reibungskoeffizienten gegenüber Metallen als Reibpartner aus ($m = 0{,}05$ bis 0,1).

Man kann die Gründe hierfür wie folgt ableiten:

- PTFE schmilzt erst über 300 °C.
- Es hat eine niedrige Oberflächenspannung, d. h. auch einen niedrigen Reibungskoeffizienten.

- Die gute Wärmeleitung des metallischen Reibungspartners verhindert einen Wärmestau in der Reibschicht, d. h. das PTFE schmilzt nicht und bleibt kristallin.
- PTFE hat eine abnormal niedrige Scherfestigkeit, aber eine hohe Streck- bzw. Reißfestigkeit in Molekül-Kettenrichtung. Das verursacht eine starke Orientierung der PTFE-Moleküle in Gleitrichtung durch die mit der Reibung verbundene Verformung in der Oberfläche. Zudem sind die Moleküle sehr lang, denn die Molmassen von PTFE Halbzeugen, aus welchen solche Lager hergestellt werden, sind groß. Es ist bekannt, dass hohe Orientierungen in Gleitrichtung einen niedrigen Reibungskoeffizienten zur Folge haben.

Dass die Molmasse einen Einfluss hat, ist auch von anderen Anwendungen, z. B. von Gleitkörpern aus hochmolekularem Polyethylen, bekannt. Tatsächlich besteht für den Verschleiß-(Abrasions-)widerstand eine exponentielle Abhängigkeit von der Molmasse, was man Bild 7.35 entnehmen kann. Bild 7.35 zeigt auch, dass sich erst oberhalb eines bestimmten Mindestwertes der Molmasse eine ausreichende Abriebbeständigkeit ein stellt. Tatsächlich erweisen sich niedermolekulare Polyethylene weit weniger gegen Verschleiß beständig.

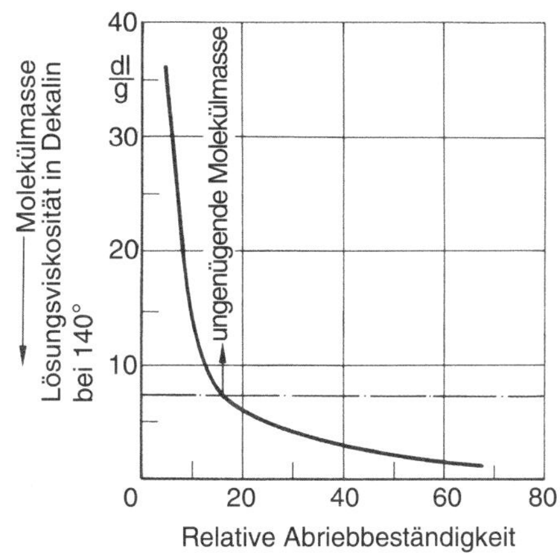

BILD 7.35 Zusammenhang zwischen Abriebbeständigkeit und Molmasse von hochmolekularen Polyethylenen (gemessen durch Lösungsviskosimetrie)

Anwendungen

Diese verschiedenen Effekte von Festigkeit, Orientierung und guter Wärmeableitung von dünnen Kunststoffschichten auf Metallkörpern für das Reibungsverhalten u. a. werden in vielen Anwendungen genutzt. Nachfolgend werden einige erfolgreiche Anwendungen aufgelistet.

- Wartungsfreie Lager für Lenkhebel in modernen Automobilen, die aus verstreckten PTFE-Fasern hergestellt werden.
- Lagerschalen mit guten Notlaufeigenschaften werden heute oft als Zwei-Komponenten-Systeme von Metall mit eingelagerten PTFE-Partikeln hergestellt. Hiermit schaltet man den Wärmestau in der reibenden Kunststoffoberfläche und deren frühzeitiges Aufschmelzen aus (Metall leitet die Wärme ca. 100-mal schneller als Kunststoffe).
- Gleitlager bestehend aus dünnen, verstreckten Folien, z. B. aus Polyamid u. a., werden auf die Welle aufgeklebt.

- Kugellagerkäfige haben sich sehr bewährt, weil sie niedrige Reibbeiwerte mit der den Kunststoffen eigenen Flexibilität verbinden und so die Montage der Kugeln erleichtern und den Lagern eine lange Lebensdauer vermitteln.
- Gleitsteine für Autotüren haben sich bewährt, weil sie nur intermittierend und selten bewegt und damit durch Reibung belastet werden, sich also auch nicht erwärmen.
- Scheiben aus POM dienen als Drucklager auf den Lagerzapfen von Wohnungstüren. Sie haben sich bewährt, weil sie nur kurzzeitig durch Reibung belastet werden.

HINWEIS: Kunststoffe als Reibungspartner bewähren sich vor allem dort, wo diese Lager nur gelegentlich bewegt werden, so dass sie sich nicht oder nur gering erwärmen.

Es gibt bisher keine ISO-Norm für die Bestimmung der Reibungseigenschaften.

TABELLE 7.1 Reibungskoeffizienten einiger Gleitpaarungen verschiedener Kunststoffe gegen die gleichen Kunststoffe und Stahl

Proben Gleitwerkstoff		Gleitpartner		Gleitgeschwindigkeit [mm/s] 0,03	0,1	0,4	0,8	3,0	10,6
				Reibungskoeffizient μ					
a) ohne Schmierung									
PP	(gespritzt)	PP	(gesandstrahlt)	0,54	0,65	0,71	0,77	0,77	0,71
PA	(gespritzt)	PA	(gespritzt)	0,63	–	0,69	0,70	0,70	0,65
PP	(gesandstrahlt)	PP	(gesandstrahlt)	0,26	0,29	0,22	0,21	0,31	0,27
PA	(gedreht)	PA	(gedreht)	0,42	–	0,44	0,46	0,46	0,47
Stahl	ungehärtet	PP	(gesandstrahlt)	0,24	0,26	0,27	0,29	0,30	0,31
Stahl	ungehärtet	PA	(gedreht)	0,33	–	0,33	0,33	0,30	0,30
PP	(gesandstrahlt)	Stahl	ungehärtet	0,33	0,34	0,37	0,37	0,38	0,38
PA	(gedreht)	Stahl	ungehärtet	0,39	–	0,41	0,41	0,40	0,40
b) Wasserschmierung									
PP	(gesandstrahlt)	PP	(gesandstrahlt)	0,25	0,26	0,29	0,30	0,28	0,31
PA	(gedreht)	PA	(gedreht)	0,27	–	0,24	0,22	0,21	0,19
Stahl	ungehärtet	PP	(gesandstrahlt)	0,23	0,25	0,26	0,26	0,26	0,22
PP	(gesandstrahlt)	Stahl	ungehärtet	0,25	0,25	0,26	0,26	0,25	0,25
PA	(gedreht)	Stahl	ungehärtet	0,20	–	0,23	0,23	0,22	0,18
c) Ölschmierung									
PP	(gesandstrahlt)	PP	(gesandstrahlt)	0,29	0,26	0,24	0,25	0,22	0,21
PA	(gedreht)	PA	(gedreht)	0,22	–	0,15	0,13	0,11	0,08
Stahl	ungehärtet	PP	(gesandstrahlt)	0,17	0,17	0,16	0,16	0,14	0,14
Stahl	ungehärtet	PA	(gedreht)	0,16	–	0,11	0,09	0,08	0,08
PP	(gesandstrahlt)	Stahl	ungehärtet	0,31	0,30	0,30	0,29	0,27	0,25
PA	(gedreht)	Stahl	ungehärtet	0,26	–	0,15	0,12	0,07	0,04

Für die Dimensionierung von Gleitpaarungen sind in Tabelle 7.1 Erfahrungswerte des Reibungskoeffizienten μ in Abhängigkeit von der Gleitgeschwindigkeit v, angegeben. Die besten Gleitpaarungen ergeben interessanterweise Polyamide mit gedrehter Oberfläche gegen ungehärteten Stahl; auch mit Öl- oder Wasserschmierung; wobei die Ölschmierung wesentlich niedrigere Reibungskoeffizienten ergibt. Schmierungsfreie (trockene) Lager haben die höchsten Reibungskoeffizienten.

Einfluss von Schmiermitteln

Ein wichtiger Hinweis erscheint angebracht. Da Polymerwerkstoffe oft umgebende Medien in sich aufnehmen, muss man beim Einsatz von Schmiermitteln sorgfältig prüfen, ob diese nicht in den Kunststoff eindiffundieren, ihn damit erweichen oder anquellen, sodass es zu einem Festsetzen des Lagers kommen kann. Solches kann z. B. bei Polyamid in Wasser oder bei Polyethylen in Öl eintreten.

Anwendungen, in denen man mit ständiger Reibbeanspruchung zu rechnen hat, kann man nicht immer umgehen. In diesen Fällen gibt es eine Reihe von inzwischen erprobten Möglichkeiten, die im Bild 7.36 zusammengestellt sind.

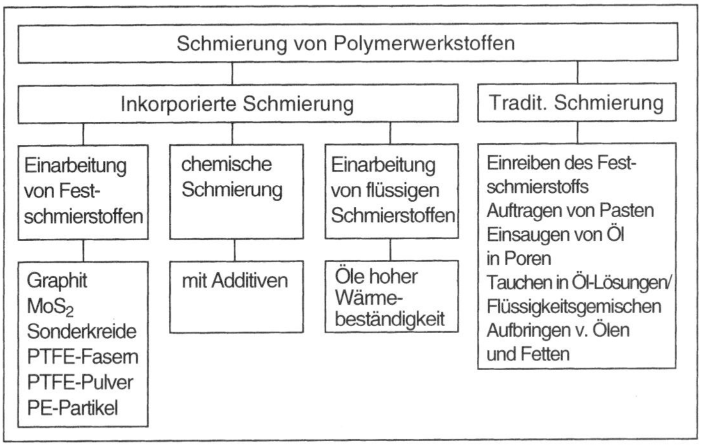

BILD 7.36 Varianten der Polymer-Werkstoff-Schmierung (Saechtling)

7.7.2 Verschleiß

Verschleiß kann entstehen durch:

- trockene Reibung,
- abrasive Partikel,
- Korrosion,
- Ermüdung der Oberfläche.

Verschleiß tritt erst auf, wenn die Temperaturen in der Reibfläche die Schmelzpunkte erreichen

Die trockene Reibung ist bei vielen Kunststoffen so lange ungefährlich, als keine übermäßige Erwärmung zu erwarten ist. Das schließt auch abrasiven Verschleiß ein. Die meisten Kunststoffe sind widerstandsfähiger als Metalle. Vielfach hat es sich sogar als günstig erwiesen, dass in Lager eingedrungene Partikel so tief in das Lagermaterial eingedrückt werden, dass sie ungefährlich werden.

Strahlverschleiß durch Partikel

Transparente Scheiben aus organischen Gläsern, wie PMMA oder PC, sind durch Strahlverschleiß gefährdet, weil sie blind werden, wenn Staub und Sandpartikel ständig auf die Oberfläche mit hoher Geschwindigkeit auftreffen. So war es auch erst dann möglich, Glasscheiben z. B. in Frontlampen von Pkws zu ersetzen, als glasharte Oberflächenbeschichtungen (Lacke, die aus Verbindungen von Silikaten und Polymeren hergestellt werden) gefunden wurden und auf die Kunststoffoberflächen aufgetragen werden konnten. Für den gleichen Zweck werden auch im Plasma polymerisierte, harte Schichten zum Verschleißschutz auf polymere Scheiben aufgetragen.

kein korrosiver Verschleiß

Korrosiver Verschleiß, der bei Metallen durch gleichzeitigen Angriff von aggressiven Medien und Reibung recht häufig zu beobachten ist, gibt es in vergleichbarer Weise bei Kunststoffen nicht, weil sie gegen Säuren und Laugen hinreichend beständig sind.

Ein besonderes Verschleiß-Problem hingegen sind Ausbrüche in der Oberfläche, die sich z. B. bei Zahnrädern aus Polyamiden zeigen und die von Rissen ausgehen, welche durch die Dauerwechselbeanspruchung, denen die Zähne unterworfen sind, entstanden sind.

Es gibt für Teile aus Kunststoffen bisher keine sicheren, allgemein gültigen Voraussagen über Verschleiß. Nur ein den praktischen Bedingungen entsprechender Versuch unter realen Bedingungen kann Aufschluss geben, ob Gefahren dieser Art bestehen. Mit Sicherheit kann man nur eines voraussagen: Erwärmung an der Oberfläche der Kunststoffteile in Reibpaarungen, welche diese zum Schmelzen bringen, führen zu schnellem Verschleiß (Bild 7.34).

Für den Verschleiß von Kunststoffteilen, die in Reibpaarung mit Stahl stehen, wurde die in Bild 7.37 dargestellte Beziehung entwickelt. Sie gestattet, den volumetrischen Verschleiß W_v aus Normalkraft und Gleitweg zu errechnen.

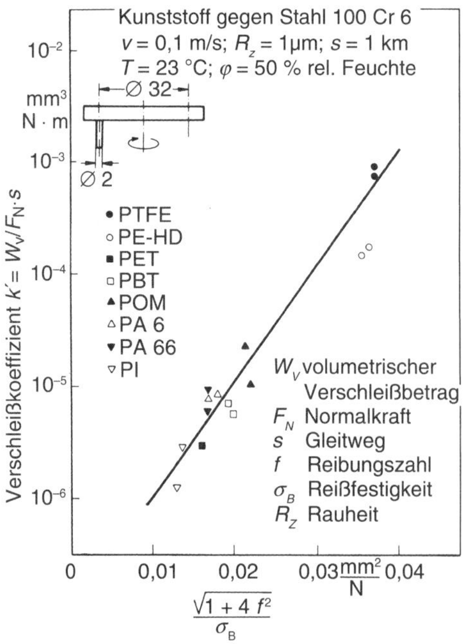

BILD 7.37 Abschätzung des Gleitverschleißes von Kunststoffen in Paarung mit Stahl nach einer Empfehlung der BAM (Bundesanstalt für Materialforschung und -prüfung)

Nach einem nicht genormten Verfahren nach Bauer und Kriegel wird diese Art von Verschleiß durch ein Sandstrahl-Luftgemisch erzeugt. Gemessen wird die erzeugte Verschleißmulde nach einer Stunde Prüfzeit. Die Ergebnisse sind über dem Logarithmus des Elastizitätsmoduls für verschiedene Kunststoffe und andere Werkstoffe in Bild 7.38 aufgetragen. Es ergibt sich, dass sich sowohl sehr harte Stoffe als auch weiche und zähe Werkstoffe gegen diese Art der Beanspruchung als verschleißfest erweisen können. Eine erfolgreiche Anwendung gegen eine derartige Beanspruchung findet sich in Form von Abdeckungen der Frontkanten von Flugzeugtragflächen mit einem Elastomerstreifen. Hiermit wird die Erosionswirkung durch Regentropfen auf das Metall verhindert.

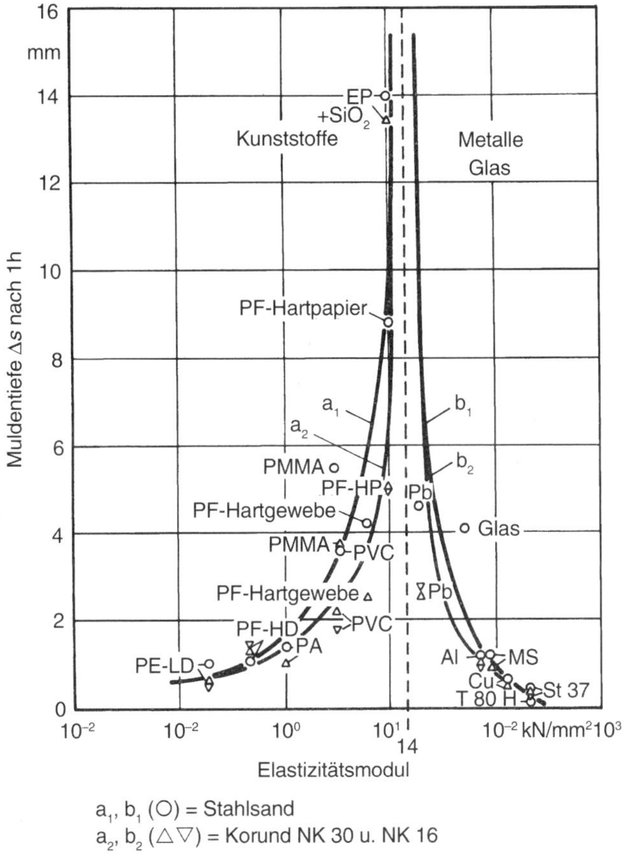

BILD 7.38 Abhängigkeit des Strahlverschleißes unterschiedlicher Werkstoffe als Funktion des Elastizitätsmoduls

Für den Verschleiß gibt es einige Normprüfmethoden. Am weitesten verbreitet ist die Bestimmung des Abriebs mit dem Taber-Reibrad nach DIN 52347 und 53754, ISO 9352 durch Schmirgel und DIN 53516 zur Bestimmung des Verschleißes von Kautschuk und Elastomeren gegen Schmirgel. Prüfung

HINWEIS: Verschleiß ist bei aufeinander gleitenden Flächen vor allem dann zu erwarten, wenn die Oberfläche des Kunststoffs so warm wird, dass sie schmilzt.

Literatur zu Kapitel 7

Alf, E.: Untersuchungen zum Verhalten ausgewählter Kunststoffe unter schwingender Beanspruchung unter besonderer Berücksichtigung der Eigenerwärmung, von Kriechvorgängen und Verformungsgrenzen erster Schädigung. RWTH Aachen, Dissertation, 1972

Bardenheier, R.: Das mechanische Versagen von Polymerwerkstoffen. München: Carl Hanser Verlag, 1982

Behrenbeck, U.-P.: Fertigungs- und werkstoffgerechtes Konstruieren von Faserverbundbauteilen. RWTH Aachen, Dissertation, 1987

Boden, H.-E.: Das mechanische Verhalten von Thermoplasten bei stoßartiger Belastung. RWTH Aachen, Dissertation 1983

Brand, N.: Dimensionierungshilfe für dynamisch beanspruchte Kunststoffbauteile. RWTH Aachen, Dissertation, 1977

Brandt, M.: CAE-Methoden für die verbesserte Auslegung thermoplastischer Spritzgussbauteile. RWTH Aachen, Dissertation, 2006 – ISBN 3-86130-850-9

Brintrup, H.: Beitrag zum zeitabhängigen Verformungsverhalten und zur Rissbildung orthotrop glasverstärkter, ungesättigter Polyesterharze. RWTH Aachen, Dissertation, 1975

Brüller, O. S.: Theoretische Untersuchungen zum Kriechverhalten und Kriechversagen von Kunststoffen. RWTH Aachen, Dissertation, 1978

Carlowitz, B.: Untersuchungen zum Bruchverhalten ausgewählter thermoplastischer Kunststoffe bei Schlagbeanspruchung. RWTH Aachen, Dissertation, 1978

Dolfen, E.: Bemessungsgrundlagen für tragende Bauelemente aus GFK. RWTH Aachen, Dissertation, 1978

Dürkop, J.: Beitrag zur Stabilität gebetteter Zylinderschalen aus glasfaserverstärkten ungesättigten Polyesterharzen. RWTH Aachen, Dissertation, 1974

Effing, M.: Rechnerunterstützte Auslegung und Fertigung von Faserverbundteilen. RWTH Aachen, Dissertation, 1988

Ehrenstein, G. W.: Faserverbund-Kunststoffe, 2. A. München: Carl Hanser Verlag, 2006

Ehrenstein, G. W.: Polymerwerkstoffe, 3. A. München Wien: Carl Hanser Verlag, 2011

Fischer, O. W.: Faserbruchgeschehen in Kohlenstofffaserverstärktem Kunststoff. RWTH Aachen, Dissertation, 2003

Flemming, M.; Ziegmann, G.; Roth, S.: Faserverbundbauweisen. Heidelberg: Springer Verlag, 1996

Gutberlet, D.: Ansätze zur verbesserten Werkstoffbeschreibung für die Dimensionierung von thermoplastischen Kunststoffen. RWTH Aachen, Dissertation, 2000

Haldenwanger, H.-G.: Hochleistungs-Faserverbund-Werkstoffe im Automobilbau. Düsseldorf: VDI-Verlag, 1993

Harris, B.: Fatigue in Composites: Science and technology of fatigue response of fibre-reinforced plastics. Cambridge: Woodhead Publishing Limited, 2003

Harnier, A.v.: Über Herstellung und Eigenschaften einiger Verbundwerkstoffe besonderer Fasern und Matrices. RWTH Aachen, Dissertation, 1975

Henkhaus, R.: Das Verformungsverhalten ausgewählter Thermoplaste in Abhängigkeit von der Dehngeschwindigkeit. RWTH Aachen, Dissertation, 1980

Hesselt, F.: Untersuchungen über den Einfluss der Werkstoffkomponenten auf die Gebrauchseigenschaften von glasfaserverstärkten Kunststoffen. RWTH Aachen, Dissertation, 1969

Hull, D.: Introduction to composite materials. Cambridge Solid State Science Series, Cambridge, London, New York, Sydney: Cambridge University Press, 1981

Kleinholz, R.: Beitrag zum Verstärken von Kunststoffen unter besonderer Berücksichtigung der Verstärkungs- und Matrixwerkstoffe. RWTH Aachen, Dissertation, 1969

Knipschild, F.: Beitrag zur Abschätzung und Ermittlung mechanischer Eigenschaften von Kunststoffhartschäumen. RWTH Aachen, Dissertation, 1975

Knops, M.: Sukzessives Bruchgeschehen in Faserverbundlaminaten. RWTH Aachen, Dissertation, 2003

Kuhnel, E.: Anwendung von Zwischenfaserbruch-Kriterien auf endlosfaserverstärkte Thermoplaste. RWTH Aachen, Dissertation, 2010

Kunz, J.: Ein Plädoyer für die dehnungsbezogene Auslegung. Versagen berechnen *Kunststoffe* **4** (2011), Seite 50–54

Mannigel, M.: Einfluss von Schubspannungen auf das Faserbruchgeschehen in kohlenstofffaserverstärkten Kunststoffen (CFK). RWTH Aachen, Dissertation, 2007

Menges, G.: Erleichtertes Verständnis des Werkstoffverhaltens bei verformungsbezogener Betrachtungsweise. Fortschrittsberichte der VDI-Zeitschriften. Reihe: Grund- und Werkstoffe; Reihe 5; Nr. 12; 1971

Menges, G.; Taprogge, R.: Kunststoffkonstruktionen; Rechenbeispiele. VDI-Taschenbücher T38, Düsseldorf: VDI-Verlag GmbH, 1974

Menning, G.: Wear in Plastics Processing. München: Carl Hanser Verlag, 1995

Michaeli, W.; Huybrechts, D.; Wegener, M.: Dimensionieren mit Faserverbundkunststoffen. München: Carl Hanser Verlag, 1995

Nonhoff, G.: Ein Beitrag zur Stabilitätsberechnung und Prüfung von Zylinderschalen aus glasfaserverstärktem Kunststoff unter gleichmäßigem Außendruck. RWTH Aachen, Dissertation, 1972

Oberbach, K.; Schmachtenberg, E.: Konstruktionsgerechte Kennwerte. Voraussetzung für werkstoffgerechte Konstruktion von Präzisionsteilen aus Kunststoff. *Plaste und Kautschuk* **38** (1991) 4, S. 109–116

Opfermann, J.: Untersuchungen zur Fließzonenbildung und zum Bruch von amorphen Plastomeren. RWTH Aachen, Dissertation, 1978

Overath, F.: Das Verhalten von Thermoplasten im Bereich kleiner Verformungen. RWTH Aachen, Dissertation, 1979

Peuker-Holtermann, M.: Zum Festigkeits- und Verformungsverhalten unidirektional cordverstärkter Elastomere am Beispiel armierter Schlauchleitungen unter innerem Überdruck. RWTH-Aachen, Dissertation, 1981.

Pflamm-Jonas, T.: Auslegung und Dimensionierung von kurzfaserverstärkten Spritzgussbauteilen. TU Darmstadt, Dissertation, 2001

Osswald, T. A.; Menges, G.: Materials Science of Polymers for Engineers, 2nd ed.. München: Carl Hanser Verlag, 2003

Popov, V. L.: Kontaktmechanik und Reibung. Berlin: Springer Verlag, 2011

Racké, H. H.: Verhalten von Kunststoffoberflächen bei berührender mechanischer Beanspruchung. In Schreyer, G. (Hrsg): Konstruieren mit Kunststoffen. Teil 2 Abschnitt 4.1.7. München: Carl Hanser Verlag, 1972

Rest, H.: Die Berechnung der Mindeststoßfestigkeit von Kunststoffen. RWTH Aachen, Dissertation, 1984

Roskothen, H. J.: Untersuchungen zur Dimensionierung von Bauteilen aus Kunststoffen. RWTH Aachen, Dissertation, 1974

Seiler, U.: Zur Auslegung statisch und dynamisch belasteter Bauteile aus Verbundwerkstoffen am Beispiel von GFK-Blattfedern. RWTH-Aachen, Dissertation, 1987

Stellbrink, K.: Micromechanics of Composites. München: Carl Hanser Verlag, 1996

Seiler, U.: Zur Auslegung statisch und dynamisch belasteter Bauteile aus Verbundwerkstoffen am Beispiel von GFK-Blattfedern. RWTH Aachen, Dissertation, 1987

Schleede, K.: Rechnerunterstützte Auslegung von Spritzgießteilen. RWTH Aachen, Dissertation, 1988

Schmidt, H.: Untersuchungen der Fließzonenbildung und des mechanischen Langzeitverhaltens bei thermoplastischen Kunststoffen bei ein- und zweiachsig wirkenden Zugspannungen. RWTH Aachen, Dissertation, 1971

Schürmann, H.: Konstruieren mit Faser-Kunststoffverbunden. Berlin, Heidelberg, New York: Springer VDI Verlag, 2007

Stojek, M.; Stommel, M.; Korte, W.: Finite-Elemente-Methode für die mechanische Auslegung von Kunststoff- und Elastomerbauteilen. Düsseldorf: Springer-VDI-Verlag, 1998

Schwalbe, H. J.: Risszähigkeit glasfaserverstärkter Kunststoffe. RWTH Aachen, Dissertation, 1981

Schwarz, O.: Beitrag zum statischen Langzeitverhalten glasfaserverstärkter Kunststoffe. RWTH Aachen, Dissertation, 1968

Taprogge, R.: Untersuchungen zur Ermittlung zulässiger mechanischer Beanspruchungen thermoplastischer Kunststoffe bei statischer und schwingender Zug- und Biegebelastung. RWTH Aachen, Dissertation, 1966

Thebing, U.: Beitrag zur Dimensionierung von GF-UP unter wechselnder Beanspruchungen. RWTH Aachen, Dissertation, 1979

Wölfel U.: Verarbeitung faserverstärkter Formmassen im Spritzgießprozeß. RWTH Aachen, Dissertation, 1987

8 Thermische Eigenschaften

Die thermischen Eigenschaften sind nicht nur für die Anwendungen, sondern vor allem auch für die Fertigung von Kunststoffbauteilen von Bedeutung. So wird z. B. bei thermoplastischen Kunststoffen viel Energie für das Aufwärmen bis zum Zustand der Formbarkeit in der Schmelze verbraucht. Diese Energie wird zwar beim Abkühlen nach der Formgebung wieder frei, kann jedoch in der Regel nicht zurückgewonnen werden, sondern strahlt in die Umgebung ab. Noch wichtiger als der Energiebedarf sind jedoch die Zeiten, welche erforderlich sind, um die geformten Produkte wieder abzukühlen. Wird zu langsam abgekühlt, dann wird das Formteil zu teuer. Wird zu schnell abgekühlt, dann werden Orientierungen oder Eigenspannungen eingefroren, die sich später im Gebrauch des Fertigteils in Form von Verzug oder Spannungsrissen nachteilig bemerkbar machen können. Das rechte Maß für die Abkühlzeit zu finden, ist daher für den Verarbeiter eine entscheidende Frage und bestimmt zu einem erheblichen Teil die Qualität der Erzeugnisse. Die notwendigen Informationen, um die richtigen Einstellungen zu ermitteln, findet man in Stoffdatenbanken, z. B. in der CAMPUS-Datenbank.

Die meisten Kunststoffe reagieren bereits im Bereich der Raumtemperatur auf Temperaturänderungen. Daher muss bei der Auswahl eines Kunststoffes für eine bestimmte Anwendung geprüft werden, ob die zu erwartenden Gebrauchstemperaturen sowohl kurzzeitig wie langzeitig zumutbar sind. Die zulässigen Gebrauchstemperaturen beeinflussen in der Regel die mechanischen Eigenschaften. Diese drücken sich am deutlichsten in den Schubmodul-Temperaturkurven aus, wie sie in Abschnitt 6.3 dargestellt und erläutert werden.

8.1 Thermische Stoffwerte

8.1.1 Enthalpie

Enthalpiewerte von Kunststoffen werden benötigt, wenn der Leistungs- bzw. der Zeitbedarf für die Fertigung, das heißt das Aufheizen oder das Abkühlen von Thermoplasten und bei Duroplasten und Elastomeren auch für das Vernetzen, ermittelt werden muss.

spezifische Enthalpie

Der wesentliche Kennwert ist die spezifische Enthalpie. Unter der spezifischen Enthalpie h versteht man den Wärmeinhalt einer Masseneinheit eines Stoffes bei einer bestimmten Temperatur und einem bestimmten Druck. Dieser Wärmeinhalt ist nicht absolut messbar, sondern nur von einer Bezugsbedingung aus, die meist zu 0 °C oder 20 °C bei Atmosphärendruck gewählt wird:

$$\dot{Q} = \dot{m} \cdot \Delta h \quad (8.1)$$

$$\Delta h = \int_{T_1}^{T_2} c_p\,(T)\,\mathrm{d}T \quad (8.2)$$

mit $\dot{Q}$ = Wärmestrom, $\dot{m}$ = Massestrom, Δh = spezifische Enthalpie und T_1, T_2 = Temperaturintervall, c_p = spezifische Wärmekapazität, früher auch als spezifische Wärme bezeichnet.

Es wird in der Regel mit der bei konstantem Druck gemessenen spezifischen Wärmekapazität c_p gearbeitet. Die für konstantes Volumen gültige spezifische Wärmekapazität c_v ist um ca. 10 % niedriger. Die spezifischen Wärmekapazitäten von Kunststoffen liegen zwischen 1 und 2 kJ/kg · K und sind damit wesentlich größer als diejenigen der metallischen Werkstoffe. Der große Unterschied beruht auf dem erheblichen Unterschied in der Masse. Bezieht man die Werte stattdessen auf das Volumen, dann liegen die Werte in der gleichen Größenordnung.

Bild 8.1 zeigt die Enthalpiewerte einiger wichtiger amorpher Thermoplaste in Abhängigkeit von der Temperatur, gemessen bei Atmosphärendruck; Bild 8.2 enthält die entsprechenden Werte für wichtige teilkristalline Thermoplaste.

HINWEIS: Teilkristalline Formmassen besitzen infolge der notwendigen Energie zum Schmelzen der Kristallite einen erheblich höheren Wärmeinhalt als amorphe Werkstoffe.

Das bedeutet, dass man bei Plastifizier- und Kühleinrichtungen für teilkristalline Formmassen im Durchschnitt etwa die doppelte Leistung aufwenden muss, um gleiche Durchsätze zu erreichen.

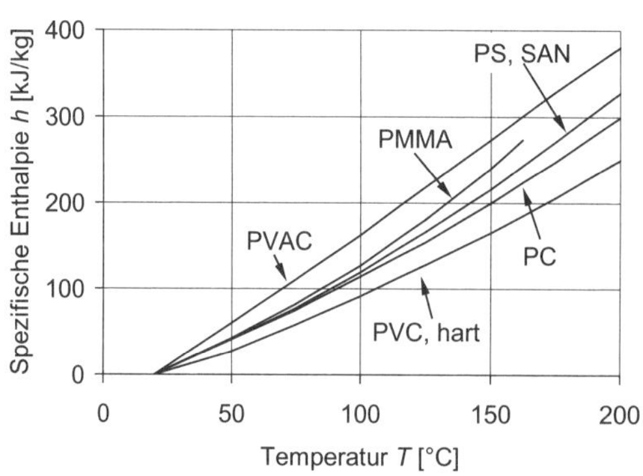

BILD 8.1 Spezifische Enthalpie als Funktion der Temperatur für amorphe Thermoplaste

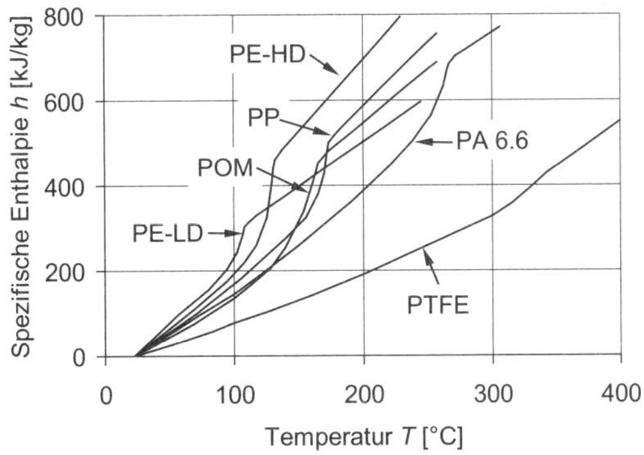

BILD 8.2 Spezifische Enthalpie als Funktion der Temperatur für teilkristalline Thermoplaste

8.1.2 Spezifische Wärmekapazität

Die spezifische Wärmekapazität c_p (Bild 8.3) ändert sich im Gebrauchstemperaturbereich der Kunststoffe nur mäßig, besitzt jedoch bei teilkristallinen Thermoplasten eine Unstetigkeit am Kristallitschmelzpunkt. Diese Unstetigkeit im Kurvenverlauf (Stufe) kennzeichnet den Wärmebedarf zum Aufschmelzen der Kristallite. Die spezifische Wärme ist daher bei teilkristallinen Thermoplasten erheblich vom Kristallitgehalt beeinflusst.

spezifische Wärmekapazität, Kristallitgehalt

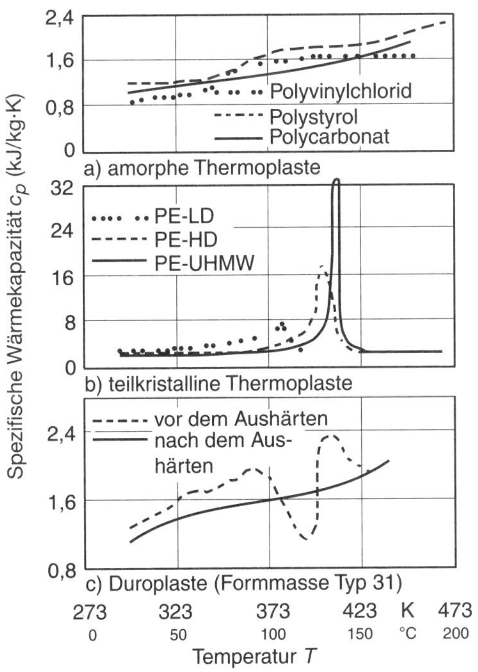

BILD 8.3 Spezifische Wärmekapazität von Kunststoffen (nach *Knappe*)

Duroplaste zeigen im ausgehärteten Zustand einen ähnlichen Verlauf der spezifischen Wärme wie amorphe Thermoplaste. Noch nicht ausgehärtete Duroplaste hingegen zeigen beim erstmaligen Aufheizen eine starke Änderung der spezifischen Wärmekapazität, was durch die mit der ablaufenden Vernetzung verbundene Wärmetönung verursacht wird.

Mischungsregel

Für Systeme aus Polymeren, die mit anorganischen Stoffen gefüllt sind, hat sich bis zu einem Füllgrad von 65 Gew.-% folgende Mischungsregel bewährt:

$$c_p(T) = (1-\psi)\, c_{pK}(T) + \psi c_{pF}(T) \tag{8.3}$$

mit ψ = Gewichtsanteil Füllstoff, c_{pK} = spezifische Wärmekapazität des Kunststoffs und c_{pF} = spezifische Wärmekapazität des Füllstoffs.

Die Wärmekapazität von Copolymeren kann aus den Wärmekapazitäten c_{p_1} und c_{p_2} der Polymerpartner mit den Molanteilen σ_1 und σ_2 nach folgender Mischungsregel ermittelt werden:

$$c_{p,Copolymer} = \sigma_1 c_{p_1} + \sigma_2 c_{p_2} \tag{8.4}$$

mit $c_{p1/2}$ = spezifische Wärmekapazitäten der Kunststoffe, $\sigma_{1/2}$ = Molanteile der Kunststoffe.

8.1.3 Dichte

Dichte

Temperaturabhängigkeit

Die Dichte als Kehrwert des spezifischen Volumens haben wir bereits in dem Verhalten der Zustandsgrößen (Abschnitt 6.1, Bild 6.2) kennen gelernt. Auch wurde bereits in Abschnitt 7.6.3 (Gleichung 7.15) die Mischungsregel für die Dichte eines Faserverbundwerkstoffs gezeigt. Hier soll nun lediglich noch die Temperaturabhängigkeit der Dichte behandelt werden. Die Dichte $\rho_K(T)$ eines reinen Polymers bei einer Temperatur T kann mit folgender Gleichung berechnet werden:

$$\rho_K(T) = \rho(T_0)\frac{1}{1+3\cdot\alpha(T-T_0)} \tag{8.5}$$

mit α = Volumenausdehnungskoeffizient, $\rho(T_0)$ = Dichte bei Referenztemperatur T_0.

Der Gültigkeitsbereich erstreckt sich natürlich nur auf die linearen Abschnitte, d. h. bei amorphen Kunststoffen für die Bereiche unter oder über der Erweichungstemperatur, bei teilkristallinen für den Bereich bis in die Nähe der Kristallisationstemperatur bzw. oberhalb der Kristallitschmelztemperatur (vgl. Bild 6.2).

Bei Stoffkombinationen aus Polymeren mit anorganischen Füllstoffen kann man Letztere hinsichtlich der Dichte als von der Temperatur unabhängig ansehen. Die Dichten der Materialkombinationen für unterschiedliche Temperaturen werden mit der Mischungsgleichung bestimmt.

$$\rho(T) = \frac{\rho_K(T)\,\rho_F}{\psi\rho_K(T) + (1-\psi)\,\rho_F} \tag{8.6}$$

mit ρ_K = Dichte des Kunststoffs, ρ_F = Dichte des Füllstoffs, ψ = Masseanteil.

8.1.4 Wärmeleitfähigkeit

Liegt in einem Festkörper eine ungleichförmige Temperaturverteilung vor, so stellt sich unter stationären Verhältnissen ein Wärmestrom ein, der dem Temperaturgradienten folgt und sich dazu proportional verhält. Proportionalitätsfaktor ist die Wärmeleitfähigkeit λ.

HINWEIS: Während z. B. in Metallen die freien Elektronen maßgeblich für die hohe Wärmeleitfähigkeit verantwortlich sind, wird die Energie in Kunststoffen nur durch Schwingungen der Kettenmoleküle und damit entsprechend langsamer transportiert (vgl. Bild 8.4).

Schwingungen von Kettenmolekülen

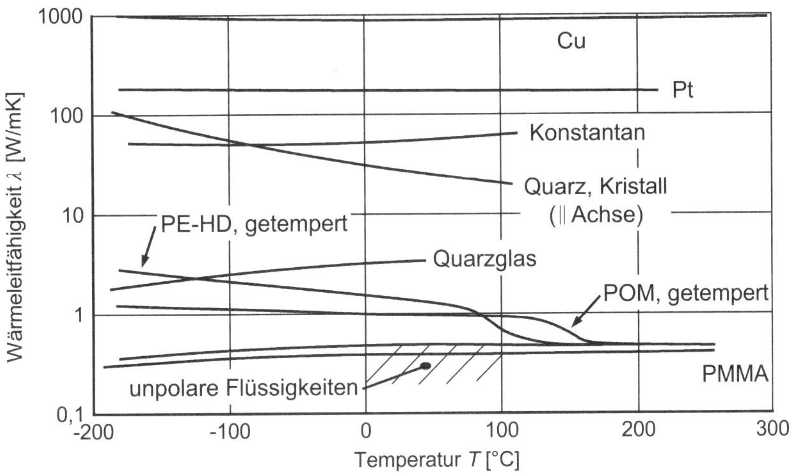

BILD 8.4 Wärmeleitfähigkeit einiger Stoffe in Abhängigkeit der Temperatur

Nach *Debye* wird die Wärme in Festkörpern durch die Energiequanten der elastischen Wellen (thermische Schwingungen), den so genannten Phononen, weitergeleitet. Dementsprechend ist der gesamte Energieinhalt eines Festkörpers in den Wellen der Gitter- bzw. Kettenmolekülschwingungen gespeichert. Die Wellen werden an Inhomogenitäten (z. B. Verunreinigungen) des molekularen Gefüges und durch Stöße miteinander gebremst. Der Weg, auf dem die Wärmeleitung auf 1/e (entspricht ca. 37 %) ihres Ausgangswertes absinkt, wird als die freie Weglänge l der Phononen bezeichnet. *Debye* hat für die Wärmeleitfähigkeit folgende Beziehung aufgestellt:

Phonon

freie Weglänge, elastische Wellen

$$\lambda \approx c_p \cdot \rho \cdot u \cdot l \tag{8.7}$$

mit c_p = Wärmekapazität, ρ = Dichte, u = Geschwindigkeit der elastischen Wellen, l = mittlere freie Weglänge der Wellen (Phononen).

HINWEIS: Bei Kunststoffen wird Wärme einerseits durch die Fortpflanzung der elastischen Wellen über die kovalenten Bindungen entlang eines Makromoleküls transportiert, andererseits auch über Nebenvalenzkräfte (van der Waals Kräfte) von Molekül zu Molekül übertragen.

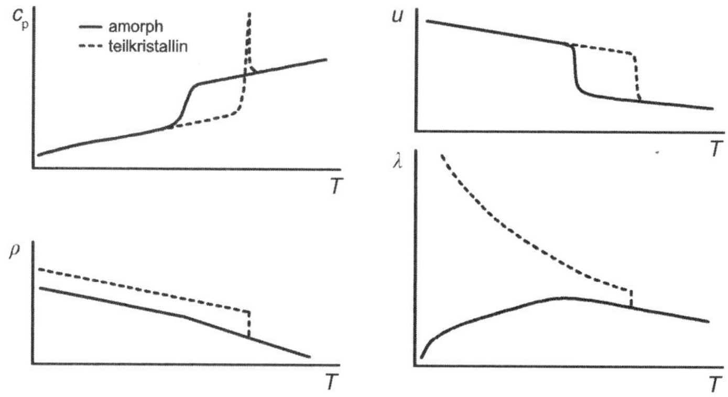

BILD 8.5 Qualitative Verläufe von c_p, ρ, u und λ in Abhängigkeit der Temperatur

Wärme-widerstand

Bei der modellhaften Vorstellung der Wärmeleitfähigkeit in Kunststoffen auf Basis der *Debye*'schen Theorie geht man davon aus, dass der Wärmewiderstand der kovalenten Bindungen nahezu vernachlässigt werden kann. Sie stellen sozusagen einen Kurzschluss dar. In Bild 8.5 werden der qualitative Verlauf von λ für amorphe und teilkristalline Thermoplaste sowie die Einflussgrößen gemäß der Gl. 8.7 von *Debye* jeweils in Abhängigkeit von der Temperatur dargestellt.

Der temperaturabhängige Verlauf von λ wird grundsätzlich von drei Mechanismen beeinflusst.

1. *Zunehmende Beweglichkeit der Elemente des Materialgefüges mit steigender Temperatur.* Durch die zunehmende Beweglichkeit ergibt sich eine Verbesserung der Wärmeleitfähigkeit, vgl. Gl. 8.7.

2. *Zunahme des spezifischen Volumens mit steigender Temperatur.* Ein größeres spezifisches Volumen führt zu einer verschlechterten Ausbreitung der elastischen Wellen, da sich der Zusammenhalt des Gefüges verringert. Durch den größeren Abstand der einzelnen Moleküle voneinander werden die Bindungskräfte reduziert. Folglich können die Phononen nur in geringerem Maße durch das Material geleitet werden, die „Stoßwahrscheinlichkeit" und damit die Fortpflanzungsgeschwindigkeit u sinken. Dies führt zur Abnahme der Wärmeleitfähigkeit (vgl. Gl. 8.7). Zudem geht das spezifische Volumen direkt in die Gleichung der Wärmeleitfähigkeit ein und reduziert diese mit steigender Temperatur ebenfalls.

3. *Inhomogenitäten im Gefüge.* Störstellen wie Fremdatome, Mikrorisse und Korngrenzen begrenzen die freie Weglänge l. Diese Fehlstellen dämpfen die Schwingungen. Die freie Weglänge ist hierdurch weniger temperatur- als strukturabhängig und nur sehr schwer zu berechnen.

Durch die Überlagerung dieser in Bild 8.5 dargestellten Einflüsse kann für Kunststoffe der qualitative Verlauf der Wärmeleitfähigkeit als Funktion der Temperatur abgeschätzt werden. In Bild 8.6 werden die unterschiedlichen Verläufe der Wärmeleitfähigkeit λ der wichtigsten Polymerwerkstoffe in Abhängigkeit von der Temperatur gezeigt.

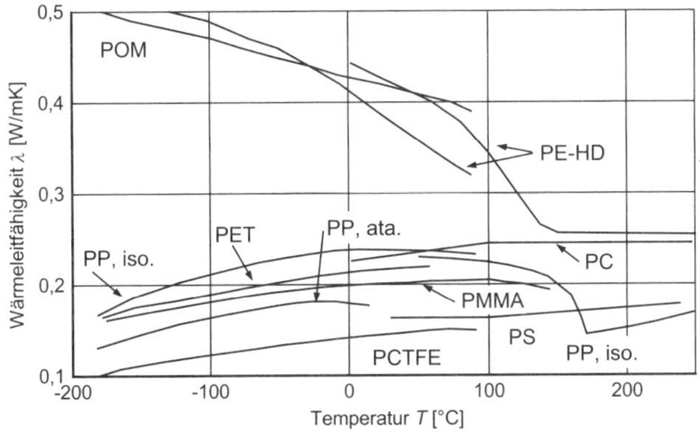

BILD 8.6 Wärmeleitfähigkeit verschiedener Thermoplaste (nach *Knappe*)

Da in amorphen Polymerwerkstoffen die Wärme fast ausschließlich über van der Waals-Bindungen transportiert wird, ist die Wärmeleitfähigkeit gegenüber den teilkristallinen Polymerwerkstoffen grundsätzlich niedriger. Der Anstieg der Wärmeleitfähigkeit amorpher Thermoplaste unterhalb von T_g, lässt sich anschaulich auf die zunehmende Mobilität der Kettensegmente mit steigender Temperatur zurückführen. Dieser Effekt überwiegt die Reduzierung der Wärmeleitung aufgrund der Zunahme des spezifischen Volumens. Am Einfrierpunkt amorpher Thermoplaste kann es zu einem Knick im Verlauf der Wärmeleitfähigkeit kommen, bedingt durch die deutlich stärkere Zunahme des spezifischen Volumens im Erweichungs- und Schmelzebereich (vgl. *pvT*-Verhalten Bilder 6.3 und 6.4). Unterhalb der Erweichungstemperatur ist die thermische Ausdehnung amorpher Kunststoffe geringer als oberhalb. Im Schmelzebereich heben sich beide Mechanismen nahezu auf, die Wärmeleitfähigkeit ändert sich nur noch geringfügig (Bild 8.6). Mobilität

In teilkristallinen Polymeren kann ein erheblicher Anteil der Wärme über größere Strecken hinweg nahezu verlustlos über kovalente Bindungen weitergeleitet werden. Das ist die wesentlichste Ursache für die bessere Wärmeleitung im Vergleich zu amorphen Thermoplasten. Werden teilkristalline Thermoplaste im Feststoffzustand erwärmt, so überwiegt die Abnahme von λ aufgrund der thermischen Ausdehnung gegenüber der Zunahme durch die erhöhte Mobilität der Molekülketten. Die Verringerung der Dichte reduziert die van der Waals-Kräfte. So führt auch ein um 5 % geringerer Kristallisationsgrad (und damit eine geringere Dichte) bei Polyethylen zu einer um 30 % reduzierten Wärmeleitfähigkeit. Besonders stark fällt λ im Kristallitschmelzbereich. Im Schmelze Zustand gleichen sich erwartungsgemäß die Wärmeleitfähigkeiten von amorphen und teilkristallinen Polymerwerkstoffen (Bild 8.6).

Außer der Temperatur und der Art des Polymerwerkstoffs wird die Wärmeleitfähigkeit von Kunststoffen weiterhin von folgenden Parametern beeinflusst:

Druck

Aus den obigen Ausführungen kann direkt gefolgert werden, dass die Wärmeleitfähigkeit mit steigendem Druck zunimmt, da sich hierdurch die Dichte erhöht (Bild 8.7).

Kristallinitätsgrad

Wie Bild 8.7 am Beispiel von PE zeigt, steigt die Wärmeleitfähigkeit mit zunehmendem Kristallinitätsgrad an. Bei Kenntnis der Wärmeleitfähigkeiten der rein amorphen und der 100 % kristallinen Phase kann mit Hilfe der *Maxwell*schen Mischungsregel die Wärmeleitfähigkeit des teilkristallinen Kunststoffs bestimmt werden.

Orientierung

Verstreckrichtung

Aufgrund der vorgestellten verschiedenen Wärmeleitfähigkeiten zwischen den kovalenten und den van der Waalschen Bindungen weisen Makromoleküle, wie in Bild 8.8 dargestellt, in Verstreckrichtung eine erhöhte und senkrecht dazu eine reduzierte Wärmeleitfähigkeit auf.

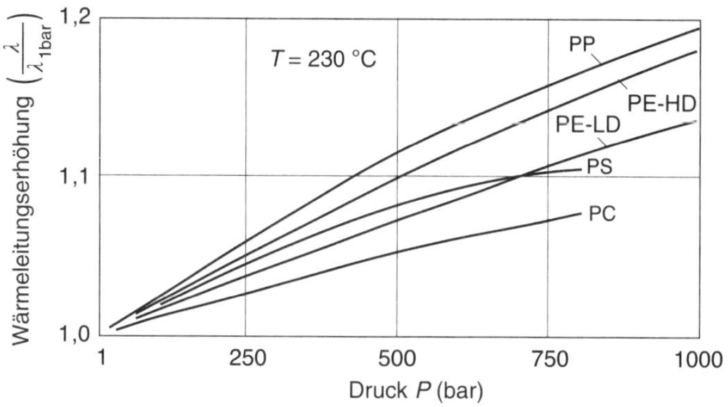

BILD 8.7 Änderungen der Wärmeleitfähigkeit verschiedener Polymere bei steigendem Druck (nach *Dietz*)

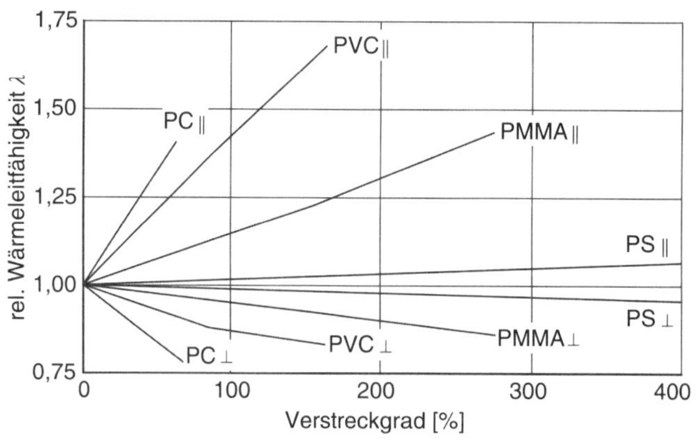

BILD 8.8 Anisotropie der Wärmeleitfähigkeit in Abhängigkeit vom Verstreckgrad

HINWEIS: Die elastischen Wellen breiten sich entlang der kettenständigen Atome wesentlich schneller aus als quer dazu.

Durch die Ausrichtung der Molekülketten in Verstreckrichtung kommt es zu der gezeigten Anisotropie. *Eiermann* hat folgenden formelmäßigen Zusammenhang gefunden, mit dem er die Wärmeleitfähigkeiten in den beiden Hauptorientierungsrichtungen mit der des unorientierten Polymers verknüpft:

$$\frac{1}{\lambda_{\parallel}} + \frac{2}{\lambda_{\perp}} = \frac{3}{\lambda_{iso}} \tag{8.8}$$

Molmasse und Seitengruppen

Nach *Hansen et al.* steigt die Wärmeleitfähigkeit linear mit der Quadratwurzel der mittleren Molmasse an, vgl. Bild 8.9. Je kurzkettiger die Makromoleküle in einem Polymer sind, desto weniger Wärme kann über Hauptvalenzen weitergeleitet werden, vielmehr muss die Wärme über die deutlich schlechter wärmeübertragenden Stellen zwischen den Molekülen (van der Waals-Bindungen) fließen. Erst bei sehr hohen Molmassen flacht der Kurvenverlauf ab.

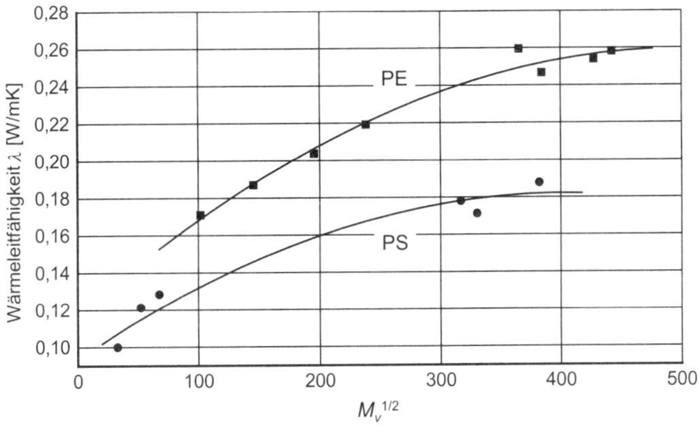

BILD 8.9 Wärmeleitfähigkeit in Abhängigkeit von der Molmasse

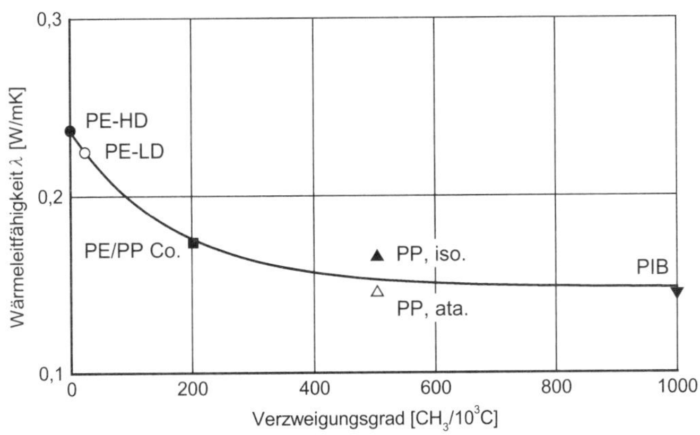

BILD 8.10 Wärmeleitfähigkeit in Abhängigkeit vom Verzweigungsgrad

Verzweigungsgrad

Bild 8.9 zeigt zudem, dass die Wärmeleitfähigkeit mit wachsendem Verzweigungsgrad stetig abnimmt (Bild 8.10).

Füllstoffe

Füllstoffanteil

Anorganische Füllstoffe haben eine höhere Wärmeleitfähigkeit als Kunststoffe. Dadurch nimmt die Wärmeleitfähigkeit der gefüllten Kunststoffe mit steigendem Füllstoffanteil zu (vgl. Bild 8.11). Der Abfall im Bereich der Kristallitschmelztemperatur ist – wenn auch schwächer – auch hier zu erkennen.

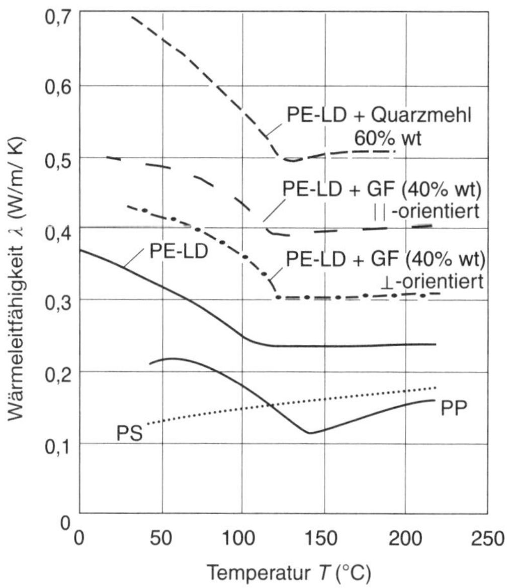

BILD 8.11 Füllstoffeinfluss auf die Wärmeleitfähigkeit (nach *Fischer*)

Schaumstoff

Eine Abschätzung des Füllstoffeinflusses von Gas, Metallpartikeln o. a. gestattet Bild 8.12. Es macht deutlich, wie sich einerseits ein sehr gut leitender Füllstoff (Metall) und andererseits Luft in den Zellen eines geschäumten Kunststoffs auf die Wärmeleitfähigkeit auswirken. Als Mischungsregel gilt nach *Knappe*:

$$\lambda_G = \frac{2\lambda_M + \lambda_F - 2\varphi_F(\lambda_M - \lambda_F)}{2\lambda_M + \lambda_F + \varphi_F(\lambda_M - \lambda_F)} \cdot \lambda_M \tag{8.9}$$

mit λ_G = Wärmeleitfähigkeit des Gemisches, λ_M = Wärmeleitfähigkeit der Matrix, λ_F = Wärmeleitfähigkeit des Füllstoffs, φ_F = Volumenanteil des Füllstoffs.

Diese Beziehung ist auch bei glasfaserverstärkten Kunststoffen bis zu Glasgehalten von 50 Vol.-% anwendbar.

Duroplaste unterscheiden sich in ihrer Wärmeleitfähigkeit nicht nennenswert von amorphen Thermoplasten, solange sie keine Füllstoffe enthalten.

Vernetzungsstellen

HINWEIS: Mit zunehmender Anzahl der Vernetzungsstellen im Molekülnetzwerk der Duroplaste verbessert sich das Wärmeleitvermögen.

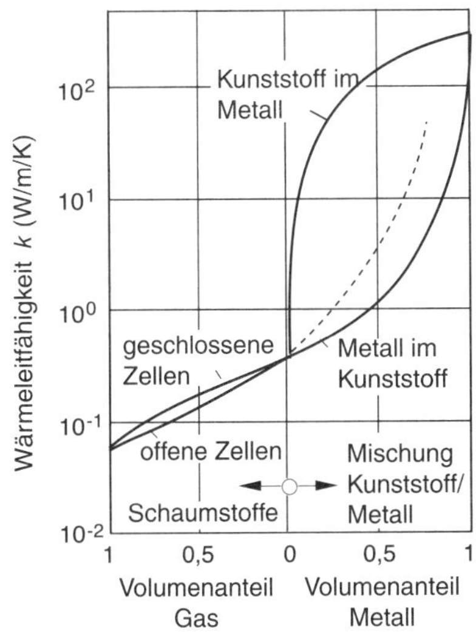

BILD 8.12 Wärmeleitfähigkeit von Kunststoffen, gefüllt mit Gas (Schaumstoff) oder Metall (nach *Knappe*)

8.1.5 Temperaturleitfähigkeit

Die Temperaturleitfähigkeit a bestimmt den zeitlichen Ablauf von instationären Wärmeleitungsvorgängen (Bilder 8.13 und 8.14). Sie resultiert aus der Fourier'schen Differentialgleichung (Gl. 8.10) als Verhältnis der Wärmeleitfähigkeit λ zur Wärmespeicherfähigkeit $\rho \cdot c_p$. Das Produkt $\rho \cdot c_p$ stellt die Wärmekapazität pro Volumeneinheit dar.

instationäre Wärmeleitung

$$\frac{\partial T}{\partial t} = \frac{\lambda}{\rho \cdot c_p} \frac{\partial^2 T}{\partial x^2} \tag{8.10}$$

$$\alpha = \frac{\lambda}{\rho \cdot c_p} \tag{8.11}$$

Die Temperaturleitfähigkeit hat bei teilkristallinen Kunststoffen eine Unstetigkeit am Schmelzpunkt, so dass Berechnungen erschwert werden. Diese Unstetigkeit ist auf die

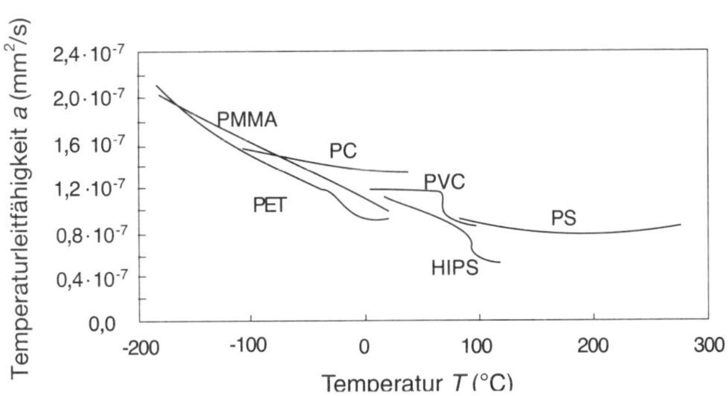

BILD 8.13 Temperaturleitfähigkeit in Abhängigkeit der Temperatur für amorphe Thermoplaste

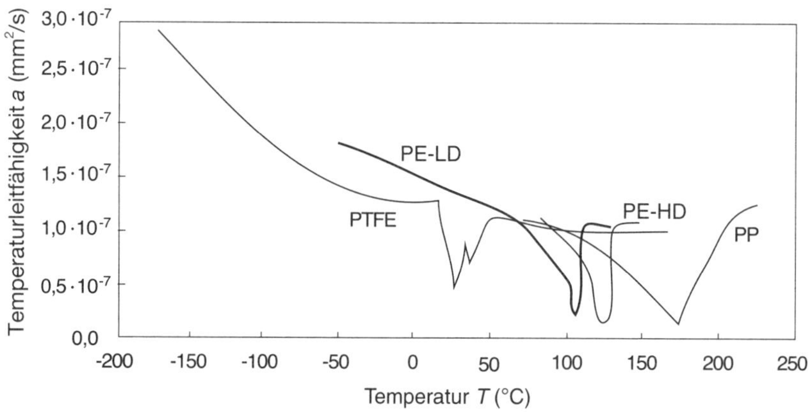

BILD 8.14 Temperaturleitfähigkeiten in Abhängigkeit der Temperatur für teilkristalline Thermoplaste

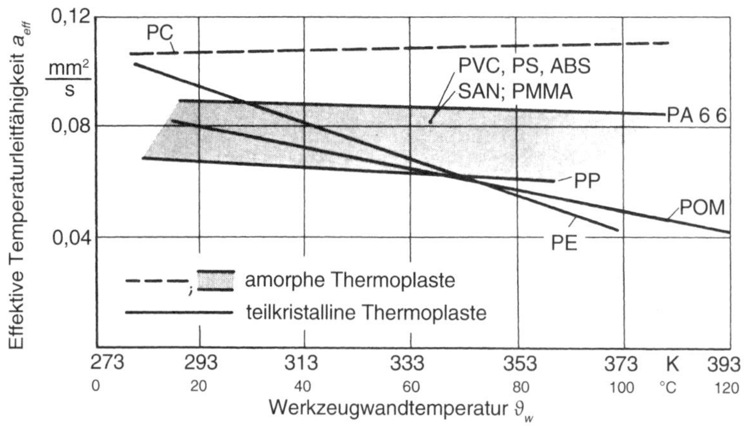

BILD 8.15 Effektive Temperaturleitfähigkeit verschiedener Thermoplaste (nach *Wübken*)

Abkühlgeschwindigkeit

Schmelzwärme der Kristallite zurückzuführen und hängt vom Kristallisationsgrad und damit von der Abkühlgeschwindigkeit ab. Für Abkühlberechnungen beim Spritzgießen hat es sich bewährt, bei teilkristallinen Kunststoffen die Werte über den gesamten Bereich von Schmelze bis Festkörper zu mitteln. Das macht das Berechnen einfacher; der Fehler ist gering (vgl. *Wübken*, der dies als „Effektive Temperaturleitfähigkeit" bezeichnet).

8.1.6 Wärmeeindringzahl

Von erheblichem praktischem Interesse ist die Wärmeeindringzahl

$$b = \sqrt{\lambda \cdot \rho \cdot c_p} \qquad (8.12)$$

Mit ihrer Kenntnis wird die Kontakttemperatur T_K bei Berührung zweier Körper A und B nach der Beziehung

$$T_K = \frac{b_A T_A + b_B T_B}{b_A + b_B} \tag{8.13}$$

errechnet. Darin bedeuten T_A, T_B die Temperaturen der sich berührenden Körper, sowie b_A, b_B die Wärmeeindringzahlen der beiden Werkstoffe (für Kunststoffe vgl. Tabelle 8.1).

TABELLE 8.1 Wärmeeindringzahl einiger Kunststoffe (nach *Catic*)

Kunststoff	Koeffizienten zur Berechnung der Wärmeeindringzahl b $b = a_b \cdot T + b_b$ (W · s$^{1/2}$/m^2 · K)	
	a_b	b_b
PE-HD	1,41	441,7
PE-LD	0,0836	615,1
PMMA	0,891	286,4
POM	0,674	699,6
PP	0,846	366,8
PS	0,909	188,9
PVC	0,649	257,8

Die Kontakttemperatur kann die bemerkenswerten Unterschiede bei der Berührung heißer Gegenstände aus Kunststoffen einerseits oder Metall andererseits erklären.

Die Kontakttemperatur wird vor allem auch benötigt, um bei der Berechnung von Werkzeugen (z. B. Spritzgießwerkzeuge) die Frage zu beantworten, wie hoch die Temperatur einer Werkzeugwand sein muss, damit die Kunststoffschmelze bei Berührung nicht sofort erstarrt, sondern schmelzeflüssig bleibt - oder umgekehrt.

8.1.7 Wärmeausdehnung

Die Wärmeausdehnung (Bild 8.16) wird mit dem Schmelzpunkt in Verbindung gebracht. Man erkennt, dass sich Polymerwerkstoffe gut in diese Kurve einpassen. Der Ausdehnungskoeffizient ist bei Kunststoffen im Anwendungsbereich nahezu unabhängig von der Temperatur und konstant. Er hat bei den Polyolefinen mit 1,5 bis 2 · 10^{-4} K^{-1} einen besonders großen Wert.

Ausdehnungskoeffizient

Durch Fasern und andere Füllstoffe wird die Wärmeausdehnung erwartungsgemäß herabgesetzt. Zur Berechnung genügt bei Füllstoffen in Pulver- oder Partikelform sowie bei Kurzfasern die Anwendung der Mischungsregel, vgl. Gl. (8.14). Bei durchgehender Faserverstärkung gilt diese Regel ebenfalls für die Ausdehnung in Richtung senkrecht zur Verstärkungsrichtung. In Richtung der durchgehenden Verstärkung bestimmen jedoch je nach Anteil die Fasern mit ihrem hohen *E*-Modul die Ausdehnung des gesamten Verbundes.

Bei Schichtlaminaten sind umfangreiche Berechnungen zur Bestimmung notwendig (Kontinuumstheorie, vgl. *Thebing*). Bei Faserverbundwerkstoffen mit Kohlenstofffasern und bei LC-Polymeren können in Faser- bzw. Orientierungsrichtung sehr niedrige bzw. auch negative Wärmeausdehnungskoeffizienten entstehen.

Für pulverförmige Füllstoffe gilt für den Wärmeausdehnungskoeffizienten des Verbundwerkstoffs:

$$\alpha_C = \alpha_K (1-\varphi_F) + \alpha_F \varphi_F \qquad (8.14)$$

mit den Wärmeausdehnungskoeffizienten des Compounds α_C, des Polymerwerkstoffs α_k, und des Füllstoffs α_F, sowie φ_F = Füllstoffanteil.

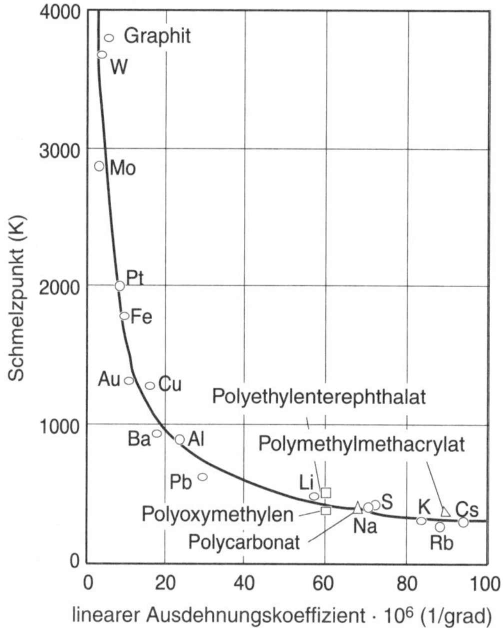

BILD 8.16 Wärmeausdehnung von Metallen und Kunststoffen bei 20 °C in Abhängigkeit von ihrem Schmelzpunkt (nach *Knappe*)

8.1.8 Glastemperatur (Einfriertemperatur)

Weichmacher

Die Glastemperatur ist, wie wir in Abschnitt 4.2 schon gesehen haben, von den Nebenvalenzkräften abhängig. Wird sie durch Lösungsmittel, wie z. B. Weichmacher oder Gleitmittel herabgesetzt, dann kann man sie ebenso wie bei Gemischen von verträglichen Polymeren mit der Gleichung

$$T_{gC} = \frac{\varphi_P \cdot \alpha_P \cdot T_{gP} - (1-\varphi_P) \cdot T_{gL}}{\alpha_P \cdot \varphi_P + (1-\varphi_P) \cdot \alpha_L} \qquad (8.15)$$

errechnen, mit α = Wärmeausdehnungskoeffizient, φ = Volumenanteil des Polymers im Gemisch, T_g = Einfrier- (Glas-)Temperatur, Index P = Polymer, Index L = Lösungsmittel, Index C = Gemisch.

Gleitmittel

Auch Stabilisatoren, Gleitmittel und ähnliche Hilfsstoffe der Verarbeitung wirken in dieser Weise. Es gilt die Faustregel: 1 Vol.-% Gleitmittel o. ä. entspricht einer Abnahme der Glastemperatur T_g um 2 K.

Bei Gemischen von unverträglichen Polymeren erhält man zwei Einfriertemperaturen. So zeichnen sich z. B. in der Kurve sowohl des Schubmoduls als auch des Verlustmoduls (ausgedrückt durch das logarithmische Dekrement in Bild 6.44) diese beiden Einfriertemperaturen (Bereich II in Bild 6.44) deutlich ab.

Unverträglichkeit

8.2 Messung kalorischer Daten

Die Ermittlung kalorischer Daten ist dank moderner Analysengeräte mit großer Genauigkeit möglich. Sie sind ein sehr wichtiges Mittel der Analyse, Konstruktion und Qualitätsprüfung geworden. Die dabei ermittelten Daten erlauben eine gute Einsicht in chemische und strukturelle Vorgänge. Dafür werden zudem meist nur minimale Mengen von einigen Gramm an Probenmaterial benötigt. Die Kenntnis exakter kalorischer Materialwerte in Abhängigkeit der verschiedenen Einflussgrößen ist erforderlich, um die Vorhersagegenauigkeit von Simulationsrechnungen, z. B. beim Füllverlauf einer Kavität im Spritzgießwerkzeug, ausreichend genau zu ermitteln.

Simulation

8.2.1 Messung der Wärmeleitfähigkeit

Die Wärmeleitfähigkeit λ wird meist nach DIN 52612 gemessen. Problematisch gestaltet sich die kontinuierliche Messung von λ vom Feststoff bis hinein in den Schmelzebereich. Die standardmäßig angewendeten 2-Platten-Messgeräte können konstruktionsbedingt häufig nur bis in die Nähe des Erweichungspunkts messen.

Schmelzebereich

2-Platten-Messgerät

Ein Messverfahren, das diesen Nachteil umgeht, arbeitet nach der so genannten „Line Source Method“, einer linienförmigen Wärmequelle (Bild 8.17).

Line-Source-Methode

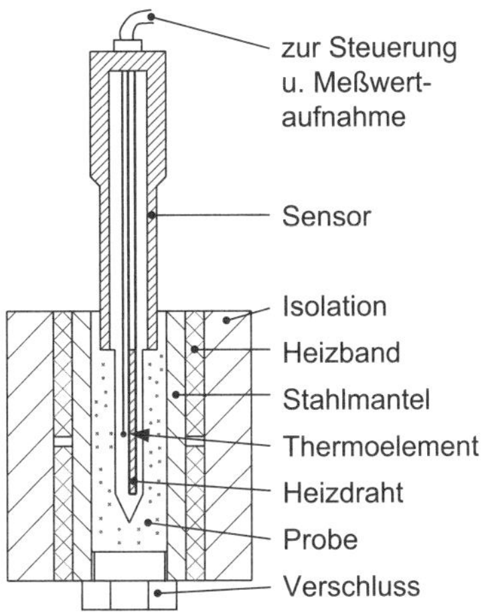

BILD 8.17 Messaufbau zur Bestimmung der Wärmeleitfähigkeit nach der „Line Source Method“

Wie in Bild 8.17 dargestellt, wird ein schlanker Sensor in die mit Schmelze gefüllte Messkammer eingetaucht. Der im Innern des Sensors liegende Heizdraht (linienförmige Wärmequelle) erwärmt die zylindrische Probe entlang des gesamten Drahtes radial mit einer definierten Heizrate. Dadurch stellt sich im mittleren Bereich des Heizdrahts näherungsweise ein eindimensionaler Wärmestrom in radialer Richtung ein. Unmittelbar neben dem Heizdraht befindet sich ein Thermoelement auf der Hälfte der gesamten Heizdrahtlänge. Es registriert den Temperaturanstieg in Abhängigkeit von der Zeit (Bild 8.18). Befindet sich ein Material mit guter Wärmeleitfähigkeit in der Messkammer, fließt die von dem Heizdraht eingebrachte Wärme unmittelbar in die Probe ab. Das Thermoelement am Heizdraht registriert in diesem Fall eine geringere Zunahme der Temperatur als bei der Untersuchung eines schlecht wärmeleitfähigen Polymers, bei der sich eine größere Temperaturzunahme am Heizdraht einstellt.

Heizdraht

Mit folgender, aus der Fourier'schen Differentialgleichung abgeleiteten, Formel erfolgt die Auswertung für dieses Messverfahren:

$$\lambda = \frac{Qk}{4\pi l} \cdot \frac{\ln\left(\frac{t_2}{t_1}\right)}{T_2 - T_1} \tag{8.16}$$

mit Q = Wärmemenge, k = Gerätekonstante, l = Heizdrahtlänge.

Die Zeit- und Temperaturdifferenz wird im Bereich des quasi-stationären Zustands konstanter Erwärmung durch eine Tangente an die gemessene Kurve angenähert und abgegriffen. Die ersten Messpunkte werden nicht berücksichtigt, um eine Verfälschung des Ergebnisses durch Anlaufvorgänge zu vermeiden.

Kontaktwiderstand

hydrostatischer Druck

transient

Phasenumwandlung

Temperaturabhängigkeit

Wichtig ist, dass der nadelförmige Sensor komplett von der Probe umschlossen ist. Sonst kommt es zur Verfälschung der Messergebnisse aufgrund des unbekannten Kontaktwiderstands. Die Messkammer kann mit Druck beaufschlagt werden, so dass auch die Ermittlung der Wärmeleitfähigkeit als Funktion des hydrostatischen Drucks möglich ist. Gegenüber dem herkömmlichen 2-Platten-Verfahren, bei dem λ im stationären Zustand ermittelt wird, bietet dieses Verfahren wegen seiner transienten Messmethode Zeitvorteile. Jedoch kann es im Bereich von Phasenumwandlungen (Aufschmelzen von Kristalliten) zu Messwertverfälschungen kommen. Zur präziseren Simulation der Wärmeverhältnisse beim Abkühlen eines Bauteils ist streng genommen die Wärmeleitfähigkeit nicht nur bei verschiedenen Temperaturen anzusetzen. Im Falle von teilkristallinen Thermoplasten

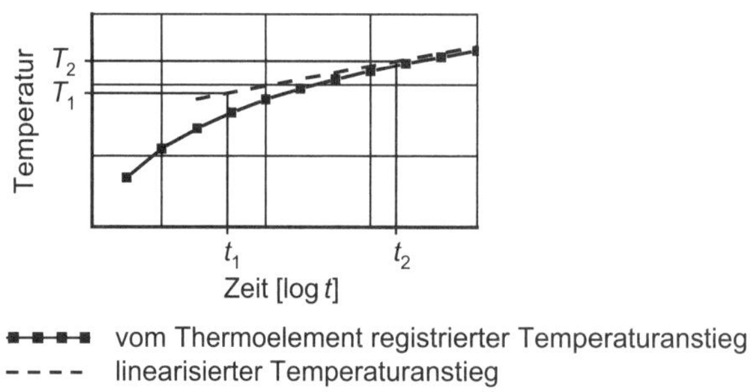

BILD 8.18 Gemessener Temperaturanstieg nach einer Messung mit dem Messaufbau für die Wärmeleitfähigkeit aus Bild 8.17

wäre der unterschiedliche Kristallisationsgrad (abhängig von den Abkühlgeschwindigkeiten) in der Rechnung zu berücksichtigen. Die Ermittlung dieser Abhängigkeiten ist bei stationären Messungen unmöglich, da sich während der Messung immer ein bestimmter materialbedingter Kristallisationsgrad einstellen wird.

Kristallisationsgrad

8.2.2 Messung der Dichte

Dichtegradientenmethode

Eine sehr einfache und häufige Art der Dichtebestimmung bietet die so genannte DichtegradientenmethodeDichtegradientenmethode (genau beschrieben in ISO/R 1183), wobei in ein Standglas eine Flüssigkeit eingefüllt wird, deren Dichte von unten nach oben abnimmt. Die Flüssigkeit besteht für die Bestimmung von Dichten $\rho < 1$ g/cm^3 aus einem Gemisch von Wasser und Alkoholen und für höhere Dichten aus wässrigen Salzlösungen. Die Eichung erfolgt mit speziellen Prüfkörpern, die nach DIN 53451 festgelegt sind.

Schließlich wird neuerdings mehr und mehr das „Durchfluss-Dichtemessgerät“ benutzt. Hier stellt man zunächst die Dichte der Flüssigkeit durch Zumischen von z. B. Ethanol zu Wasser (für Kunststoffe mit Dichten von $\rho_K < 1$vg/cm^3) auf die Dichte des Kunststoffs ein, so dass Späne des zu messenden Kunststoffs gerade schweben. Die Dichte der Flüssigkeit wird dabei durch Ultraschall gemessen.

Heliumpyknometrie

Alternativ kann die Dichte mit Hilfe der Heliumpyknometrie bestimmt werden. Diesem Messverfahren liegt die isotherme Zustandsänderung eines idealen Gases zugrunde. Es wird das heliumverdrängende Volumen einer Probe bestimmt. Dazu wird die Probe in eine Probenkammer gefüllt, deren Volumen aus einer vorangegangenen Kalibrierung exakt bekannt ist. Über ein Einlassventil wird die Probenkammer bis zu einem Druck p_1 gefüllt und der Gleichgewichtsdruck erfasst. Danach wird ein Expansionsventil geöffnet und das Helium expandiert in den Expansionsraum, dessen Volumen wiederum exakt bekannt ist. Es stellt sich der Druck p_2 ein. Das Probevolumen ergibt sich dann aus der Gleichung:

$$p_1 (V_{PR} - V_P) = p_2 (V_{PR} + V_{EP} - V_P) \tag{8.17}$$

mit p_1 = Druck in der Probekammer, p_2 = Druck nach Expansion, V_{PR}, V_P, V_{EP} = Probenraum-, Probe-, Expansionsraumvolumen.

8.2.3 Thermische Zersetzung von Kunststoffen (vgl. Abschnitte 5.1.3.2 und 15.7.2)

Als organische Werkstoffe sind Kunststoffe bei höheren Temperaturen von Kettenbruch, Abspaltung von Substituenten und Oxidation bedroht. Dieser Abbau (siehe Bild 5.30) gehorcht im Allgemeinen einer Reaktion, die mit einem Arrheniusansatz beschrieben werden kann. Die Verweilzeit, in der noch kein unzumutbarer Abbau eintritt, folgt der Funktion:

Abbau

Arrhenius-Gesetz

$$t_{erlaubt} \sim e^{\left(\frac{A}{R \cdot T}\right)} \tag{8.18}$$

mit A = Aktivierungsenergie, R = Gaskonstante und T = absolute Temperatur.

Bei Formmassen, die brennbare Kohlenwasserstoffe abspalten, kann in einfacher Weise mit dem in Bild 8.19 gezeigten Versuch der Flammpunkt bestimmt werden; bei PVC wird man anstelle der Flamme eine Waschflasche mit z. B. Natronlauge benutzen und hiermit den Umsatz an Chlor als Maß der Abspaltung von Chlor bestimmen.

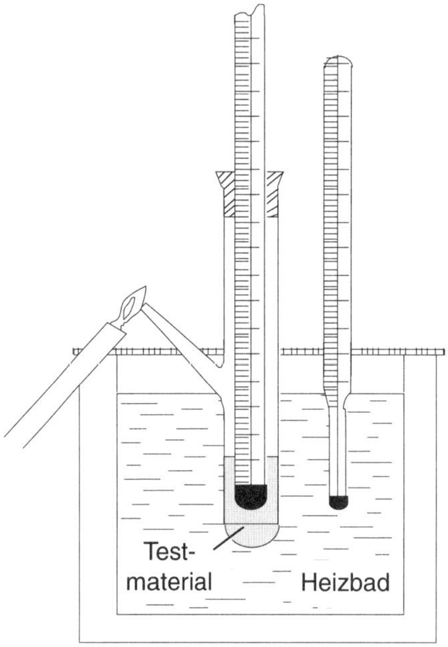

BILD 8.19 Flammpunktbestimmung (nach *BASF*)

TGA

Eine andere, heute sehr häufig benutzte Methode, um die Zersetzungs- bzw. Abbauresistenz bei hohen Temperaturen zu ermitteln, ist die Thermogravimetrie (TGA). Hier wird der Prüfling auf einer hochgenauen Waage liegend in Luft oder unter Schutzgas erwärmt. Dabei wird die Gewichtsänderung beobachtet (vgl. Abschnitt 8.2.6).

Ein sehr praktischer Test ist die Kontrolle der Farbveränderung im so genannten Ofentest. Es wird z. B. zur Prüfung der Wirkung von Verarbeitungshilfsmitteln (Wärmestabilisatoren) ein unterschiedlich lange durch Kneten behandeltes Polymer anschließend zu einer Platte gepresst und dann die Zeit bis zu einer bestimmten Verfärbung bei Lagerung in einem Ofen bei höherer Temperatur als Maß für die Wirkung des Additivs ermittelt.

8.2.4 Wärmeformbeständigkeit

Vicat-Temperatur

Heat-Distortion-Temperatur

Neben den physikalischen, kalorischen und mechanischen Kennwerten haben sich auch einige technologische Größen als Maß für die Einsatzgrenze von Kunststoffen bei höheren Temperaturen eingebürgert. Es sind dies die Vicat-Temperatur nach DIN EN ISO 306 und VDE 0302/III (vgl. Bild 8.20), die Martens-Temperatur nach VDE 0302/III und die Heat-Distortion-Temperatur nach DIN EN ISO 75-1/2 und ASTM D 648 (vgl. Bild 8.21).

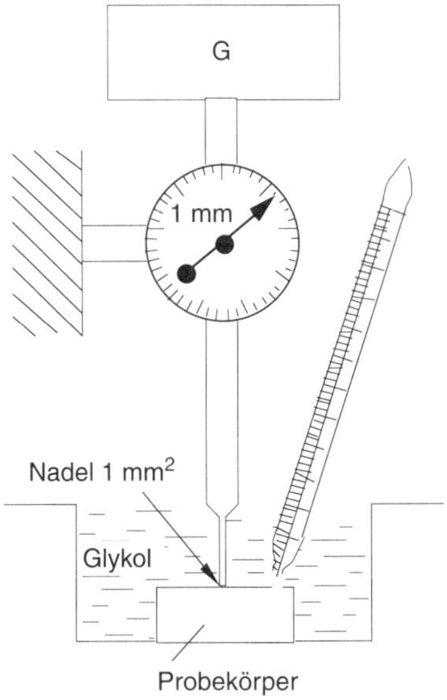

BILD 8.20 Apparatur zur Bestimmung der Vicat-Wärmeformbeständigkeit (nach *BASF*)

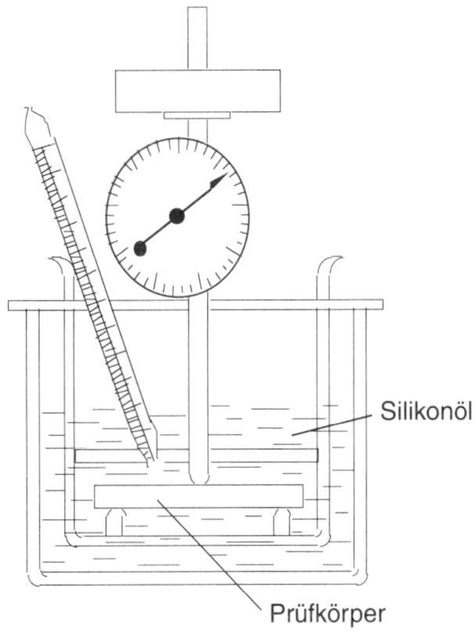

BILD 8.21 Bestimmung der Heat-Distortion-Temperatur (HDT) (nach *BASF*)

8.2.4.1 Die Vicat-Temperatur (DIN EN ISO 306)

Eine mit einem Gewicht belastete Nadel drückt auf den in einem Glykolbad liegenden Kunststoff (vgl. Bild 8.20). Das Glykolbad wird gleichmäßig beheizt; als Vicat-Zahl bzw. Vicat-Temperatur wird diejenige Temperatur festgehalten, bei der die Nadel 1 mm tief in das Polymer eingedrungen ist. Der Vorteil dieser technologischen Prüfung ist, dass die Messwerte kaum von der Fertigung beeinflusst werden. Die praktische Dauereinsatzgrenze von Thermoplasten, bei der sich Formteile noch nicht unter ihrem Eigengewicht unzulässig verformen, liegt ca. 15 K unter der Vicat-Temperatur.

8.2.4.2 Die Heat-Distortion-Temperatur (HDT) (ASTM D 648-72)

Bei der Bestimmung der HDT liegt ein Normstab im Flüssigkeitsbad auf zwei Schneiden im Abstand von 10 cm auf. Auf seine Mitte wirkt eine Biegebelastung. Die Temperatur, bei der sich der Stab in dem sich erwärmenden Bad um 0,2 mm bis 0,3 mm (je nach Höhe der Probe) durchgebogen hat, wird als HDT angegeben (Bild 8.21).

Während die Vicat-Temperatur von der Herstellung und Vorbehandlung des Prüfkörpers verhältnismäßig unabhängig ist, werden die Heat-Distortion-Werte von der Formgebung und Vorbehandlung des Prüfkörpers beeinflusst. Vorbehandlung

Die HDT hat die früher in Deutschland benutzte Methode der „Martenszahl" etwas verdrängt. Bei dieser misst man die Temperatur, bei der sich ein einseitig eingespannter, genormter Biegebalken (Prüfling) um 6 mm durchgebogen hat. Der Prüfling befindet sich in einem umluftbeheizten Ofen, der mit konstanter Geschwindigkeit hochgeheizt wird.

Spannung

Die Frage nach der Dauergebrauchstemperatur von Formteilen aus Kunststoffen lässt sich mit diesen Methoden nicht eindeutig beantworten. Denn unter der Wirkung einer Spannung tritt eine Deformation früher und stärker ein als in einem spannungslosen Teil. Dabei ist es gleichgültig, ob es sich hierbei um eine äußere Spannung handelt oder eine innere, wie sie in unterschiedlichen Ausmaßen bei der Verarbeitung (Eigenspannungen) entstehen kann.

8.2.5 Thermoanalyse

kalorische Messgeräte

In den letzten Jahren haben sich einige physikalische, sogenannte kalorische Messgeräte für die Bestimmung thermodynamischer Daten in breitem Maße für die Prüfung in der Fertigung und in der Anwendung von Kunststoffbauteilen durchgesetzt.

8.2.5.1 Die Differential-Thermoanalyse (DTA)

DTA

Übergangstemperaturen

Die DTA dient zur Untersuchung von Reaktionen, die in kurzer Zeit (Sekunden bis Minuten) ablaufen und mit einer messbaren Wärmetönung (>0,04 J/g) verknüpft sind. In der Regel erfolgt die Messung dynamisch, d. h. bei linearer Temperaturänderung, doch sind auch isotherme Messungen möglich. Die DTA wird hauptsächlich zur Bestimmung von Übergangstemperaturen benutzt. Das Prinzip der Anordnung gibt Bild 8.22 wieder.

Thermospannung

In einem linear aufheizbaren Ofen werden die Probe *P* und eine inerte Substanz *V* in Schälchen untergebracht. Beide enthalten je ein Thermoelement. Die Thermosonden sind einander entgegengesetzt geschaltet, so dass keine Thermospannung auftritt, solange *P*

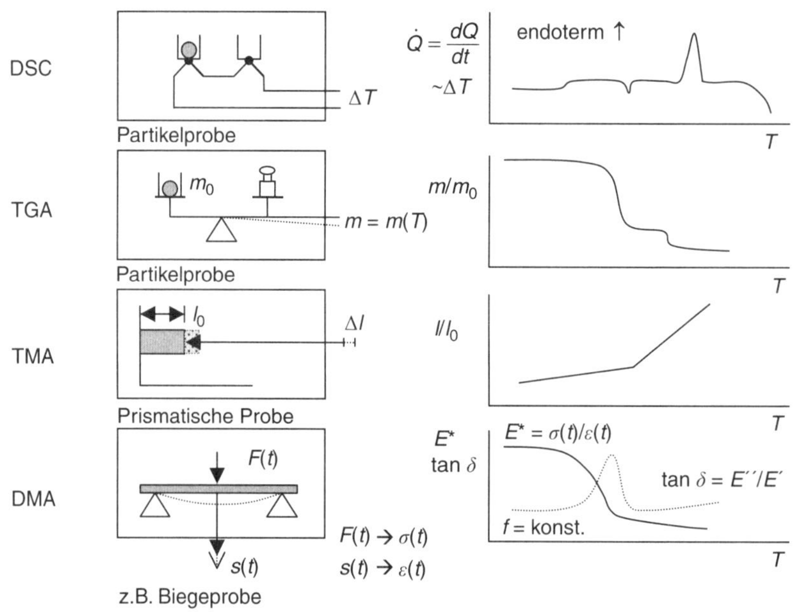

BILD 8.22 Prinzip der Differential-Thermoanalyse

und V die gleiche Temperatur aufweisen:

$$\Delta T = T_P - T_V = 0 \tag{8.19}$$

Findet demgegenüber in der Probe z. B. bei der Temperatur T_U eine Umwandlung statt, so wird Wärme verbraucht oder freigesetzt und es gilt $\Delta T \neq 0$. In diesem Fall tritt eine Thermospannung auf, die (bzw. deren zeitliche Veränderung) registriert wird und Aussagen über Reaktionstemperatur T_U, Reaktionswärme ΔH und Reaktionsablauf ermöglicht.

Bild 8.23 zeigt die Temperaturverläufe und den endothermen Schmelzpunkt bei der Aufheizung einer Probe sowie die sich daraus ergebenden Funktionen $\Delta T = f(T_V)$ und $\Delta T = f(T_P)$. Ein Vergleich von Bild 8.23b und c zeigt, dass zur reinen Ermittlung einer Umwandlungstemperatur (z. B. Schmelztemperatur) die Aufzeichnung über der Probentemperatur T_P günstiger ist.

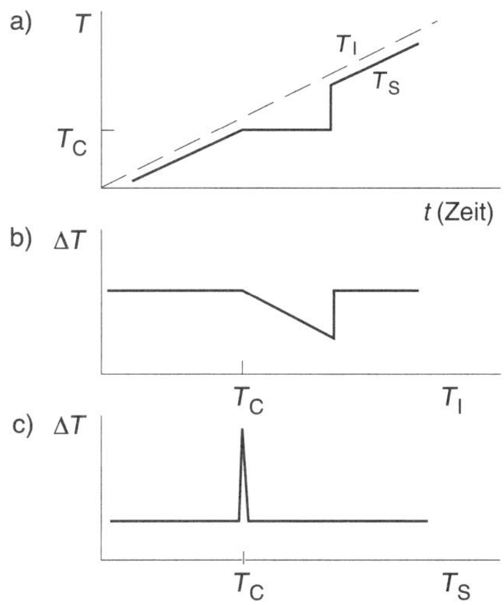

BILD 8.23 Temperaturverläufe beim Schmelzen kristalliner Proben

8.2.5.2 Differential-Scanning-Calorimetry (DSC)

Die DSC-Zelle gestattet die Ermittlung von Wärmetönungen im Temperaturbereich von −180 °C bis +600 °C. Die DSC-Zelle unterscheidet sich von der DTA-Zelle dadurch, dass die Thermoelemente nicht direkt in der Probe bzw. Vergleichssubstanz sitzen. Vielmehr sind die Proben in kleinen Aluminiumpfännchen eingebettet; die Thermoelemente berühren die Pfännchen außen (Bild 8.24a). DSC

Als Vergleichssubstanzen dienen Stoffe, die keine Umwandlungen im Messbereich besitzen, wie z. B. Luft oder Glaspulver. Für die Eichung benutzt man Quecksilber, Zinn, Zink oder andere Substanzen mit genau bekannten thermischen Eigenschaften. Allgemein benötigt man geringere Probenmengen im mg-Bereich (< 10 mg) im Gegensatz zur DTA-Analyse, wo im g-Bereich (< 10 g) gearbeitet werden muss. Nachteil der DSC-Analyse ist eine gegenüber der DTA geringere Empfindlichkeit.

Probenmenge

Empfindlichkeit

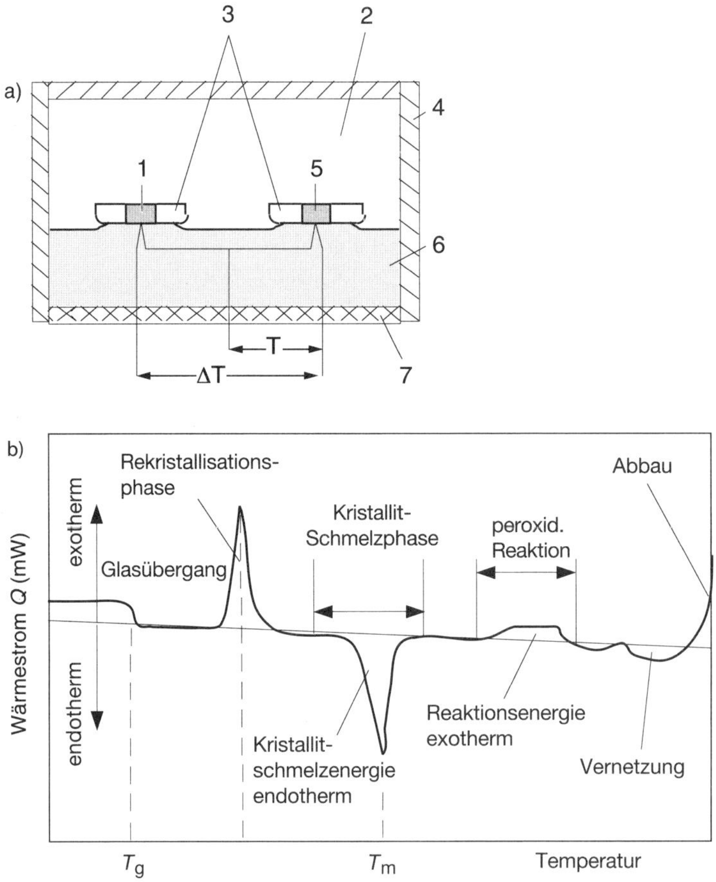

BILD 8.24 DSC-Messeinrichtung (a) (Prinzipbild nach DuPont) und typischer DSC-Messschrieb (b), Erläuterungen siehe Text.
1) Probe, 2) Inertgasatmosphäre, 3) Pfännchen, 4) Druckkammer, 5) Vergleichsprobe, 6) Konstantahnblock, 7) Heizung

Schmelzpunkt, Schmelzwärme

In Bild 8.24b ist eine an einem teilkristallinen Material gemessene DSC-Kurve dargestellt. Die in diesem Bild zwischen dem Kurvenzug und der Basislinie eingeschlossene Fläche ist ein direktes Maß für die zur Umwandlung (hier Schmelzen) benötigte Wärmemenge ΔH, d. h. die Schmelzwärme.

Kristallisationsgrad χ

Der Kristallisationsgrad wird bestimmt durch das Verhältnis der Schmelzewärme der Polymerprobe ΔH_{SC} und der Schmelzwärme für eine 100 %ige kristalline Probe ΔH_C:

$$\frac{\Delta H_{SC}}{\Delta H_C} = \chi \qquad (8.20)$$

In Tabelle 8.2 sind einige ΔH_C-Werte für wichtige Polymere zusammengestellt; weitere Werte findet man bei *van Krevelen*.

TABELLE 8.2 Schmelzenthalpie ΔH_C und Schmelztemperatur T_m einiger Kunststoffe

Kunststoff		ΔH_C (kJ/mol)	T_m (°C)
Polyethylen	PE-LD	8,0	105 bis 110
	PE-HD	8,0	130 bis 135
Polypropylen		8,7	160 bis 165
Polyamid 6		22	223
Polyamid 66		44	265
Polyamid 610		60	223

Einfriertemperatur

Glaspunkt

Amorphe Polymere zeigen am Glaspunkt T_g einen Sprung in ihrer spezifischen Wärme, der mit Hilfe der DSC nachgewiesen werden kann (vgl. Bild 8.24b, Erweichungstemperatur). Eine solche Substanz zeigt im DSC-Diagramm nur eine Verschiebung der Nulllinie, die Höhe der Verschiebung ist proportional dem Sprung in der spezifischen Wärme. Der Glaspunkt T_g wird durch den Wendepunkt in der Kurve festgelegt. Man kann auch das Freisetzen von Eigenspannungen auf diese Art beobachten.

Spezifische Wärme

Wärmekapazität

Mit Hilfe der DSC wird auch die spezifische Wärme c_p. bestimmt. Das Gerät wird bei einer bestimmten Temperatur angehalten (T = const.), so dass sich Temperaturdifferenzen in der Zelle ausgleichen können. Danach heizt man mit konstanter Heizrate weiter. Die Probe mit der höheren Wärmekapazität wird eine größere Wärmemenge aufnehmen, wodurch sich die in Bild 8.25 dargestellte Differenz Δy ergibt. Die Verschiebung Δy ist proportional zur Differenz der Wärmekapazität der Mess- und einer Vergleichsprobe (im Allgemeinen leeres Aluminiumpfännchen).

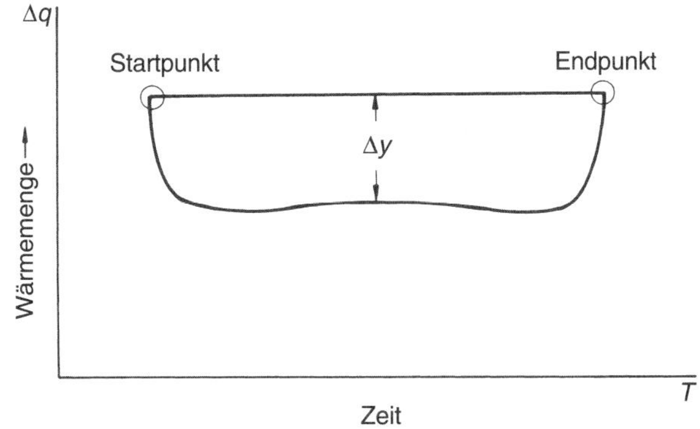

BILD 8.25 Bestimmung der spezifischen Wärme

Thermische Stabilität

Oxidation
Vernetzung

Da eine thermische Zersetzung im Allgemeinen mit einer exothermen Reaktion (Oxidation) verbunden ist, zeigt sich dies im DSC-Schrieb. Bei weiterer Erwärmung treten Vernetzungsreaktionen und schließlich Kettenabbau auf, vgl. Bild 8.24b rechts.

8.2.5.3 Thermomechanische Analyse (TMA)

TMA

Mit der thermomechanischen Analyse (TMA) wird – ähnlich wie bei der Vicatprüfung (Bild 8.20) – über Penetration die Wärmeformbeständigkeit gemessen, wozu die Probe linear aufgeheizt wird (Bild 8.26). Die Genauigkeit ist so groß, dass die meisten Geräte auch zur linearen Dilatometrie benutzt werden können. Man kann mit diesem Gerät daher sowohl den Wärmeausdehnungskoeffizienten α als auch die Einfriertemperatur messen.

Wärmeausdehnungskoeffizient

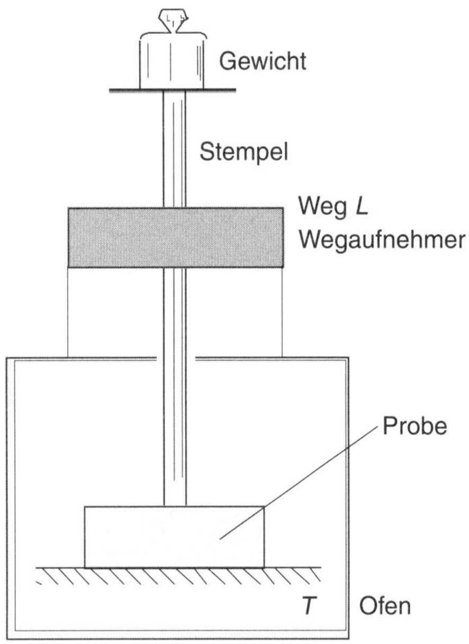

BILD 8.26 Thermomechanische Analyse TMA (Schema)

In diesem Fall wird die Probe in das Messgerät eingebracht und der Stempel mit einer geeigneten Belastung aufgesetzt. Um ggf. bei Temperaturen unter Raumtemperatur mit der Messung beginnen zu können, kann man Probe, Ofen und Stempel in flüssigem Stickstoff abkühlen. Aus dem Messschrieb wird der lineare Ausdehnungskoeffizient α nach folgender Definition bestimmt:

$$\alpha = \frac{1}{L_0} \cdot \frac{\Delta L}{\Delta T} \tag{8.21}$$

Für isotrope Stoffe gilt näherungsweise der Zusammenhang zwischen dem linearen (α) und dem kubischen (γ) Ausdehnungskoeffizienten:

$$\gamma = 3\alpha \tag{8.22}$$

8.2.6 Dynamisch-mechanische Analyse (DMA)

Diese Prüfmethode wurde bereits in Abschnitt 6.2.1.1 näher erläutert. Grundsätzlich können Proben mit DMA-Geräten unter vier verschiedenen Beanspruchungsarten untersucht werden: DMA

- Schwingung unter konstanter Frequenz,
- Schwingung unter Resonanzfrequenz,
- statisch als Spannungsrelaxation,
- statisch als Kriechen.

Die am häufigsten angewendete Versuchsart ist die Schwingung unter konstanter Frequenz, wobei zusätzlich die Temperatur (Temperatursweep) oder in diskreten Stufen die Prüffrequenz (Frequenzsweep) variiert wird.

8.2.7 Thermogravimetrie (TGA)

Mit Hilfe des thermogravimetrischen Analysators lassen sich Gewichtsänderungen ($\geq$ 10 µg) in Abhängigkeit von Temperatur und Zeit messen. Dies ist ein Maß für die Wärmebeständigkeit. Das System beruht auf dem Prinzip einer Balkenwaage. Der Probenraum ist beheizbar (bis ca.1.200 °C) und mit Gasen (inerten oder reaktiven) spülbar. Es sind Messungen bei konstanten Heizraten ($\leq$ 100 K/min) und bei isothermer Reaktionsführung möglich. Das Maximalgewicht ist auf 500 mg begrenzt. Das Verfahren erlaubt eine schnelle Bestimmung des Zeitpunkts, an dem in einem Polymer der thermische Abbau einsetzt. TGA

8.2.8 Druck-Volumen-Temperatur-Verhalten (pvT)

Für das Spritzgießen mit seinen hohen Drücken und deren beachtlicher Wirkung auf das Volumen der Schmelze hat sich als ein hervorragendes Mittel für die Darstellung des Verhaltens eines Kunststoffes das pvT-Verfahren bewährt. Hierbei wird das spezifische Volumen (Dichte) v über der Temperatur aufgetragen, wobei die isobaren Drücke p als Parameter dienen. Ein solches Diagramm ist schon in Bild 6.3 für einen amorphen Thermoplasten vorgestellt worden. Die pvT-Kurven teilkristalliner Thermoplaste (vgl. Bild 6.4 unten) weisen am Kristallitschmelzpunkt eine Stufe auf, welche durch die spontane Änderung des spezifischen Volumens hervorgerufen wird. In der Realität ist die Stufe nicht abrupt, sondern abgerundet, da die Kristallite über einen gewissen Temperaturbereich aufschmelzen.

Als Messgerät benutzt man beheizte Hochdruckzellen, in denen der Werkstoff aufgeschmolzen und wieder abgekühlt wird. Dabei werden die Drücke und Temperaturen durch Sensoren gemessen und aus der Kolbenstellung das Volumen errechnet (vgl. Bild 8.27).

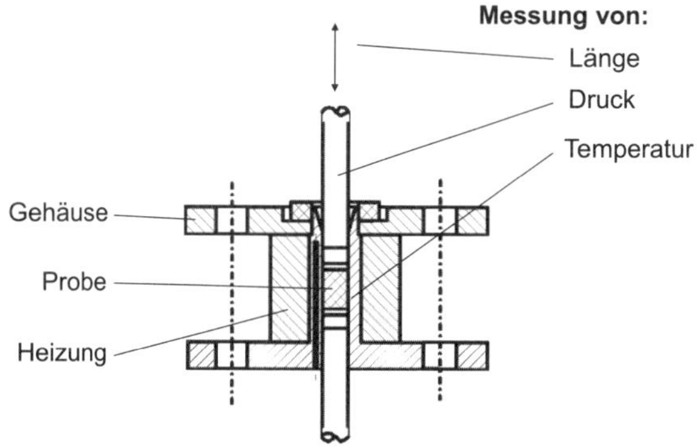

BILD 8.27 Messgerät zur Bestimmung des Druck-Volumen-Temperatur-Verhaltens (pvT) (Schema)

8.2.9 Wärmeübergang

Abschließend sei erwähnt, dass der Wärmeübergang nach den üblichen Regeln der Wärmeübertragung zu ermitteln ist, wie sie beispielsweise in den Werken von Dubbel oder Hütte dargestellt sind.

Literatur zu Kapitel 8

Baur, E., Brinkmann, S., Osswald, T., Schmachtenberg, E.: Saechtling Kunststoff-Taschenbuch, 30. A. München: Carl Hanser Verlag, 2007

Beitz, W., Grote, K.-H.: Dubbel – Taschenbuch für den Maschinenbau. Berlin, Heidelberg: Springer-Verlag, 2007

Bieling, U.: Ermittlung mechanischer und thermischer Eigenschaften kohlenfaserverstärkter Kunststoffe. Dissertation, RWTH-Aachen, 1983

Dietz, W.: Bestimmung der Wärme- und Temperaturleitfähigkeit von Kunststoffen bei hohen Drücken. *Kunststoffe* **66** (1976) 3, S. 161–167

Ehrenstein, G., Riedel, G., Trawiel, P.: Praxis der Thermischen Analyse von Kunststoffen. München: Carl Hanser Verlag, 2003, S. 185–254

Eiermann, K.: Modellmäßige Deutung der Wärmeleitfähigkeit von Hochpolymeren – Teil 1: Amorphe Hochpolymere. *Kolloid-Zeitschrift und Zeitschrift für Polymere* **198** (1964) 1–2, S. 5–16

Eiermann, K.: Modellmäßige Deutung der Wärmeleitfähigkeit von Hochpolymeren – Teil 2: Verstreckte amorphe Hochpolymere. *Kolloid-Zeitschrift und Zeitschrift für Polymere* **199** (1964) 2, S. 125–128

Eiermann, K.: Modellmäßige Deutung der Wärmeleitfähigkeit von Hochpolymeren – Teil 3: Teilkristalline Hochpolymere. *Kolloid-Zeitschrift und Zeitschrift für Polymere* **201** (1964) 1, S. 3-15

Hansen, D., Ho, C. C.: Thermal Conductivity of High Polymers. *Journal of Polymer Science* Part A (1965) **3**, S. 659–670

Haberstroh, E.: Analyse von Kühlstrecken in Extrusionsanlagen. Dissertation, RWTH Aachen, 1981

Hering, E., Martin, R., Stohrer, M.: Physik für Ingenieure. Düsseldorf: VDI-Verlag, 1992

Henning, J.: Thermische Eigenschaften. In: Schreyer, G. (Hrsg.), Konstruieren mit Kunststoffen; Teil 2 Abschnitt 4.5. München: Carl Hanser Verlag, 1972.

Czichos, H., Hennecke, M.: Hütte – Das Ingenieurwissen. Berlin, Heidelberg: Springer-Verlag, 2007

Knappe, W.: Wärmeleitung in Polymeren. *Advances in Polymer Science* **7** (1970), S. 477–535

Ku, C., Liepins, R.: Electrical Properties of Polymers, Chemical Principles. München: Carl Hanser Verlag, 1987

Lobo, H., Cohen, C.: Measurement of Thermal Conductivity of Polymer Melts by the Line Source Method. Proceedings of the 46th Annual Technical Conference (ANTEC) of the Society of Plastics Engineers (SPE). Atlanta, Georgia, USA, 1988

N.N.: Heliumpyknometrie – eine einfache Methode zur genauen Bestimmung der Dichte von Pulvern und Festkörpern. Micrometrics GmbH, Neuss. Sonderdruck aus *Keramik-Ingenieur* **4**/1993

Schreyer, G.: Konstruieren mit Kunststoffen. München: Carl Hanser Verlag, 1972

Van Krevelen, D. W.: Properties of Polymers. Amsterdam: Elsevier Science Publishers B.V., 1990

Weinand, D.: Modellbildung zum Aufheizen und Verstrecken beim Thermoformen. Dissertation, RWTH Aachen, 1987

Wortberg J.: Qualitätssicherung in der Kunststoffverarbeitung. München: Carl Hanser Verlag, 1996

Wübken, G.: Einfluss der Verarbeitungsbedingungen auf die innere Struktur thermoplastischer Spritzgussteile unter besonderer Berücksichtigung der Abkühlverhältnisse. Dissertation, RWTH Aachen, 1974

9 Elektrische Eigenschaften

In der Elektrotechnik ist es erforderlich, elektrische Energie mit minimalen Verlusten und geringem Risiko zu transportieren. Kunststoffe mit ihren in der Regel sehr geringen elektrischen Leitfähigkeiten sind daher als Isolationswerkstoffe für diese Aufgaben prädestiniert. So wurde bereits in der Mitte des neunzehnten Jahrhunderts Naturkautschuk zur Isolierung von Telegrafendrähten eingesetzt. Die Entwicklung immer leistungsfähigerer Kunststoffe trug dann in den letzten Jahren und Jahrzehnten wesentlich zu den großen technischen Fortschritten in der Elektrotechnik und in der Elektronik bei. Hierbei kommen insbesondere die sehr einfache Formgebung und die leichte Modifizierbarkeit polymerer Werkstoffe zum Tragen.

Neben der geringen elektrischen Leitfähigkeit sind die geringe abschirmende Wirkung gegenüber elektromagnetischen Feldern und die elektrostatische Aufladung weitere charakteristische Eigenschaften, die beim Einsatz von Kunststoffen beachtet werden müssen. Deswegen sind auch oft elektrisch leitfähige Kunststoffe gefragt. Man erhält sie durch Zugabe von Füllstoffen (z. B. Ruß, Metall- oder Carbonfasern, Carbon-Nanotubes, niedrig schmelzende Metalle) (siehe Abschnitt 9.4) oder in Form spezieller Polymertypen (Polyacetylen u. a.; vgl. Kapitel 4).

Als wichtige elektrische Eigenschaften für Kunststoffe sind zu nennen: der spezifische Durchgangswiderstand, der hiervon mehr oder weniger weit abweichende Oberflächenwiderstand, die Durchschlag- und die Kriechstromfestigkeit (vor allem im Langzeiteinsatz), das dielektrische Verhalten und die elektrostatische Aufladung. Generell muss festgehalten werden, dass sich schon die verschiedenen Polymere in ihren elektrischen Leitfähigkeiten sehr unterscheiden: von hervorragender Isolation bis zu guter Leitfähigkeit. Dabei kommt hinzu, dass die elektrischen Eigenschaften durch die verschiedenen Füllstoffe bei den im Markt befindlichen Kunststoffen noch unterstützt werden. Zudem beeinflussen auch Fertigungseinflüsse diese Eigenschaften. Die genormten Eigenschaftsprüfungen beziehen sich daher auf standardisierte Prüfkörper und Prüfmethoden. Sie sind im Single-Point Datenkatalog nach DIN EN ISO 10350 und in der Datenbank CAMPUS zu finden.

9.1 Das elektrische Isolationsverhalten

Die elektrische Leitfähigkeit der meisten Polymere und damit der reinen Polymerwerkstoffe ist sehr niedrig. Es bestehen aber wesentliche Unterschiede zwischen dem Durchgangswiderstand und dem Oberflächenwiderstand.

9.1.1 Der elektrische Durchgangswiderstand

Die sehr niedrige elektrische Leitfähigkeit ist eine Folge der Atombindung, da infolge fehlender freier Elektronen keine Elektronenwanderung stattfinden kann. Die Volumenleitfähigkeit bzw. die Isolierfähigkeit von Kunststoffen wird durch den elektrischen Widerstand R (in Ω) charakterisiert, der sich bei einer plattenförmigen Probe im Gleichspannungsfeld wie folgt ergibt:

$$R = \frac{U}{I} = \frac{\rho \cdot d}{A} = \frac{1}{\sigma}\frac{d}{A} = \frac{1}{G} \tag{9.1}$$

Mit:

ρ = spezifischer Widerstand, d = Dicke, A= Fläche der Probe, $\sigma = 1/\rho$ Leitfähigkeit und $G = \frac{1}{R}$ Leitwert.

Zum Vergleich unterschiedlicher Kunststoffe wird in der Regel der Durchgangswiderstand (entspricht dem spezifischen Widerstand (in Ωm)) bzw. die Leitfähigkeit (in S/cm) angegeben, die nach IEC 93 gemessen werden. Bild 9.1 vergleicht den spezifischen elektrischen Durchgangswiderstand verschiedener Werkstoffe. Die organischen Polymere

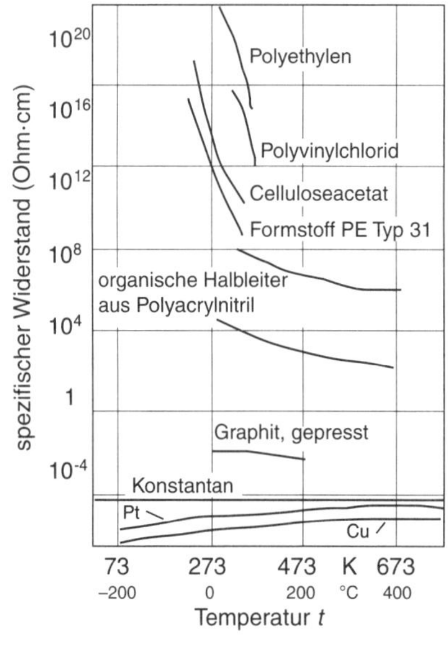

BILD 9.1 Spezifischer elektrischer (Durchgangs-)Widerstand von Kunststoffen, Metallen und Graphit in Abhängigkeit von der Temperatur (*Knappe*)

zeigen dabei eine sehr starke Temperaturabhängigkeit auf. Ihre Widerstandswerte liegen aber in der gleichen Größenordnung.

Durchgangswiderstand

Die elektrische Leitfähigkeit von Kunststoffen kann durch Füllstoffe weit verändert werden. Zur Verbesserung der elektrischen Leitfähigkeit hat man bisher im wesentlichen Leitruße und Graphit, aber auch leitfähige Fasern, Pulver und Plättchen aus Metall oder Kohlenstoff verwendet. Dazu kommen in neuer Zeit Carbonfasern, Carbon-Nanotubes und Pulver aus intrinsisch leitfähigen Polymeren, mit denen der Widerstand um einen Faktor 100 von 1 Ωcm auf 0,01 Ωcm vermindert werden kann. Bei allen pulver-, plättchen- und faserförmigen Füllstoffen muss eine solche Menge an Füllstoff eingemischt werden, dass sich leitfähige Brücken bilden, man nennt die sich einstellenden Schwellwerte *Perkolationsschwellen* (vgl. Bild 9.2).

Perkolationsschwelle

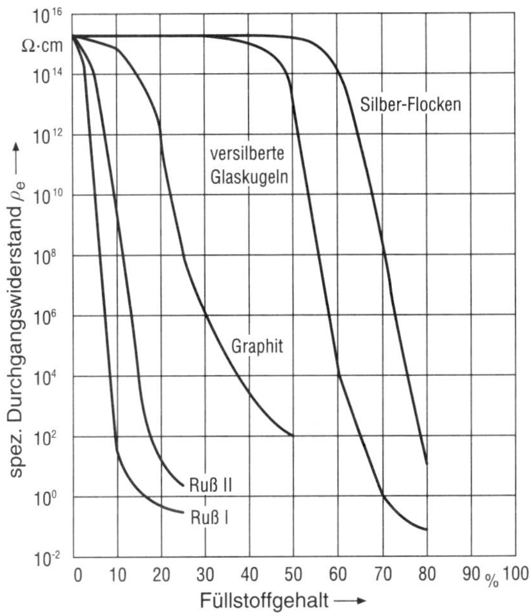

BILD 9.2 Einfluss verschiedener Füllstoffe auf den spezifischen Durchgangswiderstand bei einem Polymer

9.1.2 Der elektrische Oberflächenwiderstand

Der Oberflächenwiderstand *R* ist der Widerstand, der sich unter einer Gleichstromspannung zwischen zwei Elektroden einstellt, die auf die Oberfläche eines Kunststoffprüfkörpers aufgesetzt sind. Wie man Bild 9.3 entnimmt, haben hier auch die verschiedenen Füllstoffarten den größten Einfluss.

Auch hier zeigt sich eine Perkolationsschwelle, allerdings bei anderen Werten als beim Durchgangswiderstand. Die Oberflächenwiderstandswerte sind erwartungsgemäß auch sehr stark vom Zustand der Oberfläche, wie Feuchtigkeit o. ä. und anderen Verunreinigungen abhängig.

Oberflächenwiderstand

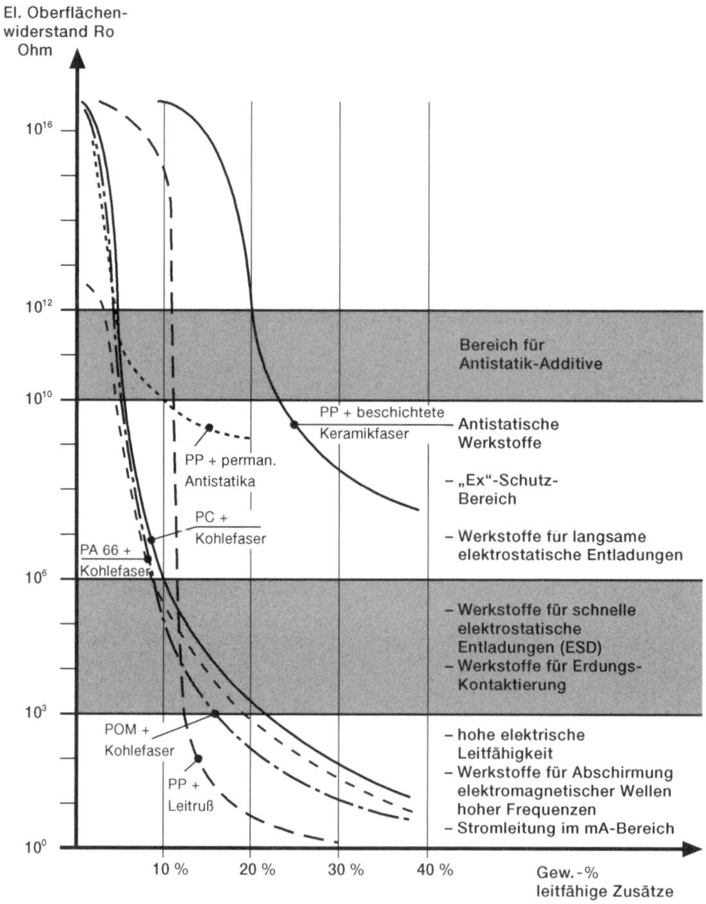

BILD 9.3 Elektrischer Oberflächenwiderstand in Abhängigkeit von Füllstoffart und -gehalt

9.1.3 Einfluss langzeitiger elektrischer Beanspruchung

Die trotzdem noch zu verzeichnende sehr geringe Leitfähigkeit ist auf die Verschiebung von Eigen- und Fremdionen zurückzuführen. Sie wirkt sich praktisch nur unter langzeitiger Belastung aus. Technische Kunststoffe besitzen nämlich stets eine gewisse Anzahl zugesetzter oder eingeschleppter niedermolekularer Bestandteile, die als bewegliche Ladungsträger fungieren. Es handelt sich dabei um eine in Feldrichtung verlaufende und eine durch das elektrische Feld getriebene Diffusion. Die Ionen „hüpfen" dabei zwischen so genannten Potentialmulden. Höhere Temperaturen aktivieren bzw. erleichtern diesen Vorgang durch ein größeres Leervolumen. Auch der durch Wassergehalt, z. B. in Polyamiden, bedingte starke Abfall des spezifischen Widerstandes hat seine Ursache in dieser Ionenleitfähigkeit.

Für den Einsatz als elektrischer Isolator ist wichtig, in wie weit der Kunststoff seinen hohen elektrischen Widerstand und damit die Isolierwirkung über den geforderten Gebrauchszeitraum und auch bei veränderter Isolationstemperatur aufrechterhalten kann. Dazu prüft man solche Prüfkörper - meist sind es Kabel, deren Langzeitdurchlagfestigkeit man sicherstellen muss - unter entsprechenden Bedingungen. Da die Dicke einen entscheidenden Einfluss hat, muss auch diese Abhängigkeit unter Bedingungen geprüft werden, die nach IEC 243-1 die Durchschlagfestigkeit bestimmt.

Bemerkenswert ist, dass die Dehnung einer als Isolation geprüften Folie unter verschiedenen Zugdehnungen eine starke Abhängigkeit von der erreichten Dehnung aufweist, wie in Bild 9.4 dargestellt ist. Wie die Untersuchungen von *Beyer* und *Berg* in ihren Dissertationen zeigen, sind Mikrorisse, so genannte Crazes, dafür die Ursache, denn sie erleichtern die Ionenbeweglichkeit.

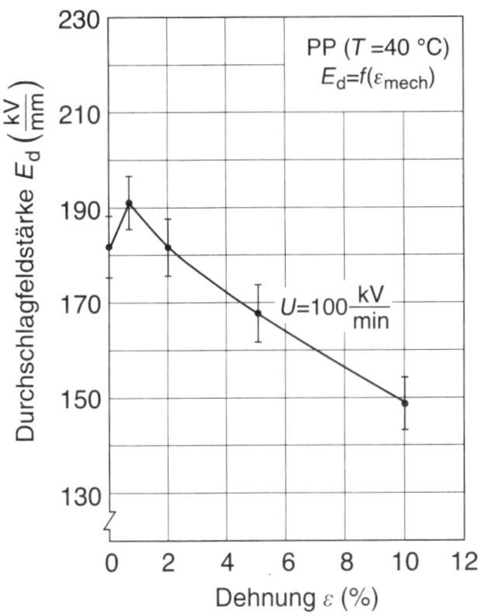

BILD 9.4 Abfall der Durchschlagfeldstärke von PP-Folie mit zunehmender Dehnung (*Berg*)

Durchschlag an Schwachstellen

Wie sich solche Durchschläge in der Mikrostruktur von z. B. normalem Polypropylen entwickeln, kann man den Bildern 9.5 und 9.6 entnehmen. In Bild 9.5 hat sich eine Sphärolitgrenze zu einem Durchschlagkanal entwickelt, was nicht verwunderlich ist, stellen Sphärolitgrenzen doch typische Schwachstellen im Gefüge dar (vgl. Bild 7.1). Bild 9.6 zeigt, dass ein nicht sphärolitisches Gefüge - hier eine feinstukturierte PP-Folie - sich als widerstandsfähiger erweist. Man sieht in diesem Dünnschnitt, wie sich der Durchschlag verästelt und totgelaufen hat.

Die Durchschlagfestigkeit in Wechselstrom gegenüber Gleichstrom erweist sich als gefährdeter, weil der Kunststoff sich - je nach Polymer und Füllstoffen -im elektrischen Feld erwärmen kann und damit infolge der höheren Temperatur des Isolationswerkstoffes es dann frühzeitiger zum Durchschlag kommt.

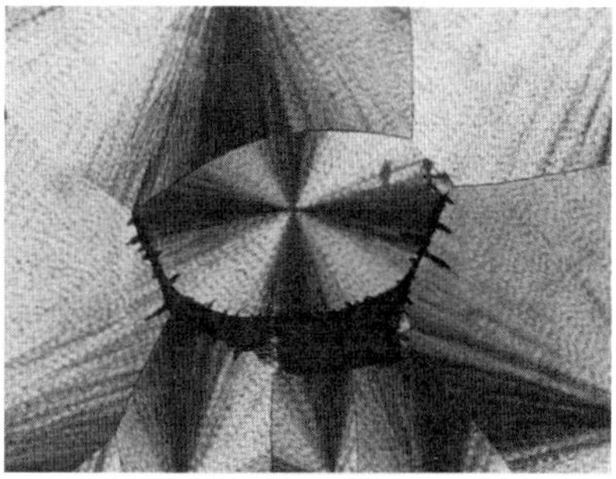

BILD 9.5 Durchschlagkanal in einem sphärolitischen Gefüge einer PP-Folie

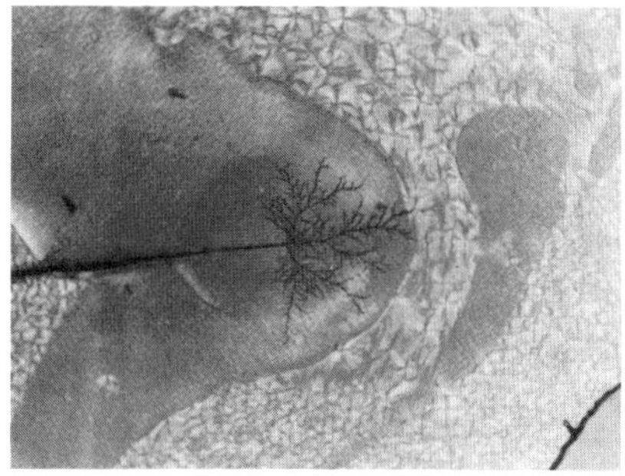

BILD 9.6 Durchschlagkanal in feinstrukturiertem Gefüge eines PP-Prüflings

9.1.4 Weitere für den praktischen Einsatz wichtige Prüfungen

Auch beim Oberflächenwiderstand kann man eine Langzeitabhängigkeit beobachten, denn hier kann sich ein Kriechstrom entwickeln, der mehr oder weniger schnell zum Kurzschluss führen kann. Diese Prüfung wird auch mit verschiedenen Prüfflüssigkeiten ausgeführt. Derartige Prüfungen sind in IEC 93 und anderen Normen standardisiert. In manchen Anwendungen interessiert z. B. die Auswirkung eines Lichtbogens auf den Kunststoff. Diese Prüfung ist in DIN VDE 0303 standardisiert.

Schließlich erweisen sich manche Kunststoffe in elektrischen Feldern als aggressiv gegen Metalle, die korrodieren. Standardisierte Prüfungen gegen derartige Erscheinungen finden sich in VDE 0303.

HINWEIS: Der elektrische Widerstand von Kunststoffen fällt mit zunehmender Temperatur und Langzeitbelastung.

9.2 Kunststoffe in elektrischen Feldern

9.2.1 Dielektrisches Verhalten

Wenn Kunststoffen auf Gebieten in der Hochfrequenztechnik eingesetzt werden sollen, müssen die dielektrischen Eigenschaften berücksichtigt werden. Generell werden die Moleküle in elektrischen Feldern beansprucht, d. h sie richten sich mehr oder weniger stark aus, was sowohl vom Werkstoff, seiner Temperatur und dem Aufbau der Moleküle einerseits und von der Frequenz andererseits bestimmt wird. Die bekanntesten werkstofflichen Kennwerte sind die relative Permittivität (früher häufig als Dielektrizitätskonstante oder Dielektrizitätszahl bezeichnet) ε_r und der Verlustfaktor tan δ.

9.2.1.1 Die relative Permittivität ε_r

Dieser Kennwert gibt an, um wieviel sich die Kapazität eines Kondensators ändert, wenn statt eines vollständigen Vakuums eine Kunststoff- bzw. Polymerschicht zwischen die Kondensatorplatten gelegt wird. Diese Veränderung der Ladungen auf den Platten bzw. der Kapazität des Kondensators kann man sich an Hand des Bildes 9.7 gut erklären. Im elektrischen Feld zwischen den Kondensatorplatten richten sich Atome oder Moleküle aus, so dass sich die Kapazität verändert.

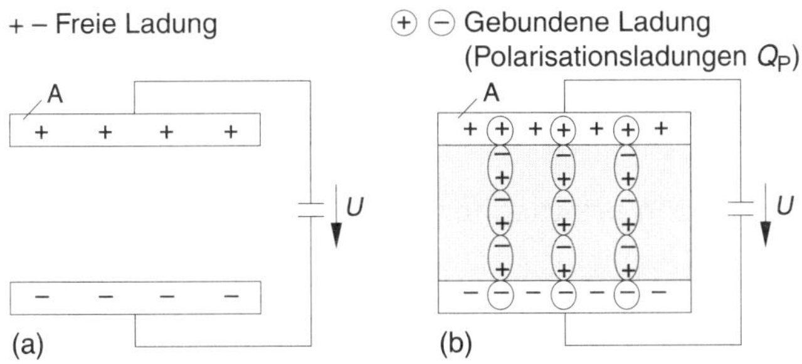

BILD 9.7 Kondensator ohne (a) und mit Dielektrikum (b)

Zwischen den beiden Platten eines Kondensators baut sich ein statisches elektrisches Feld auf, wenn eine ruhende Gleichstromspannung an den Kondensatorplatten anliegt. Wenn sich das Dielektrikum ändert, also z. B. eine Kunststoffplatte eingelegt wird, beobachtet man, dass sich die Kapazität des Kondensators von C_0 zu C_r ändert. Diese Änderung wird mit dem Faktor ε_r (relative Permittivität) bezeichnet. Wenn also die Kapazität des Plattenkondensators mit Luft bzw. Vakuum ε_0 bezeichnet werden soll, dann verhalten sich die Kapazitäten mit und ohne ein spezielles Dielektrikum wie

$$C_r/C_0 = \varepsilon_r \quad (9.2)$$

Wobei C_r die Kapazität mit speziellem Dielektrikum (z. B. Kunststoffplatte) und C_0 die Kapazität des Kondensators mit Vakuum als Dielektrikum ist. Das Dielektrikum wirkt beim Kondensator mit fest angelegter Spannung als Verstärkungsfaktor für die speicherbare Ladung. Die Ausrichtung der Moleküle des Dielektrikums nennt man Orientierung; sie kommt dadurch zustande, dass sich die Elektronen relativ zu den Atomkernen oder auch ganze Moleküle bzw. Molekülteile gegeneinander verschieben.

Kunststoffe, die keine polaren Gruppen enthalten, zeigen auch bei unterschiedlichen Frequenzen keine veränderten relativen Permittivitäten. Es entstehen somit keine Verluste und damit auch keine Erwärmung, wenn sie in elektrischen Feldern mit Wechselströmen belastet werden. In Tabelle 9.1 sind für verschiedene Kunststoffe die relativen Permittivitaeten (Dielektrizitätszahlen) für zwei unterschiedliche Frequenzen zusammengestellt.

TABELLE 9.1 Relative Permittivität ε_r verschiedener Kunststoffe

Kunststoff	relative Permittivität ε_r bei	
	800 Hz	10^6 Hz
Polystyrol-Schaumstoff	1,05	1,05
Polytetrafluorethylen	2,05	2,05
Polyethylen (abhängig von Dichte)	2,3–2,4	2,3–2,4
Polystyrol	2,5	2,5
Polypropylen	2,3	2,3
Polyphenylenether	2,7	2,7
Polycarbonat	3,0	3,0
Polyethylenterephthalat	3–4	3–4
ABS-Polymerisat	4,6	3,4
Celluloseacetat, Typ 433	5,3	4,6
Polyamid 6 (je nach Trocknung)	3,7–7,0	–
Polyamid 66 (je nach Trocknung)	3,6–5,0	–
Epoxidharz (ungefüllt)		2,5–5,4
Phenolmasse Typ 31.5	6–9	6
Phenolmasse Typ 74	6–10	4–7
Harnstoffmasse, Typ 131.5	6–7	6–8
Melaminmasse, Typ 154	5	10

HINWEIS: Die relative Permittivität ε_r ist eine elektrische Werkstoffkenngröße. Sie hängt von der Art des Kunststoffes, von der Temperatur und in elektrischen Wechselfeldern zudem von der Frequenz ab.

9.2.1.2 Die dielektrischen Verluste

Im elektrischen Wechselfeld werden Moleküle oder Atome des Polymers oder auch der Zusatzstoffe zu Schwingungen angeregt, wodurch Verluste durch innere Erwärmung des Dielektrikums (Isolators) entstehen. Dies drückt man dadurch aus, dass man eine so genannte komplexe relative Permittivität definiert

$$\varepsilon_r = \varepsilon_r' - i\varepsilon_r'' \tag{9.3}$$

darin drückt $i\varepsilon_r''$ die Verluste aus und man bezeichnet sie als Dielektrische Verlustzahl.

Die beiden relativen Dielektrischen Zahlen verhalten sich zueinander wie

$$\tan\delta = \varepsilon_r'' / \varepsilon_r' \tag{9.4}$$

$\tan\delta$ wird dabei als dielektrische Verlustzahl (oder -faktor)bezeichnet.

Der Verlust an elektrischer Energie, die im Isolierstoff (im eingebrachten Dielektrikum) durch die angeregten Molekül- oder Atomschwingungen in Wärme umgesetzt wird, beträgt

$$N = 4{,}43 \cdot 10^{-14}\, \varepsilon_r'' \cdot \omega \cdot E^2 \tag{9.5}$$

worin $\omega = 2\pi \cdot f$ die Kreisfrequenz, f die Frequenz, die am Kondensator anliegt und E die Feldstärke in V/cm ist.

dielektrische Verschweißbarkeit

Die Verlustleistung N ist eine wichtige Größe, die Auskunft darüber gibt, ob ein Kunststoff mit einer bestimmten Frequenz elektrisch erwärmt und damit geschweißt werden kann (PVC z. B. wird dielektrisch verschweißt). Wie es zur Erwärmung kommt, zeigt das schematisierte Bild 9.8. Das Bild beruht auf der Vorstellung, dass bei niedrigen Frequenzen sich alle zu einer Polarisation fähigen Atome und Moleküle bzw. Molekülgruppen im elektrischen Feld ausrichten. Die relative Permittivität hat daher hier ihre Höchstwerte. Mit zunehmender Frequenz können jedoch die größeren Moleküle bzw. Molekülgruppen dem Feld nicht mehr folgen und es kommt in diesem Dispersionsgebiet zu einer Phasenverschiebung zwischen äußerem Feld und Dipolorientierung, was mit Verlusten verbunden ist, die sich in innerer Erwärmung des Kunststoffes im Wechselfeld äußern.

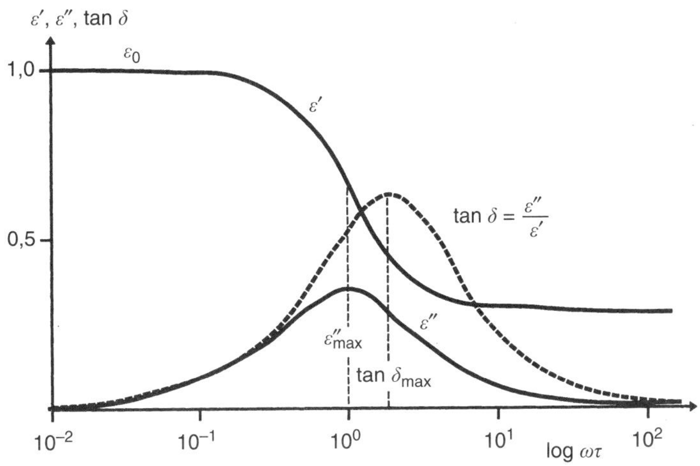

BILD 9.8 Schematische Darstellung der dielektrischen Relaxation dargestellt für ein Dispersionsgebiet (*Kämpf*)

Die dielektrische Verlustzahl tan δ ist abhängig von der Polarität, bzw. der Polarisierbarkeit von Molekülen im Dielektrikum (Isolator). PVC ist bekanntlich stark polar, so dass in PVC als Dielektrikum bei entsprechender Frequenz eine starke Erwärmung erzeugt wird.

Die dielektrischen Eigenschaften sind sowohl vom Werkstoff und der Frequenz als auch von der Temperatur stark abhängig. Sie werden daher unter standardisierten Bedingungen bestimmt, wie sie in IEC 60250 oder DIN VDE 0303 Teil 4 und 13 festgelegt sind.

HINWEIS: Elektrische Felder induzieren in Kunststoffen molekulare Dipole (Verschiebungspolarisation) oder orientieren vorhandene permanente Dipole (Orientierungspolarisation).

Die starken Einflüsse von Temperatur und Frequenz auf den Verlustfaktor tan δ sind am Beispiel PMMA in Bild 9.9 erkenntlich.

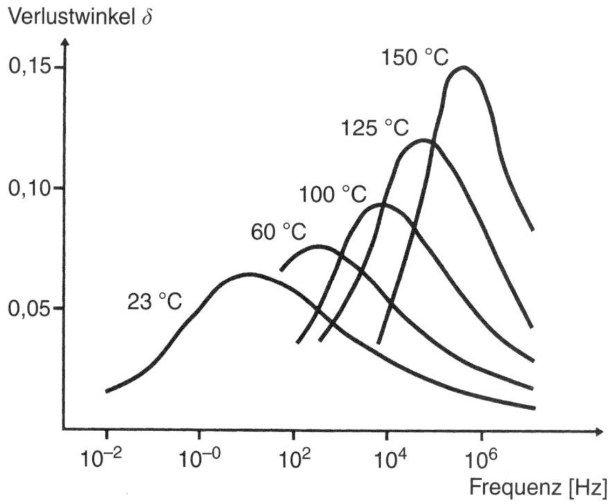

BILD 9.9 Dielektrische Verlustzahl tan δ von Polymethylmetacrylat PMMA als Funktion von Temperatur und Frequenz (nach *Koppelmann*)

Das steht in Analogie zum mechanischen Schwingungsverhalten, wo sich ja auch Energie in Wärme im beanspruchten Stoff umsetzt (vgl. Abschnitt 7.4.1.1). Da sich die elektrischen Felder leichter als mechanische Anregungen manipulieren lassen, ist es vielfach gebräuchlich, das molekulare Verhalten dielektrisch zu messen und damit auf die Beweglichkeit der Strukturelemente des betreffenden Kunststoffes rückzuschliessen.

Für den Einsatz von Kunststoffen in Hochfrequenzanwendungen erkennt man daraus, dass sorgfältige Studien des dielektrischen Verhaltens erforderlich sind, um die bestgeeigneten Kunststoffe zu finden.

HINWEIS: Polare Kunststoffe mit hohen dielektrischen Verlustfaktoren können mit Hilfe von Hochfrequenzfeldern geschweißt werden. Kunststoffe für die Hochfrequenzisolation müssen geringe Verlustzahlen haben.

9.3 Die elektrostatische Aufladung und Abschirmung gegen elektromagnetische Störungen

9.3.1 Elektrostatische Aufladung

statische Aufladung aufgrund der Widerstandswerte

Die elektrostatische Aufladung ist aufgrund der hohen Oberflächen- und Durchgangswiderstände eine unmittelbare Folge der sehr guten Isolationseigenschaften der Kunststoffe. Eine durch mechanische Reibung entstandene Ladungsverschiebung der sich reibenden Körper – Elektronenüberschuss auf der Oberfläche des einen und Elektronenmangel beim anderen – kann sich bei den gut elektrisch isolierenden Kunststoffen nicht ausgleichen. Es können sich Oberflächenladungen mit Spannungen von einigen hundert Volt aufbauen, die sich erst bei Berührung mit einem anderen leitfähigen oder gegensinnig aufgeladenen Körper wieder abbauen. Bei entsprechend hohen Aufladungen kann es zu einem Luftdurchschlag mit entsprechender Funkenbildung kommen. Da bei diesen Entladungen nur geringe Ströme fließen, sind sie in der Regel für den Menschen nicht gefährlich, obwohl sie bei aufgeladenem Gewebe oder Kunstleder (Textilien und Schuhe) häufig als unangenehm empfunden werden. Bei Anwesenheit von zündfähigen Gemischen (z. B. im Untertagebergbau oder in Explosionsschutzbereichen) besteht aber die Gefahr von Explosionen. Da der Durchgangswiderstand der Luft im Allgemeinen etwa 10^9 Ωcm beträgt, kommt es erst dann zu Aufladungen und Überschlägen, wenn der Kunststoff Durchgangswiderstände von $>10^9$ bis 10^{10} Ωcm besitzt.

Luftdurchschlag

Die elektrostatische Aufladung ist zudem verantwortlich für das Anziehen von Niederschlägen, z. B. Staubpartikeln auf Kunststoffoberflächen.

Anziehen von Staub

Die elektrostatische Aufladung kann durch folgende Maßnahmen verhindert bzw. vermindert werden:

- Herabsetzen des Durchgangswiderstandes durch Füllen mit leitfähigen Füllstoffen (wie z. B. Graphit, Ruß) auf Werte unter 10^9 Ωcm.
- Antistatische Ausrüstung der Kunststoffoberflächen durch Einarbeitung von hygroskopischen, mit dem Kunststoff unverträglichen Füllstoffen, die nach der Verarbeitung aus dem Formteil an die Oberfläche „ausschwitzen“. Alternativ können die Oberflächen mit hygroskopischen Mitteln (z. B. starken Seifenlösungen) eingerieben werden. In beiden Fällen wirkt das angezogene Wasser aus der Luft als Leitschicht. Die Behandlung verliert mit der Zeit ihre Wirkung und ist zudem vom Wassergehalt der Luft abhängig. Insbesondere das Einreiben muss von Zeit zu Zeit wiederholt werden.
- Herabsetzen des Widerstands der Luft durch Ionisieren der Umgebungsluft mittels Funkenentladung oder radioaktiver Strahlung.

Die Prüfung von Kunststoffen auf elektrostatische Aufladung erfolgt nach DIN 53486 oder VDE 0303 Teil 8, wobei die Kunststoffoberfläche mit definierten Geweben und einer speziellen Vorrichtung gerieben wird. Die Halbwertzeit für die Endladung der entstandenen Feldstärke ist ein Maß für die elektrostatische Aufladung.

HINWEIS: Die elektrostatische Aufladung ist eine unmittelbare Folge der geringen Leitfähigkeit der Kunststoffe.

9 3.2 Schirmdämpfung, besser bekannt als Electro-Magnetic Interference (EMI)

Kunststoffe sind für elektromagnetische Strahlung durchlässig. Der massenhafte Einsatz von Kunststoffen für Gehäuse von elektrischen Geräten verlangt daher besondere Maßnahmen, um diese abzuschirmen, denn:

- kein elektronisches Gerät darf an seine Umwelt elektrische Störungen abgeben, die einen festgelegten Grenzwert überschreiten,
- jedes elektronische Gerät muss auch bei von außen kommenden elektrischen Störungen einwandfrei arbeiten.

Es bestehen folgende Möglichkeiten diese Aufgabe zu lösen:

- Auskleiden der Gehäuse mit metallischen Folien
- Beschichten der inneren Kunststoffoberflächen mit Metallen durch:
  - Galvanische Überzüge (üblich bei Gehäusen aus ABS, die sich dafür besonders eignen, weil die ABS-Oberfläche durch Anätzen und Herauslösen von Kautschukpartikeln aus der Oberfläche für die Galvanoschicht gute Haftbedingungen liefern, ein wesentlicher Grund für die Beliebtheit von ABS für derartige Anwendungen).
  - Bedampfen, z. B. mit Aluminium
  - Lackieren mit gut leitfähigen Lacken, z. B. gefüllt mit Metallpartikeln oder Pulver von intrinsisch leitfähigen Kunststoffen.

elektromagnetische Abschirmung

Geprüft wird die elektromagnetische Abschirmung (Electromagnetic Interference Shielding = EMI-Abschirmung) nach ASTM ES 7-83.

HINWEIS: Metallische Beschichtung von Kunststoffen ermöglichen eine ausreichend gute elektromagnetische Abschirmung (EMI-Shielding).

9.3.3 Polymere mit besonderen elektrischen Eigenschaften

9.3.3.1 Intrinsisch leitfähige Polymere

neue Anwendungen in optoelektronischen Anwendungen

Nachdem erste intrinsisch (= selbst-)leitende und halbleitende Kunststoffe bereits in den fünfziger Jahren hergestellt wurden, konnten erst in den letzten Jahren marktfähige Produkte entwickelt werden. Diese Entwicklungen finden mittlerweile bei polymeren Halbleiterelementen (polymere LEDs und Displays) Anwendungen. Die Erläuterung der Leitungsvorgänge in Festkörpern kann mit Hilfe des Bändermodells erfolgen (Bild 9.10).

Bändermodell mit Energiebändern und Leitbändern

Grundlage dieses Modells ist die Vorstellung, dass sich Elektronen in Festkörpern, wie den Kunststoffen, nicht in diskreten Energieniveaus, sondern in mehr oder weniger breiten Energiebanden aufhalten. Zwischen diesen Energiebanden befinden sich so genannte verbotene Zonen, in die keine Elektronen gelangen können. Das oberste, ganz mit Elektronen gefüllte Energieband wird als Valenzband bezeichnet, das darüber liegende leere oder nur teilweise gefüllte als Leitungsband. In Metallen ist das Valenzband vollständig und das Leitungsband teilweise gefüllt. Legt man eine Spannung an, so verschieben sich die Elektronen, und ein Strom fließt. Bei Halbleitern ist das Leitungsband leer. Da die verbotene Zone aber relativ schmal ist, können einzelne Elektronen (z. B. durch Temperaturzufuhr) aus dem Valenzband in das Leitungsband gelangen (Hüpfen). Ein Stromfluss

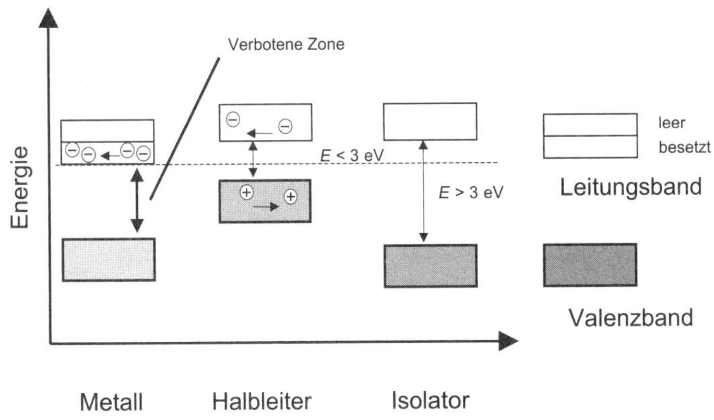

BILD 9.10 Das Bändermodell der Elektronenleitfähigkeit

ist nun durch die Verschiebung der Elektronen oder der verbleibenden Löcher möglich. Bei Isolationswerkstoffen ist die verbotene Zone so groß, dass keine Elektronen ins Leitungsband gelangen können. Ein Stromfluss ist daher in der Regel nicht möglich.

Dies gilt auch für die nicht leitenden Polymere, bei denen die Energiebänder sehr schmal und entweder vollständig gefüllt oder leer sind. Besitzt ein Kunststoff hingegen Doppelbindungen, so repräsentieren diese Doppelbindungen ein halb gefülltes Energieband, und der Kunststoff könnte theoretisch Strom leiten. Polyacetylen ist ein derartiger Kunststoff mit konjugierten Doppelbindungen (Bild 9.11).

Doppelbindungen begünstigen die Elektronenleitfähigkeit

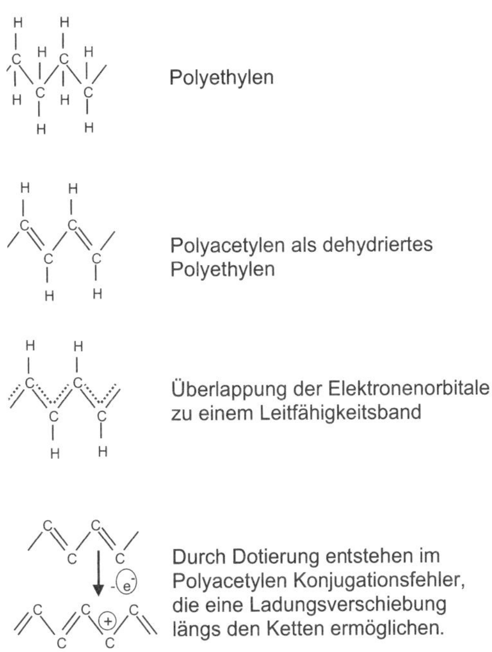

BILD 9.11 Leitfähigkeitsmechanismus beim Polyacetylen (nach *Roth*)

Dotierung steigert Leitfähigkeit

Aufgrund starker Wechselwirkungen zwischen den einzelnen Struktureinheiten (vgl. Bild 9.11) des Polyacetylens sind die Elektronen der Doppelbindungen nicht lokal gebunden, sondern können entlang der Molekülkette wandern. Es entsteht ein verschmiertes Band. Das Molekül ist damit prinzipiell mit einem eindimensionalen metallischen Leiter vergleichbar. Eine signifikante Leitfähigkeit ergibt sich theoretisch aber erst ab unzumutbaren Temperaturen. Durch Dotierung mit geringen Mengen einer Fremdsubstanz (z. B. Jod) kann die Leitfähigkeit des Polyacetylens jedoch erheblich gesteigert werden. Mittels Redoxreaktionen werden hierbei dem Kunststoff einzelne Elektronen hinzugefügt oder entrissen. Es entstehen Konjugationsfehler, entlang denen nun eine Ladungsverschiebung und damit ein Stromfluss möglich sind. Durch die Art und die Intensität der Dotierung kann die elektrische Leitfähigkeit in weiten Grenzen variiert werden (Bild 9.12).

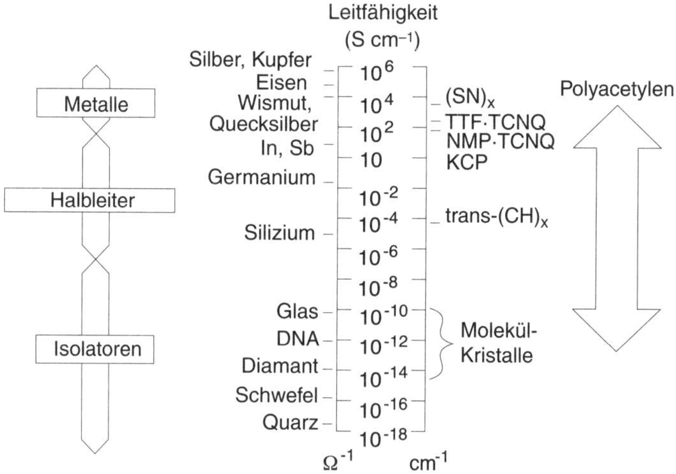

BILD 9.12 Elektrische Leitfähigkeit von Polyacetylen im Vergleich mit anderen Werkstoffen

Dotiertes Polyacetylen erreicht eine Leitfähigkeit von $1{,}5 \times 10^5$ S/cm, was einem Viertel der Leitfähigkeit von Kupfer entspricht. Allerdings ist Polyacetylen bei Anwesenheit von Luft-Sauerstoff nicht stabil und verliert sehr schnell seine Leitfähigkeit. Da dieser Kunststoff weder schmelzbar noch löslich ist, kann er nur als Pulver verarbeitet werden. Andere intrinsisch leitende Kunststoffe wie Polypyrrol, Poly-*p*-phenylenvinylen, Polyanilin und Polyethylendiioxythiophen weisen diese Nachteile nicht auf und haben bereits erste Anwendungen gefunden (polymere Leuchtdioden, elektrostatische Schutzschichten, Metallschutzlackierungen).

HINWEIS: Intrinsisch leitende Polymere sind Spezialkunststoffe mit hohen Leitfähigkeiten, die als elektrische Funktionselemente eingesetzt werden können.

9.3.3.2 Elektrete

Elektrete sind Festkörper mit einem permanenten elektrischen Feld. Es gibt einige Polymere, die durch eine eingefrorene Polarisierung zu einem Elektreten gemacht werden können. Hierzu muss das Polymer unter gleichzeitiger Einwirkung eines elektrischen Feldes aus der Schmelze erstarren oder gegebenenfalls kalt mechanisch umgeformt werden.

Orientierungen können unter einem hohen elektrischen Feld eingefroren werden, und zum Elektreten werden

Anwendung finden derartige Kunststoffe in Kondensatormikrophonen, bei denen so eine separate Fremdspannungsquelle ersetzt werden kann. Zum Einsatz kommen Folien aus Polyester, Polycarbonat oder Fluorpolymeren. Ein besonders geeigneter Kunststoff ist Polyvinylidenfluorid. Folien aus diesem Material zeigen nach einem mechanischen Umformungsprozess (z. B. Kaltwalzen) piezoelektrische Eigenschaften. Sie werden beispielsweise als Schallwandler in größerem Maß eingesetzt.

9.3.3.3 Elektrooptische Polymere (OLED)

Eine organische Leuchtdiode (engl. *organic light emitting diode*, OLED) ist ein dünnfilmiges, leuchtendes Bauelement aus organischen Polymeren, das sich von den LEDs dadurch unterscheidet, dass Stromdichte und Leuchtdichte geringer sind. Sie bieten immense Vorteile sowohl lichttechnischer wie ökonomischer Art. Ihre Lebensdauer ist jedoch geringer als die herkömmlicher Leuchtdioden, wenn der Zutritt von Sauerstoff nicht verhindert wird. Das Problem wird bereits industriell dadurch gelöst, dass man die OLEDs in ihren Kunststoffgehäusen mit PUR vergießt. Die OLED-Technologie ist vorrangig für Bildschirme (z. B. Fernseher, PC-Bildschirme, Monitore) und Displays geeignet. Ein weiteres zukunftsträchtiges Einsatzgebiet ist die großflächige Raumbeleuchtung. Aufgrund der Materialeigenschaften ist eine mögliche Verwendung der OLEDs als biegsamer Bildschirm und als elektronisches Papier besonders interessant.

9.4 Magnetische Eigenschaften

Magnetische Felder beeinflussen Stoffe, indem das äußere Feld mit den inneren Feldern der Elektronen und der Atomkerne in Wechselwirkung tritt.

9.4.1 Magnetisierbarkeit

Reine Kunststoffe sind diamagnetisch, das heißt, dass das äußere Magnetfeld magnetische Momente induzieren kann. Es sind jedoch keine permanenten magnetischen Momente im Stoff vorhanden, die wie bei den ferromagnetischen oder paramagnetischen Stoffen ausgerichtet werden könnten. In den Fällen, in denen magnetische Eigenschaften erwartet werden, wird durch Zugabe von (magnetischen) Füllstoffen der für die betreffende Anwendung erwünschte, magnetische Charakter des Kunststoffs geschaffen. Bekannte Anwendungen sind gespritzte oder extrudierte Magnete bzw. magnetische Profile als Verschlüsse von Schranktüren und andere. Vor allem aber sind es die elektronischen Massenspeicher (Magnetspeicherplatten u. a.).

gespritzte Magnete und vor allem extrudierte elastomere Profile sind zu einem wichtigen Anwendungsgebiet avanciert

9.4.2 Magnetische Resonanz

Magnetische Resonanz tritt auf, wenn ein Stoff, der sich in einem statischen Magnetfeld befindet, Energie aus einem oszillierenden Magnetfeld absorbiert. Diese Absorption kommt dadurch zustande, dass kleine paramagnetische Elementarpartikel zu Resonanzschwingungen angeregt werden. Diese Möglichkeit wird zur Strukturaufklärung in der Physikalischen Chemie in Form der Elektronenspinresonanz (ESR)- und der Kernresonanz (NMR)-Spektroskopie genutzt und hat sich zu einer wichtigen Analysemethode auch in der Medizin entwickelt.

NMR-Spektroskopie dient der Strukturaufklärung von Polymeren

Die Elektronenspinresonanz macht sich in einer Absorption der Mikrowellen des hochfrequenten Wechselfelds bemerkbar, wenn die Feldstärke des statischen Magnetfelds plötzlich geändert wird. Dabei werden nur die unpaarigen Elektronen erfasst, was bedeutet, dass sich diese Messtechnik zur Bestimmung von radikalischen Molekülgruppen anbietet.

Der Effekt beruht darauf, dass sich bei Atomkernen, die eine ungerade Anzahl an Nukleonen (Protonen und Neutronen) enthalten, die durch den Eigendrehimpuls (Spin) verursachten schwachen Magnetfelder nicht ausgleichen können. In einem äußeren Magnetfeld werden die Kernspins jedoch ausgerichtet, was zu einem makroskopisch messbaren Magnetisierungsvektor führt. Solche Atomkerne kann man mit rotierenden Kreiseln vergleichen. So wie Kreisel bei einem zusätzlichen Impuls senkrecht zur Drehachse eine Kippbewegung beginnen, kann man durch ein rotierendes Magnetfeld – angeregt durch

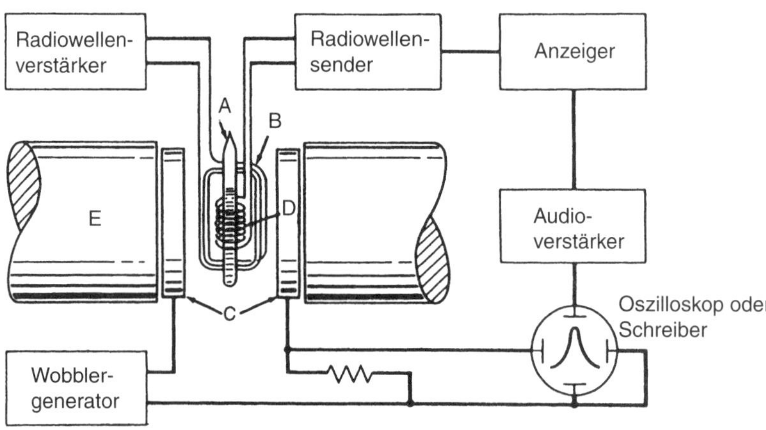

BILD 9.13 Schema des Aufbaus eines Kernspintomographen (nach *Kämpf*)

eine Radiofrequenz-Wechselspannung – in einer Magnetspitze auch die Kerne zum Kippen bringen. Bild 9.13 zeigt den apparativen Aufbau im Schema. Die entsprechenden Kerne werden damit auf ein höheres Energieniveau gebracht. Der Magnetisierungsvektor stellt sich darauf ein, indem er eine neue Lage einnimmt. Dies kann man makroskopisch messen, ebenso wie die Rückstellung der Moleküle nach Abschalten des Hochfrequenzfeldes. Dieser Vorgang kann besonders gut an Wasserstoffatomen beobachtet werden. Das Zurückstellen der Molekülachsen ist natürlich auch stark von der Einbindung der Moleküle in die Struktur abhängig. Diese Messmethode liefert daher sehr exakte Informationen über den Molekülaufbau und ist für den Polymerphysiker ein wichtiges Werkzeug zur Strukturaufklärung geworden.

HINWEIS: Die magnetische Resonanz liefert Informationen zum Molekülaufbau und wird intensiv zur Strukturaufklärung bei Kunststoffen genutzt.

Literatur zu Kapitel 9

Barth, P.: Pulvermetallspritzgießen – Ein Beitrag zur Verarbeitung ultrahoch-gefüllter Kunststoffe. RWTH Aachen, Dissertation, 1988

Baur, J.: Beitrag zur Herstellung leitfähiger Verbundkörper aus metallisierten Kunststoffen. RWTH Aachen, Dissertation, 1976

Berg, H.: Elektrische Hochspannungsuntersuchungen an teilkristallinen Kunststoffen in Abhängigkeit von Verarbeitung, mechanischer Beanspruchung und dem Einwirken flüssiger Medien. RWTH Aachen, Dissertation, 1976

Beyer, C.: Modifizierung von Kunststoffen durch Mischung, dargestellt am Beispiel von Polypropylen als Kabelisolierwerkstoff. RWTH Aachen, Dissertation, 1979

Drummer, D.: Verarbeitung und Eigenschaften kunststoffgebundener Dauermagnete. Universität Erlangen-Nürnberg, Dissertation, 2004

Feldmann, K.: 3D-MID Technologie. Räumliche elektronische Baugruppen. Herstellungsverfahren, Gebrauchsanforderungen, Materialkennwerte. München, Wien: Carl Hanser Verlag, 2004

Holzmüller, W.: Physik der Kunststoffe. Berlin: Akademie-Verlag, 1961

Hopmann, C.: Analyse des Keramikspritzgießverfahrens zur Herstellung kompakter Bauteile und unter Einsatz der Gasinjektionstechnik. RWTH Aachen, Dissertation, 2000

van Krevelen, D. W.: Properties of Polymers. Amsterdam: Elsevier, 1990

Klütsch, H. E.: Beitrag zur Berechnung des spezifischen Gleichstromdurchgangswiderstandes von Faserkunststoffverbunden. RWTH Aachen, Dissertation, 1991

Gilg, R.: Ruß für leitfähige Kunststoffe. Elektrisch leitende Kunststoffe. München, Wien: Carl Hanser Verlag, 1989

Kämpf, G.: Industrielle Methoden der Kunststoffcharakterisierung. München, Wien: Carl Hanser Verlag, 1996

Knothe, J. M.: Elektrische Eigenschaften von spritzgegossenen Kunststoffformteilen aus leitfähigen Compounds, RWTH Aachen, Dissertation, 1996

Ku, C. C., Liepins, R.: Electrical Properties of Polymers. New York: Hanser Publishers, 1987

Laun, H. M., Retting, W.: Kunststoff-Physik. München: Carl Hanser Verlag, 1991

Leute, U.: Kunststoffe und EMV, Elektromagnetische Verträglichkeit mit leitfähigen Kunststoffen. München: Carl Hanser Verlag, 1997

Mair, H. J.: Elektrisch leitende Kunststoffe. *Gummi Fasern Kunststoffe* (GAK) **46** (1993) 8, S. 406–411

Michalowski, L.: Magnettechnik. Grundlagen und Anwendungen. Leipzig, Köln: Fachbuchverlag, 1995

Osswald, T. A., Menges, G.: Materials Science of Polymers for Engineers, 2nd ed. München: Carl Hanser Verlag, 2003

Pfefferkorn, T. G.: Analyse der Verarbeitungs- und Materialeigenschaften elektrisch leitfähiger Kunststoffe auf Basis niedrig schmelzender Metalllegierungen. RWTH Aachen, Dissertation, 2009

Roth, S.: Spritzgegossene Abschirmgehäuse aus stahlfasergefüllten Thermoplasten – Materialeigenschaften, Verarbeitung und Gestaltung. Technische Universität Chemnitz, Dissertation, 2006

Roth, S.; Mair, H. J.: Elektrisch leitende Kunststoffe. München: Carl Hanser Verlag, 1989

Baur, E., Brinkmann, S., Osswald, T.A., Schmachtenberg, E.: Saechtling Kunststoff-Taschenbuch, 30. A. München: Carl Hanser Verlag, 2007

Schmiedel, H.: Handbuch der Kunststoffprüfung. München: Carl Hanser Verlag, 1992

Schreyer, G. (Hrsg.): Konstruieren mit Kunststoffen; Teil 2 Abschnitt 4.3 Elektrische und dielektrische Eigenschaften. München: Carl Hanser Verlag, 1972

Wortberg, J.: Qualitätssicherung in der Kunststoffverarbeitung. München, Wien: Carl Hanser Verlag, 1996

10 Optische Eigenschaften

10.1 Die Grundgesetzmäßigkeiten*)

Licht ist eine elektromagnetische Strahlung (oder Welle) und kann daher mit Polymerwerkstoffen in Wechselwirkung treten, d. h. Elektronen, Moleküle oder Molekülgruppen können von den Wellen des Lichts in ihrem eigenen Schwingungsverhalten beeinflusst, d. h. angeregt werden. In Bild 10.1 ist dargestellt, welche Materieanteile bei welchen Wellenlängen in Wechselwirkung treten. Die Strahlung von Licht überstreicht den Bereich von 1×10^1 bis 8×10^6 nm, d. h. von Ultraviolettstrahlung (UV-Strahlung) über sichtbares Licht (optischer Bereich), die Infrarotstrahlung (IR-Strahlung) bis zum fernen Infrarot (FIR).

Licht als elektromagnetische Strahlung oder Welle

Die Grafik zeigt, dass eine Wechselwirkung von UV- und sichtbarem Licht mit Elektronen der äußeren Schalen der Atome erfolgt. Elektronen werden hierbei in das nächst höhere Energieband kurzfristig angehoben, um dann unter Aussendung von Licht (Emission) mit der für das Atom typischen Strahlung wieder in das niedrigere Band zurückzufallen.

Die Infrarotstrahlung beeinflusst die Elektronen nicht, jedoch regt sie Moleküle und Molekülgruppen zu Schwingungen bzw. Rotationen an. Dies führt in Polymerwerkstoffen zur Absorption von Energie. Es kommt dabei sowohl zu einer Phasenverschiebung der durchfließenden Welle, wie zu einer Absorption eines Teiles ihrer Energie. Man kann dies durch die komplexe Brechzahl n^* ausdrücken:

$$n^* = n' - i \cdot n'' \qquad (10.1)$$

darin ist n'' = der reale Teil der Brechzahl (normalerweise mit n bezeichnet), i = imaginäre Zahl ($i = \sqrt{-1}$) und n'' = der imaginäre Teil der Brechzahl, mit Extinktion bezeichnet.

HINWEIS: Lichtwellen haben eine starke Wechselwirkung mit Materie, so auch mit Polymeren.

* Da die Bezeichnungen für die Strahlungstechnik in der Literatur sehr uneinheitlich sind, werden hier alle Begriffe und Formelzeichen in Anlehnung an DIN 5496 „Temperaturstrahlung“ gewählt.

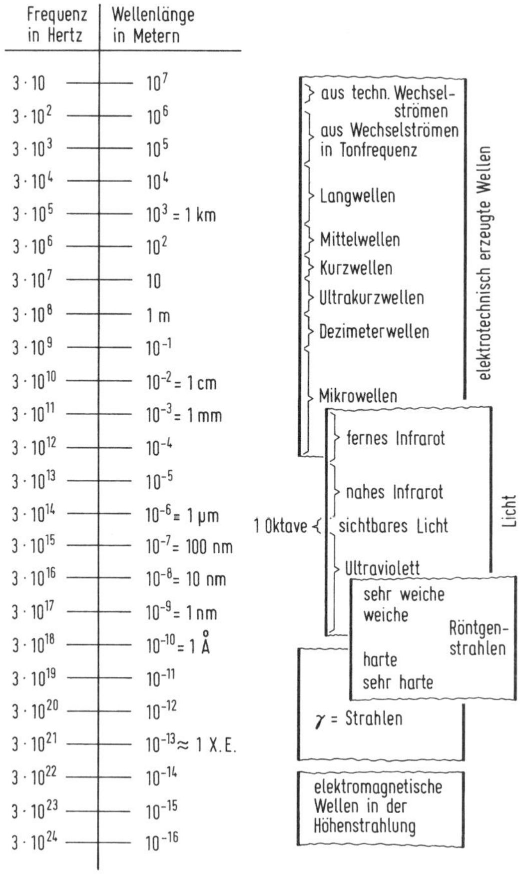

BILD 10.1 Einteilung der Strahlenarten in Bereiche nach der Wellenlänge, der Wellenzahl und der Frequenz der elektromagnetischen Strahlung mit Hervorhebung des optischen Bereiches

10.2 Der Realteil der Brechung

Die Brechzahl n – die optische Dichte des Mediums – ist definiert als das Verhältnis der Ausbreitungsgeschwindigkeit des Lichts im Vakuum c_0 gegenüber der Ausbreitungsgeschwindigkeit in einem für das Licht durchlässigen Körper c:

$$n = \frac{c_0}{c} \tag{10.2}$$

Beim Eintritt eines Lichtstrahls in ein anderes Medium ändern sich entsprechend dessen optischer Dichte die Phasengeschwindigkeit und damit die Richtung des Strahles.

Temperatureinfluss auf die Brechzahl

Transparente Kunststoffe – auch als organische Gläser bezeichnet – haben bei Raumtemperatur Brechzahlen von 1,4 bis 1,5. Die Brechzahlen sind erwartungsgemäß stark abhängig von der Temperatur, d. h. vom Zustand des Werkstoffs. Damit erklärt sich u. a.

die mäßige Tauglichkeit der organischen Gläser für Präzisionsoptiken. Dies wird durch die *Lorenz-Lorentz*-Beziehung erkennbar:

$$n = \sqrt{1 + \frac{3R}{M \cdot \upsilon - R}} \tag{10.3}$$

mit R = temperaturabhängige Refraktionskonstante ($R(T)$), M = Molmasse des Grundbausteins des Polymers, υ temperaturabhängiges spezifisches Volumen des Polymers ($\upsilon(T)$).

Die Brechzahl nimmt mit der Temperatur ab und hat bei den transparenten, amorphen Kunststoffen (daher auch organische Gläser genannt) bei der Glastemperatur T_g einen Knick (vgl. Bild 10.2) hin zu stärkerer Neigung nach kleineren Brechzahlen.

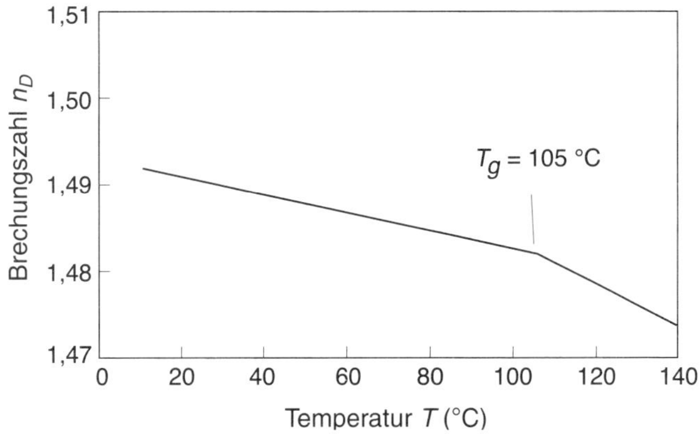

BILD 10.2 Brechzahl n_D von PMMA als Funktion der Temperatur

Beim Übergang von einem Medium in ein anderes ändern sich entsprechend der optischen Dichte die Phasengeschwindigkeit und damit die Richtung des Strahles. Dies drückt das von *Snellius* aufgestellt Brechungsgesetz für den Wechsel eines Lichtstrahls von einem Medium 1 in ein Medium 2 aus (vgl. Bild 10.3)

$$\frac{\sin\alpha}{\sin\beta} = \frac{n_2}{n_1} = \frac{c_1}{c_2} \tag{10.4}$$

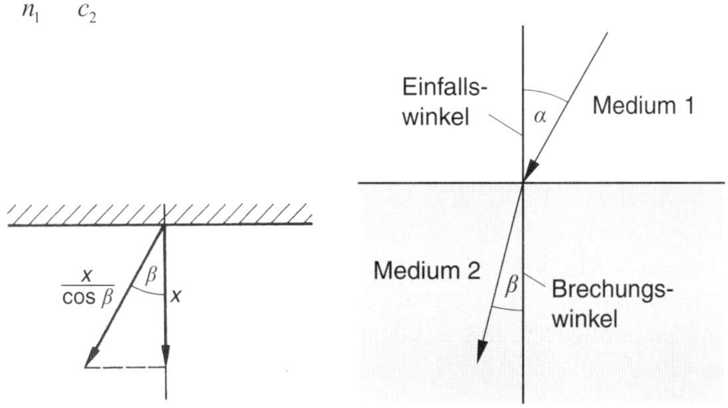

BILD 10.3 Brechungsgesetz nach *Snellius*

Dabei wird der Strahl beim Eintritt in ein optisch dichteres Medium ($n_1 < n_2$, $c_1 > c_2$) zum Lot hin gebrochen, und umgekehrt, wenn der Strahl vom optisch dichteren in ein dünneres Medium tritt.

10.3 Wellenlängenabhängigkeit der Brechzahl (Dispersion des Lichts)

Dispersion als Ursache für Spektralfarben bzw. Naturfarbe des Polymers

Bei den organischen Gläsern nimmt die Brechzahl, ebenso wie bei den anorganischen Gläsern mit steigender Wellenlänge (= abnehmende Frequenz) ab.

Es gilt hierfür allgemein:

$$f = \frac{c_0}{\lambda \cdot n} = c_0 \cdot \frac{\nu}{n} \tag{10.5}$$

mit λ = Wellenlänge, c_0 = Lichtgeschwindigkeit im Vakuum, n = Brechzahl, f = Frequenz, ν = Wellenzahl.

Die Brechzahl ist eine wichtige Größe für die Beurteilung der optischen Eigenschaften von Gläsern. Die Messung wird mit speziellen Geräten, z. B. dem *Abbé*-Refraktometer, bei diskreten Wellenlängen innerhalb des sichtbaren Spektralbereiches gemessen. Die Eichung wird normalerweise auf das Licht der Natrium-D-Linie vorgenommen, weshalb man diesen Messwert auch als n_D bezeichnet.

Bild 10.4 vergleicht die Brechzahlen n_D einiger organischer mit anorganischen (optischen) Gläsern. Man erkennt, dass die organischen Gläser sich zwischen die anorganischen, optischen Gläser einordnen. Dies wird noch deutlicher, wenn man die Steigung dieser Kurven in Form des Differentialquotienten $dn/d\lambda$ in Bild 10.5 vergleicht. Sie haben den gleichen Kurvencharakter, sind jedoch zu größeren Wellenlängen verschoben.

Der Differentialquotient $dn/d\lambda$ ist eine wichtige Maßzahl, die man als Dispersion bezeichnet. Diese Kurven zeigen insbesondere, dass im UV-Bereich die Dispersion, ebenso wie im nahen sichtbaren (blauen) Lichtbereich, besonders bei Flintglas und Polystyrol sehr groß ist und dann beim Übergang zu größeren Wellenlängen schwächer wird.

Messmethoden zur Bestimmung der Brechzahl

In der praktischen Optik werden noch einige andere Dispersionszahlen verwendet, worauf aber hier nicht eingegangen werden soll. Prüfungen erfolgen z. B. nach DIN 53491. Es gibt auch einfache Messmethoden, die mit einem Mikroskop ohne spezielle Ausrüstung ausgeführt werden können (vgl. *Philipp*). Obwohl Kunststoffe zum Teil günstige optische Eigenschaften aufweisen, die denjenigen optischer Gläser nahekommen, lassen sie sich für hochwertige, optische Geräte im Allgemeinen nicht einsetzen. Hier erweist sich außer der Temperaturabhängigkeit der Brechung die mangelnde Dimensionsstabilität als nachteilig. Sie wird durch die große thermische Ausdehnung verursacht. Die früher als sehr nachteilig angesehene niedrige Kratzempfindlichkeit konnte durch spezielle Beschichtungen mit Siliziumverbindungen inzwischen beseitigt werden (spezielle Lacke, Plasmapolymerisation). Daher werden heute nicht nur Brillen, sondern sogar Streuscheiben von

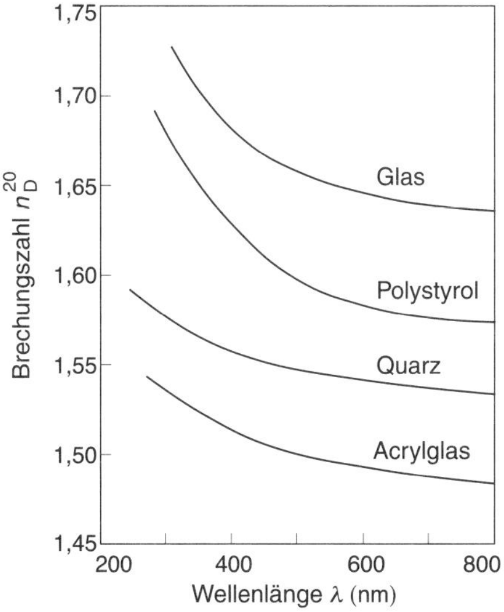

BILD 10.4 Brechzahl n_D bei 20 °C von organischen und anorganischen Gläsern als Funktion der Wellenlänge des Lichts

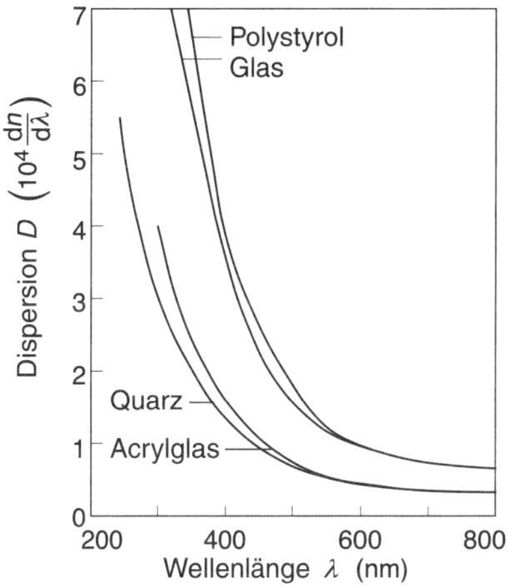

BILD 10.5 Dispersion $dn/d\lambda$ für organische und anorganische Gläser als Funktion der Wellenlänge

Autoscheinwerfern aus organischen Gläsern (Polycarbonat (PC)) hergestellt. Kunststoffe sind auch für Sicherheitsverglasungen sehr beliebt, da sie gegen Schlag, und bei richtiger Dimensionierung und Gestaltung (Mehrschichtgläser und Verbundscheiben), auch gegen Beschuss (z. B. Polycarbonat) beständig und splittersicher sind.

HINWEIS: Temperatur und mangelnde Dimensionsstabilität beeinflussen die optischen Eigenschaften des Kunststoffs.

10.4 Der imaginäre Teil der Brechzahl

10.4.1 Absorption und Streuung

Lambert-Beersches Gesetz

Wenn Licht durch ein Medium durchtritt, verliert es einen Teil seiner Energie durch die Wechselwirkungen mit der Materie. Dieser Verlust, die *Extinktion n″* wird im *Lambert-Beersches Gesetz* für die Intensität der Welle ausgedrückt:

$$I = I_0 \cdot e^{-E \cdot x} \tag{10.6}$$

mit x = Lauflänge des Strahls, E = Extinktionskoeffizient.

Der Extinktionskoeffizient setzt sich zusammen aus:

$$E = \sigma + k \tag{10.7}$$

mit σ Streuungskoeffizient, k Absorptionskoeffizient.

Darin ist der Absorptionskoeffizient k eine für den Werkstoff typische Größe. Er ist von der Wellenlänge und vom Material abhängig und beschreibt das durch Absorption in einem Medium verursachte Abklingen der spektralen Strahlungsleistung mit zunehmender Eindringtiefe. Der Absorptionskoeffizient kann aus der optischen Eindringtiefe δ_{opt} bestimmt werden, dessen Kehrwert er ist. Die optische Eindringtiefe δ_{opt} ist diejenige durchstrahlte Weglänge, bei der der Transmissionsgrad auf das $1/e$-fache abgefallen ist.

Der Streuungskoeffizient σ hängt davon ab, wie rein das Produkt ist. Bereits geringfügige Verunreinigungen können starke Änderungen verursachen. Streuzentren sind z. B. auch interne Ausscheidungen (z. B. bei Blends oder Sphärolithe), d. h. Partikel mit einer gegenüber der Matrix größeren Brechzahl, wenn sie größer sind als die Wellenlänge des Lichts (vgl. Abschnitt 10.6).

charakteristische Absorption

Eine sehr wichtige Anwendung der Absorption ist die „charakteristische Absorption" bei ganz bestimmten Frequenzen, bei welchen Moleküle oder Molekülgruppen in den Kunststoffen im Bereich ihrer Eigenschwingungen zu Resonanzschwingungen mit der einfallenden Welle treten. Hierbei wird ein merkbarer Anteil der eingestrahlten Energie absorbiert. Aus dem Maß an Verlustenergie einerseits und der anregenden Frequenz andererseits kann man auf die Art des Moleküls und ihren Anteil in dem Körper schließen (vgl. Abschnitt 10.8.1).

10.4.2 Absorption, Reflexion und Transmission

Die Ermittlung des *Absorptionsgrades* kann nicht direkt, sondern nur über die Messung des *Transmissions-* und des *Reflexionsgrades* erfolgen. Diese drei Größen sind nämlich direkt miteinander verbunden. Es gilt nach dem ersten Hauptsatz der Thermodynamik:

$$\rho_\nu + \alpha_\nu + \tau_\nu = 1 \tag{10.8}$$

Ein von einem Lichtstrahl getroffener Körper wird einen Teil des Lichts reflektieren (ρ = Reflexionsgrad; α = Absorptionsgrad; τ = Transmissionsgrad)

Der spektrale Reflexionsgrad ist

$$\rho_\nu = \frac{I_{\nu\rho}}{I_\nu} \tag{10.9}$$

und beschreibt den bei der Wellenzahl ν reflektierten Strahlungsfluss $I_{\nu\rho}$, bezogen auf den bei Wellenzahl ν eingestrahlten Strahlungseinfluss I_ν.

Der spektrale Absorptionsgrad

$$\alpha_\nu = \frac{I_{\nu\alpha}}{I_\nu} \tag{10.10}$$

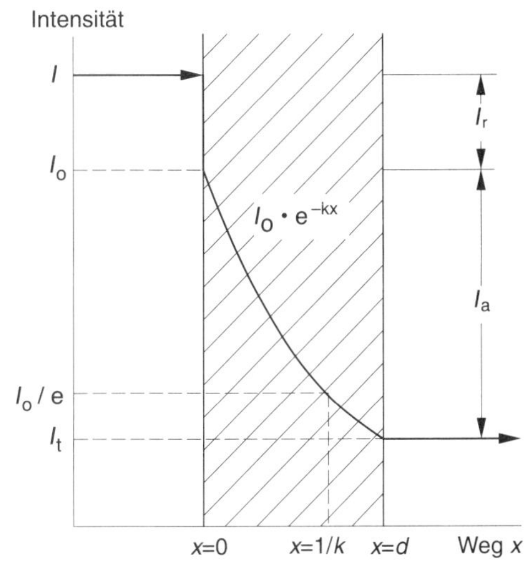

BILD 10.6 Lambert-Beersches Absorptionsgesetz

I	einfallende Intensität
I_o	eindringende Intensität
I_t	reflektierte Intensität
I_a	transmittierte Intensität
I_a	absorbierte Intensität
k	Absorptionskoeffizient
Weg x	optische Eindringtiefe

bedeutet den bei Wellenzahl ν absorbierten Strahlungsfluss $I_{\nu\alpha}$, bezogen auf den bei Wellenzahl ν eingestrahlten Strahlungsfluss I_ν.

Der spektrale Transmissionsgrad

$$\tau_\nu = \frac{I_{\nu\tau}}{I_\nu} \tag{10.11}$$

bedeutet den bei Wellenzahl ν transmittierten Strahlungsfluss $I_{\nu\tau}$, bezogen auf den bei Wellenzahl ν eingebrachten Strahlungsfluss I_ν.

Diesen Zusammenhang verdeutlicht das Bild 10.6, das den Verlauf der Intensität eines Lichtstrahls beim Auftreffen und Durchtritt durch z. B. eine transparente oder transluzente Kunststoffplatte darstellt. Aus dem Bild wird auch ersichtlich, dass die Intensität nach der Weglänge $x = \delta_{opt} = 1/k$ auf den e-ten Teil der eingetretenen Intensität abgefallen ist.

Gleichzeitig wird erkennbar, dass immer ein Teil der auftreffenden Strahlintensität an der Oberfläche reflektiert wird. Reflexionen treten an jeder Oberfläche auf, die der Strahl trifft. Dies kann man dem Bild 10.7 entnehmen, das diese Erscheinung an einer planparallelen Platte darstellt.

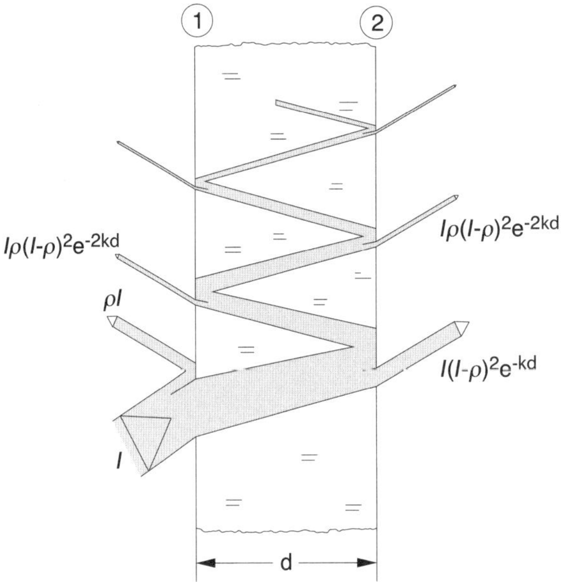

BILD 10.7 Reflexion und Transmission an einer planparallelen Platte

Reflexionsvermögen

Das Reflexionsvermögen ist eine reine Stoffgröße und beschreibt den reflektierten Anteil, der bei der Bestrahlung eines halbunendlichen Körpers entsteht (einmalige Reflexion). Das Reflexionsvermögen kann nach der *Beer*schen Formel als Funktion der optischen Konstante n (Brechzahl) und κ (Absorptionsindex) berechnet werden:

$$\rho_0 = \frac{(n-1)^2 + \kappa^2}{(n+1)^2 + \kappa^2} \tag{10.12}$$

Darin ist $\kappa = k/(4\pi\upsilon)$, wobei k der Absorptionskoeffizient und υ die Wellenzahl sind.

Daraus ergibt sich der Reflexionsgrad

$$\rho = \rho_0 (1 + \tau \cdot \mathrm{e}^{-k \cdot d}) \tag{10.13}$$

Ein Aufsummieren aller transmittierten Anteile in Bild 10.7 führt zu einer Reihe, aus deren Näherung man den Transmissionsgrad τ für die Plattendicke d wie folgt entnehmen kann:

$$\tau = \frac{(1-\rho_0)^2 \cdot \mathrm{e}^{-k \cdot d}}{1 - \rho_0^2 \cdot \mathrm{e}^{-2k \cdot d}} \tag{10.14}$$

Der Absorptionsgrad ergibt sich dann zu:

$$\alpha = 1 - \tau - \rho \tag{10.15}$$

Die Aufteilung von Transmission, Reflexion und Absorption in grafischer Darstellung als Funktion von der mit dem Absorptionskoeffizienten von Bild 10.6 dimensionslos gemachten Dicke der Probe zeigt das Bild 10.8.

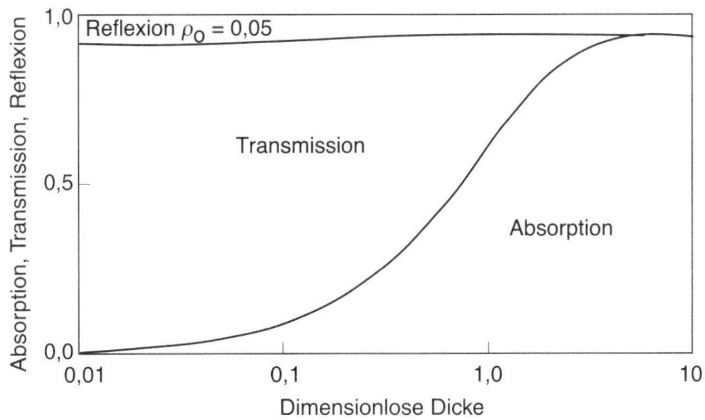

BILD 10.8 Aufteilung von Transmission, Reflexion und Absorption einer in eine Probe eingedrungenen Strahlung in Abhängigkeit von der dimensionslos gemachten Probendicke

10.5 Die Totalreflexion

Da der Strahl beim Eintritt in ein optisch dichteres Medium zum Lot hin und beim Austritt vom dichteren in ein optisch dünneres Medium vom Lot weg gebrochen wird (Bild 10.3), kommt es unter flachen Einfallswinkeln eines Strahls, der vom optisch dichteren Medium auf die Grenzfläche zum optisch dünneren Medium trifft, zur Totalreflexion. Sie hängt ebenfalls von den Brechzahlen ab. Der Winkel, bei welchem Totalreflexion auftritt, beträgt

$$\sin \alpha_g = \frac{n_2}{n_1} \tag{10.16}$$

mit n_1 = Brechzahl des weniger dichteren Mediums, n_2 = Brechzahl des dichteren Mediums, α_g = Grenzwinkel zur Totalreflexion. Dies geschieht, wenn der Winkel des einfallenden Strahls α sich 90° nähert. Dies ist eine für die Anwendung, z. B. als Lichtleiter, sehr wichtige Gesetzmäßigkeit. Ein in einem Lichtleiter (Platte oder vor allem Lichtleitfasern) eingekoppelter Strahl erleidet dank dieser Erscheinung keine Verluste durch Reflexion, denn der Strahl kann den Leiter erst wieder durch die Endfläche verlassen.

10.6 Farbe, Glanz und Trübung

Die im letzten Abschnitt behandelten Gesetzmäßigkeiten für die Reflexion von Lichtstrahlen gelten in dieser Form nur für absolut planparallele und ebene Oberflächen. Da technische Oberflächen nie ganz eben sind, entstehen unterschiedliche Reflexionen, die das menschliche Auge als Farbe, Glanz oder Trübung wahrnimmt. Es handelt sich somit bei diesen Qualitätskennzeichen um subjektive Beurteilungen. Trotzdem gibt es Verfahren, die zum Teil auch genormt sind, um unter standardisierten Bedingungen Maßzahlen zu erhalten.

Farbe

Farbe ist nach DIN 5033 als „diejenige Gesichtsempfindung eines dem Auge des Menschen strukturlos erscheinenden Teiles des Gesichtsfeldes, durch die sich dieser Teil bei einäugiger Beobachtung mit unbewegtem Auge von einem gleichzeitig gesehenen, ebenfalls strukturlosen angrenzenden Bezirk allein unterscheiden kann" definiert. Der für das menschliche Auge sichtbare Wellenlängenbereich erstreckt sich auf den Bereich von ca. 380 nm bis 780 nm. Unpigmentierte und ungefüllte Kunststoffe erscheinen in diesem Wellenlängenbereich für den Menschen als transparent bis beige opak.

Wie bereits in Abschnitt 10.4.2 erläutert wurde, wird ein bestimmter Teil des Lichts beim Auftreffen auf eine Oberfläche reflektiert. Der übrige Anteil der Strahlung dringt in den Kunststoff ein und wird entweder im Inneren reflektiert, absorbiert oder transmittiert das Bauteil. Da beispielsweise die meisten amorphen Kunststoffe im Bereich des sichtbaren Lichts keine spezifische Absorption aufweisen, also keine Wellenlänge absorbiert wird, erscheinen sie, sofern sie nicht eingefärbt wurden, transparent.

Besonders hohe Lichttransmission wird von Lichtleitern, also z. B. Glasfasern und Fasern aus hochreinem Polymethylmethacrylat (PMMA) erwartet. Lichtleitfasern aus Glas absorbieren so wenig Licht, dass erst nach 3000 m ein Abfall der Intensität auf 50 % festzustellen ist. Die besten Polymer-Lichtleitfasern sind demgegenüber sehr viel schlechter. Eine merkliche Verbesserung für PMMA hat man durch die Substitution der Wasserstoffatome der Monomere durch Fluoratome erreicht, was Bild 10.9 an drei Polymeren zeigt, bei denen in zunehmendem Maß die H-Atome durch F-Atome substituiert wurden. Die Vorteile von polymeren Lichtleitfasern gegenüber denjenigen aus Glas sind die leichtere Verarbeitung und insbesondere die Verbindungstechnik, sowie niedrigere Herstellkosten und vor allem Unempfindlichkeit gegen mechanische Einflüsse (Vibration) unter denen Lichtleitfasern aus Glas brechen können.

Farbe (ebenso wie der Glanz und die Trübung) ist keine eindeutig physikalisch definierte Größe, sondern eine durch das menschliche Auge, also subjektiv aufgenommene Erscheinung. Man ist jedoch bemüht, sie mit einer Reihe von unterschiedlichen Messmethoden für die jeweilige Anwendung einigermaßen beschreib- und vergleichbar zu machen. Das ist notwendig, da gerade über diese nicht präzise bestimmbaren Erscheinungen von Kunststoffoberflächen, z. B. bei Karosserieteilen, Definitionsschwierigkeiten zwischen Lieferanten und Abnehmern entstehen.

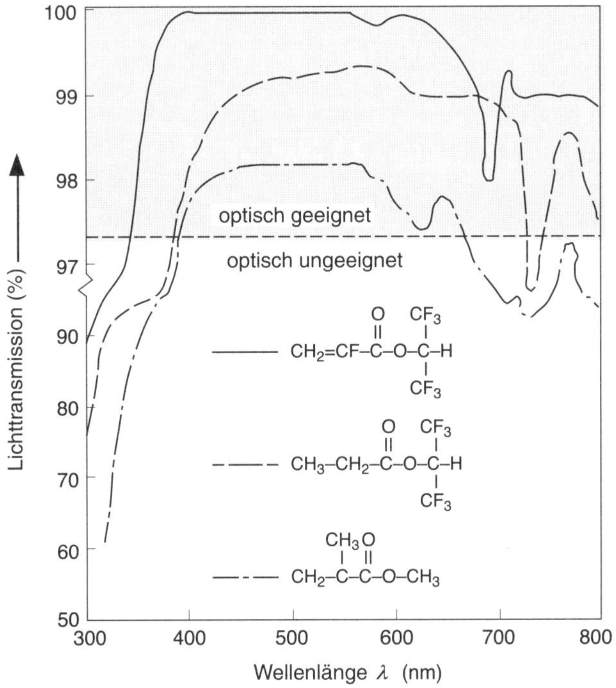

BILD 10.9 Einfluss der Änderung von Substituenten an der Molekülkette auf die Transmission des Lichts am Beispiel von PMMA bei welchem H-Atome gegen F-Atome ausgetauscht wurden (*Hoechst*)

Der subjektive Farbeindruck eines Körpers, die so genannte Körperfarbe, wird im Wesentlichen durch drei Einflussgrößen bestimmt:

- die optische Eigenschaft des betrachteten Körpers
- die Intensitätsverteilung des einfallenden Lichts
- die Empfindlichkeit des menschlichen Auges

Glanz

Glanz ist die Eigenschaft einer Oberfläche, Licht ganz oder teilweise spiegelnd zu reflektieren. Nicht oder kaum vorhandenen Glanz nennt man Mattheit. Ebenso wie die Wahrnehmung der Farbe ist der Glanz keine eindeutig physikalisch definierte Größe. Der Glanz ist abhängig von:

- der Richtung und Polarisation des einfallenden Lichts
- der Richtung und Polarisation des reflektierten Lichts
- der Wellenlängen des einfallenden Lichts
- der Oberflächenstruktur des Gegenstandes
- dem Beobachtungswinkel

Eine Oberfläche, die glänzend erscheint, besitzt somit ein hohes Reflexionsvermögen, eine geringe Rauheit und eine große Ebenheit. Im Idealfall wird der einfallende Lichtstrahl maximal reflektiert, wobei die Gesetzmäßigkeit Einfallswinkel = Ausfallswinkel gilt. Je größer die Rauheit einer Oberfläche ist, umso stärker wird das reflektierte Licht gestreut. Es weist eine breitere und flachere Intensitätsverteilung auf (Bild 10.10).

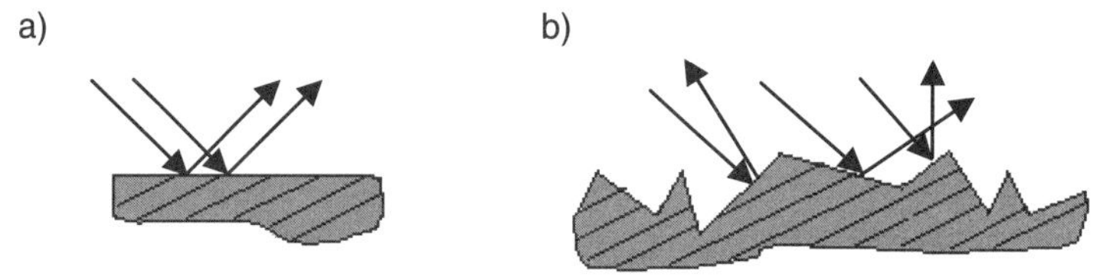

BILD 10.10 Reflexion an glatten und rauen Oberflächen; a) gerichtete Rückstrahlung, b) diffuse Rückstrahlung (nach *Bastian*)

Glanzmessung

Zur Messung des Glanzes stehen eine Reihe von Methoden zur Verfügung. Die bekannteste ist die US-Norm ASTM D 523 -51. Für Glanzmessungen benutzt man in der Regel so genannte *Goniophotometer (engl. glossmeter)*, bei denen man die Richtung von Strahler und Beobachtungssensor in beliebigen Winkeln zum Prüfkörper einstellen kann (vgl. Bild 10.11). Die Probe wird mit weißem Licht bestrahlt. Der Beleuchtungswinkel ist zwischen 0° und 70° frei einstellbar, der Beobachtungswinkel ebenfalls zwischen 0° und 70°. Zur Messung wird der Beleuchtungskollimator auf einen festen Wert (z. B. 45°) eingestellt. Die Helligkeit des Beleuchtungsflecks ist durch eine Aperturblende variierbar, der kleinste Aperturwinkel beträgt 0,25°. Anschließend fährt der Messkollimator motorisch den Bereich $\beta = 0°$ bis 70° ab. Die dabei gemessenen Intensitäten werden von einem *x*-*y*-Schreiber aufgenommen.

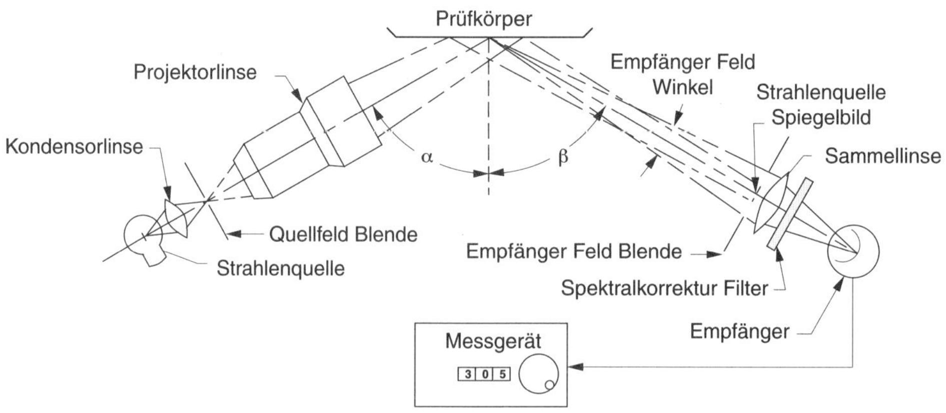

BILD 10.11 Goniophotometer (engl. glossmeter)

Kalibriert wird das Goniophotometer mit einem Schwarzstandard. Dies ist ein schwarz eingefärbtes, auf Hochglanz poliertes Glas. Für diesen Standard wird die maximal reflektierte Lichtintensität gleich 100 % gesetzt, so dass der später gemessene Glanz durch die dimensionslose Größe

$$G = \frac{I_{\max\ Probe}}{I_{\max\ Standard}} \cdot 100 \qquad (10.17)$$

ausgedrückt wird.

Trübung (engl. haze)

Die Trübung ist vor allem für durchsichtige, transparente Folien und Platten ein wichtiges Qualitätskriterium. Sie kann als derjenige Teil eines von einer transparenten Probe durchgelassenen Lichtstrahls angesehen werden, der von der Richtung des auf die Probe einfallenden Strahls aufgrund einer im Material an Streuzentren stattfindenden Vorwärtsstreuung abweicht. Die Messung der Trübung wird in der US-Norm ASTM D-1003-52 u. a. ausführlich beschrieben. Die deutsche Norm DIN 53490 wird für hoch transparente Platten und Folien angewendet. Die Genauigkeit der Messungen gilt als sehr empfindlich gegen Verunreinigungen oder Kratzer auf den Oberflächen.

10.7 Einfärben von Kunststoffen

Kunststoffe werden meist durch Einmischen von Pigmenten „gefärbt". Sie wirken als innere Streuzentren, wie dies Bild 10.12 schematisch darstellt. Im Gegensatz dazu können auch Farblösungen verwendet werden, was jedoch fast ausschließlich beim Einfärben von Fasern aus Polymeren (Synthesefasern) erfolgt. Diese Lösungen werden von der Faser aufgenommen. Für diese spezielle Anwendung wäre die Verwendung von Pigmenten nachteilig, da diese die hohe Verstreckbarkeit der Fasern behindern würden.

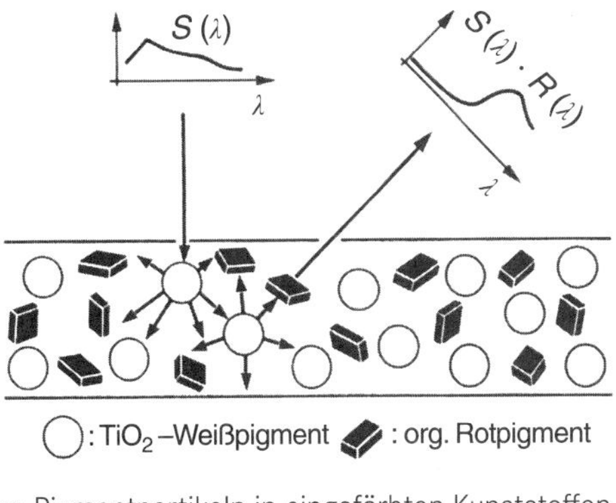

BILD 10.12 Remission an Pigmentpartikeln in eingefärbten Kunststoffen

Die Farbwirkung beruht darauf, dass eine derart eingefärbte Oberfläche vom einfallenden weißen Licht, das sich bekanntlich aus verschiedenen Wellenlängen zusammensetzt, einige absorbiert und nur die restlichen Wellenlängen reflektiert werden. Diese bilden dann die vom Beobachter wahrgenommene Farbe.

Wie bereits erwähnt, sind die meisten Kunststoffe im Naturzustand transparent oder opak. Aus funktionell-technischen oder design-technischen Gründen ist jedoch oftmals eine Einfärbung der Kunststoffe wünschenswert oder sogar zwingend erforderlich. Um dies zu realisieren, werden im Kunststoff Farbpigmente möglichst homogen verteilt. Hierbei handelt es sich um Partikel in Form von Kristallen, die Lichtstrahlen so brechen und reflektieren, dass aus weißem Licht ganz bestimmte Spektralfarben erzeugt werden. Diese Pigmentkörner haben eine Größe zwischen 100 nm und 1000 nm und liegen somit in der Größenordnung der Wellenlänge des sichtbaren Lichts (Pigmentremission, s. Bild 10.12 oberes Teilbild links).

Zusatz von Pigmenten

Die Pigmentremission hat ihre größte Intensität, wenn man die Fläche in Richtung ihrer Normalen betrachtet, unabhängig vom Einstrahlwinkel. Da die meisten Kunststoffe transparent bzw. transluzent sind – das meint mehr als 30 % Trübung – und im Allgemeinen zu dünnwandigen Gegenständen verarbeitet werden, lassen sie sich mithilfe von Pigmenten, d. h. organischen oder anorganischen Partikeln, von transluzent über opak bis deckend einfärben. Dabei hängt die Farbe allerdings stark ab von der Dicke der Probe, von der Pigmentverteilung und der Größe der Pigmentpartikel, d. h. von der Verarbeitung. Bei verschiedenen Dicken sind, wenn man gleiche Farbe erhalten will, unterschiedliche Rezepturen notwendig. Da Pigmente bei spezifischen Temperaturen ihre Reflexion verändern – meist durch Schmelzen der Partikel und damit Änderung der Gestalt –, muss bei der Verarbeitung besonders auf die Temperaturbeständigkeit der Pigmentpartikel geachtet werden. Zudem müssen die Pigmente sich mit dem Polymer als verträglich erweisen. Voraussetzung für gleiche Farbe sind dann noch gleiche Oberflächen, denn die vom menschlichen Auge erkannte Farbe ist nicht nur von den Partikeln abhängig, sondern wird in starkem Maß auch von der Rauheit der Oberfläche mitbestimmt. Daher bedeutet die Einstellung einer ganz bestimmten Farbe immer einen erheblichen Aufwand.

HINWEIS: Durch Zusätze können Absorption und Transmission eines Kunststoffs gezielt eingestellt werden; z. B. lässt sich die Farbe des Kunststoffs durch Pigmente einstellen.

Auch durch langzeitige Lichteinwirkung und durch Alterung kann sich der molekulare Aufbau von Kunststoffen, aber auch der der dispergierten Pigmente, verändern, was zu einer Verminderung der Transparenz oder einer Änderung der Farbe führen kann.

UV-Filterung

Die gezielte Beimischung von Pigmenten, also die Veränderung der Absorption bei bestimmten Wellenlängen, wird aber nicht nur zur Einstellung der Farbe im sichtbaren Wellenlängenbereich genutzt. So lassen z. B. bestimmte handelsübliche PMMA-Sorten den gesamten, im Sonnenspektrum vorhandenen UV-Strahlungsanteil durch. Die für Sterilisationen besonders aktiven Wellenlängen von 270 nm bis 315 nm werden von dünnen Filterscheiben nur gering absorbiert, was für spezielle Fenster solcher Sterilisationsanlagen erforderlich ist. Durch Zusatz von speziellen Absorbern wird der gewünschte Bereich eingeengt. Ein weiterer positiver Nebeneffekt dieser Absorber ist, dass der Kunststoff selbst gegen den Abbau durch energiereiche UV-Strahlung geschützt wird (so genannte Lichtstabilisatoren).

10.7.1 Farbmessung

Neben Rauheit und Glanz wird die Oberfläche eines Gegenstands maßgeblich von seiner Farbe geprägt. Es werden meist hohe Anforderungen an die farbliche Konstanz gestellt, zu deren Überprüfung genaue Messgeräte erforderlich sind. Genauso wie bei einem Farbfernseher jede Farbe aus Kombinationen der drei Farben Rot, Grün und Blau zusammengesetzt werden kann, lässt sich dieser Vorgang zum Zwecke einer Farbmessung umkehren. Hierzu wird die Farbe, bzw. die Normfarbwerte X_λ (Rot), Y_λ (Grün), Z_λ (Blau), mittels handelsüblicher Spektralphotometer gemessen. Das Funktionsprinzip eines Spektralphotometers ist schematisch in Bild 10.13 dargestellt.

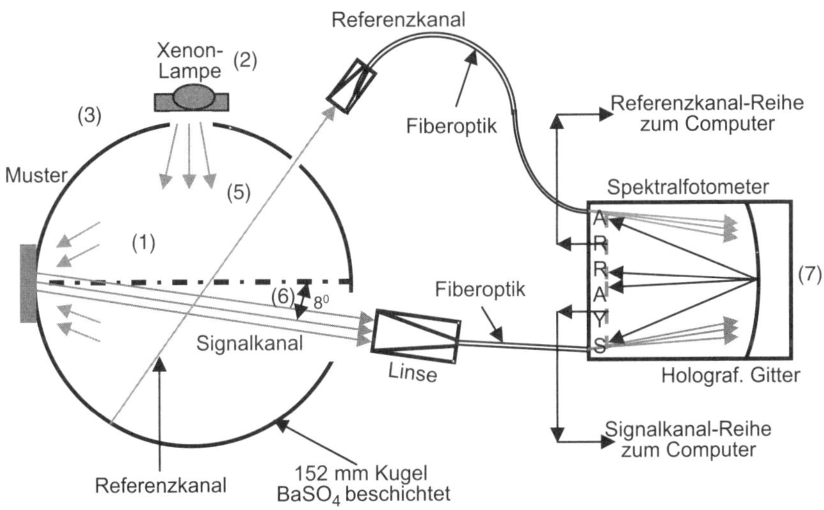

BILD 10.13 Spektralphotometer zur Farbmessung (nach *Bastian*)

Die so genannte Ulbricht-Kugel (1) besitzt im Inneren eine diffus streuende, matt-weiße Beschichtung. Die Xenon-Blitzlampe (2) mit einem Normtageslichtfilter (3) blitzt nur kurz in die Kugel, damit eine Erwärmung der Probe verhindert wird. Zwei Strahlen werden aufgenommen, ein Referenzstrahl (5), der das Farbspektrum neben der Probe aufnimmt und der Probenstrahl (6), dessen Spektrum mit dem des Referenzstrahls verglichen wird.

Zur Aufnahme der beiden Spektren werden Beugungsgitter als Monochromatoren (7) verwendet, um damit jede Wellenlänge des Spektrums einzeln zu vermessen. Das gesamte Spektrum wird während der Messung in einigen Sekunden durchfahren. Der Vergleich durch Differenzbildung sowie die Berechnung der X_λ-, Y_λ-, Z_λ-Werte erfolgt softwarebasiert nach dem in Bild 10.14 abgebildeten Schema.

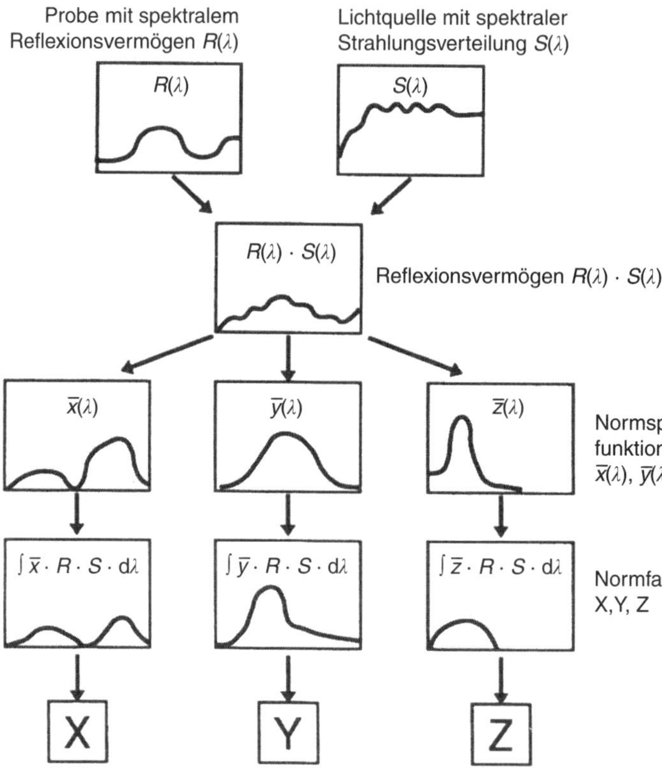

BILD 10.14 CIE-Farbmetrik – objektive Farbmessung nach Normbeobachter

Das Spektrum wird üblicherweise zwischen 380 und 780 nm, also im gesamten sichtbaren Bereich mit einer Genauigkeit von 0,15 nm abgetastet. Dies ermöglicht eine genauere Messung als das menschliche Auge wahrnehmen kann. Für eine Vergleichsmessung zweier Proben sollten beide die gleiche Oberflächenbeschaffenheit aufweisen.

HINWEIS: Mit Spektralphotometern wird eine Farbmessung ermöglicht, die genauer ist als das menschliche Auge wahrnehmen kann.

Die Intensitäten der drei Grundfarben werden bezeichnet mit

$X_\lambda = \text{Rot}, \quad Y_\lambda = \text{Grün}, \quad Z_\lambda = \text{Blau}.$

Zur grafischen Darstellung der Farbe der Probe könnte man die X_λ-, Y_λ-, Z_λ-Werte direkt in einen dreidimensionalen Farbraum eintragen. Übersichtlicher wird die Darstellung jedoch, wenn man zunächst Norm-Farbwerte x, y bestimmt:

$$x = \frac{X}{X+Y+Z} \tag{10.18}$$

$$y = \frac{Y}{X+Y+Z} \tag{10.19}$$

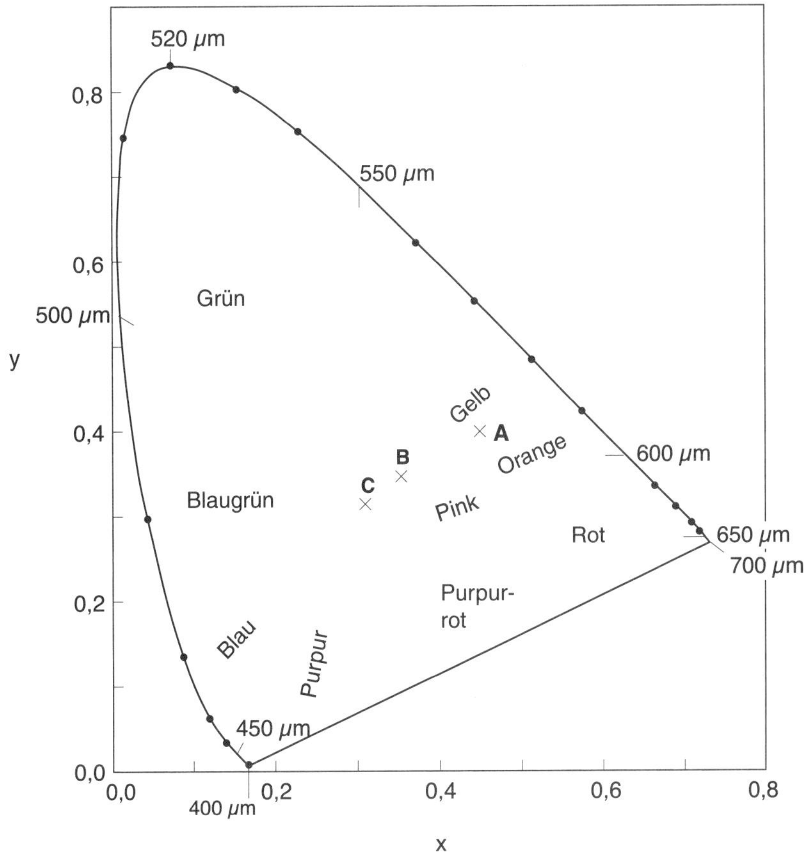

BILD 10.15 Die CIE-Farbtafel

Trägt man nun in einem rechtwinkligen Koordinatensystem diese beiden „Norm-Farbwertanteile" *x* als Abszisse und *y* als Ordinate alle Farbarten ein, so entsteht das zweidimensionale CIE-Farbdreieck (Norm-Farbtafel nach DIN 5033, Bild 10.14 bzw. ASTM E 308-90).

In die nicht dargestellte *z*-Achse müsste die Leuchtstärke (engl. luminance) eingetragen werden. Sie wird in dem Diagramm jedoch vernachlässigt. Daher fallen die neutralen Farben Schwarz, Grau und Weiß in der Mitte des zweidimensionalen Diagramms zusammen, im so genannten Unbuntpunkt. In dem Diagramm sind drei Fixpunkte die Standardwerte:

- Die Strahlung des schwarzen Körpers bei 2448 °K eines leuchtenden glühenden Wolframdrahtes
- Das Sonnenlicht
- Das Nordlicht, das mit dem *Unbuntpunkt* zusammenfällt.

Die Herstellung eines Farbrezeptes ist heute mit speziellen Computerprogrammen möglich. Trotzdem ist damit jedoch stets ein gewisser Aufwand in Form von Messungen, z. B. der Vorlage, von Probemischungen und Kontrollmessungen bis zur Übereinstimmung, verbunden. Die Einstellung der Farbe erfolgt über „subtraktive Farbmischung".

10.8 Die Anwendung der Infrarotstrahlung in der Kunststoffindustrie

10.8.1 Infrarotspektroskopie

Infrarotspektroskopie misst Resonanzschwingungen

Die Infrarotspektroskopie arbeitet auf der Basis der Absorption einzelner Frequenzen. Die im infraroten Bereich bei manchen Frequenzen besonders starke Absorption des Lichts kommt dadurch zustande, dass in diesem Bereich einzelne Moleküle und Molekülgruppen ihre Eigenfrequenzen besitzen und zu Resonanzschwingungen angeregt werden. Die dafür verbrauchte Energie führt zur Auslöschung dieser Frequenz im austretenden Strahl; im Spektrum als „Bande" bezeichnet. (Es sind stets verschiedene Anregungszustände - Rotation, Deformation – so dass sich die Banden über einen gewissen Frequenzbereich erstrecken.) Die Infrarotspektroskopie ist heute die wohl wichtigste Messmethode zur Analyse der Zusammensetzung.

Eine Messbrücke zur Messung der Infrarotabsorption (Bild 10.16) besteht im Wesentlichen aus einer Lichtquelle, deren Emissionsfrequenz kontinuierlich den gesamten Bereich überstreichen kann oder auf eine beliebige Frequenz einstellbar ist. Dieser Strahl wird geteilt, so dass der eine Teilstrahl die Probe passieren muss. Der zweite Teilstrahl dient als Referenzstrahl. Ein Intensitätsvergleich beider Strahlen liefert eine elektrische Anzeige, die - über der Frequenz aufgeschrieben - das so genannte Absorptionsspektrum ergibt.

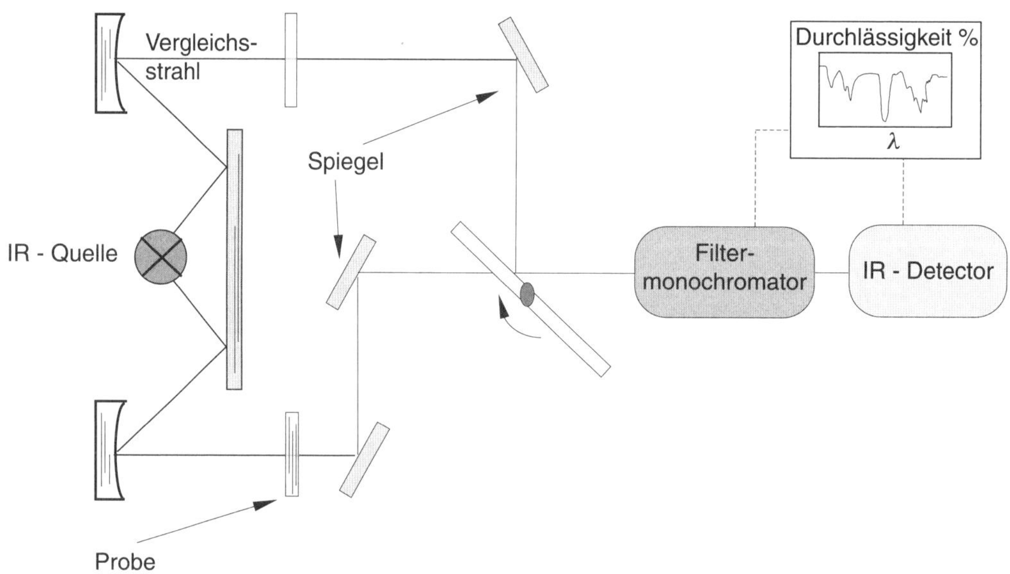

BILD 10.16 Prinzip des Infrarotspektrometers zur qualitativen Bestimmung von molekularen Bausteinen durchstrahlter Polymerer

Es gibt vier Möglichkeiten, die Messungen vorzunehmen:

- an Folien <0,25 mm Dicke,
- der zu untersuchende Kunststoff wird pulverisiert und mit einem neutralen Stoff, meist Kaliumbromid, gemischt und zu einer Pille gepresst,
- der Kunststoff oder seine Schmelze bzw. Lösung wird in optischen Kontakt mit einem Kristall gebracht (ATR-Technik), den eine mehrfach gebrochene Infrarotwelle durchläuft und dabei auch in den Kunststoff oberflächlich eindringt,
- der Kunststoff wird gelöst und auf einen Metallspiegel als dünner Film aufgetragen und der reflektierte Strahl ausgewertet.

Man kann mit der Infrarotspektroskopie z. B. auch den Abbau durch Bewitterung über die Zunahme der Absorptionsbande der COOH-Gruppe oder die Wasseraufnahme durch Verfolgung der Wasserbande über der Zeit verfolgen. Mit der ATR-Technik lassen sich Reaktionsvorgänge über der Reaktionszeit in Schmelzen usw. verfolgen.

HINWEIS: Die Infrarotspektroskopie ist eine der wichtigsten Methoden zur Bestimmung von Kunststoffen.

10.8.2 Aufheizung durch Infrarotstrahlung

Aufheizung durch Infrarotstrahlung ist aufgrund der berührungslosen Energieeinbringung bei verschiedenen Verarbeitungsverfahren eine bevorzugte Erwärmungsmethode. Beispielsweise werden Tafeln und Folien vor dem Umformen beim Thermoformen vorerwärmt (vgl. *Weinand*). Hierzu werden in der Regel IR-Strahler mit einem Emissionsspektrum von etwa 2,5–8,0 µm mit Arbeitstemperaturen zwischen 600 und 800 °C verwendet. In diesem Bereich befindet sich der Eigenabsorptionsbereich der meisten technischen Kunststoffe. Sowohl die molekulare Struktur der Kunststoffe, als auch ihre Einfärbung beeinflussen das Absorptionsverhalten. Bild 10.17 zeigt in welchem Maße die Absorption durch die Sphärolithgröße beeinflusst wird. Vor allem im Bereich von Wellenzahlen oberhalb von 5.000 cm^{-1} ($\lambda < 2$ µm) bewirken große Sphärolithe (langsam abgekühlt) einen höheren Absorptionsgrad.

In Bild 10.18 wird der Einfluss der Einfärbung auf die Absorption im kurz- bis mittelwelligen Infrarotbereich dargestellt. Abhängig von der Pigmentierung kann die Strahlung tiefer (Volumenabsorption) oder weniger tief (Oberflächenabsorption) in den Körper eindringen.

Schließlich vergleicht Bild 10.19 die Gesamtabsorption aus verschiedenen Kunststoffen und Einfärbungen bei einer Probendicke von 1 mm. Man entnimmt dem Bild, dass sich offensichtlich bei einer Strahlertemperatur von 1.200 K für alle Kunststoffe eine etwa gleiche Absorption einstellt.

Neben dem Thermoformen werden bei verschiedenen Kunststoffschweißverfahren die zu fügenden Bauteile durch Infrarotstrahlung vorplastifiziert oder vorerwärmt. Beim Ultraschallschweißen kann beispielsweise durch die Vermeidung der Feststoffreibphase mit-

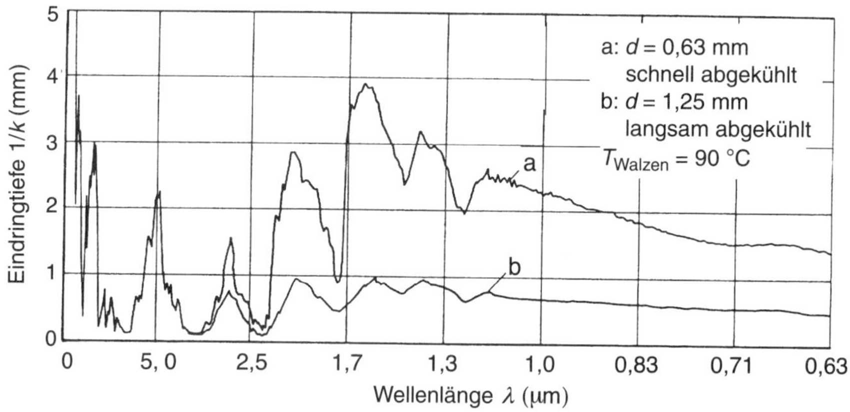

BILD 10.17 Eindringtiefe der Infrarotstrahlung beim Heizen von Tafeln aus Polypropylen mit unterschiedlichen Gefügen (d = Sphärolithdurchmesser)

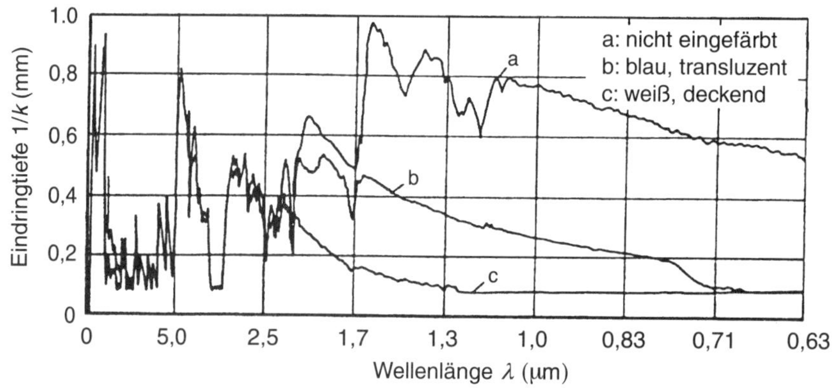

BILD 10.18 Eindringtiefe der Infrarotstrahlung beim Heizen von Tafeln aus Polystyrol mit unterschiedlicher Einfärbung

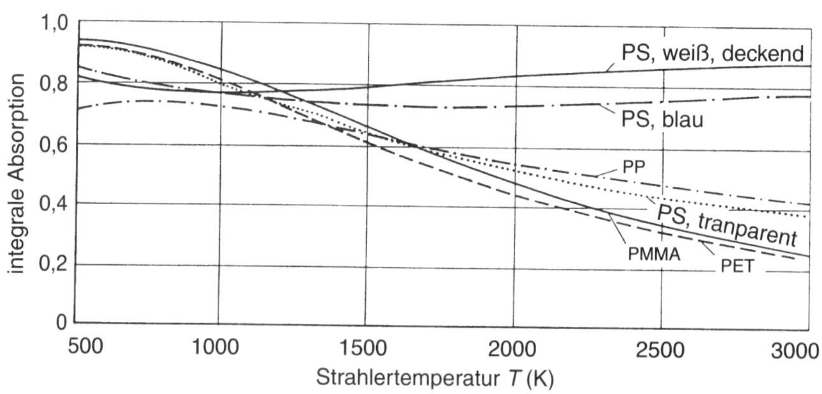

BILD 10.19 Integraler Absorptionsgrad bei unterschiedlichen Kunststoffen

tels einer Vorplastifizierung die unerwünschte Fusselbildung vermieden werden. Beim Laserdurchstrahlschweißen (siehe Abschnitt 10.8.3) kann durch eine Vorerwärmung die Bauteilsteifigkeit verringert werden, was beim Schweißen großer Bauteile vorteilhaft ist.

Die Aufheizung durch Infrarotstrahlung, beispielsweise durch Sonneneinstrahlung, führt aufgrund der Erwärmung des Kunststoffs zwangsläufig zu einer relativ starken Wärmedehnung. Diese für Konstruktionen wichtige Eigenschaft wird in Abschnitt 8.1.7 behandelt.

10.8.3 Kunststoffschweißen mittels Infrarotstrahlung

Die gezielte Umwandlung von elektromagnetischer Strahlung in Wärme wird seit einigen Jahren auch zum Schweißen von Thermoplasten in der Serienfertigung verwendet. Im Wesentlichen sind das Infrarotschweißen sowie das Laserdurchstrahlschweißen von Kunststoffen etablierte Verfahren, die sich jedoch prozess- und verfahrenstechnisch grundsätzlich unterscheiden.

Für die Erwärmung beim Infrarotschweißen gelten die in Abschnitt 10.8.2 erläuterten Mechanismen. Der Verfahrensablauf ähnelt dem so genannten Heizelementschweißen. Zunächst wird der an die Schweißnahtkontur angepasste breitbandige IR-Strahler zwischen die zu fügenden Bauteile positioniert um die Formteiloberflächen zu plastifizieren. Sobald eine ausreichende Schmelzeschicht gebildet worden ist, wird der Strahler aus der Fügezone herausgefahren. Anschließend werden die Bauteile unter Aufbringung des Fügedrucks zusammengefahren. Die Vorteile des IR-Schweißens im Gegensatz zum Heizelementschweißen sind u. a. die berührungslose Energieeinbringung, wodurch keine Materialrückstände an den Schweißwerkzeugen verbleiben, sowie kürzere Zykluszeiten.

Eine spezielle Variante des Infrarotschweißens ist das Laserdurchstrahlschweißen (vgl. *Schulz, Lützeler*). Laserquellen (**L**ight **A**mplification by **S**timulated **E**mission of **R**adiation, dt. „Lichtverstärkung durch stimulierte Emission von Strahlung") emittieren kohärentes, gerichtetes Licht ein einem engen Wellenlängenbereich (monochromatisch). Beim Laserdurchstrahlschweißen macht man sich die Eigenschaften der meisten naturfarbenen, ungefüllten Thermoplaste zunutze, im Bereich des nahen Infrarotbereichs (NIR; 800–1.100 nm) hohe Transmissionsgrade aufzuweisen. Vor dem Schweißprozess werden beide Bauteile in der gewünschten Endlage positioniert und der Fügedruck aufgebracht. Der transparente Fügepartner wird vom Laserstrahl ohne nennenswerte Erwärmung durchstrahlt. Erst im zweiten Fügepartner wird der Laserstrahl in einer oberflächennahen Schicht vollständig absorbiert, wobei die Laserenergie in Wärmeenergie umgewandelt und der Kunststoff aufgeschmolzen wird. Aufgrund von Wärmeleitungsprozessen wird auch das transparente Bauteil im Bereich der Fügezone plastifiziert. Um den hohen Absorptionsgrad des unteren Fügepartners zu erreichen, werden diesem absorbierende Pigmente zugesetzt, bei denen es sich meist um Rußpigmentierungen handelt.

Es existieren jedoch auch spezielle Pigmente, die im sichtbaren Wellenlängenbereich keine schwarze Farbe (wie es bei Ruß der Fall ist) aufweisen, im Bereich der verwendeten Laserquellen jedoch trotzdem Strahlung absorbieren. Auch der transparente Fügepartner kann mit lasertransparenten Pigmenten eingefärbt werden, die für das menschliche Auge bunt erscheinen. Sogar eine Schwarzfärbung des transparenten Fügepartners ist durch geeignete Pigmente möglich.

10.8.4 Berührungslose Temperaturmessung von Kunststoffoberflächen

Die berührungslose Messung der Temperatur eines erwärmten Körpers mithilfe von Infrarotkameras hat für die Fertigung von Kunststoffformteilen eine große Bedeutung; insbesondere wird sie benutzt, um die analytisch schwierig erfassbaren Temperaturunterschiede in kompliziert gestalteten Spritzgießkavitäten der Werkzeuge messtechnisch zu analysieren.

Die Strahlungsmessung beruht auf dem *Stefan-Boltzmann*'schen Gesetz für das Gesamtemissionsvermögen:

$$L_{TS} \approx T^4 \tag{10.20}$$

für den absolut schwarzen Körper. Für einen nicht schwarzen Strahler ist

$$L_{TS} \approx \varepsilon \cdot T^4 \tag{10.21}$$

Darin nimmt ε folgende Werte ein:

- $\varepsilon = 1$ für schwarze Strahler und
- $\varepsilon < 1$ für alle anderen Strahler

Weiterhin gilt das *Kirchhoff*'sche Gesetz, wonach sowohl für die Gesamtstrahlung als auch für die spektrale Strahlung Absorption $\alpha_{\nu T}$ und Emission $\varepsilon_{\nu T}$ identisch sind:

$$\varepsilon_{\nu T} = \alpha_{\nu T} \tag{10.22}$$

sofern der Körper nicht transparent ist. Somit würde gelten:

$$\varepsilon_{\nu} = 1 - \tau_{\nu} - \rho_{\nu} \tag{10.23}$$

Strahlungsmessprinzip

Zur Bestimmung von ε ist also die Kenntnis oder die Elimination der Transmission τ_{ν} und der Reflexion ρ_{ν} erforderlich. Wenn der zu messende Gegenstand aus Kunststoff besteht, kann in der Regel, die Transmission dadurch eliminiert werden, indem man die Temperatur bei einer Wellenlänge misst, bei welcher der Kunststoff stark absorbiert, d. h. in seinem Spektrum eine starke Bande besitzt. Dazu setzt man in die Strahlungsmessgeräte, so genannte Pyrometer, schmalbandige Filter ein, die eine der üblicherweise benutzten Banden herausfiltern. Es sind dies entweder $\lambda = 3{,}43$ µm (die CH_2-Bande) oder $\lambda = 6{,}8$ µm ± 0,15 µm (CH_3-Bande) oder $\lambda = 8{,}05$ µm (C–OC-Bande). Als Detektoren für Pyrometer werden z. B. thermische (Bolometer) oder photoelektrische Detektoren (ungekühlte oder gekühlte Fotodioden) verwendet.

Für den Reflexionsanteil kann man bei Kunststofffolien in erster Näherung den Reflexionsgrad konstant mit 0,05 ansetzen. Man macht auch keinen Fehler, wenn man unter einem Winkel kleiner als 40° vom Lot auf die Messfläche abweicht. Geeicht wird die Kamera mit einem auf verschiedene Temperaturen einstellbaren schwarzen Strahler, dessen Temperatur mit einem Quecksilberthermometer gemessen wird.

10.9 Doppelbrechung

Die Lichtgesetze gehen zunächst davon aus, dass die Lichtgeschwindigkeit in den durchstrahlten Medien in allen Richtungen gleich ist, d. h. die Medien optisch isotrop sind. Je nach Herstellung können aber auch in den an sich optisch isotropen, amorphen Kunststoffen (organische Gläser) die Moleküle durch die Fertigung mehr oder weniger ausgerichtet sein, so dass in verschiedenen Richtungen sich die Lichtgeschwindigkeit unterscheidet, der Kunststoff also optisch anisotrop ist und die Brechzahl an diesen Stellen andere Werte einnimmt. Bei einigen amorphen Kunststoffen ist die Empfindlichkeit so groß, dass bereits elastische Deformationen zur Anisotropie führen, ein Effekt, der bei der Methode zur Bestimmung von Orientierungen, der *„Spannungs-Doppelbrechung"* benutzt wird. Auch Kristalle sind fast immer optisch anisotrop, so auch die in den teilkristallinen Kunststoffen (vgl. Bild 6.8). Da weder das menschliche Auge noch photoaktive Emulsionsschichten auf die Polarisation reagieren, benötigt man Polarisationsfilter.

Man kann diese Anisotropien sichtbar machen, wenn man den Kunststoff mit linear polarisiertem Licht (d. h. Licht, das nur in bestimmten Ebenen schwingt) durchstrahlt. Die einfallende, polarisierte Lichtwelle pflanzt sich somit unterschiedlich schnell in den Stoffbereichen verschiedenen Zustandes fort, so dass die austretenden Lichtstrahlen eine Phasenverschiebung aufweisen. Wird dann dieser Strahl durch einen weiteren Polarisationsfilter (genannt Analysator) geleitet, dann kommt es zur Aufteilung des Lichtstrahls, so dass die Phasendifferenzen infolge Interferenz direkt sichtbar werden. Bei den diskreten Phasendifferenzen $\varphi = Z \cdot 2\pi$ mit $Z = 0, 1, 2, 3$ kommt es zu einer Auslöschung. In Bild 10.20 ist eine optische Bank schematisch dargestellt, wie sie benutzt wird, um solche Anisotropien sichtbar zu machen.

polarisiertes Licht

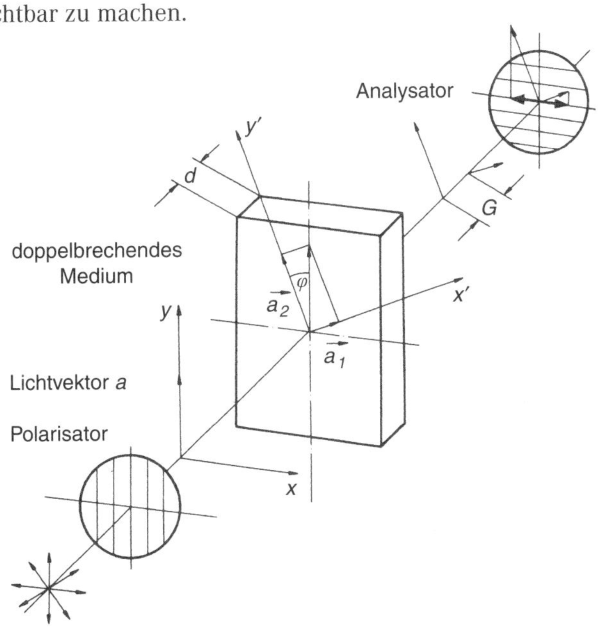

BILD 10.20 Strahlengang im Dunkelfeld (Linear Polariskop oder optische Bank)

Spannungs-doppel-brechung

Die *Spannungsdoppelbrechung* wird häufig für die Spannungsanalyse komplizierter Bauteile des Maschinenbaus benutzt. Hierzu fertigt man einen Modellkörper aus einem isotropen und spannungsoptisch aktiven, transparenten Thermoplasten oder Gießharz (PMMA oder Epoxidharz), der in Gestalt und Querschnitten dem zu analysierenden Bauteil entspricht. Unter Belastung zeigen sich dann in der optischen Bank Auslöschungen, d. h. schwarze Linien und Bereiche, aus denen man auf die Hauptspannungsdifferenzen und die Hauptspannungsrichtungen im belasteten Teil schließen kann.

Für die Kunststofftechnik von größerer Bedeutung ist die Messung der Orientierungsdoppelbrechung, weil dank ihr auf die Füllvorgänge, z. B. bei Herstellung eines Spritzgussteiles, und die dabei entstandenen Orientierungen geschlossen werden kann (vgl. Bild 10.21).

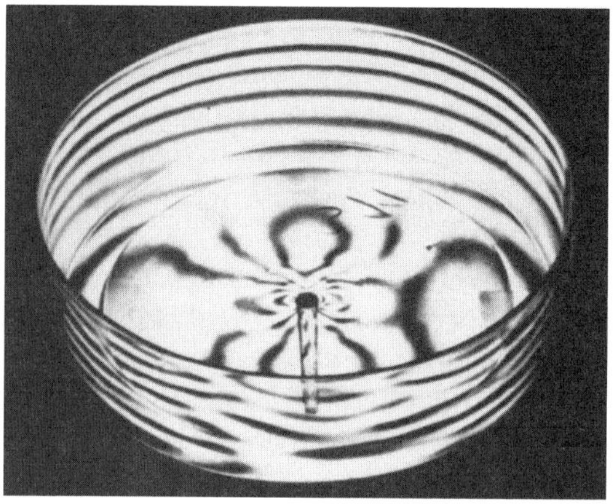

BILD 10.21 Sichtbarmachen von Orientierungen in einer gespritzten Schale aus transparentem Kunststoff mithilfe der Doppelbrechung

Bei der Beobachtung der Orientierungen stören die stets ebenfalls vorhandenen und aus der Abkühlung herrührenden Eigenspannungen (eingefrorene energieelastische Deformationen) im Allgemeinen nicht, da ihr Anteil sehr klein ist (einige Prozent).

HINWEIS: Orientierungen und Spannungen sind Ursache für eine Doppelbrechung des Lichts.

10.10 Lichtstreuung in Mehrphasenkunststoffen

Die Einlagerung von Kunststoffpartikeln anderer optischer Eigenschaften führt zur Verfärbung. So besitzen die mit Kautschukpartikeln schlagzäh gemachten ABS-Typen nichts mehr von der Transparenz des Polystyrols. Auch die teilkristallinen Thermoplaste, die in der Feinstruktur im allgemeinen Überstrukturpartikel, so genannte Sphärolithe, besitzen (vgl. Abschnitt 6.1.2), deren Durchmesser mit 50 bis 500 µm deutlich oberhalb der Wellenlänge des sichtbaren Lichts (380–780 nm) liegt, sind allenfalls transluzent, bei größerer Dicke oder höherer Kristallinität opak. Die Beobachtung von Dünnschichten < 20 µm unter dem Lichtmikroskop mit polarisiertem Licht gestattet die Beobachtung der Überstrukturgefüge, wenn die Sphärolithe ausreichend groß sind. Infolge der unterschiedlichen Brechungszahlen in verschiedenen Richtungen der durchschnittenen Sphärolithe kommen charakteristische Bilder zustande, die nicht nur über die Wachstumsbedingungen (Geschwindigkeit, Bildungstemperatur) Aufschluss geben, sondern auch über die Art der Fertigung, wie homogene Aufschmelzung, Oxidation u. a. mehr.

Lichtstreuung an Sphärolithen

Die Gefügeuntersuchung mit dem Lichtmikroskop ist weiterhin aber auch sinnvoll bei gefüllten oder amorphen Kunststoffen, da hierbei die Verteilung und Zerteilung (Dispersion) von Füllstoffen kontrolliert, aber auch Orientierungen festgestellt werden können. So kann man durch Einwirkung von fluoreszierenden Medien Risse usw. sichtbar machen oder – da im UV-Licht gewisse spezifische Absorptionen entstehen – aufschlussreiche Beobachtungen machen.

Literatur zu Kapitel 10

Bastian, M.: Einfärben von Kunststoffen. Carl Hanser Verlag, München, 2010

Behrens, M.: Kontinuierliche Qualitätsprüfung bei der Kunststoffextrusion mittels optoelektronischer Verfahren. RWTH Aachen, Dissertation, 1995

Bölinger, S.: Spritzgießen und Spritzprägen von Kunststoffoptiken. RWTH Aachen, Dissertation, 2001

Forster, J.: Vergleich der optischen Leistungsfähigkeit spritzgegossener und spritzgeprägter Kunststofflinsen. RWTH Aachen, Dissertation, 2006

Hauck, J., Michaeli, W.: On-Line-Messung von Orientierungen an Blasfolien. Abschlussbericht zum AIF-Forschungsvorhaben Nr. 10050, IKV, Aachen 1997

Hecht, E.: Optik. München: Oldenbourg Wissenschaftsverlag, 2009

Hensel, H.: Orientierungsdoppelbrechung – ein Mittel zur Beurteilung der Anisotropie von Kunststoffen. RWTH Aachen, Dissertation, 1975

Hering, E., Martin, R., Stohrer, M.: Physik für Ingenieure. Heidelberg: Springer-Verlag, 2007

Kunze, R.: UV-angeregte Thermolumineszenz an Polymeren. *Materialprüfung* **35** (1993) 3, S. 68–71

Lützeler, R.: Laserdurchstrahlschweißen von teilkristallinen Kunststoffen. RWTH Aachen, Dissertation, 2005

Meeten, G. H.: Optical Properties of Polymers. London, New York: Elsevier Applied Science Publishers, 1986

Osswald, T. A.; Menges, G.: Materials Science of Polymers for Engineers, 2nd ed. München, Wien: Carl Hanser Verlag, 2003

Peukert, H.: Spannungsoptische Untersuchungen an warmgerecktem Plexiglas. *Kunststoffe* **41** (1951) 5, S. 154-160

Philipp, M.: Entwicklung und Einsatz automatisierter optischer Inspektionssysteme in der Kunststofftechnik. RWTH Aachen, Dissertation, 1994

Philipps, J.: Methoden der schnellen Echtzeitbildverarbeitung zur Detektion von Oberflächenfehlern im Extrusionsprozess. RWTH Aachen, Dissertation, 1999

Schreyer, G.: Optische Eigenschaften der Kunststoffe. In Schreyer G. (Hrsg): Konstruieren mit Kunststoffen; Teil 2. München, Wien: Carl Hanser Verlag, 1985

Schulz, J. E.: Werkstoff-, Prozess- und Bauteiluntersuchungen zum Laserdurchstrahlschweißen von Kunststoffen. RWTH Aachen, Dissertation, 2003

Stein, A.: Strahler bringen Kunststoff zum Schmelzen. Kunststoffe **100** (2010) 8, S. 16–17

Steinko, W.: Optimierung von Spritzgießprozessen. München, Wien: Carl Hanser Verlag, 2008

Weinand, D.: Modellbildung zum Aufheizen und Verstrecken beim Thermoformen. RWTH Aachen, Dissertation, 1987

Wienke, D., Van den Broek, W., Melssen, W., Buydens, L., Feldhoff, R., Huth-Fehre, T., Kantimm, T., Winter, F., Cammann, T.: Near-infrared imaging spectroscopy (NIRIS) and image rank analysis for remote identification of plastics in mixed waste. *Fresenius' Journal of Analytical Chemistry* **354** (1996) 7–8, S. 823–828

11 Akustische Eigenschaften

Elastische Wellen in deformierbaren Medien, z. B. Luft, werden als Schall bezeichnet. In festen Stoffen treten sie als Longitudinal- oder Transversalwellen auf. Dünne Platten oder Stäbe können zu Biegeschwingungen angeregt werden (vgl. Bild 11.1). In Flüssigkeiten und Gasen gibt es nur Longitudinalwellen, weil dort keine Schubkräfte übertragen werden können.

Das akustische Verhalten der Kunststoffe ist von erheblicher praktischer Bedeutung. In der Fertigung werden Kunststoffe, wie z. B. Rohre und dicke Platten, heute durch Ultraschall im Hinblick auf Lunker oder andere Fehler untersucht. Das Gleiche gilt für die Schweißnähte von Kanalrohren und andere Anwendungen.

Ultraschall-schweißen

Das Ultraschallschweißen ist eine wichtige Methode zur Verbindung von Kunststoffteilen. Die Reibung der schwingenden Grenzflächen der zu schweißenden Partner, die durch den Ultraschall angeregt werden, setzt sich in Wärme um, welche das thermoplastische

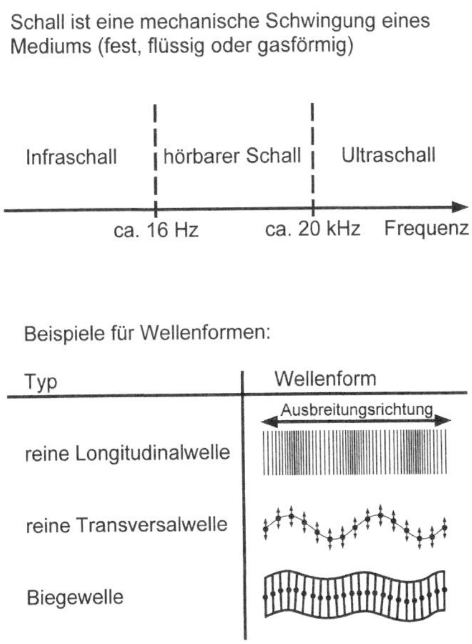

BILD 11.1 Erscheinungsformen des Schalls

Polymer schmilzt und so die Verbindung der beiden Partner ermöglicht. Die Aufklärung dieses Effektes hat H. Potente in seiner Dissertation durchgeführt.

Isolation gegen Schall

In vielen Anwendungen dienen Kunststoffe als *Isolation gegenüber Schallemissionen*. Wichtige Anwendungen im Bauwesen sind schon seit Jahrzehnten die Trittschalldämmungen in Form von Platten aus Polystyrolschaumstoff, die in Fußböden unter den Estrich eingebaut werden, um in Häusern, deren Decken aus Beton hergestellt worden sind, die Übertragung von Schrittgeräuschen zu miniminieren.

Autokarosserien werden ebenfalls schon seit Jahrzehnten mit Verbundblechen an den Stellen ausgerüstet, wo sie durch Schallwellen zu Biegeschwingungen angeregt werden. Kunststoffe, vor allem in elastomerer Form, die in oder auf die Stahlbleche laminiert sind, dämpfen die Biegeschwingungen und verhindern die Schallweitergabe weitgehend.

In vielen Bereichen der technischen Akustik spielen Polymerwerkstoffe, oft in geschäumter Form, für die Schwingungsisolation und die Schalldämmung eine wichtige Rolle. Das gilt in besonderem Maß für Automobile, wo sowohl im Innenraum als auch im Motorraum Schaumkunststoffe als Luftschallabsorber und für die Verminderung der Schallemissionen eingesetzt werden.

Körperschall

Für Kunststoffe müssen somit zwei Schallerscheinungen besonders beachtet werden, das ist einerseits der Körperschall, d. h. die Fortpflanzung von mechanischen Wellen in Kunststoffen und andererseits die Aufnahme oder Weitergabe von mechanischen Schwingungen aus angrenzenden Medien, vor allem aus Luft. Der Luftschall ist die wichtigste Form von Schallwellen, da das menschliche Ohr ein sehr sensibles „Messgerät" für diese Wellen darstellt.

11.1 Akustische Eigenschaften von Polymerwerkstoffen

physikalische Grundgesetze

Für die Abschätzung der Fortpflanzung von mechanischen Schwingungen in Kunststoffen ist die Dehnwellengeschwindigkeit (Longitudinalwellengeschwindigkeit) sehr wichtig. Für den einachsig beanspruchten Stab bestimmt sie sich zu:

$$c_D = \sqrt{\frac{E}{\rho}} \tag{11.1}$$

Für die Transversalwellengeschwindigkeit gilt:

$$c_T = \sqrt{\frac{G}{\rho}} \tag{11.2}$$

Darin bedeuten E Elastizitätsmodul, G Schubmodul und ρ Dichte des Werkstoffs.

In ausgedehnten Körpern sind die Dehnwellen nur um 5 % größer als in Stäben, so dass die Gleichungen 11.1 und 11.2 für Abschätzungen in allen Fällen ausreichen.

Die Schallgeschwindigkeit in Kunststoffen hängt somit direkt mit dem Elastizitätsmodul zusammen, so dass man hieraus weiterhin ableiten kann, dass sie um Größenordnungen kleiner ist als bei Metallen, vor allem als bei Stahl (vgl. Tabelle 11.1).

TABELLE 11.1 Modul und Schallgeschwindigkeit in Abhängigkeit vom Phasenzustand

	Modul (N/mm²)	Wellengeschwindigkeit (m/s)
Glaszustand, $\mu = 0{,}3$		$c_D \approx 2.000$
Elastizitätsmodul	$E \approx 10^3$ bis 10^4	
Schubmodul	$G = \dfrac{E}{2(1+\mu)} \approx 3{,}8 \cdot (10^2 \text{ bis } 10^3)$	$c_T \approx 1.000$
Gummielastischer Zustand, $\mu = 0{,}5$		
Elastizitätsmodul	$E \approx 1$ bis 10^2	$c_D \approx 10$ bis 400
Schubmodul	$G \approx \dfrac{E}{2 \cdot (1+0{,}5)} \approx \dfrac{E}{3}$	$c_T \approx 6$ bis 200

Für einen eventuellen Einsatz von Ultraschall, z. B. in Schmelzen, muss man die Schallgeschwindigkeit kennen. Es leitet sich direkt aus Gl. 11.1 ab, dass sie hier mit zunehmendem Druck, also größerer Dichte, etwas zunehmen wird (ca. 10 %/100 bar). Der Einfluss der Schmelztemperatur ist demgegenüber wesentlich größer, wie dies Bild 11.2 zeigt.

Wichtig für die Beurteilung der Schallfortpflanzung können noch die Biegewellen von dünnen Platten sein, die durch das Auftreffen von Schallwellen aus einem angrenzenden Medium erzeugt werden. Für die Abschätzung gilt, dass sie sich um den Faktor F von den

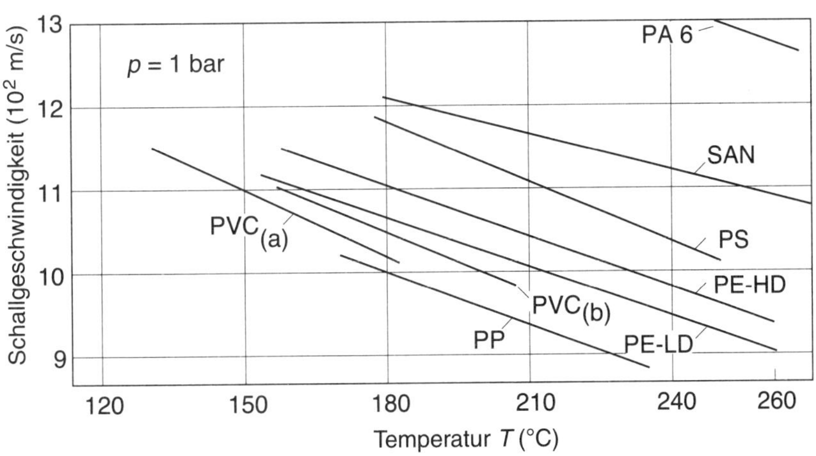

BILD 11.2 Schallgeschwindigkeit in Polymerschmelzen in Abhängigkeit von der Temperatur der Schmelze

Dehnwellengeschwindigkeiten unterscheiden:

$$F = c_B c_D \sqrt{2 \cdot \pi \cdot f \cdot h} \tag{11.3a}$$

$$c_B = \sqrt{1{,}8 \cdot c_D \cdot h \cdot f} \tag{11.3b}$$

Mit:
c_B = Schallwellengeschwindigkeit, die durch Biegewellen erzeugt werden,
f = Frequenz der Schallwelle und h = Dicke der angeregten Platte

Aus den Wellengeschwindigkeiten errechnen sich direkt die Wellenlängen λ mit

$$\lambda = \frac{c}{f} \tag{11.4}$$

Kunststoffe mit ihren viskoelastischen Eigenschaften weisen eine innere Dämpfung auf. Die Dämpfung von Schallwellen in Kunststoffen ist zum mechanischen Verlustfaktor d, bzw. dem tan δ oder einer der anderen Messgrößen für die Dämpfung proportional (siehe Abschnitt 6.2). Dies bedeutet, dass ein Teil der Schwingungsenergie in Wärme umgewandelt wird.

11.2 Dämmung und Dämpfung

Dämmung und Dämpfung

Zur Reduzierung bzw. Abschirmung gegen den Weitertransport und das Eindringen von mechanischen Schwingungen gibt es grundsätzlich zwei physikalische Möglichkeiten; die *Dämmung* und die *Dämpfung*. Dies ist schematisch in Bild 11.3 dargestellt.

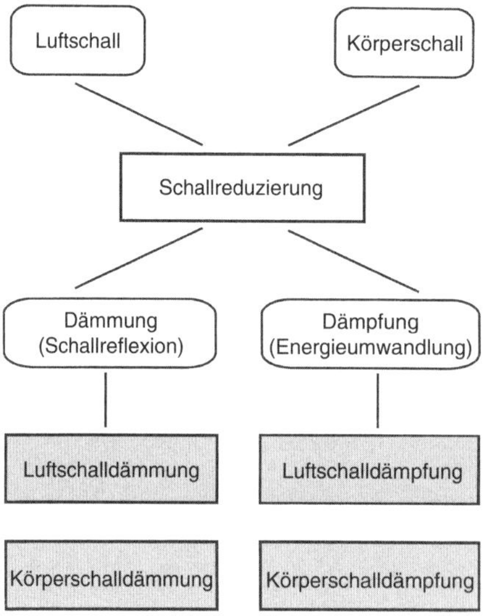

BILD 11.3 Gegenüberstellung der Möglichkeiten der Reduzierung von Schallfortpflanzung

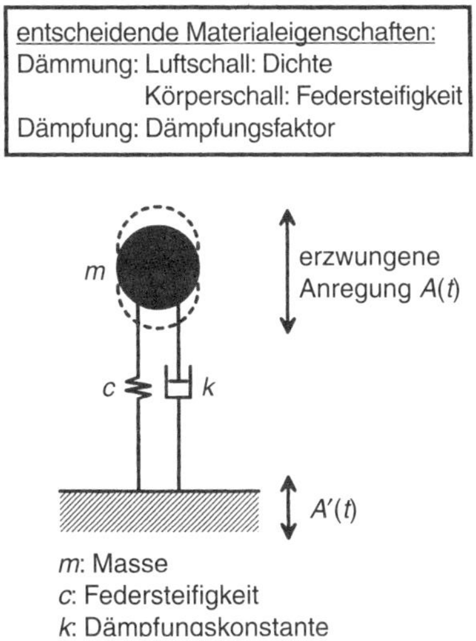

BILD 11.4 Schematische Darstellung der Körperschalldämmung

Bei der Dämmung wird die Ausbreitung der Schwingung durch Reflexion an Hindernissen eingeschränkt. Entscheidend für das Maß der Dämmung ist der Anteil der Energie, der an der Grenzfläche des Hindernisses reflektiert wird. Bei der Dämmung von Schall ist die Dichte des dämmenden Körpers die entscheidende Größe. Die Schallübertragung erfolgt über eine Deformation der Molekularstruktur, und da schwere Moleküle mehr Widerstand gegen eine Verformung leisten, bedeutet das, dass eine größere Masse zu besseren Dämmeigenschaften führt. Dies ist schematisch in Bild 11.4 dargestellt.

Die spezifisch leichten Kunststoffe sind somit keine idealen Dämmstoffe. Man versucht dies aufzubessern, indem man beispielsweise die elastomere Beschichtungsmasse, wie sie zum Entdröhnen benutzt wird, mit Schwerspatpulver füllt.

Die Kenngröße für die Reflexion ist das Verhältnis der Wellenwiderstände, auch Kenn-Impedanz genannt. Für den Wellenwiderstand Z gilt:

$$Z = c_D \cdot \rho \tag{11.5}$$

mit ρ = Dichte,

und damit gilt für die Reflexion gegenüber dem angrenzenden Medium:

$$R = \frac{Z_{Kunststoff} - Z_{Umgebung}}{Z_{Kunststoff} + Z_{Umgebung}} \tag{11.6}$$

Der Dämpfung liegt das Prinzip der Energieumwandlung in Wärme zugrunde. Hierfür maßgebend ist die Dissipation der einfallenden Schwingungsenergie in Wärme; eine passende Aufgabe für viskoelastische Polymerwerkstoffe in ihren verschiedenen – in erster Linie elastomeren – Erscheinungsformen. Man unterscheidet bei Körpern, die mechanischen Schwingungen ausgesetzt sind, die Bereiche Verstärkung, Resonanz und Isolation (vgl. Bild 11.5). Starke Dämpfung führt zwar zu stark reduzierter Amplitude, im Resonanzbereich gleichzeitig auch zu einer verminderten Isolationswirkung, was bei entsprechenden Anwendungen zu beachten ist.

Für den technischen Einsatz ist das Auftreffen von Schallwellen auf eine Kunststoffoberfläche von besonderer Wichtigkeit, wobei es sich bei den angrenzenden Medien in erster Linie um Luft und gelegentlich (z. B. in Sanitärinstallationen) um Wasser handelt. Der Verlauf der Kurvenschar in Bild 11.5 zeigt, dass die übertragene Schallleistung stark von der Frequenz abhängt. Im Bild ist das Übertragungsverhalten über dem Frequenzverhältnis von Anregungsfrequenz zu Eigenfrequenz aufgetragen. Resonanz entsteht, wenn die eingestrahlte Schwingung die gleiche Frequenz hat wie die Eigenfrequenz eines Bauteils. Die Eigenfrequenz ist eine Funktion der Geometrie. Man wird bei einer Konstruktion daher besonders darauf achten, dass der Resonanzbereich möglichst vermieden wird. Auf jeden Fall sollte man, wenn es sich nicht ganz vermeiden lässt, dann eine hohe Dämpfung - im Bild 11.5 durch den Parameter D ausgedrückt - einbauen.

Das Übertragungsverhältnis wird, wie im Bild 11.5 deutlich wird, vom Dämpfungsfaktor D entscheidend mitbestimmt. Dieser ist bei Kunststoffen abhängig vom Zustand, d. h. davon, wie viskoelastisch sich der Werkstoff verhält. Aber auch diese Zusammenhänge sind komplex, denn der Dämpfungsfaktor von Polymerwerkstoffen ist sowohl von der Temperatur als auch von der Belastungsfrequenz abhängig, wie in Bild 11.6 zu erkennen ist.

Dämpfungsfähigkeit eines Polymerwerkstoffes

Die Dämpfungsfähigkeit hängt stark vom molekularen Aufbau ab, deswegen wurde hier eine schematische Darstellung gewählt. Alle Polymerwerkstoffe verhalten sich jedoch in so weit gleich, als dass die Molekularstruktur von Kunststoffen bei Erwärmung verschiedene Zustände durchläuft, womit sich das viskoelastische Verhalten ändert. Bei niedrigen

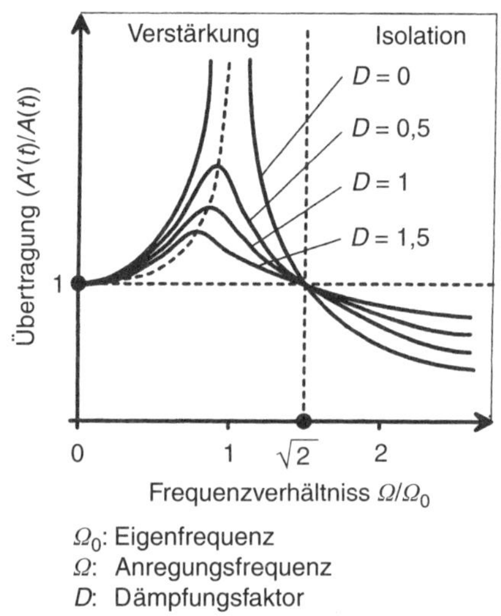

BILD 11.5 Übertragung von Schallwellen in Funktion vom Frequenzverhältnis (eingestrahlte Frequenz zu Eigenfrequenz)

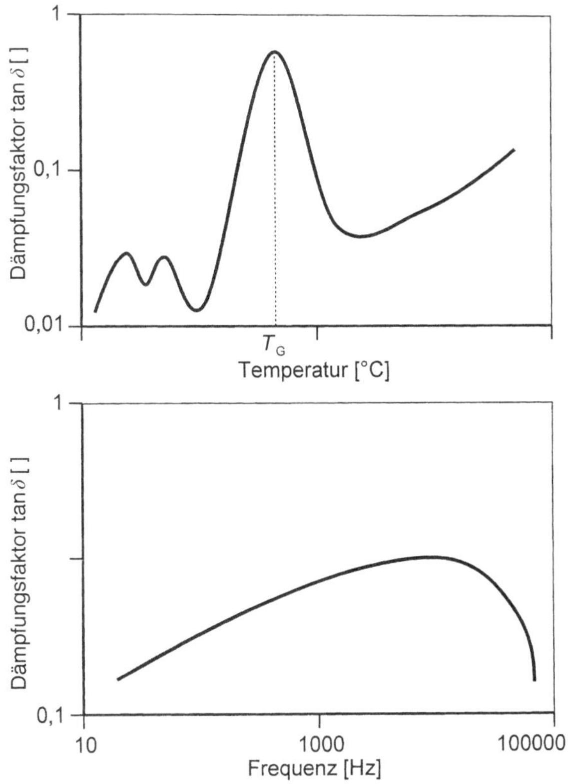

BILD 11.6 Abhängigkeit des Dämpfungs-(Verlust-)Faktors eines Polymerwerkstoffes (schematisch) von Temperatur und Frequenz

Temperaturen liegt der Kunststoff glasartig vor, die Moleküle sind gegeneinander unbeweglich, der Dämpfungsfaktor ist entsprechend niedrig. Der maximale Dämpfungsfaktor liegt im Glasübergangsbereich, hier ist der Verlustfaktor am größten. Mit weiter zunehmender Temperatur nimmt der Dämpfungsfaktor dann nur noch linear zu. Bei niedrigen Frequenzen ist der Dämpfungsfaktor klein, da die innere Reibung der Moleküle vernachlässigbar ist. Mit zunehmender Frequenz nimmt die innere Reibung und somit der Dämpfungsfaktor zu. Bei sehr hohen Frequenzen können die Moleküle der Deformation nicht mehr folgen, so dass der Dämpfungsfaktor wieder abfällt.

Die für das akustische Verhalten bedeutsamen Materialeigenschaften Steifigkeit und Dämpfung werden durch den komplexen Elastizitätsmodul E^* beschrieben und zeigen eine deutliche Abhängigkeit von Frequenz und Temperatur. Mit Hilfe der Dynamisch Mechanischen Thermischen Analyse (DMTA) lässt sich der komplexe Elastizitätsmodul E^* ermitteln, dessen Realteil (Speichermodul E') die Steifigkeits- und dessen Imaginärteil (Verlustmodul E'') die Verlusteigenschaften beschreibt. Der Quotient aus Verlust- und

Speichermodul bildet wiederum den mechanischen Verlustfaktor, der meist mit D oder $\tan\delta$ bezeichnet wird.

$$E^* = E' + iE'' \tag{11.7}$$

$$D = \tan\delta = \frac{E''}{E'} \tag{11.8}$$

Im Bild 11.7 sind für einige Kunststoffe Dämpfungsfaktoren dargestellt, die mit der DMA im Biegeschwingungsversuch (siehe Abschnitt 6.2.1.1) ermittelt wurden. Die Lage und die Höhe des Dämpfungsmaximums sind von der Art des Kunststoffes bestimmt. Durch die Einbringung von Füllstoffen wird die Höhe des Dämpfungsmaximums zusätzlich beeinflusst.

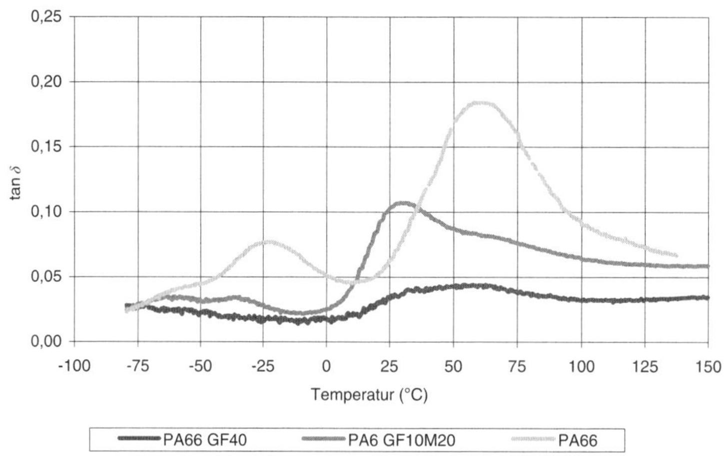

BILD 11.7 Dämpfungseigenschaft von verstärktem und unverstärktem PA

Für einen gegebenen Werkstoff muss man sich die Kurve des Schubmoduls und der Dämpfung über der Temperatur ansehen(vgl. Abschnitt 6.2.1.1, Bild 6.24). Wie man dort auch beschrieben findet, ist der Frequenzeinfluss mit Hilfe der Temperatur-Zeit-Verschiebung auch für andere Frequenzen berechenbar, so dass man sich für Abschätzungen bezüglich der Eignung eines Werkstoffes ein gutes Bild machen kann.

HINWEIS: Man kann die Eignung eines Polymerwerkstoffs als akustischer Isolator für die gegebenen Bedingungen anhand der Kurve des Verlustfaktors über der Temperatur abschätzen.

Reale Bauteile werden allerdings über weite Frequenzbereiche angeregt; sie haben meist mehrere Eigenfrequenzen, so dass deren genaue akustische Auslegung entsprechend aufwendig ist. Es gibt heute auch Computer-Rechenprogramme für die akustische Auslegung, jedoch sind sie eine Arbeit für Spezialisten, so dass die Auslegung oft noch empirisch vorgenommen werden muss.

11.3 Körperschall

Ein typischer Anwendungsfall für Dämmung von Körperschall ist der Einsatz von Motorlagern in Kraftfahrzeugen. Sie müssen die Schwingungen des Antriebsaggregats von der Karosserie fernhalten. Bei der Körperschalldämmung wird, wie Bild 11.8 zeigt, die Einleitung der Schwingungen in die umgebende Konstruktion verhindert. Führt ein Körper eine ungedämmte Schwingung aufgrund einer erzwungenen Anregung durch, so gelangt diese Schwingungsenergie gedämmt auf den zweiten Körper, wenn dieser federnd auf Metallfedern oder Kombinationen aus Gummi- und Metallfedern gelagert ist. Die Feder steht dabei für die elastischen Anteile des Werkstoffs, der Dämpfer für die Verlustanteile (Gummipuffer). Das heißt, dass die Körperschalldämpfung simuliert werden kann, indem man die Feder mit einem Dämpfer kombiniert.

Körperschalldämmung und Dämpfung

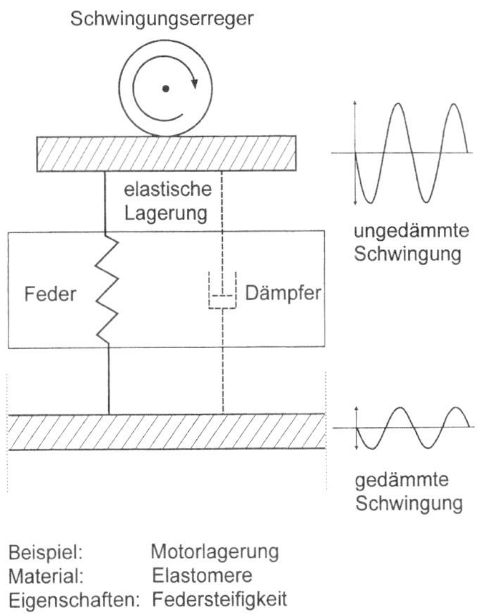

BILD 11.8 Schematische Darstellung der Körperschalldämmung am Beispiel eines Motorlagers

11.4 Was ist Schall?

Schall wird für das menschliche Gehör dadurch wahrnehmbar, dass die Schwingungen in der Regel durch die Luft (Luftschall) übertragen und von den Ohren aufgenommen und in Nervenreize übersetzt werden. Je nach Frequenzen und Amplituden kann Luftschall als unangenehm empfunden werden; er kann auch gefährlich werden, wenn er die Hörfähigkeit der Menschen spontan oder bei längerer Belastung schädigt oder gar zerstört. Luftschall pflanzt sich als reine Longitudinalwelle, also als Kompressionswelle fort.

Luftschall

Zur physikalischen Bedeutung des Schalls werden zahlreiche Größen definiert, wovon die wichtigsten hier dargestellt werden: Die grundlegende Größe zur Beschreibung des

Luftschall und zugehörige Messgrößen

Luftschalls ist der *Schalldruck.* Der menschliche Hörbereich überstreicht Schalldrücke von 20 bis 200 Mio. Mikropascal. Da sie über mehrere Größenordnungen gehen, sind sie physikalisch schwer zu handhaben. Aus diesem Grund wurde hierfür eine logarithmische Größe, der *Schalldruckpegel,* eingeführt, welcher in Dezibel (dB) angegeben wird. Der Hörbereich erstreckt sich dabei von 0 bis 140 dB. Der Schalldruckpegel L_p definiert sich nach

$$L_p = 10 \cdot \log\left(\frac{p^2}{p_0^2}\right) \tag{11.9}$$

Eine weitere wichtige Größe ist die *Schallschnelle.* Diese beschreibt die Geschwindigkeit der einzelnen Teilchen des Ausbreitungsmediums. Es ist eine vektorielle Größe, da sie eine Richtungsinformation enthält.

Schallintensität

Die *Schallintensität I* ist das Produkt aus Schallschnelle und Schalldruck und beschreibt die Schalleistung pro Flächeneinheit:

$$I = p(t) \cdot v(t) \tag{11.10}$$

Schallgeschwindigkeit

Die *Schallgeschwindigkeit* ist zwar bei Luft und Gasen keine Stoffkonstante, jedoch kann sie ohne große Fehler im Bereich des hörbaren Schalls als solche gehandhabt werden und errechnet sich für den Luftschall aus dem Kompressionsmodul und der Dichte des Ausbreitungsmediums (siehe Gl. 11.1).

Lautstärkepegel

Der *Lautstärkepegel* unterscheidet sich von den vorherigen Größen dadurch, dass es sich um eine vom Menschen bewertete Größe handelt. Der Hintergrund ist, dass gleiche Schalldruckpegel bei unterschiedlichen Frequenzen vom Menschen nicht als gleich laut empfunden werden. Der Lautstärkepegel berücksichtigt dieses Lautstärkeempfinden und wird in Phon angegeben. In Bild 11.9 ist der Schalldruckpegel über der Frequenz aufgetragen, wobei die Linien gleich empfundener Lautstärke eingezeichnet sind. Tiefe und hohe Töne werden bei gleichem Schalldruckpegel leiser wahrgenommen, die maximale Empfindlichkeit liegt bei ca. 4 kHz vor. Beispielhaft wird ein Schalldruckpegel von 100 dB bei ca. 20 Hz mit einer Lautstärke von 70 Phon wahrgenommen, bei ca. 5 kHz hingegen mit 110 Phon.

Geräusche sind ein Gemisch aus unterschiedlichen Frequenzen. Es gibt unterschiedliche Bewertungsmethoden, den Schalldruckpegel eines Geräusches in einem Wert zusammenzufassen.

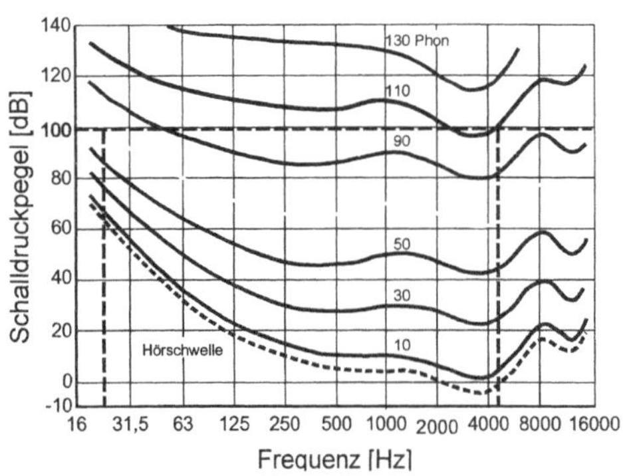

- Nachbildung des frequenzabhängigen Lautstärkeempfindens des menschlichen Gehörs
- Schalldruckpegel gehen entsprechend ihrer empfundenen Lautstärke ein
- wird häufig zur akustischen Auslegung verwendet

BILD 11.9 Schallpegel und Schalldruck in Abhängigkeit von der Frequenz im Vergleich zur Lautstärke

Die für eine akustische Auslegung bedeutendste ist der *A-bewertete Schalldruckpegel.* Das frequenzabhängige Lautstärkeempfinden wird im A-bewerteten Schalldruckpegel nachgebildet. Das bedeutet, die Schalldruckpegel gehen entsprechend ihrer empfundenen Lautstärke in den Gesamtpegel ein.

11.5 Möglichkeiten der Lärmreduzierung

Lärmabschirmung

Der als Lärm bezeichneten, als unangenehm empfundenen, Erscheinungsform von Geräuschen versucht man durch Abschirmung Herr zu werden, wozu die beiden oben genannten Möglichkeiten der Schalldämmung und der Schalldämpfung eingesetzt werden.

Bei der *Luftschalldämmung* (Bild 11.10) wird der Luftschall an einem Hindernis reflektiert und so die Schallübertragung vom Sende- in den Empfangsraum vermindert. Der Empfänger nimmt das Geräusch im Vergleich zum Senderaum entsprechend leiser wahr.

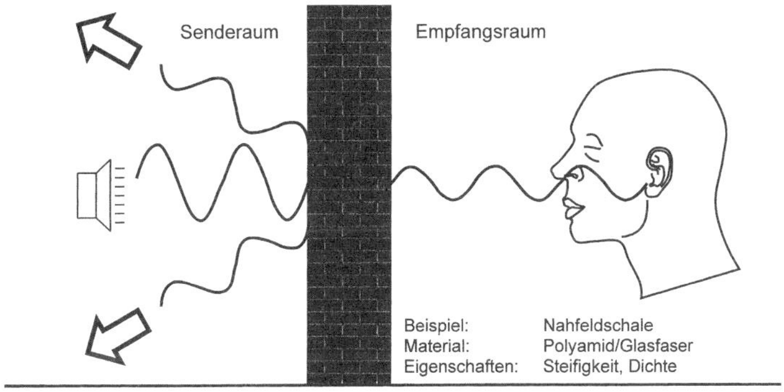

BILD 11.10 Luftschalldämmung

Damit die Schallreflexion möglichst groß ist, muss man dem Luftschall eine schwere Wand entgegenstellen (Bild 11.11 oben). Ein typisches Beispiel sind Tapeten aus Bleifolien, die man in den Räumen von Schalllaboratorien gelegentlich einsetzt (vgl. auch Bild 11.4).

Die *Luftschalldämpfung* wird auch als Luftschallabsorption bezeichnet, weil die Energie in Wärme umgesetzt wird. Bild 11.11 unten zeigt, dass der reflektierte Schall noch weiter durch Dämpfen vermindert werden kann, wenn ein Dämpfungsbelag auf die reflektierende Wand aufgebracht wird. Dies ist oft ein Schaumstoff mit offenen Poren. Durch die pulsierende Bewegung der Luftteilchen in den Poren kommt es zu Reibungseffekten, so dass Schallenergie in Wärme umgesetzt wird und das Geräusch somit leiser wird.

Luftschalldämpfung von porösen Schallabsorbern ist von der Zellstruktur und der Dicke der Schaummatte abhängig. Ein Maß für die Schallabsorption ist der Schallabsorptionsgrad. Er ist von der Frequenz abhängig. Zwei Messkurven für einen PUR-Schaum mit einer Dichte von 55 kg/m^3 und einer Dicke von 10 und 20 mm, gemessen im Frequenzbereich bis 10 kHz, sind im Bild 11.12 ersichtlich.

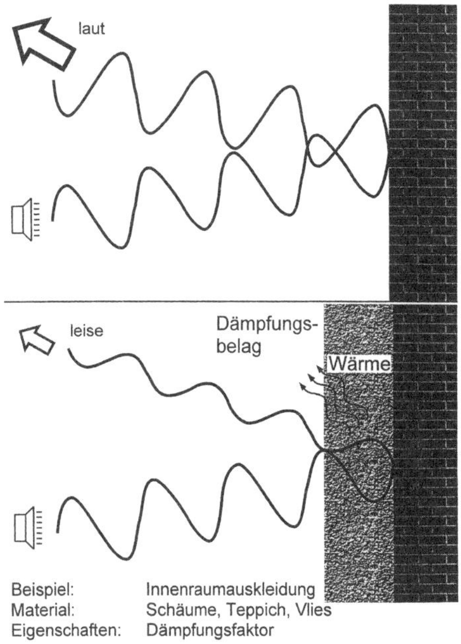

BILD 11.11 Luftschalldämmung durch steife Wand (oberes Teilbild), evtl. mit Bleifolie beklebt gegen die Richtung aus welcher der Schall eintritt, aber auch in Kombination mit einem offenporigen Kunststoffschaum, der eine hohe Schallabsorption besitzt und so den Schall dämpft (unteres Teilbild)

Schalldämmung in Autos

Zur Erzeugung solcher Reibungseffekte gibt es zwei Möglichkeiten:

- äußere Reibung zwischen den Molekülen der bewegten Luft (z. B. in offenporigen Schäumen, auf welche die Schallwelle auftrifft).
- innere Reibung durch Deformation der Wände des Dämpfermaterials (z. B. in beschichteten Blechen, die zu Biegeschwingungen angeregt werden, jedoch dank der Beschichtung einen Teil der eingestrahlten Energie in Wärme umsetzen). Man nennt dies dann *Entdröhnung* (vgl. Bild 11.13).

Entdröhnung

Beispiele für Entdröhnungsmaßnahmen finden sich in den Nahfeldschalen im Motorraum von Pkws. Diese bestehen üblicherweise aus glasfaserverstärktem Polyamid und werden durch Spritzgießen hergestellt. Zur Entdröhnung tragen sie beispielsweise in der Regel eine innen aufgeklebte Schaumschicht (auf der dem Motor zugewandten Seite). Die entscheidenden Eigenschaften des Bauteils sind die Steifigkeit des Trägers (gegen Biegeschwingungen) sowie die Dichte und die Art des Schaumes. Ein anderes Beispiel ist die Innenraumauskleidung in Pkws, die üblicherweise aus Schäumen, Teppichen oder Vliesen bzw. Kombinationen aus solchen besteht.

HINWEIS: Polymerwerkstoffe sind wegen ihrer niedrigen Dichte zwar keine guten Dämmwerkstoffe, jedoch im wichtigen Frequenzbereich dank ihrer viskoelastischen Eigenschaften einerseits und der weiten Variationsfähigkeit ihrer Struktur anderseits hervorragend als Dämpfer geeignet und daher wichtige akustische Isolationswerkstoffe.

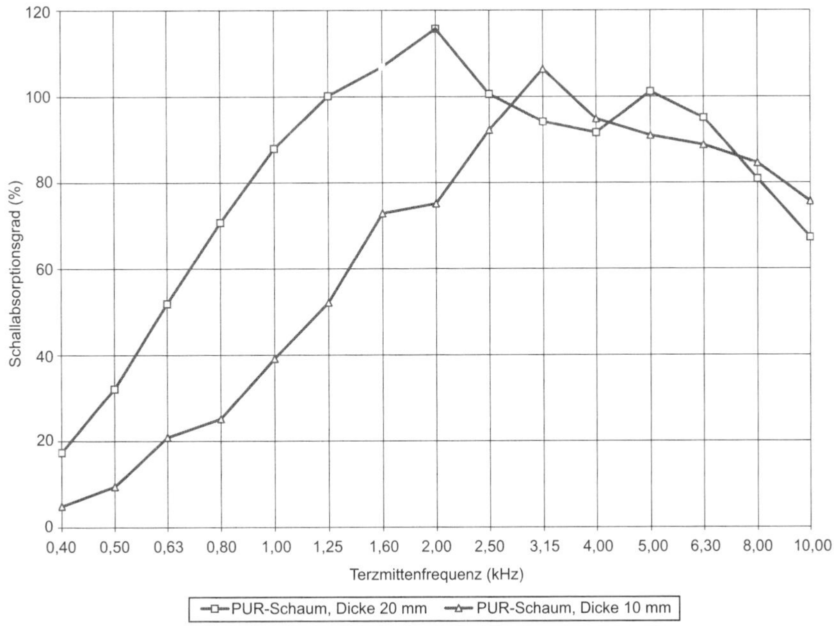

BILD 11.12 Schallabsorption von PUR-Schaum

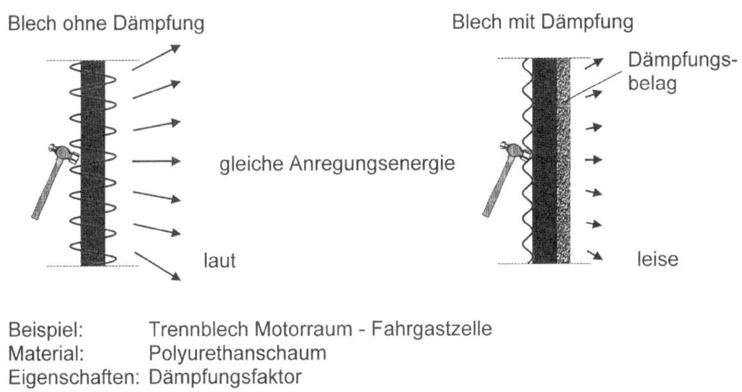

BILD 11.13 Schematische Darstellung der Wirkung von beschichteten Blechen zur Entdröhnung

Literatur zu Kapitel 11

Arping, T. W.: Werkstoffgerechte Charakterisierung und Modellierung des akustischen Verhaltens thermoplastischer Kunststoffe für Körperschallsimulationen. RWTH Aachen, Dissertation, 2010

El Barbari, N.: Ultraschallschweißen von Thermoplasten. RWTH Aachen, Dissertation, 1988

Cremer, L., Heckl, M.: Körperschall. Berlin, Heidelberg: Springer-Verlag, 1996

Cvjeticanin, N.: Akustische Eigenschaften von technischen Kunststoffen und deren Produkte in Kraftfahrzeugen. RWTH Aachen, Dissertation, 1999

Heckl, M., Müller, H. A.: Taschenbuch der technischen Akustik. Berlin, Heidelberg: Springer-Verlag, 2001

Henn, H., Sinambari, G. R., Fallen, M.: Ingenieurakustik. Wiesbaden: Vieweg + Teubner, 2008

Klug, J. L.: Untersuchungen zum Dämpfungsverhalten von glasfaserverstärkten Kunststoffen. RWTH Aachen, Dissertation, 1977

Lingk, O.: Einsatz von Ultraschall zur Prozessanalyse beim Spritzgießen von Thermoplasten. RWTH Aachen, Dissertation, 2010

Osswald, T. A., Menges, G.: Materials Science of Polymers for Engineers, 2nd ed. München: Hanser, 2003

Potente, H.: Fügen von Kunststoffen - Grundlagen, Verfahren, Anwendung. München: Hanser, 2004

Potente, H.: Untersuchung der Schweißbarkeit thermoplastischer Kunststoffe mit Ultraschall. RWTH Aachen, Dissertation, 1972

Oberst, H.: Akustisches Verhalten. In: G. Schreyer (Hrsg.) Kontruieren mit Kunststoffen; Teil 2, Abschnitt 4.1.9, München: Carl Hanser Verlag, 1972

Starke, C.: Ultraschall-Analyse des Formteilbildungsprozesses beim Thermoplast-Spritzgießen. RWTH Aachen, Dissertation, 2004

12 Oberflächenspannung

12.1 Oberflächenspannung und Benetzungsfähigkeit

Oberflächenspannungen werden häufig dann betrachtet, wenn Aussagen über die Benetzungsfähigkeit eines Festkörpers oder die Adhäsionseigenschaften von Oberflächen oder in Werkstoffverbunden getroffen werden sollen. Kunststoffe sind typischerweise recht hydrophob, d. h. von wasserbasierten Flüssigkeiten schlecht benetzbar, und weisen im Vergleich zu anderen Werkstoffen niedrige Oberflächenspannungen auf. In der industriellen Anwendung kann dies von Vorteil sein, oftmals erschwert es aber auch weitere Verarbeitungsschritte.

Anwendungsbeispiele

Die Oberflächenspannung ist ein Maß für die Benetzungsfähigkeit. Die folgenden Beispiele aus der Kunststoffindustrie sollen dies verdeutlichen: Beim Beschichten von Oberflächen mit Lacken, Druckfarben oder beim Klebstoffauftrag ist eine gute Benetzbarkeit erwünscht. Denn dies ist eine notwendige, wenn auch nicht hinreichende Voraussetzung zur Erzielung einer optimalen Schichthaftung auf dem Polymersubstrat. Jedoch ist eine gute Benetzung bei Kunststoffen oftmals nicht von vornherein gegeben. Eine geeignete Vorbehandlung zur Oberflächenaktivierung kann hier Abhilfe schaffen. Korona- oder Barriere-Entladungen werden standardmäßig bei der Aktivierung von Polyolefin-Folien vor dem Bedrucken eingesetzt. Elastomerprofile und -dichtungen sowie Polyolefin- oder PTFE-Formteile werden zur Verbesserung der Verkleb-, Bedruck- oder Lackierbarkeit ebenfalls oft im Plasma gereinigt und aktiviert. Alternativ kann bei derartigen Anwendungen die Benetzbarkeit auch durch Beflammen oder nasschemische Verfahren erhöht werden. Kontaktlinsen aus Siliconhydrogelen, die von Natur aus äußerst hydrophob und so für das Auge unverträglich sind, werden üblicherweise im Plasma hydrophiliert.

Auch das Kleben von Kunststoffen erfordert eine gute Benetzbarkeit der Klebepartner durch das Klebemittel und im Bereich der Faserverbundkunststoffe ist eine gute Faser/Matrix-Haftung vielfach von Bedeutung.

Beim Heizelementstumpfschweißen ist jedoch eine schlechte Haftung zwischen dem zu schweißenden Kunststoff und dem Heizelement unbedingt Voraussetzung für den Serieneinsatz, weil sonst die Schmelze auf dem Heizelement kleben bleiben würde. Deswegen wird hier das Heizelement mit einer speziellen antiadhäsiven Folie überzogen. Neben dem Schweißen von Kunststoffen erfordern auch viele Herstellungsprozesse von Kunststoffen eine schlechte Benetzbarkeit der Werkzeugoberflächen. Die Werkzeuge werden daher häufig mit Formtrennmitteln versehen. Ferner ist die Herstellung und Optimierung von geeigneten Antihaftbeschichtungen für die Anwendung in der Kunststoffverarbeitung Gegenstand aktueller Entwicklungsarbeiten in Industrie und Forschung.

Größenordnung der Oberflächenspannung verschiedener Materialien

Im Folgenden werden die Grundlagen der Oberflächenspannung und die üblichen Messverfahren vorgestellt; sie unterscheiden sich für Kunststoff- und Polymeroberflächen nicht von denjenigen anderer Werkstoffe. Jedoch liegen die Werte der Oberflächenspannung bei Kunststoffen in anderen Größenordnungen verglichen zu reinen Metallen (Aluminiumschmelze unter Inertgas σ = 1.200 mN/m) oder keramischen Werkstoffen. Kunststoffe weisen in der Regel vergleichsweise geringe Oberflächenspannungswerte auf. Typische Werte verschiedener Werkstoffe sind in Tabelle 12.1 aufgeführt.

TABELLE 12.1 Oberflächenspannungen und ihre polaren und dispersen Anteile für einige Polymere und Metalle

Werkstoff	Oberflächenspannung σ_s (mN/m)	Disperser Anteil σ_s^d (mN/m)	Polarer Anteil σ_s^p (mN/m)
Polyethylen (PE-LD)	33,2	33,2	0
Polyvinylchlorid	41,5	40	1,5
Polyvinylidenchlorid	45	42	3
Polyvinylfluorid	36,7	31,3	5,4
Polyvinylidenfluorid	30,3	23,2	7,1
Polytetrafluorethylen	19,1	18,6	0,5
Polymethylmetacrylat	40,2	35,9	4,3
Polyamid 66	47	40,8	6,2
Polystyrol	42	41,4	0,6
Aluminium (phosphatiert)	151,5	150	1,5
Aluminium (anodisiert)	169	125	44
Gold	1.550	–	–
Kupfer	1.850	–	–

12.2 Grundlagen

An der Trennfläche zweier Phasen, z. B. zwischen einer Flüssigkeit und ihrem gesättigten Dampf oder einem Festkörper, tritt infolge der verschiedenen intermolekularen Wechselwirkungen eine resultierende Kraft in der Grenzfläche der sich berührenden

Phasen auf. Sie steht senkrecht auf der Grenzfläche und ist beispielsweise beim System Flüssigkeit/Dampf in die Flüssigkeit hinein gerichtet. Um ein zusätzliches Molekül aus dem Innern einer Phase an die Oberfläche zu bringen, ist daher eine gewisse Arbeit zu leisten. Diese Arbeit ist gleichbedeutend mit einem Zuwachs an Oberflächenenergie. Der Quotient wird daher auch als spezifische Oberflächenenergie bezeichnet:

Definition Oberflächenspannung

$$\sigma = \frac{\text{Arbeit zur Bildung der neuen Oberfläche } \Delta W}{\text{neue Oberfläche } \Delta A} \tag{12.1}$$

Die Terme Oberflächenenergie und Oberflächenspannung werden häufig synonym verwendet, auch wenn dies aus thermodynamischer Sicht nicht ganz korrekt ist, da beide auf unterschiedlichen Konzepten basieren, die nur unter bestimmten Randbedingungen eine Gleichheit beider Größen hervorbringen. Als SI-Einheit für die Oberflächenspannung bzw. -energie wird üblicherweise Newton pro Meter (mN/m) angegeben.

Die Oberflächenspannung wird häufig zur Beurteilung die Benetzungsfähigkeit betrachtet. Als Maß für die Benetzung dient der Kontaktwinkel θ, den eine Flüssigkeit mit der Oberfläche eines Festkörpers bildet (siehe Bild 12.1). Dabei bedeutet ein Kontaktwinkel von 0° vollständige Spreitung der Flüssigkeit auf dem Festkörper und damit vollständige Benetzung. Je größer hingegen der Kontaktwinkel desto schlechter ist die Benetzung.

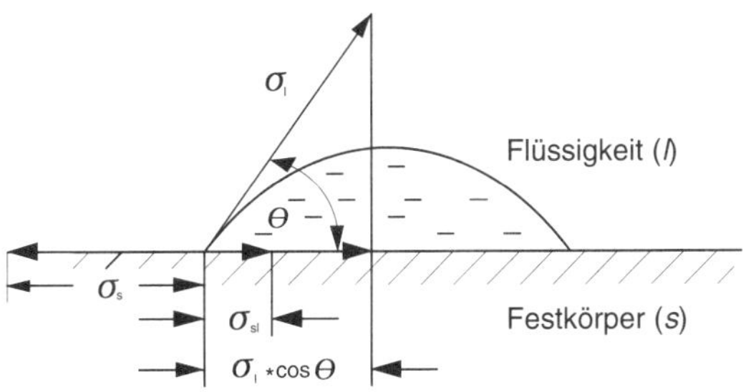

BILD 12.1 Prinzip der Kontaktwinkelmessung am stehenden Tropfen. Diese Messung ist zum Verständnis des Phänomens „Oberflächenverhalten" grundlegend

Die Oberflächenspannungen der Flüssigkeit und des Festkörpers sind die Ursachen für die Ausbildung des Randwinkels, der nur dann auftritt, wenn die Oberflächenspannung der Flüssigkeit größer ist als die des Festkörpers. Der Zusammenhang zwischen den Oberflächenspannungen und dem Kontaktwinkel, welcher sich im Benetzungsgleichgewicht einstellt, ist in Bild 12.1 dargestellt und wird durch die Gleichung von *Young* beschrieben:

$$\sigma_s = \sigma_{sl} + \sigma_l \cos\theta \tag{12.2}$$

Dabei ist σ_s die Oberflächenspannung des Festkörpers, σ_l die Oberflächenspannung der Flüssigkeit, σ_{sl} die Grenzflächenspannung zwischen dem Festkörper und der Flüssigkeit und θ der Kontaktwinkel, der sich zwischen Flüssigkeit und Festkörper ausbildet.

12.3 Bestimmung der Oberflächenspannung von Festkörpern

Im Gegensatz zur Oberflächenspannung von Flüssigkeiten ist die Oberflächenspannung von Festkörpern keiner direkten Messung zugänglich. Es besteht jedoch die Möglichkeit, mit Hilfe der *Young*'schen Gleichung eine Aussage über die Oberflächenspannung des Festkörpers zu treffen, wenn es gelingt, die Größen σ_l, θ und σ_{sl} zu bestimmen. Die Oberflächenspannung der Flüssigkeit ist entweder aus Tabellenwerken bekannt oder kann mittels der in Abschnitt 12.5 vorgestellten Methoden direkt gemessen werden. Der Kontaktwinkel zwischen der Flüssigkeit und dem Festkörper kann ebenfalls durch verschiedene Messmethoden, die in Abschnitt 12.4 dargestellt sind, bestimmt werden. Zur Berechnung der Grenzflächenenergie σ_{sl} gibt es verschiedene Methoden, wovon zwei im Folgenden dargestellt werden. Dabei ist jedoch immer zu beachteten, dass die Umrechnung von Kontaktwinkeln zu Grenzflächenenergien stets auf Modellen basiert, die die Kenntnis der intermolekularen Kräfte an der Grenzfläche erfordern. Das fehlende Wissen kann somit auch zu Fehlern in dieser Berechnung führen. Daher bevorzugen einige Autoren auch die Betrachtung der Kontaktwinkel gegenüber dem Vergleich der Grenzflächenenergien.

12.3.1 Methode nach *Zisman*

Bestimmung der kritischen Oberflächenspannung nach Zisman

Die Methode nach *Zisman* bestimmt im Eigentlichen nicht die Grenzflächenenergie, sondern die Differenz $\sigma_s - \sigma_{sl}$. Hierzu definierte Zisman den Begriff der „kritischen Oberflächenspannung der Benetzung“, σ_c. Innerhalb von homologen Reihen von Flüssigkeiten (dies sind nahe verwandte, organische Verbindungen, für die eine gemeinsame allgemeine Summenformel angeben werden kann) nimmt der Randwinkel gegen ein und denselben Festkörper mit abnehmender Flüssigkeitsoberflächenspannung ab. Die Auftragung der Flüssigkeitsoberflächenspannung gegen den Kosinus des Randwinkels liefert einen Kurvenzug, der näherungsweise für kleine Randwinkel eine Gerade bildet (siehe Bild 12.2).

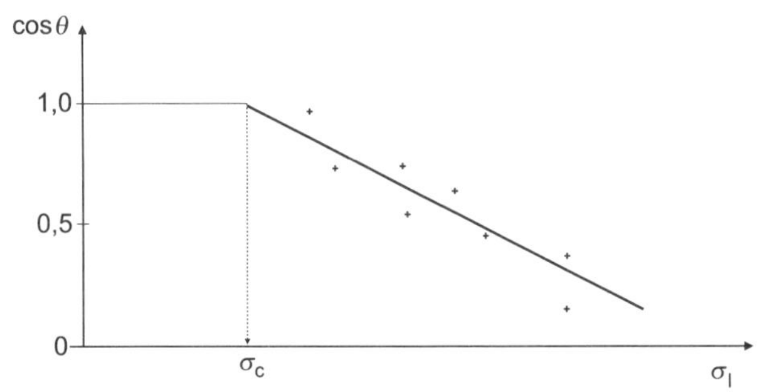

BILD 12.2 Auswerteverfahren nach *Zisman*

Durch Extrapolation des Kurvenverlaufs auf den Ordinatenwert cos $\theta = 1$, was einer vollständigen Benetzung entspricht ($\theta = 0°$), erhält man den kritischen Oberflächenspannungswert σ_c für den betrachteten Festkörper. Mit σ_c ist somit eine festkörperspezifische, grenzflächenenergetische Größe gewonnen. Sie selbst ist jedoch keiner direkten Messung zugänglich und darf der freien Grenzflächenenergie nur bei unpolaren Festkörpern gleichgesetzt werden. Da Kunststoffoberflächen jedoch vergleichsweise unpolar sind, stellt σ_c für sie meist eine gute Näherung dar. *In jedem Fall gilt aber auch ohne Näherung, dass Flüssigkeiten mit einer größeren Oberflächenspannung als* σ_c *den Festkörper nur noch unvollständig benetzen* ($\theta > 0°$).

12.3.2 Methode nach *Fowkes*

Nach *Fowkes* wird die Grenzflächenenergie jeder Phase aufgespalten in einen Anteil, der nur die Dispersionskräfte berücksichtigt, und einen Anteil, der alle gerichteten, polaren Wechselwirkungen enthält:

$$\sigma_l = \sigma_l^{dispers} + \sigma_l^{polar} \tag{12.3}$$

$$\sigma_s = \sigma_s^{dispers} + \sigma_s^{polar} \tag{12.4}$$

Aus Gründen der gleichen Wirkung enthält der polare Anteil auch die Wasserstoffbindungswechselwirkungen. Ausgehend von dieser Betrachtungsweise fanden *Owens, Wendt, Rabel und Kaelble* die folgende Beziehung für die Grenzflächenenergie:

Bestimmung der Grenzflächenenergie nach Owens, Wendt, Rabel und Kaelble

$$\sigma_{sl} = \sigma_s + \sigma_l - 2\sqrt{\sigma_s^d \sigma_l^d} - 2\sqrt{\sigma_s^p \sigma_l^p} \tag{12.5}$$

Verbunden mit der *Young*'schen Gleichung ergibt sich:

$$\frac{1+\cos\theta}{2} \frac{\sigma_l}{\sqrt{\sigma_l^d}} = \sqrt{\sigma_s^p} \sqrt{\frac{\sigma_l^p}{\sigma_l^d}} + \sqrt{\sigma_s^d} \tag{12.6}$$

Diese Gleichung ist eine Geradengleichung der Form $y = mx + b$, wobei gilt:

$$m = \sqrt{\sigma_s^p} \quad \text{und} \quad b = \sqrt{\sigma_s^d} \tag{12.7}$$

Sind für verschiedene Testflüssigkeiten die Oberflächenspannungen σ_l und deren disperse Anteile σ_l^d und polare Anteile σ_l^p bekannt, können σ_s^d und σ_s^p durch die Bestimmung des Randwinkels ermittelt werden.

Vor allem die polaren Anteile der Oberflächenspannung einer Festkörperoberfläche und einer Flüssigkeit kann für die Beurteilung von Benetzungsfähigkeiten eine Rolle spielen. Liegen die Gesamtoberflächenspannungswerte von Festkörper und Flüssigkeit weit auseinander, dann spielt die Polarität der einzelnen Partner keine große Rolle. Erreichen die Oberflächenspannungen aber vergleichbare Werte, so ergibt sich nur dann eine optimale Kompatibilität im thermodynamischen Sinne, wenn die Polaritäten von Adhäsiv und Festkörper gleich groß sind. Dies erklärt die häufig gemachte Beobachtung, dass polar/unpolare Paare keine starke Bindung aufweisen.

Im Folgenden werden verschiedene Methoden vorgestellt, die es ermöglichen, aus Kontaktwinkelmessungen die Oberflächenspannung von Kunststoffen zu bestimmen.

12.4 Charakterisierung der Oberflächenspannung von Festkörpern

In der industriellen Praxis wird eine schnelle Abschätzung der Oberflächenspannung häufig über Testtinten vorgenommen. Dies sind Flüssigkeiten mit definierten Oberflächenspannungen. Die Testtinten werden in einem Streifen auf die Oberflächen aufgetragen. Ein Spreiten, d. h. das Auseinanderlaufen, der Flüssigkeit bedeutet dabei, dass die Oberflächenspannung des Festkörpers größer oder gleich der Oberflächenspannung der Testtinte ist. In diesem Fall wird mit der Testtinte für den nächst höheren Wert für die Oberflächenspannung fortgefahren. Zieht sich die Testtinte wieder zusammen, bzw. bleibt sie als Tropfen auf der Oberfläche stehen, so ist die Oberflächenspannung der zu untersuchenden Oberfläche kleiner als die der Testtinte. In diesem Fall wird mit der Tinte für den nächst kleineren Wert für die Oberflächenspannung fortgefahren. Auf diese Weise kann der Wert für die Oberflächenspannung des Festkörpers grob abgeschätzt werden.

Kontaktwinkelmessungen bieten hingegen das Potenzial, genauere Informationen über die Oberflächen zu erlangen und werden daher vor allem von Forschern in den Oberflächenwissenschaften gerne genutzt. Die Charakterisierung von Kunststoffoberflächen über Kontaktwinkelmessungen kann auf vielfältige Art und Weise vorgenommen werden. In der Regel wird dazu eine Flüssigkeit mit einer Oberfläche in Kontakt gebracht. Die Qualität der Messung, bzw. der sich ausbildende Gleichgewichtszustand, hängt hierbei insbesondere ab von der Reinheit der Testflüssigkeiten, der elektrostatischen Aufladung der Oberflächen, der Konditionierung der Proben sowie der Luftfeuchtigkeit. Zu beachten ist weiterhin, dass die verwendeten Flüssigkeiten nicht mit der Kunststoffoberfläche interagieren, den Kunststoff lösen oder anquellen.

12.4.1 Die Methode des liegenden Tropfens

Ein Flüssigkeitstropfen wird auf die zu untersuchende Festkörperoberfläche mittels einer Spritze aufgebracht und parallel zur Oberfläche betrachtet. Früher diente dazu ein Goniometer (Abbildungseinheit, die im Okular über eine Winkeleinteilung verfügt, siehe Bild 12.3). Heute wird die Abbildung und Aufnahme der Tropfenkontur von CCD-Kameras vorgenommen und die Vermessung des Tropfens erfolgt rechnergesteuert. Durch Anlegen einer Tangente an die Tropfenkontur im Berührungspunkt der Phasen Festkörper/Flüssigkeit/Gas lässt sich der Kontaktwinkel bestimmen. Mit Hilfe des Kontaktwinkels lassen sich dann, bspw. aus den oben beschriebenen Verfahren nach *Zisman* oder *Owens, Wendt, Rabel und Kaelble,* die benötigten Oberflächenspannungen des Festkörpers berechnen.

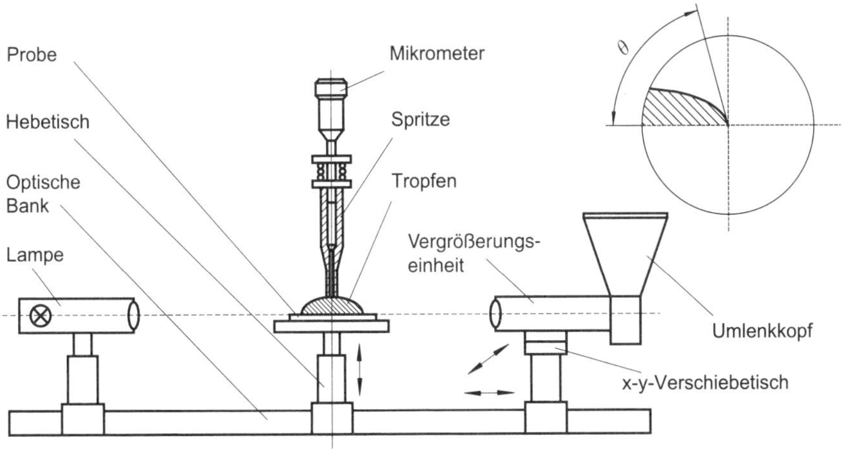

BILD 12.3 Anordnung zur Messung von Randwinkeln

Bei der statischen Kontaktwinkelmessung kann es aufgrund von Sedimentationseffekten, Verdunstung usw. zu einer Veränderung der Tropfenkontur kommen. Der statische Kontaktwinkel ist daher zeitabhängig. Eine eindeutige Reproduzierbarkeit der Ergebnisse wird hierdurch erschwert, so dass die statische Kontaktwinkelmessung zur Bestimmung der Oberflächenspannung nicht immer die geeignete Methode darstellt. Sie findet aber dort ihre Berechtigung, wo gerade die zeitliche Veränderung der Oberfläche, z. B. das Trocken von Lacken oder Aushärten von Klebern, detektiert werden soll.

statische Kontaktwinkelmessung

Bei der dynamischen Kontaktwinkelmessung verbleibt die Spritze im Tropfen. Bei Vergrößerung des Tropfenvolumens beginnt der Tropfen über die Oberfläche zu wandern, dabei wird der Kontaktwinkel gemessen. Dieser Winkel wird als *Fortschreitwinkel* bezeichnet und beschreibt sehr gut den Vorgang der frischen Festkörperbenetzung, so wie es z. B. im Bereich des Druckens und Lackierens stattfindet.

dynamische Kontaktwinkelmessung

Wird das Tropfenvolumen nicht vergrößert, sondern durch Absaugen der Flüssigkeit durch die Spritze verkleinert, so spricht man vom *Rückzugswinkel.* Er ist meist sehr klein (5 bis 20°). Die Differenz zwischen dem Fortschreit- und Rückzugswinkel wird als Hysterese bezeichnet.

Der Fortschreitwinkel wird allgemein mit den niederenergetischen Komponenten in der Oberfläche in Verbindung gebracht, während der Rückzugswinkel von den hochenergetischen Komponenten beeinflusst wird. So kann bspw. anhand des Rückzugswinkels auf den Einbau von polaren Gruppen, wie er häufig Ziel einer Oberflächenaktivierung ist, geschlossen werden.

Moderne Randwinkelgeräte, die nach der hier beschriebenen Methode arbeiten, erlauben eine Temperierung des Probenraumes. So kann der Probenraum in einem Bereich von -10 °C bis +100 °C beheizt und, wenn gewünscht, auch mit einer gesättigten Atmosphäre versehen werden, was praxisnahe Messungen ermöglicht.

12.4.2 Die *Wilhelmy*-Methode

Die Plattenmethode nach *Wilhelmy* wurde ursprünglich zur Bestimmung der Oberflächenspannungen von Flüssigkeiten gegen Luft benutzt. Eine aufgeraute Platinplatte bekannter Geometrie, die senkrecht aufgehängt ist, wird mit der Plattenunterkante mit einer Flüssigkeit in Kontakt gebracht. Dadurch benetzt die Platte und wird mit der Kraft F in die Flüssigkeit hinein gezogen (siehe Bild 12.4). Entsprechend der dadurch benetzten Länge L_b gilt:

$$\sigma_l = \frac{F}{L_b \cos\theta} \tag{12.8}$$

Da es sich bei der vor der Messung frisch ausgeglühten Platinoberfläche um eine hochenergetische Oberfläche handelt, kann davon ausgegangen werden, dass sie von jeder Flüssigkeit nahezu vollständig benetzt wird. Damit ergibt sich ein Randwinkel von 0°, wodurch sich die Oberflächenspannungsmessung der Flüssigkeit bei bekannter benetzter Länge zu einer Kraftmessung vereinfacht.

Zur Bestimmung von Festkörperoberflächenspannungen kehrt man die oben beschriebene Methodik um, d. h. es wird zunächst der Umfang des zu untersuchenden Festkörperplättchens als auch die Oberflächenspannung der Flüssigkeit bestimmt. Mit Hilfe der Kraftmessung erhält man so den Wert $\cos\theta$ gemäß der Gl. 12.8. Der Winkel θ stellt dabei den Hauptrandwinkel dar, der sich aus einer Vielzahl von verschiedenen Kontaktwinkeln entlang der benetzten Linie ergibt. Eine möglichst homogene Probenoberfläche entlang der Benetzungslinie ist daher erstrebenswert. Der Winkel θ gibt dann über das Verfahren nach *Zisman* bzw. entsprechend anderen Verfahren, die Oberflächenspannung des Festkörpers an.

Wie bereits für die Methode des liegenden Tropfens dargestellt wurde, ist auch mit der *Wilhelmy*-Methode die dynamische Kontaktwinkelmessung des Fortschreit- als auch des Rückzugswinkels möglich. Dabei wird die Kraft, die sich vektoriell aus dem Auftrieb und der Benetzungskraft zusammensetzt, in Abhängigkeit von der Eintauchtiefe bestimmt.

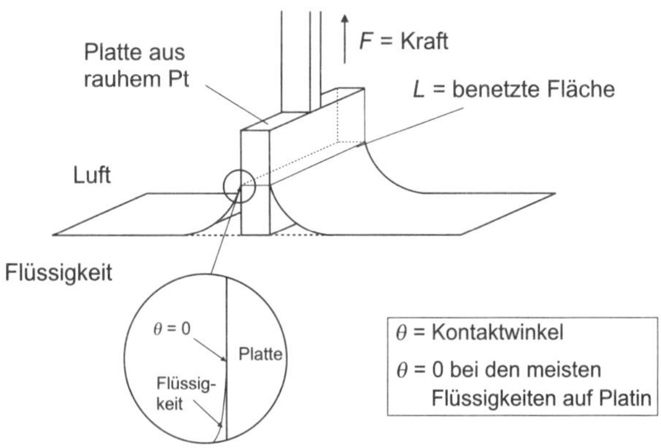

BILD 12.4 *Wilhelmy*-Methode

Besonders gut geeignet ist diese Methode zur Bestimmung der Oberflächenspannung in einem Bereich von 5 bis 100 mN/m von allseitig gleich beschaffenen Proben, wie z. B. Blechen, Folien, Leiterplatten und anderen. Es ist auch möglich den Kontaktwinkel nach dieser Methode an Einzelfasern zu bestimmen. Anwendungsgebiete finden sich in der Behandlung von Textilfasern und vor allem bei der Herstellung von Faser-Verbundwerkstoffen. Die Anwendungsgebiete zeigen aber auch gleichzeitig die Einschränkungen dieser Messmethode auf. Komplex geformte Oberflächen können nicht oder nur schlecht charakterisiert werden. Die exakte Bestimmung der benetzten Länge ist besonders bei porösen oder texturierten Oberflächen nicht einfach oder gar nicht möglich, so dass die Messung stark fehlerbehaftet sein kann. Zudem wird eine vergleichsweise große Oberfläche analysiert. Dies setzt entweder sehr homogene Eigenschaften voraus oder liefert Ergebnisse, die über die gesamte Oberfläche gemittelt sind. Je höher der Anspruch an die Ortsauflösung der Kontaktwinkelmessung, desto eher sollten die Methoden des liegenden Tropfens eingesetzt werden.

Bestimmung der Oberflächenspannung von Einzelfasern

12.4.3 Die Steighöhenmethode

Als letzte Methode sei hier noch die Steighöhenmethode erwähnt. Sie erlaubt die Quantifizierung des Benetzungsverhaltens von Pulvern. Hierzu wird das zu untersuchende Pulver in definierter Menge und Schüttdichte in ein am unteren Ende mit einer Fritte verschlossenes Röhrchen gebracht (siehe Bild 12.5). Wird das Röhrchen mit der Flüssigkeit in Kontakt gebracht, so kann diese durch die Fritte eindringen. Nun ermittelt man die Gewichtzunahme pro Zeiteinheit unter Anwendung der Gl. 12.9, um daraus das Benetzungsverhalten des Pulvers zu bestimmen.

Bestimmung der Oberflächenspannung von Faserbündeln, Fliesen und Pulvern

$$\cos\theta = \frac{m^2}{t}\,\frac{\eta}{\rho^2 \sigma_l c} \tag{12.9}$$

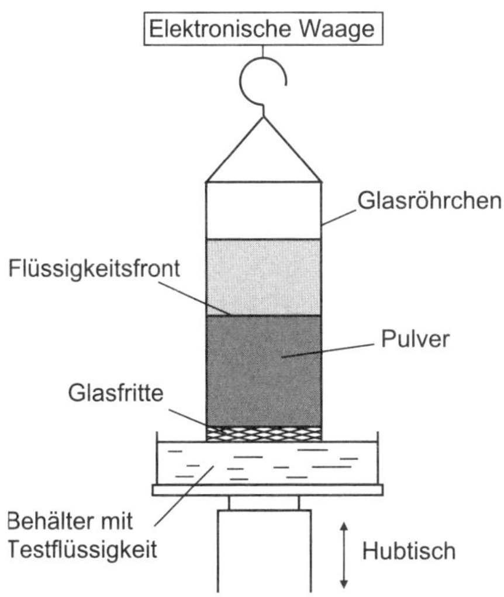

BILD 12.5 Prinzipdarstellung der Steighöhenmethode

wobei η die Viskosität der Flüssigkeit, ρ die Dichte der Flüssigkeit, σ_l die Oberflächenspannung der Flüssigkeit, θ der Kontaktwinkel zwischen Pulver und Flüssigkeit und c ein Geometriefaktor sind.

Um also den Kontaktwinkel mittels Steighöhenmethode und damit das Benetzungsverhalten zwischen Pulver und Flüssigkeit messen zu können, muss zunächst der Geometriefaktor, der von dem Probenhalter und der Probe abhängt, ermittelt werden. Hierzu wird eine Messung mit einer vollständig benetzenden Flüssigkeit, wie z. B. Hexan, Heptan oder Xylol, durchgeführt. In Gl. 12.9 ergibt sich somit $\cos\theta = 1$ und durch die Messung der Gewichtszunahme pro Zeit lässt sich unschwer der Geometriefaktor ermitteln.

Ist dies geschehen, erfolgt an einer vergleichbaren Probe durch die Bestimmung der zeitabhängigen Massenzunahme mit einer nicht vollständig benetzenden Flüssigkeit die Ermittlung des Randwinkels und damit des Benetzungsverhaltens. Aufgrund der mittelmäßigen Reproduzierbarkeit einzelner Kurven ist eine Mehrfachmessung und anschließende Mittelwertsbildung unbedingt notwendig.

Neben Pulvern lassen sich mit dieser Methode auch saugfähige Materialien wie Vliese, Faserbündel, Spezialpapier, Faserstifte und Textilproben in ihrem Benetzungsverhalten charakterisieren.

12.5 Messung der Oberflächenspannung von Flüssigkeiten und Schmelzen

Viele der bisher beschriebenen Methoden zur Bestimmung der Festkörperoberflächenspannung von Kunststoffen setzen die Kenntnis der Oberflächenspannung von Flüssigkeiten voraus. Im Folgenden sollen daher ausgewählte Verfahren zur Bestimmung der Oberflächenspannung von Flüssigkeiten dargestellt werden.

12.5.1 Methode des hängenden Tropfens (Pendant Drop-Methode)

Bestimmung der Oberflächenspannung von Flüssigkeiten und Kunststoffschmelzen

Die Methode des hängenden Tropfens stellt eine apparativ sehr einfache Messmethode zur Bestimmung der Oberflächenspannung von Flüssigkeiten und vor allem Schmelzen dar. Sie beruht auf der natürlich ablaufenden Minimierung der Flüssigkeitsoberfläche durch die Oberflächenspannung. So bilden Flüssigkeiten in Abwesenheit der Gravitation Kugeloberflächen aus. Wird jedoch ein Tropfen am unteren Ende einer senkrecht angebrachten Kapillare gebildet, so wird er durch die Gewichtskraft gelängt. Mittels Messung der Tropfendurchmesser d_1 und d_2 (siehe Bild 12.6) und unter Zuhilfenahme der Tabellen nach *Andreas*, *Hauser u. a.* erfolgt anschließend die Auswertung. Modernere Analyseverfahren machen sich hier die Bildverarbeitung zu nutze.

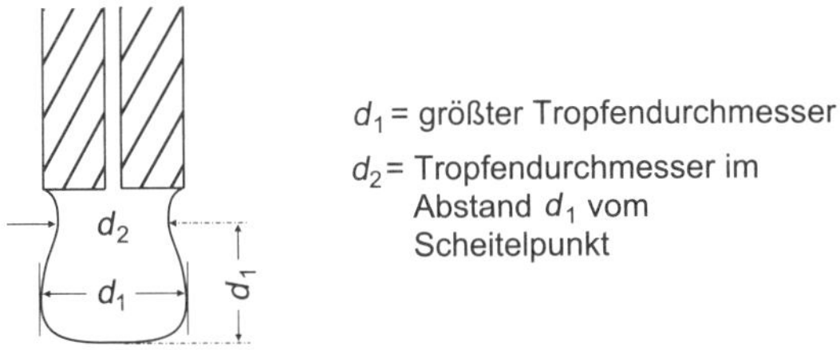

BILD 12.6 Am Kapillaraustritt hängender Tropfen

Trotz des einfachen Aufbaus erfordert die Methode erhebliches Geschick, einen derartigen Tropfen zu erzeugen und zu erhalten. Schwingungen und Eintrocknungen können hier das Messergebnis verfälschen. Auf der anderen Seite erlaubt diese Methode die Bestimmung der Oberflächenspannung von Schmelzen. Es gibt geheizte Dosiersysteme, so dass hier Temperaturen von bis zu 400 °C realisiert werden können. Dabei können Oberflächenspannungswerte von nahezu 0 mN/m bis zu einigen tausend Millinewton pro Meter gleichermaßen gut bestimmt werden.

12.5.2 Volumetrische Tropfenmethode (Drop Volume Methode)

Eine sehr einfache Methode zur Bestimmung von Flüssigkeitsoberflächenspannungen, vor allem, wenn man sie nur für eine Überschlagsrechnung benötigt, ist die volumetrische Tropfenmethode. Hierbei wird das Tropfenvolumen einer aus einer Kapillare abtropfenden Flüssigkeit bestimmt. Dies kann entweder direkt durch das Auffüllen des Tropfens mittels einer Mikrometerspritze bis zum Abtropfen geschehen oder aber indirekt über das Auszählen der Tropfenzahl, in die sich ein vorher gegebenes Volumen teilt.

Beim Abreißen des Tropfens ist seine Gewichtskraft gleich der Kraft, mit der er am Rohrumfang hängt. Damit ergibt sich die Oberflächenspannung aus der Beziehung:

$$2 \cdot \pi \cdot r \cdot \sigma = V \cdot \rho \cdot g \tag{12.10}$$

mit r = Tropfenradius, V = Tropfenvolumen, ρ = Dichte, g = Erdbeschleunigung

Bei dieser einfachen Methode sind nur eine Bürette und eine definierte Abtropffläche erforderlich. Es ist jedoch darauf zu achten, dass der Abtropfradius dem Kapillarradius entspricht und sich keine Nebentropfen bilden.

12.5.3 Ringmethode nach *du Noüy*

Die Ringmethode nach *Lecomte du Noüy* ist eine sehr bekannte Methode, die die Messung von Oberflächenspannungen in einem Bereich von typischerweise 2 bis 100 mN/m erlaubt. Hierbei wird ein frisch ausgeglühter Platiniridium-Ring bekannter Geometrie (2*R*: Durchmesser des Ringes, 2*r*: Durchmesser des Drahtes) vertikal in die zu vermessende Flüssigkeit getaucht (siehe Bild 12.7). Der Ring wird langsam wieder herausgezogen, bis der Flüssigkeitskragen abreißt.

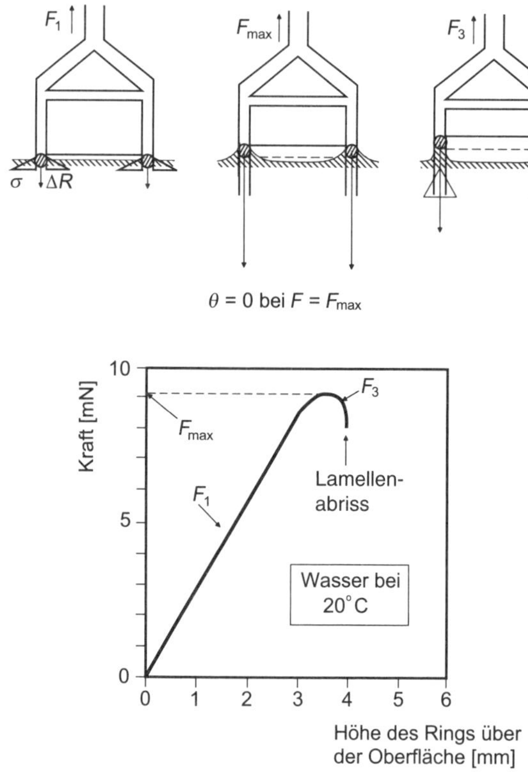

BILD 12.7 Phasen der Ringmessung

Die Oberflächenspannung greift während des Herausziehens an einer Linie um den Ring an, wobei der Angriffspunkt um den Drahtquerschnitt wandert. Die Resultierende der am Ring angreifenden Kräfte erreicht ihr Maximum, wenn die Tangente an den Benetzungspunkt senkrecht steht, wie in Bild 12.7 zu erkennen ist.

Die gemessene Kraft beinhaltet neben der aus der Oberflächenspannung resultierenden Kraft auch noch das hydrostatische Gewicht der unter dem Ring angehobenen Flüssigkeitsmenge und muss daher um diesen Wert korrigiert werden. Damit ergibt sich:

$$\sigma_l = \frac{F_{max} - F_V}{L_b \cos\theta} \tag{12.11}$$

Dabei ist F_{max} der Wert des Kraftmaximums, F_V die Kraft des Flüssigkeitsvolumens unterhalb des Ringes, L_b die benetzte Länge und θ der Randwinkel zwischen dem Ring und der Flüssigkeit. Für F_V gilt:

$$F_V = gV(\rho_l - \rho_a) \tag{12.12}$$

Dabei ist g die Erdbeschleunigung, ρ_l die Dichte der Flüssigkeit, ρ_a die Dichte der Luft und das Volumen V lässt sich aus der Ringgeometrie und der Höhe der Flüssigkeitslamelle ermitteln.

Die Oberflächenspannung kann hier auf eine reine Kraftmessung zurückgeführt werden, da der Kontaktwinkel für die allermeisten Flüssigkeiten (Quecksilber ist eine Ausnahme) mit Platin gleich Null ist und somit $\cos\theta = 1$.

Moderne Tensiometer erlauben ein Expandieren und Komprimieren der Flüssigkeitslamelle ohne Abriss. So können mit diesem quasistatischen Verfahren auch zeitabhängige Beobachtungen bzgl. der Oberflächenspannung durchgeführt werden. Dies ist beispielsweise für Tensidlösungen geringer Konzentration von Bedeutung, da die Vermischung der oberflächenaktiven Moleküle mit der Lösung sehr langsam erfolgt und sich somit die Oberflächenspannung langsam bis zum thermodynamischen Gleichgewicht von Diffusion und Ad- und Desorption verändert.

Oberflächenspannungsmessung von zeitabhängigen Veränderungen in Flüssigkeiten

12.5.4 Spinning Drop-Methode

Die Spinning Drop-Methode erlaubt die Vermessung besonders kleiner Oberflächenspannungen. Mit ihr sind Oberflächenspannungswerte noch im Bereich von 10^{-5} bis 10 mN/m messbar, wie es z. B. für Emulgatoren notwendig ist.

Bestimmung besonders kleiner Oberflächenspannungen

Bild 12.8 zeigt ein Tensiometer, das nach der Spinning Drop-Methode arbeitet. Im Innern des Tensiometers befindet sich eine Glaskapillare, die frei um ihre Längsachse drehbar und mit der schwereren Phase zu befüllen ist. Im mittleren Teil der Anlage kann die Phase durch ein Messmikroskop beobachtet werden. Ein Tropfen der leichteren Phase wird mittels einer µl-Spritze durch ein Septum (Scheidewand) hindurch in die schwerere Phase eingebracht, während diese in der Glaskapillare des Gerätes um ihre Achse rotiert. Dabei ist es durch leichtes Kippen der Anlage möglich, den Flüssigkeitstropfen in die Mitte der Kapillare zu bringen.

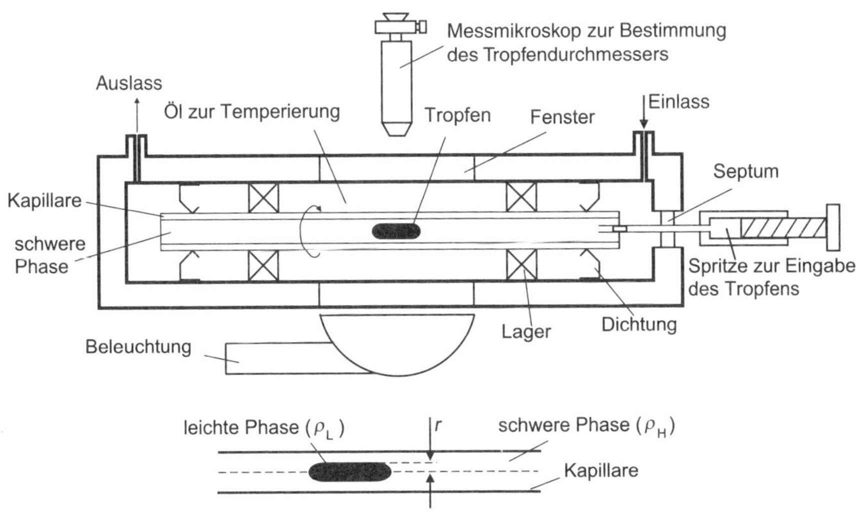

BILD 12.8 Spinning Drop-Tensiometer

Aufgrund der Zentrifugalkraft längt sich der Tropfen solange, bis die aus der Oberflächenspannung resultierende Kraft, die den Tropfen zusammenhält, den gleichen Wert erreicht hat. Ist der Dichteunterschied zwischen den beiden Phasen bekannt und hat man den Radius *r* des Tropfens mit Hilfe des Mikroskops vermessen, so ergibt sich daraus die Oberflächenspannung.

Literatur zu Kapitel 12

Adamson, A. W., Gast, A. P.: Physical Chemistry of Surfaces. New York: John Wiley & Sons, 1997

Chan, C. M.: Polymer Surface Modification and Characterisation. München: Carl Hanser Verlag, 1993

Fowkes, F. M.: Additivity of Intermolecular Forces at Interfaces. I. Determination of the Contribution to Surface and Interfacial Tensions of Dispersion Forces in Various Liquids. *Journal of Physical Chemistry* **66** (1962), S. 2538-2541

Garbassi, F., Morra, M., Occhiello, E.: Polymer Surfaces – From Physics to Technology. Chichester: John Wiley & Sons, 1998

Morra, M., Occhiello, E., Garbassi, F.: Knowledge about Polymer Surfaces from Contact Angle Measurements. *Advances in Colloid and Interface Science* **32** (1990), S. 79-116

Müller, M., Oehr, C.: Comments Regarding 'An Essay on Contact Angle Measurements' by Strobel and Lyons. *Plasma Processes and Polymers* **8** (2011), S. 14-18

Di Mundo, R., Palumbo, F.: Comments on "An Essay on Contact Angle Measurements". *Plasma Processes and Polymers* **8** (2011), S. 19-24

Kopczynska, A.: Oberflächenspannungsphänomene bei Kunststoffen – Bestimmung und Anwendung. Universität Erlangen-Nürnberg, Dissertation, 2008

Krüger, R.: Haftungsbestimmende Einflussgrößen beim Lackieren und Kleben von Thermoplasten. RWTH Aachen, Dissertation, 1980

Owens, D. K., Wendt, R. C.: Estimation of the Surface Free Energy of Polymers. *Journal of Applied Polymer Science* **13** (1969), S. 1741-1747

Pocius, A.V.: Adhesion and Adhesives Technology, 2nd ed. München: Carl Hanser Verlag, 2002

Somorjai, G. A., Li, Y.: Introduction to surface chemistry and catalysis. Hoboken, New Jersey: John Wiley & Sons, 2010

Strobel, M., Lyons, C. S.: An Essay on Contact Angle Measurements. *Plasma Processes and Polymers* **8** (2011), S. 8-13

Wu, S.: Calculation of Interfacial Tension in Polymer Systems. *Journal of Polymer Science: Part C* **34** (1971), S. 19-30

Wu, S.: Polymer Interface and Adhesion. New York: Marcel Dekker, Inc., 1982

13 Das Lösungsverhalten und der Einfluss der Nebenvalenzkräfte

13.1 Lösungen und Mischungen

Die Löslichkeit oder Verträglichkeit von Polymeren mit niedermolekularen Flüssigkeiten und Feststoffen sowie anderen Polymeren beruht ebenso auf den molekularen Wechselwirkungen der Atome und Moleküle wie bei niedermolekularen Stoffen, d. h. auf den Nebenvalenzkräften. Erhebliche Erfahrungen liegen über das Lösungsverhalten von Polymeren in organischen Lösemitteln aus der Lackherstellung und anderen Verarbeitungsgängen vor. Im vergangenen Jahrzehnt hat sich auch die Kenntnis über Lösungen von verschiedenen Polymeren sehr vertieft, da man hiervon bei der Herstellung von Blends und bei der Beschreibung von Alterungsvorgängen, wie z. B. der Spannungsrissbildung, intensiv Gebrauch macht.

thermodynamisches Kriterium

Als thermodynamisches Kriterium für das Entstehen einer Lösung gilt, dass die freie Energie ΔGm des Mischens negativ wird. Generell gilt:

$$\Delta G_m = \Delta H_m - T \cdot \Delta S_m \qquad (13.1)$$

mit ΔH_m = Enthalpie des Mischens, ΔS_m = Entropie des Mischens.

Da ΔS_m stets positiv ist, muss ΔH_m unter einen bestimmten positiven Wert fallen, damit ΔG_m negativ wird, d. h. Lösung stattfindet.

Löslichkeitsparameter

Hildebrand versuchte 1949, die Löslichkeit mit den Kohäsionseigenschaften von Lösemitteln zu koppeln. Er hat die Kohäsionsenergiedichte als Messzahl entwickelt, die für niedermolekulare Flüssigkeiten, z. B. über die Verdampfungswärme, bestimmt werden kann. Für Abschätzungen kann oft die Verdampfungswärme des Monomeren dienen, denn Polymere haben keinen Dampfzustand. Man kann die Kohäsionsenergiedichte auch über andere Methoden, z. B. das Lösungs- und Quellverhalten, ermitteln. *Hildebrand* schlug als Löslichkeitsparameter δ vor:

$$\frac{\Delta H_m}{V} = \Delta h_m = f_1 \cdot f_2 \cdot (\delta_1 - \delta_2) \qquad (13.2a)$$

Darin sind f_1, f_2 die Volumenanteile von Lösemittel und Polymer und δ der Löslichkeitsparameter oder die Kohäsionsenergiedichte. Für δ gilt

$$\delta = \sqrt{\frac{E_{Kohäsion}}{V}} \tag{13.2b}$$

Löslichkeitsparameter für Polymer und Lösemittel

Sind die Werte des Löslichkeitsparameters eines Kunststoffs und eines Lösemittels ähnlich, kann nach *Hildebrand* von hohen Wechselwirkungen ausgegangen werden, d. h. es findet Lösung statt. Es hat sich jedoch gezeigt, dass dieser Vergleich zu falschen Interpretationen führen kann, weswegen das Modell 1967 von *Hansen* erweitert wurde. Hierbei ist die Kohäsionsenergie eines Materials als Summe der einzelnen Nebenvalenzkräfte zu verstehen. Sie setzt sich aus dispersiven *d*, polaren *p* und Wasserstoffbrückenbindungsenergien *h* zusammen:

$$E_{Kohäsion} = E_d + E_p + E_h \tag{13.3}$$

Danach gilt:

$$\delta^2 = \delta_d^2 + \delta_p^2 + \delta_h^2 \tag{13.4}$$

Bei dieser Differenzierung der Löslichkeitsparameter wird auch von den *Hansen-Löslichkeitsparametern* gesprochen, die entsprechend der Gl. 13.4 auf den *Hildebrand-Löslichkeitsparameter* zurückgeführt werden können. Die Bindungsanteile der dispersiven (δ_d), der polaren (δ_p) und der Wasserstoffbrückenbindungsanteile (δ_h) spannen einen dreidimensionalen Raum auf (Bild 13.1), in dem jedem Kunststoff und Lösemittel eine definierte Raumkoordinate zugeordnet ist. Der Abstand R_a der beiden Punkte kann über die Gl. 13.5 bestimmt werden.

$$R_a^2 = 4(\delta_{d2} - \delta_{d1})^2 + (\delta_{p2} - \delta_{p1})^2 + (\delta_{h2} - \delta_{h1})^2 \tag{13.5}$$

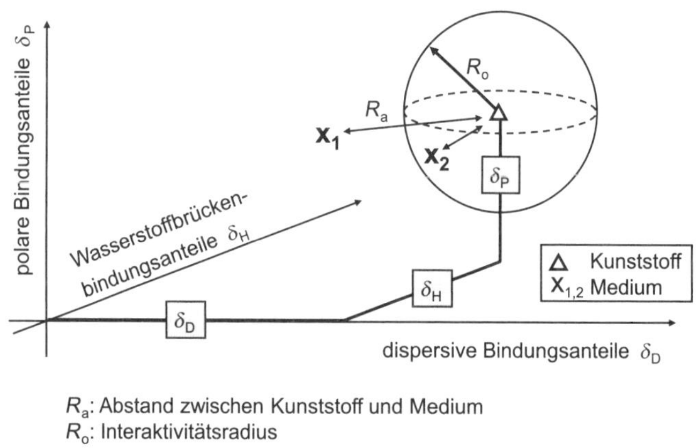

BILD 13.1 Modell der Löslichkeitsparameter (nach *Hansen*)

Der empirische Faktor 4, mit dem die Differenz der dispersiven Bindungsanteile korrigiert wurde, zeigt, dass die drei Bindungsanteile nicht gleichwertig sind. Durch den Abstand R_a von Kunststoff und Medium können die Wechselwirkungen abgeschätzt werden. Je größer diese Differenz ausfällt, mit umso geringeren Beeinflussungen ist zu rechnen. Da aber jede Kunststoff/Lösemittel-Kombination unterschiedlich stark reagiert, kann aus dem Abstand alleine noch kein hinreichendes Kriterium für eine Lösung abgeleitet werden. Daher hat *Hansen* einen aus praktischen Versuchen ermittelten Interaktivitätsradius R_0 eingeführt (vgl. Bild 13.1). Liegt der Punkt des Lösemittels innerhalb dieses Radius um den Löslichkeitsparameter des Kunststoffs, ist mit starken Wechselwirkungen und einem Lösen zu rechnen.

HINWEIS: Die Nebenvalenzkräfte bestimmen entscheidend das Löseverhalten.

13.2 Polymerlösungen

Das Verhalten von Polymeren gegenüber Lösemittel ist stark abhängig von der Natur des Lösemittels und dem Aufbau des Makromoleküls. Sind der Grundbaustein des Makromoleküls und das Lösemittelmolekül gleicher oder ähnlicher Natur, kommt es bei geringer Lösemittelaufnahme zum Quellen und bei ausreichender Zufuhr zum „Freischwimmen“ einzelner Polymerknäuel im Lösemittel, d. h. zum Lösen, da durch eindringendes Lösemittel die Nebenvalenzkräfte vermindert werden. Sind die Nebenvalenzkräfte jedoch von vorneherein im Polymer hoch, benötigt man starke Lösemittel, um ein Quellen oder gar Lösen zu bewirken. So sind die kristallinen Bereiche aller teilkristallinen Thermoplaste gegen Lösemittel sehr unempfindlich, diese dringen nur in die amorphen Bereiche ein und quellen den Polymerwerkstoff nur auf, da auch die amorphen Moleküle in den Kristalliten zum Teil verankert sind. Auch der Vernetzungsgrad macht sich stark bemerkbar. Je enger die Abstände zwischen den Vernetzungsstellen sind, umso weniger können Lösemittelmoleküle eindringen und den Kettensegmenten Beweglichkeit verleihen. Während vernetzte Elastomere somit noch quell- aber nicht mehr lösbar sind, können hochvernetzte Duroplaste nicht mehr gequollen und gelöst werden.

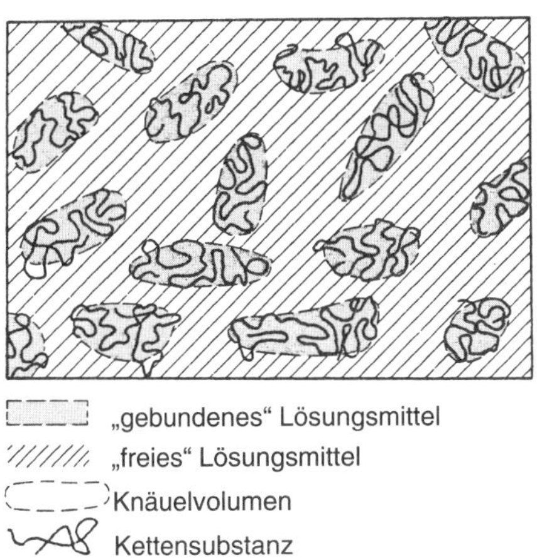

BILD 13.2 Schematische Darstellung einer verdünnten makromolekularen Lösung (nach *Vollmert*)

Mechanismus des Lösungsvorgangs

Man kann sich diese Vorgänge leicht veranschaulichen (vgl. Bild 13.2): Zunächst aufgenommenes Lösemittel wird in den einzelnen Knäueln eingelagert und durch die dort besonders starken Nebenvalenzkräfte festgehalten. Bei weiterer Aufnahme beginnt ein merkliches Quellen, jedoch behält der Stoff seinen Zusammenhalt solange die Nebenvalenzkräfte zwischen den Polymermolekülen noch wirksam bleiben. Erst wenn so viel Lösemittel zur Verfügung steht, dass diese Nebenvalenzkräfte vollständig aufgehoben werden, kommt es zum Freischwimmen von immer mehr Knäueln; das Polymer geht in Lösung. In der Lösung findet allerdings kein Durchspülen der Knäuel statt. Das dort gebundene Lösemittel wird dank der Nebenvalenzkräfte festgehalten. Das Knäuel nimmt seine statistisch wahrscheinlichste Gestalt an und ist dabei leicht deformierbar, da die Kettensegmente sich nun ziemlich ungehindert bewegen können.

Da zunehmende Temperatur die Nebenvalenzkräfte des Polymers herabsetzt und gemäß Gl. 13.1 ΔG_m dabei abnimmt, wird die Löslichkeit mit steigender Temperatur größer. Der Vorgang ist reversibel.

Abschätzung

Es ist nicht ganz einfach, die Löslichkeit von Polymeren zu bestimmen, jedoch gibt es einige Regeln für die Abschätzung. Die einfachste Regel lautet: „Gleiches löst Gleiches“, oder anders ausgedrückt: Wenn beide Partner - Polymer und Lösemittel - gleiche Nebenvalenzkräfte besitzen, besteht Löslichkeit. Leicht zu verstehen ist weiterhin, dass mit steigender Molmasse die Löslichkeit abnimmt. Die Moleküle sind durch Verschlaufungen relativ stark aneinander gebunden. Teilkristalline Thermoplaste sind erst oberhalb ihrer Kristallitschmelztemperatur löslich, da sich damit die Dispersions-Nebenvalenzkräfte um Größenordnungen vermindern.

Es zeigt sich bei vielen Lösungsvorgängen, vor allem auch bei der Auswahl geeigneter Lösemittelgemische in der Lackindustrie, dass es in erster Linie auf die Abstimmung der polaren Wechselwirkungskomponenten δp_1 und δp_2 ankommt (weitere Hinweise findet man bei *van Krevelen*).

Eine allgemeine Darstellung des Quell- und Lösungsverhaltens eines amorphen Thermoplasten in Lösemitteln mit unterschiedlichem Löslichkeitsparameter δ zeigt Bild 13.3. Wenn sich die Löslichkeitsparameter annähern, wird das Polymer unbeschränkt lösbar.

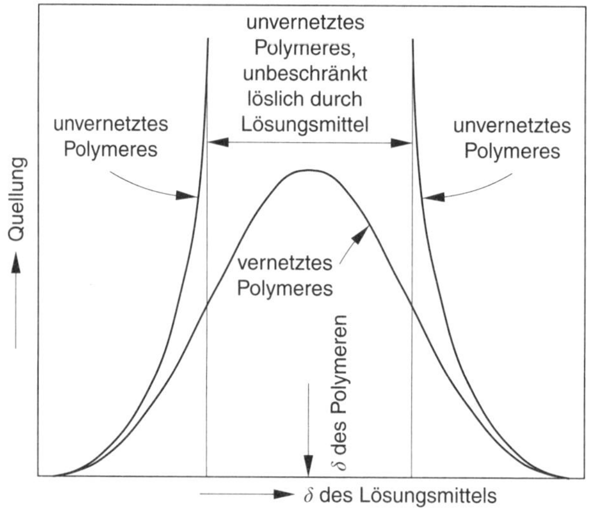

BILD 13.3 Quellung als Funktion des Löslichkeitsparameters δ für vernetztes und unvernetztes Polymeres (nach *van Krevelen*)

Ist dieses gleiche Polymer jedoch vernetzt, dann ist es je nach Vernetzungsgrad nur mehr oder weniger quellbar.

Es ergibt sich aus Gl. 13.1 jedoch weiter, dass auch bei einem positiven Beitrag von ΔH eine Lösung hergestellt werden kann, wenn nur die Temperatur hoch genug ist. Da in der Regel bei einem Lösungsprozess die Ordnung vermindert wird, ist ΔS positiv. Tatsächlich führt man die meisten Lösungsprozesse – schon um den Prozess zu beschleunigen – bei höheren Temperaturen aus. Gleichzeitig wird stark gerührt, um überall ein konstantes Angebot an unverbrauchtem Lösemittel zu garantieren.

Die *Flory-Temperatur* ist ein genau definierter Zustand der Polymerlösung, in der die Polymerknäuel in einem ungestörten Zustand vorliegen. Für die *Flory-Temperatur* θ_F gilt:

$$T = \theta_F \tag{13.6}$$

Im Zustand der Lösung zeigen die Moleküle des Lösemittels und des Polymers keine Präferenz; die Polymerknäuel liegen in ihren ungestörten Dimensionen vor, d. h. sie sind durch die Wechselwirkung mit dem Lösemittel weder stark aufgeweitet, noch durch die Wechselwirkung mit sich selbst kollabiert. Wird die Temperatur jedoch abgesenkt, d. h.

$$\begin{aligned} &T < \theta_F\text{: steigt die Knäueldichte mit abnehmender Temperatur,} \\ &T \ll \theta_F\text{: fällt das Polymer aus der Lösung aus.} \end{aligned} \tag{13.7}$$

Daraus lässt sich auch ableiten, bei welcher Temperatur

$$T_{cr} = \frac{\theta_F}{1 + \dfrac{C}{\sqrt{M}}} \tag{13.8}$$

Phasentrennung beginnt. C ist dabei eine Konstante für das betreffende Polymer/Lösemittel-System und M ist die Molmasse des Polymers.

Man muss θ_F experimentell bestimmen, was leicht möglich ist, da der Moment des Ausfällens sehr präzise bestimmbar ist. Schließlich kann, wenn θ_F für ein Lösemittel und für ein Polymer einmal bekannt ist, damit die Molmasse abgeschätzt werden.

praktisches Vorgehen

TABELLE 13.1 Löslichkeitsparameter einiger Polymerwerkstoffe (nach *Hansen*)

	δ_d	δ_p	δ_h	δ	R_0
PP	18,0	0,0	1,0	18,0	6,0
PE-HD	18,0	0,0	2,0	18,1	2,0
PS	18,5	4,5	2,9	19,3	5,3
PVC	17,6	7,8	3,4	19,5	8,2
PMMA	18,1	10,5	5,1	21,5	9,5
PC	18,1	5,9	6,9	20,2	5,5
SAN	16,6	9,8	7,6	20,7	4,8
PA66	16,0	11,0	24,0	30,9	3,0
PUR	17,9	6,9	3,7	19,5	2,7
NR	16,0	4,0	6,0	17,5	1,3

Werte für die Löslichkeitsparameter wichtiger Polymere gibt Tabelle 13.1 und solche von Lösemitteln Tabelle 13.2.

TABELLE 13.2 Löslichkeitsparameter für Lösemittel (nach *Hansen*)

	δ_d	δ_p	δ_h	δ
Essigsäure	14,5	8,0	13,5	21,4
Aceton	15,5	10,4	7,0	19,9
Ammoniak	13,7	15,7	17,8	27,4
Benzol	18,4	0,0	2,0	18,5
Ethanol	15,8	8,8	19,4	26,5
Furan	17,8	1,8	5,3	18,7
Glycerin	17,4	12,1	29,3	36,2
Methanol	15,1	12,3	22,3	29,6
1-Propanol	16,0	6,8	17,4	24,6
2-Propanol	15,8	6,1	16,4	23,6
Toluol	18,0	1,4	2,0	18,2
Wasser	15,5	16,0	42,3	47,8

13.3 Anwendung

13.3.1 Herstellen von Gießfolien

Gießfolien

Man macht von der Löslichkeit der meisten unvernetzten Polymere breitesten Gebrauch bei der Fertigung von Profilen mit sehr geringer Ausdehnung. Hierbei handelt es sich meist um Fäden aus Polymeren, in der Textilindustrie als synthetische Fasern bekannt. Auch einige Polymere, meist Derivate von Cellulose, werden zu Folien (das sind Bahnen geringer Dicke < 1 mm) aus der Lösung des Polymers durch Austrag auf eine beheizte Trommel o. Ä. vergossen. Das Lösemittel, die Trommeltemperatur und die Umfangsgeschwindigkeit der Trommel sind so gewählt, dass das Lösemittel verdampft und das Polymer auf der Trommel zurückbleibt. Man produziert sozusagen kontinuierlich einen Lackfilm.

13.3.2 Weichmachen

Weichmacher

Eine anders geartete, sehr verbreitete Anwendung - in diesem Fall schlecht wirkender Lösemittel - ist das äußerliche Weichmachen. Dies wird in großem Umfang für Polyvinylchlorid ausgeführt, um Weich-PVC herzustellen. Phthalate und einige andere Ester sind schwache Lösemittel für Polyvinylchlorid (PVC), da sie dessen Nebenvalenzkräfte nicht völlig aufheben können. Sie zeigen jedoch dank ihrer eigenen polaren Nebenvalenzkräfte eine gute Verträglichkeit, d. h. es lassen sich hierdurch hohe Prozentsätze in das Polymer einlagern, ohne dass sie ausdiffundieren (ausschwitzen). Die Erweichungstemperatur T_g des Polymers wird mit zunehmendem Weichmachergehalt stetig erniedrigt, so dass bei ausreichendem Gehalt an Weichmacher, wie in Bild 13.4 gezeigt, T_g unter Raumtemperatur abgesenkt wird. Das Polymer verhält sich dann bei Raumtemperatur kautschukelastisch. Dieses Verhalten kommt auch in den Kurven für die Zugfestigkeit σ_B und die Bruchdehnung δ_B zum Ausdruck. Bemerkenswert ist bei der Zumischung von Weichmacher zu PVC, dass sich bei niedrigen Weichmachergehalten (< 8 %) eine Versprödung einstellt; der eingelagerte Weichmacher wirkt auf die Polymerketten zunächst versteifend. Erst mit weiter zunehmendem Weichmachergehalt sinken die Nebenvalenzkräfte; die Knäuel werden beweglicher. Man nennt solche Systeme auch Nebenvalenzgele, da die Nebenvalenzkräfte ihre Wirkung behalten.

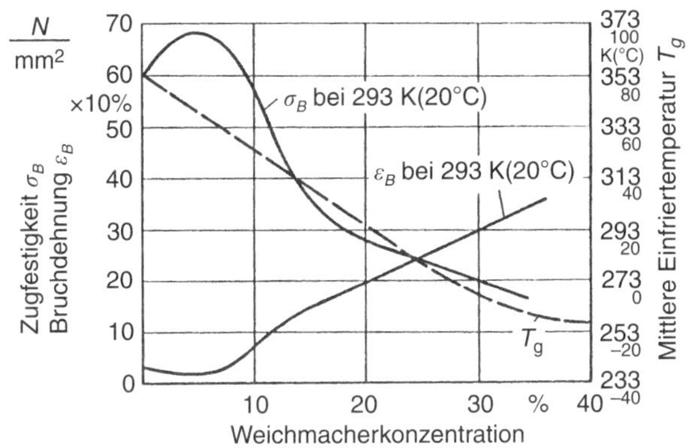

BILD 13.4 Einfluss der Weichmachung bei PVC, Weichmacher: Dioctylphthalat (DOP)

13.4 Polymergemische

Man kann Polymergemische als die Lösung eines Polymers in einem anderen ansehen und somit die für das Lösungsverhalten erstellten Beziehungen entsprechend erweitern. So wird die thermodynamische Zustandsgleichung (Gl. 13.1) über den Anteilen – meist als Massenbrüche w bezeichnet – (vgl. Bild 13.5) aufgetragen. Blends

Mischbarkeit ist gegeben, wenn die folgenden Bedingungen erfüllt sind:

$$\Delta G_m(w) = \Delta H_m(w) - T \cdot \Delta S_m(w) < 0$$

$$\left(\frac{d^2 \Delta G_m}{dw^2}\right)_{p,T} > 0 \qquad (13.9)$$

darin ist der Massenbruch im Fall einer Zweikomponentenmischung:

$$w_1 = 1 - w_2 = \frac{m_1}{m_1 + m_2} \qquad (13.10)$$

Beispiel

Dies soll anhand der drei Beispielgemische gezeigt werden, von denen die Verläufe der freien Reaktionsenthalpien ΔG_m in Bild 13.5 dargestellt sind.

- Für die Kurve 1 sind beide Bedingungen erfüllt; die Mischung 1 bildet in allen Mischungsverhältnissen *w* ein thermodynamisch stabiles und homogenes System.
- Umgekehrt zeigt die Kurve 3, dass die Mischung 3 in allen Verhältnissen heterogen und thermodynamisch instabil ist.
- Den realen - und meist angestrebten - Fall verdeutlicht Kurve 2. Im Abschnitt M-N ist das System thermodynamisch instabil. In den Bereichen 0-A und B-0 sind die Mischungen stabil und entmischen sich nicht. In den Bereichen A-M bzw. B-N entstehen metastabile, homogene Mischungen.

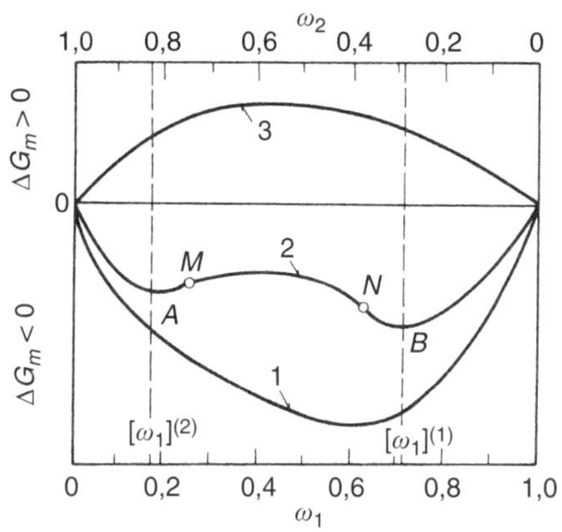

BILD 13.5 Konzentrationsabhängigkeit des isothermisch-isobaren Mischungspotentials von thermo-dynamisch stabilen (1), teilstabilen (2) und instabilen (3) binären Mischungen (schematisch)

Wie Bild 13.6 zeigt, erweist sich die Verträglichkeit jeweils als stark temperaturabhängig. Dies wird besonders deutlich in Bild 13.6b, das die Grenzmassenbrüche der Gleichgewichtsmischungen als Funktion der Temperatur zeigt. Man bezeichnet übrigens einen Verlauf, wie ihn die Kurve 1 für Mischung 1 zeigt, als „Binodale", bzw. bei Kurve 2 als „Spinodale". Die Spinodale teilt den nicht stabilen Bereich in zwei metastabile und einen instabilen Bereich; die Binodale trennt den stabilen vom nicht stabilen Bereich.

Diese Beispiele verdeutlichen, dass sich solche Mischungen stark fertigungsabhängig verhalten werden. Insbesondere erkennt man, dass die Abkühlgeschwindigkeit einen enormen Einfluss hat, weil an sich heterogene Systeme infolge hoher Abkühlgeschwindigkeit als homogene Mischung eingefroren werden können. Diese sind jedoch deswegen in der Regel so noch nicht brauchbar, weil sie sich bei einer erneuten Erwärmung in Phasen trennen werden. Um im praktischen Gebrauch mit solchen Mischungen keine Probleme zu bekommen, baut man so genannte *Compatibilizer* ein. Hierbei handelt es sich um Makromoleküle, die für die Verträglichkeit in den Grenzschichten sorgen (vgl. Abschnitt 4.4.2 und Bild 4.24).

Mess-methoden

Zur Analyse des in einem Material vorliegenden Mischungszustands nutzt man einerseits die Elektronenmikroskopie, andererseits die mechanische Spektroskopie mit Hilfe des Torsionspendels (vgl. Abschnitt 6.2.2.1), bzw. andere Methoden zur Bestimmung von Real- und Verlustmodul in Abhängigkeit von der Temperatur. In Bild 13.7 sind qualitativ

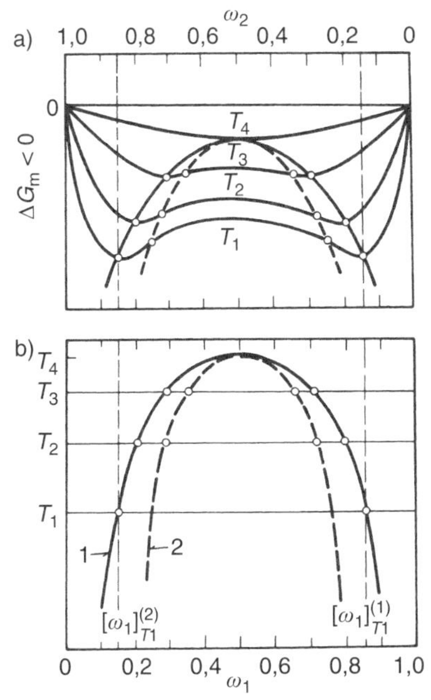

BILD 13.6 Temperaturabhängigkeit des konzentrationsbezogenen Gleichgewichtszustands eines binären Systems mit oberer kritischer Mischungstemperatur
a: freie Mischungsenergie (isobar); Parameter: Temperatur,
b: Binodale (1) bzw. Spinodale (2) (schematisch)

die Ergebnisse beider Methoden gegenübergestellt. Bei Unverträglichkeit und Spaltung in wenige große Phasenbereiche - ein völlig unbrauchbares Gemisch - zeigen sich vor allem in der Dämpfungskurve (Bild 13.7 unten links) deutlich ausgeprägte Verlustmaxima. Umgekehrt ergibt sich bei homogener Mischung, mit allenfalls in submikroskopischen Bereichen (Domänen) aufgeteilter zweiter Phase, ein einziges Verlustmaximum bei Verschiebung des Moduls zu niedrigeren Werten entsprechend der Mischungsregel (vgl. Abschnitt 7.6.3, Gleichung 7.16 sowie Abschnitt 4.4.2). Der z. B. bei schlagzähen Mischungen erwünschte Zustand (Bild 13.7 Mitte) äußert sich in einer Verbreiterung des Verlustmaximums und allmählichem Abfall des Schubmoduls.

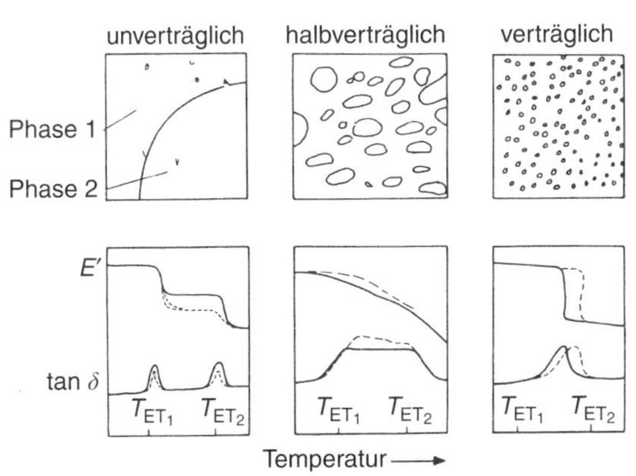

BILD 13.7 Vergleich von Phasenstruktur, wie sie im Elektronenmikroskop sichtbar wird, und Abhängigkeit des *E*-Moduls von der Temperatur für binäre Gemische (schematische Darstellung)

Literatur zu Kapitel 13

Paul, R., Barlow, J. W., Keskkula, H.: Polymerblends. Encyclopedia of Polymer Science and Engineering, 2nd Edition. Editors: Mark, H. F.; Biskales, N. M.; Overberger, C. G.; Menges, G.: Vol. 12, 1990, S. 399-461

Hansen, C. M.: Hansen Solubility Parameters – A User's Handbook. Boca Raton, London, New York, Washington, D.C.: CRC Press, 2000

Heidemeyer, P.: Herstellung verstärkter Thermoplaste durch Blenden mit flüssig-kristallinen Polymeren. RWTH Aachen, Dissertation, 1990

Henseler, J.: Spannungsrissbildung von amorphen Kunststoffen unter Medieneinfluss: Werkstoffspezifische Grundlagen zur Berücksichtigung dieses Phänomens in der Bauteilauslegung. RWTH Aachen, Dissertation, 2008

Nordmeier J.: Schlagzähmodifizieren von Polypropylen auf einem Zweischneckenextruder. RWTH Aachen, Dissertation, 1986

van Krevelen, D. W: Properties of Polymers. Amsterdam: Elsevier, 1990

Vollmert, B.: Grundriss der makromolekularen Chemie. Berlin, Göttingen, Heidelberg: Springer Verlag, 1962

14 Stofftransportvorgänge

14.1 Einführung

Für Stofftransportvorgänge kennt man aus dem Umgang mit Kunststoffen einige unerwünschte Vorgänge. Beispielsweise verlieren gefüllte Kraftstofftanks aus Polyethylen täglich einige Gramm Benzin; mit Kunststoffen versiegelte Metallteile beginnen in wässrigen Medien nach einiger Zeit zu korrodieren; limonadenartige Getränke in PET-Flaschen büßen innerhalb einiger Monate Teile ihres Kohlensäuregehalts ein und schmecken fade, und in Kunststofffolien unter Vakuum und „luftdicht" verpackte Lebensmittel oxidieren. Man hat daraus gelernt und hat Lösungen dieser Probleme entwickelt, die diese Erscheinungen auf ein erträgliches Maß reduzieren. Die Lösung besteht vor allem darin, den oder die richtigen Werkstoffe auszuwählen, bzw. sie durch mehrschichtige Ausführung der Gebindewände aus verschiedenen undurchlässigen Polymeren zu drosseln. Diese weithin bekannten, sowie eine Vielzahl weiterer ähnlicher Phänomene beruhen auf dem Stofftransport – der Permeation – von Gasen oder Dämpfen durch polymere Werkstoffe. Bild 14.1 gibt einen Überblick über die wichtigsten Thermoplaste für die Lebensmittel-Verpackung als dem Gebiet, in dem diese Eigenschaften entscheidend sind.

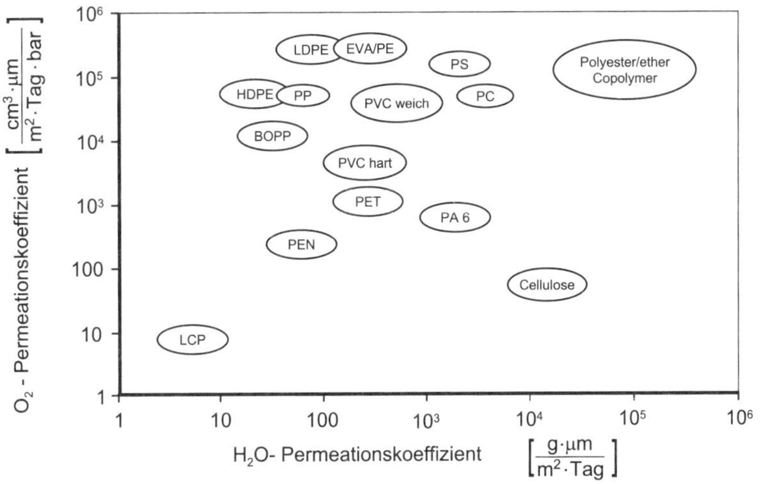

BILD 14.1 Medien- und polymerspezifische Permeationskoeffizienten (nach *Langowski*)

Bild 14.1 zeigt, wie vielfältig und medienspezifisch die Sperrwirkungen von Polymeren bzw. Kunststoffen sind. Polyethylen zeigt eine hohe Durchlässigkeit für Sauerstoff, sperrt aber den Durchgang von Wasserdampf vergleichsweise gut. PA 6 hat dagegen eine um zwei Größenordnungen geringere Sauerstoffdurchlässigkeit, lässt aber im Vergleich zu Polyethylen mehr als die zehnfache Menge an Wasserdampf passieren. Eine dünne, porenfreie Metallfolie würde so gut wie nichts durchlassen. Die in Bild 14.1 angegebenen Daten sind jedoch nur Richtwerte, da die Verarbeitung und die daraus resultierenden Struktureigenschaften einen großen Einfluss auf die Permeationseigenschaften zeigen. Die unterschiedlichen Eigenschaften für die Wasserdampf- und Sauerstoffpermeation werden weiter unten erläutert (siehe Gleichung 14.5b).

Der Stofftransport ist allerdings eine nicht immer unerwünschte Erscheinung: Bei der Verarbeitung von Kunststoffen ist man der *Permeation* oft dankbar. Hierdurch wird eine homogene Phasenverteilung beim Verarbeiten von Blends erzielt oder durch die Migration von Weichmachern eine Gleichverteilung im Matrixpolymer erreicht. Bei künstlichen Nieren, Mikrofiltern oder bei Folienverpackungen für einige Lebensmittelgruppen werden Kunststoffe gezielt so abgestimmt, dass sie für bestimmte Gase eine selektive, hohe Durchlässigkeit aufweisen.

Permeation

Den Vorgang der *Permeation* teilt man zweckmäßigerweise in seine wesentlichen Teilschritte auf (vgl. Bild 14.2):

14.1.2 Permeation

Der gesamte Prozess - bestehend aus Adsorption, Absorption, Diffusion und Desorption von Teilchen - wird mit dem Begriff Permeation beschrieben.

Permeation und Polymerstruktur

Die Permeationseigenschaften verschiedener Kunststoffe erlauben durch die spezifische molekulare Struktur der Polymere und deren freies Volumen die mehr oder weniger starke Diffusionsbewegung der gelösten Teilchen.

14.2 Grundlagen

elementare Permeationsschritte

Der Transport von Gasen, Dämpfen und Flüssigkeiten durch polymere Festkörper ist i. A. ein komplexer Vorgang, der einer Vielzahl von Einflussfaktoren unterliegt. In einem vereinfachenden Permeationsmodell wird der Stofftransport auf molekularer Ebene betrachtet und in vier Teilschritte zerlegt (siehe Bild 14.2):

1. Anlagerung von Teilchen an die Oberfläche einer Trennwand (*Adsorption*),
2. Aufnahme des Stoffes im oberflächennahen Volumenbereich (*Absorption*),
3. Transport der Teilchen durch die Barriere *(Diffusion)*,
4. Abgabe permeierter Teilchen an der gegenüberliegenden Oberfläche an das umgebende Medium *(Desorption)*.

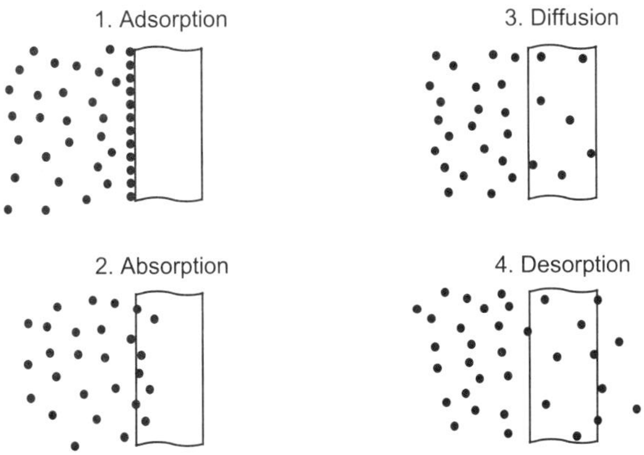

BILD 14.2 Erklärung der Permeation aus ihren Teilschritten (schematisch)

Die Vorgänge vollziehen sich bei Polymerwerkstoffen nur dann nach einfachen Gesetzmäßigkeiten, wenn es sich bei den permeierenden Stoffen um Moleküle handelt, die sich gegenüber dem Polymer als inert erweisen. Die nachfolgend beschriebenen Gesetze des Stofftransports gelten nur dann, wenn das Polymer keine Kapillaren, Risse und andere als Kanäle wirkende Durchlässe für den permeierenden Stoff besitzt.

In praktischen Fällen sind diese Idealbedingungen oft nicht gegeben. Zum Verständnis der physikalischen Zusammenhänge ist es aber dennoch dienlich, diese Vereinfachungen anzunehmen, um die erste Beschreibung dieser Vorgänge nicht zu komplex werden zu lassen. Ferner sind auf diesem Weg oft recht brauchbare Abschätzungen möglich.

14.2.1 Physikalische Beschreibung

Bevor Diffusionsvorgänge in Polymeren stattfinden können, müssen die diffundierenden Teilchen zunächst im Polymer gelöst werden. Die Menge an Teilchen, die durch Diffusionsvorgänge transportiert werden kann, hängt von der Menge ab, die im Polymer gelöst wurde. Die Begriffe Ad-, Ab- und Desorption beschreiben die entsprechenden Vorgänge. Sie werden häufig auch mit dem Begriff Sorption zusammengefasst.

14.2.1.1 Adsorption

Bei der Anlagerung von Stoffen aus der Umgebung an eine Festkörperoberfläche spricht man von Adsorption. Man unterscheidet:

- physikalische Adsorption (van-der-Waals-Kräfte),
- chemische Adsorption (Chemisorption) und
- Adsorption durch elektrostatische Kräfte.

Die entscheidenden Phänomene der Adsorption wurden bereits in Kapitel 12 (Oberflächenspannung) behandelt.

14.2.1.2 Absorption

Dringen Gase in Flüssigkeiten oder Feststoffe in die Barriere ein und werden dort gelöst, so spricht man von *Absorption*. Lagert man eine Polymerprobe in einer Atmosphäre – Gas oder Flüssigkeit –, so werden sich deren Atome oder Moleküle an der Oberfläche anlagern und wenn Verträglichkeit besteht, anschließend vom Polymervolumen absorbiert werden. Im weiteren Verlauf werden die Moleküle auch die oberflächenfernen Bereiche des Kunststoffteils erreichen, bis letztlich ein dynamischer Gleichgewichtszustand innerhalb des Polymers erreicht ist, der den Nettofluss der Gasmoleküle zum Erliegen bringt. Zum anderen entsteht auch ein Gleichgewichtszustand zwischen dem im Polymer gelösten und den in der Gasphase befindlichen Teilchen, so dass in der Bilanz keine weiteren Gasmoleküle vom Polymer absorbiert werden.

Gleichgewicht der Absorption

In diesem Gleichgewichtszustand wird die Menge eines Stoffes, die vom Polymer absorbiert wurde, durch das *Henry'sche Gesetz* beschrieben:

Henry'sches Gesetz

$$c = S \cdot p \tag{14.1}$$

(Mit c Volumen des Stoffes der unter Standardbedingungen pro Polymervolumeneinheit adsorbiert wird, S Löslichkeitskoeffizient, kurz auch: Löslichkeit, p Partialdruck des Gases.)

Explizit gibt die Löslichkeit S das Volumen einer Substanz unter Standardbedingungen an, die bei einem äußeren Partialdruck des Stoffes von 1 bar in einer Volumeneinheit des Polymers gelöst ist. Die üblicherweise verwendete Einheit von S ist $cm^3/(cm^3 \cdot bar)$. Typische Werte der Löslichkeit für inerte Gase in Polymeren liegen bei Raumtemperatur im Bereich $0{,}02 \leq S \leq 1$.

Die Löslichkeit S hängt von der Eigenschaftskombination des Polymers und des gelösten Stoffes ab. Für verschiedene Polymere unterscheidet sich die Löslichkeit eines bestimmten, inerten Gases nur wenig. Verschiedene Gase hingegen besitzen jedoch häufig grundverschiedene Löslichkeiten.

HINWEIS: Das Henry'sche Gesetz gilt, solange die Löslichkeit S konzentrationsunabhängig ist. Dies ist für inerte Gase bei Normaldruck der Fall.

14.2.1.3 Desorption

Die Desorption kann als die Umkehrung der Absorption betrachtet werden. Im Polymer gelöste Teilchen werden desorbiert, d. h. an die Umgebung abgegeben.

Wird in dem obigen Beispiel der das Kunststoffteil auf der Gasaustrittsseite umgebende Raum fortwährend evakuiert, sodass diese Umgebung permanent gasfrei ist, wird Gas aus dem Polymer herausgelöst; es desorbiert. Dies ist die Umkehrung der Absorption und folgt ebenfalls dem Henry'schen Gesetz.

14.2.1.4 Diffusion

Der Transport von Teilchen innerhalb eines festen oder ruhenden fluiden Stoffes wird dann, wenn er allein durch das Konzentrationsgefälle bewirkt wird, *Diffusion* genannt.

Deren Ursache ist die Wärmebewegung der Moleküle, die dem Fremdmolekül gestatten, sich durch inter- und intramolekulare Zwischenräume in Richtung des Konzentrationsgefälles fortzubewegen. Die Moleküle „springen" im Gefüge der Makromoleküle von Freiraum zu Freiraum. Die Wahrscheinlichkeit der molekularen Wanderung hängt im Wesentlichen von der Größe der Zwischenräume sowie der Größe der diffundierenden Moleküle ab.

Der durch die molekulare Diffusion verursachte Volumenstrom wird in allgemeiner Form durch die *Fick'schen Gesetze* beschrieben. Die Lösungen dieser Differentialgleichungen sind aber recht komplex und erfordern einige Annahmen. Zur Vereinfachung werden folgende Randbedingungen angenommen (nur die wesentlichen sind genannt):

Fick'sche Gesetze

- Die Diffusion ist stationär: $dc/dt = 0$, d. h. die Konzentration des diffundierenden Mediums ändert sich an einem gegebenen Ort nicht mit der Zeit.
- Das Medium, innerhalb dessen die Diffusion stattfindet, ist hinsichtlich der Diffusionseigenschaften homogen und isotrop ($\nabla D = 0$).
- Der Diffusionskoeffizient D hängt nicht von der Konzentration des gelösten Mediums ab.
- Es wird die Diffusion lediglich einer Komponente betrachtet.

Unter diesen Voraussetzungen lässt sich das erste *Fick'sche* Gesetz für den eindimensionalen Fall in einer gebräuchlichen und anschaulichen Form darstellen:

$$\dot{q} = \frac{dq}{dt} = -D \cdot A \cdot \frac{dc}{dx} \qquad (14.2)$$

(Mit q Volumen des diffundierenden Stoffes, t Zeit, D Diffusionskoeffizient mit der Einheit m^2/s, üblich auch cm^2/s, A Flächenquerschnitt, durch den die Diffusion stattfindet m^2, c Konzentration des diffundierenden Stoffes im Festkörper, mit der Einheit $cm^3_{(Medium)}/cm^3_{(Polymer)}$, x Diffusionsrichtungskoordinate.)

Diffusionskoeffizient

Das pro Zeiteinheit diffundierende Volumen $\dot{q}$ ist demnach proportional zur angebotenen Fläche und zum Konzentrationsgradienten. Eine große Differenz in den Konzentrationen führt daher zu einer hohen Diffusionsrate. Das negative Vorzeichen in Gl. 14.2 trägt dem Effekt Rechnung, dass der Volumenstrom immer in Richtung der geringeren Konzentration abläuft. Der Diffusionskoeffizient D ist eine Konstante nur gültig für die betrachtete Polymer/Gas-Kombination.

Die Abhängigkeit des Volumenstroms von der Konzentration c der gelösten Teilchen Gl. 14.2 deutet an, dass für den gesamten Stofftransport auch die Löslichkeit (gemäß Gl. 14.1) eine entscheidende Rolle spielt.

14.2.1.5 Permeation

Betrachtet wird jetzt ein Zustand, bei dem eine Kunststoffbarriere zwei Raumbereiche mit unterschiedlichen Gaskonzentrationen trennt (Bild 14.3). Im Verlaufe einer ausreichend langen Zeit wird sich unter der Annahme homogener Materialeigenschaften innerhalb dieser Trennwand durch Diffusionsvorgänge ein konstanter Konzentrationsgradient

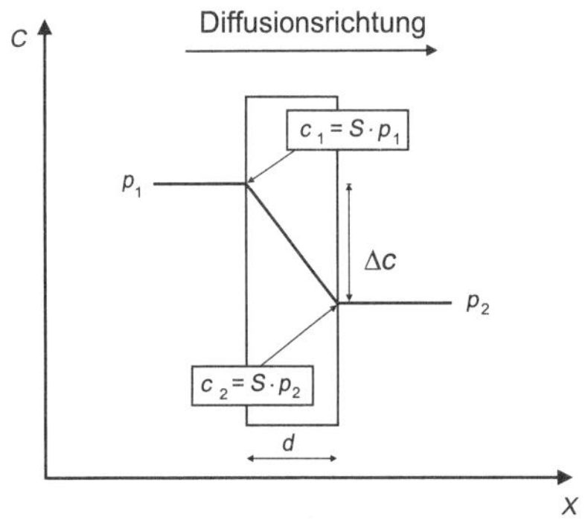

BILD 14.3 Konzentrationsverlauf in einer Kunststoffbarriere

aufbauen, so dass folgende Vereinfachung zulässig ist:

$$\frac{\mathrm{d}c}{\mathrm{d}x} = \frac{\Delta c}{d} = konst. \Rightarrow c(x) = c_1 + \frac{c_2 - c_1}{d} \cdot x \tag{14.3}$$

Die gewählten Randbedingungen sind in Bild 14.3 illustriert.

Die Konzentrationen c_1 und c_2 stellen sich dann jeweils entsprechend dem Henry'schen Gesetz ein, das jedoch nur im Falle des Lösunggleichgewichts angewendet werden darf. Ein Gleichgewichtszustand ist erreicht, sobald die Zahl der absorbierten Gasmoleküle identisch mit der Zahl der desorbierten Moleküle ist. Bei konstanten äußeren Partialdrücken ändert sich dieser Zustand zeitlich nicht mehr: Es ist ein *stationärer Permeationszustand* erreicht. Aus den Gl. 14.2 und 14.3 folgt dann unmittelbar:

stationäre Permeation

$$\dot{q} = P \cdot A \cdot \frac{\Delta p}{d} \tag{14.4}$$

Permeationskoeffizient

Mit $\Delta p = \Delta c / S$ und der Definition des Permeationskoeffizienten $P = D \cdot S$. Der Permeationskoeffizient ist gemäß seiner Definition ebenfalls bestimmt durch die Kombination aus Polymer und Permeant. Dies zeigt bereits Bild 14.3 anschaulich.

Gleichung 14.4 bietet nun sofort die Möglichkeit, über die Messung des Volumenstromes eines Mediums durch die Barriere bei definierter Druckdifferenz, bekannter Permeationsfläche A und Barrieredicke d den Permeationskoeffizienten P zu bestimmen. Man beachte: P ist für homogene Barrieren eine von der Barrieredicke unabhängige Größe, also eine Materialeigenschaft. Die SI-Einheit des Permeationskoeffizienten ist:

$$[P] = \frac{\mathrm{m}^2}{\mathrm{s} \cdot \mathrm{Pa}} \tag{14.5a}$$

Häufig werden auch abweichende Einheiten gewählt, die in ihren Größenordnungen praktikabler bzw. den Messbedingungen angepasst sind:

$$\text{für Gase: } [P] = \frac{\mathrm{cm}^3 \cdot \mu\mathrm{m}}{\mathrm{m}^2 \cdot \mathrm{Tag} \cdot \mathrm{bar}}; \quad \text{für Wasserdampf: } [P] = \frac{\mathrm{g} \cdot \mu\mathrm{m}}{\mathrm{m}^2 \cdot \mathrm{Tag}} \tag{14.5b}$$

Es ist zu berücksichtigen, dass bei einer relativen Feuchtedifferenz von 85 % zu 0 % 1 g Wasserdampf einem relativen Dampfvolumen von ca. 60.000 cm^3/bar entspricht. Die auf das Permeantenvolumen bezogene Durchlässigkeit von Kunststoffen ist für Wasserdampf daher um einige Größenordnungen höher als beispielsweise für Sauerstoff.

Zur Beschreibung der Permeationseigenschaften wird auch die Durchlässigkeit oder *Permeabilität* Π einer Barriere verwendet:

Permeabilität

$$\Pi = \frac{P}{d} \tag{14.6}$$

HINWEIS: Die Permeabilität Π ist die Größe, die unmittelbar Auskunft darüber gibt, welches Volumen eines Permeanten eine Barriere der Dicke d und der Fläche 1 m² pro Tag durchdringt, wenn an den beiden Grenzflächen der Barriere eine Partialdruckdifferenz von 1 bar besteht.

Nach Gl. 14.4 permeiert durch eine Fläche von 1 m^2 einer 40 µm dicke LD-PE-Folie im Laufe eines Tages ein Sauerstoffvolumen von ca. 35 cm^3, wenn die Druckdifferenz zwischen den beiden Seiten der Folie konstant 0,5 bar beträgt. Dagegen erhält man unter Verwendung einer 12 µm dicken PET-Folie einen Volumenstrom von nur 3,5 cm^3/Tag. Selbst unter Einsparung eines Materialvolumens von 70 % erreicht man ein um den Faktor 10 besseres Ergebnis. Dies zeigt die Bedeutung der richtigen Werkstoffauswahl.

Beispiel: Permeationskoeffizient und Permeabilität

14.3 Temperaturabhängigkeit des Stofftransports

Diffusion und Sorption sind wärmeaktivierte Prozesse. Die Temperaturabhängigkeit der Diffusion basiert darauf, dass bei höherer Temperatur einerseits die Molekülkettensegmente des Polymers zu stärkeren Schwingungsbewegungen neigen, so dass das „Springen“ diffundierender Moleküle zwischen inter- und intramolekularen Bereichen des Polymers wahrscheinlicher wird. Das diffundierende Molekül benötigt dann weniger kinetische Energie, um ausreichend große Zwischenräume zu erzeugen und die Polymerketten zu passieren. Andererseits erhält natürlich auch das diffundierende Molekül selbst eine höhere thermische Energie, so dass dessen stärkere Eigenbewegungen ebenfalls den Ortswechsel beschleunigen.

wärmeaktivierte Prozesse

Zur physikalischen Beschreibung dieser Abhängigkeiten definiert man eine *Aktivierungsenergie* E_D der Diffusion, die den Energiebetrag beschreibt, den ein Mol Gasteilchen benötigt, um zwischen zwei Freiräumen der Polymerstruktur zu springen. E_D wird über einen bestimmten Bereich temperaturunabhängig angenommen. Das temperaturabhängige Verhalten des *Diffusionskoeffizienten* kann dann durch einen Arrheniusansatz beschrieben werden:

Aktivierungsenergie

Diffusionskoeffizient

$$D(T) = D_0 \cdot e^{-\frac{E_D}{RT}} \tag{14.7}$$

(Mit E_D Aktivierungsenergie der Diffusion in J/mol, R allgemeine Gaskonstante = 8,314 J/(mol K), D_0 Diffusionskonstante (abh. von der Polymer/Permeant-Kombination, aber temperaturunabhängig), T Temperatur in Kelvin (K).) Da E_D aus anschaulichen Gründen grundsätzlich positiv ist, wächst der Diffusionskoeffizient $D(T)$ mit steigender Temperatur.

Für das Verhalten der Löslichkeit S ergibt sich eine ähnliche Beschreibung. Der Löslichkeitskoeffizient wird im Wesentlichen durch zwei Prozesse bestimmt: der exothermen Kondensation des Gases und dem endothermen Mischungsprozess des Gases mit dem Polymer. Die Bilanz beider Prozesse wird in der Lösungsenthalpie ΔH_S zusammengefasst. ΔH_S kann abhängig von der Polymer-Gas-Kombination positiv oder negativ sein. In Ähnlichkeit zur Beschreibung der Diffusion lässt sich das Verhalten des Löslichkeitskoeffizienten unter Temperaturvariation durch

Lösungsenthalpie

$$S(T) = S_0 \cdot e^{-\frac{\Delta H_s}{RT}} \tag{14.8}$$

beschreiben. Aus den Gl. 14.7 und 14.8 folgt nun unter Berücksichtigung der Definition der Permeationskoeffizienten unmittelbar dessen temperaturabhängiges Verhalten:

$$P(T) = P_0 \cdot e^{-\frac{E_P}{RT}} \tag{14.9}$$

Aktivierungsenergie der Permeation

mit $P_0 = D_0 \cdot S_0$ und der Aktivierungsenergie der Permeation $E_P = E_D + \Delta H_S$.

Bild 14.4 links zeigt das Verhalten des Permeationskoeffizienten über der Temperatur am Beispiel der Messergebnisse einer 12 µm dicken PET-Folie. Das exponentielle Verhalten ist ansatzweise zu erkennen. Die hohe Sensibilität für die Umgebungstemperatur zeigt, dass Permeationsangaben ohne Temperaturangaben wenig sinnvoll sind. Überschlägig verdoppelt sich in diesem Beispiel der Permeationskoeffizient bei einer Erhöhung der Temperatur um 20 °C. Das rechte Teilbild zeigt die gleiche Funktion in der häufig benutz-

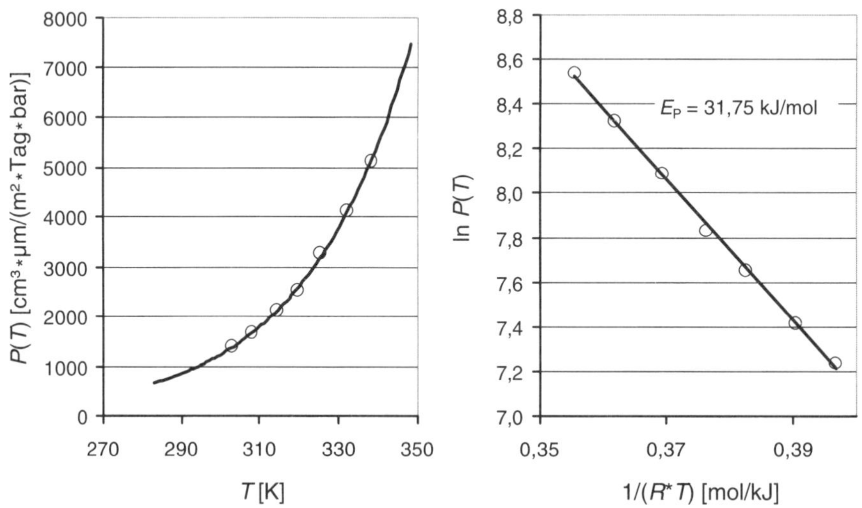

BILD 14.4 Temperaturabhängiger Verlauf der Permeation durch eine 12 µm-PET-Folie

ten Arrheniusauftragung (logarithmische Auftragung über $1/T$). Der weitgehend lineare Verlauf belegt den exponentiellen Verlauf von $P(T)$ und zeigt darüber hinaus, dass es in diesem Falle für den betrachteten Temperaturbereich zulässig ist, E_P als konstant anzusehen. (Dies kann nicht grundsätzlich vorausgesetzt werden.) Aus der Steigung der Geraden kann direkt auf die Energie E_P geschlossen werden. Zudem kann mit Gl. 14.6 die erforderliche Dicke der Folie berechnet werden, um eine gewünschte Sauerstoffdurchlässigkeit zu erreichen.

Arrhenius-auftragung

In Bild 14.5 ist die Wasserdampfpermeation für verschiedene Polymere über der Temperatur aufgezeigt. Aus den unterschiedlichen Steigungen kann auf unterschiedliche Aktivierungsenergien geschlossen werden. Grundsätzlich ist es möglich, dass sich zwei Geraden schneiden (siehe PE und PVC). Gegebenenfalls muss man beachten, in welchem Bereich man die Anwendung zu erwarten hat und dann den Werkstoff wählen, der besser geeignet ist.

HINWEIS: Daraus folgt, dass ein Polymer, welches bei niedrigen Temperaturen gute Permeationseigenschaften aufweist, nicht zwingend diese Eigenschaften auch bei hohen Temperaturen zeigt. ■

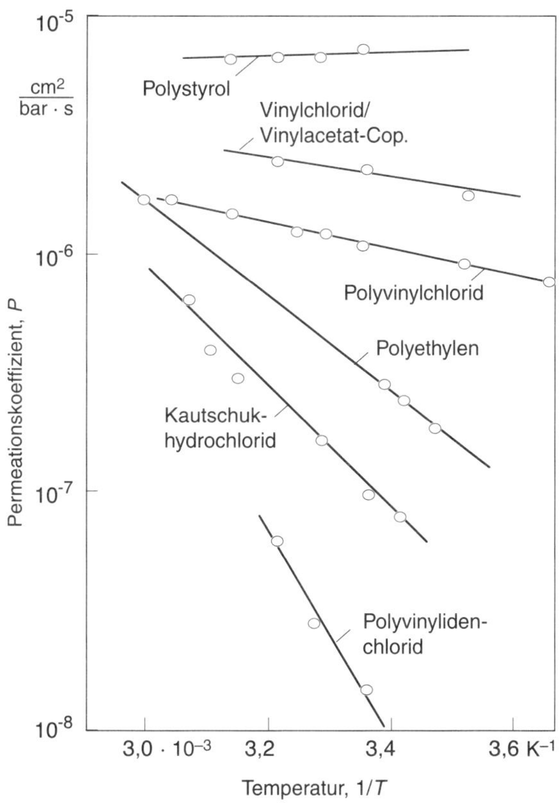

BILD 14.5 Arrheniusauftragung des Wasserdampfpermeationskoeffizienten verschiedener Polymere (nach *Knappe*)

Gültigkeitsbereich

Die Gl. 14.7 bis 14.9 dienen der Beschreibung eines idealisierten Permeationsmodells, in dem Wechselwirkungen des Permeanten mit dem Polymer nicht berücksichtigt werden. Betrachtet man dagegen z. B. die Permeation organischer Dämpfe durch polymere Membransysteme, so werden die Verhältnisse bedeutend komplexer. Hierzu sind beispielsweise eingehende Betrachtungen der Lösungsenthalpie unumgänglich, die hier jedoch nicht behandelt werden können. Ausführliche Informationen hierzu sind in der Literatur zu finden (siehe z. B. van Krevelen). Die Gl. 14.7 bis 14.9 zeigen mit Ausnahme der Barrieredicke lediglich die Abhängigkeit der Permeation von äußeren Parametern wie Partialdruck oder Temperatur. Die Polymer- und Permeanteneigenschaften gehen durch die Aktivierungsenergien in die Gleichungen ein.

14.4 Permeationsbestimmende Eigenschaften der Polymere

Die innere Struktur der Polymere, die großenteils auch durch den Verarbeitungsprozess beeinflusst ist, bestimmt maßgeblich die Permeationseigenschaften. Darüber hinaus können übergreifend auch den Polymergruppen bestimmte Eigenschaften zugewiesen werden. Aufgrund ihrer molekularen Struktur und den darauf beruhenden Eigenschaften von Polymeren werden Thermoplaste, Elastomere und Duroplaste unterschieden. Da Permeation als molekularer Prozess betrachtet werden kann, sind für diese Polymergruppen grundsätzlich unterschiedliche Permeationseigenschaften zu erwarten.

14.4.1 Elastomere

leichte Vernetzung

Bei Elastomeren sind die verschlauften Molekülketten an einigen Stellen durch chemische Bindungen fixiert. Elastomere besitzen genügend große Zwischenräume, die die Permeation von Fremdmolekülen gestatten.

14.4.2 Duroplaste

starke Vernetzung

Wirkung von Füllstoffen

Die Vernetzung ist hier gegenüber den Elastomeren so stark ausgebildet, dass auch unter Wärmeeinfluss nur sehr kleine molekulare Zwischenräume vorhanden sind, so dass die Permeationskoeffizienten dieser gehärteten Formmassen meist niedrig sind. Allerdings werden Duroplasten sehr häufig große Mengen an Füllstoffen zugegeben, die die Permeationseigenschaften zum einen durch ihre intrinsische Eigenschaften, zum anderen aber auch durch die Art der Ausbildung der Phasengrenze zur Duroplastmatrix stark verändern können.

14.4.3 Thermoplaste

Thermoplaste bestehen aus Molekülketten, die ineinander verschlauft sind. Im Schmelzezustand führen die Molekülketten Bewegungen aus, die mit sinkender Temperatur in ihrer Ausprägung abnehmen. Bei Erreichen der Einfriertemperatur kommen diese Bewegungen zum Erliegen und das Material wird formbeständig. Nach Unterschreiten der Einfriertemperatur schwingen lediglich die einzelnen Atome um ihre Ruhelage an der Molekülkette. Mit diesen Änderungen des Stoffzustandes ändert sich die Permeation in hohem Masse.

Permeation durch molekulare Zwischenräume

14.4.3.1 Kristallinität

Die kristalline Phase in teilkristallinen Thermoplasten hat eine besonders große Bedeutung für die Permeationseigenschaften.

HINWEIS: Im Allgemeinen kann davon ausgegangen werden, dass durch die kristallinen Bereiche hoher Ordnung und enger molekularer Packung kaum Permeation stattfindet.

Ein teilkristalliner Kunststoff kann demzufolge näherungsweise als Zweiphasensystem betrachtet werden, bei dem die Permeation lediglich durch die amorphe Phase stattfindet. Die Auswirkung des Kristallinitätsgrades α auf die Löslichkeit kann durch:

$$S = (1-\alpha)\cdot S^a \qquad (14.10)$$

beschrieben werden, wobei α der kristalline Volumenanteil und S^a die Löslichkeit des vollkommen amorphen Polymers ist. Ein Gas wird somit nur in den amorphen Anteilen gelöst. Dies ist der erste Faktor, der die Permeation mindert. Ähnliches gilt jedoch auch für den Diffusionskoeffizienten. Die gelösten Gasmoleküle müssen die kristallinen Phasen umgehen, da sie dort nicht gelöst werden können. Die Diffusionswege werden bedeutend länger. Die Beschreibung kann durch die Einführung zweier Werkstoffparameter erfolgen:

Kristallinität beeinflusst Löslichkeit und Diffusion

$$D = \frac{D^a}{\tau \cdot \beta} \qquad (14.11a)$$

Dabei ist D^a der Diffusionskoeffizient des amorphen Polymers. τ stellt den geometrischen Anpassungsfaktor dar, der z. B. für die verlängerten Diffusionswege steht. Der Faktor β trägt der zunehmenden Unbeweglichkeit der Polymerketten Rechnung. Beide Faktoren müssen experimentell bestimmt werden.

HINWEIS: Im Allgemeinen kann durch eine Erhöhung der Kristallinität die Permeabilität eines Polymers deutlich gemindert werden.

Überschlägig kann auch anstatt Gl. 14.11a vereinfachend eine Analogie zu Gl. 14.10 benutzt werden:

$$D = (1-\alpha)\cdot D^{a} \qquad (14.11b)$$

Bild 14.6 zeigt die Arrheniusauftragung des Permeationskoeffizienten für die Stickstoffpermeation durch Polyethylenfolien gleichen Typs, jedoch verschiedener Dichte. Die zunehmende Dichte korreliert mit einem zunehmenden Kristallisationsgrad. Dies wirkt sich deutlich auf die Permeation aus. Auffällig ist der lineare Verlauf der einzelnen Kurven, die auf eine konstante Aktivierungsenergie der Permeation hinweisen. Es ändert sich jeweils nur der Schnittpunkt mit der Ordinate, der nach Gl. 14.9 durch P_0 bestimmt wird. Das zeigt, dass die Gl. 14.11a und 14.11b gültig sind.

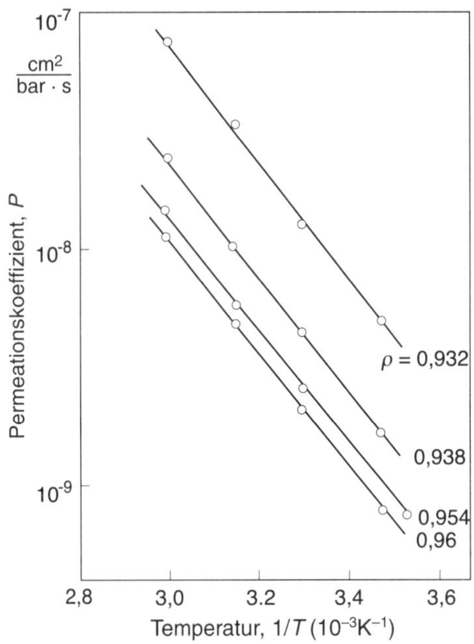

BILD 14.6 Permeation von Stickstoff durch Polyethylenfolien verschiedener Dichte in Abhängigkeit von der Temperatur (nach *Knappe*)

14.4.3.2 Orientierung der Polymerketten

Die im Normalzustand verschlauften Molekülketten eines Thermoplasts können durch Verstrecken teilweise orientiert werden. Dadurch entstehen in der Tendenz linear nebeneinander liegende Molekülketten, deren Zwischenräume deutlich kleiner sind und gelöste Moleküle in ihrer Diffusionsbewegung einschränken. Tatsächlich lassen sich Thermoplaste durch biaxiales Verstrecken hinsichtlich ihrer Permeationseigenschaften deutlich verbessern. Bei PET kommt noch zusätzlich hinzu, dass bei der Verstreckung die ebenen Phenolringe senkrecht zur Diffusionsrichtung der permeierenden Gasmoleküle (also parallel zur Membranoberfläche) ausgerichtet werden. PET ist auch dank dieser Eigenschaft unangefochten der wichtigste Werkstoff zur Herstellung von Getränkeflaschen.

14.5 Abschätzung permeationsbestimmender Koeffizienten

Für eine Werkstoffvorauswahl sowie die Formteilauslegung kann es je nach Anwendungsfall sehr nützlich sein, die Permeationseigenschaften im Voraus zu berechnen. Dem steht allerdings entgegen, dass eine große Anzahl an Werkstoff- und Verarbeitungseigenschaften Einfluss auf die molekulare Struktur nehmen. Es ist sicherlich nicht möglich, alle diese Eigenschaften in eine Vorausberechnung der Permeation einzubeziehen - insbesondere, weil die Auswirkungen auf den Stofftransport nicht exakt bekannt und nicht geschlossen darstellbar sind. An dieser Stelle ist es sinnvoll, zur Approximation der Permeationseigenschaften auf experimentelle Daten zurückzugreifen. Die im Folgenden dargestellte, rein empirische Methode erlaubt die Abschätzung der die Permeation bestimmenden Koeffizienten.

14.5.1 Löslichkeitskoeffizient

Bild 14.7 zeigt am Beispiel von Naturkautschuk, dass offenbar ein Zusammenhang zwischen den Löslichkeitskoeffizienten verschiedener Gase und Dämpfe und deren Siedetemperatur T_S oder wahlweise der kritischen Temperatur T_{kr} besteht. Aus den empirischen Daten des Diagramms liest man ab:

Siedetemperatur

kritische Temperatur

$$\log S\,(298\,\mathrm{K}) = -2{,}1 + 0{,}0123\,T_S \qquad (14.12a)$$

$$\log S\,(298\,\mathrm{K}) = -2{,}1 + 0{,}0074\,T_{kr} \qquad (14.12b)$$

Diese Gleichungen können für wenig polare Elastomere sowie allgemein für amorphe Polymere als erste Abschätzung benutzt werden.

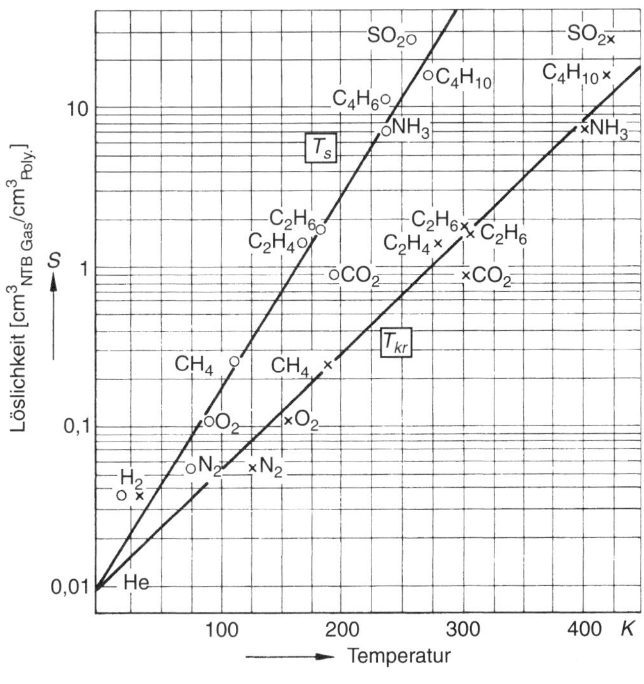

BILD 14.7 Löslichkeitskoeffizient S von Gasen in Naturkautschuk in Abhängigkeit von T_S und T_{kr} bei 25 °C (nach *van Krevelen*)

14.5.2 Diffusionskoeffizient

effektiver Moleküldurchmesser

Eine typische, den Diffusionskoeffizienten bestimmende Eigenschaft eines diffundierenden Gases ist dessen Wirkungsquerschnitt, der im Wesentlichen durch den effektiven Moleküldurchmesser σ bestimmt wird. Es ist anschaulich nachvollziehbar, dass größere Gasmoleküle auch größere intermolekulare Zwischenräume im Polymer erzeugen müssen, um zwischen zwei „Löchern" weiter zu springen. Die Aktivierungsenergie der Diffusion sollte demzufolge monoton im Moleküldurchmesser steigen. Experimentelle Daten zeigen, dass die Aktivierungsenergie der Diffusion $E_D \sim \sigma^k$ ist, wobei $k \approx 2$ eine gute Näherung darstellt. Tabelle 14.3 enthält Werte einiger effektiver Gasmoleküldurchmesser. Die beiden rechten Spalten zeigen relative Werte des jeweiligen Gases bezogen auf Stickstoff, wie sie weiter unten benötigt werden. Unter der Annahme, dass $E_D \sim \sigma^2$ ist, lässt sich bei bekanntem $E_D(N_2)$ mit Gl. 14.7 der Diffusionskoeffizient für ein anderes Gas bestimmen. Der noch unbekannte Koeffizient D_0 in Gl. 14.7 wird nach der empirisch ermittelten Formel

$$D_0 = 10^{\left(\frac{E_D}{R \cdot 10^3\ Kelvin} - \lambda\right)} \cdot \frac{\text{cm}^2}{\text{s}} \tag{14.13a}$$

TABELLE 14.1 Eigenschaften wichtiger Gase (nach *van Krevelen*)

Moleküle (Gas)	d nm	V_{kr} cm³	T_S K	T_{kr} K	$\left(\frac{dN_2}{dx}\right)$	$\left(\frac{dN_2}{dx}\right)^2$
He	0,255	58	4,3	5,3	0,67	
H_2O	eff. 0,37	56	373	647	0,97	0,94
H_2	0,281	65	20	33	0,74	0,55
Nc	0,282	(42)	27	44,5	0,74	0,55
NH_3	0,290	72,5	240	406	0,76	0,58
O_2	0,347	74	90	155	0,91	0,83
Ar	0,354	75	87,5	151	0,93	0,86
CH_3OH	0,363	118	338	513	0,96	0,92
Kr	0,366	92	121	209	0,96	0,93
CO	0,369	93	82	133	0,97	0,94
CH_4	0,376	99,5	112	191	0,99	0,97
N_2	0,380	90	77	126	1,0	1,0
CO_2	(0,38)	94	195	304	1,0	1,0
Xe	0,405	119	164	290	1,06	1,14
SO_2	0,411	122	263	431	1,08	1,17
C_2H_4	0,416	124	175	283	1,09	1,20
CH_3Cl	0,418	143	249	416	1,10	1,21
C_2H_6	0,444	148	185	305	1,17	1,37
CH_2Cl_2	0,490	193	313	510	1,28	1,67
C_3H_8	0,512	200	231	370	1,34	1,82
C_6H_6	0,535	260	353	562	1,41	1,98

berechnet. Diese Gleichung ist eine gute Näherung, wenn für kautschukartige Polymere $\lambda = 4$ und für amorphe Kunststoffe im glasartigen Zustand $\lambda = 5$ gewählt wird.

Durch Einsetzen von Gl. 14.13a in Gl. 14.7 folgt:

$$D(T) = \mathrm{e}^{-\frac{E_D}{\mathrm{R}}\left(\frac{1}{T}-\frac{1}{T_R}\right)^{-2,3\cdot\lambda}} \cdot \frac{\mathrm{cm}^2}{\mathrm{s}} \quad \text{mit} \quad T_R = 435\ \mathrm{K} \tag{14.13b}$$

T_R ist dabei eine Referenztemperatur, deren Wert keine unmittelbare physikalische Bedeutung zugeordnet werden kann.

Zur Abschätzung des Diffusionskoeffizienten aus der obigen Gleichung fehlt noch die Aktivierungsenergie E_D, die die spezifischen Eigenschaften von Polymer und diffundierendem Gas für den Diffusionsvorgang beschreibt. Auch hier werden empirische Daten herangezogen. Wie zu Eingang dieses Abschnitts dargestellt, berücksichtigt man die Eigenschaften des Gases, indem eine quadratische Korrelation der Aktivierungsenergie mit dem Wirkungsquerschnitt der Moleküle angenommen wird. Betrachtet man in Anlehnung an Tabelle 14.1 die Größe $\{\sigma(N_2)/\sigma(\text{Molekül})\}^2 \cdot \{E_D/\mathrm{R}\}$ für verschiedene Polymere, so zeigt sich eine auffällige Tendenz in Abhängigkeit der Glasübergangstemperatur T_g der Polymere. Bild 14.8 zeigt diese Tendenz für verschiedene Polymertypen. Mit Hilfe von Bild 14.8 kann nun der Diffusionskoeffizient abgeschätzt werden, wenn der Wirkungsquerschnitt des Gasmoleküls bekannt ist.

Dieser Vorgang wird am Beispiel der Diffusion von Sauerstoff in Polyvinylacetat bei Raumtemperatur im kautschukelastischen Zustand (Nr. 10 in Bild 14.8) dargestellt:

I: Sofern nicht bekannt, entnimmt man Bild 14.8 für Polyvinylacetat eine Glastemperatur von $T_g = 303$ K. Beispiel

II: Aus Bild 14.8 entnimmt man die Aktivierungsenergie als den Ordinatenwert:

$$\left(\frac{\sigma(N_2)}{\sigma(O_2)}\right)^2 \cdot \frac{E_D}{\mathrm{R}} = 7{,}8 \cdot 10^3\ \mathrm{K} \tag{14.13c}$$

sowie aus Tabelle 14.1 die Werte für den Durchmesser des Stickstoffmoleküls $\sigma(N_2)$ = 0,380 nm und den Durchmesser des diffundierenden Mediums (O_2): $\sigma(O_2) = 0{,}347$ nm.

Daraus errechnet sich die Aktivierungsenergie der Diffusion:

$$\frac{E_D}{\mathrm{R}} = \left(\frac{0{,}347}{0{,}380}\right)^2 \cdot 7{,}8 \cdot 10^3 = 6500\ \mathrm{K} \quad \text{mit} \quad E_D = 54\,\mathrm{kJ\ mol^{-1}} \tag{14.13d}$$

III: Mit Gl. 14.13b folgt dann:

$$D(298\ \mathrm{K}) = 1{,}1 \cdot 10^{-7}\ \mathrm{cm^2\ s^{-1}} \tag{14.13e}$$

Ebenso hätte man bei der Berechnung einen Glaszustand des Polyvinylacetats (Nr. 12) annehmen können, und hätte bei der Abschätzung einen um den Faktor 3 geringeren Diffusionskoeffizienten ermittelt. Weiterhin können bei teilkristallinen Polymeren ebenso die kristallinen Bereiche gemäß Gl. 14.11b berücksichtigt werden. Dann wird lediglich mit dem amorphen Volumenanteil gerechnet.

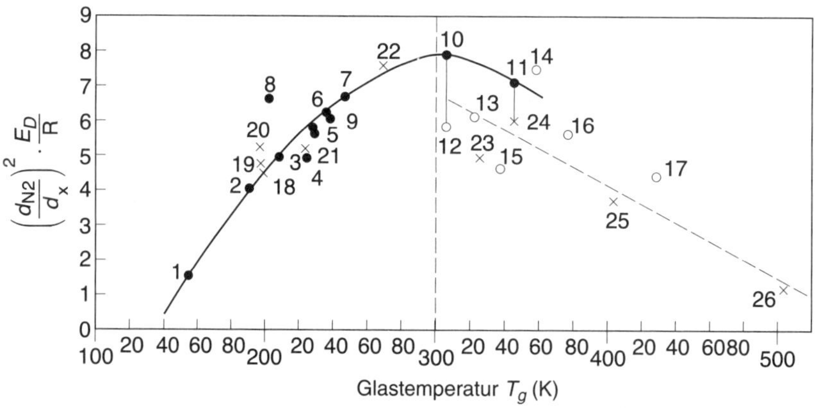

Glasübergangstemperatur

BILD 14.8 Bestimmung der Aktivierungsenergie der Diffusion (E_D), bezogen auf den Wirkungsradius der Moleküle des diffundierenden Gases (vgl. Tabelle 14.1) in Abhängigkeit von der Glastemperatur des Polymerwerkstoffs (nach *van Krevelen*)
——— Kautschuke, - - - - - amorphe Kunststoffe, teilkristalline Kunststoffe

1	Silikonkautschuk	14	Polyvinylchlorid
2	Polybutadien	15	Polymethylmetacrylat
3	Naturkautschuk	16	Polystyrol
4	Butadien/Acrylnitril K 80/20	17	Polycarbonat
5	Butadien/Acrylnitril K 73/27	18	Polyethylen hoher Dichte
6	Butadien/Acrylnitril K 68/32	19	Polyethylen niedriger Dichte
7	Butadien/Acrylnitril K 61/39	20	Polyoxymethylen
8	Butylkautschuk	21	Guttapercha
9	Polyurethankautschuk	22	Polypropylen
10	Polyvinylacetat	23	Polychlorotrifluorethylen
11	Polyethylenterephthalat	24	Polyethylenterephthalat
12	Polyvinylacetat	25	Polytetrafluorethylen
13	Vinylchlorid/Vinylacetat-Cop.	26	Poly(2,6-diphenylphenylenoxid)

Für inerte Gase zeigt sich eine gute Übereinstimmung mit dem abgeschätzten Verhalten. Bei der Permeation von Dämpfen ist das Verhalten komplizierter, worauf in Abschnitt 14.7 eingegangen wird.

14.6 Messung von Permeationsgrößen

HINWEIS: Wichtige Normvorschriften zur Erfassung von Permeationskoeffizienten sind für Wasserdampf DIN 53122, ASTM E 96 und ISO R 1195. Für die Messung von Gasdurchlässigkeiten sind die Normen DIN 53380, ASTM D 1434 und ISO 2556 von Bedeutung.

Für die Messung von Permeationseigenschaften gibt es eine Fülle von Messverfahren, die im Einzelfall den Geometrien der Testkörper, wie z. B. Kunststoffflaschen, angepasst werden können. Bei diesen Verfahren werden Volumen-, Gasdruck- oder Massendifferenzen messtechnisch erfasst und der physikalische Zusammenhang zu Sorptions- bzw. Diffusionskoeffizienten hergestellt. Weiterhin erweisen sich sog. Trägergasverfahren insbesondere dann als sehr geeignet, wenn sehr geringe Permeationsraten nachgewiesen werden müssen.

Messprinzipien

Bei der Messung von Permeationsraten haben Umgebungsbedingungen einen wichtigen Einfluss auf das Ergebnis. Neben der Konzentration des Permeanten (bzw. dessen Partialdruck) und der Umgebungstemperatur hat z. B. auch der Feuchtegehalt des permeierenden Gases und des Polymers eine starke Wirkung auf die Permeationsvorgänge.

Umgebungsbedingungen

HINWEIS: Diese und ähnliche Umgebungsgrößen sind grundsätzlich konstant zu halten bzw. zu erfassen, um die Interpretation der Ergebnisse zu erlauben und deren Übertragbarkeit zu gewährleisten. ■

14.6.1 Sorptionsmessverfahren

Zur Messung der Löslichkeit wird die Polymerprobe zunächst in eine Kammer gegeben, die anschließend evakuiert wird. In die Kammer wird zügig das zu sorbierende Gas zugeführt, bis ein festgelegter Gasdruck erreicht ist.

Messung durch Massezunahme

Grundsätzlich erfolgt die Bestimmung des Sorptionskoeffizienten dadurch, dass die Gewichtszunahme durch die Lösung des Gases im Polymer bestimmt wird. Allerdings gestaltet sich die Messwerterfassung aufgrund der geringen relativen Gewichtszunahme schwierig. Als Messverfahren mit ausreichender Auflösung erweist es sich günstiger, die Polymerprobe an eine Quarzspirale zu hängen, deren Längung durch die sorptionsbedingte Gewichtszunahme als Maß der gelösten Gasmasse interpretiert wird.

Noch eleganter und genauer ist die Methode der Druckerfassung in einer gasdichten Kammer. Indem Gasmoleküle aus der Gasphase allmählich im Polymer gelöst werden, sinkt der Druck in der Kammer, bis sich ein Sorptionsgleichgewicht einstellt:

Druckmessung

$$S = \frac{V_K - V_P}{V_P} \cdot \frac{p_a - p_e}{p_e} \cdot \frac{V_{mol}}{RT} \tag{14.14}$$

mit V_K, V_P = Kammer- bzw. Probenvolumen, p_a = Anfangsdruck, p_e = Enddruck im Gleichgewicht, V_{mol} = Molvolumen des Gases (22,4 m^3/kmol), R = allgemeine Gaskonstante (8,314 J/mol K = 8,314 m^3 10^{-5} bar/mol K).

Gleichung 14.14 gilt, solange das Gas als ideal betrachtet werden kann. Die Testanordnung ist demnach vorwiegend für geringe Gasdrücke auch nicht idealer Gase ($p \lesssim 1$ bar) geeignet.

Nach diesen Messverfahren können so genannte Sorptionskurven aufgenommen werden, in denen der Quotient aus der zeitabhängigen Konzentration des gelösten Gases $c(t)$ und der Sättigungskonzentration c_∞ über der Zeit aufgetragen wird (siehe Bild 14.9).

Sorptionskurven

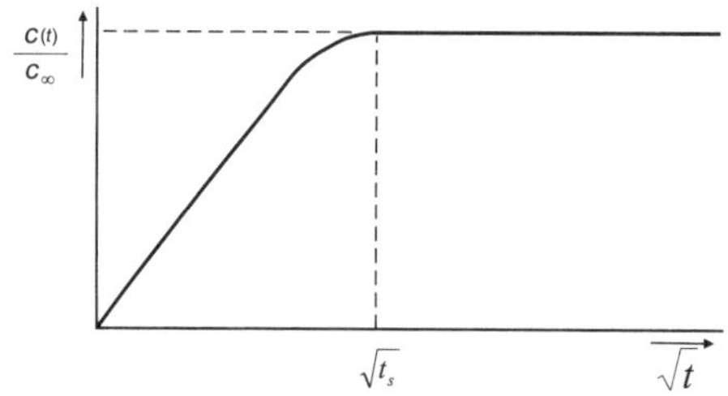

BILD 14.9 Schematische Darstellung des zeitlichen Verlaufs eines Lösungsvorgangs

Daraus wiederum lässt sich der Diffusionskoeffizient bestimmen. Für kleine Diffusionskonstanten gilt bei kurzen Zeiten ($t \ll t_s$) (ohne Herleitung):

$$D = \frac{\pi \cdot d^2}{16 \cdot t} \cdot \frac{c(t)}{c_\infty} \tag{14.15}$$

Dadurch kann mit diesem Verfahren indirekt auch der Permeationskoeffizient als Produkt aus Sorptions- und Diffusionskoeffizient gemessen werden.

In vielen Fällen ist es aber interessanter, die Permeationsrate durch eine Kunststoffbarriere direkt zu messen. Dies betrifft z. B. Verpackungsfolien, aber auch Getränkeflaschen aus Kunststoff oder Chemikalienbehälter, zu denen auch Automobilkraftstoffbehälter zählen. Für diese Anwendungen sind Messverfahren zur unmittelbaren Ermittlung des Permeationskoeffizienten, wie z. B. das Trägergasverfahren, von größerer Bedeutung.

14.6.2 Trägergasverfahren

Die Durchlässigkeit einer polymeren Barriere kann direkt durch die Bestimmung des Volumenstroms des permeierenden Gases pro Zeiteinheit gemessen werden. Bild 14.10 zeigt die typische Anordnung einer Messzelle für Kunststofffolien. Die Polymerfolie teilt eine Kammer in eine untere und eine obere Zone. Die untere Zone wird mit einem Trägergas (z. B. Stickstoff) gespült, während die obere Zone mit dem zu testenden Gas beaufschlagt wird. Messkammern dieser Art sind in der Regel temperierbar.

Ablauf der Messung

Ein Testzyklus läuft folgendermaßen ab: Zunächst werden sowohl der obere wie der untere Bereich mit dem Trägergas umspült. Dadurch werden eventuell noch im Polymer gelöste Gasmoleküle des Testmediums aus dem Film desorbiert. (Für eine Messung der Sauerstoffpermeation muss zunächst der Luftsauerstoff aus der Probe entfernt werden, der sich ggf. durch Lagerung des Probekörpers in Luft gelöst hat.) Nach ausreichend langer Zeit ist das Polymer frei von diesem Gas. Jetzt wird in den oberen Kammerteil das Testgas eingeleitet, so dass zunächst Ad-, Absorption und Diffusion stattfinden. An der unteren Grenzfläche werden nach einiger Zeit dorthin diffundierte Testgasmoleküle desorbiert, vom Trägergas aufgenommen und einem geeigneten Detektorsystem zugeführt. Der Detektor wandelt die Menge oder Konzentration des gelösten Testgases im Trägergas in eine elektrische Größe um.

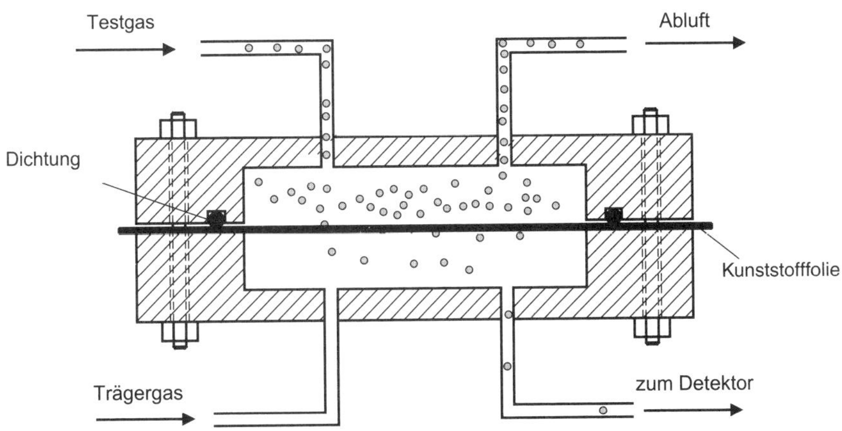

BILD 14.10 Messzelle für Permeationsmessung an Folien

Die durchgezogene Linie in Bild 14.11 zeigt den typischen Messschrieb einer Permeationsmessung nach diesem Verfahren. Zum Zeitpunkt 0 wird das Testgas in den oberen Kammerteil geleitet. Die Kurve lässt sich in zwei signifikante Bereiche zerlegen: Bereich I kennzeichnet die Phase, innerhalb der die Permeation noch nicht stationär ist. Auf der oberen Folienseite treten mehr Gasmoleküle in das Polymer ein als unten vom Trägergasstrom abgeführt werden. In dieser Phase sind die Gl. 14.1 und 14.4 bzw. 14.6 in der angegebenen Form nicht anwendbar. Erst in Phase II herrscht ein Permeationsgleichgewicht, das dadurch gekennzeichnet ist, dass der Volumenstrom pro Zeiteinheit konstant ist ($dq/dt = \text{const.}$). Aus Gl. 14.4 kann bei bekannter Foliendicke d und Messquerschnitt A nun der Permeationskoeffizient errechnet werden. Der Partialdruckunterschied des Testgases zwischen oberer und unterer Kammer beträgt $\Delta p = 1$ bar.

Permeationsgleichgewicht

Nachteil dieses Verfahrens ist, dass das durch das Testgas kontaminierte Trägergas einen medienspezifischen Sensor erfordert. Dies kann für Sauerstoff ein elektrochemischer Sensor, für Wasserdampf ein Infrarotsensor und für CO_2 oder Kohlenwasserstoffe z. B. ein Gaschromatograph sein. Des Weiteren muss das Trägergas so gewählt werden, dass es vom Sensor nicht detektiert wird. (Häufig kommt hochreiner Stickstoff zum Einsatz.) Äußerst vorteilhaft ist, dass der gesamte Permeationsvorgang bis zum Erreichen des Gleichgewichts beobachtet werden kann und sehr geringe Permeationsraten quantitativ gut bestimmt werden können.

Nachteil

Vorteil

14.6.2.1 Time lag-Methode

Das Trägergasverfahren bietet in der hier dargestellten Form unter Zuhilfenahme weiterer physikalisch-analytischer Methoden die Möglichkeit, über den Permeationskoeffizienten hinaus auch den Diffusionskoeffizienten zu bestimmen. Dies geschieht nach der so genannten Time lag-Methode. Dazu wird nach dem oben beschriebenen Testverfahren eine Permeationskurve bis zum Permeationsgleichgewicht aufgenommen (durchgezogene Linie in Bild 14.11). Diese Kurve wird numerisch integriert, so dass man nun eine Funktion über

Erfassung des Diffusionskoeffizienten

die gesamte, seit dem Zeitpunkt 0 permeiert Menge an Testgas erhält (gepunktete Linie in Bild 14.11). Der Bereich stationärer Permeation der Kurve wird nun in den Bereich des nicht stationären Zustandes (i. e. zu kleineren Zeiten) bis zum Schnittpunkt mit der Zeitachse extrapoliert. Dieser Zeitpunkt θ wird Verzögerungszeit (engl.: time lag) genannt.

Nach einigen Umformungen der *Fick'schen* Gesetze und weiteren Näherungen, die hier aufgrund deren Umfangs nicht dargestellt werden können, folgt eine einfache Korrelation, aus der der Diffusionskoeffizient berechnet werden kann:

$$D = \frac{d^2}{6 \cdot \theta} \tag{14.16}$$

mit d = Foliendicke, θ = Verzögerungszeitpunkt (time lag).

Gleichung 14.16 gilt im Wesentlichen unter den Annahmen, dass das Polymer anfangs gasfrei war, ein Lösungsgleichgewicht an der gaseingangsseitigen Polymeroberfläche besteht und an der abgangsseitigen Polymeroberfläche permanent eine Gaskonzentration von 0 herrscht. Diese Forderungen können durch die Messanordnung gewährleistet werden. Ferner gilt Gl. 14.16 nur, wenn der Diffusionskoeffizient nicht von der im Polymer gelösten Gaskonzentration abhängt ($D \neq f(c)$).

HINWEIS: Aus Gl. 14.16 darf nicht etwa geschlossen werden, dass der Diffusionskoeffizient $D \sim d_2$ ist, da sich mit zunehmender Dicke einer Folie ebenfalls der Verzögerungszeitpunkt ändern wird.

Ebenso ist zu beachten, dass die Verzögerungszeit nicht mit der Durchbruchzeit t_D gleichzusetzen ist. Letztere beschreibt das Eintreten der *Fick'schen* Diffusion, also der stationären Permeation (siehe Bild 14.11).

Der Verzögerungszeitpunkt θ liegt für handelsübliche Kunststofffolien von einigen 10 µm Dicke im Bereich von einigen Minuten. Gleichung 14.16 deutet an, dass mit wachsender Dicke der Barriere die Zeit bis zum Erreichen eines Permeationsgleichgewichts stark ansteigt.

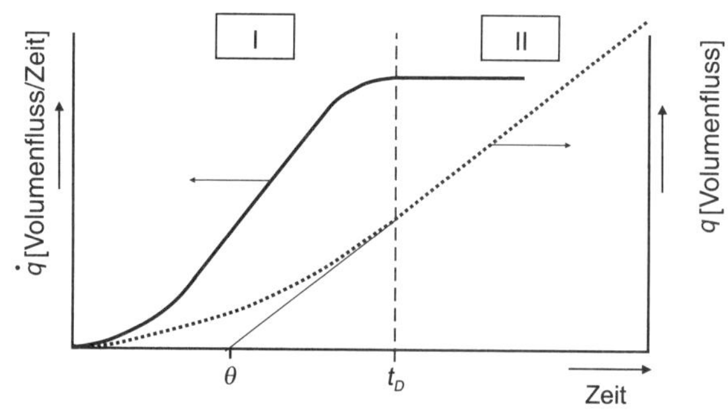

BILD 14.11 Messschrieb eines Permeationsmessgerätes (———) und dessen numerische Integration (.....................)

Bei der Permeationsmessung von Dämpfen wird im Prinzip die Messzellenanordung des Trägergasverfahrens verwendet. Dann wird in den unteren Kammerteil die organische flüssige Phase gefüllt, deren Dampfpermeation untersucht werden soll, und der obere Kammerteil wird mit dem Trägergas gespült.

Permeation von Dämpfen

Das Trägergasverfahren ist grundsätzlich geeignet, eine permeierende Stoffmenge zu bestimmen, selbst wenn das Henry'sche Gesetz und die Fick'schen Gesetze in der angegebenen Form nicht gelten, wie es bei der Permeation organischer Dämpfe häufig zutrifft. Der Rückschluss auf die Koeffizienten des Stofftransports ist dann nicht mehr nach den oben angegebenen einfachen Gesetzmäßigkeiten möglich.

14.7 Permeation von organischen Dämpfen durch Kunststoffe

Permeant/Polymer

Den bisherigen Betrachtungen lag die Annahme zu Grunde, dass es sich um Permeation einfacher, inerter Gase handelt, deren kritische Temperatur T_{kr} unterhalb den im Allgemeinen relevanten Einsatztemperaturen liegen (siehe Tabelle 14.1). Eine Kondensation der Gase ist in dem Temperaturbereich $T > T_{kr}$ auszuschließen. Diese Gase werden daher auch permanente Gase genannt, die eine geschlossene mathematische Beschreibung erlauben. Für viele organische Dämpfe sind diese Annahmen jedoch nicht mehr zutreffend, weil diese mit dem Polymer in Wechselwirkung treten. Dies führt bei hohen Konzentrationen bis zur Quellung des Polymeren. Solche Effekte sind auch bei Wasserdampf im Kontakt mit einigen Polymeren zu beobachten. Die entsprechende mathematische Beschreibung der Lösungs- und Diffusionsvorgänge wird dann schwierig, da die entsprechenden Koeffizienten konzentrationsabhängig werden: $S = S(c)$ und $D = D(c)$. Das Henry'sche Gesetz gilt in diesen Fällen nicht mehr. Die Messung des Stoffdurchgangs organischer Dämpfe kann aber dennoch nach dem oben dargestellten Trägergasverfahren geschehen; lediglich der Rückschluss auf die Werkstoffeigenschaften wie Permeations-, Diffusions- oder Sorptionskoeffizienten ist stark eingeschränkt. Dies soll an dem folgenden Beispiel deutlich werden:

Wechselwirkung

Zur weiteren mathematischen Beschreibung des Werkstoffverhaltens werden auch hier empirische Ansätze gemacht. Für den Diffusionskoeffizienten kann man einen phänomenologisch begründeten Ansatz wählen:

konzentrationsabhängiger Diffusionskoeffizient

$$D(c) = D_{c=0} \cdot e^{\gamma \cdot c} \tag{14.17}$$

Der Koeffizient γ ist eine jeweils zu bestimmende temperaturabhängige Größe, die mit steigender Umgebungstemperatur monoton fällt. Der Ansatz (Gl. 14.17) hat den Vorteil, dass $D_{c=0}$ mit dem konzentrationsunabhängigen Diffusionskoeffizienten $D(T)$ aus Gl. 14.7 gleichgesetzt werden kann, woraus folgt:

$$D(c,T) = D_0 \cdot e^{\frac{-E_{D,c=0}}{RT}} e^{\gamma \cdot c} \tag{14.18}$$

Mit einer neuen Definition der Aktivierungsenergie E_D lässt sich Gl. 14.18 wieder in die Struktur der Gl. 14.7 überführen:

$$E_D = E_{D,\,c=0} - R \cdot T \cdot \gamma \cdot c = E_D\,(c,T) \tag{14.19}$$

Daraus folgt:

HINWEIS: Die Konzentrationsabhängigkeit des Diffusionskoeffizienten von organischen Gasen in Polymeren, mit denen es reagiert, lässt sich auf eine Konzentrations- und Temperaturabhängigkeit der Aktivierungsenergie zurückführen. ■

Mit wachsender Konzentration des Permeanten sinkt die Aktivierungsenergie, die die Teilchen benötigen, um das molekulare Gefüge des Penetranten zu durchwandern. Der Diffusionsstrom steigt also mit wachsender Konzentration. Zusätzlich existiert eine linear fallende Temperaturabhängigkeit von E_D.

Eine einfache Korrelation der Aktivierungsenergie mit dem Wirkungsquerschnitt der Permeantenmoleküle, wie sie für einfache Gase angegeben werden kann, wird hier nicht gefunden. Für sehr niedrige Konzentrationen findet man jedoch unterhalb der Glastemperatur experimentell einen weitgehend linearen Zusammenhang zwischen E_D und dem Molvolumen des Permeanten.

Diese Darstellungen gelten lediglich für kleine, im Polymer gelöste Molekülkonzentrationen. Die theoretische Beschreibung wird insbesondere dann äußerst aufwändig, wenn die Permeation von Gemischen organischer Dämpfe – wie z. B. Benzin – betrachtet wird. Handelsübliches Benzin besteht aus einer Fülle organischer Komponenten, deren Anwesenheit jeweils die Permeation der anderen Komponenten signifikant beeinflussen kann.

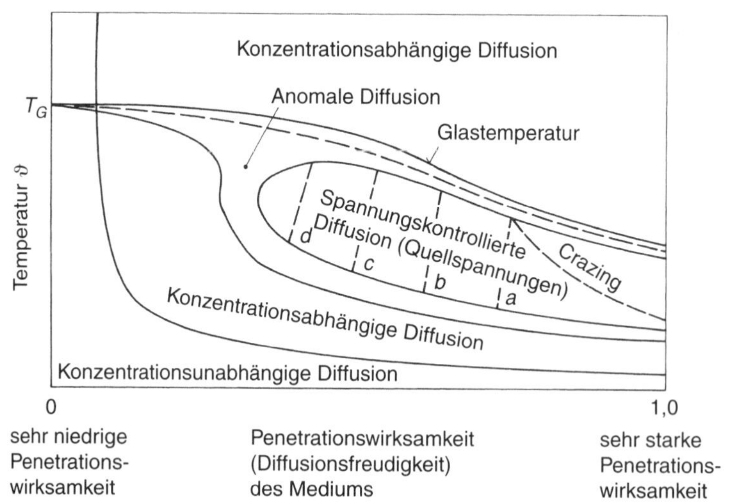

BILD 14.12 Schematische Konzentrationsabhängigkeit der Diffusion in amorphen Polymeren (qualitativ und schematisch nach *Frisch* und *Hopfenberg*); a, b, c, d: Linien gleicher Aktivierungsenergie

Für amorphe Polymere zeigt Bild 14.12 einen Überblick, in dem qualitativ alle beobachtbaren Phänomene der Polymer/Penetrant-Wechselwirkung skizziert sind. Hier werden Bereiche der konzentrationsabhängigen und -unabhängigen, der anomalen und der spannungskontrollierten Diffusion unterschieden.

Polymer/Penetrant-Wechselwirkung

Die einfach zu beschreibende konzentrationsunabhängige Diffusion ist nur bei niedrigen Temperaturen unter der Glastemperatur des Polymeren bzw. unabhängig von der Temperatur bei sehr niedriger Penetrationswirksamkeit (nach *Hopfenberg* und *Frisch*) vorhanden. Zu höheren Penetrationswirksamkeiten und Temperaturen sowie oberhalb der Glasübergangstemperatur wird der Diffusionsvorgang konzentrationsabhängig. Bei sehr hohen Penetrationswirksamkeiten entsteht eine stärkere Wechselwirkung zwischen Penetrant und Polymer, die unterhalb der Glastemperatur auch zu Spannungsrissen führen kann. Dazwischen befindet sich ein Übergangsbereich, den man als durch Quellspannungen kontrolliert bezeichnen kann.

14.7.1 Sorption und Diffusion von Wasser durch Kunststoffe

Aufgrund der starken Polarität des Wassermoleküls sowie aufgrund der Möglichkeit, Wasserstoffbrückenbindungen miteinander und mit Polymermolekülen einzugehen, weist die Permeation von Wasser einige Besonderheiten auf. In polaren Polymeren werden die Löslichkeit und die Diffusion im Gleichgewicht von Wechselwirkungen der Wassermoleküle mit funktionellen Gruppen der Polymerketten bestimmt. In weniger polaren Polymeren beobachtet man die Bildung von Wasseransammlungen an aktiven Zentren (Clustern). In diesem Zusammenhang werden Polymere unterschieden, die

- wasserstoffbindende Gruppen enthalten, wie Cellulose, Polyvinylalkohol und Polyamide,
- polare Gruppen enthalten,
- hydrophob sind, wie Polyolefine.

Hydrophobe Kunststoffe absorbieren (gemäß ihrer Bezeichnung) nur sehr geringe Mengen an Wasser. Hier gilt das Henry'sche Gesetz.

Löslichkeit

Je mehr polare Gruppen im Polymer vorhanden sind, umso mehr Anknüpfungspunkte werden den Wassermolekülen geboten. Allerdings besteht kein einfacher Zusammenhang zwischen der Dichte polarer Gruppen und der tatsächlich absorbierten Wassermenge, da der Zugänglichkeit dieser polaren Gruppen, die starken Bindungen zwischen Wassermolekülen und beispielsweise auch die Kristallinität dieser Tendenz entgegenwirken. Die Lösungsenthalpie der Wassermoleküle liegt im Bereich von 25 kJ/mol für unpolare und 40 kJ/mol für polare Polymere.

Diffusion

Neben den Lösungsvorgängen werden auch *Diffusionsvorgänge* von Wasser/Polymer-Wechselwirkungen geprägt. In Polymeren mit vielen wasserstoffbindenden Gruppen wächst die Diffusion mit dem Wassergehalt, da die lokalisierten Ankopplungspunkte für Wassermoleküle mehr und mehr gesättigt werden, und dadurch der Anteil mobiler Wassermoleküle in der Polymermatrix steigt. Als gute empirische Näherung kann für polare Polymere mit

$$\log D = \log D_{c=0} + 0{,}08c \tag{14.20}$$

gerechnet werden. Darin ist c der Wassergehalt in Gewichtsprozenten.

Bei Polymeren geringerer Polarität nimmt die Diffusion mit steigendem Wassergehalt ab. Dies wird häufig durch die Bildung von Clustern erklärt, die die Beweglichkeit vieler Wassermoleküle in der Polymermatrix einschränken. Die Abhängigkeit der Diffusionskonstante vom Wassergehalt kann hier durch

$$\log D = \log D_{c=0} - 0{,}08c \qquad (14.21)$$

abgeschätzt werden.

Die Diffusion von Wasser zeigt in hydrophoben Polymeren keine signifikante Abhängigkeit von dem ohnehin geringen Wassergehalt. Hier kann die Diffusion von Wasser mit den Gesetzmäßigkeiten beschrieben werden, die für ideale Gase gelten.

14.8 Maßnahmen zur Permeationsminderung

Barrieredicke

Kristallinität

Orientierungen

Die einfachste Methode zur Einflussnahme auf die Durchlässigkeit einer Kunststoffbarriere ist nach Gl. 14.6 die Variation der Barrieredicke *d*. Weiterhin lassen sich, wie in Abschnitt 14.4 angesprochen wurde, grundsätzlich durch die geeignete Wahl der Verarbeitungsparameter orientierte oder kristalline Bereiche in den Kunststoff einbringen, durch die die Permeationseigenschaften beeinflusst werden können. Typische Beispiele sind orientiertes PP (OPP), biaxial orientiertes PA (BOPA) oder PET mit einer mechanisch induzierten Kristallinität. Das dadurch für ein bestimmtes Polymer gegebene Potential zu Permeationsminderung reicht aber oftmals nicht aus.

Werkstoffauswahl

Die dann nächstliegende Methode zur Minimierung von Permeationsraten ist, einen neue Werkstoffauswahl zu treffen. Besteht die Forderung darin, die Sauerstoff- und Wasserdampfpermeabilität zu minimieren, so würde man aus Bild 14.1 LCP als den optimalen Werkstoff definieren. In der Praxis wird die Permeabilität jedoch sehr häufig als sekundäre Anforderung gestellt. Im Vordergrund stehen mechanische Anforderungen, wie Formbeständigkeit, Reißfestigkeit, Elastizität, Druckfestigkeit oder auch optische Eigenschaften wie Transparenz. Weitere Forderungen bestehen für Nahrungsmittelbehältnisse: Nur wenige Polymere sind für den Kontakt mit Lebensmitteln zugelassen. Zusätzlich kann durch die Applikation selbst ein bestimmtes Verarbeitungsverfahren von vornherein festgelegt sein, und nicht zuletzt spielen, vor allem bei Massenprodukten, auch die Rohstoffkosten eine entscheidende Rolle. Die Auswahl an Polymeren ist durch diese Kriterien stark eingeschränkt.

Typische Werkstoffe, die den oben genannten Primärforderungen z. Zt. weitgehend genügen, sind z. B. PE, PET, PP oder PS. Je nach Anwendung kommt es aber zu Konflikten mit deren Permeationseigenschaften.

Polymermodifikationen

Interessant sind in diesem Zusammenhang Modifikationen konventioneller Polymerwerkstoffe. So werden Polyamide mit Schichtsilikat versetzt, das senkrecht zur Diffusionsrichtung ausgerichtet wird. Durch die verlängerten Diffusionswege kann die Permeation deutlich gemindert werden (vgl. Bild 4.32). Mit Hilfe von Metallocen-Katalysatoren können Polymere wie PE, PP oder PS mit neuem Eigenschaftsprofil hergestellt werden. Sie enthalten gegenüber mit konventionellen Katalysatoren hergestellten Kunststoffen sehr viel geringere niedermolekulare Anteile. Für PP lässt sich so die Sauerstoffpermeabilität halbieren.

HINWEIS: Oftmals erreicht man zufriedenstellende und im Hinblick auf die Wirtschaftlichkeit gute Ergebnisse, indem verschiedene Polymere in mehrschichtigen Verbunden kombiniert werden.

14.8.1 Mehrschichtige Verbundsysteme

Bei diesen mehrkomponentigen Kunststoffsystemen werden auf die oben genannten konventionellen Polymere mit Hilfe verschiedener Verfahren vergleichbar dünne Schichten eines Hochbarrierewerkstoffs auf- bzw. eingebracht. Dadurch erreicht man, dass viele der oben genannten Primärforderungen auch durch den Mehrschichtverbund erfüllt werden. Die Herstellung mehrschichtiger Verbunde kann durch verschiedenste Methoden erreicht werden, deren Anwendbarkeit z. T. vom Verarbeitungsverfahren bestimmt werden. Als Sperrschicht gegen die Wasserdampfpermeation werden PE und PP, gegen die Sauerstoffpermeation PA eingesetzt. PVDC sperrt gut gegen die Permeation von Wasserdampf, Sauerstoff und Aromastoffen.

Der Permeationskoeffizient P eines mehrschichtigen Polymerverbunds kann überschlägig wie folgt berechnet werden:

$$\frac{1}{P} = \frac{1}{d} \sum_{i=1}^{i=n} \frac{d_i}{p_i} \tag{14.22}$$

Mit d Gesamtdicke des Laminats, d_i Dicke der i-ten Schicht, P_i Permeationskoeffizient der i-ten Schicht. Bild 14.13 verdeutlicht diesen Zusammenhang.

Aus Gl. 14.22 wird deutlich, dass der kleinste Permeationskoeffizient eines Schichtpartners die Permeationseigenschaften des gesamten Verbundes bestimmt.

HINWEIS: In ihrer Struktur zeigt Gl. 14.22 eine Analogie zur Reihenschaltung elektrischer Widerstände. Die Kehrwerte der einzelnen Leitwerte summieren sich zum Kehrwert des Gesamtleitwerts.

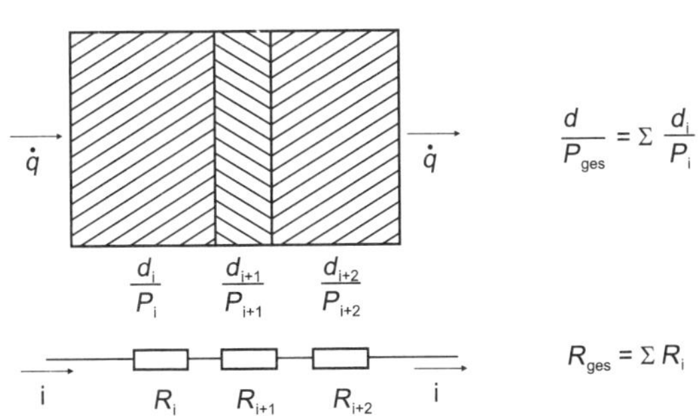

BILD 14.13 Permeation durch Schichtverbunde und Analogie zur Reihenschaltung elektrischer Widerstände

14.8.2 Anwendung bei Kunststoff-Folien

Für die Optimierung der Sperreigenschaften kommt bei Kunststoff-Folien eine Reihe von Verfahren zur Anwendung.

Coextrusion

Bei der Coextrusion wird das (in der Regel teuere) Hochbarrierematerial in ein konventionelles Trägermaterial eingebettet. Für Folien zur Verpackung von Lebensmitteln bietet dieses Verfahren den weiteren Vorteil, dass das eigentliche Barrierematerial nicht in direkten Kontakt mit dem Füllgut kommt. Als kostengünstige Trägermaterialien kommen dabei z. B. PE, PP oder auch PET zum Einsatz, während z. B. EVOH (vielfach gebrauchte Bezeichnung für das Ethylen-Vinylalkohol-Copolymer EVAL), PA, PVDC oder LCP als Hochbarrierewerkstoffe verwendet werden. Bei der Kombination PE/EVOH/PE hat das Trägermaterial selbst bereits eine gute Sperrwirkung gegen Wasserdampf und schützt damit das gegen Wasser empfindliche EVOH. EVOH übernimmt dann die Permeationsbarriere gegen Sauerstoff. Die Permeationswerte lassen sich durch die Dicke der Einzelschichten einstellen (Gl. 14.22). Häufig muss die mechanische Stabilität des Verbundes durch Haftvermittler gesichert werden, wodurch der Fertigungsaufwand steigt.

PVD-, CVD-Verfahren

Inzwischen weit verbreitet sind Verfahren zur Abscheidung dünner Schichten. Mit Hilfe von PVD- oder CVD-Verfahren (*P*hysical bzw. *C*hemical *V*apour *D*eposition) werden nur wenige 10 nm dünne organische, anorganische oder keramische Schichten auf handelsübliche Folien mittels Plasmapolymerisation aufgebracht. Ausgezeichnete Sperrwirkung zeigen SiO_x- und Al_2O_3-haltige Schichten. Deren geringe Durchlässigkeit verbessert die Sauerstoffbarriere einer Folie um den Faktor 100 und mehr. Vorteil dieser Verfahren ist, dass handelsübliches Folienmaterial nachträglich hinsichtlich der Permeationseigenschaften optimiert werden kann. Der Auftrag erfolgt im Durchlauf der fertig extrudierten Folie. Ein Eingriff in den Extrusionsprozess ist nicht erforderlich.

14.8.3 Anwendung bei Kunststoff-Rohren

Für Kunststoff-Rohre oder -Schläuche werden ähnliche Verfahren wie für Folien angewendet. Mehrschichtige Coextrudate dienen z. B. als Chemikalienleitung. Zusätzlich kommen

Vernetzung

auch Werkstoffe wie hochvernetztes PE zum Einsatz. Eine hohe Vernetzung gibt den Thermoplasten einen teilweise duroplastischen Charakter, der sich wie in Abschnitt 14.4 beschrieben, positiv auf die Barriereeigenschaften auswirkt. Die molekulare Vernetzung kann beispielsweise durch Korpuskularstrahlung induziert werden, gelingt aber nicht für alle Polymere und Anwendungen und beeinflusst auch deren mechanische Eigenschaften.

metallische Sperrschicht

In Fällen, in denen äußerst geringe Permeationsraten gefordert werden, wird in die Rohrwand eine metallische Schicht eingelegt.

14.8.4 Anwendung bei Kunststoff-Hohlkörpern

Typische Beispiele von Hohlkörpern, bei denen Permeation eine wichtige Rolle spielt, sind Getränkeflaschen und Kraftstofftanks aus Kunststoffen, für die PET bzw. PE als inzwischen etablierte Polymere eingesetzt werden.

PET-Flaschen

Bei PET-Flaschen werden spritzgegossene Vorformlinge in einem zweiten Verarbeitungsschritt streckgeblasen. Die dadurch eingebrachten Orientierungen und Kristallinitäten verbessern die Permeationseigenschaften jedoch nicht in dem Maße, in dem die Anforderungen an PET-Flaschen steigen. Speziell für Getränkeflaschen ergibt sich die Problematik der hohen CO_2-, O_2- und Aromastoffpermeabilität. Es werden hier einerseits Werkstoffe wie PEN bzw. Blends aus PET und PEN diskutiert, mit deren Hilfe die Durchlässigkeiten für die genannten Gase um einen Faktor 4 bis 5 reduziert werden können. Der hohe Rohstoffpreis des PEN setzt dem Einsatz aber wirtschaftliche Grenzen.

Ein weiterer Lösungsansatz liegt auch in diesem Fall in Verbundsystemen. So werden einerseits die Vorformlinge verfahrenstechnisch per Sandwichspritzguss hergestellt, bei dem eine PA- oder EVOH-Schicht in zwei PET-Schichten eingebettet wird. Ebenso wären LCP als Barriereschicht geeignet, jedoch aufgrund des trüben Erscheinungsbildes nur bedingt einsetzbar.

Innenbeschichtung

Andererseits gibt es Entwicklungen, die die fertig geblasene Flasche von innen mit einer Hochbarriereschicht aus SiO_{x}- und/oder anderen keramischen Stoffen beschichten. Ein geeignetes Verfahren ist die Plasmapolymerisation. Durch eine mit diesem Verfahren aufgebrachte Beschichtung kann die Permeation einiger Stoffe durch den Hohlkörper um den Faktor 100 und mehr gemindert werden.

Kunststoffkraftstoffbehälter

Für Kunststoffkraftstoffbehälter (KKB) spielt die Permeation von Benzinkomponenten eine wichtige Rolle. Einerseits ändert sich die Kraftstoffzusammensetzung langfristig dadurch, dass die Benzinkomponenten verschieden schnell permeieren. Andererseits werden schnell auch Emissionsrichtwerte überschritten: Ein KKB aus Polyethylen kann bei hohen Außentemperaturen täglich einige Gramm seines Inhalts allein durch Permeationsvorgänge verlieren. Amerikanische Emissionsvorschriften wie CARB oder EPA legen seit 1994 für KKBs maximale Kohlenwasserstoffemissionswerte von 0,1 g/Tag fest. Ein entsprechender Wert lag 1970 noch bei 20 g/Tag. Übliche Verfahren der Permeationsminderung sind hier das Sulfonieren oder Fluorieren. Die Fluorierung wird im on line- oder off Line-Betrieb eingesetzt. Man erreicht mit der Fluorierung Barriereverbesserungen um den Faktor 100, die allerdings aufgrund von Auswascheffekten nicht langzeitstabil sind. Beim *Selar*-Verfahren werden Polyamid-Plättchen in die PE-Wand eingebracht, die die Sperrwirkung um mehr als das 100fache steigern können (Wirkung ähnlich wie im Bild 4.32, jedoch hier mit dem Polyamid *Selar*). Üblich ist bei KKBs aus diesen Gründen vor allem die mehrschichtige Coextrusion. Die Behälterwand besteht aus bis zu sechs Schichten. Bild 14.14 zeigt den Aufbau einer Benzintankwand. Die eigentliche Sperrwirkung wird durch eine EVOH-Schicht erreicht, die mit Haftvermittlern an die PE-HD-Außenschichten eingebettet ist. Die Sperrwirkung gegen Benzin ist gegenüber einem reinen PE-Tank um den Faktor 200 besser. Bedingt durch die mitunter sehr komplexe Geometrie eines Pkw-Benzintanks werden die einzelnen Schichten des Vorformlings mit variabler Dicke coextrudiert, damit durch die lokal verschiedenen Dehnungen beim Blasvorgang eine weitgehend homogene Schichtdickenverteilung im fertigen Bauteil entsteht.

Sulfonieren, Fluorieren, Selar

Die in diesem Abschnitt dargestellten Probleme und der Aufwand, der teilweise zu deren Lösung betrieben wird, zeigen, dass Permeationseigenschaften in vielen Bereichen eine bedeutende Rolle spielen. Dies deutet darauf hin, dass für den Ingenieur das Verständnis dieser grundlegenden Zusammenhänge für die Erschließung weiterer Anwendungsbereiche von Kunststoffen wichtig ist.

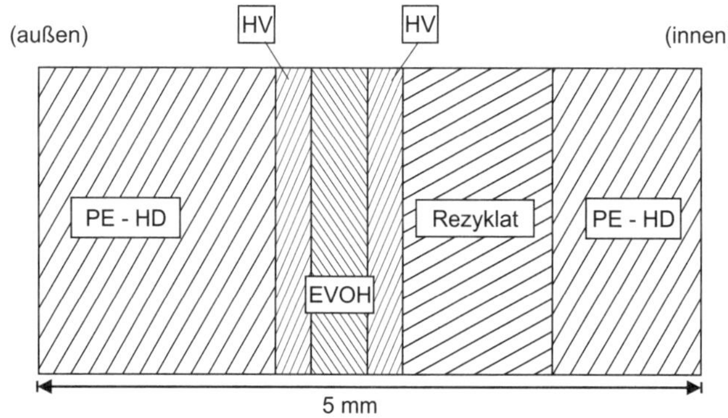

BILD 14.14 Sechsschichtiger Wandaufbau eines KKB (HV = Haftvermittler)

14.9 Das mechanische Tragverhalten unter physikalischer Einwirkung von spannungsrisserzeugenden Umgebungsmedien

Lösung und Diffusion bewirken - bedingt durch einen Konzentrationsgradienten - nicht nur den molekularen Stofftransport durch Kunststoffe. Der Eintrag von Umgebungsmedien durch Lösung und Diffusion in Kunststoffen kann darüber hinaus mittelbare und unmittelbare Auswirkungen auf deren mechanische Eigenschaften haben.

Die rein physikalische Einwirkung eines mit einem Kunststoff in Berührung stehenden Umgebungsmediums kann für dessen Bestand bereits ohne eine chemische Wechselwirkung gefährlich sein. Hier ist an Fälle des Erweichens, der Spannungsrissbildung und der Lösungsvorgänge zu denken. Alle diese Vorgänge beruhen darauf, dass das Umgebungsmedium in den Kunststoff eindringt und dort die Permeantenmoleküle in energetische Wechselwirkungen mit denen des Wirtes oder dessen Mischungspartnern eintreten. Schließlich bleibt festzuhalten, dass Risse nur an Stellen entstehen, an denen der Werkstoff unter Zugspannung steht, wobei diese nicht nur durch äußere Kräfte, sondern auch durch Eigenspannungen, d. h. eingefrorene Dehnungen und Querspannungen, bewirkt werden können.

Man kann mehrere Mechanismen erkennen, die zu den gefürchteten Spannungsrissen führen:

Erniedrigung der Grenzflächenenergie

Es ist zu erwarten, dass infolge der niedrigen Dichte der Kunststoffe jedes Umgebungsmedium mit beweglichen Molekülen in diesen mehr oder weniger tief eindringen wird. So haben Versuche unter hohem hydrostatischem Druck von einigen Kilobar gezeigt, dass selbst Silikonöle Spannungsrisse und Versprödung in amorphen Thermoplasten bewirken können. Bei druckloser Benetzung hingegen verhalten sich Silikonöle völlig inert. Das Eindringen erfolgt entlang der Zonen geringer Dichte (vgl. Bild 14.15). Das sind beispielsweise Partikelgrenzen, Grenzflächen von Füllstoffen und Fertigungsfehler (Poren).

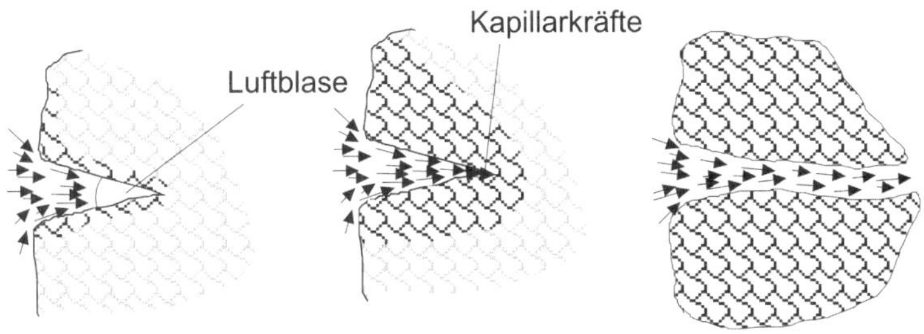

BILD 14.15a Eindringen von benetzten Flüssigkeiten in das partikelförmige Kunststoffgefüge (nach *Menges, Suchanek*)

BILD 14.15b PP-Gefüge, in das das Medium eingedrungen ist (Sauerstoffoxidation nach Ofenlagerung über einige 10 h bei 70 °C)

Man kann erwarten, dass hierdurch die Haftkräfte zwischen den Partikeln usw. herabgesetzt werden. Wir erinnern uns dabei an die Begründung der Grenzdehnung des linearviskoelastischen Verhaltens.

$$\varepsilon_{F_\infty} \sim \sqrt{\frac{\gamma}{E \cdot L}} \tag{14.23}$$

Mit γ Grenzflächenspannung des Polymeren, E Modul des Polymeren, L Partikeldurchmesser

Wenn die die Haftungskräfte ausdrückende Grenzflächenspannung γ zwischen adhärierenden Partikeln durch eindringende fremde Moleküle herabgesetzt wird, sinkt die Grenzdehnung. Es treten schon bei niedrigerer Dehnung Mikrorisse bzw. Fließzonen auf. Auch werden diese schneller wachsen.

Die Beobachtung, wonach Spannungsrisse von gefährlichen flüssigen Medien ausgelöst werden wenn die Grenzdehnung überschritten wird, wurde auch von *Kambour* in umfangreichen Untersuchungen bestätigt. Er fand, dass Spannungsrisse erst auftreten, wenn schon Crazes oder andere Störungen in der Oberfläche vorhanden sind. Spannungsrisse treten jedoch unterhalb der kritischen Dehnung dann nicht auf, wenn sich keine andersgearteten Beschädigungen in der benetzten Oberfläche befinden. Bild 14.16 zeigt eine Zusammenstellung von Ergebnissen seiner diesbezüglichen Untersuchungen.

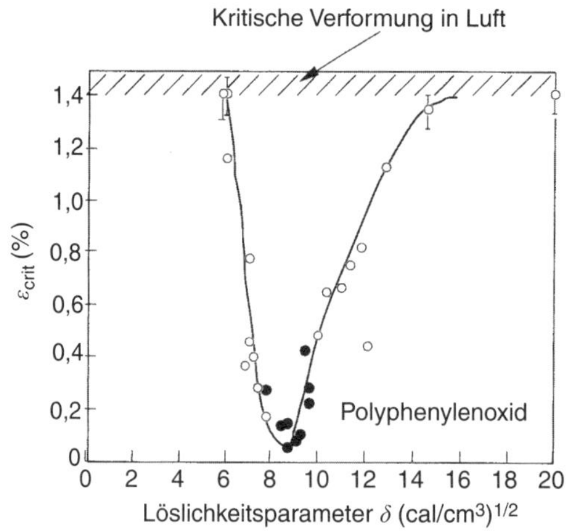

BILD 14.16 Dehnungen beim Auftreten von Crazes (offener Kreis) und glatte Spannungsrisse (gefüllter Kreis) wenn die angreifenden Medien in ihren Löslichkeitsparametern δ nah in den Bereich des Löslichkeitsparameters des Polymers kamen (*Kambour*)

Diesen Mechanismus werden wir insbesondere auch bei Flüssigkeiten erwarten dürfen, die Netzmittel (Tenside) enthalten. Dies ist z. B. bei vielen niedermolekularen Polyethylen-Typen eine Ursache der Spannungsrissbildung, die zu ganz speziellen Prüfmethoden geführt hat. In diesem Falle besteht die Triebkraft für das Penetrieren und damit den Rissfortschritt vorzugsweise aus den Kapillarkräften (Bilder 14.15a und 14.15b). Bild 14.15b zeigt ein PP-Gefüge, in das Medium in die Sphärolitgrenzen eingedrungen ist.

Quellkräfte (nach Pütz und Gitschner)

In allen Fällen, in denen das Matrixharz Umgebungsmedium aufnimmt, entsteht eine leicht bestimmbare Gewichtszunahme und eine Volumenvergrößerung (Bild 14.17), das Quellen. Da diese Volumenvergrößerung von dem noch nicht beeinflussten, tiefer liegenden Werkstoff behindert wird, erzeugt dies Quellspannungen. Diese werden sich auch mit dem Fortschreiten der Diffusion bis zur Absättigung über den ganzen Querschnitt stetig ändern. Sie wirken als Zugspannungen im Zentrum des Werkstoffs, wenn dieser von beiden Seiten benetzt wird.

In einer Platte ist der kritische Zeitpunkt t^*, zu dem im Zentrum die höchste Zugspannung auftritt, gegeben durch:

$$t^* = \frac{0{,}28 \cdot d^2}{\pi^2 \cdot D} \tag{14.24}$$

mit d Plattendicke, D Diffusionskoeffizient.

Die kritische Spannung im Kern der Platte beträgt, wenn man von einer Erniedrigung des Elastizitätsmoduls absieht,

$$\sigma_{max}(t = t^*) = 0{,}33 \cdot \varepsilon_{Q_{Sättigung}} \cdot \frac{E}{1-\mu} \tag{14.25}$$

$\varepsilon_{Q_{Sättigung}}$ Dehnung durch Quellen im Sättigungszustand

Diese Verhältnisse müssen auf praktische Verhältnisse übertragen werden, wo stets geometrisch ungünstige Bereiche, wie Ecken, Kanten, Löcher und Querschnittsveränderungen, ungünstigere Verhältnisse verursachen und Spannungsrisse entstehen können. Es kommt hinzu, dass praktische Teile nicht nur Fertigungsfehler in Form von Poren, Rissen oder Kratzern, sondern vor allem auch oft so genannte Eigenspannungen aus der Fertigung enthalten. Das heißt, auch ohne äußere Belastungen können gefährliche Belastungszustände vorhanden sein, die sich den Beanspruchungen aus der Flüssigkeitsaufnahme überlagern.

Wie man Bild 14.17 entnimmt, entstehen Quelldehnungen hier beispielsweise in einem glasfaserverstärkten Laminat, die niedriger sind als im Reinharz (gute Verarbeitung vorausgesetzt). Die Fasern behindern somit die Quelldehnung, was ebenfalls bereits zu Eigenspannungen führt. Es kann auch gefährlich werden, wenn z. B. von Harznestern solche Quellspannungen erzeugt werden, dass die Querfestigkeit - das Haften des Harzes an den Fasern - in der Nachbarschaft des quellenden Harznestes überschritten wird und dort Risse entstehen.

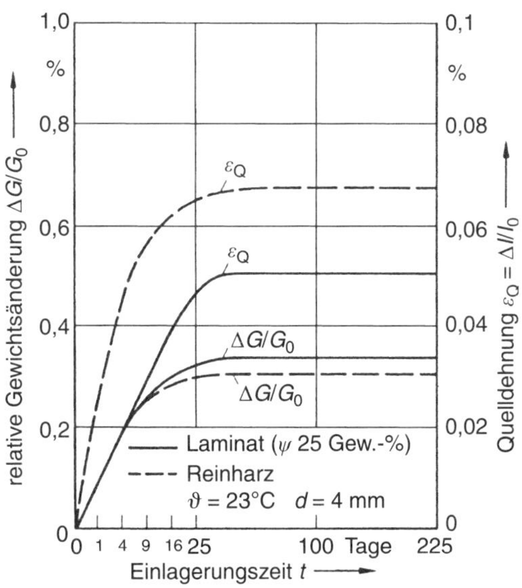

BILD 14.17 Gewichtsaufnahme und Quelldehnung in Abhängigkeit von der Einlagerungszeit bei Kunststoffen am Beispiel von ungesättigtem Polyester mit und ohne Glasfaserverstärkung

Desorption und Lösung

Als noch weit gefährlicher erweist sich jedoch der Fall der Desorption, wie man Bild 14.18 entnimmt. Dieser tritt beispielsweise bei einem zu schnell austrocknenden Boden ein. Der mit einer Flüssigkeit gesättigte Körper, der von seiner Oberfläche her diese Flüssig-

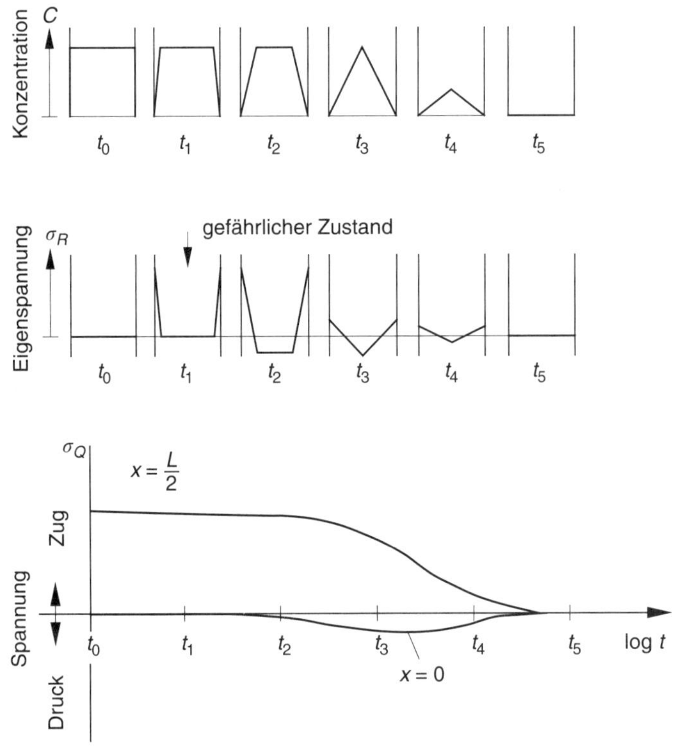

BILD 14.18 Quellspannung, Konzentration über dem Querschnitt und Eigenspannungen, die daraus entstehen, bei Desorptionsvorgängen (Austrocknung als der i. a. gefährlichste Vorgang)

keit abgeben muss, möchte dort schwinden, d. h. sich dementsprechend zusammenziehen. Daran hindern ihn die tieferen, noch gesättigten Schichten. Es entstehen spontan gefährliche Zugspannungen, die schnell Rissbildung bewirken können. Diese Spannungen können leicht dreimal größer sein als diejenigen bei Flüssigkeitsaufnahme:

$$\sigma_{max}\,(\text{Rand}, t = t_1) \equiv \varepsilon_{Q_{\text{Sättigung}}} \cdot \frac{E}{1-\mu} \qquad (14.26)$$

Derartige Rissbildungen können in allen hygroskopischen Kunststoffen beobachtet werden. Ein besonderer – und nicht ohne weiteres erwarteter – Fall von Spannungsrissbildung findet sich bei Laminaten aus ungesättigten Polyestern mit Glasfasern in stark wasserentziehender, hochkonzentrierter Phosphorsäure oder Schwefelsäure. Hier entzieht das Umgebungsmedium dem Harz gebundenes Wasser, wodurch glatte verformungslose Spannungsrisse entstehen. Diese Risse treten nicht nur bei Feuchteverlust auf, sondern immer wenn ein anderer Bestandteil des Kunststoffes – Farbe oder Additive o. ä. – desorbiert.

Literatur zu Kapitel 14

Amberg-Schwab, S., Hoffmann, M., Bader, H.: Barriereschichten für Verpackungsmaterialien. *Kunststoffe* **86** (1996) 5, S. 660–664

Braches, E.: Aussagefähigkeit von Untersuchungsmethoden bei der Beurteilung kunststoffbeschichteter Metallsubstrate unter Medieneinwirkung. RWTH Aachen, Dissertation, 1981

Crank, J., Park, G. S.: Diffusion in Polymers. New York: Academic Press, 1968

Dahlmann, R.: Permeation durch plasmapolymerisierte Schichten und Plasmabeschichtung von Kunststoffrohren und -hohlkörpern. RWTH Aachen, Dissertation, 2002

Fischer, F.: Spannungsrissbildung und Spannungsrisskorrosion. In: G. Schreyer (Hrsg.) Konstruieren mit Kunststoffen. Teil 2, Abschnitt 4.2.2. München: Carl Hanser Verlag, 1972

George, S. C., Thomas, S.: Transport phenomena through polymeric systems. *Progress in Polymer Science* **26** (2001) 6, S. 985–1017

Gitschner, H. W.: Diffusionsbedingte Verformungs- und Spannungszustände in Verbundwerkstoffen. RWTH Aachen, Dissertation, 1980

Hanika, M.: Zur Permeation durch aluminiumbedampfte Polypropylen- und Polyethylenterephthalatfolien. TU München, Dissertation, 2003

Langowski, H.-C.: Sperrschicht-Folien – ein Überblick. SKZ-Fachtagung „Sperrschichten in der Lebensmittelverpackung“, Würzburg, 25./26. März 1998

Langowski, H.-C.: Grundlagenwissen zum Verpacken mit Sperrschichtfolien. SKZ-Fachtagung: „Sperrschichtfolien für anspruchsvolle Verpackungen“, Würzburg, 23./24. Mai 2007

Leiber, J.: Technologisches Konzept zur Herstellung von Permeationsbarrieren in großen Kunststoffhohlkörpern. RWTH Aachen, Dissertation, 1993

Lohmeyer, S.: Diffusion und ihre Bedeutung in der Polymertechnik. Gummi *Faser Kunststoffe (GAK)* **40** (1987) 2, S. 80–87

Lutterbeck, K.: Das Verhalten von Kunststoffen unter wechselnder Umgebungsfeuchte und Temperatur. RWTH Aachen, Dissertation, 1984

Luxenhofer, K.: Trends bei Barrierematerialien. *Neue Verpackung* (2000) **8**, S. 50–52

Massey, L. K.: Permeability Properties of Plastics and Elastomers. A Guide to Packaging and Barrier Materials. Norwich: Plastics Design Library/William Andrew Publishing, 2003

Menges, G., Löwer, K.: Corrosion of Plastics under Special Consideration of Cracking Phenomena. Metallic Corrosion Proceedings – 8th International Congress on Metallic Corrosion, 1981, S. 2202–2226

Michaeli, W., Henseler, J.: Kunststoffe in korrosiver Umgebung – Neuartiges Prüfverfahren beschleunigt die Bauteilauslegung. *Konstruktion* (2006) **58**, S. 9–11

Pütz, D.: Kunststoffe in korrosiven Flüssigkeiten – dargestellt an den Beispielen PMMA und GF-UP. RWTH Aachen, Dissertation, 1977

Rieß, R.: Untersuchungen zum Verformungsverhalten thermoplastischer Kunststoffe in ausgewählten Flüssigkeiten. RWTH Aachen, Dissertation, 1973

Rogalla, D. G.: Ein Beitrag zur Erklärung der Spannungsrissbildung bei Kunststoffen. RWTH Aachen, Dissertation, 1982

Schenck, H.; André, J.: Barriereeigenschaften: Theorie und Praxis. *Kunststoffe* **89** (1999) 4, S. 106–111

Schneider, W.: Die Lebensdauer dünnschichtiger Duromerüberzüge auf metallischem Untergrund bei starker Chemikalienbeanspruchnung. RWTH Aachen, Dissertation, 1973

Stoll, F. K.: Untersuchungen zur Korrosions- und Witterungsbeständigkeit von Coil-Coating Verbundsystemen. RWTH Aachen, Dissertation, 1977

Vieth, W. R.: Diffusion in and through Polymers. In: Progress in Polymer Processing. München: Carl Hanser Verlag, 1992

15 Der Abbau von Polymeren

15.1 Abbaumechanismen

Polymere sind als organische Verbindungen im Gegensatz zu vielen anorganischen Verbindungen (z. B. Salze) vergleichsweise reaktiv, d. h. sie gehen schon bei relativ moderaten Bedingungen chemische Reaktionen ein. Während sich bei niedermolekularen Verbindungen durch diese Reaktionen die chemischen Eigenschaften verändern, rufen sie bei Polymeren sowohl in den chemischen Eigenschaften und zusätzlich oft in den mechanischen Eigenschaften erhebliche Veränderungen hervor. Bedingt durch Kettenspaltung bewirkt dies eine verminderte Molmasse. Abbaureaktionen sind eine sehr oft zu beobachtende Langzeitwirkung verschiedener Formen von Energie, die auf Polymere negativ einwirken. Energie kann beispielsweise zugeführt werden durch

- Wärme,
- elektromagnetische Strahlung (Licht),
- mechanische Energie (Scherung).

Die verschiedenen Polymere haben individuelle Schwachstellen, an denen die Abbaureaktionen ansetzen. Dies können z. B. Seitenketten und Substituenten sein, die durch die Abbaureaktion entfernt werden (*Eliminierung*). Die Stabilität der Anbindung der Substituenten an die Hauptkette sinkt dabei in folgender Reihe:

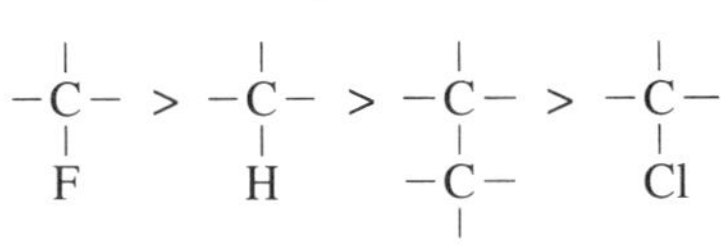

(15.1)

Als Beispiel soll hier das Polyvinylchlorid (PVC) dienen. Es ist sehr empfindlich hinsichtlich einer Abspaltung der Chloratome in Form von HCl. Aber auch die Hauptkettenbindungen sind unterschiedlich stabil, wie die folgende Reihe zeigt:

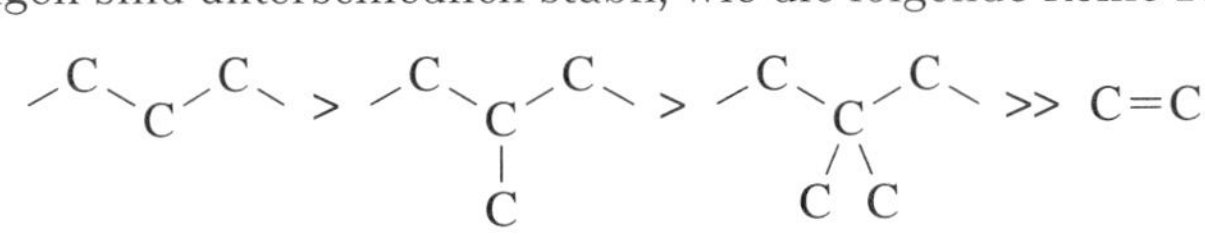

(15.2)

Besonders stabil sind dabei Ketten, die aromatische Ringe enthalten.

Tabelle 15.1 zeigt eine Übersicht über die wichtigsten Abbaumechanismen.

TABELLE 15.1 Die wichtigsten Abbaumechanismen (Kettenspaltung) bei Polymeren (nach *D. J. Carlson, D. M. Wiles*, in: Encyclopedia of Polymer Science and Engineering, Vol. 4, Degradation. Wiley-Interscience, New York, 1958)

Abbau-Mechanismus	Ursache	Betroffene Polymere
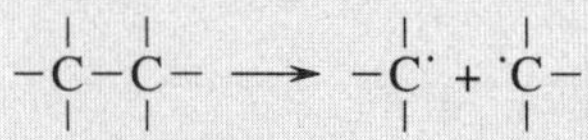	kurzwelliges UV, γ-Strahlen, Elektronenstrahlen	alle Polymere
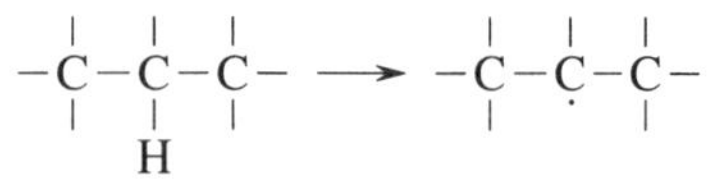	Bestrahlung, Wärme, mechanische Energie	alle Polymere
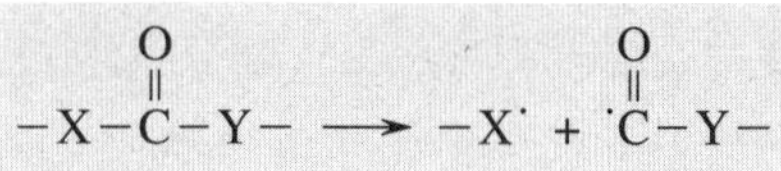	UV-Strahlung	Polymere mit Keton-, , Amid-, Urethan-, Ester-Gruppen
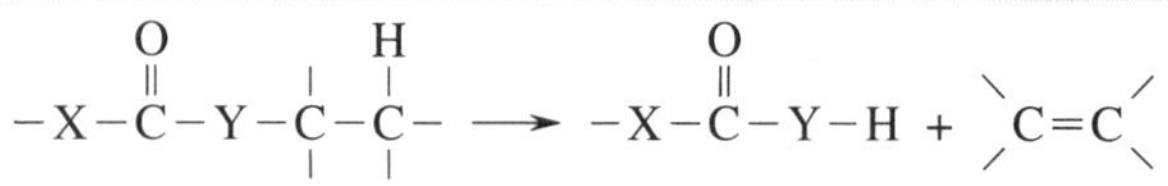	UV-Strahlung	Polymere mit Keton-, Ester-Gruppen
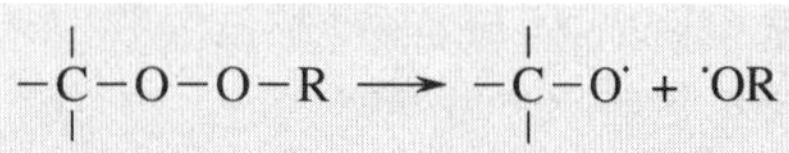	Licht, Wärme	partiell oxidierte Polymere (vorgeschädigt)
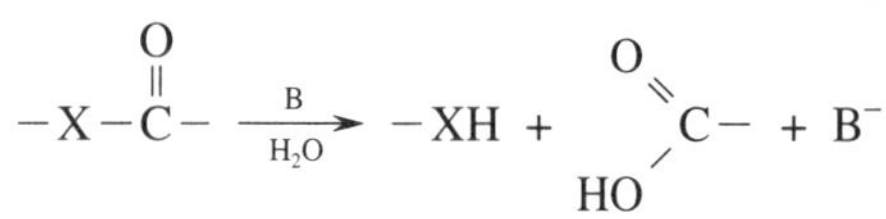	Hydrolyse, basisch katalysiert	Polyamide, Polyurethane, Polyimide, Harnstoff-Derivate
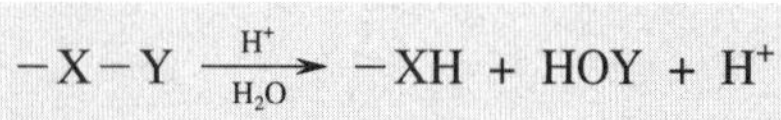	Hydrolyse, sauer katalysiert	Polyamide, Polyurethane, Polyester, Siloxane, Polyacetale
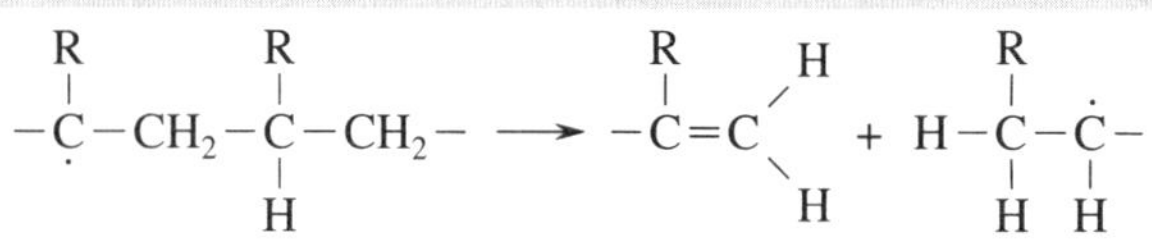	thermische Spaltung	Polyolefine
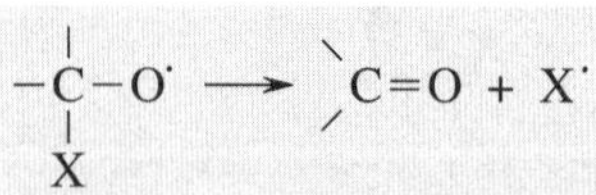	thermische Spaltung	alle oxidierbaren Polymere
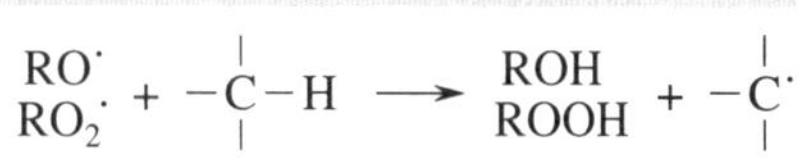	thermischer Angriff	alle oxidierbaren Polymere
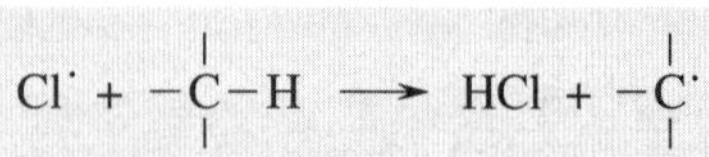	thermischer Angriff	Polyvinylchlorid

[a] R = Alkyl oder H; X, Y = Hetero- oder C-Atome

HINWEIS: Durch Abbaureaktionen verändern sich die Eigenschaften von Kunststoffen. Ursache sind sowohl chemische Angriffe wie auch Einwirkung von Energie, die zu Depolymerisation und/oder Spaltung führen.

15.2 Einwirkung thermischer Energie

15.2.1 Allgemeines

Um Kunststoffe zu plastifizieren, müssen sie in der Regel auf entsprechend hohe Temperaturen gebracht werden. Das bedeutet für eine Reihe von Polymeren eine thermische Belastung, unter der sie in mehr oder weniger kurzer Zeit ihre Struktur und ihr Molekulargewicht verändern. Keinesfalls darf die Temperatur einen kritischen Wert, die *Zersetzungstemperatur* übersteigen (s. a. Pyrolyse).

15.2.2 Depolymerisation

Reaktionsenthalpie und Reaktionsentropie

In Kapitel 3, Bild 3.10, wurde schematisch der Zeitverlauf einer in diesem Fall exothermen chemischen (exergonen) Reaktion vorgestellt. Eine chemische Reaktion kann nur dann spontan ablaufen, wenn die sog. *freie molare Reaktionsenthalpie* ΔG negativ ist. Die Reaktionsenthalpie ist dabei ein Maß für die Triebkraft einer Reaktion, d. h. je negativer der Wert wird, umso leichter und schneller erfolgt die Reaktion. ΔG wird definiert durch die *Gibbs-Helmholtz*-Gleichung:

$$\Delta G = \Delta H - T \cdot \Delta S \qquad (15.3)$$

ΔH ist dabei die *molare Reaktionsenthalpie* (Reaktionswärme), die die Differenz der Energieinhalte (z. B. Bindungsenergien) von Produkten und Edukten darstellt. ΔS ist die *molare Reaktionsentropie*, welche die Differenz zwischen den „Ordnungsgraden" von Edukten und Produkten repräsentiert. Bei der Reaktion von Monomeren zu Polymeren steigt der Ordnungszustand des Systems, da die Anzahl der vorhandenen ungebundenen und damit freien Teilchen sinkt. Die Entropie sinkt folglich während der Polymerbildungsreaktion, ΔS ist negativ. ΔH ist ebenfalls negativ, so dass auch die freie Reaktionsenthalpie negativ ist und die Reaktion nach Anstoß durch die Aktivierungsenergie spontan selbsttätig abläuft. Steigt jedoch die Temperatur auf eine bestimmte Grenztemperatur (Ceiling-Temperatur T_c), so wird $\Delta H = -T\,\Delta S$ und damit $\Delta G = 0$. In diesem Fall halten sich die Polymerbildungsreaktion und die Rückreaktion (d. h. die Wieder-Abspaltung von Monomermolekülen, sprich Depolymerisation) die Waage. Steigt die Temperatur über T_c, so läuft bevorzugt die Depolymerisation ab, d. h. die Polymerketten werden abgebaut. Tabelle 15.2 zeigt die Ceiling-Temperaturen für einige Monomer-Polymer-Systeme.

Ceiling-Temperatur

Wenn somit während der Verarbeitung oder des Gebrauchs die Temperatur über T_c steigt, depolymerisiert das Makromolekül, d. h. es baut ab. Die Molmasse sinkt während der Depolymerisation verhältnismäßig langsam, da immer nur einzelne Monomere von den Kettenenden entfernt werden; es sei denn es sind Radikale anwesend. Beschleunigt wird die Depolymerisation durch die Anwesenheit von Radikalen. Beispielsweise wirkt schon der Sauerstoff aus der Luft beschleunigend.

TABELLE 15.2 Ceiling-Temperatur einiger Monomere

Monomer	$-\Delta H$ (kJ/mol)	$-\Delta S$ (kJ/mol)	T_c (°C)
Isobutylen	54	165	50
α-Methylstyrol	34	102	61
Methylmethacrylat	54	110	220
Propylen	71	124	300
Styrol	71	122	310
Ethylen	92	137	400
Tetrafluorethylen	193	226	580

Recycling durch Depolymerisation

Man setzt die Depolymerisation auch gezielt zum Recycling von Kunststoffen ein. Beispielsweise baut PMMA bei hohen Temperaturen und beschleunigt z. B. durch Anwesenheit von Wasserstoffperoxyd ab, wobei das Monomer MMA frei wird. Dieses kann aufgefangen, gereinigt und schließlich wieder zu PMMA polymerisiert werden (*Lackner, Bittner*).

HINWEIS: Das Gleichgewicht zwischen Polymerisationsreaktion und Depolymerisationsreaktion verlagert sich bei Temperaturen oberhalb der Ceiling-Temperatur zur Abbaureaktion. Bei der Depolymerisation werden bevorzugt an den Kettenenden Monomermoleküle abgespalten.

15.2.3 Abbau durch Einwirkung von Wärme und Scherung

thermischer Abbau

Die Einwirkung von Wärme ruft nicht nur eine Depolymerisation hervor. Es kann infolge zu starker Molekülschwingungen auch zu Kettenspaltungen kommen, insbesondere unter zusätzlicher Einwirkung von Scherung und/oder der Anwesenheit von Sauerstoff. Da in den meisten praktischen Fällen den Abbau beschleunigende Reaktanden, wie z. B. Luftsauerstoff, zugegen sind, kommt es nur selten zu einem rein thermischen Abbau.

Der rein thermische Abbau folgt in weiten Bereichen der folgenden Gesetzmäßigkeit:

$$-\frac{\mathrm{d}[\ln \bar{M}_w(t)]}{\mathrm{d}t} = k \tag{15.4}$$

mit $\bar{M}_w(t)$ = Molekulargewichtsmittel zur Zeit t und k = Geschwindigkeitskonstante der Abbaureaktion mit

$$k = \mathrm{B}\,\mathrm{e}^{-\frac{\mathrm{A}}{RT}} \tag{15.5}$$

(A und B = const.)

Die Abbaugeschwindigkeit steigt damit exponentiell mit der Temperatur. Folglich sinkt die erlaubte Verweilzeit auch exponentiell mit T:

$$t_{erlaubt} \sim \mathrm{e}^{-\frac{\mathrm{A}}{RT}} \tag{15.6}$$

Dies ist in Bild 15.1 schematisch dargestellt.

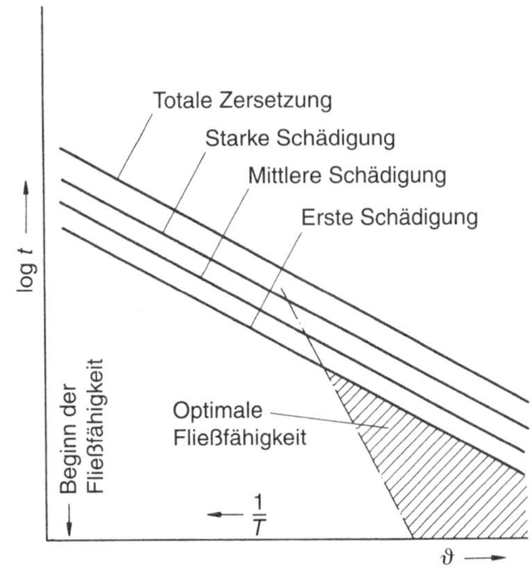

BILD 15.1 Schematische Darstellung der Zustandsveränderungen in Abhängigkeit von Zeit und Temperatur bis zum Abbau bei höheren Temperaturen bzw. längeren Verweilzeiten

Auch der Einfluss der Scherung bewirkt einen Kettenabbau. Dieser ist verständlicherweise bei niedrigen Temperaturen stärker als der thermisch bedingte. Bild 15.2 zeigt die Abnahme der Molmasse von PP bei einer Temperatur von 240 °C. Hier wirkt bereits ein deutlicher thermischer Abbau bei gleichzeitigem Einfluss verschiedener Schergeschwindigkeiten. Abbau durch Scherung

Wenn man die verschiedenen Bedingungen vergleicht (siehe Bild 15.3), erkennt man deutlich den Einfluss des mechanischen Abbaus bei höheren Schergeschwindigkeiten.

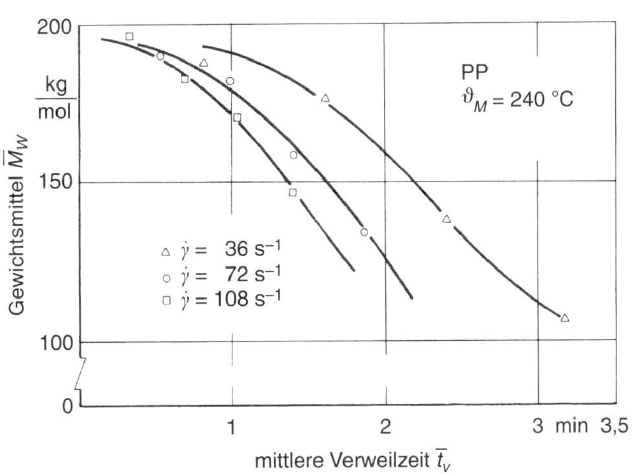

BILD 15.2 Veränderung der mittleren Molmasse von PP bei 240 °C in Abhängigkeit von Scherung und Verweilzeit

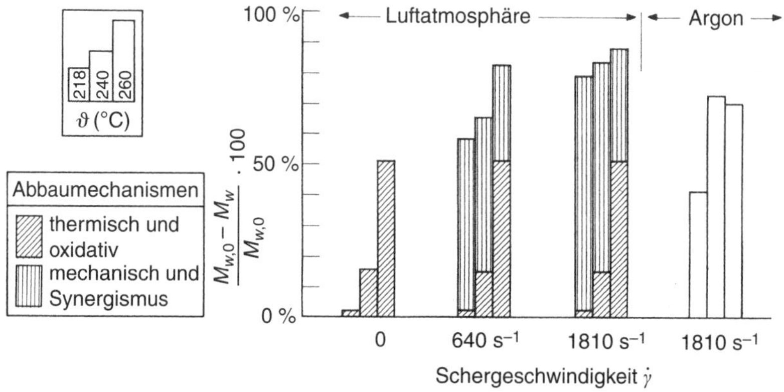

BILD 15.3 Gewichtung des thermischen und mechanischen Abbaus der Molmasse des Granulats $M_{w,0}$

15.3 Einwirkung von Chemikalien

15.3.1 Allgemeines

Einige der in manchen Polymeren vorhandenen funktionellen chemischen Gruppen sind anfällig gegenüber anderen chemischen Reagenzien. Das Abbauverhalten entspricht dabei dem der entsprechenden niedermolekularen Verbindungen, jedoch erfolgt der Abbau meist verlangsamt, da die anfälligen funktionellen Gruppen aufgrund der kompakten Struktur der Polymere für die Reagenzien räumlich nur erschwert zugänglich sind. Einem Abbau muss die Lösung und Diffusion der einwirkenden Chemikalien vorangehen, wobei deren Geschwindigkeit von der Struktur von Polymer und Chemikalie abhängig ist. Teilkristalline Thermoplaste sind daher resistenter gegenüber Chemikalien.

Während solche Einwirkungen vielfach unerwünscht sind, gibt es aber auch nützliche Anwendungen. Man denke hier an die Haftungsverbesserung durch eine partielle Oxidation der Oberfläche, wie sie beispielsweise beim Lackieren oder Kleben von Kunststoffen genutzt wird, oder die Herabsetzung der Benzindurchlässigkeit bei geblasenen (Benzin-) Tanks aus PE-HD durch eine Fluorierung der inneren Oberfläche.

Einen besonders negativen Effekt auf die Beständigkeit von Kunststoffen haben Hilfsstoffe, die bei der Herstellung im Polymer verblieben sind. Dies können z. B. Katalysatorreste sein, die später – insbesondere bei höheren Temperaturen – unerwünschte Reaktionen auslösen können.

physikalische Wirkung chem. Reagenzien

Oft ist die chemische Wirkung eines Reagenzes von der physikalischen Wirkung, die das Eindringen in den Kunststoff hervorruft, nicht eindeutig zu trennen. So werden die Nebenvalenzkräfte, die für den Zusammenhalt der Polymerketten verantwortlich sind, durch das Eindiffundieren niedermolekularer Stoffe in die Zwischenräume zwischen den Ketten herabgesetzt.

TABELLE 15.3 Beispiele zur Löslichkeit und Beständigkeit von Kunststoffen (nach *Knappe*)

Kunststoff	Grundbaustein (Grundmolekül)	Löslich in	Unlöslich bzw. unquellbar in (beständig gegen)
Polystyrol	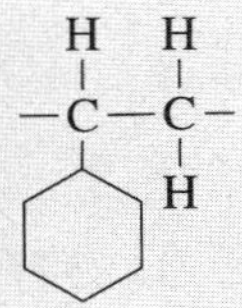	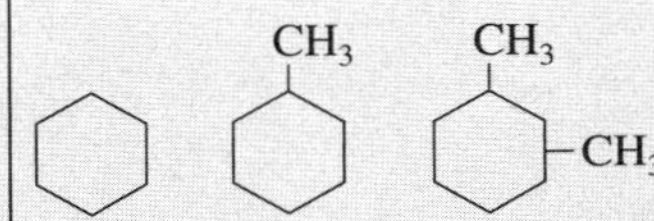 Benzolderivate	C_nH_{2n+2} Paraffine; R''–OH Alkohole
Polymethylmethacrylat	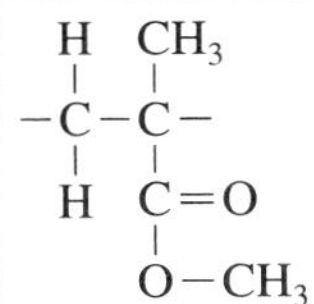	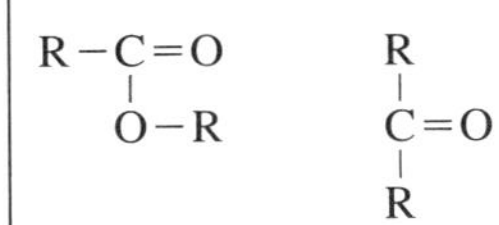 Keton	R–OH
Polycarbonat	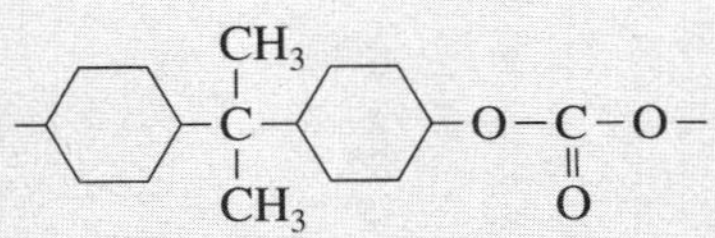	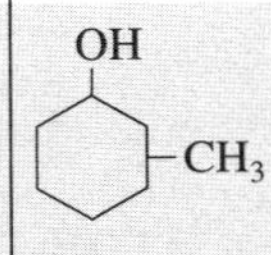 Kresol	C_nH_{2n+2w}
PVC	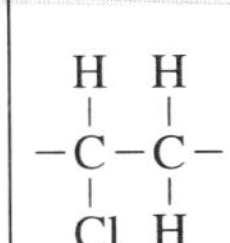	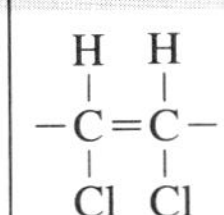 Dichlorethylen	C_nH_{2n+2}
Polyisobutylen	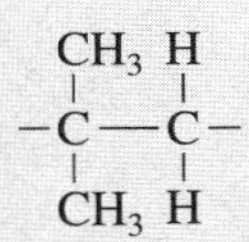	C_nH_{2n+2} 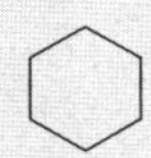	R–OH; 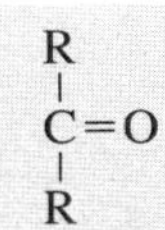 Keton

R″ sind aliphatische Kohlenwasserstoffe, wie sie in Lösungsmitteln vorkommen.

Allgemein gilt für die Beständigkeit von Polymeren gegenüber der Einwirkung von Chemikalien: Polymere sind relativ beständig gegen schwache Säuren, Basen und wässrige Salzlösungen. Sie werden durch stark oxidierend wirkende Stoffe jedoch angegriffen. Diese bewirken im einfachsten Fall eine Verfärbung, bei stärkerer Schädigung jedoch eine Versprödung bis hin zur Zerstörung. Polymere mit Ester-, Amid- und vergleichbaren Gruppen sind anfällig für eine Hydrolyse dieser Gruppen durch die Einwirkung von Wasser, insbesondere bei höheren Temperaturen. Treibstoffe, Fette, Öle und organische Lösemittel sind vielen Polymeren mehr oder weniger ähnlich. Bei einem Kontakt mit Polymeren bewirken sie zwar keine chemischen Änderungen der Polymere, sind aber in der Lage die Struktur zu ändern, z. B. die Polymere zu quellen oder sogar zu lösen.

Tabelle 15.3 zeigt Beispiele für die Löslichkeit von Kunststoffen bzw. die Beständigkeit der Kunststoffe gegen Lösemittel.

15.3.2 Hydrolyse

Hydrolyse

Polykondensationsreaktionen sind chemische Gleichgewichtsreaktionen. Um einen hohen Reaktionsumsatz zu erzielen, müssen die Kondensationsnebenprodukte im Prozess abgeführt werden. Ein typisches Nebenprodukt ist Wasser, beispielsweise bei der Herstellung von Polyamiden. Das Reaktionsgleichgewicht verschiebt sich so in Richtung des Reaktionsprodukts. Umgekehrt kann sich bei nachfolgenden Prozessen oder Anwendungen unter Einfluss höherer Temperaturen das Gleichgewicht in Richtung der Monomere verschieben, insbesondere wenn Feuchte anwesend ist. Es tritt dann Depolymerisation durch Hydrolyse ein, weshalb man bei typischen Polykondensaten, wie z. B. Polycarbonaten, Polyamiden oder Polyethylenterephthalaten vor den entsprechenden Verarbeitungsgängen das Granulat sorgfältig trocknen und trocken halten muss (< 0,01 %). Dies ist deswegen wichtig, weil diese Polymere zur Aufnahme von Wasser aus der Umgebung (Luft) neigen.

Die verschiedenen chemischen Gruppen sind unterschiedlich anfällig für einen hydrolytischen Angriff. Die folgende Aufstellung zeigt die Empfindlichkeit verschiedener Gruppen in aufsteigender Reihenfolge:

Polyester	$-\mathrm{C}(=\mathrm{O})-\mathrm{O}-$
Polycarbonat	$-\mathrm{O}-\mathrm{C}(=\mathrm{O})-\mathrm{O}-$
Polyurethan	$-\mathrm{O}-\mathrm{C}(=\mathrm{O})-\mathrm{NH}-$
Polyharnstoff	$-\mathrm{NH}-\mathrm{C}(=\mathrm{O})-\mathrm{NH}-$

Polyamid	$-\underset{\underset{\displaystyle O}{\|}}{C}-NH-$
Polyether	$-O-$
Polyamin	$\overset{\displaystyle H}{\overset{\vert}{-N-}}$
Polyimid	$-\overset{\overset{\displaystyle O}{\|}}{C}-\overset{\vert}{N}-\overset{\overset{\displaystyle O}{\|}}{C}-$

(15.7)

15.3.3 Oxidation

Luftsauerstoff kann Polymere durch Oxidation schädigen. Die aggressive Wirkung des Luftsauerstoffs steigt dabei mit zunehmender Temperatur (aber auch die Einwirkung von Licht in Kombination mit bestimmten Pigmenten steigert die Schädigung). Luftsauerstoff greift vor allem Polymere mit ungesättigten chemischen Bindungen an.

Oxidation durch Luftsauerstoff

Da Luftsauerstoff durch Diffusion stets in allen Kunststoffen vorhanden ist, sind alle Verarbeitungs-Prozess gerade bei höheren Temperaturen stets oxidationsgefährdet. Der oxidative Prozess tritt zudem gleichzeitig mit Kettenspaltungen auf, die durch andere Mechanismen, wie Einwirkung von Strahlung oder Wärme, hervorgerufen werden. Anwesender Sauerstoff sättigt spontan so frei gewordenen Valenzen. Viele Kunststoffe können daher nur bei höheren Temperaturen ur- oder umgeformt werden, wenn sie vorher mit entsprechenden *Reaktionsinhibitoren* stabilisiert worden sind.

Reaktionsinhibitore

Gefährlich ist auch die Einwirkung oxidierender Stoffe in Kombination mit mechanischer Belastung, was Spannungsrisse induzieren kann. Kautschuk ist beispielsweise gegen Ozon besonders empfindlich.

Beständig gegen den Angriff auch sehr aggressiver Stoffe ist nur PTFE. Dieses kann nur durch reduzierend wirkende Alkalischmelzen angegriffen oder angeätzt werden. Dies wird wiederum benutzt, um PTFE klebbar zu machen.

15.3.4 Degradation von PVC

Die im PVC vorhandene C–Cl-Bindung ist verhältnismäßig schwach. Wird einem PVC-Molekül Energie zugeführt, so kommt es leicht zu einer Abspaltung von Chlorwasserstoff HCl (*Eliminierungsreaktion*). Zurück bleibt eine C=C-Doppelbindung. Bei fortschreitender *Dehydrochlorierung* (HCl-Abspaltung) entstehen Systeme mit konjugierten Doppelbindungen, d. h. mit einer alternierenden Abfolge von Doppel- und Einfachbindungen, die elektromagnetische Strahlung im sichtbaren Bereich absorbieren. Die so entstehenden Makromoleküle sind daher meist bräunlich gefärbt und verspröden. Besonders nachteilig für den praktischen Betrieb erweist sich das Freiwerden des Chlors, das besonders metallische Gegenstände in der Umgebung angreift.

Es besteht ein konzentrationsabhängiger Einfluss einer Reihe in der Praxis oft anwesender Elemente, die den Abbau von PVC katalytisch beschleunigen, wie z. B. Eisen-, Zink-, Cadmium- und Metallsalze, insbesondere Chloride.

15.4 Wirkung von elektromagnetischer und Korpuskularstrahlung

15.4.1 Lichteinwirkung

Abbau durch Licht

Einige in Polymeren vorhandene Gruppen (z. B. Carboxylgruppen oder Systeme mit ungesättigten Doppelbindungen) können elektromagnetische Strahlung – insbesondere UV-Strahlung mit Wellenlängen zwischen 300 und 400 nm – absorbieren, wobei sie dann angeregte Zustände einnehmen. Aus diesen angeregten Zuständen können direkt chemische Reaktionen oder lokale Erwärmungen resultieren, welche weitere Abbaureaktionen verursachen. Durch Fehler in der Polymerkette sind die meisten Polymere gegen Licht, insbesondere den ultravioletten Anteil, empfindlich. Deswegen enthalten Kunststoffe für den Außeneinsatz immer entsprechende Strahlung umwandelnde Additive – so genannte *Lichtstabilisatoren.*

15.4.2 Andere Strahlungsformen

Unter anderen Strahlungsformen fasst man energiereichere, elektromagnetische Strahlung und Korpuskularstrahlung zusammen. Dazu zählen hochenergetische Elektronen, Protonen, α-Teilchen, Neutronen, Röntgen- und γ-Strahlung. Die Einwirkung solcher Strahlen auf Kunststoffe ruft Strukturänderungen, wie beispielsweise Abbau oder Vernetzung hervor, die entsprechende Eigenschaftsänderungen zur Folge haben. Die Wirkung der verschiedenen Strahlungstypen ist dabei auf chemischer Ebene vergleichbar, der entscheidende Unterschied liegt in der Eindringtiefe der Strahlung in das Polymer. Während energiereiche elektromagnetische Strahlen leicht in große Tiefen vordringen, werden α-Teilchen bereits an der Oberfläche absorbiert. Neben der Eindringtiefe wird die Wirkung der Strahlung bestimmt durch die Strahlendosis. Dies ist die je Masseneinheit vom Kunststoff absorbierte Strahlungsenergie (1 J/kg = 100 rad). Der strukturverändernde Einfluss der Strahlendosis steigt dabei nicht linear; man benötigt meist einen gewissen Schwellenwert zwischen 0,1 und 100 Mrad bevor eine merkliche Schädigung des betroffenen Polymers eintritt. Weiterhin haben neben der Geometrie des Kunststoffteils die bei der Bestrahlung herrschende Temperatur, Feuchte und Sauerstoff einen mehr oder weniger großen Einfluss.

Die von den geschilderten Strahlungsformen hervorgerufenen Eigenschaftsänderungen lassen sich auf wenige Strukturänderungen zurückführen, von denen Abbau (durch Oxidation) und Vernetzung die wichtigsten sind. In Gegenwart von Sauerstoff dominiert, insbesondere bei niedriger Dosis und großer spezifischer Oberfläche, der oxidative Abbau die Änderung der Polymereigenschaften. Durch Einwirkung der Strahlung werden Polymermoleküle aktiviert (beispielsweise durch die Bildung von Radikalstellen) und damit anfällig für einen Angriff von Sauerstoff. Bei Abwesenheit von Sauerstoff überwiegt dagegen bei einer Reihe von Kunststoffen die Vernetzung, wobei die aktivierten Polymermoleküle untereinander reagieren. In der Praxis treten im Allgemeinen die beschriebenen Prozesse nicht isoliert auf, sondern neben einer Vernetzung wird auch immer ein – wenn auch geringer – Abbau auftreten.

Die für eine Schädigung nötige Strahlendosis kann für einen Kunststoff nicht pauschal, sondern nur für jede Eigenschaft gesondert und nur für klar definierte Bestrahlungsbedingungen angegeben werden. Am beständigsten gegen einen durch Strahlung induzierten Abbau erweisen sich Polymere mit aromatischem Charakter.

Tabellen 15.4 und 15.5 zeigen die durch die Strukturänderungen hervorgerufenen Eigenschaftsänderungen im Überblick sowie das Strahlungsverhalten einiger Kunststoffe unter Sauerstoffausschluss.

TABELLE 15.4 Änderungen der Struktur und der Eigenschaften von Kunststoffen durch energiereiche Strahlung

Strukturänderungen	Eigenschaftsänderungen
Abbau durch Hauptkettenbrüche	Festigkeitsabnahme; Fließen
Vernetzung	Unlöslichkeit; Gummielastizität
Änderung der Doppelbindungen	Verfärbung
Seitengruppenabspaltung	Gasbildung
Kristallinitätsabnahme	Verminderung der Steifigkeit und Härte; Transparenz
Oxidativer Abbau	Festigkeitsabnahme; Polarität; Adhäsion; dielektrische Verluste
Temporäre Bildung von Ladungsträgern	Temporäre Leitfähigkeit

TABELLE 15.5 Strahlungsverhalten einiger Kunststoffe unter Sauerstoffausschluss

Überwiegend Abbau	Überwiegend Vernetzung
Polyisobutylen	Polypropylen
Poly-α-methylstyrol	Polystyrol
Polymethacrylate	Polyacrylate
Polyvinylidenchlorid	Polyvinylchlorid
Polytetrafluorethylen	Polyvinylalkohol
Polytrifluorchlorethylen	Polyethylen
Cellulose	Polyamide
Cellulosederivate	Polyester, ungesättigt
Polycarbonate	Polybutadien, Polysiloxane, Naturkautschuk

15.4.3 Änderung von Struktur und Eigenschaften

Änderungen im Molekulargewicht

Bei einem durch Strahlung induzierten Abbau verringert sich die mittlere Molmasse mit zunehmender Strahlendosis bis der Kunststoff schließlich seine mechanische Festigkeit verliert. Umgekehrt führt eine zunehmende Vernetzung zu steigenden Molekulargewichten und die Kunststoffe nehmen mehr und mehr die Eigenschaften vernetzter Polymere an. So sinkt z. B. die Quellfähigkeit, Kunststoffe werden unlöslich, das Schmelzen und Fließen wird verhindert und die Kunststoffe nehmen oberhalb der Glasübergangstemperatur ein gummielastisches Verhalten an (Bild 15.4). Bei niedrigen Strahlungsdosen ändern sich unterhalb der Glasübergangstemperatur die mechanischen Eigenschaften nicht.

Durch Nebenreaktionen entstehen parallel zu Abbau und Vernetzung in vielen Polymeren ungesättigte C=C-Bindungen durch die Abspaltung (*Eliminierung*) niedermolekularer Verbindungen. Beispielsweise kann bei PVC Chlorwasserstoff freigesetzt werden, bei Polyethylen Wasserstoff und bei anderen Polymeren Kohlenmonoxid, Kohlenwasserstoffe oder Kohlendioxid. Auf die Bildung der Doppelbindungen weist dabei meist eine zunehmende Färbung der Kunststoffe hin.

Der Kristallisationsgrad der Kunststoffe ändert sich bei Bestrahlung und Temperaturen unterhalb des Schmelzebereiches nicht, da die Strahlung nicht genügend Energie zur Auflösung des Kristallgitters einbringt.

Bei einer Bestrahlung im Schmelzezustand sinkt der Kristallisationsgrad nach einem erneuten Einfrieren deutlich, da die entstandenen Vernetzungsstellen die Rekristallisation stören. Durch die Abnahme der Kristallinität ändern sich die physikalischen Eigenschaften, wie es Bild 15.5 demonstriert.

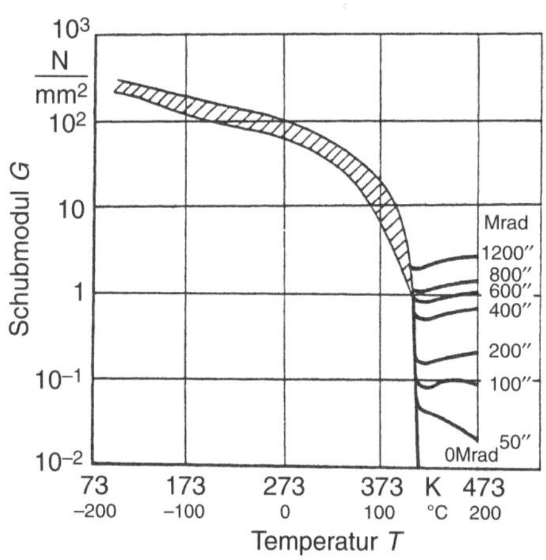

BILD 15.4 Temperaturverlauf des Schubmoduls von unter Sauerstoffausschluss bei Raumtemperatur bestrahltem Polyethylen hoher Dichte *(BASF)*

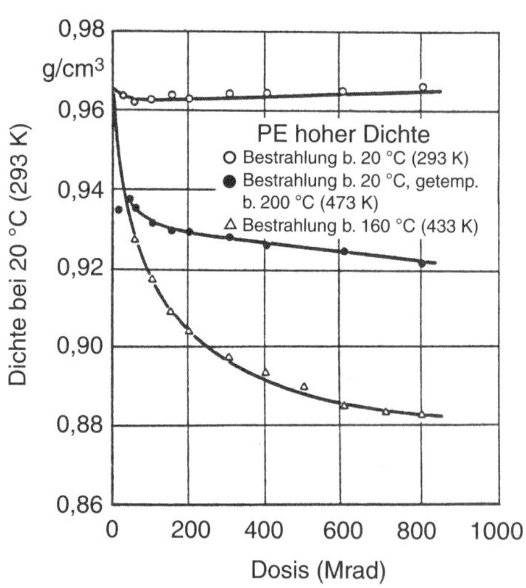

BILD 15.5 Dichteänderung von Polyethylen bei Bestrahlung mit Sauerstoffausschluss *(BASF)*

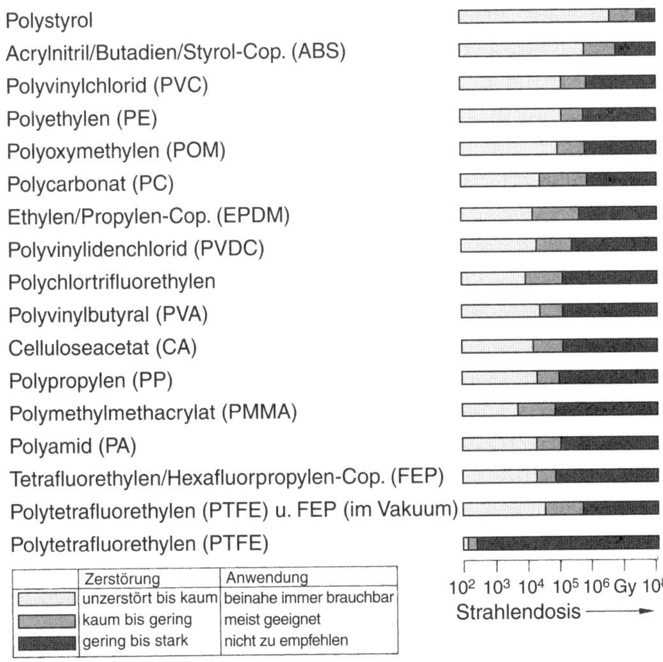

BILD 15.6 a) Beständigkeit von Thermoplasten gegen Kernstrahlung (γ-Strahlung) (nach *H. Schönbacher*, CERN)

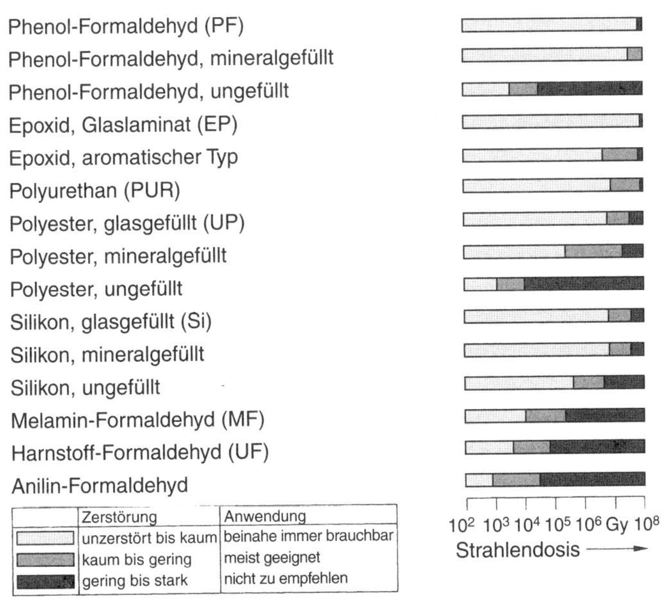

BILD 15.6 b) Beständigkeit von Duroplasten gegen Kernstrahlung (γ-Strahlung) (nach *H. Schönbacher*, CERN)

Von *CERN* (European Organisation for Nuclear Research) sind für den abschätzenden Gebrauch über die allgemeine relative Strahlungsbeständigkeit Listen veröffentlicht worden; die wichtigsten Kunststoffe hieraus sind in Bild 15.6 zusammengestellt.

15.4.4 Witterungseinflüsse

Ein praktisches Beispiel für die Einwirkung von Strahlung in Kombination mit dem Angriff verschiedener Chemikalien ist der Witterungseinfluss, dem Kunststoffe in freier Natur ausgesetzt sind. Zur Wirkung der energiereichen UV-Strahlung kommt die Anwesenheit von Sauerstoff oder Luftfeuchtigkeit und die mechanische Belastung durch Wärmewechsel oder Phasenwechsel (beispielsweise kann Wasser bei der Eisbildung Sprengwirkung entfalten).

Die Überlagerung der verschiedenen Mechanismen macht eine Vorhersage der Lebensdauer von Bauteilen schwierig. Oft helfen nur langfristige Tests, bei denen das Bauteil entsprechenden Bedingungen ausgesetzt wird (Freibewitterung nach ISO 4707). Die gefährlichsten Klimate sind dabei feuchtwarme Gebiete (Florida oder Singapur) oder Gebiete mit starkem UV-Einfluss (Hochgebirge). Vermindern kann man den negativen Einfluss der Witterung auf die Eigenschaften durch den Einsatz geeigneter Stabilisatorsysteme (s. u.).

gezielter Abbau durch Strahlung

Auch die gegenteilige Wirkung kann erwünscht sein. Durch die Zugabe von Photoinitiatoren verstärkt man den abbauenden Witterungseinfluss. Die Photoinitiatoren zerfallen bei Bestrahlung in Radikale, die dann bei Anwesenheit von Sauerstoff zu einem gewollten Abbau führen. Beispielsweise werden Folien für landwirtschaftliche Anwendungen mit derartigen Systemen ausgerüstet, um einen baldigen Selbstzerfall nach der Ernte noch auf dem Acker hervorzurufen. Einen gezielten Abbau nutzt auch das *Belland-Verfahren* für verschmutzte Verpackungsabfälle durch Einbau von chemisch aktivierbaren Gruppen, die durch den Zutritt von Wasser und geeigneten Reagenzien einen Abbau hervorrufen.

15.5 Biologische Einwirkungen

15.5.1 Biologische Angriffe auf Kunststoffe

Im Allgemeinen sind biologische Einwirkungen (d. h. Angriffe durch Mikroorganismen) auf reine Kunststoffe kaum vorhanden. Sind jedoch im Kunststoff biologisch angreifbare Füllstoffe enthalten, wie z. B. Stärke oder niedermolekulare Weichmacher, wie z. B. in Weich-PVC, dann bilden diese Nährböden für Mikroorganismen (Pilze und Bakterien), die dann eine Versprödung und den schnellen Abbau des Polymers hervorrufen. Dabei wirken die Stoffwechselprodukte der Mikroorganismen beschleunigend, da sie die polymere Matrix chemisch angreifen. Auch einige Elastomere, die oft Öle u. a. niedermolekulare Zusätze enthalten, werden von Bakterien angegriffen. Angriffe durch größere

Lebewesen sind ebenfalls bekannt. So zerstören Termiten in den Tropen Kunststoffe, die sich in ihrem Weg befinden. Auch Nagetiere greifen Kunststoffe an, wenn diese sie in ihrem Lebensbereich behindern. Man denkt hier sofort an durch Marderbisse zerstörte Schläuche, Manschetten und Kabel in abgestellten Automobilen.

15.5.2 Physiologische Wirkung (Wirkung auf den Menschen)

Lebende Organismen können Stoffe nur in resorbierbarer Form aufnehmen. Um eine Resorbierbarkeit zu erreichen, müssen die Stoffe in genügend kleine Partikel zerteilt sein, so dass diese anschließend in wässrigen, sauren oder alkalischen Medien gelöst werden können. Auf Grund ihrer Unlöslichkeit in wässrigen Medien können Makromoleküle mit kovalenten Bindungen durch diesen Mechanismus jedoch nicht resorbierbar gemacht werden. Polymere können also als biologisch inert angesehen werden.

Gefahren bei der Verarbeitung

Im Gegensatz dazu sind zahlreiche Monomere sowie bei der Verarbeitung zugegebene Zuschlagstoffe (Additive) als toxisch anzusehen. Sie können im Produktlebenszyklus aus dem Produkt herausgelöst werden oder „ausschwitzen" und so eine Gefahr für Umwelt und Verbraucher darstellen. Es muss daher vor einer Anwendung sorgfältig geprüft werden, ob eine derartige Gefahr vorliegen könnte. Ob ein Kunststoff beispielsweise im Lebensmittel- oder Medizinbereich einsetzbar ist, wird durch Prüfungen, etwa gemäß dem Deutschen Lebensmittelgesetz oder in den USA den FDA-Richtlinien, nachgewiesen (FDA = Food and Drug Administration, USA).

Neben einer toxischen Wirkung der verwendeten Stoffe müssen diese auch auf weitere von ihnen ausgehende Gefahren (z. B. Entflammbarkeit, Explosionsgefahr) vor einer Verarbeitung oder Verwendung geprüft werden. Die dazu notwendigen Informationen können bei den zuständigen Ämtern (Gewerbeaufsicht, den Industrieverbänden, den Gewerkschaften) erfragt sowie in erster Linie bei den Herstellern der Stoffe aus entsprechenden Datenblättern entnommen werden.

Bei der Verarbeitung chemisch reaktiver Stoffe bestehen Regeln über Handhabung, Schulung des Personals und einzuhaltende Vorsichtsmaßnahmen. Die Vorschriften müssen in den Betrieben durch Schulung und Aushang bekannt gemacht werden. Hilfsmittel für eventuelle Unfallhilfe müssen leicht auffindbar und zugänglich bereitliegen. In Betrieben hat der Unternehmer bzw. die ihn in den Leitungsaufgaben vertretenden leitenden Angestellten die Verantwortung dafür, dass die Vorschriften beachtet werden. Gegebenenfalls kann ein leitender Angestellter persönlich haftbar gemacht werden, falls durch Missachtung der geltenden Vorschriften Leib und Leben betreffende Schäden entstehen. Die Gewerbeaufsicht überwacht die Einhaltung der Vorschriften.

Der Grad der hervorgerufenen Gesundheitsschädigung durch einen bestimmten Stoff hängt neben der eigentlichen Toxizität des Stoffes stark von der Dauer der Exposition ab. Der Gesetzgeber hat daher Vorschriften erlassen, wonach der Gehalt an Gesundheit gefährdenden Stoffen am Arbeitsplatz eine bestimmte Konzentration (einige ppm [parts per million]) nicht überschreiten darf. Dadurch wird die Arbeitszeit und damit Exposition bei vorliegender Belastung am Arbeitsplatz reguliert.

Im Folgenden sei auf einige typische Gefahren bei der Verarbeitung von Kunststoffen hingewiesen. Für das Augenlicht gefährdend sind z. B. einige Peroxyde, die als Radikalbildner beim Polymerisieren von ungesättigtem Polyester gebraucht werden. Das Tragen von Brillen ist daher bei der Verarbeitung dieser Materialien Pflicht.

Um der Gefahr von Inhalation gefährlicher Aerosole vorzubeugen, müssen bei der Verarbeitung von Schaumrohstoffen und Lacken durch Versprühen Atemmasken getragen werden.

Bei der Berührung mit der Haut rufen einige Härterkomponenten der Epoxidharze ebenso wie gewisse Lösemittel bei empfindlichen Personen Allergien hervor. Personen, die mit solchen Stoffen arbeiten müssen daher grundsätzlich Gummihandschuhe tragen.

Beispiele

Ein besonders viel diskutiertes Beispiel für die Gefahr einer oralen Aufnahme gefährlicher Produktbestandteile während des Produktlebenszyklus sind seit Jahren die in Weich-PVC eingesetzten Weichmacher. Folien aus Weich-PVC sind daher schon seit langer Zeit für die Verpackung von Fleisch nicht mehr zugelassen. Ebenso oft wird dem Monomer von Polycarbonat (Bisphenol A) eine hormonelle Wirkung zugeschrieben.

Ein positives Anwendungsbeispiel, wo man von der zerstörenden Einwirkung der Körperflüssigkeit auf Polymerwerkstoffe Gebrauch macht, sind die „resorbierbaren Kunststoffe", etwa die Polylaktate, aus denen z. B. Knochennägel oder Fäden zum Nähen von Schnittwunden hergestellt werden. Bei diesen Kunststoffen ist ein langsamer, hydrolytischer Abbau im Organismus zu erwarten. Die dabei entstehenden niedermolekularen Substanzen werden über den Harnstoffwechsel aus dem Körper ausgeschieden. Damit erspart man dem Patienten zusätzliche Eingriffe zur Entfernung der Implantate.

Soll ein Implantat jedoch dauerhaft eine Funktion im Körper erfüllen, so muss der dabei verwendete Werkstoff inert sein und den biologischen Abbaumechanismen widerstehen. Aus diesen Gründen fertigt man etwa Gleitschalen für Hüftgelenkprothesen aus hochmolekularem Polyethylen.

15.6 Stabilisierung

Um Kunststoffe gegen ungewollte chemische Reaktionen zu schützen, werden so genannte Stabilisatoren eingesetzt. Ohne geeignete Stabilisatoren ließen sich viele Polymere nicht verarbeiten oder würden in der Anwendung schnell versagen. Die Stabilisierung zielt darauf ab, durch Einbringen geringer Mengen von geeigneten Agenzien (*Stabilisatoren*) die angreifenden chemischen Substanzen bzw. Energien abzufangen und damit von den Polymerketten fern zu halten. Die Stabilisatoren müssen daher möglichst fein verteilt sein.

Methoden der Stabilisierung

Zur Stabilisierung stehen dem Chemiker zwei grundsätzliche Möglichkeiten zur Verfügung:

- Copolymerisation mit stabilisierenden Comonomeren und
- Zumischen von Stabilisatoren,

wobei der Einsatz von zugemischten Stabilisatoren überwiegt.

Im Allgemeinen werden Stabilisatoren mit einem Gesamtgehalt < 1 Gew.-% eingesetzt. Stabilisatoren besitzen einen synergetischen Effekt untereinander, d. h. die Gesamtwirkung einer Kombination verschiedener Stabilisatoren ist größer als eine Addition der Einzelwirkungen. Stabilisatoren verhindern – trotz des Einsatzes in sehr geringen Mengen – einen stöchiometrisch sehr viel größeren Umsatz an ungewollten Abbaureaktionen, indem sie „strategisch" wichtige Mechanismen blockieren. Dies geschieht z. B. durch

grundsätzliche Wirkmechanismen

- Blockade aktiver Startzentren,
- Abfangen von Zwischenprodukten, z. B. zur Verhinderung von Autoxidationsprozessen,
- Abfangen energiereicher Teilchen (Photonen), Aufnahme deren Energie.

Die Auswahl der Stabilisatoren erfolgt meist empirisch. Neben der stabilisierenden Wirkung muss eine gute Verträglichkeit mit dem Polymer bestehen. Stabilisatoren dürfen nicht aus dem Kunststoff „ausschwitzen", sie dürfen nicht extrahierbar sein und sie dürfen Farbe, Geruch, Verarbeitbarkeit, Gebrauchseigenschaften etc. nicht negativ beeinflussen.

Für die Unterdrückung von Angriffen durch Sauerstoff werden Oxidationsstabilisatoren eingesetzt. Diese sollen die angreifenden Radikale einfangen und absättigen. Hier werden oft Stabilisatorsysteme auf phenolischer Basis eingesetzt. Die Oxidationsprozesse verlaufen weiterhin oft über sog. *Hydroperoxyde* (R–OOH) als Zwischenstufe, so dass man versucht, diese Zwischenstufen mit einer weiteren Stabilisatorart – schwefelhaltige organische Stoffe – abzufangen.

15.7 Pyrolyse und Brand

15.7.1 Pyrolyse

Pyrolyse

Pyrolyse beschreibt einen rein thermisch induzierten Abbau der Polymerketten. Der Kunststoff wird unter Ausschluss von Luftzufuhr auf hohe Temperaturen erhitzt. Dabei zersetzt sich das Polymer, wobei niedermolekulare Spaltprodukte – meist Kohlenwasserstoffe – entstehen. Einige analytische Methoden nutzen die Pyrolyse, da die entstehenden Spaltprodukte für die jeweiligen Kunststoffe charakteristisch sind. In einigen Fällen verwendet man pyrolytische Prozesse bei Herstellungsverfahren, so z. B. bei der Herstellung von Kohlefasern aus Synthesefasern, die bei Temperaturen von ca. 1.000 °C pyrolisiert werden. Aber auch bei der Wiederverwertung von Kunststoffabfällen werden z. T. Pyrolysemethoden eingesetzt, um aus den dabei gewonnenen niedermolekularen Kohlenwasserstoffen neue Rohstoffe (Öl und Polymere) zu erzeugen.

15.7.2 Brandverhalten

15.7.2.1 Physikalisch-chemische Grundlagen und Prüfungen

Als organische Werkstoffe sind Kunststoffe ebenso wie auch die natürlichen organischen Werkstoffe (Holz, natürliche Textil-Faserstoffe) mehr oder weniger leicht brennbar.

Werden solche Stoffe örtlich über ihre Zersetzungstemperatur erwärmt, so spalten sie flüchtige, niedermolekulare Bestandteile ab. Die in erster Linie so entstehenden Kohlenwasserstoffe bilden zusammen mit dem Sauerstoff der umgebenden Luft entflammbare Gasgemische.

Bild 15.7 zeigt ein Stabilitätsdiagramm der Verbrennung. Darin stellt Kurve 2 die Wärmeerzeugung und Kurve 1 die Wärmeabfuhr über der Temperatur dar. Die Wärmeerzeugung hängt von der Verbrennungsgeschwindigkeit ab und nimmt mit der Temperatur exponentiell zu. Die Wärmeabfuhr hängt von der Temperaturdifferenz zwischen Verbrennungszone und Umgebungstemperatur ab und nimmt etwa linear mit der Temperatur zu. Daher ergeben sich drei Schnittpunkte, an denen sich ein Gleichgewicht zwischen Wärmeerzeugung und Wärmeabfuhr einstellen kann:

A: Ausgangstemperatur, d. h. Umgebungstemperatur; hier entsteht der Brand aus irgendwelchen Gründen.

B: Im Schnittpunkt B entzünden sich die bei dem Brand entstandenen Kohlenwasserstoffe. Diese Entzündungstemperatur ist instabil, denn sie hängt von einer Reihe von Einflüssen ab. Links von B übertrifft die Wärmeabfuhr die Wärmeerzeugung und rechts davon sind die Verhältnisse umgekehrt.

C: Der Brand hat sich voll entwickelt; die Verbrennungstemperatur hat sich durch das nun konstante Angebot an brennbaren Gasen auf eine näherungsweise konstante Temperatur eingestellt und steht im Gleichgewicht mit der Wärmeabfuhr.

Wenn man das Brandverhalten eines Stoffes verstehen will, muss man somit die beiden Einflüsse auf die Entzündungstemperatur genauer betrachten. Dies sei nun in den folgenden beiden Bildern versucht.

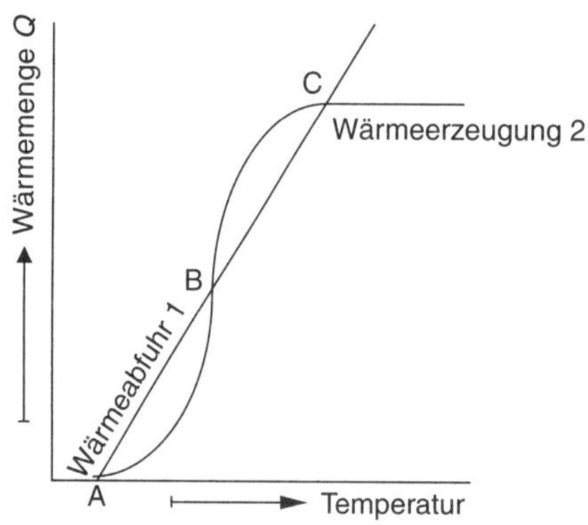

BILD 15.7 Stabilitätsdiagramm einer Verbrennung. Wärmehaushalt in Abhängigkeit von der Temperatur (*van Krevelen*)

In Bild 15.8 werden die oben beschriebenen Kurven für drei verschiedene organische Materialien mit unterschiedlicher Entzündlichkeit (gemeint ist letztlich das Kohlenwasserstoffangebot nach der Brandentstehung) jedoch in der gleichen Umgebung – also gleiche Wärmeabfuhr – betrachtet. Das erste Material ist sehr leicht entzündlich, das Zweite mäßig entzündlich und das Dritte ist unter diesen Umständen flammfest.

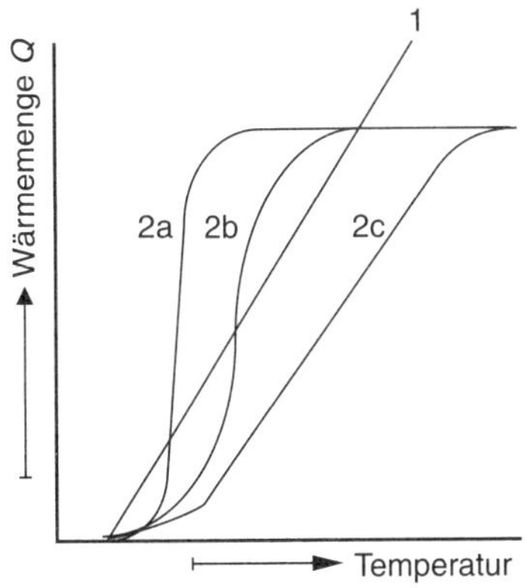

BILD 15.8 Stabilitätskurven von leichtentzündlichen (2a), mäßig entzündlichen (2b) und flammfesten (2c) Stoffen (*van Krevelen*)

Da nach dem Beginn des Brandes zunächst brennbare Gase über Pyrolyse entstehen müssen, hängt der Brandfortschritt zunächst ab von:

- der Art der Brandursache, d. h. der einwirkenden Energiedichte (heißes Bügeleisen, glimmende Zigarette, u. a.),
- dem Verhältnis von Oberfläche zu Volumen d. h. brennende Folie hat einen sehr schnellen Brandfortschritt, ein dicker Stab brennt nur sehr langsam,
- der Anwesenheit von Sauerstoff und dessen Fähigkeit, an die Brandstelle nachzufließen,
- der Wärmeausbreitung am Brandherd (Füllstoffe, welche Wasser oder andere nicht brennbare Gase abspalten und/oder einen Schaum bilden, sind bewährte Flammschutzmittel),
- dem Anteil von vergasbarem Polymer (mineralische Füllstoffe vermindern das brennbare Volumen und verhindern oft das Abtropfen. Abtropfen bedeutet eine erhebliche Vergrößerung der brandfähigen Oberfläche),
- der Zusammensetzung der gasförmigen Zersetzungsprodukte (hohe Wasserstoff- und Sauerstoffanteile begünstigen die Entzündlichkeit; Chlor und Brom sind bewährte Flammschutzmittel, weil sie sich mit den Radikalen die beim Brennen entstehen, verbinden),
- den molekularen Bindungskräfte (Aromatenringe spalten sich erst bei ca. 900 °C) und dämpfen ebenfalls die Entzündlichkeit.

Wenn sich die Umgebungsbedingungen ändern, d. h. andere Wärmeabfuhrbedingungen herrschen, verändert sich auch das Brandverhalten, was in Bild 15.9 schematisch veranschaulicht wird. Hohe Wärmeabfuhr kann beispielsweise durch hohe Luftgeschwindigkeit verursacht sein. Eine ganz entscheidende Größe ist die Atmosphäre, wie nachfolgend noch am Beispiel des Sauerstoffindex gezeigt wird.

Sauerstoff-Index

Der *Sauerstoff-Index (Oxygen-Index OI)* ist ein Maß dafür, wie viel Sauerstoff einem Stoff von außen zugeführt werden muss, damit er entflammt und weiter brennt. Der *Limiting Oxygen Index (LOI)* gibt den Mindestanteil (in Vol.-%) an Sauerstoff in einem Stickstoff-Sauerstoff-Gemisch an, der notwendig ist, um den Brand gerade nicht verlöschen zu lassen. Die Bestimmung wird unter standardisierten Bedingungen (u. a. 25 °C, getrocknete

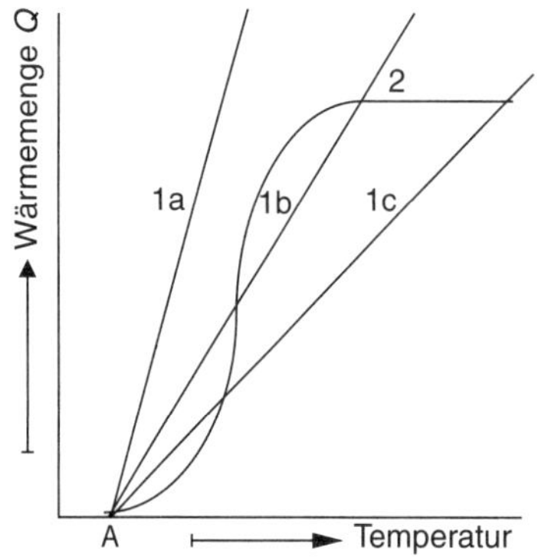

BILD 15.9 Entzündlichkeit bei unterschiedlichen Umgebungsbedingungen, jedoch gleichem Material (*van Krevelen*)
1a: hohe Wärmeableitung (bedeutet: keine Entzündung)
1b: mittlere Wärmeableitung (bedeutet: Entzündung und Ablauf, wie in Bild 15.7 erläutert)
1c: geringe Wärmeableitung (bedeutet: sehr schnelle Entzündung und starker Brand)

Proben, gleiches Verhältnis von Oberfläche zu Volumen usw.) durchgeführt (Limiting-Oxygen-Index-Test nach ASTM 2863). Die Prüfung ist relativ einfach und gehorcht physikalischen bzw. chemischen Gesetzmäßigkeiten, weshalb zusammen mit der Standardisierung die Ergebnisse gut reproduzierbar sind. Zudem gestatten sie eine numerische Auswertung und einen brauchbaren Vergleich der Werkstoffe wie auch die Abschätzung der Wirkung von flammhemmenden Zusatzstoffen.

In Tabelle 15.6 sind die LOI-Werte einer Reihe von Polymeren zusammengestellt. Man erkennt, dass Polytetrafluorethylen (PTFE) nahezu unbrennbar ist, denn es benötigt mindestens 96 Vol.-% Sauerstoff, um überhaupt zu brennen.

TABELLE 15.6 Sauerstoffindex (LOI) von Polymeren

Polymeres	LOI-Wert	Polymeres	LOI-Wert
Polyformaldehyd	0,15	Polybutadien	0,185
Polyethylenoxid	0,15	Polystyrol	0,185
Polymethylmethacrylat	0,17	Cellulose	0,19
Polyacrylnitril	0,18	Polyethylenenterephthalat	0,21
Polyethylen	0,18	Polyvinylalkohol	0,22
Polypropylen	0,18	Polyamid 66	0,23
Polyisopren	0,185	Polybenzimidazol	0,415
Polyvinylchlorid	0,42	Polycarbonat	0,27
Polyvinylidenfluorid	0,44	Aramid-Faser	0,285
Polyvinylidenchlorid	0,60	Polyphenylenoxid	0,29
Kohlenstoff	0,60	Polysulfon	0,30
Polytetrafluorethylen	0,95	Phenolformaldehydharz	0,35
Wolle	0,25	Polychloropren	0,40

Allein mit dem Sauerstoffindex (LOI) kann das praktische Brandverhalten eines Stoffes jedoch nicht ganzheitlich bewertet werden. Der Sauerstoffindex gibt nur einen Anhaltswert für die Brandgefahr, welche von einem Kunststoff ausgeht. Da es bisher keine exakt wissenschaftlich begründete Messmethode für die von einem Kunststoff, bzw. einem Gegenstand aus Kunststoff ausgehende Brandgefahr gibt, wurden im Laufe der Zeit eine größere Zahl von empirisch basierten Prüfungen entwickelt. Diese Brandtests sind jeweils auf den gesamten der Zulassung unterliegenden Gegenstand mit Berücksichtigung der jeweiligen Einsatzbedingungen zugeschnitten.

Toxizität der Brandgase

Neben der Frage der Brennbarkeit spielt die Toxizität der Spaltprodukte eine entscheidende Rolle, insbesondere im Hinblick darauf, ob die üblichen Brandmaskenfilter diese zurückhalten. Darüber hinaus ist die visuelle Zugänglichkeit eines Brandherds für die Rettungs- und Löscharbeiten in einem Brandfalle sehr wichtig, weshalb auch die Rußbildung eines brennenden Polymers geprüft und zur Beurteilung herangezogen wird.

Die wichtigste Norm für Zulassungen bei technischen Anwendungen dürfte die UL 94 (UL = Underwriter Laboratories) sein. Weitere Laborprüfungen sind der Brennertest nach ISO R 1210 und DIN 53438.

HINWEIS: Das Brandverhalten von Kunststoffen ist ein sehr komplexes Problem und daher einer exakten Voraussage kaum zugänglich. Für einen Vergleich der verschiedenen Kunststoffe empfiehlt sich der Oxygen-Index. ■

15.7.2.2 Möglichkeiten zur Verbesserung des Brandverhaltens (oder der Verhinderung eines Brandes)

Bei der Brennbarkeit von Kunststoffen muss man zwischen der Brandentstehung und dem Brandfortschritt unterscheiden. Häufig muss unter allen Umständen eine Brandentstehung unterbunden werden. Ein gutes Beispiel liefert die Innenausstattung von Flugzeugen. Hier darf es durch Zigaretten u. Ä. auf keinen Fall zu einem Brand kommen. Es ist hingegen beim Absturz eines Flugzeuges nicht so wichtig, ob die Brandgase, welche in der Folge bei einem Brand entstehen können, gefährlich sind, da das Überleben einer solchen Katastrophe im Allgemeinen unwahrscheinlich ist.

Es ist unmöglich, Kunststoffe völlig unbrennbar zu machen, jedoch kann die Entzündungsgrenze durch die Wahl der Kunststoffe und geeigneter Additive, z. B. Flammschutzmitteln, in weiten Grenzen verschoben werden. Die Wirkungsmechanismen lassen sich aus den bereits beschriebenen Einflussgrößen vor allem auf die Wärmeentstehung bei einem Brand ableiten.

Man verwendet in gefährdeten Bauteilen entweder:

- praktisch inhärent schwer brennbare Kunststoffe, das sind vor allem solche mit einem hohen Aromatengehalt, z. B. für Textilien oder Fasern aus Kevlar (DuPont), andere flüssig-kristalline Polymere und hochwarmfeste Kunststoffe,
- oder Kunststoffe mit geeigneten flammfest wirkenden Füllstoffen.

Derartige Füllstoffe können nach folgenden Mechanismen wirken:

- Bei ihrem Abbau bzw. ihrer Verdampfung wird Wärme verbraucht. Beispiele sind Stoffe, die so genannte Wasserdepots (Aluminiumhydroxid; Wasserabspaltung ab 180 °C) darstellen. Sie spalten molekular gebundenes Wasser ab einer stoffeigenen Temperatur ab.

- Förderung von unbrennbaren Pyrolyserückständen, wie vor allem Phosphor und ähnlichen Verbindungen. Diese Wirkung hemmt in erster Linie die Entflammbarkeit. Phosphorverbindungen sind in den letzten Jahren die wichtigsten flammhemmenden Additive geworden, da sie weder giftige Reststoffe bilden, noch korrosiv wirken.
- Radikalfänger, die die beim Brand des Polymers entstehende Radikale binden. Das sind vor allem die Halogene Chlor und Brom. Im Brandfall bilden sie gleichzeitig schwere Gase, welche den Brandherd gegen Zutritt von Sauerstoff aus der Umgebung abschirmen. Halogene sind die zweitwichtigsten Flammschutzmittel (meist Bromverbindungen in Gewichtsanteilen von 6 bis 15 %). Sie werden meist zusammen mit dem dabei synergistisch wirkenden Antimontri- und -tetraoxid (2 bis 6 %) verwendet. Sie haben den Nachteil, toxisch zu wirken und aggressive Halogene in statu nascendi freizusetzen, weshalb mehr und mehr nach halogenfreiem Flammschutz gefragt wird.
- Nanoskalige Füllstoffe auf Basis von Schichtsilikaten (Montmorillonite) werden als synergetische Brandhemmer zusätzlich zu anderen Additiven (Aluminiumhydroxid) in elektrischen Kabelisolationen eingesetzt. Im Brandfall migriert das Schichtsilikat an die Kunststoffoberfläche und bildet eine schützende Kruste. Die flammschützende Wirkung besteht bereits bei geringem Anteil an zugegebenem Schichtsilikat. Die Verarbeitung wird daher nicht wesentlich negativ beeinflusst.

HINWEIS: Es lassen sich heute für fast alle Anwendungsfälle flammfeste Kunststoffe finden. Die Brennbarkeit von Kunststoffen ist eigentlich kein Problem mehr, wenn die Kosten keine Rolle spielen. Die Vorschriften verlangen oft den Ausschluss gewisser Zusätze.

Literatur zu Kapitel 15

Avondet, M.-A., Lau, K. W., Krebs, Ch.: Langzeitverhalten von Thermoplasten. München: Carl Hanser Verlag, 1998

Bayer, G.: Industry Guide to Polymer Nanocomposites. Bristol: Plastics Information Direct, 2009

Becker, W.: Brandverhalten. In: Schreyer, G. (Hrsg.): Konstruieren mit Kunststoffen, Teil 2, Abschnitt 4.5.6. München: Carl Hanser Verlag, 1972

Bonten, C., Berlich, R., Aging and Chemical Resistance. München: Carl Hanser Verlag, 2001

Boxhammer J.: Wärmealterung. In: Schreyer, G. (Hrsg.).: Konstruieren mit Kunststoffen, Teil 2, Abschnitt 4.5.5. München: Carl Hanser Verlag, 1972

Flory, P. J.: Principles of Polymer Chemistry. Ithaca, London: Cornell Univ. Press, 1969

Gros L.: Biological Activity. In: Mark, H. F., Biscales, N. M., Overberger, C. G.; Menges, G. (Hrsg.): Encyclopedia of Polymer Science and Engineering, 2nd Edition. New York: Wiley-Interscience, 1985

Kirch, D.: Untersuchungen zum Einsatz bestrahlter Granulate bei der Verarbeitung von teilkristallinen Kunststoffen. RWTH Aachen, Dissertation, 1986

Plank, H.: Kunststoffe und Elastomere in der Medizin. In: Eyerer, P.: Kunststoffe und Elastomere in der Praxis. Stuttgart: Verlag W. Kohlhammer, 1993

Schreyer, G.: Konstruieren mit Kunststoffen, Teil 2, Abschnitt 4.2, Verhalten gegenüber chemischen Einwirkungen. München: Carl Hanser Verlag, 1972

Seymour, R. B., Carraker, C. E.: Polymer Chemistry. An Introduction. New York: Marcel Dekker Inc., 1981

Singh, A., Silverman, J.: Radiation Processing of Polymers. In: Utracki, L. A.: Progress in Polymer Processing. München: Carl Hanser Verlag, 1992

Troitsch, J.: Plastics Flammability Handbook. München: Carl Hanser Verlag, 2004

van Krevelen, D. W.: Entzündlichkeit und Flammhemmung bei organischen Hochpolymeren und ihre Beziehung zur chemischen Struktur. *Chemie Ingenieur Technik* **47** (1975) 19, S. 793–802

Woebcken, W.: Verhalten im Technoklima. In: Schreyer, G. (Hrsg.): Konstruieren mit Kunststoffen; Teil 2, Abschnitt 4.6. München: Carl Hanser Verlag, 1972

Zweifel, H. et al. (Hrsg): Plastics Additives Handbook, 6th ed. München: Carl Hanser Verlag, 2009

Sachverzeichnis

A

B

C

D

E

F

L

M

N

O

P

Q

R

S

T